에너지관리

기능사 필기

시대에듀

편·저·자·약·력

허판효

現 온라인 교육기관 합격시대 전임교수
온라인 교육기관 안전교육 전임교수
에듀퓨어 전임교수
영남기술직업학교 강사

前 도시가스, 가스공사 외부 강사
소방협회 위촉 강사
서울 삼성전자 기흥사업장 가스기능장 출강
천안 아산 삼성디스플레이 가스산업기사 출강

[저서]
위험물산업기사 필기
위험물산업기사 실기
위험물기능사 필기
위험물기능사 실기

편집진행 윤진영 · 최 영 | **표지디자인** 권은경 · 길전홍선 | **본문디자인** 정경일

에너지관리 분야의 전문가를 향한 첫 발걸음!

에너지관리기능사는 건물용 및 산업용 보일러와 부대설비의 운영을 위하여 기기의 설치, 배관, 용접 등의 작업은 물론, 보일러 연료와 열을 효율적이고 경제적으로 사용하기 위한 관리, 운전, 정비 등의 업무를 수행합니다. 이 책은 최근 에너지관리기능사에 대한 많은 수요와 전망에 더불어 에너지관리기능사 자격증을 준비하는 수험생들을 위해 만들어졌으며 수험생이 짧은 시간 안에 자격증을 취득할 수 있도록 구성하였습니다.

윙크(Win-Q) 시리즈에 맞게 PART 01은 핵심이론, PART 02는 과년도 및 기출복원문제로 구성하였습니다. PART 01은 한국산업인력공단의 출제기준 및 다년간 기출문제의 keyword 분석을 통해 중요 내용으로 핵심이론을 수록하였고, 자주 출제되는 빈출문제를 수록하여 효율적인 학습이 가능하도록 하였습니다. PART 02에서는 과년도 기출(복원)문제와 더불어 최근 기출복원문제를 수록하여 다양하고 새로운 문제에 대비할 수 있도록 하였습니다.

이 책으로 공부하시는 수험생 여러분들에게 합격의 영광이 함께하기를 기원합니다.

끝으로, 책이 발간되기까지 도와주신 분들께 감사드립니다.

편저자 씀

시험안내

개 요

에너지를 효율적으로 이용하고 배기가스로 인한 환경오염을 예방하기 위하여 보일러 설치, 시공, 운전 및 유지관리에 필요한 배관, 용접, 검사, 조작, 보수, 정비 등을 수행한다.

진로 및 전망

전문대학이나 공업계 고등학교 혹은 직업훈련기관에서 소방설비, 냉난방관리, 보일러 시공, 산업설비 등을 전공하고 관련 자격을 취득한 후에 건물설비관리업체 및 생산관리업체 등에 취업할 수 있다. 그리고 숙련기능공의 보조원으로 일하다가 현장 경력이 쌓이면 기능공으로 활동할 수도 있다.

시험일정

구분	필기원서접수 (인터넷)	필기시험	필기합격 (예정자)발표	실기원서접수	실기시험	최종 합격자 발표일
제1회	1월 초순	1월 하순	2월 초순	2월 초순	3월 중순	4월 중순
제2회	3월 중순	4월 초순	4월 중순	4월 하순	5월 하순	6월 하순
제3회	6월 초순	6월 하순	7월 중순	7월 하순	8월 하순	9월 하순
제4회	8월 하순	9월 중순	10월 중순	10월 중순	11월 하순	12월 중순

※ 상기 시험일정은 시행처의 사정에 따라 변경될 수 있으니, www.q-net.or.kr에서 확인하시기 바랍니다.

시험요강

❶ 시행처 : 한국산업인력공단

❷ 시험과목
- ㉠ 필기 : 열설비 설치, 운전 및 관리
- ㉡ 실기 : 열설비 취급 실무

❸ 검정방법
- ㉠ 필기 : 객관식 4지 택일형 60문항(60분)
- ㉡ 실기 : 작업형(3시간 정도)

❹ 합격기준
- ㉠ 필기 : 100점을 만점으로 하여 60점 이상
- ㉡ 실기 : 100점을 만점으로 하여 60점 이상

검정현황

필기시험

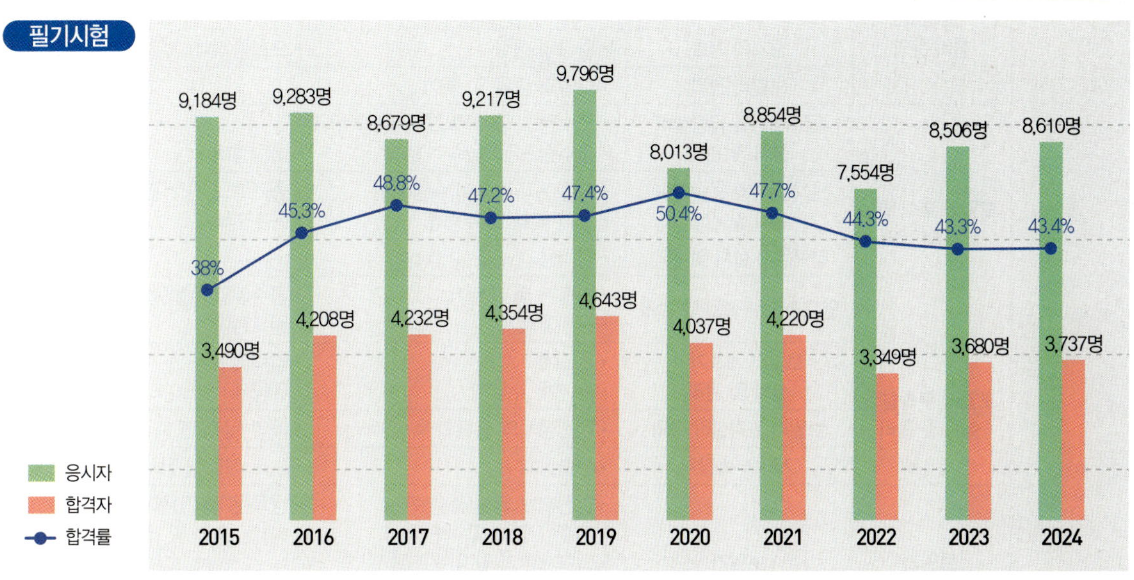
9,184명
9,283명
8,679명
9,217명
9,796명
8,013명
8,854명
7,554명
8,506명
8,610명
38%
45.3%
48.8%
47.2%
47.4%
50.4%
47.7%
44.3%
43.3%
43.4%
3,490명
4,208명
4,232명
4,354명
4,643명
4,037명
4,220명
3,349명
3,680명
3,737명
응시자
합격자
합격률
2015
2016
2017
2018
2019
2020
2021
2022
2023
2024

실기시험

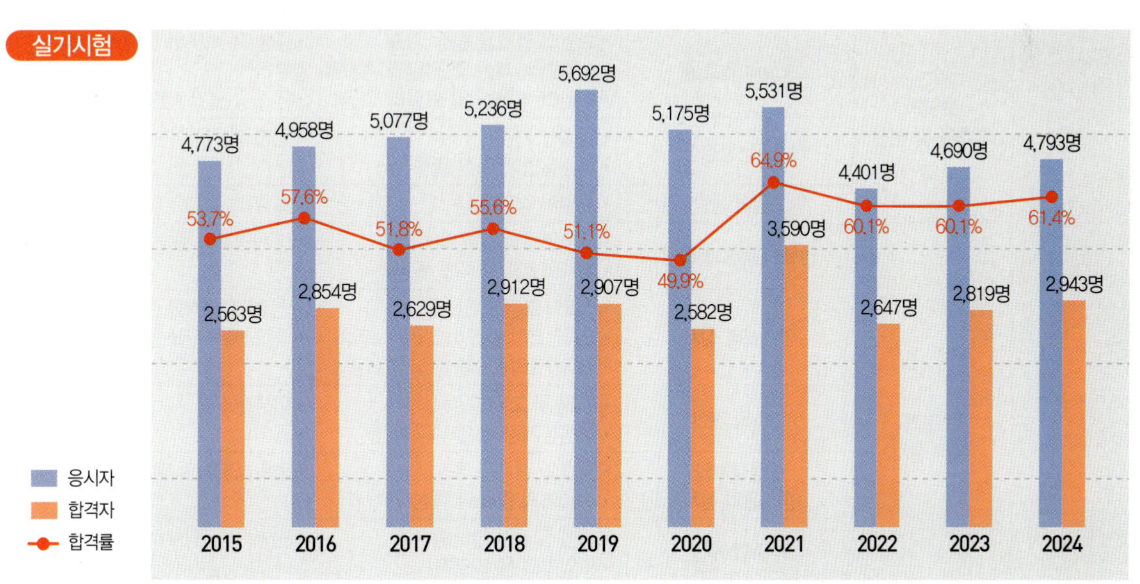
4,773명
4,958명
5,077명
5,236명
5,692명
5,175명
5,531명
4,401명
4,690명
4,793명
53.7%
57.6%
51.8%
55.6%
51.1%
49.9%
64.9%
60.1%
60.1%
61.4%
2,563명
2,854명
2,629명
2,912명
2,907명
2,582명
3,590명
2,647명
2,819명
2,943명
응시자
합격자
합격률
2015
2016
2017
2018
2019
2020
2021
2022
2023
2024

시험안내

출제기준

필기 과목명	주요항목	세부항목	세세항목
열설비 설치, 운전 및 관리	보일러 설비 운영	열의 기초	• 온도 • 압력 • 열량 • 비열 및 열용량 • 현열과 잠열 • 열전달의 종류
		증기의 기초	• 증기의 성질 • 포화증기와 과열증기
		보일러 관리	• 보일러 종류 및 특성
	보일러 부대설비 설치 및 관리	급수설비와 급탕설비 설치 및 관리	• 급수탱크, 급수관 계통 및 급수내관 • 급수펌프 및 응축수 탱크 • 급탕설비
		증기설비와 온수설비 설치 및 관리	• 기수분리기 및 비수방지관 • 증기밸브, 증기관 및 감압밸브 • 증기 헤더 및 부속품 • 온수설비
		압력용기 설치 및 관리	• 압력용기 구조 및 특성
		열교환장치 설치 및 관리	• 과열기 및 재열기 • 급수예열기(절탄기) • 공기예열기 • 열교환기
	보일러 부속설비 설치 및 관리	보일러 계측기기 설치 및 관리	• 온도계 • 압력계 • 수면계, 수위계 • 유량계, 가스미터
		보일러 환경설비 설치	• 집진장치의 종류와 특성 • 매연 및 매연 측정장치
		기타 부속장치	• 분출장치 • 수트 블로어 장치
	보일러 안전장치 정비	보일러 안전장치 정비	• 안전밸브 및 방출밸브 • 방폭문 및 가용마개 • 저수위 경보 및 차단장치 • 화염검출기 및 스택 스위치 • 압력제한기 및 압력조절기 • 배기가스 온도 상한 스위치 및 가스누설 긴급 차단밸브 • 추기장치 • 기름 저장탱크 및 서비스 탱크 • 기름가열기, 기름펌프 및 여과기 • 증기 축열기 및 재증발탱크
	보일러 열효율 및 정산	보일러 열효율	• 보일러 열효율 향상 기술 • 증발계수(증발력) 및 증발배수 • 전열면적 계산 및 전열면 증발률, 열부하 • 보일러 부하율 및 보일러 효율 • 연소실 열발생률
		보일러 열정산	• 열정산 기준 • 입출열법에 의한 열정산 • 열손실법에 의한 열정산
		보일러 용량	• 보일러 정격용량 • 보일러 출력
	보일러 설비 설치	연료의 종류와 특성	• 고체연료의 종류와 특성 • 액체연료의 종류와 특성 • 기체연료의 종류와 특성
		연료설비 설치	• 연소의 조건 및 연소형태 • 연료의 물성(착화온도, 인화점, 연소점) • 고체연료의 연소방법 및 연소장치 • 액체연료의 연소방법 및 연소장치 • 기체연료의 연소방법 및 연소장치
		연소의 계산	• 저위 및 고위발열량 • 이론산소량 • 이론공기량 및 실제공기량 • 공기비 • 연소가스량
		통풍장치와 송기장치 설치	• 통풍의 종류와 특성 • 연도, 연돌 및 댐퍼 • 송풍기의 종류와 특성
		부하의 계산	• 난방 및 급탕부하의 종류 • 난방 및 급탕부하의 계산 • 보일러의 용량 결정
		난방설비 설치 및 관리	• 증기난방 • 온수난방 • 복사난방 • 지역난방 • 열매체난방 • 전기난방

필기 과목명	주요항목	세부항목	세세항목
열설비 설치, 운전 및 관리	보일러 설비 설치	난방기기 설치 및 관리	• 방열기 • 팬코일유닛 • 콘백터 등
		에너지절약장치 설치 및 관리	• 에너지절약장치 종류 및 특성
	보일러 제어설비 설치	제어의 개요	• 자동제어의 종류 및 특성 • 제어동작 • 자동제어 신호전달방식
		보일러 제어설비 설치	• 수위제어 • 증기압력제어 • 온수온도제어 • 연소제어 • 인터로크 장치 • O_2 트리밍 시스템(공연비 제어장치)
		보일러 원격제어장치 설치	• 원격제어
	보일러 배관설비 설치 및 관리	배관 도면 파악	• 배관 도시기호 • 방열기 도시 • 관 계통도 및 관 장치도
		배관 재료 준비	• 관 및 관 이음쇠의 종류 및 특징 • 신축이음쇠의 종류 및 특징 • 밸브 및 트랩의 종류 및 특징 • 패킹재 및 도료
		배관설치 및 검사	• 배관 공구 및 장비 • 관의 절단, 접합, 성형 • 배관 지지 • 난방 배관 시공 • 연료 배관 시공
		보온 및 단열재 시공 및 점검	• 보온재의 종류와 특성 • 보온효율 계산 • 단열재의 종류와 특성 • 보온재 및 단열재 시공
	보일러 운전	설비 파악	• 증기보일러의 운전 및 조작 • 온수보일러의 운전 및 조작
		보일러 가동 준비	• 신설 보일러의 가동 전 준비 • 사용 중인 보일러의 가동 전 준비
		보일러 운전	• 기름보일러의 점화 • 가스보일러의 점화 • 증기 발생 시의 취급
		보일러 가동 후 점검하기	• 정상 정지 시의 취급 • 보일러 청소 • 보일러 보존법
		보일러 고장 시 조치하기	• 비상 정지 시의 취급
	보일러 수질관리	수처리설비 운영	• 수처리설비
		보일러수 관리	• 보일러 용수의 개요 • 보일러 용수 측정 및 처리 • 청관제 사용방법
	보일러 안전관리	공사 안전관리	• 안전 일반 • 작업 및 공구 취급 시의 안전 • 화재 방호 • 이상연소의 원인과 조치 • 이상소화의 원인과 조치 • 보일러 손상의 종류와 특징 • 보일러 손상 방지대책 • 보일러 사고의 종류와 특징 • 보일러 사고 방지대책
	에너지 관계 법규	에너지법	• 법, 시행령, 시행규칙
		에너지이용 합리화법	• 법, 시행령, 시행규칙
		열사용기자재의 검사 및 검사면제에 관한 기준	• 특정열사용기자재 • 검사대상기기의 검사 등
		보일러 설치시공 및 검사기준	• 보일러 설치시공기준 • 보일러 설치검사기준 • 보일러 계속사용 검사기준 • 보일러 개조검사기준 • 보일러 설치장소변경 검사기준
		기계설비법	• 법, 시행령, 시행규칙

CBT 응시 요령

기능사 종목 전면 CBT 시행에 따른

CBT 완전 정복!

"CBT 가상 체험 서비스 제공"

한국산업인력공단
(http://www.q-net.or.kr) 참고

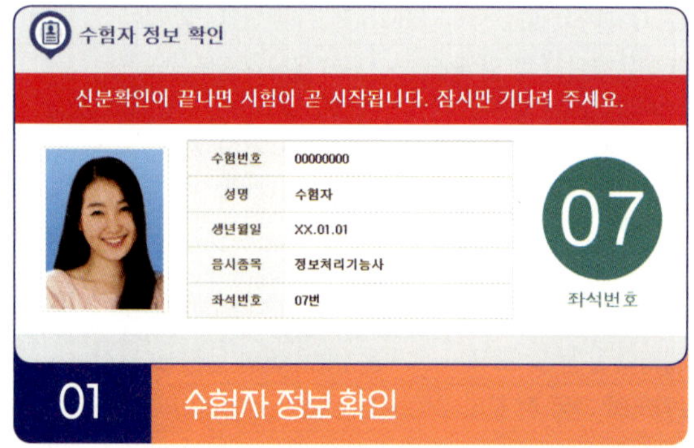

01 수험자 정보 확인

시험장 감독위원이 컴퓨터에 나온 수험자 정보와 신분증이 일치하는지를 확인하는 단계입니다. 수험번호, 성명, 생년월일, 응시종목, 좌석번호를 확인합니다.

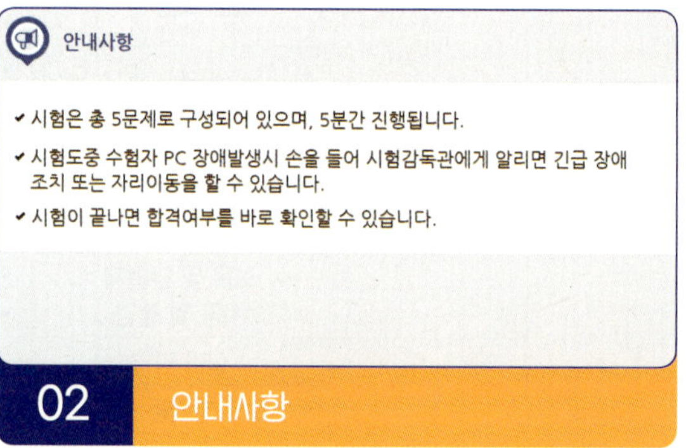

안내사항
✔ 시험은 총 5문제로 구성되어 있으며, 5분간 진행됩니다.
✔ 시험도중 수험자 PC 장애발생시 손을 들어 시험감독관에게 알리면 긴급 장애 조치 또는 자리이동을 할 수 있습니다.
✔ 시험이 끝나면 합격여부를 바로 확인할 수 있습니다.

02 안내사항

시험에 관한 안내사항을 확인합니다.

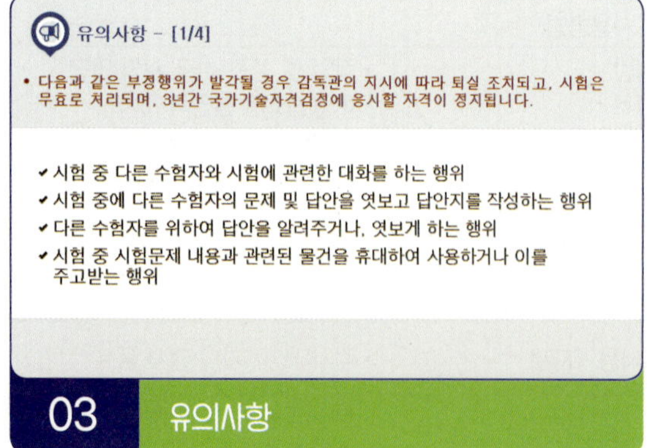

유의사항 – [1/4]
• 다음과 같은 부정행위가 발각될 경우 감독관의 지시에 따라 퇴실 조치되고, 시험은 무효로 처리되며, 3년간 국가기술자격검정에 응시할 자격이 정지됩니다.
✔ 시험 중 다른 수험자와 시험에 관련한 대화를 하는 행위
✔ 시험 중에 다른 수험자의 문제 및 답안을 엿보고 답안지를 작성하는 행위
✔ 다른 수험자를 위하여 답안을 알려주거나, 엿보게 하는 행위
✔ 시험 중 시험문제 내용과 관련된 물건을 휴대하여 사용하거나 이를 주고받는 행위

03 유의사항

부정행위에 관한 유의사항이므로 꼼꼼히 확인합니다.

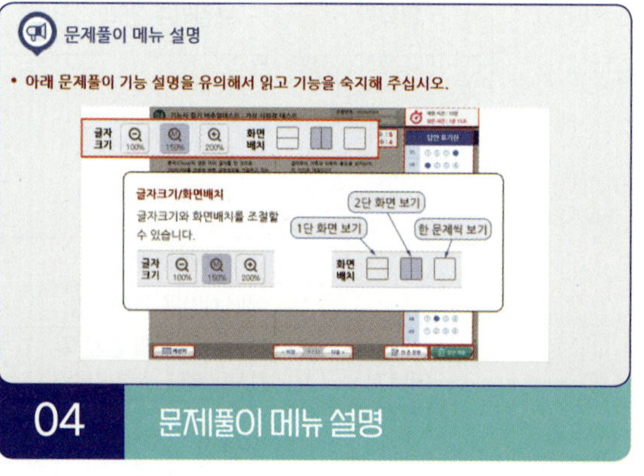

04 문제풀이 메뉴 설명

문제풀이 메뉴의 기능에 관한 설명을 유의해서 읽고 기능을 숙지해 주세요.

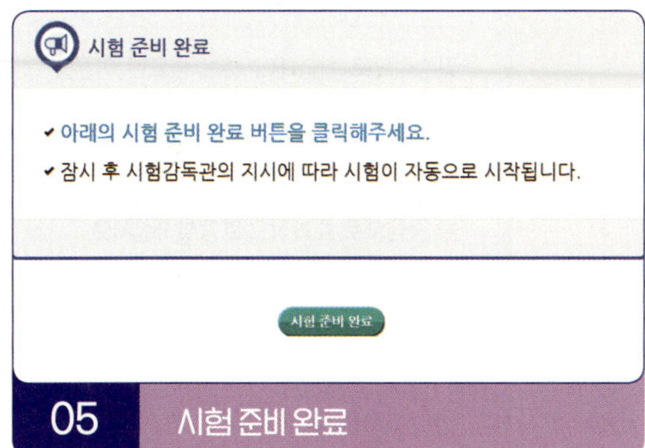

05 시험 준비 완료

시험 안내사항 및 문제풀이 연습까지 모두 마친 수험자는 시험 준비 완료 버튼을 클릭한 후 잠시 대기합니다.

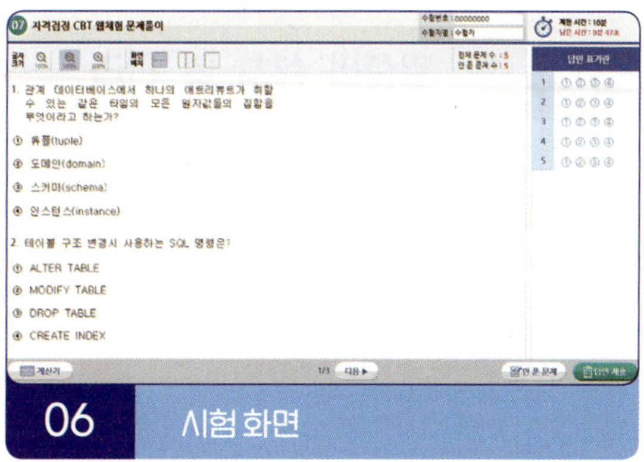

06 시험 화면

시험 화면이 뜨면 수험번호와 수험자명을 확인하고, 글자크기 및 화면배치를 조절한 후 시험을 시작합니다.

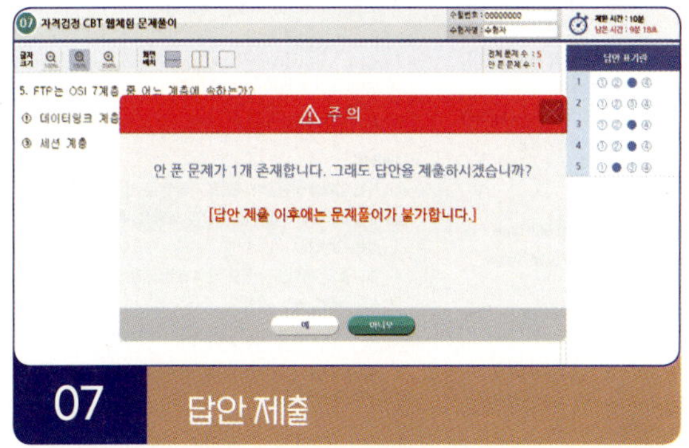

07 답안 제출

[답안 제출] 버튼을 클릭하면 답안 제출 승인 알림창이 나옵니다. 시험을 마치려면 [예] 버튼을 클릭하고 시험을 계속 진행하려면 [아니오] 버튼을 클릭하면 됩니다. 답안 제출은 실수 방지를 위해 두 번의 확인 과정을 거칩니다. [예] 버튼을 누르면 답안 제출이 완료되며 득점 및 합격여부 등을 확인할 수 있습니다.

CBT 완전 정복 

내 시험에만 집중할 것

CBT 시험은 같은 고사장이라도 각기 다른 시험이 진행되고 있으니 자신의 시험에만 집중하면 됩니다.

이상이 있을 경우 조용히 손을 들 것

컴퓨터로 진행되는 시험이기 때문에 프로그램상의 문제가 있을 수 있습니다. 이때 조용히 손을 들어 감독관에게 문제점을 알리며, 큰 소리를 내는 등 다른 사람에게 피해를 주는 일이 없도록 합니다.

연습 용지를 요청할 것

응시자의 요청에 한해 연습 용지를 제공하고 있습니다. 필요시 연습 용지를 요청하며 미리 시험에 관련된 내용을 적어놓지 않도록 합니다. 연습 용지는 시험이 종료되면 회수되므로 들고 나가지 않도록 유의합니다.

답안 제출은 신중하게 할 것

답안은 제한 시간 내에 언제든 제출할 수 있지만 한 번 제출하게 되면 더 이상의 문제풀이가 불가합니다. 안 푼 문제가 있는지 또는 맞게 표기하였는지 다시 한 번 확인합니다.

구성 및 특징

CHAPTER 01 열설비 설치 및 관리

제1절 보일러 설비 운영

1-1. 열의 기초

핵심이론 01 온 도

① 섭씨온도(Celsius Temperature) : 섭씨온도란 표준 대기압(1atm)하에서 물이 어는 온도(빙점)를 0℃로 정하고, 끓는 온도(비점)를 100℃로 정한 다음 그 사이를 100등분하여 한 눈금을 1℃로 규정한다.

② 화씨온도(Fahrenheit Temperature) : 화씨온도란 표준 대기압(1atm)인 상태에서 물이 어는 온도(빙점)를 32°F, 끓는 온도(비점)를 212°F로 정한 다음 그 사이를 180등분하여 한 눈금을 1°F로 규정한다.

> 온도 상호 간의 공식
> - K = 273 + ℃
> - °F = $\frac{9}{5}$℃ + 32
> - °R = °F + 460

③ 절대온도(Absolute Temperature) : 온도의 시점(始點)을 −273.16℃로 한 온도로, K로 표시한다.

> - 섭씨 절대온도(Kelvin 온도)
>   K = 273 + ℃, 0℃ = 273K, 0K = −273℃
> - 화씨 절대온도(Rankine 온도)
>   °R = 460 + °F, °F = °R − 460

④ 건구온도 : 온도계로 측정할 수 있는 온도

⑤ 습구온도 : 봉상 온도계(유리 온도계)의 수은 부분에 명주를 물에 적셔 수분이 대기 중에 증발될 때 측정한 온도

⑥ 노점온도 : 대기 중에 존재하는 포화증기가 응축하여 이슬이 맺히기 시작할 때의 온도

10년간 자주 출제된 문제

절대온도 360K를 섭씨온도로 환산하면 약 몇 ℃인가?

① 97℃ ② 87℃
③ 67℃ ④ 57℃

[해설]

K = 273 + ℃
360 = 273 + x
∴ x = 87℃

정답 ②

2 ■ PART 01 핵심이론

핵심이론

필수적으로 학습해야 하는 중요한 이론들을 각 과목별로 분류하여 수록하였습니다. 시험과 관계없는 두꺼운 기본서의 복잡한 이론은 이제 그만! 시험에 꼭 나오는 이론을 중심으로 효과적으로 공부하십시오.

핵심이론 02 압력(Pressure)

단위 면적 1cm²에 작용하는 힘(kg 또는 lb)의 크기로, 단위는 kg/cm² 또는 1lb/in²(psi ; Pound per Spuare Inch)이다.

① 표준 대기압(atm) : 1기압은 위도 45°의 해면에서 0℃ 760mmHg가 매 cm²에 주는 힘으로,
1atm = 760mmHg = 10,332mmH₂O(mmAq = kg/m²)
= 1.0332kg/cm² = 14.7psi(= lb/inch²)
= 1,013.25mbar = 101,325Pa(= N/m²)

② 공학기압(1at)
1kg/cm² = 735.6mmHg = 10H₂O = 0.9807bar
= 980.7mbar = 9.807Pa = 0.9679atm
= 14.2lb/in² = 98.07kPa

③ 게이지 압력 : 표준 대기압을 0으로 하여 측정한 압력, 즉 압력계가 표시하는 압력이다.
※ 단위 : kg/cm²g, kg/m²g, lb/in²g

④ 절대압력 : 완전 진공을 0으로 하여 측정한 압력이다.
※ 단위 : kg/cm²a, kg/m²a, lb/in²a
㉠ 절대압력(kg/cm² a)
= 대기압(1.033kg/cm²) + 게이지 압력(kg/cm²)
㉡ 절대압력 = 대기압 − 진공압
㉢ 게이지 압력(kg/cm²)
= 절대압력(kg/cm²a) − 대기압(1.033kg/cm²)
※ 1kg/cm² = 0.1MPa

⑤ 진공도(Vacuum) : 대기압보다 낮은 압력을 진공도 또는 진공압력이라 한다. 단위는 cmHg(V), InHg(V)로 표시하며, 진공도를 절대압력으로 환산하면 다음과 같다.
㉠ cmHgV 시에 kg/cm²a로 구할 때
$P = 1.033 \times \left(1 - \frac{h}{76}\right)$
㉡ cmHgV 시에 lb/in²a로 구할 때
$P = 14.7 \times \left(1 - \frac{h}{76}\right)$
㉢ inHgV 시에 kg/cm²a로 구할 때
$P = 1.033 \times \left(1 - \frac{h}{30}\right)$
㉣ inHgV 시에 lb/in²a로 구할 때
$P = 14.7 \times \left(1 - \frac{h}{30}\right)$

⑥ 압력계
㉠ 복합 압력계 : 진공과 저압을 측정할 수 있는 압력계
㉡ 고압 압력계 : 대기압 이상의 압력을 측정할 수 있는 압력계
㉢ 매니폴드 게이지 : 복합 압력계와 고압 압력계가 같이 붙어 있는 게이지

10년간 자주 출제된 문제

2-1. 게이지 압력이 1.57MPa이고, 대기압이 0.103MPa일 때 절대압력은 몇 MPa인가?

① 1.467 ② 1.673
③ 1.783 ④ 1.008

2-2. 압력에 대한 설명으로 옳은 것은?

① 단위 면적당 작용하는 힘이다.
② 단위 부피당 작용하는 힘이다.
③ 물체의 무게를 비중량으로 나눈 값이다.
④ 물체의 무게에 비중량을 곱한 값이다.

[해설]

2-1
절대압력 = 대기압 + 게이지압 = 1.57 + 0.103 = 1.673

2-2
단위 면적 1cm²에 작용하는 힘(kg 또는 lb)의 크기로 단위는 kg/cm² 또는 1lb/in²(psi ; Pound per Square Inch)이다.

정답 2-1 ② 2-2 ①

CHAPTER 01 열설비 설치 및 관리 ■ 3

10년간 자주 출제된 문제

출제기준을 중심으로 출제 빈도가 높은 기출문제와 필수적으로 풀어보아야 할 문제를 핵심이론당 1~2문제씩 선정했습니다. 각 문제마다 핵심을 찌르는 명쾌한 해설이 수록되어 있습니다.

STRUCTURES

2012년 제 1 회 과년도 기출문제

01 연료의 인화점에 대한 설명으로 가장 옳은 것은?

① 가연물을 공기 중에서 가열했을 때 외부로부터 점화원 없이 발화하여 연소를 일으키는 최저 온도
② 가연성 물질이 공기 중의 산소와 혼합하여 연소할 경우에 필요한 혼합가스의 농도 범위
③ 가연성 액체의 증기 등이 불씨에 의해 불이 붙는 최저 온도
④ 연료의 연소를 계속 시키기 위한 온도

해설
인화점
공기 중에서 가연성분이 외부의 불꽃에 의해 불이 붙는 최저 온도

02 다음 중 파형 노통의 종류가 아닌 것은?

① 모리슨형
② 아담슨형
③ 파브스형
④ 브라운형

해설
아담슨형은 평형 노통에서 1m마다 조인트되는 노통보강형 기구이다.
※ 파형 노통의 종류 : 모리슨형, 데이톤형, 폭스형, 파브스형, 리즈포즈형, 브라운형

03 주철제 보일러의 일반적인 특징 설명으로 틀린 것은?

① 내열성과 내식성이 우수하다.
② 대용량의 고압 보일러에 적합하다.
③ 열에 의한 부동팽창으로 균열이 발생하기 쉽다.
④ 쪽수의 증감에 따라 용량 조절이 편리하다.

해설
주철제 보일러

장 점	단 점
• 조립식으로 해체, 운반, 반입이 용이하다. • 조립식으로 용량의 증감이 용이하다. • 사고 시 재해가 적다. • 내식성	• 고압 대용량에 부적당하다. • 인장강도 및 충격에 약하다. • 청소 및 점검이 곤란하다. • 열에 의한 부동팽창으로 균열의 우려가 있다.

04 증기의 …
급수를 …

① 워싱…
② 기어…
③ 벌류…
④ 디퓨…

해설
워싱턴 펌…

과년도 기출문제

지금까지 출제된 과년도 기출문제를 수록하였습니다. 각 문제에는 자세한 해설이 추가되어 핵심이론만으로는 아쉬운 내용을 보충 학습하고 출제경향의 변화를 확인할 수 있습니다.

2025년 제 1 회 최근 기출복원문제

01 다음 중 잠열 변화과정에 해당하는 것은?

① −20℃의 얼음을 0℃의 얼음으로 변화시켰다.
② 0℃의 얼음을 0℃의 물로 변화시켰다.
③ 0℃의 물을 100℃의 물로 변화시켰다.
④ 100℃의 증기를 110℃의 증기로 변화시켰다.

해설
잠열(潛熱)은 물질의 상태가 변할 때 온도 변화 없이 흡수되거나 방출되는 열을 의미한다. 예를 들어, 얼음이 녹아 물이 되거나 물이 끓어 수증기가 되는 과정에서 온도 변화 없이 출입하는 열이 잠열이다. 이는 '숨은 열'이라는 한자 뜻처럼, 상태 변화과정에서 겉으로 드러나지 않고 물질에 '잠겨 있는 열'이다.

02 천연가스는 약 몇 ℃에서 액화되는가?

① −122℃ ② −132℃
③ −152℃ ④ −162℃

해설
천연가스는 약 −162℃에서 액화된다. 이 온도에서 액화된 액화천연가스(LNG)는 부피가 약 1/600로 줄어들어 운송 및 저장이 용이해진다.

03 다음 중 열역학 제1법칙은?

① 질량 불변의 법칙
② 에너지 보존의 법칙
③ 엔트로피 보존의 법칙
④ 작용–반작용의 법칙

해설
열역학 제1법칙 : 에너지의 총량은 일정하게 유지된다는 원칙이다.
$\Delta U = Q - W$ 또는 $\Delta U = Q + W$(계에 일을 하는 경우)
(여기서, ΔU : 내부 에너지 변화, Q : 계에 가해진 열, W : 계가 한 일)

04 장치 내에 공급된 열량 중에서 그 열을 유효하게 이용한 열량과의 비율을 나타낸 것은?

① 열정산 ② 발열량
③ 유효 출열 ④ 열효율

해설
열효율은 열기관이나 에너지 변환시스템에서 투입된 열에너지 대비 실제로 유효한 일로 전환된 에너지의 비율을 의미한다. 즉,
$$\text{열효율} = \frac{\text{유효 출열}}{\text{총입열량}} \times 100 = \frac{\text{유효 출열}}{\text{공급 열량}} \times 100$$

05 다음 중 비접촉식 온도계가 아닌 것은?

① 광고온계 ② 방사온도계
③ 열전온도계 ④ 색온도계

해설
비접촉식 온도계의 종류 : 광고온도계, 방사온도계, 광전관식 온도계, 색온도계

1 ② 2 ④ 3 ② 4 ④ 5 ③ 정답

최근 기출복원문제

최근에 출제된 기출문제를 복원하여 가장 최신의 출제경향을 파악하고 새롭게 출제된 문제의 유형을 익혀 처음 보는 문제들도 모두 맞힐 수 있도록 하였습니다.

최신 기출문제 출제경향

2022년 1회

- 분출장치
- 공기예열기 설치 시 특징
- 액체연료의 특징
- 송풍기의 종류
- 보일러 마력
- 주철제 보일러

2022년 2회

- 연소의 종류
- 급수처리(관 외 처리)
- 공기량이 지나치게 클 때
- 중유의 연소 상태를 개선하기 위한 첨가제
- 상당증발량(kg/h), 보일러 효율
- 실화(失火)의 일반적인 원인

2023년 1회

- 보온재의 구비조건
- 급수밸브 및 체크밸브의 크기
- 보일러 열정산의 목적
- 캐비테이션의 발생원인
- 중유의 연소 상태를 개선하기 위한 첨가제
- 기수분리기의 종류

2023년 2회

- 수면계의 점검시기
- 수트 블로어의 종류
- 비접촉식 온도계
- 안전밸브를 부착하는 곳
- 상당증발량(kg/h), 보일러 효율
- 증기에 대한 기본 성질

2024년 1회

- 공기예열기의 특징
- 강철제 보일러의 수압시험압력
- 보일러의 보존법
- 무기질 보온재의 안전사용 최고온도
- 상당증발량(kg/h), 보일러 효율
- 에너지이용합리화 기본계획

2024년 2회

- 수면계의 점검시기
- 증기엔탈피의 종류, 강철제 증기보일러의 수압시험압력
- 신축이음장치, 동관용 공구
- 급수처리방법, 입열항목 열손실
- 압력의 단위
- 안전밸브 및 압력방출장치의 크기

2025년 1회

- 보일러의 용량 표시방법
- 이상기체의 특성
- 자연 통풍력을 증가시키는 방법
- 왕복동식 펌프
- 자발적 협약에 포함하여야 할 내용
- 신재생에너지 설비 중 수소에너지 설비

2025년 2회

- 편심 리듀셔를 사용하는 이유
- 보일러의 방폭문(또는 폭발구)
- 국제단위계(SI)의 기본단위계
- 역화 방지대책
- 공기비
- 에너지사용계획을 수립하여 제출하여야 하는 대상 사업

D-20 스터디 플래너

20일 완성!

D-20	D-19	D-18	D-17
시험안내 및 빨간키 훑어보기	CHAPTER 01 열설비 설치 및 관리 1. 보일러 설비 운영	CHAPTER 01 열설비 설치 및 관리 2. 보일러의 부대설비 설치 및 관리	CHAPTER 01 열설비 설치 및 관리 3. 보일러 부속설비의 설치 및 관리

D-16	D-15	D-14	D-13
CHAPTER 01 열설비 설치 및 관리 4. 보일러 안전장치 장비	CHAPTER 01 열설비 설치 및 관리 5. 보일러 열효율 및 정상	CHAPTER 01 열설비 설치 및 관리 6. 보일러설비 설치	CHAPTER 01 열설비 설치 및 관리 7. 보일러 제어설비의 설치

D-12	D-11	D-10	D-9
CHAPTER 01 열설비 설치 및 관리 8. 보일러 배관설비의 설치 및 관리	CHAPTER 02 열설비 운전 및 관리 1. 보일러 운전	CHAPTER 02 열설비 운전 및 관리 2. 보일러의 수질관리	CHAPTER 02 열설비 운전 및 관리 3. 보일러의 안전관리

D-8	D-7	D-6	D-5
CHAPTER 03 에너지 관계 법규	2012~2013년 과년도 기출문제 풀이	2014~2016년 과년도 기출문제 풀이	2017~2019년 과년도 기출복원문제 풀이

D-4	D-3	D-2	D-1
2020~2022년 과년도 기출복원문제 풀이	2023~2024년 과년도 기출복원문제 풀이	2025년 최근 기출복원문제 풀이	이론 및 기출복원문제 복습

합격 수기

안녕하세요! 에너지관리기능사 합격했습니다.

오늘 발표났네요. 두 번 낙방하고 합격한 거라 시원하기도 하고 힘들었던 기억이 주마등처럼 지나가네요 ㅠㅠ 합격해서 넘 뿌듯합니다! 일단 대단한 건 없지만 팁 공유할려구요. 저도 합격하신 분들 수기 보면서 더 열심히 해야지 하면서 불태웠거든요. 도움이 됐음 합니다. 필기 책은 시대고시에서 나온 거 봤구요. 윙크 에너지관리기능사요. 시험 낙방하고 의욕이 제로였습니다. 그래서 이번 시험을 좀 늦게 준비했습니다. 한 3주 전쯤? 뭔가 불똥 떨어지듯 공부하려니깐 책은 두껍고 답답해서 좀 찾아봤는데, 단기완성으로 나온 게 있더라구요. 책도 얇은데 기출은 꽤 들어가 있고, 상위 랭크에 있길래 믿고 구매했습니다. 공부하면서 느낀 게, 구성이 좋다는 거였어요! 이론은 딱 필요한 것만 있고, 대신 기출 해설이 엄청 자세해요 ㅋㅋ 그래서 저는 기출 위주로 3주 전부터 4시간씩 봤어요. 3번 정도 돌려본 거 같은데 보다보니 진짜 공부가 되더라구요. 그래서 반복학습이 중요하다고 하나 봐요. 암튼 그렇게 공부하고 합격했습니다. 뭐가 거창하게 있는 건 아니고, 꾸준히! 반복해서! 공부한다는 게 젤 중요한 거 같아요. 다 아는 내용이지만 사실 실천하는 게 힘드니깐요. 딱 3주만 공부해보세요. 필기는 합격합니다!

2022년 에너지관리기능사 합격자

저 사실 많이 준비는 못했어요. 합격했다는 게 그저 신기...

2과목 공부가 너무 안 돼서 반 포기상태였어요. 그만큼 이론에 자신이 없었거든요. 그래도 최소한 요점정리만이라도 외워가자 했던 게 이렇게 도움이 될 줄 몰랐습니다. 윙크 책 앞에 정리되어 있는 빨간키만 시험 전날에 달달 외워갔거든요? 공식은 거의 다 외워갔는데, 계산 문제가 많이 나와서 진짜 다행이었어요. 한 일곱 문제 배당받은 거 같은데 확실하게 다 맞았던 거 같아요. CBT는 약간 운도 필요한 거 같더라구요. 어떤 문제를 배정받느냐가 진짜 복불복이잖아요. 솔직히 좋은 건진 잘 모르겠지만요. 암튼 윙크 책의 도움이 진짜 컸던 거 같구요, 말만 요점정리가 아니라 시험장에서 필요한 키워드만 딱딱 모아놨다는 게 신기하기도 하고, 기출에서 많이 나온 단어나 이론들을 분석해서 정리했다고 생각하니깐 신뢰가 많이 갔어요.

2023년 에너지관리기능사 합격자

이 책의 목차

빨리보는 간단한 키워드

빨간키

빨리보는 간단한 키워드

보일러의 종류

<table>
<tr><td rowspan="13">보일러의 종류</td><td rowspan="4">원통형</td><td colspan="2">입 형</td><td>입형횡관식, 입형연관식, 코크란보일러</td></tr>
<tr><td rowspan="3">횡 형</td><td>노 통</td><td>코르니시, 랭커셔보일러</td></tr>
<tr><td>연 관</td><td>횡연관식, 기관차, 케와니보일러</td></tr>
<tr><td>노통연관</td><td>스코치, 하우덴 존슨, 노통연관패키지보일러</td></tr>
<tr><td rowspan="3">수관식</td><td colspan="2">자연 순환식</td><td>배브콕, 츠네키치, 타쿠마, 야로, 2동 D형 보일러</td></tr>
<tr><td colspan="2">강제 순환식</td><td>라몬트, 베록스보일러</td></tr>
<tr><td colspan="2">관류식</td><td>벤슨, 슐져(또는 슐처), 람진보일러</td></tr>
<tr><td>주철제</td><td colspan="3">주철제 섹셔널보일러</td></tr>
<tr><td rowspan="4">특수보일러</td><td colspan="2">특수액체보일러</td><td>다우섬, 모빌섬, 수은, 카네크롤액, 시큐리티</td></tr>
<tr><td colspan="2">특수연료보일러</td><td>버개스, 흑액, 소다회수, 바크보일러</td></tr>
<tr><td colspan="2">폐열보일러</td><td>리보일러, 하이네보일러</td></tr>
<tr><td colspan="2">간접가열보일러</td><td>슈미트, 레플러보일러</td></tr>
</table>

급수내관

보일러에 집중적으로 급수할 때 동판의 부동팽창, 열응력 발생을 방지하며 안전 저수면보다 50mm 아래에 설치한다.

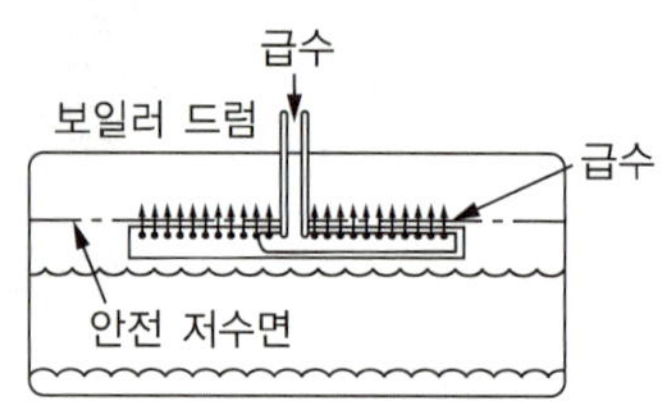

원심펌프(안내깃에 의한 분류)

- 벌류트펌프(Volute Pump)
  - 회전자(Impeller) 주위에 안내깃이 없고, 바깥둘레에 바로 접하여 와류실이 있는 펌프
  - 양정이 낮고 양수량이 많은 곳에 사용한다.
- 터빈펌프(Turbine Pump)
  - 회전자(Impeller)의 바깥둘레에 안내깃이 있는 펌프
  - 원심력에 의한 속도에너지를 안내날개(안내깃)에 의해 압력에너지로 바꾸어 주기 때문에 양정이 높은 곳, 즉 방출압력이 높은 곳에 적절하다.

펌프의 상사법칙

- 유량 : $Q_2 = Q_1 \times \dfrac{N_2}{N_1} \times \left(\dfrac{D_2}{D_1}\right)^3$
- 전양정 : $H_2 = H_1 \times \left(\dfrac{N_2}{N_1}\right)^2 \times \left(\dfrac{D_2}{D_1}\right)^2$
- 동력 : $P_2 = P_1 \times \left(\dfrac{N_2}{N_1}\right)^3 \times \left(\dfrac{D_2}{D_1}\right)^5$

여기서, N : 회전수(rpm), D : 내경(mm)

폐열회수장치(여열장치)

- 정의 : 보일러에서 배출되는 배기가스의 열(손실열)을 회수하여 연료절감을 도모하고 열효율을 향상시키기 위한 장치
- 종류 : 과열기 – 재열기 – 절탄기 – 공기예열기

안전장치 및 부속품

안전밸브 관경 : 25mm 이상(단, 다음의 경우에는 20mm 이상으로 할 수 있다)

- DP 0.1MPa 이하의 보일러
- DP 0.5MPa 이하로 동체의 안지름 500mm 이하, 동체의 길이 1,000mm 이하의 것
- DP 0.5MPa 이하로 전열면적 $2m^2$ 이하의 것
- 최대증발량 5t/h 이하의 관류 보일러
- 소용량 보일러

화염검출기

기름 및 가스 점화 보일러에는 그 연소장치에 버너가 이상 소화(消火)되었을 때 신속하게 그것을 탐지하는 화염검출기를 설치하여야 한다. 화염검출기가 정확하게 기능하지 않으면 노내 가스 폭발 발생의 원인이 된다. 화염검출기에는 Flame Eye, Stack Switch 및 Flame Rod가 사용된다.

- Flame Eye : 버너 염으로부터의 광선을 포착할 수 있는 위치에 부착되어 입사광(入射光)의 에너지를 광전관에서 포착하여 출력 전류를 신호로 하여 조절부에 보내는 것(화염의 발광체 즉 방사선이나 적외선을 이용해서 화염을 검출)
- Stack Switch : 연도에 설치된 바이메탈 온도 스위치로 버너가 착화되면 연도가스의 온도가 상승하고, 바이메탈 스위치는 전기회로를 닫는다. 반대로 버너가 점화되지 않거나 불이 꺼졌을 때는 전기회로가 열려 ON, OFF 신호를 통해 조절부에 보내진다(화염의 발열을 이용해서 화염을 검출).
- Flame Rod : 버너의 분사구 가까운 화염 중에 설치된 전극이다. 화염은 전기를 전달하는 성질이 있기 때문에 화염이 있을 때는 전극에 전류가 흐르고, 화염이 없을 때는 전기가 흐르지 않도록 한다(화염의 전기 전도성, 즉 이온화 현상을 이용해서 화염 검출).

압력계

- 알고 있는 힘과 측정하려는 압력을 일치시켜 압력을 측정하는 법
  - 액주를 이용하는 법 : 액주식 압력계, 링 밸런스식(환산 천칭식) 압력계
  - 침종을 이용하는 법 : 침종식 압력계
- 압력의 강약에 의한 물체의 탄성 변위량을 이용하는 법 : 부르동관 압력계, 벨로스 압력계, 다이어프램 압력계
- 물리적 현상을 이용하는 법 : 전기 저항식 압력계, 기체 압력계, 압전기식 압력계

서비스탱크

- 설치목적 : 중유의 예열 및 교체를 쉽게 하기 위해 설치한다.
- 설치위치
  - 보일러 외측에서 2m 이상 간격을 둔다.
  - 버너 중심에서 1.5~2m 이상 높게 설치한다.
- 예열온도 : 60~70℃
- 용량 : 버너의 최대 연료소비량의 2~3시간을 저장하는 용량이다.

오일프리히터

- 설치목적 : 기름의 점도를 낮추어 무화효율 및 연소효율을 높이기 위해 설치한다.
- 예열온도 : 80~90℃(동점도 : 20~40센티스토크스)

수트 블로어 : 전열면에 부착된 그을음을 제거하여 전열을 좋게 하는 장치(분사매체 : 증기, 공기)

- 수트 블로어의 종류

롱 리트랙터블형	과열기와 같은 고온 전열면에 사용
쇼트 리트랙터블형(건타입형)	연소로벽, 전열면 등에 사용
회전형	절탄기와 같은 저온 전열면에 사용

- 수트 블로어 실시 시기 : 전열면에 부착된 그을음을 제거하는 장치로 보일러 부하가 가벼울 때

보일러 열효율

연소효율에 전열효율을 곱한 값이다.

- 증발계수 $= \dfrac{\text{증기엔탈피} - \text{급수엔탈피}}{539}$
- 증발배수 $= \dfrac{\text{실제증발량(kg/h)}}{\text{연료소모량(kg/h)}}$

전열면적당 방출관의 안지름

$10m^2$ 미만	25mm 이상
$10m^2$ 이상 $15m^2$ 미만	30mm 이상
$15m^2$ 이상 $20m^2$ 미만	40mm 이상
$20m^2$ 이상	50mm 이상

보일러 효율(η)

$$\frac{G_a(h''-h')}{G_f \times H_l} \times 100 = \frac{G \times C \times \Delta t}{G_f \times H_l} \times 100 = \frac{G_e \times 539}{G_f \times H_l} \times 100$$

보일러 용량

- 정격용량(kg/h) : 보일러 메이커가 보증하는 최대증발량 또는 최대열출력
- 정격출력(kcal/h) : 보일러 출력의 표시는 정격출력을 열량(kcal/h)으로 표시하거나 환산증발량으로 표시하기도 한다. 정격출력은 최대연소 부하에 의한 출력으로, 일반적으로 상용 출력의 125%이다(정격출력 = 상용 출력 ×1.25).
- 실제증발량 : 증기유량계 또는 급수량계에 의해 측정이 가능한 실제로 발생한 증기량
- 상당(환산)증발량 $= \dfrac{\text{매시 실제증발량}(h''-h')}{539}$ (kg/h)

  여기서, h'' : 증기엔탈피(kcal/kg)

  h' : 급수엔탈피(kcal/kg)

  ※ 상당증발량 : 실제로 급수에서 소요증기를 발생시키기 위해 필요한 열량을 100℃의 포화수를 증발시켜 100℃의 건포화 증기로 한다고 하는 기준 상태의 열량으로 환산한 것
- 보일러 마력 $= \dfrac{\text{상당증발량}}{15.65} = \dfrac{\text{매시 실제증발량}(h''-h')}{539 \times 15.65}$

  ※ 보일러 마력 : 100℃ 물 15.65kg을 1시간 동안 같은 온도의 증기로 변화시킬 수 있는 능력

고체의 연소

고체에서는 여러 가지 연소형태가 복합적으로 나타난다.

- 표면연소 : 목탄(숯), 코크스, 금속분 등이 열분해하여 고체의 표면이 고온을 유지하면서 가연성가스를 발생하지 않고 물질 자체의 표면이 빨갛게 변하면서 연소하는 형태
- 분해연소 : 석탄, 종이, 목재, 플라스틱의 고체 물질과 중유와 같은 점도가 높은 액체연료에서 찾아볼 수 있는 형태로 열분해에 의해서 생성된 분해생성물과 산소와 혼합하여 연소하는 형태
- 증발연소 : 나프탈렌, 장뇌, 유황, 왁스, 파라핀, 촛불과 같이 고체가 가열되어 가연성가스를 발생시켜 연소하는 형태
- 자기연소 : 화약, 폭약의 원료인 제5류 위험물 나이트로글리세린, 나이트로셀룰로스, 질산 에스테르에서 볼 수 있는 연소의 형태로서 공기 중의 산소를 필요로 하지 않고 물질 자체에 함유되어 있는 산소로부터 내부 연소하는 형태

연소 계산

- 저위발열량(H_l) = 고위발열량(H_h) − 600(9H＋W)

  여기서, H : 수소의 성분

  W : 수분의 성분
- 이론산소량(O_0) : 연료의 완전연소에 필요한 이론상의 최소 산소량을 말하며, 연료의 가연 성분량을 알면 화학 방정식으로 계산하여 구할 수 있다.

• 이론공기량(A_0)

– 기체 연료의 이론 공기량

$$A_0 = \frac{1}{0.21}\left[\frac{1}{2}(H_2) + \frac{1}{2}(CO) + 2(CH_4) + 3(C_2H_4) - O_2 + \cdots\right]$$

– 고체, 액체 연소에 요하는 공기량

$$A_0 = 11.49C + 34.5\left(H - \frac{O}{8}\right) + 4.31S$$

체적당의 $A_0 = \frac{1}{0.21}(1.867C + 5.6h - 0.7O + 0.7S)$

$$= 8.89C + 26.7\left(h - \frac{O}{8}\right) + 3.33s\ (Nm^3)$$

• 실제공기량(A) $= m \times A_0$

여기서, m : 공기비

A_0 : 이론공기량

• 공기비(m) $= \dfrac{\text{실제공기량}(A)}{\text{이론공기량}(A_0)}$

통풍의 종류와 특성

• 자연통풍

– 연돌에 의한 통풍으로 연돌 내에서 발생하는 대류현상에 의해 이루어지는 통풍을 말한다.

– 배기가스의 속도 : 3~4m/sec

– 통풍력 : 15~20mmH_2O

• 강제통풍(송풍기에 의한 인위적 통풍방법)

– 압입통풍 : 연소실 입구에 송풍기를 설치하여 연소실 내에 연소용 공기를 송입하는 방식
노내압 : 정(+)압 유지, 배기가스속도 : 6~8m/sec

– 흡입통풍 : 연도에 송풍기를 설치하여 연소실 내의 연소가스를 강제로 빨아내는 방식
노내압 : 부(−)압 유지, 배기가스 속도 : 8~10m/sec

– 평형통풍 : 압입통풍과 흡입통풍을 겸한 방법으로 연소실 내의 압력조절이 용이함
노내압 : 대기압 유지, 배기가스 속도 : 10m/sec

• 자연통풍력을 증가시키는 방법

– 연돌의 높이를 높게 한다.

– 배기가스의 온도를 높게 한다.

– 연돌의 단면적을 넓게 한다.

– 연도의 길이는 짧게 하고 굴곡부를 적게 한다.

• 통풍력(Z, 단위 : mmH_2O)

$$Z = 273 \times H \times \left(\frac{r_a}{273 + t_a} - \frac{r_g}{273 + t_g} \right)(mmH_2O)$$

$$= 355 \times H \times \left(\frac{1}{273 + t_a} - \frac{1}{273 + t_g} \right)(mmH_2O)$$

송풍기의 소요마력

• 송풍기의 소요동력 $N = \dfrac{P \times Q}{102 \times \eta \times 60}(kW)$

• 송풍기의 번호

– 다익 송풍기의 번호 : $No. = \dfrac{\text{임펠러 지름(mm)}}{150}$

– 축류형 송풍기의 번호 : $No. = \dfrac{\text{임펠러 지름(mm)}}{100}$

집진장치의 종류와 특성

• 건식 집진장치

– 중력 집진장치 : 중력 침강식, 다단 침강식

– 관성력 집진장치(함진가스를 방해판 등에 충돌시키거나 기류의 방향 전환을 시켜 포집하는 방식) : 충돌식, 반전식

– 원심력 집진장치 : 사이클론식, 멀티클론식

– 여과 집진장치 : 원통식, 평판식, 역기류분사형, 백필터

• 습식(세정식) 집진장치 : 함진배기가스를 액방울이나 액막에 충돌시켜 매진을 포집하는 장치

– 가압수식(사이클론 스크러버, 제트 스크러버, 벤투리 스크러버, 충전탑)

– 유수식

– 회전식

• 전기식 집진장치(코트렐) : 집진효율이 높고, $0.1\mu m$ 미세입자의 제거가 가능하며 압력손실이 작음

자동제어의 종류

• 시퀀스 제어 : 미리 정해진 순서에 따라 제어의 각 단계를 진행하는 제어(연소제어–점, 소화 순서)

• 피드백 제어 : 결과(입력)에 따라 원인(출력)을 가감하여 결과에 맞도록 수정을 반복하는 제어(급수제어, 온도제어, 노내압 제어 등)

자동제어의 신호전달방법

- 공기압식 : 전송거리 100m 정도
- 유압식 : 전송거리 300m 정도
- 전기식 : 전송거리 수 km까지 가능

보일러 자동제어

- 보일러 자동제어

보일러자동제어(ABC)	제어량	조작량
자동연소제어(ACC)	증기압력	연료량, 공기량
	노내압력	연소가스량
급수제어(FWC)	드럼수위	급수량
증기온도제어(STC)	과열증기온도	전열량

- 인터로크
  - 정의 : 어떤 조건이 충족될 때까지 다음 동작을 멈추게 하는 동작으로 보일러에서는 보일러 운전 중 어떤 조건이 충족되지 않으면 연료공급을 차단시키는 전자밸브(솔레노이드밸브, Solenoid Valve)의 동작을 말한다.
  - 종류 : 압력초과 인터로크, 저수위 인터로크, 불착화 인터로크, 저연소 인터로크, 프리퍼지 인터로크

난방 및 급탕부하의 종류

- 난방부하[방열량×방열면적(kcal/h)] : 난방에 필요한 공급 열량이며, 단위는 kcal/h이다. 실내에 열원이 없을 때의 난방부하는 관류(貫流) 및 환기에 의한 열부하, 난방장치의 손실열량 등으로 이루어진다.
- 급탕부하 : 급탕을 위해 가열해야 할 열량
- 배관부하 : 배관 내의 온수의 온도와 배관 주위 공기의 온도차에 따른 손실열량
- 예열부하(시동부하) : 냉각된 보일러를 운전온도가 될 때까지 가열하는 데 필요한 열량으로 보일러, 배관 등 철과 장치 내 보유하고 있는 물을 가열하는 데 필요한 열량

방열기 표준 방열량

증기 : 650(kcal/m^2·h), 온수 : 450(kcal/m^2·h)

응축수 환수방식에 따른 분류

- 중력환수식 : 환수관은 약 1/100 정도의 선하향 구배로 되어 있어서 응축수의 무게에 의한 고·저차로 환수하는 방식이다. 방열기는 보일러의 수면보다 높게 하여야 하고, 대규모 장치 시에는 중력으로 응축수를 탱크까지 환수시킨 후 응축수 펌프를 사용하여 보일러에 환수시킨다.
- 진공환수식 : 환수관의 말단에 진공펌프를 설치하여 장치 내의 공기를 제거하면서 환수는 펌프에 의해 보일러로 환수시키며, 환수관의 진공은 대략 100~250mmHg 정도이다(증기순환이 빠르고, 환수관경이 작아도 되며 설치 위치에 제한이 없고 공기밸브가 불필요함).

방열기의 호칭

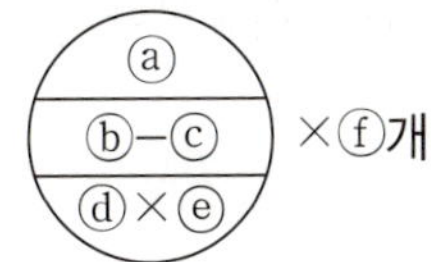

ⓐ 방열기 쪽수

ⓑ 방열기 종류별 약기호

ⓒ 방열기 형(치수, 높이)

ⓓ 입구관경(mm)

ⓔ 출구관경(mm)

ⓕ 대 수

강관의 종류

- 배관용 탄소강관 : SPP, 10cm^2 이하의 증기, 물, 가스
- 압력 배관용 탄소강관 : SPPS, 350℃ 이하, 10~100cm^2
- 고압 배관용 탄소강관 : SPPH, 350℃ 이하, 100cm^2 이상
- 고온 배관용 탄소강관 : SPHT, 350~450℃
- 배관용 합금강관 : SPA
- 저온 배관용 탄소강관 : SPLT(냉매배관용)
- 수도용 아연도금 강관 : SPPW
- 배관용 아크용접 탄소강 강관 : SPW
- 배관용 스테인리스강 강관 : STSXT
- 보일러 열교환기용 탄소강 강관 : STH

배관이음의 종류

강관이음, 주철관이음, 동관 접합, 염화비닐관 접합, 폴리에틸렌관 접합, 석면시멘트관 접합, 철근콘크리트 접합, 신축이음

신축이음의 종류

- 루프형(만곡형) : 강관 또는 동관을 굽혀서 루프상의 곡관을 만들어 그 힘에 의해서 신축을 흡수하는 방식(옥외 배관의 신축을 흡수하여 곡률반경은 관지름의 6배 이상으로 함)
- 벨로스형(파상형) : 온도 변화에 의한 관의 신축을 벨로스(파형 주름관)의 신축변형에 의해서 흡수시키는 방식으로 팩리스(Pack Less) 신축이음이라고도 한다.
- 미끄럼형(슬립형) : 이음 본체와 슬리브 파이프로 구성되며 최고 압력 10kg/cm^2 정도의 저압 증기배관 또는 온도 변화가 심한 물, 기름, 증기 등의 배관에 사용하며 과열 증기배관에는 부적합하다.

• 스위블형(스윙형) : 스윙 조인트 또는 지블이음이라고도 하며, 온수 또는 저압 증기의 분기점을 2개 이상의 엘보로 연결하여 관의 신축 시에 비틀림을 일으켜 신축을 흡수하여 온수 급탕배관에 주로 사용한다.

체크밸브(Check Valve)

유체의 흐름을 한쪽으로 흐르게 하고, 역류하면 자동적으로 배압에 의하여 밸브체가 닫히는 밸브

• 스윙형 체크밸브 : 핀을 축으로 하여 회전됨으로써 개폐되므로 유체에 대한 마찰저항이 리프트형보다 작고 수평, 수직 어느 배관에도 사용할 수 있다.

• 리프트형 체크밸브 : 유체의 압력으로 밸브가 수직으로 상하하면서 개폐되어 리프트는 밸브 지름의 1/4 정도이고, 유체의 흐름에 대한 마찰저항이 크고 수평 배관에만 사용된다.

트랩의 종류

기계식 트랩	상향 버킷형, 역버킷형, 레버플로트형, 프리플로트형
온도조절식 트랩	벨로스형, 바이메탈형
열역학식 트랩	오리피스형, 디스크형

패킹재

• 플랜지 패킹 : 고무 패킹, 네오프랜(합성고무), 석면조인트 패킹, 합성수지 패킹, 오일실 패킹, 금속 패킹

• 나사용 패킹 : 페인트, 일산화연, 액상 합성수지

• 그랜드 패킹 : 석면 각형 패킹, 석면 얀 패킹, 아마존 패킹, 몰드 패킹

동관용 공구

• 토치램프 : 고온으로 가열할 때 사용하는 장치

• 사이징 툴 : 동관을 박아 넣는 이음으로 접합할 경우 정확하게 원형으로 끝을 정형하기 위해 사용하는 공구

• 튜브벤더 : 동관을 굽힐 때 사용하는 공구

• 익스펜더 : 동관을 확관할 때 사용하는 공구

• 플레어링 툴 : 동관을 압축 접합할 때 사용하는 공구

관의 접합

• 강관 접합 : 나사 접합, 용접 접합, 플랜지 접합

• 동관 접합 : 플레어 접합, 납땜 접합, 용접 접합, 플랜지 접합

• 주철관 접합 : 소켓 접합, 기계적 접합, 플랜지 접합

• 연관의 접합 : 플라스턴 접합, 살붙임납땜 접합

- 염화비닐관 접합 : 냉간 접합법, 열간 접합법, 기계적 접합법(플랜지 접합, 테이퍼코어 접합, 테이프 조인트, 나사 접합)
- 폴리에틸렌 접합 : 융착슬리브 접합, 테이퍼 조인트 접합, 인서트 조인트 접합

배관 지지

- 행거 : 배관의 하중을 위에서 잡아당겨 지지해 주는 장치
  - 리지드 행거 : I빔(Beam)에 턴버클을 연결하여 파이프를 달아올리는 것(수직 방향에 변위가 없는 곳에 사용)
  - 스프링 행거 : 턴버클 대신에 스프링을 사용한 것
  - 콘스탄트 행거 : 배관 상하 이동을 허용하면서 관의 지지력을 일정하게 한 것
- 서포트 : 아래에서 위로 떠받치는 것
  - 파이프 슈 : 파이프로 직접 접속하는 지지대로서 배관의 수평 및 곡관부의 지지에 사용
  - 리지드 서포트 : 큰 빔 등으로 만든 배관 지지대
  - 스프링 서포트 : 스프링 작용으로 파이프의 하중 변화에 따라 상하 이동을 다소 허용한 것
  - 롤러 서포트 : 관의 측방향 이동을 자유롭게 하기 위해 배관을 롤러로 지지한 것
- 리스트레인 : 열팽창에 의한 배관의 측면 이동을 제한하는 것
  - 앵커 : 배관 지지점에서의 이동 및 회전을 방지하기 위해 지지점 위치에 완전히 고정하는 것
  - 스톱 : 배관의 일정한 방향으로 이동과 회전만 구속하고 다른 방향으로 자유롭게 이동하는 것
  - 가이드 : 배관의 회전을 제한하기 위해 사용해 왔으나 근래에는 배관계의 축 방향의 이동을 허용하는 안내 역할을 하며, 축과 직각 방향으로의 이동을 구속하는 데 사용된다.
- 브레이스 : 펌프, 압축기 등에서 발생하는 기계의 진동, 압축가스에 의한 서징, 밸브의 급격한 개폐에서 발생하는 수격작용, 지진 등에서 발생하는 진동을 억제하는 데 사용하며 진동을 완화하는 방진기와 충격을 완화하는 완충기

배관의 도시기호

명 칭	도시기호	명 칭	도시기호
나사형	─┼─	유니언	─╫─
용접형	─╳─	슬루스 밸브	─▷◁─
플랜지형	─╫─	글로브 밸브	─▷●◁─
턱걸이형	─(─	체크 밸브	─|N|─
납땜형	─○─	캡	──]

증기난방의 배관

- 리프트 피팅 : 저압증기환수관이 진공펌프의 흡입구보다 낮은 위치에 있을 때의 배관이음방법으로, 환수관 내의 응축수를 이음부 전후에서 형성되는 작은 압력차를 이용하여 끌어올릴 수 있도록 한 배관방법
  - 리프트관은 주관보다 1~2 정도 작은 치수를 사용
  - 리프트 피팅의 1단 높이 : 1.5m 이내(3단까지 가능)

  ※ 리프트 계수로서 진공환식 난방배관에서 환수를 유인하기 위한 배관방법이다.

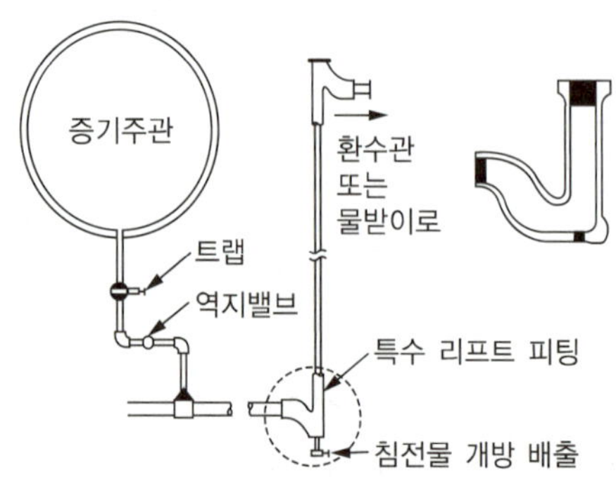

- 하트포드 배관법 : 저압 증기난방장치에서 환수주관을 보일러에 직접 연결하지 않고 증기관과 환수관 사이에 설치한 균형관에 접속하는 배관방법
  - 목적 : 환수관 파손 시 보일러 수의 역류를 방지하기 위해 설치
  - 접속위치 : 보일러 표준수위보다 50mm 낮게 접속

단열 보온재의 종류

- 무기질 보온재 : 안전사용온도 300~800℃의 범위 내에서 보온효과가 있는 것

  예 탄산마그네슘(250℃), 글라스울(300℃), 석면(500℃), 규조토(500℃), 암면(600℃), 규산칼슘(650℃), 세라믹 파이버(1,000℃)
- 유기질 보온재 : 안전사용온도 100~200℃의 범위 내에서 보온효과가 있는 것

  예 펠트류(100℃), 텍스류(120℃), 탄화코르크(130℃), 기포성수지

전열면적당 안전밸브 설치

전열면적이 50m² 이하	1개 설치
전열면적이 50m² 초과	2개 설치

수압시험압력

- 강철제 보일러
  - 보일러의 최고사용압력이 0.43MPa 이하일 때에는 최고사용압력의 2배의 압력으로 한다. 다만, 시험압력이 0.2MPa 미만인 경우에는 0.2MPa로 한다.

- 보일러의 최고사용압력이 0.43MPa 초과 1.5MPa 이하일 때는 최고사용압력의 1.3배에 0.3MPa를 더한 압력으로 한다.
- 보일러의 최고사용압력이 1.5MPa를 초과할 때에는 최고사용압력의 1.5배의 압력으로 한다.
- 조립 전에 수압시험을 실시하는 수관식 보일러의 내압 부분은 최고사용압력의 1.5배 압력으로 한다.

• 주철제 보일러
- 보일러의 최고사용압력이 0.43MPa(4.3kgf/cm^2) 이하일 때는 최고사용압력의 2배의 압력으로 한다. 다만, 시험압력이 0.2MPa(2kgf/cm^2) 미만인 경우에는 0.2MPa(2kgf/cm^2)로 한다.
- 보일러의 최고사용압력이 0.43MPa(4.3kgf/cm^2)를 초과할 때는 최고사용압력의 1.3배에 0.3MPa (3kgf/cm^2)을 더한 압력으로 한다.
- 조립 전에 수압시험을 실시하는 주철제 압력부품은 최고사용압력의 2배의 압력으로 한다.

프라이밍 및 포밍

• 프라이밍 : 관수의 농축, 급격한 증발 등에 의해 동수면에서 물방울이 튀어오르는 현상
• 포밍 : 관수의 농축, 유지분 등에 의해 동수면에 기포가 덮여 있는 거품 현상

캐리오버(기수공발) : 발생증기 중 물방울이 포함되어 송기되는 현상

분출장치

• 구 분
- 수면분출장치(수면에 설치) : 관수중의 부유물, 유지분 등을 제거하기 위해 설치한다(연속취출).
- 수저분출장치(동저부에 설치) : 수중의 침전물(슬러지 등)을 분출 제거하기 위해 설치한다(단속취출 또는 간헐취출).

• 분출의 목적
- 관수의 농축 방지
- 슬러지분의 배출 제거
- 프라이밍, 포밍의 방지
- 관수의 pH 조정
- 가성취화 방지
- 고수위 방지

• 분출의 시기
- 다음날 아침 보일러를 가동하기 전
- 보일러 부하가 가장 가벼울 때
- 프라이밍, 포밍 발생 시
- 고수위일 때

보일러 사고의 원인

- 제작상의 원인 : 재료 불량, 강도 부족, 구조 및 설계 불량, 용접 불량, 부속기기의 설비 미비 등
- 취급상의 원인 : 저수위, 압력 초과, 미연가스에 의한 노내 폭발, 급수처리 불량, 부식, 과열 등

역화(백파이어) 발생원인

- 미연가스에 의한 노내 폭발이 발생하였을 때
- 착화가 늦어졌을 때
- 연료의 인화점이 낮을 때
- 공기보다 연료를 먼저 공급했을 경우
- 압입통풍이 지나치게 강할 때

보일러 부식

- 외부 부식
  - 저온 부식 : 연료성분 중 S(황분)에 의한 부식
  - 고온 부식 : 연료성분 중 V(바나듐)에 의한 부식(과열기, 재열기 등에서 발생)
  - 산화 부식 : 산화에 의한 부식
- 내부 부식
  - 국부 부식(점식) : 용존산소에 의해 발생
  - 전면 부식 : 염화마그네슘($MgCl_2$)에 의해 발생
  - 알칼리 부식 : pH 12 이상일 때 농축 알칼리에 의해 발생

보일러의 보존

- 만수보존
  - 보일러수에 약제를 첨가하여 동 내부를 완전히 충만시켜 밀폐 보존하는 방법(3개월 이내의 단기 보존방법)
  - 첨가약제(알칼리도 상승제) : 가성소다, 탄산소다, 아황산소다, 하이드라진, 암모니아 등
  - pH 12 정도 유지
- 건조보존 : 완전 건조시킨 보일러 내부에 흡습제 또는 질소가스를 넣고 밀폐 보존하는 방법(6개월 이상의 장기 보존방법)
  - 흡습제 : 생석회, 실리카겔, 활성알루미나, 염화칼슘, 기화방청제 등
  - 질소가스 봉입 : 압력 $0.6kg/cm^2$으로 봉입·밀폐 보존함

PART 01

핵심이론

CHAPTER 01

열설비 설치 및 관리

제1절 보일러 설비 운영

1-1. 열의 기초

핵심이론 01 온 도

① 섭씨온도(Celsius Temperature) : 섭씨온도란 표준 대기압(1atm)하에서 물이 어는 온도(빙점)를 0℃로 정하고, 끓는 온도(비점)를 100℃로 정한 다음 그 사이를 100등분하여 한 눈금을 1℃로 규정한다.

② 화씨온도(Fahrenheit Temperature) : 화씨온도란 표준 대기압(1atm)인 상태에서 물이 어는 온도(빙점)를 32°F, 끓는 온도(비점)를 212°F로 정한 다음 그 사이를 180등분하여 한 눈금을 1°F로 규정한다.

온도 상호 간의 공식

- K = 273 + ℃
- $°F = \frac{9}{5}℃ + 32$
- °R = °F + 460

③ 절대온도(Absolute Temperature) : 온도의 시점(始點)을 −273.16℃로 한 온도로, K로 표시한다.

- 섭씨 절대온도(Kelvin 온도)
  K = 273 + ℃, 0℃ = 273K, 0K = −273℃
- 화씨 절대온도(Rankine 온도)
  °R = 460 + °F, °F = °R − 460

④ 건구온도 : 온도계로 측정할 수 있는 온도

⑤ 습구온도 : 봉상 온도계(유리 온도계)의 수은 부분에 명주를 물에 적셔 수분이 대기 중에 증발될 때 측정한 온도

⑥ 노점온도 : 대기 중에 존재하는 포화증기가 응축하여 이슬이 맺히기 시작할 때의 온도

10년간 자주 출제된 문제

절대온도 360K를 섭씨온도로 환산하면 약 몇 ℃인가?

① 97℃ ② 87℃
③ 67℃ ④ 57℃

해설

K = 273 + ℃
360 = 273 + x
∴ x = 87℃

정답 ②

핵심이론 02 압력(Pressure)

단위 면적 $1cm^2$에 작용하는 힘(kg 또는 lb)의 크기로, 단위는 kg/cm^2 또는 $1lb/in^2$(psi ; Pound per Spuare Inch)이다.

① **표준 대기압(atm)** : 1기압은 위도 45°의 해면에서 0℃ 760mmHg가 매 cm^2에 주는 힘으로,

$1atm = 760mmHg = 10,332mmH_2O(mmAq = kg/m^2)$
$= 1.0332kg/cm^2 = 14.7psi(= lb/inch^2)$
$= 1,013.25mbar = 101,325Pa(= N/m^2)$

② **공학기압(1at)**

$1kg/cm^2 = 735.6mmHg = 10H_2O = 0.9807bar$
$= 980.7mbar = 9,807Pa = 0.9679atm$
$= 14.2lb/in^2 = 98.07kPa$

③ **게이지 압력** : 표준 대기압을 0으로 하여 측정한 압력, 즉 압력계가 표시하는 압력이다.

※ 단위 : kg/cm^2g, kg/m^2g, lb/in^2g

④ **절대압력** : 완전 진공을 0으로 하여 측정한 압력이다.

※ 단위 : kg/cm^2a, kg/m^2a, lb/in^2a

㉠ 절대압력(kg/cm^2 a)
= 대기압($1.033kg/cm^2$) + 게이지 압력(kg/cm^2)

㉡ 절대압력 = 대기압 − 진공압

㉢ 게이지 압력(kg/cm^2)
= 절대압력(kg/cm^2a) − 대기압($1.033kg/cm^2$)

※ $1kg/cm^2 = 0.1MPa$

⑤ **진공도(Vacuum)** : 대기압보다 낮은 압력을 진공도 또는 진공압력이라 한다. 단위는 cmHg(V), InHg(V)로 표시하며, 진공도를 절대압력으로 환산하면 다음과 같다.

㉠ cmHgV 시에 kg/cm^2a로 구할 때

$$P = 1.033 \times \left(1 - \frac{h}{76}\right)$$

㉡ cmHgV 시에 lb/in^2a로 구할 때

$$P = 14.7 \times \left(1 - \frac{h}{76}\right)$$

㉢ inHgV 시에 kg/cm^2a로 구할 때

$$P = 1.033 \times \left(1 - \frac{h}{30}\right)$$

㉣ inHgV 시에 lb/in^2a로 구할 때

$$P = 14.7 \times \left(1 - \frac{h}{30}\right)$$

⑥ **압력계**

㉠ 복합 압력계 : 진공과 저압을 측정할 수 있는 압력계

㉡ 고압 압력계 : 대기압 이상의 압력을 측정할 수 있는 압력계

㉢ 매니폴드 게이지 : 복합 압력계와 고압 압력계가 같이 붙어 있는 게이지

10년간 자주 출제된 문제

2-1. 게이지 압력이 1.57MPa이고, 대기압이 0.103MPa일 때 절대압력은 몇 MPa인가?

① 1.467　　② 1.673
③ 1.783　　④ 1.008

2-2. 압력에 대한 설명으로 옳은 것은?

① 단위 면적당 작용하는 힘이다.
② 단위 부피당 작용하는 힘이다.
③ 물체의 무게를 비중량으로 나눈 값이다.
④ 물체의 무게에 비중량을 곱한 값이다.

해설

2-1

절대압력 = 대기압 + 게이지압 = 1.57 + 0.103 = 1.673

2-2

단위 면적 $1cm^2$에 작용하는 힘(kg 또는 lb)의 크기로 단위는 kg/cm^2 또는 $1lb/in^2$(psi ; Pound per Square Inch)이다.

정답 2-1 ② 2-2 ①

핵심이론 03 열 량

① 1kcal : 물 1kg을 1℃ 올리는 데 필요한 열량이다(한국, 일본에서 사용하는 단위).

② 1BTU : 물 1lb을 1°F 올리는 데 필요한 열량이다(미국, 영국에서 사용하는 단위).

③ 1CHU(PCU) : 물 1lb를 1℃ 올리는 데 필요한 열량이다.

> **열량 상호 간의 관계식**
> 1kcal = 3.968BTU = 2.205CHU

10년간 자주 출제된 문제

3-1. 5kcal를 CHU 단위로 환산하면 얼마인가?

① 9 ② 10
③ 11 ④ 12

3-2. 물체의 온도를 변화시키지 않고 상태 변화를 일으키는 데만 사용되는 열량은?

① 감 열 ② 비 열
③ 현 열 ④ 잠 열

해설

3-1

1kcal : 2.205CHU = 5kcal : xCHU

x = 11CHU

3-2

현열(감열)과 잠열(숨은열)

- 현열(감열) : 상태 변화 없이 온도를 변화시키는 데 필요한 열
- 잠열(숨은열) : 온도 변화 없이 상태를 변화시키는 데 필요한 열

정답 3-1 ③ 3-2 ④

핵심이론 04 비열(Specific Heat)

어떤 물질 1kg(1lb)을 1℃(1°F) 올리는 데 필요한 열량으로, 단위는 kcal/kg℃ 또는 BTU/lb°F를 사용한다.

① 정압비열(Constant Pressure, C_p) : 기체의 압력이 일정한 상태에서 1℃ 높이는 데 필요한 열량이다.

② 정적비열(Constant Volume, C_v) : 기체의 체적이 일정한 상태에서 1℃ 높이는 데 필요한 열량이다.

③ 비열비(k) : 기체의 정압비열과 정적비열의 비로, $\frac{C_p}{C_v}$이므로 비열비는 항상 1보다 크다. 즉, $C_p > C_v$이므로, 항상 $\frac{C_p}{C_v} > 1$이다.

10년간 자주 출제된 문제

다음 물질의 단위 질량(1kg)에서 온도를 1℃ 높이는 데 소요되는 열량은?

① 열용량 ② 비 열
③ 잠 열 ④ 엔탈피

해설

비열(Specific Heat)

어떤 물질 1kg(1lb)을 1℃(1°F) 올리는 데 필요한 열량으로, 단위는 kcal/kg℃ 또는 BTU/lb°F를 사용한다.

정답 ②

핵심이론 05 현열(감열)과 잠열(숨은열) 및 열용량

① **현열(감열)** : 상태 변화 없이 온도를 변화시키는 데 필요한 열이다.

② **잠열(숨은열)** : 온도 변화 없이 상태를 변화시키는 데 필요한 열이다.

③ **증발잠열(기화잠열)** : 액체가 일정한 온도에서 증발할 때 필요한 열이다.

④ **열용량(Heat Content)** : 어떤 물질의 온도를 1℃만큼 올리는 데 필요한 열량이며, 그 단위는 kcal/℃이다.
열용량(Q) = 물질의 질량(m) × 비열(C)

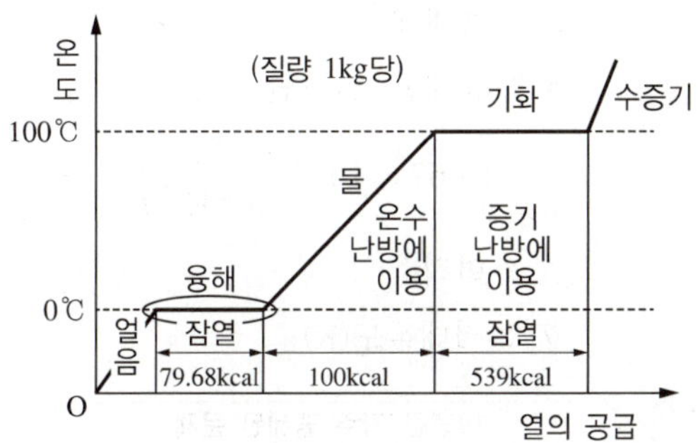

[물의 상태 변화]

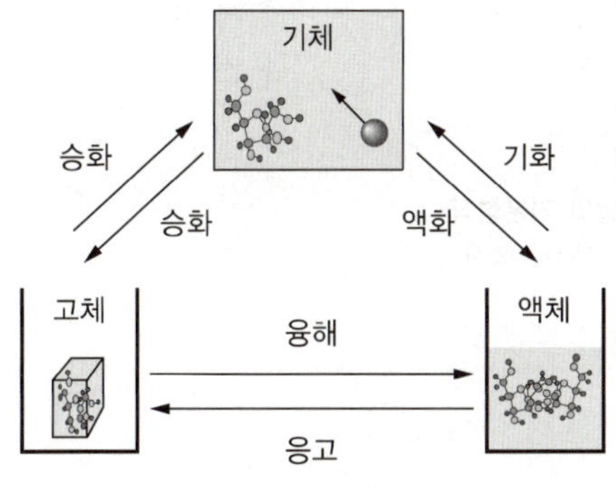

[물질의 상태]

㉠ 얼음의 비열 : 0.5kcal/kg・℃
㉡ 얼음의 융해잠열 : 79.68kcal/kg
㉢ 0℃ 물의 증발잠열 : 597.79kcal/kg
㉣ 물의 비열 : 1kcal/kg・℃
㉤ 100℃ 물의 증발잠열 : 539kcal/kg
㉥ 수증기의 비열 : 0.46kcal/kg・℃

⑤ 열량 계산 방식

㉠ 현열(감열) 구간일 때

$Q = G \times C \times \Delta t$

여기서, Q : 열량(kcal)
G : 중량(kg)
C : 비열(kcal/kg℃)
Δt : 온도

㉡ 잠열(숨은열) 구간일 때

$Q = G \times \gamma$

여기서, Q : 열량(kcal)
G : 중량(kg)
γ : 잠열(kcal/kg)

10년간 자주 출제된 문제

표준대기압 상태에서 0℃ 물 1kg을 100℃ 증기로 만드는 데 필요한 열량은 몇 kcal인가?(단, 물의 비열은 1kcal/kg℃이고, 증발잠열은 539kcal/kg이다)

① 100kcal ② 500kcal
③ 539kcal ④ 639kcal

해설

총열량(Q) $= q_1 + q_2$
$q_1 = G \times C \times \Delta t = 1 \times 1 \times 100 = 100\text{kcal}$
$q_2 = G \times \gamma = 1 \times 539 = 539\text{kcal}$
$\therefore\ q_1 + q_2 = 100 + 539 = 639\text{kcal}$

정답 ④

핵심이론 06 열전달의 종류

① **열전도율(전도)** : 매질을 통한 열유속(Fourier의 열전도법칙)

$q = \frac{\lambda}{l} \cdot F \cdot \Delta t$

여기서, q : 물질을 통해 전달되는 열량$\left(\frac{\text{kW}}{\text{m}^2}\right)$

λ : 열전도율$\left(\frac{\text{kW}}{\text{m} \cdot \text{K}}\right)$

l : 두께(m)

F : 면적

Δt : 온도차(K)

$$\frac{\lambda}{l} = \frac{1}{\frac{l_1}{\lambda_1} + \frac{l_1}{\lambda_1} + \cdots + \frac{l_n}{\lambda_n}}$$

② **열전달률(대류)** : 유체를 통한 열유속(Newton의 냉각법칙)

$q = h \cdot F \cdot \Delta t$

여기서, q : 유체 사이에 전달되는 열량$\left(\frac{\text{kW}}{\text{m}^2}\right)$

h : 대류 열전달률$\left(\frac{\text{kW}}{\text{m}^2 \cdot \text{K}}\right)$

F : 면적

Δt : 온도차(K)

③ **열관류율(열통과율)** : 전도와 대류의 복합 적용한 열유속

$q = K \cdot F \cdot \Delta t$

여기서, q : 전도와 대류의 열전달 열량$\left(\frac{\text{kW}}{\text{m}^2}\right)$

K : 열통과율$\left(\frac{\text{kW}}{\text{m}^2 \cdot \text{K}}\right)$

$$= \frac{1}{\frac{1}{\alpha_1} + \frac{l_1}{K_1} + \frac{l_2}{K_2} + \cdots + \frac{1}{\alpha_2}}$$

α_1 : 대류 열전달$\left(\frac{\text{kW}}{\text{m}^2 \cdot \text{K}}\right)$

K_1, $K_2 \cdots\cdots$: 열전도율$\left(\frac{\text{kW}}{\text{m} \cdot \text{K}}\right)$

l_1, $l_2 \cdots\cdots$: 두께(m)

F : 면적

Δt : 온도차(K)

④ **복사율** : 전자기파의 형태로 매질 없는 열유속(Stefan Boltzman의 법칙, $\frac{\text{kW}}{\text{m}^2}$)

$q = \varepsilon \phi \sigma \, F T^4$

여기서, ε : 방사율

ϕ : 형태계수

σ : 슈테판–볼츠만 상수

$\left(5.67 \times 10^{-11} \frac{\text{kW}}{\text{m}^2 \text{K}^4}\right)$

F : 면적

T : 절대온도(K)

10년간 자주 출제된 문제

열전달의 기본형식에 해당되지 않는 것은?

① 대 류 ② 복 사

③ 발 산 ④ 전 도

해설

열전달의 기본형식

전도, 대류, 복사

정답 ③

1-2. 증기의 기초

핵심이론 01 증기의 성질

일정량의 물을 760mmHg의 압력이 가해진 상태로 가열하면 물의 온도는 상승하면서 물의 체적이 약간 증가한다. 물의 온도가 100℃가 되면 물은 증발을 시작하고 증발하는 동안 물의 온도는 변하지 않으며, 물이 전부 증발할 때까지 일정 온도를 유지한다. 이와 같이 상이 변하지 않는 상태에서의 온도 상승의 한계(100℃)를 포화온도라고 하며, 그때의 압력을 포화압력이라고 한다.

① 정압 상태에서 증발 상태

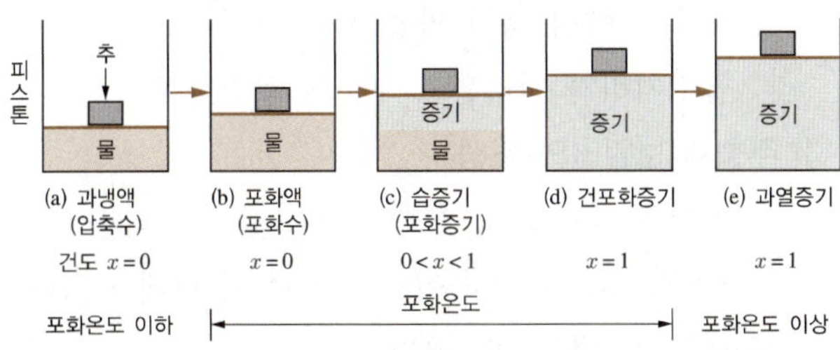

10년간 자주 출제된 문제

건포화증기는 건조도가 얼마인가?

① 0
② 1
③ 2
④ 3

해설

- 포화액의 건조도 : 0
- 건포화증기의 건조도 : 1

정답 ②

핵심이론 02 포화증기와 과열증기

액체를 가열할 경우 비등점에 도달할 때까지는 온도가 상승하다가 비등점에 도달하여 상태 변화(기화)가 일어날 때는 온도 변화가 없고, 증발이 완전히 완료된 후에 다시 온도가 상승한다.

① **과냉액** : 열을 가하면 온도가 상승하는 과정 중의 액, 즉 포화점에 도달하지 못한 액이다.

② **포화액** : 열을 가하면 온도 상승 없이 증발하기 시작하는 액, 즉 액체 상태로는 더 이상 존재할 수 없는 액으로 이 점을 포화점, 이때의 온도를 포화온도, 이때의 압력을 포화압력이라 한다. 포화압력이 상승하면 포화온도도 상승한다.

③ **습포화증기** : 포화액이 증발하여 완전히 증기가 되기까지의 과정으로, 액과 증기가 공존하는 상태에 있다.

④ **건조포화증기** : 포화액이 완전히 증발이 종료되었을 때의 상태로서, 열을 제거하면 다시 액으로 변하기 시작한다.

⑤ **과열증기** : 건조포화증기가 열을 받아 과열된 상태의 증기로, 과열증기의 열을 제거하면 액체로 응축되지 않고 건포화증기가 될 때까지 온도가 저하한다.

⑥ **건조도** : 습포화증기 중 증기의 비율로서, 포화액은 $x=0$, 건조포화증기는 $x=1$로 표시한다.

⑦ **과열도** : 과열증기온도 − 포화온도

⑧ **과냉각도** : 포화온도 − 과냉액온도

10년간 자주 출제된 문제

과열도를 구하는 공식은?

① 포화온도 − 과냉액온도
② 과열증기온도 − 과냉액온도
③ 과열증기온도 − 포화온도
④ 과열증기온도 − 건포화증기온도

해설

과열도 : 과열증기온도 − 포화온도

정답 ③

1-3. 보일러 관리

핵심이론 01 보일러의 종류

<table>
<tr><td rowspan="12">보일러의 종류</td><td rowspan="4">원통형</td><td>입 형</td><td colspan="2">• 입형 횡관식
• 입형 연관식
• 코크란보일러</td></tr>
<tr><td rowspan="3">횡 형</td><td>노 통</td><td>• 코니시
• 랭커셔보일러</td></tr>
<tr><td>연 관</td><td>• 횡연관식
• 기관차
• 케와니보일러</td></tr>
<tr><td>노통
연관</td><td>• 스코치
• 하우덴 존슨
• 노통연관패키지보일러</td></tr>
<tr><td rowspan="3">수관식</td><td>자연순환식</td><td colspan="2">• 배브콕
• 츠네키치
• 타쿠마
• 야 로
• 2동 D형 보일러</td></tr>
<tr><td>강제순환식</td><td colspan="2">• 라몬트
• 베록스보일러</td></tr>
<tr><td>관류식</td><td colspan="2">• 벤 슨
• 슐 처
• 람진보일러</td></tr>
<tr><td>주철제</td><td colspan="3">• 주철제 섹셔널보일러</td></tr>
<tr><td rowspan="4">특수
보일러</td><td>특수액체
보일러</td><td colspan="2">• 다우섬
• 모빌섬
• 수 은
• 카네크롤액
• 시큐리티</td></tr>
<tr><td>특수연료
보일러</td><td colspan="2">• 버개스
• 흑 액
• 소다회수
• 바크보일러</td></tr>
<tr><td>폐열
보일러</td><td colspan="2">• 리보일러
• 하이네보일러</td></tr>
<tr><td>간접가열
보일러</td><td colspan="2">• 슈미트
• 레플러보일러</td></tr>
</table>

핵심이론 02 보일러의 특성

① 원통형 보일러의 특징
- ㉠ 보유 수량이 많아 파열 시 피해가 크다.
- ㉡ 보유 수량이 많아 부하변동에 민감하지 못하다.
- ㉢ 구조가 간단하고 청소 및 검사가 용이하다.
- ㉣ 급수처리가 수관식에 비하여 쉽다.

② 수관식 보일러의 특성
- ㉠ 고압, 대용량에 적합하다.
- ㉡ 효율이 높다.
- ㉢ 증기 발생시간이 빠르다.
- ㉣ 보유 수량이 적어 파열 시 피해가 작다.
- ㉤ 급수처리가 까다롭고 구조가 복잡하다.

③ 주철제 보일러의 특성
- ㉠ 섹션의 증감으로 용량 조절이 용이하다.
- ㉡ 저압(0.1MPa 이하)이므로 파열 시 피해가 작다.
- ㉢ 내식성, 내열성이 좋다.
- ㉣ 인장, 충격에 약하다.
- ㉤ 구조가 복잡하여 청소, 검사, 수리가 곤란하다.

④ 온수보일러의 특성
- ㉠ 연관, 수관의 복합식으로 내구성이 강하다.
- ㉡ 소음이 작고, 점검 및 청소가 용이하다.
- ㉢ 물속에 함유된 용존산소 공급을 차단시켜 점 부식을 방지하며, 고효율 U자형 스파이럴 열교환방식을 통한 맑은 고온수를 지속적으로 공급해 준다.

⑤ 특수보일러의 특성

보일러는 일반적으로 석탄, 석유, 가스 등 화석 연료를 연료로 사용하여 물을 증기로 바꾸는데, 연료로 화석 연료 이외의 것을 사용하거나 물 대신 특별한 열매체(유체)를 사용하는 보일러가 있다. 이와 같은 보일러는 구조상, 형식이나 종류, 유체 순환방식의 여하를 불문하고 특수보일러라고 한다. 특수보일러는 특수 열매체보일러, 특수 연료보일러, 폐열보일러, 특수 가열보일러, 전기보일러로 대별된다.

10년간 자주 출제된 문제

2-1. 수관식 보일러의 특징에 대한 설명으로 틀린 것은?

① 보유 수량이 적기 때문에 부하변동 시 압력 변화가 크다.
② 관경이 작기 때문에 고압에 적당하다.
③ 보일러수의 순환이 좋고 보일러 효율이 좋다.
④ 증발량이 적기 때문에 소용량에 적당하다.

2-2. 원통형 보일러의 일반적인 특징에 관한 설명으로 틀린 것은?

① 구조가 간단하고 취급이 용이하다.
② 수부가 커서 열 비축량이 크다.
③ 폭발 시에도 비산 면적이 작아 재해가 크게 발생하지 않는다.
④ 사용 증가량의 변동에 따른 발생 증기의 압력 변동이 작다.

2-3. 주철제 보일러의 특징에 대한 설명으로 틀린 것은?

① 내식성이 우수하다.
② 섹션의 증감으로 용량 조절이 용이하다.
③ 고압이므로 파열 시 피해가 크다.
④ 주형으로 제작하기 때문에 복잡한 구조로 설계가 가능하다.

2-4. 긴 관의 한 끝에서 펌프로 압송된 급수가 관을 지나는 동안 차례로 가열, 증발, 과열되어 다른 끝에서는 과열증기가 되어 나가는 형식의 보일러는?

① 노통보일러 ② 관류보일러
③ 연관보일러 ④ 입형보일러

해설

2-1
수관식 보일러는 증발량이 많기 때문에 고압, 대용량에 적합하다.

2-2
원통형 보일러는 보유 수량이 많아 사고 시 재해가 크다.

2-3
주철제 보일러는 중·저압이다.

2-4
관류보일러
긴 관으로 구성되어 있고 급수가 관을 지나는 동안 차례로 가열, 증발, 과열되어 다른 끝에서는 과열증기가 되어 나가는 형식의 보일러

정답 2-1 ④ 2-2 ③ 2-3 ③ 2-4 ②

제2절 보일러의 부대설비 설치 및 관리

2-1. 급수설비와 급탕설비의 설치 및 관리

핵심이론 01 급수탱크, 급수관 계통 및 급수내관

① 급수탱크, 급수관 계통 : 협의로는 급수펌프를 의미하는 경우도 있으나 일반적으로 급수탱크, 급수펌프, 급수밸브, 급수관, 급수내관 등 보일러에 급수하는 일련의 계통에 부속된 기기를 일괄적으로 의미한다. 급수장치의 기본조건은 다음과 같다.
㉠ 급수장치 고장의 경우를 고려하여 2개 이상의 급수장치를 갖춘다.
㉡ 원칙적으로 갖춘 개수가 몇 개이든지 각 급수장치마다 수시로, 단독적으로 그 보일러의 최대 증발량 이상의 급수능력을 필요로 한다.
㉢ 해당 보일러의 최고사용압력보다 20~50% 큰 압력을 필요로 한다.

② 급수내관 : 보일러에 집중적으로 급수할 때 동판의 부동 팽창, 열응력 발생을 방지하며 안전 저수면보다 50mm 아래에 설치한다.

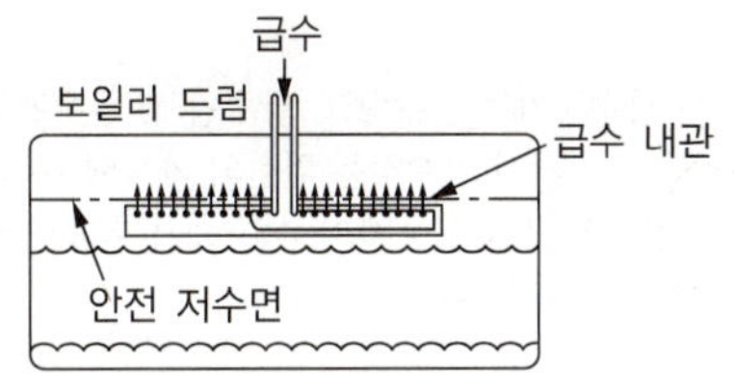

10년간 자주 출제된 문제

1-1. 보일러의 급수장치에서 인젝터의 특징으로 틀린 것은?

① 구조가 간단하고 소형이다.
② 급수량의 조절이 가능하고, 급수효율이 높다.
③ 증기와 물이 혼합하여 급수가 예열된다.
④ 인젝터가 과열되면 급수가 곤란하다.

1-2. 다음 중 급수장치가 아닌 것은?

① 급수탱크 ② 급수밸브
③ 비수방지관 ④ 급수내관

1-3. 보일러 급수처리의 목적이 아닌 것은?

① 부식 방지 ② 보일러수의 농축 방지
③ 스케일 생성 방지 ④ 역화 방지

1-4. 보일러 급수장치의 설명으로 옳은 것은?

① 인젝터는 급수온도가 낮을 때는 사용하지 못한다.
② 벌류트펌프는 증기압력으로 구동되어 별도의 동력이 필요 없다.
③ 응축수탱크는 급수탱크로 사용하지 못한다.
④ 급수내관은 안전 저수위보다 약 5cm 아래에 설치한다.

해설

1-1
인젝터는 급수량의 조절이 불가능하고, 급수효율이 낮다.

1-2
일반적으로 급수장치는 급수탱크, 급수펌프, 급수밸브, 급수관, 급수내관 등 보일러에 급수하는 일련의 계통에 부속된 기기를 의미한다. 원통형 보일러 동체 내부의 증기 취출구에 설치하여 캐리오버현상을 방지한다.

1-3
급수처리의 목적
• 관수의 농축 방지
• 부식 및 가성취하 방지
• 스케일 생성 방지
• 수격작용, 기수공발 방지

1-4
급수내관은 안전 저수면보다 50mm 아래에 설치한다.

정답 1-1 ② 1-2 ③ 1-3 ④ 1-4 ④

핵심이론 02 급수펌프 및 응축수탱크

① 급수펌프 : 일반적으로 급수용으로서 강제적으로 송수할 때 사용하는 펌프의 총칭으로, 배수펌프에 상대되는 용어이다. 수조와 보일러 등에 많이 사용되며 원심펌프, 진공펌프, 워싱턴 펌프 등이 있다.
  ㉠ 원심펌프(Centrifugal Pump) : 날개의 회전자(Impeller)에 의한 원심력에 의하여 압력의 변화를 일으켜 유체를 수송하는 펌프이다.
    • 안내깃에 의한 분류
      – 벌류트펌프(Volute Pump)
        ⓐ 회전자 주위에 안내깃이 없고, 바깥둘레에 바로 접하여 와류실이 있는 펌프이다.
        ⓑ 양정이 낮고 양수량이 많은 곳에 사용한다.
      – 터빈펌프(Turbine Pump)
        ⓐ 회전자의 바깥둘레에 안내깃이 있는 펌프이다.
        ⓑ 원심력에 의한 속도에너지를 안내날개(안내깃)에 의해 압력에너지로 바꿔 주기 때문에 양정이 높은 곳, 즉 방출압력이 높은 곳에 적절하다.
    • 흡입에 의한 분류
      – 단흡입펌프 : 회전자의 한쪽에서만 유체를 흡입하는 펌프이다.
      – 양흡입펌프 : 회전자의 양쪽에서 유체를 흡입하는 펌프이다.

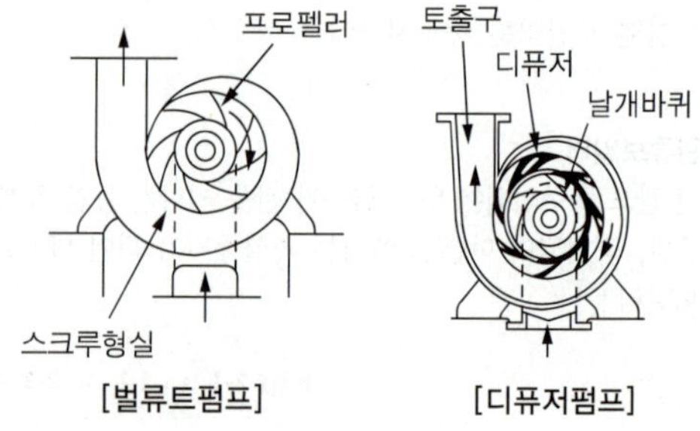

[벌류트펌프] [디퓨저펌프]

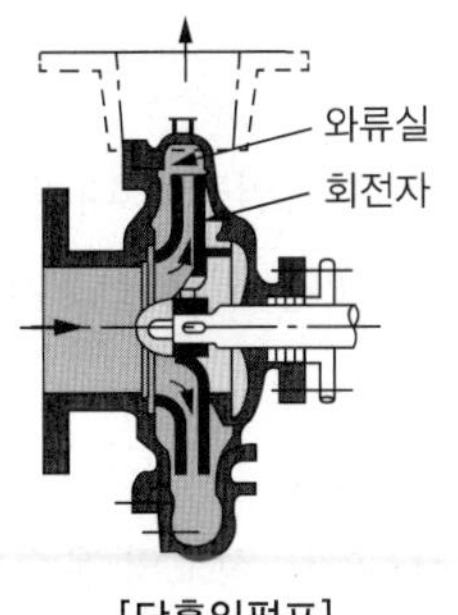

[단흡입펌프]

[양흡입펌프]

㉡ 진공펌프

- 용적펌프 : 펌프 안에 있는 공동의 부피를 반복적으로 팽창시켜 체임버 안에 있는 기체를 대기 중으로 빼내는 원리를 사용한다.
- 분자펌프 : 밀도 있는 유체를 고속화시키거나 날개를 고속으로 회전시켜 체임버 내의 진공을 구현한다.
- 흡착식 펌프 : 극저온에서 고진공도를 구현하는 방식으로, 펌프에 냉각기를 달아 기체를 응축 및 흡착시키는 방식으로 고진공을 구현한다. 저온펌프(Cryo Pump)라고도 한다.
- 운동량 전달식 펌프 : 운동량 전달식 펌프 밑에서 기체 분자들은 진공에서 배출구로 가속된다. 운동량 전달식 펌프는 0.1kPa 이하에서만 사용 가능하다. 일정 이하의 압력으로 떨어지면 기체 분자 사이의 거리가 멀어지면서 기체와 기체 사이의 상호작용보다 체임버 내부의 벽과 상호작용을 더 자주하기 때문에 용적펌프보다 진공도를 더 높게 구현할 수 있다.

㉢ 워싱턴펌프 : 보일러의 증기압으로 피스톤을 왕복시켜 급수하는 횡형 피스톤펌프로, 증기량의 가감으로 송수량을 조절할 수 있다. 구조가 간단해 고장이 적고, 증기압 10kg/cm^2 이하의 보일러 급수용으로 최근까지 널리 이용된다.

② 응축수탱크

㉠ 응축수탱크는 보일러의 부속설비로, 보일러에 물을 공급하기 위해 탱크에 물을 보관하다가 보일러의 물이 부족할 경우 펌프를 통해 보일러에 공급해준다. 보일러에 찬물을 공급해서 데우려면 연료가 많이 사용되기 때문에 부하설비에서 사용하고 남은 응축수를 탱크에 모아서 보일러에 공급하면 물을 데우는 데 필요한 연료가 절약되기 때문에 응축수탱크를 설치한다.

㉡ 응축수탱크 물의 온도는 보통 60℃ 내외이다.

㉢ 보일러의 급수온도가 1℃ 증가하면 에너지를 약 6% 절약할 수 있기 때문에 응축수를 회수하여 보일러 보충수 온도를 높이면 에너지를 절약할 수 있다.

㉣ 응축수탱크의 수위가 높아지는 원인

- 응축수탱크 보충수 배관으로부터 유입 : 보일러의 부속설비인 응축수탱크에는 급수배관(보충수 배관), 응축수 회수배관, 통기관 등이 연결되어 있다. 보충수 배관은 응축수탱크의 물이 부족하면 수위감지기에 의해 전자밸브가 작동하여 탱크에 물을 보충한다. 열 사용처의 증기트랩이 정상 작동하는지 점검이 필요하며, 작동 여부를 보다 쉽게 판단하기 위해서는 트랩에 사이트 글라스를 설치해야 한다.
- 열교환기 등 사용설비로부터의 유입 : 응축수가 보충되지 않는 상태에서 탱크에서 물이 넘친다는 것은 어딘가에서 물이 흘러 들어온다는 것이다. 응축수 배관을 통해 물이 들어오면 급탕탱크 및 난방 열교환기 등 사용설비에 유입될 수 있다.

10년간 자주 출제된 문제

2-1. 다음 중 왕복식 펌프에 해당되지 않는 것은?

① 피스톤펌프　② 플런저펌프
③ 터빈펌프　④ 워싱턴펌프

2-2. 보일러 급수펌프 중에서 비용적식 펌프로 원심펌프인 것은?

① 워싱턴펌프　② 웨어펌프
③ 플런저펌프　④ 벌류트펌프

해설

2-1

용적형 펌프

용적형	회전식	베인펌프
		기어펌프
		나사펌프(스크루펌프)
	왕복식	피스톤펌프
		플런저펌프
		다이어프램펌프

2-2

원심펌프 : 터빈펌프, 벌류트펌프

정답 2-1 ③ 2-2 ④

핵심이론 03 급탕설비

기름, 가스, 전기 등의 열원으로 가열장치 내의 물을 가열하여 온수를 만들고 주방, 욕실 등 필요한 곳에 공급하는 것이다.

① **용도** : 음료용, 목욕용, 세정용

② **급탕온도** : 일반적으로 60~70℃ 정도의 온수를 사용한다.

③ **급탕부하 계산**

$Q = G \cdot C \cdot \Delta t$

여기서, Q : 급탕부하(kcal/h)

G : 급탕량(kg/h)

C : 비열(kcal/kg・℃)

Δt : 온도차(℃)

④ **급탕방식**

㉠ 개별식(국소식) : 필요한 위치에 탕비기를 설치하여 소요하는 장소에 온수를 공급하는 방식이다.

- 소규모 급탕에 적합하다.
- 배관거리가 짧고, 열손실이 작다.
- 수시로 급탕 사용이 가능하며, 높은 온도의 물을 쉽게 확보할 수 있다.
- 시설비가 적게 든다.
- 난방 겸용 온수보일러 이용이 가능하다.
- 가열기 설치 공간이 필요하다.

㉡ 중앙식 : 일정한 장소에 급탕장치를 설치하여 배관에 의해 필요한 장소에 온수를 공급하는 방식이다.

- 대규모 급탕에 적합하다.
- 연료비가 낮으며, 열효율이 높다.
- 필요 개소에 급탕이 가능하다.
- 난방 겸용 온수보일러 이용이 가능하다.
- 가열기 설치 공간이 필요하다.
- 초기 투자비가 많이 든다.
- 열손실이 높다.
- 배관 변경 공사가 어렵다.

㉢ 태양열 급탕 : 태양열을 이용해서 물을 가열하는 방식이다.

10년간 자주 출제된 문제

급탕설비에서 급탕온도는 몇 ℃ 정도인가?

① 40~50℃
② 50~60℃
③ 60~70℃
④ 80~90℃

정답 ③

2-2. 증기설비와 온수설비의 설치 및 관리

핵심이론 01 기수분리기와 비수방지관

① **기수분리기** : 배관 내의 증기 또는 압축공기 내에 포함되어 있는 수분 및 관 내벽에 존재하는 수막 등을 제거하여 건포화증기 및 건조한 압축공기를 2차 측 기기에 공급함으로써 설비의 고장 및 오작동을 방지하여 시스템의 최대 효율을 유지시켜 준다.

② 기수분리기의 종류

㉠ 사이클론형 : 원심분리기형이다.

㉡ 스크러버형 : 파형의 다수 강판을 이용한다.

㉢ 건조 스크린형 : 금속망을 이용한다.

㉣ 배플형 : 증기의 방향 전환을 이용한다.

㉤ 다공판식 : 여러 개의 작은 구멍을 이용한다.

③ **비수방지관** : 드럼의 증기실 꼭대기로부터 직접 증기를 인출하면 그 부근에 특히 비등이 심하게 되며 프라이밍을 일으켜 물방울이 섞인 증기가 인출되기 쉽다. 따라서 프라이밍의 예방과 건조한 증기를 인출하기 위해 윗면에만 다수의 구멍을 뚫은 대형 관을 증기실 꼭대기에 부착하여 상부로부터 증기를 평균적으로 인출하고, 증기 속의 물방울은 하부에 뚫린 구멍으로부터 보일러수 속으로 떨어지도록 한 것이다. 원통보일러에 있어서 건증기를 인출하는 장치로 이용된다.

10년간 자주 출제된 문제

기수분리기의 종류가 아닌 것은?

① 사이클론형
② 스크러버형
③ 중력침강형
④ 배플형

해설

기수분리기의 종류

• 사이클론형 : 원심분리기형이다.
• 스크러버형 : 파형의 다수 강판을 이용한다.
• 건조 스크린형 : 금속망을 이용한다.
• 배플형 : 증기의 방향 전환을 이용한다.

정답 ③

핵심이론 02 증기밸브, 증기관 및 감압밸브

① **증기밸브** : 보일러에서 발생된 증기를 차단하는 밸브이다.

② **증기관** : 보일러에서 발생한 증기를 증기 사용기기까지 공급하기 위한 증기배관의 총칭으로, 보일러로부터 증기관 헤더까지 증기를 공급하는 것을 증기관이라 한다.

③ **감압밸브** : 저압측의 압력을 일정하게 유지시켜 주는 밸브이다.

10년간 자주 출제된 문제

다음 중 저압측의 압력을 일정하게 유지시켜 주는 밸브?

① 증기밸브 ② 드레인밸브
③ 감압밸브 ④ 스팀밸브

해설

감압밸브 : 저압측의 압력을 일정하게 유지시켜 주는 밸브이다.

정답 ③

핵심이론 03 증기헤더 및 부속품

① **증기헤더** : 보일러에서 생산된 증기를 한곳에 모아 증기를 정치하거나 사용처가 필요한 곳에 증기를 공급할 수 있게 하는 설비기기로, 스팀분배기라고도 한다. 증기헤더는 증기를 한곳에 모아서 일정한 압력을 저장할 수 있고, 밸브 개폐를 통해 필요한 곳으로 증기를 송기할 수 있다. 따라서 불필요한 곳으로 증기가 손실되지 않아 열손실 방지에 필요한 제품이다.

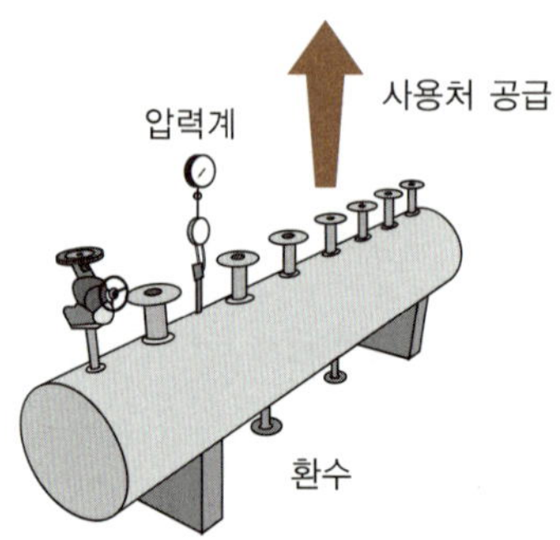

② **부속품** : 스팀밸브, 드레인밸브, 압력계, 사용처로 공급할 수 있는 분기밸브 등으로 구성되어 있다.

10년간 자주 출제된 문제

보일러에서 생산된 증기를 한곳에 모아 증기를 정치하거나 사용처가 필요한 곳에 증기를 공급할 수 있게 하는 설비기기는?

① 인젝트 ② 저장탱크
③ 증기헤드 ④ 용 기

해설

증기헤더 : 보일러에서 생산된 증기를 한곳에 모아 증기를 정치하거나 사용처가 필요한 곳에 증기를 공급할 수 있게 하는 설비기기로, 스팀분배기라고도 한다.

정답 ③

핵심이론 04 온수설비

① 온수난방배관

㉠ 온수온도에 따른 분류

- 저온수방식(개방식) : 100℃ 이하(65~85℃)
- 고온수방식(밀폐식) : 100℃ 이상(100~150℃)

㉡ 온수순환방식에 따른 분류

- 중력식 : 온도차에 따른 자연순환방식
- 강제식 : 순환펌프를 사용하여 강제적으로 순환하는 방식

㉢ 배관방식에 따른 분류

- 단관식 : 공급관과 환수관의 배관이 동일하다.
- 복관식 : 공급관, 환수관의 배관이 각각 다르다.

㉣ 온수 공급방식에 따른 분류

- 상향 공급식 : 공급주관을 최하층에 배관한다.
- 하향 공급식 : 공급주관을 최상층에 배관한다.

㉤ 팽창탱크의 역할 : 온수의 온도 변화에 따른 체적 팽창을 흡수하여 난방시스템의 파열을 방지하는 장치이다.

㉥ 스케줄 번호(SCH) = 안전율 × 10

여기서, 안전율 $= \frac{\text{사용압력}}{\text{허용압력}}$

② 증기난방배관

㉠ 리프트 피팅 : 저압증기환수관이 진공펌프의 흡입구보다 낮은 위치에 있을 때의 배관이음방법으로, 환수관 내의 응축수를 이음부 전후에서 형성되는 작은 압력차를 이용하여 끌어올릴 수 있도록 한 배관방법이다.

- 리프트관은 주관보다 1~2 정도 작은 치수를 사용한다.
- 리프트 피팅의 1단 높이 : 1.5m 이내(3단까지 가능하다. 단, 리프트 계수로 진공환방식 난방배관에서 환수를 유인하기 위한 배관방법이다)

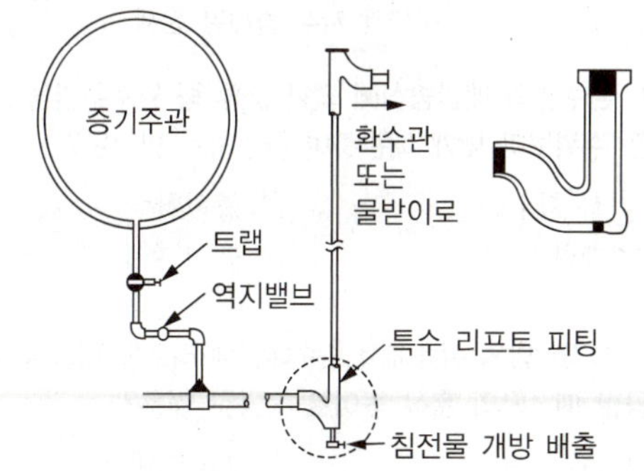

㉡ 하트포드(Hart Ford) 배관법 : 저압증기난방장치에서 환수주관을 보일러에 직접 연결하지 않고 증기관과 환수관 사이에 설치한 균형관에 접속하는 배관방법이다.

- 목적 : 환수관 파손 시 보일러수의 역류를 방지하기 위해 설치한다.
- 접속위치 : 보일러 표준 수위보다 50mm 낮게 접속한다.

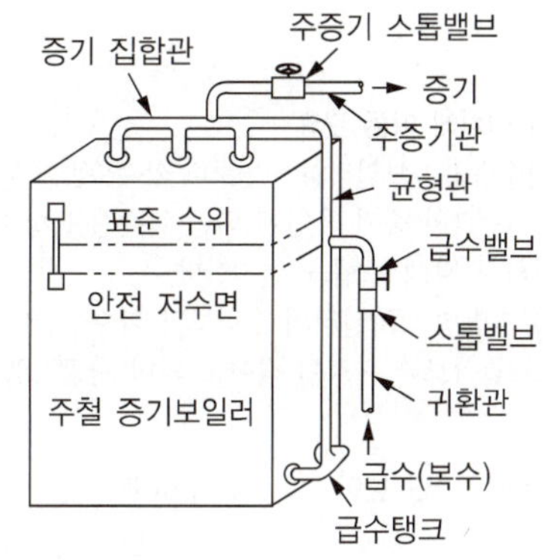

10년간 자주 출제된 문제

4-1. 환수관의 배관방식에 의한 분류 중 환수주관을 보일러의 표준 수위보다 낮게 배관하여 환수하는 방식은?

① 건식 환수 ② 중력환수
③ 기계환수 ④ 습식 환수

4-2. 증기난방의 이송에서 환수배관에 리프트 피팅을 적용하여 시공할 때 1단의 흡상 높이로 적당한 것은?

① 1.5m 이내 ② 2m 이내
③ 2.5m 이내 ④ 3m 이내

4-3. 보일러 주위의 배관에서 하트포드(Hart Ford) 접속법이란?

① 증기관과 환수관 사이에 표준 수면에서 50mm 아래로 균형관을 설치하는 배관방법이다.
② 보일러 주위에서 증기관과 환수관을 역으로 설치하는 관이음 방법이다.
③ 환수주관을 보일러 안전 저수면 50mm 아래에 설치하는 이음 방법이다.
④ 증기압력으로 물이 역류하지 않도록 하는 배관방법이다.

해설

4-1

환수관의 배치에 따른 분류

- 건식 환수방법 : 보일러의 수면보다 환수주관이 위에 있는 경우로, 환수주관의 증기 혼입에 의한 열손실을 방지하기 위하여 방열기와 관말에 트랩을 설치한다.
- 습식 환수방법 : 보일러의 수면보다 환수주관이 아래에 있는 경우로, 건식보다 관경이 작아도 되며 관말트랩은 필요없다.

4-2

리프트 피팅의 1단 높이 : 1.5m 이내(3단까지 가능)

4-3

하트포드(Hart Ford) 배관법 : 저압증기난방장치에서 환수주관을 보일러에 직접 연결하지 않고 증기관과 환수관 사이에 설치한 균형관에 접속하는 배관방법이다.

- 목적 : 환수관 파손 시 보일러수의 역류를 방지하기 위해 설치한다.
- 접속 위치 : 보일러 표준 수위보다 50mm 낮게 접속한다.

정답 4-1 ④ 4-2 ① 4-3 ①

2-3. 압력용기와 열교환장치의 설치 및 관리

핵심이론 01 압력용기의 구조 및 특성

① 압력용기 : 용기의 내면 또는 외면에서 일정한 유체의 압력을 받는 밀폐된 용기이다.

② 압력용기의 종류

㉠ 열교환기 : 서로 온도가 다르고, 고체벽으로 분리된 두 유체 사이에서 열교환을 수행하는 장치이다.
㉡ 탑조류 : 비등점의 차이가 있는 액체 혼합물을 가열 또는 기화시켜 각 성분을 분리하기 위한 장치이다.
㉢ 반응기 : 반응물질(원료)을 투입하여 원하는 화합물로 변화시키기 위한 용기이다.
㉣ 저장용기 : 공정에 필요한 원료, 중간 제품 또는 부대설비 등을 저장하는 용기이다.
㉤ 구형 탱크 : 내압력에 대한 강도가 커서 경제적이며, 압축가스나 저온액화가스 저장용으로 사용한다.

③ 압력용기의 구조 : 압력용기는 압력을 직접 받는 동체(Shell), 경판(Head), 전열관(Tube), 노즐(Nozzle), 관판(Tube Sheet) 등으로 구성된 압력 부위(Pressure Parts)와 받침대(Support), 인양고리(Lifting Lug), 방해판(Baffle) 등 압력을 받지 않는 비(非)압력 부위(Non-Pressure Parts) 및 안전밸브 및 계기류, 압력계, 온도계 등 부속품(Accessaries)으로 구성된다.

10년간 자주 출제된 문제

압력용기 중에서 반응물질(원료)을 투입하여 원하는 화합물로 변화시키기 위한 것은?

① 열교환기 ② 탑조류
③ 반응기 ④ 구형 탱크

해설

① 열교환기 : 서로 온도가 다르고, 고체벽으로 분리된 두 유체 사이에서 열교환을 수행하는 장치이다.
② 탑조류 : 비등점의 차이가 있는 액체 혼합물을 가열 또는 기화시켜 각 성분을 분리하기 위한 장치이다.
④ 구형 탱크 : 내압력에 대한 강도가 커서 경제적이며, 압축가스나 저온액화가스 저장용으로 사용한다.

정답 ③

핵심이론 02 과열기 및 재열기

① 과열기

㉠ 보일러에서 발생한 포화증기를 과열시켜 과열증기로 만들기 위한 장치로, 과열기관(管)과 헤더로 구성된다.

㉡ 보일러에 직접 부속하여 그 화로 또는 연도에 배치되는 간접연소식을 원칙으로 한다.

㉢ 전열방식(배치 위치)에 따라 복사형 과열기, 대류형 과열기, 복사대류형 과열기의 3가지 형식으로 분류된다. 과열기는 증기와 연소가스의 흐름관계에 따라 병향류식(병류식), 대향류식(향류식), 혼류식(절충식)으로 분류되며, 다시 보일러에서 나온 증기를 과열하는 1차 과열기, 1차 과열기에서 나온 과열증기를 과열하는 2차 과열기로 구분한다.

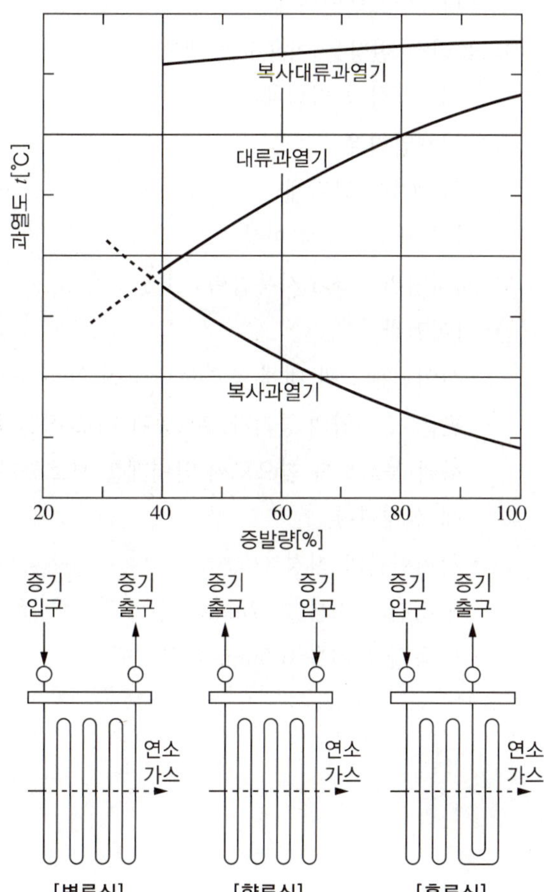

② 재열기 : 고압터빈에서 일을 한 후 온도가 떨어진 증기를 다시 가열하여 과열도를 높이는 장치이다.

10년간 자주 출제된 문제

과열기의 형식 중 증기와 열가스 흐름의 방향이 서로 반대인 것은?

① 병류식 ② 대향류식
③ 증류식 ④ 역류식

해설

대향류식(향류식) : 증기와 열가스 흐름의 방향이 서로 반대인 과열기 형식

정답 ②

핵심이론 03 급수예열기, 공기예열기, 폐열회수장치

① 급수예열기(절탄기, Economizer)

㉠ 설치 목적 : 연돌로 배출되는 배기가스의 폐열을 이용하여 급수를 예열하기 위해 설치한다.

㉡ 설치 위치 : 연도 입구

② 공기예열기

㉠ 설치 목적 : 연돌로 배출되는 배기가스의 폐열을 이용하여 연소용 공기를 예열하기 위해 설치한다.

㉡ 설치 위치 : 연도

③ 폐열회수장치(여열장치)

㉠ 보일러에서 배출되는 배기가스의 열(손실열)을 회수하여 연료 절감을 도모하고 열효율을 향상시키기 위한 장치이다.

㉡ 종류 : 과열기 – 재열기 – 절탄기 – 공기예열기

10년간 자주 출제된 문제

보일러 공기예열기에 대한 설명으로 잘못된 것은?

① 연소 배기가스의 여열을 이용한다.
② 보일러의 효율이 향상된다.
③ 급수를 예열하는 장치이다.
④ 저온 부식에 유의해야 한다.

해설

급수를 예열하는 장치 : 절탄기

정답 ③

제3절 보일러 부속설비의 설치 및 관리

3-1. 보일러 계측기기의 설치 및 관리

핵심이론 01 압력계 및 온도계

① 압력계 : 알고 있는 힘과 측정하려는 압력을 일치시켜 압력을 측정한다.

㉠ 액주를 이용하는 방법 : 액주식 압력계, 링 밸런스식(환산천칭식) 압력계

㉡ 침종을 이용하는 방법 : 침종식 압력계

㉢ 압력의 강약에 의한 물체의 탄성 변위량을 이용하는 방법이다.

- 부르동관압력계
- 벨로스압력계
- 다이어프램압력계

㉣ 물리적 현상을 이용하는 방법

- 전기저항식 압력계
- 기체압력계
- 압전기식 압력계

㉤ 설치 개수 : 2개 이상

㉥ 지시범위 : 최고사용압력×1.5~3배

㉦ 사이펀관

- 사이펀관 : 관 내에 응결수가 고여 있는 구조의 관으로, 고압의 증기가 부르동관 내로 직접 침입하지 못하도록 함으로써 압력계를 보호하기 위해 설치한다.
- 사이펀관의 직경
  - 강관 : 지름 12.7mm 이상
  - 동관 : 지름 6.5mm 이상

② 온도계

<table>
<tr><td rowspan="16">접촉식 온도계</td><td rowspan="7">열팽창을 이용한 온도계 (팽창식 온도계)</td><td rowspan="3">유리제 온도계 봉입액 : 펜탄, 톨루엔</td><td>알코올 온도계</td><td>–</td></tr>
<tr><td>수은 온도계</td><td>–</td></tr>
<tr><td>베크만 온도계</td><td>유리제 온도계 중 가장 정밀하고, 실험용으로 적합</td></tr>
<tr><td rowspan="3">압력식 온도계</td><td>액체 팽창식</td><td>봉입액 : 알코올, 수은, 아닐린</td></tr>
<tr><td>기체 팽창식</td><td>봉입액 : 프레온, 에틸에테르, 톨루엔</td></tr>
<tr><td>증기 팽창식</td><td>봉입액 : 프레온, 에틸에테르, 톨루엔, 아닐린</td></tr>
<tr><td>고체팽창식 온도계</td><td>바이메탈 온도계</td><td>열팽창계수가 상이한 2개의 금속판</td></tr>
<tr><td rowspan="4">전기저항을 이용한 온도계 (저항 온도계)</td><td rowspan="3">저항치가 증가하는 성질</td><td>백금 저항체</td><td>측정범위가 넓고, 안정성, 재현성</td></tr>
<tr><td>니켈 저항체</td><td>–</td></tr>
<tr><td>동 저항체</td><td>0~100℃까지 측정, 가격 저렴, 고온에서 산화</td></tr>
<tr><td>저항치가 감소하는 성질</td><td>더미스터</td><td>금속의 소결제로 저항 온도계수가 부특성</td></tr>
<tr><td rowspan="4">열기전력을 이용한 온도계 (열전대 온도계)</td><td rowspan="4">열전대 온도계</td><td>백금–백금로듐 (P–R)</td><td>–</td></tr>
<tr><td>크로멜–알루멜 (C–A)</td><td>–</td></tr>
<tr><td>철–콘스탄탄 (I–C)</td><td>기전력이 크고, 환원분위기에 강하며, 값이 저렴해서 공장에서 널리 사용되는 열전대 온도계</td></tr>
<tr><td>동–콘스탄탄 (C–C)</td><td>–</td></tr>
<tr><td colspan="4"></td></tr>
<tr><td rowspan="4">비접촉식 온도계</td><td>색온도계</td><td colspan="3">–</td></tr>
<tr><td>방사 온도계</td><td colspan="3">열전대를 직렬로 여러 개 접촉시킨 열전대를 이용하여 물체로부터 나오는 복사열을 측정하여 온도를 계측하는 온도계</td></tr>
<tr><td>광고 온도계</td><td colspan="3">–</td></tr>
<tr><td>광전관식 온도계</td><td colspan="3">–</td></tr>
</table>

㉠ 서미스터의 특징 : 서미스터란 온도가 상승하면 전기저항값이 민감하게 감소하는 성질이 있는 반도체 소자로 망간, 니켈, 코발트, 철, 동, 타이타늄 등의 금속산화물을 소결시켜 만든다.

- 온도계수가 크다.
- 흡습에 의해 열화되기 쉽다.
- 응답이 빠르고, 미소 온도차의 측정이 가능하다.
- 동일한 특성의 열소자를 얻기 어렵다.

㉡ 저항온도계 저항선의 구비조건

- 저항계수가 클 것
- 온도 변화에 따른 저항값이 규칙적일 것
- 동일한 특성을 얻기 쉬울 것
- 화학적, 물리적으로 안정할 것

㉢ 접촉식과 비접촉식의 특징

- 접촉식
  - 측정온도의 오차가 작다.
  - 측정시간이 상대적으로 많이 소요된다.
  - 온도계가 피측정물의 열적 조건을 교란시킬 수 있다.
- 비접촉식
  - 이동하는 물체의 온도 측정이 가능하다.
  - 고온(1,000℃ 이상) 측정에 유리하다.
  - 방사율에 대한 보정이 필요하다.

㉣ 각 온도계의 특징

- 열전대온도계 : 열기전력을 이용한 온도계
- 저항온도계 : 저항값을 이용한 온도계
- 압력식 온도계 : 수은 등 봉입액을 주입해서 사용하는 온도계
- 바이메탈 온도계 : 두 개의 금속을 이용한 온도계

㉤ 유리제 온도계를 제외한 접촉식 온도계의 종류(4가지)

- 저항온도계
- 열전대온도계
- 압력식 온도계

• 바이메탈 온도계

※ 열전대 온도계는 가장 높은 온도를 측정할 수 있는 접촉식 온도계이다.

10년간 자주 출제된 문제

1-1. 보일러의 압력계 중 액주식 압력계에 속하는 것은?

① 다이어프램압력계
② 경사관식 압력계
③ 벨로스압력계
④ 부르동관압력계

1-2. 고온의 증기로부터 부르동관식 압력계의 부르동관을 보호하기 위하여 설치하는 것은?

① 신축이음쇠 ② 균압관
③ 사이펀관 ④ 안전밸브

1-3. 열역학 제2법칙에 따라 정해진 온도로, 이론상 생각할 수 있는 최저 온도를 기준으로 하는 온도단위는?

① 임계온도 ② 섭씨온도
③ 절대온도 ④ 복사온도

해설

1-1

압력계 : 알고 있는 힘과 측정하려는 압력을 일치시켜 압력을 측정한다.

• 액주를 이용하는 법 : 액주식 압력계, 링 밸런스식(환산천칭식) 압력계
• 침종을 이용하는 법 : 침종식 압력계
• 압력의 강약에 의한 물체의 탄성 변위량을 이용하는 방법 : 부르동관압력계, 벨로스압력계, 다이어프램압력계
• 물리적 현상을 이용하는 방법 : 전기저항식 압력계, 기체압력계, 압전기식 압력계

1-2

사이펀관 : 관 내에 응결수가 고여 있는 구조의 관으로, 고압의 증기가 부르동관 내로 직접 침입하지 못하도록 함으로써 압력계를 보호하기 위해 설치한다.

1-3

절대온도 : 열역학 제2법칙에 따라 정해진 온도로, 이론상 생각할 수 있는 최저 온도를 기준으로 하는 온도

정답 1-1 ② 1-2 ③ 1-3 ③

핵심이론 02 수면계, 수위계 및 수고계

보일러 등의 용기 내부의 수면을 외부에 나타내는 계기이다. 경질의 유리관 또는 평판을 이용한 것으로, 저압용과 고압용이 있다. 10기압 이하의 저압 보일러에는 일반적으로 환형(丸形) 유리관을 사용하고, 관의 상하에 스톱밸브를 갖추어 거의 중앙부가 상용 수위에, 최하부가 안전 저수면이 되도록 설치한다.

① **설치 목적** : 보일러 드럼 내부의 수위를 측정하여 이상감수(減水)로 인한 안전사고를 방지하고, 드럼 내부의 프라이밍, 포밍 등을 측정하기 위해 설치한다.

② **설치 위치** : 보일러 안전 저수면과 수면계 하단부가 일치되게 하고, 수주에 부착한다.

③ **설치 개수** : 2개 이상(단, 최고사용압력 1MPa 이하로, 동체 안지름 750mm 미만의 경우, 수면계 1개와 콕을 설치한다. 또한 원격지시수면계가 2개 이상 설치된 경우, 수면계는 1개 이상 부착한다)

④ **종 류**
㉠ 유리관식
㉡ 평형반사식
㉢ 평형투시식
㉣ 멀티포트식

⑤ **수면계의 점검시기**
㉠ 보일러를 가동하기 전
㉡ 프라이밍, 포밍 발생 시
㉢ 두 조의 수면계 수위가 서로 다를 경우
㉣ 수면계의 수위가 의심스러울 때
㉤ 수면계 교체 시

⑥ **보일러 유리수면계의 유리관 파손원인**
㉠ 상하의 너트를 너무 조였을 때
㉡ 상하의 바탕쇠 중심선이 일치하지 않을 때
㉢ 외부로부터 충격을 받았을 때
㉣ 유리가 알칼리 부식 등에 의해 노화되었을 때

⑦ 수면계의 점검 순서
- ㉠ 물밸브와 증기밸브를 닫는다.
- ㉡ 드레인밸브를 연다.
- ㉢ 물밸브를 열고 관수 분출을 확인한 후 닫는다.
- ㉣ 증기밸브를 열고 증기 분출을 확인한 후 닫는다.
- ㉤ 드레인밸브를 닫는다.
- ㉥ 물밸브를 연다.
- ㉦ 증기밸브를 닫는다.

10년간 자주 출제된 문제

다음 중 수면계의 기능시험을 실시해야 할 시기로 옳지 않은 것은?

① 보일러를 가동하기 전
② 2개의 수면계 수위가 동일할 때
③ 수면계 유리의 교체 또는 보수를 행하였을 때
④ 프라이밍, 포밍 등이 생길 때

해설

2개의 수면계 수위가 서로 다를 때 수면계의 기능시험을 실시한다.

정답 ②

핵심이론 03 수량계, 유량계 및 가스미터

기체 또는 액체가 단위시간에 흐르는 양(체적 또는 질량)을 측정하는 계기이다.

① 차압식 유량계의 종류
- ㉠ 벤투리
- ㉡ 오리피스
- ㉢ 플로(Flow)노즐

② 용적식 유량계의 종류
- ㉠ 오벌유량계
- ㉡ 가스미터
- ㉢ 로터리 팬
- ㉣ 루트유량계
- ㉤ 로터리 피스톤

③ 면적식 유량계의 종류
- ㉠ 플로트
- ㉡ 피스톤형
- ㉢ 게이트형

10년간 자주 출제된 문제

3-1. 가스유량과 일정한 관계가 있는 다른 양을 측정함으로써 간접적으로 가스유량을 구하는 방식인 추량식 가스미터의 종류가 아닌 것은?

① 델타형 ② 터빈형
③ 벤투리형 ④ 루트형

3-2. 다음 중 용적식 유량계가 아닌 것은?

① 로터리형 유량계 ② 피토관식 유량계
③ 루트형 유량계 ④ 오벌기어형 유량계

해설

3-1

직접식 유량계 : 습식 가스미터, 루트식, 오벌기어식

3-2

피토관식은 유속식 유량계이다.

정답 3-1 ④ 3-2 ②

3-2. 보일러 환경설비 설치

핵심이론 01 집진장치의 종류와 특성

① 건식 집진장치
 ㉠ 중력 집진장치 : 중력 침강식, 다단 침강식
 ㉡ 관성력 집진장치(함진가스를 방해판 등에 충돌시키거나 기류의 방향을 전환시켜 포집하는 방식) : 충돌식, 반전식
 ㉢ 원심력 집진장치 : 사이클론식, 멀티클론식
 ㉣ 여과 집진장치 : 원통식, 평판식, 역기류분사형, 백필터

② 습식(세정식) 집진장치 : 함진 배기가스를 액방울이나 액막에 충돌시켜 매진을 포집하는 장치
 ㉠ 가압수식 : 사이클론 스크러버, 제트 스크러버, 벤투리 스크러버, 충전탑
 ㉡ 유수식
 ㉢ 회전식

③ 전기식 집진장치(코트렐) : 집진효율이 높고, 0.1μm 미세입자의 제거가 가능하며 압력손실이 작다.

10년간 자주 출제된 문제

1-1. 여과식 집진장치의 분류가 아닌 것은?

① 유수식 ② 원통식
③ 평판식 ④ 역기류분사형

1-2. 집진장치의 종류 중 건식 집진장치 종류가 아닌 것은?

① 가압수식 집진기 ② 중력식 집진기
③ 관성력식 집진기 ④ 원심력식 집진기

해설

1-1
여과 집진장치 : 원통식, 평판식, 역기류분사형, 백필터

1-2
건식 집진장치 : 중력식, 관성력식, 원심력식, 여과식 등

정답 1-1 ① 1-2 ①

핵심이론 02 매연 및 매연 측정장치 (링겔만 매연농도표)

① 설치 목적 : 연돌로 배출되는 연기의 색을 측정하여 공기량을 조절하고, 연소 상태를 좋게 하기 위해 매연 농도를 측정한다.

② 종류 : No.0~No.5(6종류)

③ 측정방법 : 매연농도표를 관측자로부터 16m 띄워 놓고 굴뚝에서 약 40m 떨어진 위치에서 굴뚝 출구에서 30~40m 떨어진 부분의 연기색과 비교하여 서로 비슷할 때 그 농도표의 검은 정도를 연기강도로 간주한다.

번 호	농 도	연기색
0	0%	무 색
1	20%	엷은 회색
2	40%	회 색
3	60%	엷은 흑색
4	80%	흑 색
5	100%	암흑색

④ 농도율 계산
 ㉠ 매연농도율 = $\dfrac{20 \times \text{총매연농도치}}{\text{측정시간(분)}}$(%)
 ㉡ 총매연농도치 = 농도표의 No(번호) × 측정시간(분)

⑤ 매연 발생의 원인
 ㉠ 공기의 공급량이 부족할 때
 ㉡ 무리한 연소를 한 경우
 ㉢ 연소실이 너무 작거나 연소장치가 부적당할 때
 ㉣ 연소실이 너무 냉각되어 있을 때

10년간 자주 출제된 문제

매연분출장치에서 보일러의 고온부인 과열기나 수관부용으로 고온의 열가스 통로에 사용할 때만 사용되는 매연분출장치는?

① 정치회전형 ② 롱 리트랙터블형
③ 쇼트 리트랙터블형 ④ 이동회전형

해설

롱 리트랙터블형 : 보일러의 고온부인 과열기나 수관부용으로 고온의 열가스 통로에 사용할 때만 사용되는 매연분출장치이다.

정답 ②

3-3. 기타 부속장치

핵심이론 01 분출장치

① 구 분

㉠ 수면분출장치(수면에 설치) : 관수 중의 부유물, 유지분 등을 제거하기 위해 설치한다(연속 취출).

㉡ 수저분출장치(동저부에 설치) : 수중의 침전물(슬러지 등)을 분출・제거하기 위해 설치한다(단속 취출, 간헐 취출).

② 분출 목적

㉠ 관수의 농축 방지

㉡ 슬러지분의 배출 제거

㉢ 프라이밍, 포밍의 방지

㉣ 관수의 pH 조정

㉤ 가성취화 방지

㉥ 고수위 방지

③ 분출 시기

㉠ 다음날 아침 보일러를 가동하기 전

㉡ 보일러 부하가 가장 가벼울 때

㉢ 프라이밍, 포밍 발생 시

㉣ 고수위일 때

10년간 자주 출제된 문제

1-1. 보일러 등 내부 안전 저수위보다 약간 높게 설치하여 유지분, 부유물 등을 제거하는 장치로, 연속 분출장치에 해당되는 것은?

① 수면분출장치
② 수저분출장치
③ 주증분출장치
④ 압력분출장치

1-2. 보일러 분출의 목적으로 틀린 것은?

① 불순물로 인한 보일러수의 농축을 방지한다.
② 전열면에 스케일 생성을 방지한다.
③ 포밍이나 프라이밍의 생성을 좋게 한다.
④ 관수의 순환을 좋게 한다.

해설

1-1

수면분출장치는 관수 중의 부유물, 유지분 등을 제거하기 위해 설치하는 연속 취출장치이다.

1-2

보일러 분출은 프라이밍, 포밍을 방지한다.

정답 1-1 ① 1-2 ③

핵심이론 02 이상 수위가 감소하는 경우

이상 수위가 감소하는 경우는 다음과 같다.

① 분출장치로부터의 누수

② 수면계의 연락관이 막혔을 경우

③ 수면계의 주시 태만

④ 급수장치의 고장

10년간 자주 출제된 문제

보일러 안전관리상 가장 중요한 것은?

① 안전밸브 작동 요령 숙지

② 안전 저수위 이하 감수 방지

③ 버너 조절 요령 숙지

④ 화염검출기 및 댐퍼 작동 상태 확인

해설

안전 저수위 이하로 감수되는 것을 방지하는 것이 보일러 안전관리상 가장 중요하다.

정답 ②

핵심이론 03 프라이밍 및 포밍, 캐리오버

① 프라이밍 : 관수의 농축, 급격한 증발 등에 의해 동수면에서 물방울이 튀어 오르는 현상이다.

② 포밍 : 관수의 농축, 유지분 등에 의해 동수면에 기포가 덮여 있는 거품현상이다.

㉠ 발생원인

- 관수가 농축되었을 때
- 유지분 및 부유물이 포함되었을 때
- 보일러가 과부하일 때
- 보일러수가 고수위일 때

㉡ 조치사항

- 증기밸브를 닫고 수위를 안정시킨다.
- 보일러수의 일부를 분출하여 관수의 농축을 방지한다.
- 수위 판단이 어려우므로 수면계를 점검한다.
- 수면계 및 압력계의 연락관을 점검하여 기능 저하를 방지한다.

③ 캐리오버(기수공발)

㉠ 정의 : 발생증기 중 물방울이 포함되어 송기되는 현상이다.

㉡ 발생원인

- 프라이밍, 포밍에 의해
- 보일러수가 농축되었을 때
- 주증기밸브를 급개하였을 경우
- 급수내관의 위치가 높을 경우
- 보일러가 과부하일 때
- 고수위일 때

10년간 자주 출제된 문제

3-1. 프라이밍의 발생원인으로 거리가 먼 것은?

① 보일러 수위가 낮을 때
② 보일러수가 농축되어 있을 때
③ 송기 시 증기밸브를 급개할 때
④ 증발능력에 비하여 보일러수의 표면적이 작을 때

3-2. 보일러 수위제어 방식인 2요소식에서 검출하는 요소로 옳게 짝지어진 것은?

① 수위와 온도
② 수위와 급수 유량
③ 수위와 압력
④ 수위와 증기 유량

3-3. 캐리오버에 대한 방지대책이 아닌 것은?

① 압력을 규정압력으로 유지해야 한다.
② 수면이 비정상적으로 높게 유지되지 않도록 한다.
③ 부하를 급격히 증가시켜 증기실의 부하율을 높인다.
④ 보일러수에 포함되어 있는 유지류나 용해 고형물 등의 불순물을 제거한다.

해설

3-1
보일러 수위가 높을 때 프라이밍이 발생한다.

3-2
보일러 수위제어
- 1요소식 : 수위
- 2요소식 : 수위, 증기량
- 3요소식 : 수위, 증기 유량, 급수 유량

3-3
캐리오버(기수공발) : 발생증기 중 물방울이 포함되어 송기되는 현상으로, 보일러가 과부하되면 캐리오버가 발생한다.

정답 3-1 ① 3-2 ④ 3-3 ③

핵심이론 04 수트 블로어 장치

① 수트 블로어 : 전열면에 부착된 그을음을 제거하여 전열을 좋게 하는 장치(분사매체 : 증기, 공기)이다.
② 수트 블로어의 종류

롱 리트랙터블형	과열기와 같은 고온 전열면에 한다.
쇼트 리트랙터블형 (건타입형)	연소로 벽, 전열면 등에 사용한다.
회전형	절탄기와 같은 저온 전열면에 사용한다.

③ 수트 블로어 실시시기 : 보일러 부하가 가벼울 때

10년간 자주 출제된 문제

보일러 전열면의 그을음을 제거하는 장치는?

① 수저분출장치 ② 수트 블로어
③ 절탄기 ④ 인젝터

해설

수트 블로어 : 전열면에 부착된 그을음을 제거하여 전열을 좋게 하는 장치이다(분사매체 : 증기, 공기).

정답 ②

제4절 보일러 안전장치 정비

핵심이론 01 안전밸브 및 방출밸브

① 안전밸브의 관경 : 25mm 이상이어야 한다. 단, 다음의 경우에는 20mm 이상으로 할 수 있다.

㉠ DP 0.1MPa 이하의 보일러

㉡ DP 0.5MPa 이하로서 동체의 안지름 500mm 이하, 동체의 길이 1,000mm 이하의 것

㉢ DP 0.5MPa 이하로서 전열면적 $2m^2$ 이하의 것

㉣ 최대증발량 5t/h 이하의 관류보일러

㉤ 소용량 보일러

※ DP(Design Pressure)란 설계압력을 의미한다.

② 스프링식 안전밸브의 증기 분출량

㉠ 저양정식 : 밸브의 양정이 관경의 1/40~1/15의 것

$$\text{증기 분출량}(E) = \frac{(1.03P+1)\cdot S\cdot C}{22}\text{kg/h}$$

㉡ 고양정식 : 밸브의 양정이 관경의 1/15~1/7의 것

$$\text{증기 분출량}(E) = \frac{(1.03P+1)\cdot S\cdot C}{10}\text{kg/h}$$

㉢ 전양정식 : 밸브의 양정이 관경의 1/7 이상의 것

$$\text{증기 분출량}(E) = \frac{(1.03P+1)\cdot S\cdot C}{5}\text{kg/h}$$

㉣ 전량식 : 관경이 목부 지름의 1.15배 이상의 것

$$\text{증기 분출량}(E) = \frac{(1.03P+1)\cdot A\cdot C}{2.5}\text{kg/h}$$

여기서, P : 분출압력(kg/cm^2)

S : 밸브의 단면적(mm^2)

A : 목부 단면적(mm^2)

C : 계수(압력 12MPa 이하, 증기온도 230℃ 이하일 때는 1로 한다)

10년간 자주 출제된 문제

1-1. 보일러의 압력이 $8kg/cm^2$이고, 안전밸브 입구 구멍의 단면적이 $20cm^2$라면 안전밸브에 작용하는 힘은 얼마인가?

① 140kgf ② 160kgf
③ 170kgf ④ 180kgf

1-2. 보일러에 사용되는 안전밸브 및 압력방출장치 크기를 20A 이상으로 할 수 있는 보일러가 아닌 것은?

① 소용량 강철제 보일러
② 최대증발량 5t/h 이하의 관류보일러
③ 최고사용압력 1MPa($10kg/cm^2$) 이하의 보일러로 전열면적 $5m^2$ 이하의 것
④ 최고사용압력 0.1MPa($1kg/cm^2$) 이하의 보일러

해설

1-1

안전밸브의 힘

$$P = \frac{W}{A}\text{kgf}$$

$$\therefore\ W = PA = 8\times 20 = 160$$

정답 1-1 ② 1-2 ③

핵심이론 02 방폭문 및 가용마개

① **방폭문** : 지나친 압력 상승 방지를 위해 연소실에 부착하는 것으로, 보일러 연소실에서 백파이어가 발생되고 실내압력이 비정상적으로 상승했을 때만 열린다.

② **가용마개** : 노통보일러나 기관차형 보일러와 같은 내부 연소식 보일러에 있어서 이상 감수에 따른 과열사고를 방지하기 위하여 사용한다.

10년간 자주 출제된 문제

보일러 연소실 내의 미연소가스 폭발에 대비하여 설치하는 안전장치는?

① 가용전　　② 방출밸브
③ 안전밸브　　④ 방폭문

해설

방폭문 : 연소실 내의 미연소가스에 의한 폭발을 방지하기 위해 설치하는 안전장치

정답 ④

핵심이론 03 저수위경보장치 및 차단장치

① **저수위경보장치** : 보일러 수위가 안전 저수위 이하로 낮아지면 안전 저수위에 도달하기 전에 경보를 발하고 연료를 차단하는 장치로서 기계식, 부자식(맥도널식), 전극식 등이 있다.

② **차단장치**

㉠ 설치 목적 : 보일러 운전 중 이상이 발생하였을 경우 연료 공급을 차단하여 사고를 방지하기 위해 설치한다.

㉡ 운전 중 이상현상

- 이상 감수
- 압력 초과
- 점화 중 소화(불착화)

10년간 자주 출제된 문제

3-1. 보일러 저수위경보장치 종류에 속하지 않는 것은?

① 플로트식　　② 전극식
③ 열팽창관식　　④ 압력제어식

3-2. 급유장치에서 보일러 가동 중 연소의 소화, 압력 초과 등 이상현상 발생 시 긴급히 연료를 차단하는 것은?

① 압력조절스위치
② 압력제한스위치
③ 감압밸브
④ 전자밸브

해설

3-1

저수위경보장치 : 보일러 수위가 안전 저수위 이하로 낮아지면 안전 저수위에 도달하기 전에 경보를 발하고 연료를 차단하는 장치로 기계식, 부자식(맥도널식), 전극식 등이 있다.

3-2

전자밸브 : 보일러 운전 중 긴급 시 연료를 차단하는 밸브로 증기압력제한기, 저수위경보기, 화염검출기 등이 연결되어 있다.

정답 3-1 ④ 3-2 ④

핵심이론 04 화염검출기 및 스택스위치

① **화염검출기** : 기름 및 가스 점화보일러에는 연소장치에 버너가 이상소화(消火)되었을 때 신속하게 탐지하는 화염검출기를 설치하여야 한다. 화염검출기가 정확하게 기능하지 않으면 노내(爐內) 가스 폭발 발생의 원인이 된다. 화염검출기에는 플레임 아이, 스택스위치 및 플레임 로드가 사용된다.

㉠ 플레임 아이(Flame Eye) : 버너 염으로부터의 광선을 포착할 수 있는 위치에 부착되어 입사광의 에너지를 광전관에서 포착하여 출력전류를 신호로 해서 조절부에 보내는 것이다(화염의 발광체, 즉 방사선이나 적외선을 이용해서 화염 검출).

㉡ 스택스위치(Stack Switch) : 연도에 설치된 바이메탈 온도스위치로, 버너가 착화되면 연도가스의 온도가 상승하고, 바이메탈스위치는 전기회로를 닫는다. 반대로 버너가 점화되지 않거나 불이 꺼졌을 때는 전기회로가 열려 ON/OFF를 신호로 해서 조절부에 보내는 것이다(화염의 발열을 이용해서 화염 검출).

㉢ 플레임 로드(Flame Rod) : 버너의 분사구 가까운 화염 속에 설치하는 전극이다. 화염은 전기를 전달하는 성질이 있기 때문에 화염이 있을 때는 전극에 전류가 흐르고, 화염이 없을 때는 전기가 흐르지 않도록 한 것이다(화염의 전기전도성, 즉 이온화 현상을 이용해서 화염 검출).

10년간 자주 출제된 문제

4-1. 보일러 운전 중 정전이나 실화로 인하여 연료의 누설이 발생하여 갑자기 점화되었을 때 가스폭발방지를 위해 연료 공급을 차단하는 안전장치는?

① 폭발문 ② 수위경보기
③ 화염검출기 ④ 안전밸브

4-2. 화염 검출기의 종류 중 화염의 이온화현상에 따른 전기전도성으로 이용하여 화염의 유무를 검출하는 것은?

① 플레임 로드 ② 플레임 아이
③ 스택스위치 ④ 광전관

|해설|

4-1

화염검출기 : 기름 및 가스 점화보일러에는 그 연소장치에 버너가 이상 소화(消火)되었을 때 신속하게 그것을 탐지하는 화염검출기를 설치하여야 한다. 화염검출기가 정확하게 기능하지 않으면 노내(爐內) 가스 폭발 발생의 원인이 된다. 화염검출기에는 플레임 아이, 스택스위치 및 플레임 로드가 사용된다.

4-2

화염검출기의 종류

- 플레임 아이 : 화염에서 발생하는 적외선을 이용한 화염검출기
- 플레임 로드 : 화염의 전기 전도성을 이용한 화염검출기
- 스택스위치 : 화염의 발열현상을 이용한 검출기

정답 4-1 ③ 4-2 ①

핵심이론 05 압력제한기 및 압력조절기

① **압력제한기** : 보일러에 사용하는 압력제한장치 중 하나로, 증기압으로 신축하는 벨로스에 용수철을 끼워 동작 레버를 움직이고, 수은스위치가 전기회로를 개폐해 버너의 점화, 정지신호를 연료 조작부에 보낸다. 보일러 내의 증기압이 소정의 압력에 달하면 연소를 정지시켜 압력 상승을 방지한다.

② **압력조절기** : 보일러에서 자동운전 시 설정되어 있는 수치 내에서 공기와 연료의 양을 보일러의 부하측 사용량에 따라 자동으로 컨트롤되어 보일러가 항상 적정한 운전 상태를 유지하도록 해 주는 장치로서, 모양이나 원리는 압력차단기와 흡사하다.

③ 보일러의 압력에 관한 안전장치 설정압은
압력조절기 < 압력제한기 < 안전밸브의 순이다.

10년간 자주 출제된 문제

보일러의 압력에 관한 안전장치 중 설정압이 낮은 것부터 높은 순으로 열거된 것은?

① 압력제한기 < 압력조절기 < 안전밸브
② 압력조절기 < 압력제한기 < 안전밸브
③ 안전밸브 < 압력제한기 < 압력조절기
④ 압력조절기 < 안전밸브 < 압력제한기

해설

보일러의 압력에 관한 안전장치 설정압 순서
압력조절기 < 압력제한기 < 안전밸브

정답 ②

핵심이론 06 배기가스온도 상한스위치 및 가스누설 긴급차단밸브

① **설치 목적** : 보일러 운전 중 이상이 발생하였을 경우 연료 공급을 차단하여 사고를 방지하기 위해 설치한다.

② **운전 중 이상현상**
㉠ 이상 감수
㉡ 압력 초과
㉢ 점화 중 소화(불착화)

10년간 자주 출제된 문제

급유장치에서 보일러 가동 중 연소의 소화, 압력 초과 등 이상현상 발생 시 긴급히 연료를 차단하는 것은?

① 압력조절스위치
② 압력제한스위치
③ 안전밸브
④ 가스누설긴급차단밸브

해설

가스누설긴급차단밸브 : 보일러 운전 중 긴급 시 연료를 차단하는 밸브로 증기압력제한기, 저수위경보기, 화염검출기 등이 연결되어 있다.

정답 ④

핵심이론 07 추기장치(가스퍼지)

가스퍼지는 장치 내에 혼입된 불응축가스(공기 등)를 제거하는 장치로, 추기장치라고도 한다. 불응축가스가 장치 내로 유입될 경우에는 효율 저하 및 압력 상승 등의 문제점이 발생할 수 있어 많은 대형 냉동장치에 설치한다. 가스퍼지는 그중에서 주로 저압냉동기(저압터보냉동기, 흡수식 냉동기)에 설치하며 필요에 따라 대형, 고압 냉동기에도 설치한다.

10년간 자주 출제된 문제

장치 내에 혼입된 불응축가스(공기 등)를 제거하는 장치는?

① 압력조절스위치
② 압력제한스위치
③ 감압밸브
④ 추기장치

해설

가스퍼지 : 장치 내에 혼입된 불응축가스(공기 등)를 제거하는 장치로, 추기장치라고도 한다.

정답 ④

핵심이론 08 기름저장탱크 및 서비스탱크

① 설치 목적 : 중유의 예열 및 교체를 쉽게 하기 위해 설치한다.

② 설치 위치

㉠ 보일러 외측에서 2m 이상 간격을 둔다.

㉡ 버너 중심에서 1.5~2m 이상 높게 설치한다.

㉢ 예열온도 : 60~70℃

㉣ 용량 : 버너의 최대연료소비량의 2~3시간을 저장하는 용량이다.

10년간 자주 출제된 문제

연료공급장치에서 서비스탱크의 설치 위치로 적당한 것은?

① 보일러로부터 2m 이상 떨어져야 하며, 버너보다 1.5m 이상 높게 설치한다.
② 보일러로부터 1.5m 이상 떨어져야 하며, 버너보다 2m 이상 높게 설치한다.
③ 보일러로부터 0.5m 이상 떨어져야 하며, 버너보다 0.2m 이상 높게 설치한다.
④ 보일러로부터 1.2m 이상 떨어져야 하며, 버너보다 2m 이상 높게 설치한다.

해설

서비스 탱크는 중유의 예열 및 교체를 쉽게 하기 위해 설치한다.

서비스 탱크의 설치 위치

- 보일러 외측에서 2m 이상 간격을 둔다.
- 버너 중심에서 1.5~2m 이상 높게 설치한다.

정답 ①

핵심이론 09 기름가열기(오일프리히터)

① 설치 목적 : 기름의 점도를 낮추어 무화효율 및 연소효율을 높이기 위해 설치한다.

② 예열온도 : 80~90℃(동점도 : 20~40cSt)

10년간 자주 출제된 문제

오일프리히터의 사용 목적이 아닌 것은?

① 연료의 점도를 높여 준다.
② 연료의 유동성을 증가시켜 준다.
③ 완전연소에 도움을 준다.
④ 분무 상태를 양호하게 한다.

해설

오일프리히터

- 기름의 점도를 낮추어 무화효율 및 연소효율을 높이기 위해 설치한다.
- 예열온도는 80~90℃(동점도 : 20~40cSt)이다.

정답 ①

핵심이론 10 여과기

유체 중 이물질을 제거하여 장치의 마모 및 손상을 방지하기 위한 장치로 Y형, U형, V형 등이 있다.

10년간 자주 출제된 문제

다음 중 기름여과기에 대한 설명으로 틀린 것은?

① 여과기 전후에 압력계를 설치한다.
② 여과기는 사용압력의 1.5배 이상의 압력에 견딜 수 있는 것이어야 한다.
③ 여과기 입출구의 압력차가 $0.05kgf/cm^2$ 이상일 때는 여과기를 청소해 주어야 한다.
④ 여과기는 단식과 복식이 있으며, 단식은 유량계, 밸브 등의 입구측에 설치한다.

해설

여과기 입출구의 압력차가 $0.2kgf/cm^2$ 이상일 때 청소한다.

정답 ③

핵심이론 11 스팀 어큐뮬레이터(증기축열기) 및 재증발 탱크

① 설치 목적 : 보일러 저부하 시 잉여증기를 저장하여 최대부하일 때 증기 과부족이 없도록 공급하기 위한 장치이다.

② 종 류

㉠ 변압식 : 증기계통에 설치한다.

㉡ 정압식 : 급수계통에 설치한다.

10년간 자주 출제된 문제

보일러의 부속장치 중 축열기에 대한 설명으로 가장 옳은 것은?

① 통풍이 잘 이루어지게 하는 장치이다.
② 폭발장치를 위한 안전장치이다.
③ 보일러의 부하변동에 대비하기 위한 장치이다.
④ 증기를 한 번 더 가열시키는 장치이다.

해설

축열기 : 보일러 저부하 시 잉여증기를 저장하여 최대부하일 때 증기 과부족이 없도록 공급하기 위한 장치이다.

정답 ③

제5절 보일러 열효율 및 정상

핵심이론 01 보일러 열효율

연소효율에 전열효율을 곱한 값이다.

① 증발계수 $= \dfrac{\text{증기엔탈피} - \text{급수엔탈피}}{539}$

② 증발배수 $= \dfrac{\text{실제증발량(kg/h)}}{\text{연료소모량(kg/h)}}$

③ 전열면적 구하는 식(d : 수관의 외경, l : 수관의 길이, n : 수관의 개수)

나 관	$A = \pi dln$
반나관	$A = \dfrac{\pi dln}{2}$

㉠ 보일러 등의 열교환기에서 열을 전하는 면의 면적이다. 전열면적은 보일러 등의 용량을 결정하는 요소이다.

㉡ 전열면적 $10m^2$ 이하 : 분출밸브의 크기 20mm 이상

㉢ 전열면적당 방출관의 크기

$10m^2$ 미만	25mm 이상
$10m^2$ 이상 $15m^2$ 미만	30mm 이상
$15m^2$ 이상 $20m^2$ 미만	40mm 이상
$20m^2$ 이상	50mm 이상

㉣ 전열면 증발률 $= \dfrac{\text{실제증발량}}{\text{전열면적}}$

④ 보일러 효율(η)

$$\eta = \frac{G_a(h'' - h')}{G_f \times H_l} \times 100$$

$$= \frac{G \times C \times \Delta t}{G_f \times H_l} \times 100$$

$$= \frac{G_e \times 539}{G_f \times H_l} \times 100$$

⑤ 연소실 열발생률 $= \dfrac{\text{연료사용량} \times \text{입열}}{\text{연소실 용적}}$

10년간 자주 출제된 문제

1-1. 연료 발열량은 9,750kcal/kg, 연료의 시간당 사용량은 300kg/h인 보일러의 상당증발량이 5,000kg/h일 때 보일러 효율은 약 몇 %인가?

① 83　　② 85
③ 87　　④ 92

1-2. 어떤 보일러에서 포화증기엔탈피가 632kcal/kg인 증기를 매시 150kg을 발생하며, 급수엔탈피가 온도 22kcal/kg, 매시 연료소비량이 800kg이라면 이때의 증발계수는 약 얼마인가?

① 1.01　　② 1.13
③ 1.24　　④ 1.35

해설

1-1

보일러 효율(η)

$$\eta = \frac{G_a(h''-h')}{G_f \times H_l} \times 100 = \frac{G \times C \times \Delta t}{G_f \times H_l} \times 100 = \frac{G_e \times 539}{G_f \times H_l} \times 100 = \frac{5,000 \times 539}{300 \times 9,750} \times 100 ≒ 92.14\%$$

1-2

$$증발계수 = \frac{증기엔탈피 - 급수엔탈피}{539} = \frac{632-22}{539} ≒ 1.13$$

정답 1-1 ④　1-2 ②

핵심이론 02 보일러 열정산

보일러 내의 열흐름을 파악하여 열효율을 향상시키고, 열관리를 위한 자료를 수집하며 조업조건을 개선하기 위해 열정산을 한다.

① 열정산의 목적
　㉠ 열손실을 파악하기 위하여
　㉡ 조업방법을 개선하기 위하여
　㉢ 열설비의 성능을 파악하기 위하여
　㉣ 열의 행방을 파악하기 위하여

② 보일러의 열정산은 원칙적으로 정격부하 이상에서 정상 상태로 2시간 이상의 운전 결과에 따라야 한다.

10년간 자주 출제된 문제

보일러 열정산의 조건과 측정방법에 대한 설명으로 틀린 것은?

① 열정산 시 기준온도는 시험 시의 외기온도를 기준으로 하나, 필요에 따라 주위온도로 할 수 있다.
② 급수량 측정은 중량 탱크식 또는 용량 탱크식 또는 용적식 유량계, 오리피스 등으로 한다.
③ 공기온도는 공기예열기의 입구 및 출구에서 측정한다.
④ 발생증기의 일부를 연료 가열, 노내 취입 또는 공기예열기를 사용하는 경우에는 그 양을 측정하여 급수량에 더한다.

해설

열정산에서 발생증기의 일부를 연료 가열, 노내 분입 등에 사용하는 경우 그 양을 급수량에서 뺀다.

정답 ④

핵심이론 03 보일러 용량

① **정격용량(kg/h)** : 보일러 메이커가 보증하는 최대증발량 또는 최대열출력이다.

② **정격출력(kcal/h)** : 보일러 출력은 정격출력을 열량(kcal/h)으로 표시하거나 환산증발량으로 표시하기도 한다. 정격출력은 최대연소부하에 의한 출력으로, 일반적으로 상용출력의 125%이다.

정격출력 = 상용출력 × 1.25

③ **실제증발량** : 증기 유량계 또는 급수량계에 의해 측정 가능한 실제로 발생한 증기량이다.

④ **상당(환산)증발량** $= \dfrac{\text{매시 실제증발량}(h'' - h')}{539}$(kg/h)

여기서, h'' : 증기엔탈피(kcal/kg)

h' : 급수엔탈피(kcal/kg)

※ 상당증발량 : 실제로 급수에서 소요증기를 발생시키기 위해 필요한 열량을 100℃의 포화수를 증발시켜 100℃의 건포화증기로 한다고 하는 기준 상태의 열량으로 환산한 것이다.

⑤ **보일러 마력** $= \dfrac{\text{상당증발량}}{15.65}$

$$= \frac{\text{매시 실제증발량} \times (h'' - h')}{539 \times 15.65}$$

※ 보일러 마력이란 100℃의 물 15.65kg을 1시간 동안 같은 온도의 증기로 변화시킬 수 있는 능력이다.

10년간 자주 출제된 문제

3-1. 보일러 마력은 몇 kg/h의 상당증발량의 값을 가지는가?

① 15.65 ② 79.8
③ 539 ④ 860

3-2. 어떤 보일러의 5시간 동안 증발량이 5,000kg이고, 그때의 급수엔탈피가 25kcal/kg, 증기엔탈피가 675kcal/kg이라면 상당증발량은 약 몇 kg/h인가?

① 1,106 ② 1,206
③ 1,304 ④ 1,451

3-3. 온도 26℃의 물을 공급받아 엔탈피 665kcal/kg인 증기를 6,000kg/h 발생시키는 보일러의 상당증발량(kg/h)은?

① 약 7,113 ② 약 6,169
③ 약 7,325 ④ 약 6,920

해설

3-1

보일러 마력이란 100℃의 물 15.65kg을 1시간 동안 같은 온도의 증기로 변화시킬 수 있는 능력이다.

3-2

$$\text{상당증발량(환산)} = \frac{\text{실제증발량} \times (\text{증기엔탈피} - \text{급수엔탈피})}{539}$$

$$= \frac{\frac{5{,}000}{5} \times (675 - 25)}{539} \fallingdotseq 1{,}206\text{kg/h}$$

3-3

$$\text{상당증발량(환산)} = \frac{\text{실제증발량} \times (\text{증기엔탈피} - \text{급수엔탈피})}{539}$$

$$= \frac{6{,}000 \times (665 - 26)}{539} \fallingdotseq 7{,}113\text{kg/h}$$

정답 3-1 ① 3-2 ② 3-3 ①

제6절 보일러설비 설치

핵심이론 01 연료의 종류와 특성

① 고체연료의 특성

㉠ 쉽게 구입할 수 있고, 가격이 저렴하다.

㉡ 취급 및 저장이 용이하다.

㉢ 회분 등 불순물이 많아 완전연소가 곤란하다.

㉣ 재의 처리가 곤란하고 매연 발생량이 많다.

② 액체연료의 특성

㉠ 품질이 균일하고 발열량이 높다.

㉡ 회분이 적고 연소 조절이 쉽다.

㉢ 운반 및 저장, 취급이 용이하다.

㉣ 일반적으로 황분이 많아 기기의 부식을 초래한다.

③ 기체연료의 특성

㉠ 연소효율이 높고, 적은 과잉공기로 완전연소가 가능하다.

㉡ 연소 조절, 점화 및 소화가 용이하고, 적은 공기로 완전연소가 가능하여 대기오염 발생이 적다.

㉢ 연료 중 공기비가 가장 낮다.

㉣ 연소속도가 빠르므로 자동제어 연소가 필요하다.

㉤ 대기오염이 큰 순서로 나열하면,
고체연료 > 액체연료 > 기체연료 순이다.

④ 연료의 구비조건

㉠ 공급이 용이하고 풍부할 것

㉡ 저장 및 운반이 편리할 것

㉢ 인체에 무해하고 회분이 적고 대기오염도가 작을 것

㉣ 단위용적당 발열량이 높을 것

㉤ 가격이 저렴할 것

㉥ 취급이 용이하고 안전성이 있을 것

10년간 자주 출제된 문제

1-1. 액체연료에서의 무화의 목적으로 틀린 것은?

① 연료와 연소용 공기와의 혼합을 고르게 하기 위해
② 연료 단위중량당 표면적을 작게 하기 위해
③ 연소효율을 높이기 위해
④ 연소실 열발생률을 높게 하기 위해

1-2. 다음 중 탄화수소비가 가장 큰 액체연료는?

① 휘발유 ② 등 유
③ 경 유 ④ 중 유

해설

1-1

무화의 목적 : 연료 단위중량당 표면적을 크게 하기 위해서이다.

1-2

④ 중유 : $C_{17}H_{36}$ 이상
① 휘발유 : C_5H_{12}~$C_{12}H_{26}$
② 등유 : $C_{12}H_{26}$~$C_{16}H_{34}$
③ 경유 : $C_{15}H_{32}$~$C_{18}H_{38}$

정답 1-1 ② 1-2 ④

핵심이론 02 연료설비의 설치

① 연소의 조건(연소의 3요소) : 어떤 물질을 연소하기 위해서는 3가지 요소가 필요하다. 첫 번째 요소는 연료(타는 물질)이다. 불에 탈 수 있는 재료로서 고체연료(연탄, 나무, 종이, 숯, 초 등), 액체연료(석유, 휘발유, 알코올, 벙커C유 등), 기체연료(천연가스, 뷰테인 가스, 프로페인 가스 등)가 있으며 일반적으로 고체보다는 액체가, 액체보다는 기체가 잘 연소된다. 두 번째 요소는 발화점 이상의 온도이다. 발화점이란 불꽃이 직접 닿지 않고 열에 의해 스스로 불이 붙는 온도로, 연소를 위해서는 발화점 이상으로 온도를 높일 열이 필요하다. 세 번째 요소는 산소이다. 일정량 이상의 산소가 있어야 연소가 일어난다. 이 세 가지 조건 중 하나라도 충족되지 못하면 연소반응이 일어나지 않으며, 연소반응이 일어나더라도 타고 있는 물질의 불은 꺼지는데, 이러한 현상을 소화(燒火)라고 한다.

② 연소의 형태

㉠ 기체의 연소

- 불꽃은 있으나 불티가 없는 연소이다.
- 확산연소 : 분출된 가연성 기체가 공기와 섞이는 과정을 확산이라고 하는데, 비교적 공기보다 가벼운 기체, 수소, 아세틸렌 등과 같은 가연성가스가 화염의 안정범위가 넓고, 조작이 용이한 연소 형태이다.
- 정상연소 : 기체의 연소 형태는 대부분 정상연소, 즉 가연성 기체가 산소와 혼합되어 연소하는 형태이다.
- 비정상연소 : 많은 양의 가연성 기체와 공기의 혼합가스가 밀폐용기 중에 있을 때 점화되면 연소온도가 급격하게 증가하여 일시에 폭발적으로 연소하는 형태이다.

㉡ 액체의 연소

- 액체 자체가 타는 것이 아니라 발생된 증기가 연소하는 형태이다.
- 증발연소 : 알코올, 에테르, 석유, 아세톤, 촛불에 의한 연소 등과 같은 가연성 액체가 액면에서 증발하는 가연성 증기가 착화되어 화염을 내고, 이 화염의 온도에 의해서 액체 표면의 온도를 상승시켜 증발을 촉진시켜 연소하는 형태이다.
- 액적연소 : 보통 점도가 높은 벙커C유에서 연소를 일으키는 형태로, 가열하면 점도가 낮아져 버너 등을 사용하여 액체의 입자를 안개 모양으로 분출하며 액체의 표면적을 넓혀 연소시키는 형태이다.

㉢ 고체의 연소

- 고체에서는 여러 가지 연소 형태가 복합적으로 나타난다.
- 표면연소 : 목탄(숯), 코크스, 금속분 등이 열분해하여 고체의 표면이 고온을 유지하면서 가연성가스를 발생시키지 않고 그 물질 자체의 표면이 빨갛게 변하면서 연소하는 형태이다.
- 분해연소 : 석탄, 종이, 목재, 플라스틱의 고체물질과 중유와 같은 점도가 높은 액체연료에서 찾아 볼 수 있는 형태로 열분해에 의해서 생성된 분해 생성물과 산소와 혼합하여 연소하는 형태이다.
- 증발연소 : 나프탈렌, 장뇌, 유황, 왁스, 파라핀, 촛불과 같이 고체가 가열되어 가연성가스를 발생시켜 연소하는 형태이다.
- 자기연소 : 화약, 폭약의 원료인 제5류 위험물 나이트로글리세린, 나이트로셀룰로스, 질산 에스테르에서 볼 수 있는 연소의 형태로, 공기 중의 산소를 필요로 하지 않고 그 물질 자체에 함유되어 있는 산소로부터 내부 연소하는 형태이다.

㉣ 연료의 물성

- 인화점 : 가연성 물질에 점화원을 접촉시켰을 때 불이 붙은 최저온도로, 가연성 액체의 위험성을 나타내는 척도로 사용된다. 인화점이 낮을수록 인화의 위험이 크고, 특히 인화점이 상온보다 낮은 제4류 위험물은 특히 주의를 요하는 위험물이다.
- 착화점 : 가연성 물질이 점화원 없이 축적된 열만으로 연소를 일으키는 최저온도이다. 발화점이 낮은 물질일수록 위험성이 크다. 발화점과 인화점은 서로 아무런 관계가 없고, 인화점보다 수백 ℃ 높은 온도이다. 착화점이 낮아지는 조건은 다음과 같다.
  - 발열량, 화학적 활성도, 산소와의 친화력, 압력이 높을 때
  - 분자구조가 복잡할 때
  - 열전도율, 공기압, 습도 및 가스압이 낮을 때
- 연소점 : 인화점에서는 외부의 열을 제거하면 연소가 중단되는 반면, 연소점은 점화원을 제거하더라도 계속 탈 수 있는 온도로, 인화점보다 대략 5~10℃ 높다.

㉤ 보일러 연소장치의 선정기준

- 사용 연료의 종류와 형태를 고려한다.
- 연소효율이 높은 장치를 선택한다.
- 내구성 및 가격 등을 고려한다.

10년간 자주 출제된 문제

2-1. 가스버너에서 리프팅(Lifting)현상이 발생하는 경우는?

① 가스압이 너무 높은 경우
② 버너 부식으로 염공이 커진 경우
③ 버너가 과열된 경우
④ 1차 공기의 흡인이 많은 경우

2-2. 보일러의 연소장치에서 통풍력을 크게 하는 조건으로 틀린 것은?

① 연돌의 높이를 높인다.
② 배기가스의 온도를 높인다.
③ 연도의 굴곡부를 줄인다.
④ 연돌의 단면적을 줄인다.

해설

2-1

가스 유출속도가 연소속도보다 더 빠른 경우에 선화(리프팅)가 일어난다. 여기서 '가스 유출속도가 빠르다.'라는 것은 '가스압력이 높다.'는 의미이다.

2-2

자연통풍력을 증가시키는 방법

- 연돌의 단면적을 넓게 한다.
- 연돌의 높이를 높게 한다.
- 배기가스의 온도를 높게 한다.
- 연도의 길이는 짧게 하고, 굴곡부를 적게 한다.

정답 2-1 ① 2-2 ④

핵심이론 03 연소 계산

① 저위발열량(H_l) = 고위발열량(H_h) − 600(9H + W)

여기서, H : 수소의 성분

W : 수분의 성분

② 이론산소량(O_0) : 연료의 완전연소에 필요한 이론상의 최소산소량으로, 연료의 가연성분량을 알면 화학방정식으로 계산할 수 있다.

③ 이론공기량(A_0)

㉠ 기체연료의 이론공기량

$$A_0 = \frac{1}{0.21}\left[\frac{1}{2}(H_2) + \frac{1}{2}(CO) + 2(CH_4) + 3(C_2H_4) - O_2 + \cdots\right]$$

㉡ 고체연소와 액체연소에 요하는 공기량

$$A_0 = 11.49C + 34.5\left(H - \frac{O}{8}\right) + 4.31S\,(kg)$$

체적당의 A_0

$$= \frac{1}{0.21}(1.867C + 5.6H - 0.7O + 0.7S)$$

$$= 8.89C + 26.7\left(H - \frac{O}{8}\right) + 3.33s\,(Nm^3)$$

④ 실제공기량(A) = mA_0

여기서, m : 공기비

A_0 : 이론공기량

⑤ 공기비$(m) = \dfrac{\text{실제공기량}(A)}{\text{이론공기량}(A_0)}$

㉠ 공기비가 가장 낮은 연료는 기체연료이다.

㉡ 연료의 공기비

기체연료	1.1~1.2
액체연료	1.2~1.4
고체연료	1.4~2.0

㉢ 기체연료는 과잉공기비가 적으므로 연소실의 용적이 작아도 된다.

10년간 자주 출제된 문제

저위발열량은 고위발열량에서 어떤 값을 뺀 것인가?

① 물의 엔탈피량
② 수증기의 열량
③ 수증기의 온도
④ 수증기의 압력

해설

저위발열량은 고위발열량에서 수증기의 증발잠열을 뺀 값이다.

정답 ②

핵심이론 04 통풍장치

① 통풍의 종류와 특성

㉠ 자연통풍

- 연돌에 의한 통풍으로, 연돌 내에서 발생하는 대류현상에 의해 이루어지는 통풍이다.
- 배기가스의 속도 : 3~4m/sec
- 통풍력 : 15~20mmH_2O

㉡ 강제통풍 : 송풍기에 의한 인위적인 통풍방법이다.

- 압입통풍 : 연소실 입구에 송풍기를 설치하여 연소실 내에 연소용 공기를 송입하는 방식이다.
  - 노내압 : 정(+)압 유지
  - 배기가스의 속도 : 6~8m/sec
- 흡입통풍 : 연도에 송풍기를 설치하여 연소실 내의 연소가스를 강제로 빨아내는 방식이다.
  - 노내압 : 부(−)압 유지
  - 배기가스의 속도 : 8~10m/sec
- 평형통풍 : 압입통풍과 흡입통풍을 겸한 방법으로, 연소실 내의 압력 조절이 용이하다.
  - 노내압 : 대기압 유지
  - 배기가스의 속도 : 10m/sec

㉢ 자연통풍력을 증가시키려면

- 연돌의 높이를 높게 한다.
- 배기가스의 온도를 높게 한다.
- 연돌의 단면적을 넓게 한다.
- 연도의 길이는 짧게 하고, 굴곡부는 적게 한다.

㉣ 통풍력(Z, 단위 : mmH_2O)

$$Z = 273 \times H \times \left(\frac{r_a}{273 + t_a} - \frac{r_g}{273 + t_g} \right)$$

$$= 355 \times H \times \left(\frac{1}{273 + t_a} - \frac{1}{273 + t_g} \right)$$

② **송풍기의 종류와 특성** : 송풍기는 유동을 일으키는 날개차(Impeller)와 날개차로 들어가고 나오는 유동을 안내하는 케이싱(Casing)으로 이루어진다.

㉠ 송풍기의 분류방법

- 축류형 송풍기(프로펠러형 송풍기) : 공기의 유동이 날개차의 회전축과 평행 방향으로 발생시키는 형식이다.
- 원심식 송풍기(터보형, 다익형, 플레이트형) : 주된 목적은 원심력에 의한 압력 증가로, 유량보다는 압력이 필요한 곳에 많이 사용한다.
- 혼합류형 송풍기(Mixed-flow Fan) : 날개차 내에서 축 방향과 반경 방향의 유동이 같이 존재하는 경우로, 유량과 압력의 증가가 동시에 요구될 때 사용한다.

㉡ 터보형 송풍기의 특징

- 후향 날개형식
- 효율 : 60~70%
- 고압, 대용량에 적합하다.

㉢ 송풍기의 소요마력

- 송풍기의 소요동력

$$N = \frac{P \times Q}{102 \times \eta \times 60} (\text{kW})$$

- 송풍기의 번호
  - 다익 송풍기의 번호 :

$$\text{No.} = \frac{\text{임펠러의 지름(mm)}}{150(\text{mm})}$$

  - 축류형 송풍기의 번호 :

$$\text{No.} = \frac{\text{임펠러의 지름(mm)}}{100(\text{mm})}$$

10년간 자주 출제된 문제

4-1. 다음과 같은 특징을 갖고 있는 통풍방식은?

> • 연도의 끝이나 연돌 하부에 송풍기를 설치한다.
> • 연도 내의 압력은 대기압보다 낮게 유지된다.
> • 매연이나 부식성이 강한 배기가스가 통과하므로 송풍기의 고장이 자주 발생한다.

① 자연통풍 ② 압입통풍
③ 흡입통풍 ④ 평형통풍

4-2. 자연통풍방식에서 통풍력이 증가되는 경우가 아닌 것은?

① 연돌의 높이가 낮은 경우
② 연돌의 단면적이 큰 경우
③ 연도의 굴곡수가 적은 경우
④ 배기가스의 온도가 높은 경우

4-3. 후향 날개 형식으로 보일러의 압입송풍에 많이 사용되는 송풍기는?

① 다익형 송풍기 ② 축류형 송풍기
③ 터보형 송풍기 ④ 플레이트형 송풍기

해설

4-1

• 자연통풍 : 연돌에 의한 통풍으로 연돌 내에서 발생하는 대류현상에 의해 이루어지는 통풍이다.
• 강제통풍 : 송풍기에 의한 인위적인 통풍방법이다.
  – 압입통풍은 연소실 입구에 송풍기를 설치하여 연소실 내에 연소용 공기를 송입하는 방식이다(노내압 : 정(+)압 유지, 배기가스속도 : 6~8m/sec).
  – 흡입통풍은 연도에 송풍기를 설치하여 연소실 내의 연소가스를 강제로 빨아내는 방식이다(노내압 : 부(–)압 유지, 배기가스 속도 : 8~10m/sec).
  – 평형통풍은 압입통풍과 흡입통풍을 겸한 방법으로, 연소실 내의 압력 조절이 용이하다(노내압 : 대기압 유지, 배기가스 속도 : 10m/sec).

4-2

자연통풍방식에서 통풍력이 증가하는 경우

• 연돌의 높이를 높게 한다.
• 배기가스의 온도를 높게 한다.
• 연돌의 단면적을 넓게 한다.
• 연도의 길이는 짧게 하고, 굴곡부는 적게 한다.

4-3

송풍기의 종류

• 터보형 송풍기 : 낮은 정압부터 높은 정압의 영역까지 폭넓은 운전범위를 가지고 있으며, 각 용도에 적합한 깃 및 케이싱 구조, 재질의 선택을 통하여 일반 공기 이송에서 고온의 가스 혼합물 및 분체 이송까지 폭넓은 용도로 사용할 수 있다.
• 다익형 송풍기 : 일반적으로 시로코 팬(Sirocco Fan)이라고 하며 임펠러 형상이 회전 방향에 대해 앞쪽으로 굽어진 원심형 전향익 송풍기이다.
• 축류형 송풍기 : 기본적으로 원통형 케이싱 속에 있는 임펠러의 회전에 따라 축 방향으로 기체를 송풍하는 형식이다. 일반적으로 효율이 높고 고속회전에 적합하여 전체가 소형이 되는 이점이 있다.

정답 4-1 ③ 4-2 ① 4-3 ③

핵심이론 05 송기장치

보일러에서 발생한 증기를 각 현장의 증기소비설비까지 공급하는 장치이다. 증기관을 주체로 하여 증기관헤더, 증기밸브, 감압밸브, 증기트랩, 신축이음, 비수(沸水, 물이 끓음)방지관, 기수분리기, 드레인 빼기 장치 등으로 구성된다.

10년간 자주 출제된 문제

5-1. 보일러에서 발생한 증기를 송기할 때의 주의사항으로 틀린 것은?

① 주증기관 내의 응축수를 배출시킨다.
② 주증기밸브를 서서히 연다.
③ 송기한 후에 압력계의 증기압 변동에 주의한다.
④ 송기한 후에 밸브의 개폐 상태에 대한 이상 유무를 점검하고 드레인밸브를 열어 놓는다.

5-2. 증기난방을 고압 증기난방과 저압 증기난방으로 구분할 때 저압 증기난방의 특징에 해당하지 않는 것은?

① 증기의 압력은 약 0.15~0.35kg/cm^{2}이다.
② 증기 누설의 염려가 작다.
③ 장거리 증기 수송이 가능하다.
④ 방열기의 온도는 낮은 편이다.

해설

5-1
증기를 송기하기 전에 드레인밸브를 열어 응축수를 배출시킨다.

5-2
저압 증기난방은 장거리 증기 수송이 어렵다.

정답 5-1 ④ 5-2 ③

핵심이론 06 부하의 계산

① 난방 및 급탕부하의 종류

㉠ 난방부하[방열량×방열면적(kcal/h)] : 난방에 필요한 공급열량이다(실내에 열원이 없을 때의 난방부하는 관류(貫流) 및 환기에 의한 열부하, 난방장치의 손실열량 등으로 이루어짐).

㉡ 급탕부하 : 급탕을 위해 가열해야 할 열량이다.

㉢ 배관부하 : 배관 내 온수의 온도와 배관 주위 공기와의 온도차에 따른 손실열량이다.

㉣ 예열부하(시동부하) : 냉각된 보일러를 운전온도가 될 때까지 가열하는 데 필요한 열량으로 보일러, 배관 등 철과 장치 내 보유하고 있는 물을 가열하는 데 필요한 열량이다.

② 난방부하의 계산

㉠ 난방부하의 계산방법

- 방열면적
- 벽체 열손실
- 간이식

㉡ 난방부하 = 열손실지수×난방면적

㉢ 상당방열면적(EDR) : 난방부하에 상당하는 방열기의 면적

$$EDR = \frac{\text{난방부하}}{\text{방열기방열량}}$$

㉣ 방열기 표준방열량

- 증기 : 650kcal/m^2·h
- 온수 : 450kcal/m^2·h

㉤ $\text{방열기 쪽수} = \frac{\text{난방부하}}{\text{방열기방열량} \times 1\text{쪽당 방열면적}}$

③ 급탕부하의 계산

$Q = G \cdot C \cdot \Delta t$

여기서, Q : 급탕부하(kcal/h)
G : 급탕량(kg/h)
C : 비열(kcal/kg·℃)
Δt : 온도차(℃)

10년간 자주 출제된 문제

난방 면적이 $100m^2$, 열손실 지수가 $90kcal/m^2h$, 온수온도 80℃, 실내온도가 20℃일 때 난방부하(kcal/h)는?

① 7,000 ② 8,000
③ 9,000 ④ 10,000

해설

난방부하 = 열손실지수 × 난방면적
= 90 × 100
= 9,000kcal/h

정답 ③

핵심이론 07 난방설비의 설치 및 관리

① 증기난방 : 증기를 열원으로 하는 난방방식으로 라디에이터, 컨벡터 등의 방열기가 사용된다.

㉠ 증기압력에 의한 분류

- 저압식
  - $0.1\sim0.35kg/cm^2g$
  - 일반 건물용
  - 주철제 방열기를 사용한다.
  - 고압식에 비하여 난방 쾌감도와 안전도는 좋다(관경이 크게 된다).
- 고압식
  - $1\sim3kg/cm^2g$
  - 공장용
  - 대건축물
  - 관방열기를 사용한다.
  - 누설과 고온이므로 난방이 좋지 않다.

> • 원거리 수송 시 : $3\sim5kg/cm^2g$ 사용
> • 지역 냉방 시 : $8\sim10kg/cm^2g$ 사용

㉡ 배관방식에 의한 분류

- 단관식
  - 증기와 응축수가 동일 배관 내로 서로 역류하는 방식
  - 공용으로 사용
  - 소형 건물, 증기트랩 불필요, 공기밸브 설치
- 복관식
  - 증기공급관과 환수관을 각각 설치하는 방식
  - 별개의 계통으로 사용
  - 대부분의 방식, 트랩 설치

㉢ 증기 공급방식에 따른 분류

- 상향 공급식 : 공급주관(증기)이 가장 낮은 방열기보다 낮은 곳에 설치하여 수직 브랜치관을 통하여 증기를 공급한다(입상관 설치 공급, Up-feed System 방식).

• 하향 공급식 : 최상층의 주증기관에서 입하관에 의한 증기 공급방식이다.

㉣ 응축수 환수방식에 따른 분류

• 중력환수식 : 환수관은 약 1/100 정도의 선하향 구배로 되어 있어서 응축수의 무게에 의한 고·저차로 환수하는 방식이다. 방열기는 보일러의 수면보다 높게 하여야 하고, 대규모 장치 시에는 중력으로 응축수를 탱크까지 환수시킨 후 응축수 펌프를 사용하여 보일러에 환수시킨다.

• 진공환수식 : 환수관의 말단에 진공펌프를 설치하여 장치 내의 공기를 제거하면서 환수는 펌프에 의해 보일러로 환수시킨다. 환수관의 진공은 대략 100~250 mmHg 정도이다(증기순환이 빠르고, 환수관경이 작아도 되며 설치 위치에 제한이 없고 공기밸브가 불필요하다).

㉤ 환수관 배치에 따른 분류

• 건식 환수방법 : 보일러의 수면보다 환수주관이 위에 있는 경우로, 환수주관의 증기 혼입에 의한 열손실을 방지하기 위하여 방열기와 관말에 트랩을 설치한다.

• 습식 환수방법 : 보일러의 수면보다 환수주관이 아래에 있는 경우로, 건식보다 관경이 작아도 되며 관말트랩은 필요 없다.

② **온수난방** : 온수를 방열기, 대류 방열기 등에 의해 순환시켜서 방열하여 난방하는 방식이다.

㉠ 온수난방의 분류

• 고온수식(밀폐식) : 밀폐식 팽창탱크(온수압력이 대기압 이상 유지)를 설치하며 방열기와 배관의 치수가 작아지고, 주철제 방열기를 사용할 수 없다(100~150℃).

• 저온수식(개방식) : 개방형 팽창탱크를 설치하며, 온수온도는 100℃ 이하로 제한한다.

㉡ 온수 순환방법에 의한 분류

• 중력순환식

• 강제순환식

㉢ 팽창탱크

온수 팽창량의 계산식은 다음과 같다.

$$\left(\frac{1}{\text{가동 후 물의 비중}} - \frac{1}{\text{가동 전 물의 비중}}\right) \times \text{장치의 전수량(L)}$$

③ **복사난방** : 바닥패널, 벽패널, 천장패널을 설치하여 복사열을 이용한 난방방식이다.

• 복사난방은 배관이 매립되어 있어 고장 시 발견이 어렵고, 시설비가 많이 든다.

• 복사난방은 실내온도분포가 가장 균일한 난방방식이다.

• 복사난방은 부하 변화에 따른 온도 조절이 늦다(외기의 온도 변화에 대한 온도 조절이 어렵다).

• 복사난방은 실내의 평균온도가 낮다.

④ **지역난방** : 광범위한 지역을 1개 또는 몇 개의 열원으로 나누어 난방하는 방식으로, 열병합 발전시설과 함께 고온수난방(100~180℃)에 쓰인다. 설비의 열효율이 높고 도시 매연 발생은 적으며, 개개 건물의 공간을 많이 차지하지 않는다. 고온수난방의 문제점은 다음과 같다.

㉠ 순환펌프의 용량이 커진다.

㉡ 높은 건물에 공급이 곤란하다.

㉢ 유황분이 많은 저질유 사용 시 저온 부식의 위험이 있다.

㉣ 예열시간이 길어 연료소비량이 크다.

⑤ **전기난방** : 전열을 열원으로 하는 난방방법의 총칭으로, 난로형식부터 전열선을 천장, 벽 등에 매입한 복사난방형식 등이 있다.

⑥ **태양열난방**

⑦ **열매체 및 기타 난방**

10년간 자주 출제된 문제

증기난방의 중력환수식에서 복관식인 경우 배관 기울기로 적당한 것은?

① 1/50 정도의 순 기울기
② 1/100 정도의 순 기울기
③ 1/150 정도의 순 기울기
④ 1/200 정도의 순 기울기

해설

중력환수식에서의 배관 구배

배관방식	순 구배	역구배
단관식	$\frac{1}{200} \sim \frac{1}{100}$	$\frac{1}{100} \sim \frac{1}{50}$
복관식	$\frac{1}{200}$	

정답 ④

핵심이론 08 난방기기의 설치 및 관리

① 방열기 : 증기, 온수 등의 열매를 이용하여 실내공기로 열을 방출하는 난방기기로서, 주로 대류난방에 사용되는 직접난방방법이다.

㉠ 방열기의 종류

- 주형 방열기(Column Radiator) : 2주형(Ⅱ), 3주형(Ⅲ), 3세주형(3), 5세주형(5)의 네 종류가 있다.
- 벽걸이 방열기(Wall Radiator) : 주철제로 가로형(W-H)과 세로형(W-V)의 2종이 있다.
- 길드 방열기(Gilled Radiator) : 1m 정도의 주철제 파이프에 방열면적을 증대시키기 위하여 열전도율이 좋은 금속 핀을 부착한 방열기로 1단, 2단, 3단형 등이 있다.
- 강판제 방열기 : 2주, 3주, 4주의 세 종류가 있고, 외형은 주철제와 비슷하지만, 강판을 프레스로 성형하여 용접하여 제작하고 섹션(Section) 수의 증감이 불편하여 많이 사용되지 않는다.
- 대류형 방열기 : 핀튜브형의 가열코일이 강판제의 케이스 속에서 대류작용으로 난방을 행한다. 컨벡터와 높이가 낮은 베이스보드 히터가 있다.

㉡ 방열기의 호칭

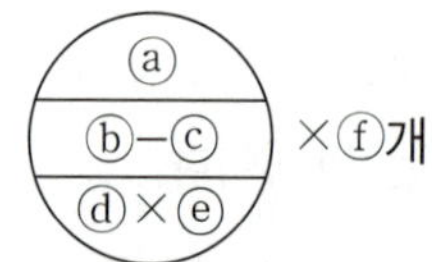

ⓐ 방열기 쪽수
ⓑ 방열기 종류별 약기호
ⓒ 방열기 형(치수, 높이)
ⓓ 입구관경(mm)
ⓔ 출구관경(mm)
ⓕ 대 수

② 팬코일 유닛 : 코일이나 송풍기, 공기 거르개 등을 하나의 케이싱에 넣어 소형 유닛으로 만든 공기조화장치이다. 실내에 설치하여 냉온수배관과 전기배선을 하면 실내 공기를 냉각 또는 가열할 수 있다. 설치하는 형식에 따라 바닥에 놓는 형식, 천장에 매다는 형식, 벽에 묻는 형식 등이 있다.

10년간 자주 출제된 문제

온수난방에서 난방부하가 6,000kcal/h이고, 방열기 쪽당 방열 면적이 0.5m²일 때 방열기의 적절한 쪽수는?(단, 5세주형 방열기다)

① 6　　② 12
③ 21　　④ 27

해설

$$방열기\ 쪽수 = \frac{난방부하}{방열기방열량 \times 1쪽당\ 방열면적}$$

$$= \frac{6,000}{450 \times 0.5}$$

$$≒ 26.67쪽$$

 ④

핵심이론 09 에너지 절약장치의 설치 및 관리

① 건물, 공장 등의 지능형 에너지관리시스템기술(BEMS ; Building Energy Management System) : 실내 환경과 에너지 성능을 최적화하기 위한 건물관리시스템이다. 에너지의 소비량과 장비나 시스템의 운전 상태 등을 모니터링한 후 적절한 평가를 거쳐 다양한 에너지 소비량 분석, 비효율적인 장비 및 시스템의 파악, 최적의 자동제어시스템 구축 등 궁극적으로 쾌적한 실내 환경을 조성하면서 에너지 소비는 최소화시키는 시스템 기술이다.

② 에너지 제로하우스 건축기술 : 에너지 제로하우스는 화석연료를 사용하지 않고 자연에너지만 이용해 난방, 급탕, 취사 및 각종 에너지원을 자체적으로 충당하는 주택이다. 주택 유지비를 현저히 낮출 수 있고 온실가스를 배출하지 않는 친환경적인 에너지 제로하우스 개발에 박차를 가하고 있는 기술이다.

③ 다연료(Multi-fuel) 엔진기술 : 하나의 엔진시스템을 중심으로 여러 가지 연료를 함께 사용할 수 있는 엔진이다. 다연료 엔진기술을 확보하기 위한 관건은 각 연료에 맞는 엔진 변화를 최적화할 수 있는 기술의 개발뿐만 아니라 내구성, 편의성 측면에서 전혀 불편함이 없어야 한다는 것이다.

④ 에너지 하베스팅(Harvesting) 기술 : 버려지는 열, 진동, 소음 등을 전기에너지로 재생산하는 기술이다. 자연의 빛에너지, 인간의 신체 또는 연소형 엔진으로부터의 저온 폐열에너지, 휴대용 기기 탑재, 부착장치의 미세 진동에너지, 인간의 신체활동으로 인한 소산에너지 등을 흡수해 에너지 하베스팅 소자기술을 통해 전기에너지로 변환시키고, 전자기기의 전력으로 사용하는 환경에너지 재생형 에너지원이다.

제7절 보일러 제어설비의 설치

핵심이론 01 자동제어의 개요

① 자동제어의 종류 및 특성

㉠ 구 분

- 시퀀스제어 : 미리 정해진 순서에 따라 제어의 각 단계를 진행하는 제어이다.
  - 연소제어-점, 소화 순서
- 피드백제어 : 결과(입력)에 따라 원인(출력)을 가감하여 결과에 맞도록 수정을 반복하는 제어이다.
  - 급수제어, 온도제어, 노내압제어 등

㉡ 피드백제어의 구성 : 제어량을 측정하여 목표값과 비교하고, 그 차이를 적절한 정정신호로 교환하여 제어장치로 되돌리며, 제어량이 목표값과 일치할 때까지 수정 동작을 하는 자동제어이다. 제어장치는 검출부, 조절부, 조작부 등으로 구성되어 있다.

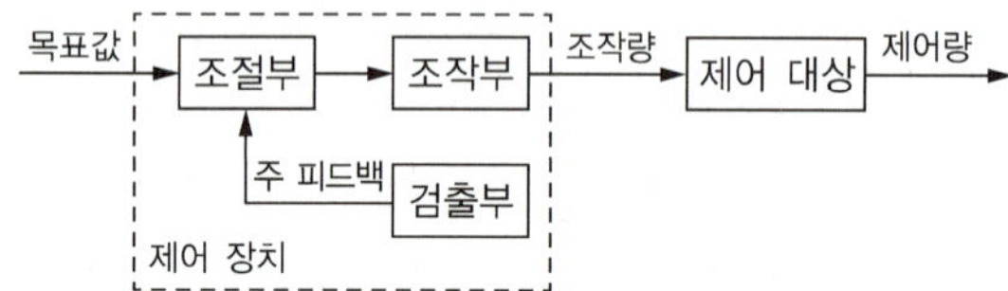

㉢ 자동제어의 신호전 달방법

- 공기압식 : 전송거리 100m 정도이다.
- 유압식 : 전송거리 300m 정도이다.
- 전기식 : 전송거리 수 km까지 가능하다.

② 자동제어의 동작

㉠ 연속동작

- 비례동작 : P동작
- 적분동작 : I동작
- 미분동작 : D동작
- 비례·적분동작 : PI동작
- 비례·미분동작 : PD동작
- 비례적분, 미분동작 : PID동작

㉡ 불연속 동작

- On-Off동작(2위치 동작)
- 다위치 동작

③ 목표값에 따른 분류

㉠ 정치제어 : 목표값이 시간적으로 변화하지 않고 일정하게 유지하는 경우의 제어이다.

㉡ 추치(측정)제어 : 목표값이 시간적으로 변화하는 경우의 제어이다.

- 추종제어 : 목표치가 시간에 따라 임의로 변화할 때의 제어이다.
- 프로그램제어 : 목표값의 변화방법이 미리 정해진 순서에 의해 변화되는 제어이다.
- 비율제어 : 2개 이상의 링 사이에 일정 비율관계로 변화·조절되는 제어이다.
- 캐스케이드제어 : 2개의 제어계를 조합하여 1차 제어장치가 제어량을 측정하여 제어명령을 발하고, 2차 제어장치가 이 명령을 바탕으로 제어량을 조절하는 제어방식이다.

④ 제어량의 성질에 의한 분류

㉠ 프로세스제어 : 온도, 압력, 유량과 같은 공업 프로세스의 상태량에 대한 자동제어이다.

㉡ 서보제어 : 위치, 방향, 자세 등을 제어량으로 한 자동제어이다.

10년간 자주 출제된 문제

보일러 자동제어에서 신호전달방식의 종류에 해당되지 않는 것은?

① 팽창식 ② 유압식
③ 전기식 ④ 공기압식

해설

자동제어의 신호전달방법

- 공기압식 : 전송거리는 100m 정도이다.
- 유압식 : 전송거리는 300m 정도이다.
- 전기식 : 전송거리는 수 km까지 가능하다.

정답 ①

핵심이론 02 보일러 자동제어

① 보일러 자동제어

보일러 자동제어(ABC)	제어량	조작량
자동연소제어(ACC)	증기압력	연료량, 공기량
	노내압력	연소가스량
급수제어(FWC)	드럼 수위	급수량
증기온도제어(STC)	과열증기온도	전열량

② 인터로크 : 어떤 조건이 충족될 때까지 다음 동작을 멈추게 하는 동작으로, 보일러에서는 보일러 운전 중 어떤 조건이 충족되지 않으면 연료 공급을 차단시키는 전자밸브(솔레노이드밸브, Solenoid Valve)의 동작이다. 인터로크의 종류는 다음과 같다.

㉠ 압력초과 인터로크
㉡ 저수위 인터로크
㉢ 불착화 인터로크
㉣ 저연소 인터로크
㉤ 프리퍼지 인터로크

③ 온수보일러의 자동제어

㉠ 프로텍터 릴레이(Protector Relay) : 오일버너의 점화장치로 난방, 급탕 등의 전용회로에 이용되며, 버너에 부착한다.

㉡ 아쿠아 스탯(Aqua Stat) : 자동온도조절기로 고온 차단, 저온 차단 및 순환펌프 가동용으로 사용되는 장치이다.

㉢ 콤비네이션 릴레이(Combination Relay) : 프로텍터 릴레이와 아쿠아 스탯의 기능을 합한 장치로, 보일러 본체에 부착한다.

㉣ 스택 릴레이(Stack Relay) : 배기가스 열에 의해 작동되는 장치로서, 연도에 부착한다.

10년간 자주 출제된 문제

2-1. 보일러의 자동제어에서 연소제어 시 조작량과 제어량의 관계가 옳은 것은?

① 공기량 – 수위
② 급수량 – 증기온도
③ 연료량 – 증기압
④ 전열량 – 노내압

2-2. 보일러 자동제어의 목적과 무관한 것은?

① 작업 인원의 절감
② 일정 기준의 증기 공급
③ 보일러의 안전 운전
④ 보일러의 단가 절감

해설

2-1

보일러 자동제어

보일러 자동제어(ABC)	제어량	조작량
자동연소제어(ACC)	증기압력	연료량, 공기량
	노내압력	연소가스량
급수제어(FWC)	드럼수위	급수량
증기온도제어(STC)	과열증기온도	전열량

2-2

자동제어의 목적

- 경제적 열매체를 얻을 수 있다.
- 보일러 운전을 안전하게 할 수 있다.
- 효율적인 운전으로 연료비를 절감할 수 있다.
- 인건비를 절감할 수 있다.

정답 2-1 ③ 2-2 ④

제8절 보일러 배관설비의 설치 및 관리

8-1. 배관도면 파악

핵심이론 01 배관 도시기호

① 배관 높이 표시

㉠ EL : 배관의 높이를 관의 중심을 기준으로 표시한 것이다.

- BOP법 : 관 외경의 아랫면까지의 높이를 기준으로 표시한 것이다.
- TOP법 : 관 외경의 윗면까지의 높이를 기준으로 표시한 것이다.

㉡ GL : 지표면을 기준으로 높이를 표시한 것이다.

㉢ FL : 1층의 바닥면을 기준으로 높이를 표시한 것이다.

② 관의 표시

㉠ 온수 및 증기의 송기관 : 실선으로 표시한다.

㉡ 온수 및 증기의 복귀관 : 점선으로 표시한다.

㉢ 급수관 : 1점 쇄선으로 표시한다.

③ 가스배관 시공

㉠ 지상배관 : 황색으로 표시한다.

㉡ 매설배관 : 적색 또는 황색으로 표시한다.

㉢ 배관을 도로에 매설할 경우 : 매설 깊이는 1.2m 이상

㉣ 시가지 외 도로에 매설할 경우 : 매설 깊이는 1.5m 이상

㉤ 가스미터 설치 시 유의사항

- 직사광선을 피하고 진동이 없는 곳에 설치할 것
- 검침 및 보수가 용이한 곳에 설치할 것
- 화기와 2m 이상, 저압전선과 15cm 이상, 전기개폐기와 60cm 이상의 우회거리가 유지될 수 있을 것
- 설치 높이는 1.6m 이상 2m 이내에 밴드 등으로 고정시킬 것

④ 배관의 도시기호

명 칭	도시기호	명 칭	도시기호
나사형		유니언	
용접형		슬루스 밸브	
플랜지형		글로브 밸브	
턱걸이형		체크 밸브	
납땜형		캡	

⑤ 유체의 종류에 따른 도시기호

㉠ 공기 : A(백색)

㉡ 수증기 : S(암적색)

㉢ 가스 : G(황색)

㉣ 물 : W(청색)

㉤ 유류 : O(암황적색)

10년간 자주 출제된 문제

관의 접속 상태, 결합방식의 표시방법에서 용접이음을 나타내는 도시기호는?

①

②

③

④

정답 ③

핵심이론 02 배관재료의 준비

① 관 및 관 이음쇠의 종류 및 특징

㉠ 강관의 종류

- 배관용 탄소강관 : SPP, 10kgf・cm^2 이하의 증기, 물, 가스
- 압력배관용 탄소강관 : SPPS, 350℃ 이하, 10~100kgf・cm^2
- 고압배관용 탄소강관 : SPPH, 350℃ 이하, 100kgf・cm^2 이상
- 고온배관용 탄소강관 : SPHT, 350~450℃
- 배관용 합금강관 : SPA
- 저온배관용 탄소강관 : SPLT(냉매배관용)
- 수도용 아연도금 강관 : SPPW
- 배관용 아크용접 탄소강 강관 : SPW
- 배관용 스테인리스강 강관 : STSXT
- 보일러 열교환기용 탄소강 강관 : STH

㉡ 주철관의 종류

- 수도용 원심력 덕타일 주철관(구상흑연 주철관)
- 수도용 원심력 금형 주철관
- 수도용 원심력 사형 주철관
- 수도용 수직형 주철관
- 배수용 주철관

㉢ 동관의 종류

- 인탈산 동관
- 터프피치 동관
- 무산소 동관
- 황 동관

㉣ 스테인리스강 종류

- 보일러 열교환기용
- 일반 배관용
- 배관용

㉤ 연관의 종류

- 수도용
- 배수용
- 일반 공업용

㉥ 비금속관

- 석면 시멘트관
- 원심력 철근 콘크리트관

㉦ 합성수지관

- 경질 염화비닐관
- 폴리에틸렌관

㉧ 배관이음의 종류

- 강관이음
- 주철관이음
- 동관 접합
- 염화비닐관 접합
- 폴리에틸렌관 접합
- 석면시멘트관 접합
- 철근콘크리트 접합
- 신축이음

㉨ 강관이음

- 나사이음
- 용접이음
- 플랜지이음

㉩ 강관용 배관공구

- 파이프커터
- 쇠 톱
- 파이프 바이스
- 파이프 리머
- 파이프 렌치
- 파이프 벤딩머신
- 동력 나사절삭기

㉪ 주철관이음

- 소켓 접합
- 플랜지 접합

- 메커니컬 조인트
- 빅토릭 접합
- 타이톤 접합

ⓔ 동관 접합
- 납땜 접합
- 압축 접합
- 용접 접합
- 플랜지이음

ⓕ 동관용 배관용구
- 플레어 툴 세트
- 익스펜더
- 사이징 툴
- 튜브 커터
- 리 머
- 튜브 벤더

ⓗ 연관 접합
- 플라스턴 접합
- 살붙이 납땜 접합

㉮ 연관용 배관공구
- 봄볼 : 연관을 뽑아서 구멍을 뚫을 때
- 드레서 : 연관 표면의 산화물 제거 시
- 맬릿 : 나무해머
- 턴핀 : 연관 끝을 넓힐 때
- 벤드밴 : 연관에 끼워 관을 굽히거나 펼 때

㉯ 염화비닐관 접합
- 냉간 접합
- 열간 접합
- 기계적 접합
- 플랜지 접합
- 테이프코어 접합
- 테이퍼조인트 접합

㉰ 폴리에틸렌관 접합
- 용착 슬리브 접합
- 인서트 접합, 테이퍼 접합

㉱ 석면 시멘트관(이터닛관) 접합
- 기볼트 접합
- 칼라 접합
- 심플렉스이음

② 신축이음의 종류 및 특징

㉠ 설치 목적 : 고온의 증기에 의한 관의 신축을 흡수·완화시켜 손상을 방지하기 위해 설치한다.

㉡ 종 류
- 루프형(만곡형) : 강관 또는 동관을 굽혀서 루프상의 곡관을 만들어 그 힘에 의해서 신축을 흡수하는 방식이다.
- 슬립형(미끄럼형) : 이음 본체와 슬리브 파이프로 구성된다. 최고 압력 $10kg/cm^2$ 정도의 저압 증기배관 또는 온도 변화가 심한 물, 기름, 증기 등의 배관에 사용하며, 과열증기배관에는 부적합하다.
- 벨로스형(파상형) : 온도 변화에 의한 관의 신축을 벨로스(파형 주름관)의 신축 변형에 의해서 흡수시키는 방식으로, 팩리스(Pack Less) 신축이음이라고도 한다.
- 스위블형(스윙형) : 스윙 조인트 또는 지블이음이라고도 한다. 온수 또는 저압 증기의 분기점을 2개 이상의 엘보로 연결하여 관의 신축 시에 비틀림을 일으켜 신축을 흡수하여 주로 온수급탕 배관에 사용한다.

㉢ 신축 흡수량 및 강도 순서 :
루프형 > 슬립형 > 벨로스형 > 스위블형

③ 밸브의 종류 및 특징

㉠ 글로브밸브(Globe Valve) : 옥형 밸브 또는 구형 밸브라 하며, 밸브의 형상이 둥글다. 유체의 흐름이 S자 모형으로 유체의 흐름저항은 크지만, 밸브의 리프트(양정)는 작아 개폐가 용이하여 유량 조절에 적합하고 소형·경량이며 가격이 저렴하다.

㉡ 슬루스밸브(Sluice Valve, Gate Valve) : 현재 많이 사용되는 밸브로, 밸브 본체가 밸브 시트 안을 상하로 이동하면서 개폐하는 방식이다. 밸브를 완전히 열면 밸브 본체 속은 지름과 같은 단면적이 되므로 유체저항이 작아 마찰손실이 매우 작다.

㉢ 콕(Cock) : 구멍이 뚫린 원추를 1/4(90°) 회전함에 따라 유로가 개폐되어 유체의 흐름을 차단 또는 조절하는 밸브로, 플러그밸브라고도 한다.

㉣ 버터플라이밸브(Butterfly Valve) : 나비형 밸브로, 원통형의 몸체 속에서 밸브 스템을 축으로 하여 원관이 회전함으로써 개폐를 행하는 밸브이다.

㉤ 체크밸브(Check Valve) : 유체의 흐름을 한쪽으로 흐르게 하고, 역류하면 배압에 의하여 밸브체가 자동으로 닫히는 밸브이다.

- 스윙형 체크밸브 : 핀을 축으로 하여 회전함으로써 개폐되므로 유체에 대한 마찰저항이 리프트형보다 작다. 수평, 수직 어느 배관에도 사용할 수 있다.
- 리프트형 체크밸브 : 유체의 압력으로 밸브가 수직으로 상하하면서 개폐되어 리프트는 밸브 지름의 1/4 정도이다. 유체의 흐름에 대한 마찰저항이 크며 수평 배관에만 사용된다.

㉥ 감압밸브 : 저압측의 압력을 일정하게 유지시켜 주는 밸브이다.

④ 트랩의 종류 및 특징

기계식 트랩	• 상향 버킷형 • 역버킷형 • 레버플로트형 • 프리플로트형
온도조절식 트랩	• 벨로스형 • 바이메탈형
열역학식 트랩	• 오리피스형 • 디스크형

㉠ 관트랩

- P트랩 및 S트랩 : 세면기나 대소변기의 위생도기용에 사용한다.
- U(메인)트랩 : 옥내 배수 수평 주관에 설치하고 가스의 역류를 방지한다.

㉡ 상자 트랩 : 그리스, 가솔린, 벨, 드럼트랩 등

㉢ 구비조건

- 구조가 간단할 것
- 봉수가 유실되지 않는 구조일 것
- 내식성이 클 것
- 트랩 자신이 세정작용을 할 수 있을 것

⑤ 패킹재 및 도료

㉠ 패킹재

- 플랜지 패킹 : 고무 패킹, 네오프렌(합성고무), 석면 조인트 패킹, 합성수지 패킹, 오일실 패킹, 금속 패킹
- 나사용 패킹 : 페인트, 일산화연, 액상 합성수지
- 그랜드 패킹 : 석면 각형 패킹, 석면 얀 패킹, 아마존 패킹, 몰드 패킹

㉡ 페인트(도료)

- 광명단 도료
- 합성수지 도료
- 산화철 도료
- 알루미늄 도료
- 타르 및 아스팔트

10년간 자주 출제된 문제

2-1. 강관재 루프형 신축이음은 고압에 견디고 고장이 적어 고온·고압용 배관에 이용되는데 이 신축이음의 곡률 반경은 관 지름의 몇 배 이상으로 하는 것이 좋은가?

① 2배 ② 3배
③ 4배 ④ 6배

2-2. 회전이음이라고도 하며 2개 이상의 엘보를 사용하여 이음부의 나사 회전을 이용해서 배관의 신축을 흡수하는 신축이음쇠는?

① 루프형 신축이음
② 스위블형 신축이음
③ 벨로스형 신축이음
④ 슬리브형 신축이음

2-3. 동관이음에서 한쪽 동관의 끝을 나팔형으로 넓히고, 압축이음쇠를 이용하여 체결하는 이음방법은?

① 플레어이음 ② 플랜지이음
③ 플라스턴이음 ④ 몰코이음

해설

2-1

루프형(만곡형) : 강관 또는 동관을 굽혀서 루프상의 곡관을 만들어 그 힘에 의해서 신축을 흡수하는 방식이다(옥외배관의 신축을 흡수하여 곡률 반경은 관 지름의 6배 이상으로 한다).

2-2

스위블형(스윙형) : 스윙 조인트 또는 지블이음이라고도 하며, 온수 또는 저압 증기의 분기점을 2개 이상의 엘보로 연결하여 관의 신축 시에 비틀림을 일으켜 신축을 흡수하여 주로 온수급탕 배관에 사용한다.

2-3

플레어이음 : 한쪽 동관의 끝을 나팔형으로 넓히고, 압축이음쇠를 이용하여 체결하는 이음방법이다.

정답 2-1 ④ 2-2 ② 2-3 ①

핵심이론 03 배관 공작

① 관용 공구

㉠ 파이프 바이스 : 파이프 공작 시 파이프를 죄어 고정시킬 때 사용하는 바이스이다. 훅을 벗기면 윗부분이 열리게 되어 긴 관을 가공할 때 편리하며 여러 종류가 있다(크기 : 고정 가능한 파이프 지름의 치수).

㉡ 수평 바이스 : 관의 조립, 열간 벤딩 시 관이 움직이지 않도록 고정하는 공구이다(크기 : 조(Jaw)의 폭).

㉢ 파이프 커터 : 파이프를 절단하는 데 사용하는 공구이다.

㉣ 파이프 렌치 : 배관의 이음에서 소켓·유니언 등을 끼울 때, 그 외 배관의 접속작업 시에 배관을 고정 또는 돌려서 나사이음을 하는 데 사용한다.

㉤ 파이프 리머 : 관 소켓의 내경을 경사지게 다듬질하는 리머이다.

㉥ 수동 나사절삭기 : 수동으로 나사만 전문적으로 가공하는 기계이다(오스타형, 리드형).

㉦ 동력 나사절삭기 : 동력을 이용하여 나사를 절삭하는 기계로, 현재 많이 사용한다.

② 관 절단용 공구

㉠ 쇠톱 : 다양한 두께의 금속을 자르는 데 사용하는 테(날)가 있는 손 톱(손으로 자르는 톱)이다.

㉡ 기계톱 : 금속의 얇은 판 가장자리에 작은 절삭날이 많이 붙은 톱날을 기계적으로 움직여서 금속이나 목재 등을 절단·절개하는 공작기계이다.

㉢ 고속 숫돌절단기 : 얇은 숫돌차를 회전시켜 재료를 절단하는 기계이다.

㉣ 띠톱기계 : 띠 모양의 톱을 회전시켜 재료를 절단하는 공작기계이다.

㉤ 가스절단기 : 산·수소 불꽃, 산소 아세틸렌 불꽃 등을 써서 강재를 절단하는 공구이다.

㉥ 강관절단기 : 강관의 절단만 할 수 있는 공구이다.

③ 관 벤딩용 기계

㉠ 램식 : 유압을 이용하여 파이프를 굽히는 것이다.

㉡ 로터리식 : 관에 심봉을 넣어 파이프를 굽히는 것으로, 굽힘 반경은 관 지름의 2.5배 이상이어야 한다.

④ 배관 재질상 분류

㉠ 동관용 공구

- 토치램프 : 고온으로 가열할 때 사용하는 장치
- 사이징 툴 : 동관을 박아 넣는 이음으로 접합할 경우, 정확하게 원형으로 끝을 정형하기 위해 사용하는 공구
- 튜브벤더 : 동관을 굽힐 때 사용하는 공구
- 익스펜더 : 동관을 확관할 때 사용하는 공구
- 플레어링 툴 : 동관을 압축 접합할 때 사용하는 공구

㉡ 연관용 공구

- 연관톱 : 연관을 절단할 때 사용하는 공구
- 봄볼 : 주관에 구멍을 뚫을 때 사용하는 공구
- 드레서 : 연관 표면의 산화피막을 제거하는 데 사용하는 공구
- 벤드벤 : 연관을 굽힐 때 사용하는 공구
- 턴핀 : 관 끝을 접합하기 쉽게 관 끝부분에 끼우고 맬릿으로 정형할 때 사용하는 공구
- 맬릿 : 나무망치
- 토치램프 : 고온으로 가열할 때 사용하는 장치

㉢ 주철관용 공구

- 납 용해용 공구 세트 : 파이어 포트, 납국용 국자, 산화납제거기 등
- 클립 : 소켓 접합 시 용해된 납물의 비산을 방지하는 공구
- 코킹 정 : 소켓 접합 시 다지기를 할 때 사용하는 공구
- 링크형 커터 : 주철관 절단 전용 공구

⑤ 관의 접합

㉠ 강관 접합 : 나사 접합, 용접 접합, 플랜지 접합

㉡ 동관 접합 : 플레어 접합, 납땜 접합, 용접 접합, 플랜지 접합

㉢ 주철관 접합 : 소켓 접합, 기계적 접합, 플랜지 접합

㉣ 연관의 접합 : 플라스턴 접합, 살붙임납땜 접합

㉤ 염화비닐관 접합 : 냉간 접합법, 열간 접합법, 기계적 접합법(플랜지 접합, 테이퍼코어 접합, 테이프조인트, 나사 접합)

㉥ 폴리에틸렌 접합 : 융착 슬리브 접합, 테이퍼조인트 접합, 인서트조인트 접합

⑥ 배관 지지

㉠ 행거 : 배관의 하중을 위에서 잡아당겨 지지해 주는 장치이다.

- 리지드 행거 : I빔(Beam)에 턴버클을 연결하여 파이프를 달아 올리는 것이며, 수직 방향에 변위가 없는 곳에 사용한다.
- 스프링 행거 : 턴버클 대신 스프링을 사용한 것이다.
- 콘스탄트 행거 : 배관의 상하 이동을 허용하면서 관의 지지력을 일정하게 한 것이다.

㉡ 서포트 : 아래에서 위로 떠받치는 것이다.

- 파이프 슈 : 파이프로 직접 접속하는 지지대로서 배관의 수평 및 곡관부의 지지에 사용한다.
- 리지드 서포트 : 큰 빔 등으로 만든 배관 지지대이다.
- 스프링 서포트 : 스프링 작용으로 파이프의 하중 변화에 따라 상하 이동을 다소 허용한 것이다.
- 롤러 서포트 : 관의 축 방향 이동을 자유롭게 하기 위해 배관을 롤러로 지지한 것이다.

㉢ 리스트레인 : 열팽창에 의한 배관의 측면 이동을 제한한다.

- 앵커 : 배관 지지점에서 이동 및 회전을 방지하기 위해 지지점 위치에 완전히 고정시키는 것이다.

• 스톱 : 배관의 일정한 방향으로 이동과 회전만 구속하고 다른 방향으로 자유롭게 이동하는 것이다.

• 가이드 : 배관의 회전을 제한하기 위해 사용했으나 요즘에는 배관계의 축 방향의 이동을 허용하는 안내 역할을 한다. 축과 직각 방향으로의 이동을 구속하는 데 사용한다.

㉣ 브레이스 : 펌프, 압축기 등에서 발생하는 기계의 진동, 압축가스에 의한 서징, 밸브의 급격한 개폐에서 발생하는 수격작용, 지진 등에서 발생하는 진동을 억제하는 데 사용하며 진동을 완화하는 방진기와 충격을 완화하는 완충기로 사용된다.

⑦ 배관의 설치

㉠ 배관은 외부에 노출하여 시공하여야 한다. 다만 동관, 스테인리스강관 기타 내식성 재료로서 이음매(용접이음매를 제외한다) 없이 설치하는 경우에는 매몰하여 설치할 수 있다.

㉡ 배관의 이음부와 전기계량기 및 전기개폐기의 거리는 60cm 이상, 굴뚝과 전기점멸기 및 전기접속기의 거리는 30cm 이상, 절연전선과의 거리는 10cm 이상, 절연조치를 하지 아니한 전선과의 거리는 30cm 이상의 거리를 유지하여야 한다.

⑧ **배관 고정** : 배관은 움직이지 않도록 고정시켜 부착하는 조치를 하되 그 관경이 13mm 미만의 것에는 1m마다, 13mm 이상 33mm 미만의 것에는 2m마다, 33mm 이상의 것에는 3m마다 고정장치를 설치하여야 한다.

10년간 자주 출제된 문제

3-1. 배관 지지장치의 명칭과 용도가 잘못 연결된 것은?

① 파이프 슈 – 관의 수평부, 곡관부 지지
② 리지드 서포트 – 빔 등으로 만든 지지대
③ 롤러 서포트 – 방진을 위해 변위가 작은 곳에 사용
④ 행거 – 배관계의 중량을 위에서 달아 매는 장치

3-2. 배관의 하중을 위에서 끌어당겨 지지할 목적으로 사용되는 지지구가 아닌 것은?

① 리지드 행거 ② 앵 커
③ 콘스탄트 행거 ④ 스프링 행거

해설

3-1

롤러 서포트 : 관의 축 방향 이동을 자유롭게 하기 위해 배관을 롤러로 지지한 것이다.

3-2

앵커 : 배관 지지점에서의 이동 및 회전을 방지하기 위해 지지점 위치에 완전히 고정하는 것이다.

정답 3-1 ③ 3-2 ②

8-2. 보온 및 단열재의 시공 및 점검

핵심이론 01 단열 보온재의 종류

① **무기질 보온재** : 안전사용온도 300~800℃의 범위 내에서 보온효과가 있는 것이다.

㉠ 탄산마그네슘 : 250℃
㉡ 글라스울 : 300℃
㉢ 석면 : 500℃
㉣ 규조토 : 500℃
㉤ 암면 : 600℃
㉥ 규산칼슘 : 650℃
㉦ 세라믹 파이버 : 1,000℃

② **유기질 보온재** : 안전사용온도 100~200℃의 범위 내에서 보온효과가 있는 것이다.

㉠ 펠트류 : 100℃
㉡ 텍스류 : 120℃
㉢ 탄화코르크 : 130℃
㉣ 기포성 수지 : -130~140℃

10년간 자주 출제된 문제

1-1. 규산칼슘 보온재의 안전사용 최고온도(℃)는?

① 300 ② 450
③ 650 ④ 850

1-2. 무기질 보온재 중 하나로 안산암, 현무암에 석회석을 섞어 용융하여 섬유 모양으로 만든 것은?

① 코르크 ② 암 면
③ 규조토 ④ 유리섬유

해설

1-2
암면 : 안산암, 현무암에 석회석을 섞어 용융하여 섬유 모양으로 만든 것이다.

정답 1-1 ③ 1-2 ②

핵심이론 02 단열 보온재의 종류

① 보온재의 구비조건

㉠ 열전도율이 작을 것
㉡ 비중이 작고 불연성일 것
㉢ 흡수성이 작을 것
㉣ 변질되지 않을 것
㉤ 내구성이 있을 것

② 보온효율

$$\eta = \frac{Q_1 - Q_2}{Q_1} \times 100$$

여기서, Q_1 : 보온 전의 방산열량
Q_2 : 보온 후의 방산열량

10년간 자주 출제된 문제

다음 중 보온재의 일반적인 구비요건으로 틀린 것은?

① 비중이 크고 기계적 강도가 클 것
② 장시간 사용에도 사용온도에 변질되지 않을 것
③ 시공이 용이하고 확실하게 할 수 있을 것
④ 열전도율이 작을 것

해설

보온재의 구비조건
- 보온능력이 클 것(열전도율이 작을 것)
- 가벼울 것(부피비중이 적을 것)
- 기계적 강도가 있을 것
- 시공이 쉽고 확실하며 가격이 저렴할 것
- 독립기포로 되어 있고 다공질일 것
- 흡습·흡수성이 없을 것
- 내구성과 내변질성이 클 것

정답 ①

CHAPTER 02

열설비 운전 및 관리

제1절 보일러 운전

1-1. 설비의 파악

핵심이론 01 증기보일러와 온수보일러의 운전 및 조작

① 증기보일러의 운전 및 조작

㉠ 증기보일러는 화기, 연소가스, 기타 고온가스 또는 전기에 의해 물 또는 열매(熱媒)를 가열해서 대기압을 초과하는 증기를 발생시켜서 이것을 사용처에 공급하는 장치 및 여기에 부설된 부속설비이다.

㉡ 증기보일러는 일반적으로 밀폐된 용기 안에 물을 용적의 2/3~4/5 정도 넣고, 이것을 가열해서 대기압을 초과하는 압력의 증기를 발생시키는 것이다.

㉢ 증기보일러는 보일러 본체 외에 연소장치, 연소실, 과열기, 절탄기, 공기예열기, 통풍장치, 급수장치, 자동제어장치, 기타 부속장치들로 구성되어 있다. 종류는 대별해서 원통, 수관보일러, 주철보일러 등이 있다.

㉣ 증기보일러가 어떤 원인에 의해 파열된 경우에는 자기증발에 의한 체적팽창에 의한 물 또는 열매가 보유하고 있는 축열(蓄熱)에너지에 의해 중대재해가 된다.

② 온수보일러의 운전 및 조작 : 온수를 만드는 연료로 가스 및 기름을 사용하는 보일러의 총칭이다. 연소방식에 따라 증발식, 회전무화식, 압력분무식이 있으며, 회로수에 따라 1회로식과 2회로식으로 나눌 수 있다. 출력 20,000~30,000kcal/h로 비교적 구조가 간단한 것이 많다.

10년간 자주 출제된 문제

증기보일러는 일반적으로 밀폐된 용기 안에 물을 용적의 어느 정도 넣는가?

① 1/3~2/3 ② 1/3~4/5
③ 2/3~4/5 ④ 1/2~2/3

해설

증기보일러는 일반적으로 밀폐된 용기 안에 물을 용적의 2/3~4/5 정도 넣고, 이것을 가열해서 대기압을 초과하는 압력의 증기를 발생시키는 것이다.

 ③

1-2. 보일러의 가동 준비

핵심이론 01 신설 보일러의 가동 전 준비

① 내부점검

㉠ 기수분리기, 기타 부품의 부착 상황을 확인하고 공구나 볼트, 너트, 헝겊조각 등이 보일러에 들어 있는지 점검한다.

㉡ 내부에 이상이 없는지 확인하고 맨홀, 청소구, 검사구 등의 수압시험 시에 사용한 평판 등이 제거되어 있는지 각 구멍을 점검한 후 열려 있는 뚜껑을 모두 닫고 밀폐시킨다.

㉢ 내부의 공기를 빼고 밸브를 열어 놓은 상태로 급수하고, 수위가 상승할 때 저수위경보기 또는 저수위경보장치와 연료차단장치 등의 인터로크가 정확하게 작동하는지 확인한다.

㉣ 만수시킨 후 공기가 완전히 빠졌는지 확인한 뒤 공기빼기밸브를 닫고, 정상사용압력보다 10% 이상의 수압을 가하여 각부가 새지 않는지 확인한다.

㉤ 수압시험이 끝난 후 보일러 물을 배수시켜 상용수위에 오도록 조정한다.

② 연소실 및 연도의 점검

㉠ 통풍 불량이나 연소의 장애요인이 생기지 않도록 연소실 및 연도의 잔유물 등 전반 상태를 점검하고, 연소가스가 누설되지 않도록 확인한다.

㉡ 댐퍼가 원활하게 개폐되는지 점검한다.

㉢ 매연제거장치, 공기예열기 등의 이상 유무를 점검한다.

③ 계측기 및 밸브 점검

㉠ 압력계, 수위계는 계기 본체, 사이펀관, 연락관의 설치, 중간 차단밸브의 개폐 상태 등 이상 유무를 점검한다.

㉡ 수면측정장치는 올바른 수위를 나타내는지, 수주관 및 연락관, 중간 차단밸브의 개폐 상태 등 이상 유무를 점검한다.

㉢ 안전밸브 및 압력 릴리프밸브의 부착, 배기관 및 배수관의 설치 상태의 이상 유무를 점검한다. 특히 방출관은 막히지 않아야 하며, 동결방지 대책이 있는지 확인한다.

㉣ 배수장치는 배수밸브, 콕의 개폐 조작에 지장이 없는지 점검하고, 글랜드 패킹의 조임 상태를 확인하고 배출 시 관의 전반 상태를 점검한다.

㉤ 급수밸브 및 체크밸브를 점검한다.

㉥ 주증기 스톱밸브는 개폐 조작에 지장이 없는지 글랜드 패킹의 조임 상태를 확인하다.

㉦ 공기빼기밸브는 수압시험을 행하는 경우, 만수 상태에 도달할 때까지 열어 둔다.

④ 자동제어장치의 점검

㉠ 전기배선의 절연이 완전하게 되어 있는가를 점검하고, 제어반 내에 먼지나 수분이 부착되어 있는지 점검하며 전기접점의 이상 유무를 확인한다.

㉡ 구동용 매체(공기, 기름, 물 등), 점화용 연료, 통풍압 검출 등 배관계통에 손상 또는 누설이 있는지 점검한다.

㉢ 조절밸브의 변형, 부식, 각 부품의 관계 위치 및 설치된 부분의 이상 유무를 확인한다.

㉣ 회전 부분, 주동력 부분 등에 윤활유를 충분히 주입하여 움직임을 원활하게 한다.

㉤ 자동급수장치와 댐퍼 등의 링크기구, 와셔, 체인 등에 일어날 수 있는 변형, 녹슬어 있는지, 조임 상태 및 설정 위치의 적정 유무를 확인한다.

㉥ 수위검출기는 전기결선 및 보일러 연락관에 이상이 없는지 점검하고, 내부에 장애물이 없고 정상으로 작동하는지 확인한다.

㉦ 화염검출기의 설치가 적정한지 점검하고, 유리의 오염 유무를 확인한다.

㉧ 점화용 전극과 버너의 관계 위치, 전극의 간격이 적정한지 점검한다.

10년간 자주 출제된 문제

신설 보일러의 가동 전 점검사항 중 내부점검에 대한 설명으로 틀린 것은?

① 기수분리기, 기타 부품의 부착 상황을 확인하고 공구나 볼트, 너트, 헝겊조각 등이 보일러에 들어 있는지 점검한다.
② 내부에 이상이 없는지 확인하고 맨홀, 청소구, 검사구 등에 수압시험 시에 사용한 평판 등이 제거되어 있는지 각 구멍을 점검한 후 열려 있는 뚜껑을 모두 닫고 밀폐시킨다.
③ 내부의 공기를 빼고 밸브를 열어 놓은 상태로 급수하고 수위가 상승할 때 저수위경보기 또는 저수위경보장치와 연료차단장치 등의 인터로크가 정확하게 작동하는지 확인한다.
④ 만수시킨 후 공기가 완전히 빠졌는지 확인한 뒤 공기빼기밸브를 닫고 정상사용압력보다 20% 이상의 수압을 가하여 각부가 새지 않는지 확인한다.

해설

만수시킨 후 공기가 완전히 빠졌는지 확인한 뒤 공기빼기밸브를 닫고, 정상사용압력보다 10% 이상의 수압을 가하여 각부가 새지 않는지 확인한다.

정답 ④

핵심이론 02 사용 중인 보일러의 가동 전 준비

① 사용 중인 보일러
㉠ 수면계의 수위를 점검한다.
㉡ 압력계, 유량계 및 각종 계기류와 자동제어장치를 점검한다.
㉢ 연료계통 및 급수계통을 점검한다.
㉣ 연료펌프 및 서비스탱크를 점검한다.
㉤ 각 밸브의 개폐 상태를 확인한다.
㉥ 댐퍼를 완전히 개방하고, 프리퍼지를 행한다.

② 장기 휴지 중인 보일러
㉠ 기름탱크의 유량, 가스압력을 확인하여 연료 공급에 이상이 없도록 한다.
㉡ 연료배관에서 누설된 부분이 없는지 점검하고, 연료밸브를 열어 놓는다.
㉢ 화염검출기를 점검하고, 유리면의 오염된 부분을 깨끗이 닦는다.
㉣ 연료의 댐퍼를 점검하고, 댐퍼를 열어 놓는다.
㉤ 급수펌프의 정상 유무를 확인한다.
㉥ 급수탱크의 수위, 배관에서의 누수, 밸브의 개폐 상태를 점검한다.
㉦ 수면계, 압력계 등 지시장치의 정상 작동 유무를 점검한다.
㉧ 안전밸브, 분출밸브 등을 점검한다.
㉨ 경수연화장치 및 청관제 주입장치를 점검한다.
㉩ 보일러실 환기 상태를 점검한다.

10년간 자주 출제된 문제

사용 중인 보일러의 점검사항으로 틀린 것은?

① 수면계의 수위를 점검한다.
② 압력계, 유량계 및 각종 계기류와 자동제어장치를 점검한다.
③ 연료펌프 및 서비스탱크를 점검한다.
④ 댐퍼를 완전히 닫고 프리퍼지를 행한다.

해설

사용 중인 보일러는 댐퍼를 완전히 개방하고 프리퍼지를 행한다.

정답 ④

1-3. 보일러 운전

핵심이론 01 기름 및 가스보일러 점화

① 보일러의 점화방법

㉠ 기름 및 가스보일러의 점화 : 기름연료의 점화나 가스연료의 점화는 비슷하다. 다만, 가스 점화 시에는 가스 누설에 주의하고, 이음부 등의 비눗물 검사가 필요하다. 점화 시 가스의 압력은 일정하게 하고, 불이 붙지 않을 경우 버너의 밸브를 닫고 연소실 용적의 4배 이상의 공기를 불어넣어 노내를 환기시키는 것이 기름연소와 다르다.

- 자동점화 : 각 스위치의 정상 유무를 점검한 후 표시등의 작동에 이상이 없는지를 확인한다.
- 자동운전 순서 : 기동스위치 → 버너모터 작동 → 송풍기 모터 작동 → 1, 2차 공기댐퍼 작동 → 프리퍼지(노내 환기) → 점화용 버너 착화 → 전자밸브 열기 → 주버너 착화 → 저부하연소 → 고부하연소 → 착화 버너 소화(消火)
- 점화 불량의 원인
  - 점화 버너의 가스압 이상
  - 점화용 트랜스의 전기 스파크 불량
  - 댐퍼 작동 불량
  - 보염기 위치 불량
  - 저연소에서 고연소로 진행 시 작동 불량
  - 공기비 조절 불량
  - 파일럿 버너 불량
  - 주전원 전압 이상
  - 공기압 부족이나 과잉

㉡ 기름보일러 점화 시 주의사항

- 보일러실에서 중유를 사용하는 경우에는 점화나 소화 시에 반드시 경유를 사용한다.
- 5초 이내에 주버너에 착화되지 않으면 즉시 버너밸브를 닫고 노내 환기를 충분히 한다.
- 노내에 연소 초기에는 버너밸브를 천천히 열어서 차츰 저부하에서 고부하로 진행시킨다.
- 기름량을 증가시킬 때에는 항상 공기의 공급량을 증가시킨 후 기름량을 증가시킨다.
- 노내의 기름량을 줄일 때에는 먼저 기름량을 줄인 후 공기량을 줄인다.
- 고압기류식 버너의 경우에는 증기나 공기의 분무매체를 먼저 불어넣고 기름을 투입시킨다.

㉢ 가스보일러 점화 시 주의사항

- 점화는 1회에 이루어질 수 있도록 화력이 큰 불씨를 사용한다.
- 특히 노내 환기에 주의하여야 하고, 실화(失火) 시에도 충분히 환기시킨 후 재점화한다.
- 연료배관계통의 누설 유무를 정기적으로 점검한다.
- 전자밸브의 작동 유무는 파열사고와 직결되므로 수시로 점검한다.

② **운전 중 취급** : 상용 수위의 유지가 중요하며 어떠한 경우라도 안전 저수위 이하로 내려가지 않도록 한다. 수관보일러는 구조에 따라 결정된다.

10년간 자주 출제된 문제

가스보일러 점화에 대한 설명으로 잘못된 것은?

① 특히 노내 환기에 주의하여야 하고, 실화(失火) 시에도 충분히 환기시킨 후 재점화한다.
② 연료배관 계통의 누설 유무를 정기적으로 점검한다.
③ 전자밸브의 작동 유무는 파열사고와 직결되므로 수시로 점검한다.
④ 점화는 2회에 이루어질 수 있도록 화력이 큰 불씨를 사용한다.

해설

가스보일러 점화는 1회에 이루어질 수 있도록 화력이 큰 불씨를 사용한다.

정답 ④

핵심이론 02 증기 발생 시 취급

① 증기 발생 시 취급

㉠ 연소 초기 때

- 점화 후 증기 발생 시까지는 연소량을 조금씩 가감한다(열응력과 스폴링 방지).
- 수면계를 철저히 주시한다.
- 두 개의 수면계 수위가 다르면 즉시 수면계를 시험해 본다.
- 과열기가 설치된 보일러는 증기가 생성되기까지는 과열기 내로 물을 보내서 과열기의 과열을 방지한다.
- 연도에 절탄기가 설치된 보일러의 경우 처음의 열가스는 부연도로 보낸 후 증기 발생 후에 주연도로 보내서 저온 부식이나 전열면의 오손을 막아 준다.

㉡ 증기압이 오르기 시작할 때

- 공기빼기밸브를 닫는다.
- 급수장치의 기능을 확인한다.
- 급격한 압력 상승이 일어나지 않도록 연소 상태를 서서히 조절한다.
- 가열에 따른 팽창으로 수위 변동을 확인하고, 반드시 수면계의 기능을 시험한다.
- 장치 및 부속품의 누설을 점검한 후 누설이 있는 곳은 더욱 조인다.
- 증기안전밸브는 증기압력이 75% 이상 될 때 안전밸브를 분출시킨다.

㉢ 증기를 송기할 때 주의사항

- 증기관 내의 수격작용을 방지하기 위하여 사전에 응축수의 배출을 실시한다(드레인밸브 작동).
- 비수 발생에 주의한다.
- 과열기의 드레인을 배출시킨다.
- 주증기밸브를 조금 열어서 주증기관을 따뜻하게 한다.
- 주증기밸브를 열 때 1회전 소요시간은 3분 이상으로 하여 천천히 연다.
- 주증기밸브를 완전히 연 다음 조금 되돌려 놓는다.
- 압력계 수면계는 항상 정상적으로 가동되도록 한다.

㉣ 주증기밸브의 작동요령

- 스팀 헤더 주위 밸브 및 트랩 등의 바이패스밸브를 열어 드레인을 제거한다.
- 주증기관 내에 소량의 증기를 공급하여 예열한다.
- 천천히 열기 시작하여 완전히 열릴 때까지 3분 이상 소요되도록 천천히 연다.
- 완전히 연 후 조금 되돌려 놓는다.
- 주증기밸브를 급하게 열 경우 동 내부에 급격한 압력 변화를 주게 되어 비수현상이 극심해지고, 수격작용으로 관이 파열되거나 부속기기들이 파손되므로 주의한다.

㉤ 송기 후 주의사항

- 투시구를 바라보면서 화염을 철저히 감시한다.
- 노내의 화염 색깔을 오렌지색으로 조절한다.
- 보일러 운전 중 비수나 포밍 등이 발생하면 적절한 조치 후 가동시킨다.
- 보일러 운전 중 관수가 농축되면 분출시키고, 새로운 물을 넣어 관의 부식 등을 예방한다.
- 저수위사고에 신경을 쓴다(상용 수위 유지 도모).
- 항상 증기압력이 상용압력인지 압력계를 자주 검사한다.

㉥ 작업 종료 후 조치사항

- 과열기가 있는 경우에는 출구정지밸브를 닫는다.
- 드레인밸브를 연다.
- 버너 팁을 청소한다.
- 연료계통, 급수계통 밸브의 누설 유무를 조사한다.
- 베어링부에는 주유를 한다.

- 수면계 등의 수위 확인 및 기름탱크 연료량을 조사한다.

② 보일러의 수위 조절 : 급수는 1회에 다량으로 하지 말고 급수처리를 하여 연속적으로 소량씩, 일정량씩 급수해야 한다. 급수장치, 계통장치의 기능에 이상이 없는지 항상 주의하여야 한다.

10년간 자주 출제된 문제

보일러 자동 종료 시 조치사항에 대한 설명으로 잘못된 것은?

① 과열기가 있는 경우에는 입구정지밸브를 닫는다.
② 드레인밸브를 연다.
③ 버너 팁을 청소한다.
④ 연료계통, 급수계통 밸브의 누설 유무를 조사한다.

해설

과열기가 있는 경우에는 출구정지밸브를 닫는다.

정답 ①

1-4. 보일러 가동 후 점검하기

핵심이론 01 보일러 정상 정지 시 취급

① 정상 정지 시 일반사항

㉠ 노벽 및 전열면의 급랭을 방지할 수 있는 조치를 한다.
㉡ 보일러의 압력이 급격히 내려가지 않도록 조치한다.
㉢ 보일러 수위는 정상 수위보다 약간 높게 급수시켜 놓는다.
㉣ 다른 보일러와 증기관이 연결되어 있는 경우에는 그 연결밸브를 폐쇄시킨다.
㉤ 정지 후에는 노내 환기를 충분히 한 후 댐퍼를 닫는다.

② 일반적인 운전 정지 순서

㉠ 연료 공급을 정지한다.
㉡ 공기 공급을 정지한다.
㉢ 급수를 행하고, 압력을 떨어뜨리며 급수밸브를 닫고 급수펌프를 정지시킨다.
㉣ 주증기밸브를 닫고 드레인밸브를 개방하여 배수시킨다.
㉤ 댐퍼를 닫는다.

③ 정지 후의 조치사항

㉠ 버너 팁의 이물질을 제거한다.
㉡ 각종 밸브의 누설 유무를 확인한다.
㉢ 노벽의 열로 인한 압력 상승은 없는지 확인한다.
㉣ 보일러 수위를 확인한다.
㉤ 각종 배관의 누설 유무를 확인한다.

핵심이론 02 보일러 비상 정지 시 취급

① 비상 정지에 해당되는 사항
  ㉠ 보일러 수위의 이상 감수
  ㉡ 전열면 과열이 있을 경우
  ㉢ 정전되었을 경우
  ㉣ 지진 등 천재지변이 발생한 경우

② 비상 정지 순서
  ㉠ 연료 공급을 정지한다.
  ㉡ 공기 공급을 정지한다.
  ㉢ 서서히 급수를 행한다.
  ㉣ 다른 보일러와 연결을 차단한다.
  ㉤ 자연적으로 냉각된 후 사고원인을 조사한다.
  ㉥ 전열면을 확인한 후 변형 유무를 조사한다.
  ㉦ 이상이 없으면 급수 후 재점화하여 사용한다.

10년간 자주 출제된 문제

보일러 비상 정지 시 가장 먼저해야 하는 것은?

① 연료 공급을 정지한다.
② 급수를 행하고, 압력을 떨어뜨리며 급수밸브를 닫고 급수펌프를 정지시킨다.
③ 주증기밸브를 닫고 드레인밸브를 개방하여 배수시킨다.
④ 공기 공급을 정지한다.

해설

보일러 비상 정지 시 가장 먼저 연료 공급을 정지시킨다.

정답 ①

핵심이론 03 보일러 청소

① 보일러 청소의 목적
  ㉠ 전열효율의 저하를 방지하기 위해
  ㉡ 보일러 수명을 연장하기 위해
  ㉢ 관수의 순환 저해를 방지하기 위해
  ㉣ 과열의 원인 제거 및 부식을 방지하기 위해
  ㉤ 연료 절감 및 열효율을 향상시키기 위해
  ㉥ 통풍저항을 방지하기 위해

② 보일러 내부 기계의 청소방법
  ㉠ 스케일 해머 사용법
  ㉡ 스크레이퍼 사용법
  ㉢ 와이어 브러시 사용법
  ㉣ 튜브 크리닝법
  ㉤ 전동핸드 브러시법

③ 보일러 외부 청소방법
  ㉠ 스팀쇼킹법 : 증기압력 분사
  ㉡ 수세법 : 펌프로 물을 사용하여 세척
  ㉢ 샌드블라스트법 : 압축공기에 모래 혼합
  ㉣ 스틸쇼트 클리닝법 : 압축공기에 쇠 알갱이 분사
  ㉤ 워터쇼킹법 : 가압펌프로 물 분사
  ㉥ 에어쇼킹법 : 압축공기 분사

10년간 자주 출제된 문제

보일러 외부 청소방법 중에서 압축공기에 모래를 혼합해서 청소하는 방법은?

① 샌드블라스트법
② 스팀쇼킹법
③ 에어쇼킹법
④ 스틸쇼트 클리닝법

해설

② 스팀쇼킹법 : 증기압력 분사
③ 에어쇼킹법 : 압축공기 분사
④ 스틸쇼트 클리닝법 : 압축공기에 쇠 알갱이 분사

정답 ①

핵심이론 04 보일러 보존법

① 만수보존

㉠ 보일러수에 약제를 첨가하여 동 내부를 완전히 충만시켜 밀폐 보존하는 방법이다(3개월 이내의 단기 보존방법).

㉡ 첨가약제(알칼리도 상승제) : 가성소다, 탄산소다, 아황산소다, 하이드라진, 암모니아 등

㉢ pH 12 정도 유지시킨다.

② 건조보존

㉠ 완전 건조시킨 보일러 내부에 흡습제 또는 질소가스를 넣고 밀폐 보존하는 방법이다(6개월 이상의 장기 보존방법).

㉡ 흡습제 : 생석회, 실리카겔, 활성알루미나, 염화칼슘, 기화방청제 등

㉢ 질소가스 봉입 : 압력 0.6kg/cm^{2}으로 봉입·밀폐하여 보존한다.

10년간 자주 출제된 문제

4-1. 보일러 건조보존 시 사용되는 건조제가 아닌 것은?

① 암모니아 ② 생석회
③ 실리카겔 ④ 염화칼슘

4-2. 보일러 만수보존법의 설명으로 틀린 것은?

① 보일러의 구조면이나 설치조건 등에 따라 보일러를 건조 상태로 유지하기 어려운 경우에 이용된다.
② 단기 휴지라도 동결의 염려가 있을 때는 사용해서는 안 된다.
③ 소다만수법의 경우와 동일한 요령으로 보일러 내에 깨끗한 물을 충만시킨다.
④ 물에는 가성소다와 같은 알칼리도 상승제나 아황산소다와 같은 방식제를 넣는다.

해설

4-1

흡습제 : 생석회, 실리카겔, 활성알루미나, 염화칼슘, 기화방청제 등

4-2

만수보존 : 보일러수에 약제를 첨가하여 동 내부를 완전히 충만시켜 밀폐 보존하는 방법이다(3개월 이내의 단기 보존방법).
- 첨가약제(알칼리도 상승제) : 가성소다, 탄산소다, 아황산소다, 하이드라진, 암모니아 등
- pH 12 정도 유지시킨다.

정답 4-1 ① 4-2 ④

제2절 보일러의 수질관리

핵심이론 01 수처리설비 운영

① **보일러의 부식 방지** : 물속에 용해되어 있는 산소는 금속의 점 부식을 일으켜 이로 인해 열전달을 방해하고, 보일러수를 오염시키게 된다. 보일러 수처리는 물에 녹아 있는 용존산소를 제거하여 보일러 부식을 방지한다.

② **불순물 제거** : 보일러의 수명 연장과 효율적인 운영을 위해서 수질이 중요하다. 수처리를 통해 수질을 저하시키고, 시스템 고장의 원인이 될 수 있는 불순물을 제거한다.

③ **거품 방지** : 관수가 과농축되면 물속 고형물의 농도가 높아지고, 보일러 표면에 거품이 발생한다. 이 거품은 증기와 함께 증발된다. 적절한 수처리를 통해 거품이 스팀과 함께 딸려가는 것을 방지할 수 있다.

④ **부유 물질 저감** : 적절한 농축관리 수처리를 통해 물속의 부식, 스케일 등 보일러 내부에 많은 문제를 일으킬 수 있는 오염물질의 발생을 저감시킨다.

⑤ **경수를 연화** : 경수에 다량 함유되어 있는 칼슘과 마그네슘은 보일러 내부에 침전되어 보일러의 부식 및 스케일을 발생시킨다. 수처리를 통해 센물(경수)를 부드럽게 연화시킬 수 있다.

⑥ **증기의 순도 유지** : 증기에 불순물이 포함될 경우, 캐리오버된 오염물이 과열기 및 터빈에 축적되어 시스템 손상을 유발할 수 있다. 증기의 순도는 보일러 수명 유지에 매우 중요하다.

10년간 자주 출제된 문제

보일러 수처리는 무엇을 제거하여 보일러 부식을 방지하는가?

① 산 소　　② 수 소
③ 염화나트륨　　④ 수산화나트륨

정답 ①

핵심이론 02 보일러 용수의 개요

① 완벽하다고 여겨질 만큼의 보일러 급수에 필요한 용수를 자연적인 환경에서 구할 수 없기 때문에 보일러 용수로 사용하기 위한 목적의 급수 시 이를 사전에 처리해야 한다. 이때 가능한 한 부식되지 않고 깨끗한 상태로 유지되어야 하지만, 보일러 급수를 사전에 처리하더라도 눈에 보이지 않는 침전물과 스케일 형태로 남아 있다. 적절하지 않은 상태의 보일러 급수로 인해 다음과 같은 손상이 발생할 수 있다.

㉠ 보일러 순환계통 및 급수시스템 내에서 판 및 피팅의 부식이 유발된다.

㉡ 엘보와 연결 부위에 홈과 같은 형태의 손상이 유발된다.

㉢ 이음새 부위의 팽창·수축을 동반한 변형이 생긴다.

㉣ 튜브가 손상된다.

㉤ 강도를 저하시키지 않으면서 판 부위에 홀이 생성된다.

② 보일러 급수시스템 내에서 발생하는 유출(Leakage)은 스케일 및 침전물에 의해 보일러 튜브 및 플레이트가 과열되어 발생하기도 한다. 스케일은 유로 내에 침전물처럼 외벽에 붙어 튜브를 통한 열의 발산을 지연시키고 유체와 금속의 접촉을 방해한다. 이는 과열과 변형으로 이어지며 튜브의 일부분에서는 물이 부분적으로 비워진 상태가 되어 수증기의 산소와 결합하여 연소반응을 일으켜 금속 부분을 붉게 만들기도 한다. 유로에 발생한 스케일과 침전물은 급수의 물성질을 변화시켜 부식을 초래하기도 하며 쉽게 세척되지 않는다는 문제점으로 일정 기간 동안 동일한 성질의 영향을 미치게 된다. 보일러 용수로 사용하는, 완전하다 여겨질 만큼의 성질(비부식성, 스케일이 발생하지 않음)의 공급수를 자연에서 얻을 수 없으므로 용수로 사용하기 위해 탈기기(Deaerator)와 같은 용존산소와 이산화탄소의 제거공정을 거치게 된다.

10년간 자주 출제된 문제

다음 중 보일러 손상 중 하나인 압궤가 일어나기 쉬운 부분은?

① 수 관 ② 노 통
③ 동 체 ④ 갤러웨이관

해설

보일러 압궤·팽출 발생 부분
- 압궤 발생 부분 : 노통, 화실, 연관 등
- 팽출 발생 부분 : 수관, 동체, 노통 보일러의 갤러웨이관(횡관)

정답 ②

핵심이론 03 pH 및 알칼리 조정제

① pH : 물속에 수소이온농도가 얼마나 되는지를 표현하는 단위이다. pH값은 −log[수소이온온도]로 계산하는데, 그 값은 1~14까지이다. 중성인 7을 기준으로 낮을수록 산성, 높을수록 알칼리성이 강해진다.

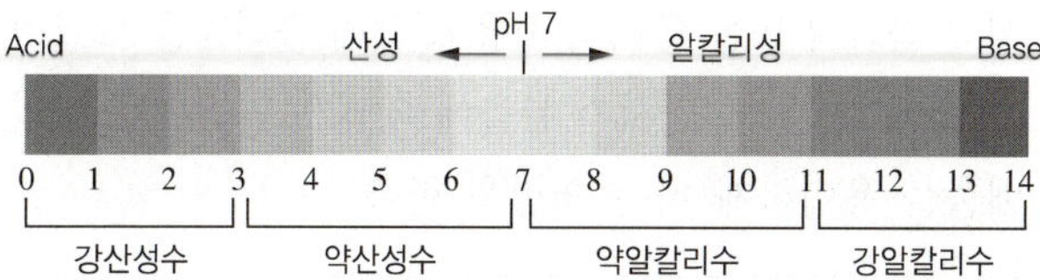

② 알칼리 조정제 : 가성소다, 인산소다, 암모니아 등

10년간 자주 출제된 문제

보일러 급수의 pH로 가장 적합한 것은?

① 4~6 ② 7~9
③ 9~11 ④ 11~13

정답 ②

핵심이론 04 슬러지의 조정제

슬러지 조정제는 보일러 내의 전열면에 슬러지가 스케일화하여 부착하는 것을 억제하기 위해 보일러수 속에 주입하는 약제이다. 타닌, 리그닌, 전분, 덱스트린, 해초 추출물, 고분자 유기 합성 화합물 등이 사용된다. 이 약제의 화학적 또는 물리적 작용에 의해 슬러지를 보일러수 속에 분산·현탁시켜 분출에 의해 보일러 밖으로의 배출을 용이하게 하는 역할을 한다.

10년간 자주 출제된 문제

중유의 첨가제 중 슬러지의 생성방지제 역할을 하는 것은?

① 회분개질제 ② 탈수제
③ 연소촉진제 ④ 안정제

해설

중유의 연소 상태를 개선하기 위한 첨가제

- 회분개질제 : 회분의 융점을 높여 고온 부식을 방지한다.
- 탈수제 : 연료 속의 수분을 분리 제거한다.
- 연소촉진제 : 기름 분무를 용이하게 한다.
- 안정제 : 슬러지 생성을 방지한다.

 ④

핵심이론 05 청관제

① **청관제의 용도** : 청관제는 보일러 수관을 안전하게 보호하는 역할을 한다.

㉠ 보일러 수관 내의 스케일 생성을 방지한다.
㉡ 급수의 용존산소를 제거하여 수관의 수명을 연장한다.
㉢ 관수의 pH를 조절하여 부식을 방지한다.

② **청관제의 종류**

㉠ 공업용 청관제 : 간접 가열 업체로서 스팀이 제조물(제품)에 직접 분사되지 않는 사용처에 적용한다.
㉡ 일반용 청관제 : 직접 가열 업체로서 스팀이 제조물(제품) 또는 인체에 직접 분사되는 사용처, 즉 스팀에 혼합된 청관제로 인해 제품의 품질에 영향을 주거나 인체에 해로운 영향을 끼치는 사업장에 적용한다.
㉢ 스케일 분산제 : 지하수를 사용하거나 응축수의 오염이 발생하는 사용처에 청관제와 병행하여 사용한다.

③ **청관제의 사용법**

㉠ 공급수의 탱크나 보일러의 보충수를 통하여 주입한다.
㉡ 직접 화학물질 계측기기를 사용하여 주입하고, 계측기기가 없을 때는 제품 사양에 따른 배합 비율에 의거하여 공급수와 함께 사용한다.

10년간 자주 출제된 문제

보일러에 청관제 사용의 주된 목적은?

① 스케일 제거 ② 캐리오버 방지
③ 연소 촉진 ④ 부식 촉진

정답 ①

제3절 보일러의 안전관리

핵심이론 01 안전 일반

① 산업안전보건법은 산업재해를 예방하고 쾌적한 작업 환경을 조성함으로써 노무를 제공하는 사람의 안전과 보건을 유지·증진하는 것을 목적으로 제정하였다.

② **방폭구조** : 용기 내부가 특정 가스 폭발에 견딜 수 있거나 전등이나 기기 내부에서 발생되는 스파크 등을 외부와 차단하여 점화원이 될 수 없게 설계된 구조이다.

③ 점화 시 착화는 1회에 즉시 이루어져야 한다.

핵심이론 02 작업 및 공구 취급 시의 안전

① 아크용접 시 주의사항

㉠ 국소배기시설이 정상적으로 가동하는 상태에서 작업한다.

㉡ 차광안경 또는 용접마스크와 용접장갑을 착용한다.

㉢ 소음이 85dB(A) 이상 시 귀마개 등 개인보호구를 착용한다.

㉣ 보안경, 보안면 : 용접불꽃 등에 얼굴과 눈을 보호한다.

㉤ 송기마스크 : 탱크 내부 및 환기가 불충분한 장소에서 착용한다.

㉥ 방독마스크 : 유해가스의 흡입을 방지하기 위해 착용한다.

㉦ 방진마스크 : 용접 흄의 흡입을 방지하기 위해 착용한다.

② 가스용접 시 주의사항

㉠ 가스용기는 열원으로부터 먼 곳에 세워서 보관하고 전도방지조치를 한다.

㉡ 용접작업 중 불꽃이 튀어 화상을 입지 않도록 주의한다.

㉢ 방화복이나 가죽 앞치마, 가죽장갑 등의 보호구를 착용한다.

㉣ 시력 보호를 위해 적절한 보안경을 착용한다.

㉤ 산소밸브는 기름이 묻지 않도록 한다.

㉥ 가스호스는 꼬이거나 손상되지 않도록 하고, 용기에 감지 않는다.

㉦ 가스호스의 길이는 최소 3m 이상 되어야 한다.

㉧ 안전한 호스 연결기구(호스클립, 호스밴드 등)만 사용한다.

㉨ 검사받은 압력조정기를 사용하고 안전밸브 작동 시에는 화재·폭발 등의 위험이 없도록 가스용기를 연결시킨다.

㉩ 호스를 교체하고 처음 사용하는 경우에는 사용하기 전에 호스 내의 이물질을 깨끗이 불어내고 사용한다.

㉠ 토치와 호스 연결부 사이에 역화방지를 위한 안전 장치가 설치되어 있는 것을 사용한다.

③ 드릴작업 시 주의사항

㉠ 머리카락이나 작업복 등이 회전 중인 드릴에 감기지 않도록 주의한다.

㉡ 드릴 끝이 가공물을 관통하였는가를 손으로 확인하지 않는다.

㉢ 드릴이 회전하는 중에 칩을 치우는 것을 엄금하여야 한다.

㉣ 가공물을 옮길 때에는 드릴 끝이 가공물이나 손에 접촉되지 않도록 드릴을 안전한 위치에 올려두고 실시한다.

㉤ 주물의 칩을 입으로 불어내면 눈에 들어갈 위험이 있으므로 하지 말아야 한다.

㉥ 드릴을 꽂은 경사 부분을 충분히 조사하여 경사가 잘 맞도록 사용하여야 한다.

㉦ 큰 드릴을 빼낼 때는 아래를 주의하고 필요시에는 목재로서 확실하게 받도록 해야 한다.

㉧ 장갑을 착용하고 작업하지 않는다.

㉨ 레이디얼 드릴링 머신을 확실히 조여 둔다.

㉩ 드릴은 좋은 것을 골라 바르게 연마해서 사용하며, 생크에 상처가 있거나 균열이 생긴 드릴은 사용하지 않는다.

㉪ 보링작업 시 바이트를 길게 내밀지 말아야 한다.

㉫ 가공물의 설치 또는 제거 시에 특별한 지그를 사용하는 경우를 제외하고는 회전을 멈추고 작업한다.

㉬ 브러시로 절삭제를 바를 경우에는 파쇠철에 감기지 않도록 위에서 바른다.

㉭ 철가루가 날리기 쉬운 작업은 보안경을 쓴다.

㉮ 이동식 드릴은 작업 위치와 작업자세에 유의하고, 대형은 암에 록(Lock)장치를 한다.

㉯ 전기드릴은 반드시 접지시키고 작업한다.

④ 해머작업 시 주의사항

㉠ 녹이 슨 재료를 작업할 때 보호안경을 착용한다.

㉡ 기름이 묻은 손이나 장갑을 끼고 작업하지 않는다.

㉢ 처음부터 큰 힘을 주어 작업하지 않는다. 처음에는 서서히 타격한다.

㉣ 해머를 자루에 꼭 끼우고 손잡이에 금이 생겼거나 머리가 손상된 것은 사용하지 않는다.

㉤ 좁은 곳이나 발판이 불안한 곳에서는 해머작업을 하지 않는다.

㉥ 해머는 자기 체중에 비례해서 선택하고, 자기 역량에 맞는 것을 선택해서 사용한다.

⑤ 정작업 시 주의사항

㉠ 날 끝이 결손된 것이나 둥글어진 것은 사용하지 않는다.

㉡ 정은 기름을 깨끗이 닦은 후에 사용한다.

㉢ 따내기 작업 시에는 보호안경을 착용한다.

㉣ 작업 중에는 시선을 항상 정 끝을 주시하고, 절단 시 조각의 비산에 주의한다.

㉤ 정을 잡은 손의 힘을 빼고 작업한다.

㉥ 담금질한 재료를 정으로 치지 않는다.

㉦ 절삭면을 손가락으로 만지거나 절삭 칩을 손으로 제거하지 않는다.

㉧ 정작업은 처음에는 가볍게 두들기고 목표가 정해진 후에 차츰 세게 두들기며, 작업이 끝날 때는 타격을 약하게 한다.

⑥ 조립공구 렌치, 플라이어, 드라이버 사용 시 주의사항

㉠ 렌치 등은 미끄러지지 않도록 정확히 입의 물림면을 조인 후 사용하고, 렌치 홈에 쐐기를 삽입하지 않는다.

㉡ 큰 힘을 얻기 위해 파이프 등을 끼워 길이를 연장하거나 해머 등 다른 공구로 두드리지 않는다.

㉢ 렌치, 플라이어 등은 밀지 말고 끌어당기는 상태로 작업한다.

㉣ 드라이버 홈의 폭과 길이가 같은 날 끝을 사용한다.

㉤ 한 손으로 드라이버를 사용하고 있는 동안 다른 손으로 나사를 잡지 않는다.

핵심이론 03 화재 방호

보일러는 나무, 액체연료, 가스를 연료로 물을 가열해 고온·고압의 증기나 온수를 발생시키는 장치이다. 겨울철 난방용품 화재 발생 건수 중 약 30%를 차지한다. 특히 고령 인구가 많이 거주하는 곳에는 보일러 관리 부주의로 인한 화재가 종종 발생하기 때문에 보일러의 올바른 사용과 관리방법에 신경을 기울일 수 있도록 홍보 및 교육을 할 필요가 있다.

① 가연물과 보일러는 2m 이상 떨어진 장소에 보관해야 한다.

② 보일러실 인근에 소화기를 비치해야 한다.

③ 연통 청소는 3개월에 한 번씩 한다.

겨울철에는 각 소방관서에서 보일러의 화재 예방에 대해 꾸준히 홍보 중이지만 무엇보다 중요한 건 보일러를 이용하는 개인의 철저한 안전 사용과 관리이다. 올바른 보일러 사용과 관리방법을 숙지해 화재 방호에 만전을 기해야 한다.

핵심이론 04 이상연소의 원인과 조치

① 점화 불량의 원인
- ㉠ 연료가 분사되지 않는 경우
- ㉡ 연료의 점도가 너무 높은 경우
- ㉢ 배관 속에 물이나 슬러지가 유입되는 경우
- ㉣ 연료의 온도가 너무 높거나 낮은 경우
- ㉤ 버너의 유압이 맞지 않는 경우
- ㉥ 버너노즐이 폐쇄된 경우
- ㉦ 1차 공기압력이 너무 과대한 경우
- ㉧ 전기 스파크가 불량한 경우

② 가마울림의 원인
- ㉠ 연도이음 부분이 불량한 경우
- ㉡ 연료 속의 수분이 많은 경우
- ㉢ 노내압이 너무 높은 경우
- ㉣ 연소실의 온도가 낮은 경우
- ㉤ 통풍력이 적당하지 않은 경우

③ 맥동연소(진동연소)의 원인
- ㉠ 연료 중에 수분이 많은 경우
- ㉡ 2차 연소를 일으킨 경우
- ㉢ 연소량이 일정하지 않은 경우
- ㉣ 연소속도가 느린 경우
- ㉤ 공급공기량이 과부족일 경우
- ㉥ 무리한 연소를 하는 경우
- ㉦ 연소실이나 연도 등에 틈이 생겨 공기가 새는 경우

④ 매연 발생의 원인
- ㉠ 통풍력이 과대·과소인 경우
- ㉡ 무리한 연소를 한 경우
- ㉢ 연소실의 온도가 너무 낮은 경우
- ㉣ 공기가 부족한 경우
- ㉤ 연료의 조성이 맞지 않은 경우
- ㉥ 연소실이 과냉각된 경우
- ㉦ 연소장치가 불량인 경우

⑤ 연소실 내에서 불안정한 연소의 원인
㉠ 연료 중 이물질이 혼입된 경우
㉡ 연료의 점도가 너무 높은 경우
㉢ 공기와 연료의 압력이 불안정한 경우
㉣ 오일의 예열온도가 너무 높은 경우

⑥ 노내 가스 폭발
㉠ 원 인
- 불완전연소를 하는 경우
- 연도의 굴곡이 심한 경우
- 연소 중 실화가 있는 경우
- 연도가 너무 긴 경우
- 노내에 다량의 그을음이 쌓여 있는 경우

㉡ 방지방법
- 프리퍼지를 충분히 한다.
- 포스트퍼지를 충분히 한다.
- 연료 속의 수분이나 슬러지를 제거한다.
- 급격한 부하변동을 피한다.
- 전열면에 그을음 부착 및 퇴적을 방지하기 위하여 적절히 수트 블로어를 실시한다.

10년간 자주 출제된 문제

다음 중 매연 발생의 원인이 아닌 것은?

① 공기량이 부족할 때
② 연료와 연소장치가 맞지 않을 때
③ 연소실의 온도가 낮을 때
④ 연소실의 용적이 클 때

해설

매연 발생의 원인
- 통풍력이 부족한 경우
- 통풍력이 너무 지나친 경우
- 무리하게 연소한 경우
- 연소실의 용적이 작은 경우
- 연료의 질이 좋지 않을 때
- 연소실의 온도가 낮은 경우

정답 ④

핵심이론 05 이상소화의 원인과 조치

① 원 인
㉠ 버너 팁이나 연료유 배관의 스트레이너가 막힌 경우
㉡ 연료유의 가열 부족 등으로 인하여 분무 상태가 불량한 경우
㉢ 공급 연료량에 비하여 통풍이 너무 강한 경우
㉣ 연료유에 수분이 너무 많이 섞여 있는 경우
㉤ 연료유 서비스탱크에 연료가 없는 경우
㉥ 전원이 상실된 경우

② 조 치
㉠ 버너 팁이나 연료유 배관의 스트레이너를 자주 청소한다.
㉡ 연료유의 분무 상태를 양호하게 한다.
㉢ 공급 연료량에 따라 통풍을 적당히 한다.
㉣ 연료유에 수분이 없도록 한다.
㉤ 연료유 서비스 탱크에 연료 확인을 자주 한다.
㉥ 전원이 상실되지 않도록 한다.

10년간 자주 출제된 문제

이상소화의 조치사항으로 옳지 않은 것은?

① 연료유의 분무 상태를 양호하게 한다.
② 수분이 많은 연료유를 사용한다.
③ 전원이 상실되지 않도록 한다.
④ 공급 연료량에 따라 통풍을 적당히 한다.

해설

연료유에 수분이 없도록 한다.

정답 ②

핵심이론 06 보일러 손상의 종류와 방지대책

① 과 열

㉠ 원 인

- 보일러 수위가 저수위인 경우
- 관 내에 스케일이 부착된 경우
- 보일러수의 순환이 불량한 경우
- 관수가 농축된 경우

㉡ 사 고

- 압궤 : 강재가 외압에 의해 안으로 눌려 찌그러지는 현상으로, 노통 등에서 발생한다.
- 팽출 : 강재가 내압에 의해 밖으로 부풀어 나오는 현상으로 수관, 횡연관보일러의 동저부 등에서 발생한다.

② 압력 초과의 발생원인

㉠ 안전밸브의 밸브가 고착된 경우

㉡ 안전밸브의 분출 용량이 부족한 경우

㉢ 안전밸브의 분출압력 조정이 불량한 경우

㉣ 압력계의 연락관이 막힌 경우

③ 래미네이션 : 강재의 재료 하자(瑕疵), 즉 강재의 제조 중에 원료의 조합, 가스 빼기, 슬러그 제거 등의 불량에 의해 잉곳 내부에 동공(洞空, Blow Hole)이 생겼거나 슬러그가 혼입되는 것이다. 이와 같이 강재의 압연 제조과정에 있어서 동공 또는 슬러그가 존재하는 부분이 층을 형성하여 그 부분이 두 매의 판처럼 갈라지는 현상이다. 래미네이션이 있는 결함 강판이 보일러에 사용되면 그 부분의 열전도율이 나빠지기 때문에 과열이나 강도 저하 등의 트러블이 생길 수 있다.

④ 블리스터 : 도금 표면에 미세한 부풀음이 많이 발생한 상태이다. 전처리 불량, 도금욕의 불량으로 인해 발생하는 것(Process Blister)과 도금 후 어떤 시간이 경과하여 돌출하는 것(Service Blister)이 있다. 후자는 입자 간 부식이나 가스 발생에 의한 경우가 많고, 아연 다이캐스트나 알루미 다이캐스트 소지상의 도금에서 발생하기 쉽다.

⑤ 가성취화 : 비교적 고압·고온의 리벳보일러에 발생하는 응력 부식 균열의 일종이다. 가성취화는 보일러수의 알칼리도가 높은 경우에 리벳이음판 중첩부의 틈새나 리벳머리의 아래쪽에 보일러수가 침입하여 알칼리 성분이 가열에 의해 농축되고, 이 알칼리와 이음부 등의 반복응력의 영향으로 재료의 결정립계(結晶粒界)에 따라 균열이 생기는 열화현상이다. 리벳 구멍에 육안으로는 식별이 어려운 균열이 방사상으로 다수 발생하여 불규칙하게 구부러지는 것이 특징이며, 용접보일러에서는 거의 발생하지 않는다. 가성취화 방지대책은 리벳이음부나 부착부를 매우 엄밀하게 제작하여 보일러수가 침입할 틈새를 만들지 않고, 보일러수의 알칼리도가 제한값을 넘지 않도록 한다.

⑥ 보일러 부식

㉠ 외부 부식

- 저온 부식 : 연료 성분 중 S(황분)에 의한 부식이다.
- 고온 부식 : 연료 성분 중 V(바나듐)에 의한 부식이다(과열기, 재열기 등에서 발생).
- 산화 부식 : 산화에 의한 부식이다.

㉡ 내부 부식

- 국부 부식(점식) : 용존산소에 의해 발생한다.
- 전면 부식 : 염화마그네슘($Mg(Cl)_2$)에 의해 발생한다.
- 알칼리 부식 : pH 12 이상일 때 농축 알칼리에 의해 발생한다.

10년간 자주 출제된 문제

6-1. 보일러 과열의 원인으로 적당하지 않은 것은?

① 보일러수의 순환이 좋은 경우
② 보일러 내에 스케일이 부착된 경우
③ 보일러 내에 유지분이 부착된 경우
④ 국부적으로 심하게 복사열을 받는 경우

6-2. 보일러의 손상 중 팽출에 대한 설명으로 옳은 것은?

① 보일러의 본체가 화염에 과열되어 외부로 볼록하게 튀어나오는 현상
② 노통이나 화실이 외측의 압력에 의해 눌려 쭈그러져 찢어지는 현상
③ 강판에 가스가 포함된 것이 화염의 접촉으로 양쪽으로 오목하게 되는 현상
④ 고압보일러 드럼이음에 주로 생기는 응력 부식 균열의 일종

6-3. 보일러 저온 부식 방지대책에 해당되는 것은?

① 연료 중의 황분을 제거한다.
② 저온의 전열면에 보호피막을 없앤다.
③ 연소가스의 온도를 노점온도 이하가 되도록 한다.
④ 배기가스 중의 CO_2 함량을 높여서 아황산가스의 노점을 올린다.

해설

6-1
보일러수의 순환이 불량하면 보일러 과열이 생긴다.

6-2
보일러의 손상
- 압궤 : 강재가 외압에 의해 안으로 눌려 찌그러지는 현상으로, 노통 등에서 발생한다.
- 팽출 : 강재가 내압에 의해 밖으로 부풀어 나오는 현상으로 수관, 횡연관보일러의 동저부 등에서 발생한다.

6-3
② 저온의 전열면에 보호피막을 입힌다.
③ 연소가스의 온도를 노점온도 이상이 되도록 한다.
④ 배기가스 중의 이산화탄소 함량을 낮게 한다.

정답 6-1 ① 6-2 ① 6-3 ①

핵심이론 07 보일러 사고의 종류와 특징

① 제작상의 원인 : 재료 불량, 강도 부족, 구조 및 설계 불량, 용접 불량, 부속기기의 설비 미비 등
② 취급상의 원인 : 저수위, 압력 초과, 미연가스에 의한 노내 폭발, 급수처리 불량, 부식, 과열 등

※ 보일러는 운전 상태(정격부하 상태를 원칙으로 한다)에서 이상진동과 이상소음이 없고 각종 부품의 작동이 원활하여야 한다.

- 다음 압력계의 작동이 정확하고 이상이 없어야 한다.
  - 증기드럼 압력계(관류보일러에서는 절탄기 입구 압력계)
  - 과열기 출구 압력계(과열기를 사용하는 경우)
  - 급수압력계
  - 노내압계
- 다음 계기들의 작동이 정확하고 이상이 없어야 한다.
  - 급수량계
  - 급유량계
  - 유리수면계 또는 수면측정장치
  - 수위계 또는 압력계
  - 온도계
- 급수펌프는 다음 사항이 이상 없고 성능에 지장이 없어야 한다.
  - 펌프 송출구에서의 송출압력 상태
  - 급수펌프의 누설 유무

10년간 자주 출제된 문제

보일러 사고의 원인 중 취급 부주의가 아닌 것은?

① 과 열 ② 부 식
③ 압력 초과 ④ 재료 불량

해설

보일러 취급상의 원인 : 저수위, 압력 초과, 미연가스에 의한 노내 폭발, 급수처리 불량, 부식, 과열 등

정답 ④

핵심이론 08 미연가스의 노내 폭발 발생원인

① 노내에 미연가스가 충만되어 있는 경우
② 노내에 연료가 누입된 경우
③ 점화 전에 통풍이 부족한 경우
④ 착화가 늦어진 경우
⑤ 연소기술이 미숙한 경우
⑥ 매화하고 있는 경우(석탄연소의 경우)

10년간 자주 출제된 문제

보일러 연소실 내의 미연소가스 폭발에 대비하여 설치하는 안전장치는?

① 가용전 ② 방출밸브
③ 안전밸브 ④ 방폭문

해설

방폭문 : 연소실 내의 미연소가스에 의한 폭발을 방지하기 위해 설치하는 안전장치

정답 ④

핵심이론 09 역화(백파이어) 발생원인

① 미연가스에 의한 노내 폭발이 발생한 경우
② 착화가 늦어진 경우
③ 연료의 인화점이 낮은 경우
④ 공기보다 연료를 먼저 공급한 경우
⑤ 압입통풍이 지나치게 강한 경우

10년간 자주 출제된 문제

보일러에서 연소 조작 중 역화의 원인으로 거리가 먼 것은?

① 불완전연소의 상태가 두드러진 경우
② 흡입통풍이 부족한 경우
③ 연도댐퍼의 개도를 너무 넓힌 경우
④ 압입통풍이 너무 강한 경우

해설

연도댐퍼의 개도를 너무 좁히면 역화가 발생할 수 있다.

정답 ③

핵심이론 10 보일러 사고 방지대책

① **설비 구입** : 형식승인을 취득하고, 검사받은 것을 구입해야 한다.

② **연소관리**

㉠ 연료의 점도가 적정해야 한다.

㉡ 프리퍼지, 포스트퍼지를 행한 후 점화시켜야 한다.

㉢ 점화 후 화염을 철저히 감시한다.

㉣ 저수위 시 즉시 연소를 중단한다.

③ **수위관리**

㉠ 연속적으로 일정량의 급수를 행한다.

㉡ 급수장치, 급수조절장치의 기능을 완전히 유지한다.

㉢ 연소기 및 연소 상태의 음향, 송풍기 및 급수펌프의 작동음에 이상이 있을 때 그 원인을 찾아 제거해야 한다.

㉣ 부하변동은 사용처와 사전에 연락이 되도록 한다.

④ **용수관리** : 순수 혹은 연수로 처리된 처리수를 사용하고 수시로 수질검사를 하여 철저히 관리한다.

⑤ 급수와 관수 한계치를 유지한다.

⑥ 정기점검을 실시한다.

10년간 자주 출제된 문제

보일러 사고 방지대책으로 옳지 않은 것은?

① 연속적으로 일정량의 급수를 행한다.
② 점화 후 화염을 철저히 감시한다.
③ 점도가 높은 연료를 사용한다.
④ 급수와 관수 한계치를 유지한다.

해설

연료의 점도가 적정해야 한다.

정답 ③

핵심이론 11 안전밸브 및 압력방출장치의 크기

안전밸브 및 압력방출장치의 크기는 호칭지름 25A 이상으로 하여야 한다. 다만, 다음 보일러에서는 호칭지름 20A 이상으로 할 수 있다.

① 최고사용압력 $1kg/cm^2$(0.1MPa) 이하의 보일러

② 최고사용압력 $5kg/cm^2$(0.5MPa) 이하의 보일러로 동체의 안지름이 500mm 이하이며, 동체의 길이가 1,000mm 이하의 것

③ 최고사용압력 $5kg/cm^2$(0.5MPa) 이하의 보일러로 전열면적 $2m^2$ 이하의 것

④ 최대증발량 5t/h 이하의 관류 보일러

⑤ 소용량 강철제 보일러, 소용량 주철제 보일러

10년간 자주 출제된 문제

11-1. 보일러의 압력이 $8kg/cm^2$이고, 안전밸브 입구 구멍의 단면적이 $20cm^2$라면 안전밸브에 작용하는 힘은 얼마인가?

① 140kgf ② 160kgf
③ 170kgf ④ 180kgf

11-2. 보일러에 사용되는 안전밸브 및 압력방출장치의 크기를 20A 이상으로 할 수 있는 보일러가 아닌 것은?

① 소용량 강철제 보일러
② 최대증발량 5t/h 이하의 관류보일러
③ 최고사용압력 1MPa($10kg/cm^2$) 이하의 보일러로 전열면적 $5m^2$ 이하의 것
④ 최고사용압력 0.1MPa($1kg/cm^2$) 이하의 보일러

해설

11-1

안전밸브의 힘

$$P = \frac{W}{A}\,\text{kgf}$$

$\therefore\ W = PA = 8 \times 20 = 160$

정답 11-1 ② 11-2 ③

핵심이론 12 수압시험압력

① 강철제 보일러

㉠ 보일러의 최고사용압력이 0.43MPa 이하일 때에는 최고사용압력의 2배의 압력으로 한다. 다만, 그 시험압력이 0.2MPa 미만인 경우에는 0.2MPa로 한다.

㉡ 보일러의 최고사용압력이 0.43MPa 초과 1.5MPa 이하일 때는 최고사용압력의 1.3배에 0.3MPa를 더한 압력으로 한다.

㉢ 보일러의 최고사용압력이 1.5MPa를 초과할 때에는 최고사용압력의 1.5배의 압력으로 한다.

㉣ 조립 전에 수압시험을 실시하는 수관식 보일러의 내압 부분은 최고사용압력의 1.5배 압력으로 한다.

② 주철제 보일러

㉠ 보일러의 최고사용압력이 0.43MPa(4.3kgf/cm^2) 이하일 때는 최고사용압력의 2배의 압력으로 한다. 다만, 그 시험압력이 0.2MPa(2kgf/cm^2) 미만인 경우에는 0.2MPa(2kgf/cm^2)로 한다.

㉡ 보일러의 최고사용압력이 0.43MPa(4.3kgf/cm^2)를 초과할 때는 최고사용압력의 1.3배에 0.3MPa(3kgf/cm^2)을 더한 압력으로 한다.

㉢ 조립 전에 수압시험을 실시하는 주철제 압력 부품은 최고사용압력의 2배의 압력으로 한다.

③ 가스용 온수보일러 : 강철제인 경우에는 ①의 ㉠에서 규정한 압력으로 한다.

④ 온수보일러

㉠ 구멍탄용 온수보일러의 경우에는 2kg/cm^2(0.2MPa)으로 한다.

㉡ 유류용 온수보일러는 최고사용압력의 2배 압력으로 한다. 다만 그 시험압력이 2kg/cm^2(0.2MPa) 이하일 경우에는 2kg/cm^2(0.2MPa)으로 한다.

10년간 자주 출제된 문제

강철제 보일러의 최고사용압력이 0.43MPa 초과 1.5MPa 이하일 때 수압시험압력의 기준으로 옳은 것은?

① 0.2MPa로 한다.
② 최고사용압력의 1.3배에 0.3MPa를 더한 압력으로 한다.
③ 최고사용압력의 1.5배로 한다.
④ 최고사용압력의 2배에 0.5MPa를 더한 압력으로 한다.

해설

강철제 보일러의 수압시험압력 : 보일러의 최고사용압력이 0.43MPa 초과 1.5MPa 이하일 때는 그 최고사용압력의 1.3배에 0.3MPa를 더한 압력으로 한다.

정답 ②

CHAPTER 03

에너지 관계 법규

제1절 에너지 관련 법령

[별표 1] 열사용기자재

구 분	품목명	적용범위
보일러	강철제 보일러, 주철제 보일러	다음의 어느 하나에 해당하는 것을 말한다. 1. 1종 관류보일러 : 강철제 보일러 중 헤더(여러 관이 붙어 있는 용기)의 안지름이 150mm 이하이고, 전열면적이 $5m^2$ 초과 $10m^2$ 이하이며, 최고사용압력이 1MPa 이하인 관류보일러(기수분리기를 장치한 경우에는 기수분리기의 안지름이 300mm 이하이고, 그 내부 부피가 $0.07m^3$ 이하인 것만 해당한다) 2. 2종 관류보일러 : 강철제 보일러 중 헤더의 안지름이 150mm 이하이고, 전열면적이 $5m^2$ 이하이며, 최고사용압력이 1MPa 이하인 관류보일러(기수분리기를 장치한 경우에는 기수분리기의 안지름이 200mm 이하이고, 그 내부 부피가 $0.02m^3$ 이하인 것에 한정한다) 3. 제1호 및 제2호 외의 금속(주철을 포함한다)으로 만든 것. 다만, 소형 온수보일러·구멍탄용 온수보일러·축열식 전기보일러 및 가정용 화목보일러는 제외한다.
	소형 온수보일러	전열면적이 $14m^2$ 이하이고, 최고사용압력이 0.35MPa 이하의 온수를 발생하는 것. 다만, 구멍탄용 온수보일러·축열식 전기보일러·가정용 화목보일러 및 가스사용량이 17kg/h(도시가스는 232.6kW) 이하인 가스용 온수보일러는 제외한다.
	구멍탄용 온수보일러	석탄산업법 시행령 제2조제2호에 따른 연탄을 연료로 사용하여 온수를 발생시키는 것으로서 금속제만 해당한다.
	축열식 전기보일러	심야전력을 사용하여 온수를 발생시켜 축열조에 저장한 후 난방에 이용하는 것으로서 정격(기기의 사용조건 및 성능의 범위)소비전력이 30kW 이하이고, 최고사용압력이 0.35MPa 이하인 것
	캐스케이드 보일러	산업표준화법 제12조제1항에 따른 한국산업표준에 적합함을 인증받거나 액화석유가스의 안전관리 및 사업법 제39조제1항에 따라 가스용품의 검사에 합격한 제품으로서, 최고사용압력이 대기압을 초과하는 온수보일러 또는 온수기 2대 이상이 단일 연통으로 연결되어 서로 연동되도록 설치되며, 최대 가스사용량의 합이 17kg/h(도시가스는 232.6kW)를 초과하는 것
	가정용 화목보일러	화목(火木) 등 목재연료를 사용하여 90℃ 이하의 난방수 또는 65℃ 이하의 온수를 발생하는 것으로서 표시 난방 출력이 70kW 이하로서 옥외에 설치하는 것
태양열 집열기	태양열 집열기	
압력용기	1종 압력용기	최고사용압력(MPa)과 내부 부피(m^3)를 곱한 수치가 0.004를 초과하는 다음의 어느 하나에 해당하는 것 1. 증기 그 밖의 열매체를 받아들이거나 증기를 발생시켜 고체 또는 액체를 가열하는 기기로서 용기 안의 압력이 대기압을 넘는 것 2. 용기 안의 화학반응에 따라 증기를 발생시키는 용기로서 용기 안의 압력이 대기압을 넘는 것 3. 용기 안의 액체의 성분을 분리하기 위하여 해당 액체를 가열하거나 증기를 발생시키는 용기로서 용기 안의 압력이 대기압을 넘는 것 4. 용기 안의 액체의 온도가 대기압에서의 끓는점을 넘는 것

구 분	품목명	적용범위
압력용기	2종 압력용기	최고사용압력이 0.2MPa를 초과하는 기체를 그 안에 보유하는 용기로서 다음의 어느 하나에 해당하는 것 1. 내부 부피가 0.04m^3 이상인 것 2. 동체의 안지름이 200mm 이상(증기헤더의 경우에는 동체의 안지름이 300mm 초과)이고, 그 길이가 1,000mm 이상인 것
요로(窯爐 : 고온가열장치)	요업요로	연속식 유리용융가마, 불연속식 유리용융가마, 유리용융도가니가마, 터널가마, 도염식 가마, 셔틀가마, 회전가마 및 석회용선가마
	금속요로	용선로, 비철금속용융로, 금속소둔로, 철금속가열로 및 금속균열로

[별표 3의 2] 특정 열사용기자재 및 그 설치 · 시공범위

구 분	품목명	설치 · 시공범위
보일러	• 강철제 보일러 • 주철제 보일러 • 온수보일러 • 구멍탄용 온수보일러 • 축열식 전기보일러 • 캐스케이드 보일러 • 가정용 화목보일러	해당 기기의 설치 · 배관 및 세관
태양열 집열기	태양열 집열기	
압력용기	• 1종 압력용기 • 2종 압력용기	
요업요로	• 연속식 유리용융가마 • 불연속식 유리용융가마 • 유리용융도가니가마 • 터널가마 • 도염식각가마 • 셔틀가마 • 회전가마 • 석회용선가마	해당 기기의 설치를 위한 시공
금속요로	• 용선로 • 비철금속용융로 • 금속소둔로 • 철금속가열로 • 금속균열로	

[별표 3의 3] 검사대상기기

구 분	검사대상기기	적용범위
보일러	강철제 보일러, 주철제 보일러	다음의 어느 하나에 해당하는 것은 제외한다. • 최고사용압력이 0.1MPa 이하이고, 동체의 안지름이 300mm 이하이며, 길이가 600mm 이하인 것 • 최고사용압력이 0.1MPa 이하이고, 전열면적이 5m^2 이하인 것 • 2종 관류보일러 • 온수를 발생시키는 보일러로서 대기개방형인 것
	소형 온수보일러	가스를 사용하는 것으로 가스사용량이 17kg/h(도시가스는 232.6kW)를 초과하는 것
	캐스케이드 보일러	에너지이용합리화법 시행규칙 별표 1 열사용기자재에 따른 캐스케이드 보일러의 적용범위에 따른다.
압력용기	1종 압력용기, 2종 압력용기	에너지이용합리화법 시행규칙 별표 1 열사용기자재에 따른 압력용기의 적용범위에 따른다.
요 로	철금속가열로	정격용량이 0.58MW를 초과하는 것

[별표 3의 4] 검사의 종류 및 적용대상

검사의 종류		적용대상
제조검사	용접검사	• 동체·경판 및 이와 유사한 부분을 용접으로 제조하는 경우의 검사
	구조검사	• 강판·관 또는 주물류를 용접·확대·조립·주조 등에 따라 제조하는 경우의 검사
설치검사		• 신설한 경우의 검사(사용연료의 변경에 의하여 검사대상이 아닌 보일러가 검사대상으로 되는 경우의 검사를 포함한다)
개조검사		다음의 어느 하나에 해당하는 경우의 검사 • 증기보일러를 온수보일러로 개조하는 경우 • 보일러 섹션의 증감에 의하여 용량을 변경하는 경우 • 동체·돔·노통·연소실·경판·천장판·관판·관모음 또는 스테이의 변경으로서 산업통상자원부장관이 정하여 고시하는 대수리의 경우 • 연료 또는 연소방법을 변경하는 경우 • 철금속가열로로서 산업통상자원부장관이 정하여 고시하는 경우의 수리
설치 장소 변경검사		• 설치 장소를 변경한 경우의 검사. 다만, 이동식 검사대상기기를 제외한다.
재사용검사		• 사용 중지 후 재사용하고자 하는 경우의 검사
계속사용검사	안전검사	• 설치검사·개조검사·설치장소 변경검사 또는 재사용검사 후 안전부문에 대한 유효기간을 연장하고자 하는 경우의 검사
	운전성능검사	다음의 어느 하나에 해당하는 기기에 대한 검사로서 설치검사 후 운전성능부문에 대한 유효기간을 연장하고자 하는 경우의 검사 • 용량이 1t/h(난방용의 경우에는 5t/h) 이상인 강철제 보일러 및 주철제 보일러 • 철금속가열로

[별표 3의 6] 검사의 면제대상 범위

검사대상 기기명	대상범위	면제되는 검사
강철제 보일러, 주철제 보일러	• 강철제 보일러 중 전열면적이 $5m^2$ 이하이고, 최고사용압력이 0.35MPa 이하인 것 • 주철제 보일러 • 1종 관류보일러 • 온수보일러 중 전열면적이 $18m^2$ 이하이고, 최고사용압력이 0.35MPa 이하인 것	용접검사
	• 주철제 보일러	구조검사
	• 가스 외의 연료를 사용하는 1종 관류보일러 • 전열면적 $30m^2$ 이하의 유류용 주철제 증기보일러	설치검사
	• 전열면적 $5m^2$ 이하의 증기보일러로서 다음의 어느 하나에 해당하는 것 – 대기에 개방된 안지름이 25mm 이상인 증기관이 부착된 것 – 수두압(水頭壓)이 5m 이하이며 안지름이 25mm 이상인 대기에 개방된 U자형 입관이 보일러의 증기부에 부착된 것 • 온수보일러로서 다음의 어느 하나에 해당하는 것 – 유류 · 가스 외의 연료를 사용하는 것으로서 전열면적이 $30m^2$ 이하인 것 – 가스 외의 연료를 사용하는 주철제 보일러	계속사용검사
소형 온수보일러	• 가스사용량이 17kg/h(도시가스는 232.6kW)를 초과하는 가스용 소형 온수보일러	제조검사
캐스케이드 보일러	• 캐스케이드 보일러	제조검사
1종 압력용기, 2종 압력용기	• 용접이음(동체와 플랜지와의 용접이음은 제외한다)이 없는 강관을 동체로 한 헤더 • 압력용기 중 동체의 두께가 6mm 미만인 것으로서 최고사용압력(MPa)과 내부 부피(m^3)를 곱한 수치가 0.02 이하(난방용의 경우에는 0.05 이하)인 것 • 전열교환식인 것으로서 최고사용압력이 0.35MPa 이하이고, 동체의 안지름이 600mm 이하인 것	용접검사
	• 2종 압력용기 및 온수탱크 • 압력용기 중 동체의 두께가 6mm 미만인 것으로서 최고사용압력(MPa)과 내부 부피(m^3)를 곱한 수치가 0.02 이하(난방용의 경우에는 0.05 이하)인 것 • 압력용기 중 동체의 최고사용압력이 0.5MPa 이하인 난방용 압력용기 • 압력용기 중 동체의 최고사용압력이 0.1MPa 이하인 취사용 압력용기	설치검사 및 계속 사용검사
철금속가열로	• 철금속가열로	제조검사, 재사용검사 및 계속사용검사 중 안전검사

[별표 3의 9] 검사대상기기 관리자의 자격 및 조종범위

관리자의 자격	관리범위
에너지관리기능장 또는 에너지관리기사	• 용량이 30t/h를 초과하는 보일러
에너지관리기능장, 에너지관리기사 또는 에너지관리산업기사	• 용량이 10t/h를 초과하고 30t/h 이하인 보일러
에너지관리기능장, 에너지관리기사, 에너지관리산업기사 또는 에너지관리기능사	• 용량이 10t/h 이하인 보일러
에너지관리기능장, 에너지관리기사, 에너지관리산업기사, 에너지관리기능사 또는 인정검사대상기기 관리자의 교육을 이수한 자	• 증기보일러로서 최고사용압력이 1MPa 이하이고, 전열면적이 10m^2 이하인 것 • 온수발생 및 열매체를 가열하는 보일러로서 용량이 581.5kW 이하인 것 • 압력용기

[비 고]

1. 온수 발생 및 열매체를 가열하는 보일러의 용량은 697.8kW를 1t/h로 본다.
2. 1구역에서 가스연료를 사용하는 1종 관류보일러의 용량은 이를 구성하는 보일러의 개별 용량을 합산한 값으로 한다.
3. 계속사용검사 중 안전검사를 실시하지 않는 검사대상기기 또는 가스 외의 연료를 사용하는 1종 관류보일러의 경우에는 검사대상기기 관리자의 자격에 제한을 두지 아니한다.
4. 가스를 연료로 사용하는 보일러의 검사대상기기 관리자의 자격은 위 표에 따른 자격을 가진 사람으로서 산업통상자원부장관이 정하는 관련 교육을 이수한 사람 또는 도시가스사업법 시행령 별표1에 따른 특정가스사용시설의 안전관리 책임자의 자격을 가진 사람으로 한다.

[별표 3의 10] 검사대상기기 관리대행기관 지정요건

장 비		기술인력
장비명	보유 대수	
• 급수유량계 • 급유유량계 • 가스분석기(CO_2, O_2, CO) • 열전대온도계(0~1,500℃) • 표준온도계 • 표면온도계 • 매연측정기 • 스톱워치 • 증기압력계 • 수질분석기 • 증기건도측정기	3대 이상 3대 이상 5대 이상 2대 이상 3대 이상 3대 이상 1대 이상 5대 이상 3대 이상 1대 이상 1대 이상	• 국가기술자격법에 따른 기계, 금속, 화공 및 세라믹, 전기 또는 에너지 분야 기술사 1명 이상 • 제31조의26 및 별표3의9에 따른 국가기술자격자 및 인정검사대상기기 관리자 각 5명 이상

[별표 4] 에너지관리자에 대한 교육

교육과정	교육기간	교육대상자	교육기관
에너지관리자 기본교육과정	1일	법 제31조제1항제1호부터 제4호까지의 사항에 관한 업무를 담당하는 사람으로 신고된 사람	한국에너지공단

[비 고]

1. 에너지관리자 기본교육과정의 교육과목 및 교육수수료 등에 관한 세부사항은 산업통상자원부장관이 정하여 고시한다.
2. 에너지관리자는 법 제31조제1항에 따라 같은 항 제1호부터 제4호까지의 업무를 담당하는 사람으로 최초로 신고된 연도(年度)에 교육을 받아야 한다.
3. 에너지관리자 기본교육과정을 마친 사람이 동일한 에너지다소비사업자의 에너지관리자로 다시 신고되는 경우에는 교육대상자에서 제외한다.

제2절 기계설비 관련 법령

(1) 기계설비법

① 목적(법 제1조)

기계설비산업의 발전을 위한 기반을 조성하고 기계설비의 안전하고 효율적인 유지관리를 위하여 필요한 사항을 정함으로써 국가경제의 발전과 국민의 안전 및 공공복리 증진에 이바지함을 목적으로 한다.

② 정의(법 제2조)

㉠ 기계설비 : 건축물, 시설물 등에 설치된 기계・기구・배관 및 그 밖에 건축물 등의 성능을 유지하기 위한 설비로서 대통령령으로 정하는 설비를 말한다.

㉡ 기계설비기술자 : 기계설비 관련 분야의 기술자격을 취득하거나 기계설비에 관한 기술 또는 기능을 인정받은 사람을 말한다.

㉢ 기계설비유지관리자 : 기계설비유지관리(기계설비의 점검 및 관리를 실시하고 운전・운용하는 모든 행위를 말한다)를 수행하는 자를 말한다.

③ 기계설비 발전 기본계획의 수립(법 제5조)

국토교통부장관은 기계설비산업의 육성과 기계설비의 효율적인 유지관리 및 성능 확보를 위하여 기계설비 발전 기본계획을 5년마다 수립・시행하여야 한다.

④ 실태조사(법 제6조)

㉠ 국토교통부장관은 기계설비산업의 발전에 필요한 기초자료를 확보하기 위하여 기계설비산업에 관한 실태를 조사할 수 있다. 다만, 다른 중앙행정기관의 장의 요구가 있는 경우에는 합동으로 실태를 조사하여야 한다.

㉡ 국토교통부장관은 기계설비사업자 또는 기계설비산업 관련 단체 및 기관의 장에게 ㉠에 따른 실태조사에 필요한 자료의 제출 등을 요청할 수 있다. 이 경우 자료 제출 등을 요청받은 자는 특별한 사유가 없으면 이에 협조하여야 한다.

㉢ ㉠에 따른 실태조사의 내용・방법・절차 등에 필요한 사항은 대통령령으로 정한다.

⑤ 기계설비 기술기준(법 제14조)

㉠ 국토교통부장관은 기계설비의 안전과 성능 확보를 위하여 필요한 기술기준을 정하여 고시하여야 한다. 이를 변경하는 경우에도 또한 같다.

㉡ 기계설비사업자는 기술기준을 준수하여야 한다.

⑥ 기계설비유지관리기준의 고시(법 제16조)

㉠ 국토교통부장관은 건축물 등에 설치된 기계설비의 유지관리 및 점검을 위하여 필요한 유지관리기준을 정하여 고시하여야 한다.

㉡ ㉠에 따른 유지관리기준의 내용, 방법, 절차 등은 국토교통부령으로 정한다.

⑦ 유지관리교육(법 제20조)

㉠ 선임된 기계설비유지관리자는 대통령령으로 정하는 바에 따라 국토교통부장관이 실시하는 기계설비유지관리에 관한 교육을 받아야 한다.

㉡ 국토교통부장관은 ㉠에 따른 유지관리교육에 관한 업무를 대통령령으로 정하는 바에 따라 관계 기관 및 단체에 위탁할 수 있다.

⑧ 기계설비성능점검업의 등록 등(법 제21조)

㉠ 성능점검과 관련된 업무를 하려는 자는 자본금, 기술 인력의 확보 등 대통령령으로 정하는 요건을 갖추어 특별시장・광역시장・특별자치시장・도지사 또는 특별자치도지사(이하 '시・도지사'라 한다)에게 등록하여야 한다.

㉡ 기계설비성능점검업을 등록한 자(이하 '기계설비성능점검업자'라 한다)는 ㉠에 따라 등록한 사항 중 대통령령으로 정하는 사항이 변경된 경우에는 변경 사유가 발생한 날부터 30일 이내에 변경 등록을 하여야 한다.

㉢ 시・도지사가 기계설비성능점검업의 등록 또는 변경 등록을 받은 경우에는 등록신청자에게 등록증을 발급하여야 한다.

⑨ 벌칙(법 제28조)

다음의 어느 하나에 해당하는 자는 1년 이하의 징역 또는 1천만원 이하의 벌금에 처한다.

㉠ 착공 전 확인을 받지 아니하고 기계설비공사를 발주한 자 또는 사용 전 검사를 받지 아니하고 기계설비를 사용한 자

㉡ 등록을 하지 아니하거나 변경 등록을 하지 아니하고 기계설비성능점검 업무를 수행한 자

㉢ 거짓이나 그 밖의 부정한 방법으로 등록을 하거나 변경등록을 한 자

㉣ 기계설비성능점검업 등록증을 다른 사람에게 빌려주거나, 빌리거나, 이러한 행위를 알선한 자

⑩ 양벌규정(법 제29조)

법인의 대표자나 법인 또는 개인의 대리인, 사용인, 그 밖의 종업원이 그 법인 또는 개인의 업무에 관하여 제28조 벌칙의 어느 하나에 해당하는 위반행위를 하면 그 행위자를 벌하는 외에 그 법인 또는 개인에게도 해당 조문의 벌금형을 과(科)한다. 다만, 법인 또는 개인이 그 위반행위를 방지하기 위하여 해당 업무에 관하여 상당한 주의와 감독을 게을리하지 아니한 경우에는 그러하지 아니하다.

⑪ 과태료(법 제30조)

㉠ 다음의 어느 하나에 해당하는 자에게는 500만원 이하의 과태료를 부과한다.

- 유지관리기준을 준수하지 아니한 자
- 점검기록을 작성하지 아니하거나 거짓으로 작성한 자
- 점검기록을 보존하지 아니한 자
- 기계설비유지관리자를 선임하지 아니한 자

㉡ 다음의 어느 하나에 해당하는 자에게는 100만원 이하의 과태료를 부과한다.

- 착공 전 확인과 사용 전 검사에 관한 자료를 특별자치시장・특별자치도지사・시장・군수・구청장에게 제출하지 아니한 자
- 점검기록을 특별자치시장・특별자치도지사・시장・군수・구청장에게 제출하지 아니한 자
- 유지관리교육을 받지 아니한 사람을 해임하지 아니한 자
- 신고를 하지 아니하거나 거짓으로 신고한 자
- 유지관리교육을 받지 아니한 사람
- 신고를 하지 아니하거나 거짓으로 신고한 자
- 서류를 거짓으로 제출한 자

㉢ 과태료는 대통령령으로 정하는 바에 따라 국토교통부장관 또는 관할 지방자치단체의 장이 부과・징수한다.

(2) 기계설비법 시행령

① 기계설비의 범위(영 제2조)

기계설비법에서 대통령령으로 정하는 설비란 다음의 설비(영 별표 1)를 말한다.

㉠ 열원설비

㉡ 냉난방설비

㉢ 공기조화・공기청정・환기설비

㉣ 위생기구・급수・급탕・오배수・통기설비

㉤ 오수 정화・물재이용설비

㉥ 우수 배수설비

㉦ 보온설비

㉧ 덕트(Duct)설비

㉨ 자동제어설비

㉩ 방음・방진・내진설비

㉪ 플랜트설비

㉫ 특수설비

② 기계설비 발전 기본계획의 수립(영 제5조)

㉠ 대통령령으로 정하는 사항이란 다음의 사항을 말한다.

- 기계설비산업의 국내외 시장 전망에 관한 사항
- 기계설비발전 기본계획(이하 '기본계획'이라 한다)의 추진 성과에 관한 사항

• 기계설비산업의 생산성 향상에 관한 사항

㉡ 국토교통부장관은 기본계획을 수립하기 위하여 필요한 경우 관계 중앙행정기관의 장 및 지방자치단체의 장에게 자료 제출을 요청할 수 있다.

㉢ 국토교통부장관은 기본계획을 수립했을 때에는 관계 중앙행정기관의 장에게 통보해야 한다.

③ 기계설비의 착공 전 확인(영 제12조)

㉠ 기계설비에 해당하는 설계도서가 기술기준(이하 '기술기준'이라 한다)에 적합한지를 확인받으려는 자는 국토교통부령으로 정하는 기계설비공사 착공 전 확인신청서를 해당 기계설비공사를 시작하기 전에 특별자치시장・특별자치도지사・시장・군수・구청장(구청장은 자치구의 구청장을 말하며, 이하 '시장・군수・구청장'이라 한다)에게 제출해야 한다.

㉡ 시장・군수・구청장은 ㉠에 따른 기계설비공사 착공 전 확인신청서를 받은 경우에는 해당 설계도서의 내용이 기술기준에 적합한지를 확인해야 한다.

㉢ 시장・군수・구청장은 ㉡에 따른 확인을 마친 경우에는 국토교통부령으로 정하는 기계설비공사 착공 전 확인결과통보서에 검토의견 등을 적어 해당 신청인에게 통보해야 하며, 해당 설계도서의 내용이 기술기준에 미달하는 등 시공에 부적합하다고 인정하는 경우에는 보완이 필요한 사항을 함께 적어 통보해야 한다.

㉣ 시장・군수・구청장은 ㉢에 따라 기계설비공사 착공 전 확인 결과를 통보한 경우에는 그 내용을 기록하고 관리해야 한다.

④ 기계설비의 사용 전 검사(영 제13조)

㉠ 사용 전 검사를 받으려는 자는 국토교통부령으로 정하는 기계설비 사용 전 검사신청서를 시장・군수・구청장에게 제출해야 한다. 이 경우 해당 기계설비가 다음의 어느 하나에 해당하는 경우에는 그 검사 결과를 함께 제출할 수 있다.

• 에너지이용 합리화법에 따른 검사대상기기 검사에 합격한 경우

• 고압가스 안전관리법에 따른 완성검사에 합격한 경우(같은 항 단서에 따라 감리적합판정을 받은 경우를 포함한다)

㉡ 시장・군수・구청장은 ㉠ 사항 외의 부분 전단에 따른 기계설비 사용 전 검사신청서를 받은 경우에는 해당 기계설비가 기술기준에 적합한지를 검사해야 한다. 이 경우 검사 대상 기계설비 중 ㉠ 사항 외의 부분 후단에 따라 합격한 검사 결과가 제출된 기계설비 부분에 대해서는 기술기준에 적합한 것으로 검사해야 한다.

㉢ 시장・군수・구청장은 ㉡에 따른 검사 결과 해당 기계설비가 기술기준에 적합하다고 인정하는 경우에는 국토교통부령으로 정하는 기계설비 사용 전 검사확인증을 해당 신청인에게 발급해야 한다.

㉣ 시장・군수・구청장은 ㉡에 따른 검사 결과 해당 기계설비가 기술기준에 미달하는 등 사용에 부적합하다고 인정하는 경우에는 그 사유와 보완기한을 명시하여 보완을 지시해야 한다.

㉤ 시장・군수・구청장은 ㉣에 따른 보완 지시를 받은 자가 보완기한까지 보완을 완료한 경우에는 ㉠에 따른 신청 절차를 다시 거치지 않고 ㉡ 및 ㉢에 따라 사용 전 검사를 다시 실시하여 기계설비 사용 전 검사 확인증을 발급할 수 있다.

⑤ 기계설비성능점검업의 등록(영 제17조)

㉠ 자본금, 기술인력의 확보 등 대통령령으로 정하는 요건이란 기계설비성능점검업의 등록 요건을 말한다.

㉡ 특별시장・광역시장・특별자치시장・도지사 또는 특별자치도지사(이하 '시・도지사'라 한다)는 등록 신청이 다음의 어느 하나에 해당하는 경우를 제외하고는 등록을 해 주어야 한다.

- 등록을 신청한 자가 법 제22조제1항 각 호의 어느 하나에 해당하는 경우
- 시행령 별표 7에 따른 등록 요건을 갖추지 못한 경우
- 그 밖에 법, 이 영 또는 다른 법령에 따른 제한에 위반되는 경우

⑥ 기계설비성능점검업의 변경등록 사항(영 제18조)

법 제21조제2항에서 대통령령으로 정하는 사항이란 다음의 어느 하나에 해당하는 사항을 말한다.

㉠ 상 호

㉡ 대표자

㉢ 영업소 소재지

㉣ 기술인력

⑦ 기계설비성능점검업의 휴업·폐업 등(영 제19조)

㉠ 기계설비성능점검업을 등록한 자(이하 '기계설비성능점검업자'라 한다)는 휴업 또는 폐업의 신고를 하려는 경우에는 그 휴업 또는 폐업한 날부터 30일 이내에 국토교통부령으로 정하는 휴업·폐업신고서를 시·도지사에게 제출해야 한다.

㉡ 시·도지사는 기계설비성능점검업 등록을 말소한 경우에는 다음의 사항을 해당 특별시·광역시·특별자치시·도 또는 특별자치도의 인터넷 홈페이지에 게시해야 한다.

- 등록말소 연월일
- 상 호
- 주된 영업소의 소재지
- 말소 사유

⑧ 성능점검능력 평가에 관한 업무의 위탁(영 제20조의2)

㉠ 국토교통부장관은 기계설비의 성능점검능력 평가 및 공시에 관한 업무를 기계설비와 관련된 업무를 수행하는 협회 중 국토교통부장관이 해당 업무에 대한 전문성이 있다고 인정하여 고시하는 협회에 위탁한다.

㉡ ㉠에 따라 업무를 위탁받은 협회는 위탁업무의 처리 결과를 매 반기 말일을 기준으로 다음 달 말일까지 국토교통부장관에게 보고해야 한다.

(3) 기계설비법 시행규칙

① 목적(규칙 제1조)

이 규칙은 기계설비법 및 같은 법 시행령에서 위임된 사항과 그 시행에 필요한 사항을 규정함을 목적으로 한다.

② 기계설비산업 정보체계의 구축·운영 등(규칙 제2조)

㉠ 국토교통부장관은 기계설비법(이하 '법'이라 한다)에 따른 기계설비산업 정보체계(이하 '정보체계'라 한다)의 효율적인 구축·운영을 위하여 다음의 업무를 수행할 수 있다.

- 정보체계의 구축·운영에 관한 연구·개발 및 기술지원
- 정보체계의 표준화 및 고도화
- 정보체계를 이용한 정보의 공동활용 촉진
- 기계설비산업 관련 정보 및 자료를 보유하고 있는 기관 또는 단체와의 연계·협력 및 공동사업의 시행
- 그 밖에 정보체계의 구축·운영과 관련하여 국토교통부장관이 필요하다고 인정하는 사항

㉡ 국토교통부령으로 정하는 기계설비산업에 관련된 정보란 다음의 정보를 말한다.

- 기계설비산업의 국제협력 및 해외 진출에 관한 사항
- 기계설비산업의 고용 및 촉진에 관한 사항
- 전문인력(이하 '전문인력'이라 한다) 양성·교육에 관한 사항
- 그 밖에 정보체계와 관련하여 국토교통부장관이 필요하다고 인정하는 사항

㉢ 국토교통부장관은 정보체계를 구축할 때 관계 중앙행정기관 및 지방자치단체의 장에게 수집·보유한 기계설비산업 관련 조사자료 및 통계 등의 제출을 요청할 수 있다.

㉣ 국토교통부장관은 기계설비산업 관련 정보 및 자료를 인터넷 홈페이지 등을 통하여 제공할 수 있다.

③ **전문인력 양성기관의 지정 신청 등(규칙 제3조)**

㉠ 기계설비법 시행령(이하 '영'이라 한다)에 따른 기계설비 전문인력 양성기관 지정신청서(전자문서로 된 신청서를 포함한다. 이하 같다) 신청인은 이를 제출할 때에는 다음의 서류(전자문서를 포함한다. 이하 같다)를 첨부해야 한다.

- 교육훈련 인력·시설 및 장비 확보 현황
- 교육훈련 사업계획서 및 교육훈련 평가계획서
- 교육훈련 운영경비 조달계획서 및 지원받을 교육훈련 비용에 대한 활용계획서
- 교육훈련 운영규정

㉡ 국토교통부장관은 ㉠에 따른 신청서를 받은 경우에는 전자정부법에 따른 행정정보의 공동이용을 통하여 법인 등기사항증명서(법인인 경우만 해당한다)를 확인해야 한다.

㉢ 국토교통부장관은 전문인력 양성기관(이하 '전문인력 양성기관'이라 한다)의 지정을 하는 경우에는 서식의 기계설비 전문인력 양성기관 지정서를 발급해야 한다.

④ **전문인력 양성 및 교육훈련(규칙 제4조)**

㉠ 전문인력 양성기관의 장은 다음 연도의 전문인력 양성 및 교육훈련에 관한 계획을 수립하여 매년 11월 30일까지 국토교통부장관에게 제출해야 한다.

㉡ ㉠에 따른 전문인력 양성 및 교육훈련에 관한 계획에는 다음의 사항이 포함되어야 한다.

- 교육훈련의 기본 방향
- 교육훈련 추진계획에 관한 사항
- 교육훈련의 재원 조달 방안에 관한 사항
- 그 밖에 교육훈련을 위하여 필요한 사항

㉢ 국토교통부장관 또는 전문인력 양성기관의 장은 전문인력 교육훈련을 이수한 사람에게 교육수료증을 발급해야 한다.

⑤ **기계설비 유지관리기준의 내용 및 방법 등(규칙 제7조)**

㉠ 기계설비의 유지관리 및 점검을 위하여 필요한 유지관리 기준에는 다음의 사항이 반영되어야 한다.

- 기계설비 유지관리 및 점검에 대한 계획 수립
- 기계설비 유지관리 및 점검 참여자의 자격, 역할 및 업무내용
- 기계설비 유지관리 및 점검의 종류, 항목, 방법 및 주기
- 기계설비 유지관리 및 점검의 기록 및 문서 보존 방법
- 그 밖에 유지관리기준의 관리, 운영, 조사, 연구 및 개선업무에 관한 사항

㉡ 국토교통부장관은 유지관리기준을 정하려는 경우에는 관계 중앙행정기관, 지방자치단체의 장 또는 기계설비산업 관련 단체 및 기관의 장에게 유지관리기준 관련 자료 등의 제출을 요청할 수 있다.

㉢ 국토교통부장관은 유지관리기준을 정하기 위한 업무를 효율적으로 수행하기 위하여 국내외 관련 자료의 수집, 조사 및 연구 등을 실시할 수 있다. 다만, 전문성이 요구되는 시험·조사·연구가 필요한 경우 그 업무의 일부를 관련 전문연구기관 등에 의뢰할 수 있다.

⑥ **성능점검능력의 평가방법(규칙 제16조)**

㉠ 기계설비성능점검업자의 성능점검능력의 평가방법은 다음과 같다.

- 성능점검능력평가액 = 점검실적평가액 + 경영평가액 + 기술능력평가액 ± 신인도평가액
- 경영평가액 = 자본금 × 경영평점
- 경영평점 = (유동비율평점 + 자기자본비율평점 + 매출액순이익률평점 + 총자본회전율평점) ÷ 4

- 기술능력평가액 = 기술능력생산액(전년도 성능점검업계의 기계설비유지관리자 1명당 평균생산액) × 성능점검업자가 보유한 기계설비유지관리자 수(기계설비유지관리자 등급별 가중치를 반영한 수) × 30/100
- 위의 산식 중 기계설비유지관리자 등급별 가중치는 다음 표에 따른다.

보유 기술인력	특 급	고 급	중 급	초 급	보 조
가중치	1.7	1.5	1.3	1	0.7

㉡ 해당 기계설비성능점검업자의 신청이 있거나 성능점검능력이 현저히 변동되었다고 성능점검능력평가 수탁기관이 인정하는 경우에는 ㉠에 따른 평가방법에 따라 새로 평가할 수 있다.

㉢ 2월 15일까지 성능점검능력평가를 신청하지 못한 기계설비성능점검업자로서 다음의 어느 하나에 해당하는 자가 성능점검능력평가를 신청한 경우에는 기계설비성능점검업자의 성능점검능력은 ㉠에 따라 평가할 수 있다.

- 법 제21조제1항에 따라 새로 기계설비성능점검업을 등록한 자
- 채무자 회생 및 파산에 관한 법률에 따라 복권된 자
- 기계설비성능점검업 등록취소 처분이 취소되거나 법원의 판결 등으로 집행정지 결정이 된 자

㉣ 성능점검능력평가 수탁기관은 제출된 서류가 거짓으로 확인된 경우에는 확인된 날부터 10일 이내에 점검능력을 새로 평가해야 한다.

⑦ **성능점검능력의 공시항목 및 공시시기 등(규칙 제17조)**
국토교통부장관은 성능점검능력을 평가한 경우에는 다음의 항목을 공시해야 하며, 성능점검능력평가 수탁기관은 해당 기계설비성능점검업자의 등록수첩에 성능점검능력평가액을 기재해야 한다.

㉠ 상호(법인인 경우에는 법인 명칭을 말한다)
㉡ 기계설비성능점검업자의 성명(법인인 경우에는 대표자의 성명을 말한다)
㉢ 영업소 소재지
㉣ 기계설비성능점검업 등록번호
㉤ 성능점검능력평가액과 그 산정항목이 되는 점검실적평가액, 경영평가액, 기술능력평가액 및 신인도평가액
㉥ 보유기술인력

PART 02

과년도 + 최근 기출복원문제

2012~2016년	과년도 기출문제
2017~2024년	과년도 기출복원문제
2025년	최근 기출복원문제

2012년 제1회 과년도 기출문제

01 연료의 인화점에 대한 설명으로 가장 옳은 것은?

① 가연물을 공기 중에서 가열했을 때 외부로부터 점화원 없이 발화하여 연소를 일으키는 최저 온도
② 가연성 물질이 공기 중의 산소와 혼합하여 연소할 경우에 필요한 혼합가스의 농도 범위
③ 가연성 액체의 증기 등이 불씨에 의해 불이 붙는 최저 온도
④ 연료의 연소를 계속 시키기 위한 온도

해설
인화점
공기 중에서 가연성분이 외부의 불꽃에 의해 불이 붙는 최저 온도

02 다음 중 파형 노통의 종류가 아닌 것은?

① 모리슨형
② 아담슨형
③ 파브스형
④ 브라운형

해설
아담슨형은 평형 노통에서 1m마다 조인트되는 노통보강형 기구이다.
※ 파형 노통의 종류 : 모리슨형, 데이톤형, 폭스형, 파브스형, 리즈포즈형, 브라운형

03 주철제 보일러의 일반적인 특징 설명으로 틀린 것은?

① 내열성과 내식성이 우수하다.
② 대용량의 고압 보일러에 적합하다.
③ 열에 의한 부동팽창으로 균열이 발생하기 쉽다.
④ 쪽수의 증감에 따라 용량 조절이 편리하다.

해설
주철제 보일러

장 점	단 점
• 조립식으로 해체, 운반, 반입이 용이하다. • 조립식으로 용량의 증감이 용이하다. • 사고 시 재해가 적다. • 내식성, 내열성이 우수하다.	• 고압 대용량에 부적당하다. • 인장강도 및 충격에 약하다. • 청소 및 점검이 곤란하다. • 열에 의한 부동팽창으로 균열의 우려가 있다.

04 증기의 압력에너지를 이용하여 피스톤을 작동시켜 급수를 행하는 비동력 펌프는?

① 워싱턴 펌프
② 기어 펌프
③ 벌류트펌프
④ 디퓨저 펌프

해설
워싱턴 펌프 : 왕복식 펌프이며 증기를 동력으로 사용한다.

1 ③ 2 ② 3 ② 4 ① 정답

05 **보일러 효율을 올바르게 설명한 것은?**

① 증기 발생에 이용된 열량과 보일러에 공급한 연료가 완전연소할 때의 열량과의 비
② 배기가스 열량과 연소실에서 발생한 열량의 비
③ 연도에서 열량과 보일러에 공급한 연료가 완전연소할 때의 열량과의 비
④ 총 손실 열량과 연료의 연소 열량과의 비

해설

보일러 효율 : 증기가 가지고 나가는 열량과 보일러에 공급된 열량의 비(보일러에 공급된 열량과 증기 발생에 이용된 열량의 비)

06 **수관식 보일러의 종류에 속하지 않는 것은?**

① 자연순환식
② 강제순환식
③ 관류식
④ 노통연관식

해설

수관식 보일러의 종류

- 자연순환식 수관 보일러 : 배브콕 보일러, 츠네키치 보일러, 타쿠마 보일러, 2동 D형 보일러, 2동 수관 보일러, 3동 A형 수관 보일러, 스털링 보일러, 가르베 보일러
- 강제순환식 수관 보일러 : 라몬트 보일러, 베록스 보일러
- 관류 보일러 : 벤슨 보일러, 슐처 보일러, 소형 관류 보일러, 엣모스 보일러, 람진 보일러

07 **건포화 증기 100℃의 엔탈피는 얼마인가?**

① 639kcal/kg
② 539kcal/kg
③ 100kcal/kg
④ 439kcal/kg

해설

건포화 증기 100℃ 엔탈피

- 포화수 엔탈피 : 100kcal/kg
- 물의 증발잠열 : 539kcal/kg

∴ 엔탈피 = 100 + 539 = 639kcal/kg

08 **분사관을 이용해 선단에 노즐을 설치하여 청소하는 것으로 주로 고온의 전열면에 사용하는 수트 블로어(Soot Blower)의 형식은?**

① 롱 리트랙터블(Long Retractable)형
② 로터리(Rotary)형
③ 건(Gun)형
④ 에어히터클리너(Air Heater Cleaner)형

해설

수트 블로어의 종류

- 삽입형(롱 리트랙터블형) : 과열기 등 보일러 고온전열면에 사용
- 건타입형 : 보일러 전열면에 부착된 그을음 등의 제거에 사용
- 로터리형 : 절탄기 등 저온 전열면에 사용
- 공기예열기 클리너형 : 공기예열기에 사용

정답 5 ① 6 ④ 7 ① 8 ①

09 공기 과잉계수(Excess Air Coefficient)를 증가시킬 때, 연소가스 중의 성분 함량이 공기 과잉계수에 맞춰서 증가하는 것은?

① CO_2 ② SO_2
③ O_2 ④ CO

해설
과잉공기량(공급한 공기량 또는 산소량)
연료를 완전연소시키기 위해 필요한 공기량(산소량)으로 과잉공기량을 증가시키면 연소가스 중의 산소 성분 함량이 증가한다.

10 보일러의 연소가스 폭발 시에 대비한 안전장치는?

① 방폭문 ② 안전 밸브
③ 파괴판 ④ 맨 홀

해설
방폭문은 보일러 운전 중 연소실 내 미연소가스로 인한 노내 폭발이 발생하였을 때 연소실 외부로 안전하게 배출하여 보일러 사고를 방지한다.

11 다음 중 매연 발생의 원인이 아닌 것은?

① 공기량이 부족할 때
② 연료와 연소장치가 맞지 않을 때
③ 연소실의 온도가 낮을 때
④ 연소실의 용적이 클 때

해설
매연 발생의 원인
- 통풍력이 부족한 경우
- 통풍력이 너무 지나친 경우
- 무리하게 연소한 경우
- 연소실의 용적이 작은 경우
- 연료의 질이 좋지 않을 때
- 연소실의 온도가 낮은 경우

12 절탄기에 대한 설명 중 옳은 것은?

① 절탄기의 설치방식은 혼합식과 분배식이 있다.
② 절탄기의 급수예열온도는 포화온도 이상으로 한다.
③ 연료의 절약과 증발량의 감소 및 열효율을 감소시킨다.
④ 급수와 보일러수의 온도차 감소로 열응력을 줄여준다.

해설
절탄기 : 보일러의 배기가스의 여열을 이용하여 급수를 예열하는 장치로서, 보일러에서 배기되는 연소실은 전체 발열량의 약 20% 정도이며 이 열을 회수하여 열효율을 높게 하고 연료를 절감시킨다.

장 점	• 일부의 불순물 제거 • 열응력 감소 • 증발능력 상승 • 열효율 향상 • 연료의 사용량 절감
단 점	• 설비비가 많이 듦 • 배기가스의 압력손실로 통풍력 감소 • 연소가스의 온도저하에 의한 통풍손실 • 저온부식 발생 우려 • 청소나 점검이 매우 곤란함

13 어떤 고체연료의 저위발열량이 6,940kcal/kg이고, 연소효율이 92%라 할 때 이 연료의 단위량의 실제 발열량을 계산하면 약 얼마인가?

① 6,385kcal/kg
② 6,943kcal/kg
③ 7,543kcal/kg
④ 8,900kcal/kg

해설
연소효율 = (실제연소열량 ÷ 저위발열량) × 100

$$0.92 = \frac{x}{6,940}$$

$\therefore x = 6,385$

9 ③ 10 ① 11 ④ 12 ④ 13 ① 정답

14 **보일러의 마력을 옳게 나타낸 것은?**

① 보일러 마력 = 15.65 × 매시 상당증발량

② 보일러 마력 = 15.65 × 매시 실제증발량

③ 보일러 마력 = 15.65 ÷ 매시 실제증발량

④ 보일러 마력 = 매시 상당증발량 ÷ 15.65

해설

보일러 마력

- 1시간에 100℃의 물 15.65kg을 건조포화증기로 만드는 능력
- 보일러 마력 = 상당증발량 ÷ 15.65

15 **다음 중 비접촉식 온도계의 종류가 아닌 것은?**

① 광전관식 온도계

② 방사 온도계

③ 광고 온도계

④ 열전대 온도계

해설

열전대 온도계는 접촉식 온도계이다.

16 **다음 중 보일러에서 연소가스의 배기가 잘되는 경우는?**

① 연도의 단면적이 작을 때

② 배기가스 온도가 높을 때

③ 연도에 급한 굴곡이 있을 때

④ 연도에 공기가 많이 침입될 때

해설

배기가스의 온도가 높으면 배기가스의 밀도가 낮아져서 부력이 증가하므로 배기가 우수해진다.

17 **일반적으로 보일러 패널 내부 온도는 몇 ℃를 넘지 않도록 하는 것이 좋은가?**

① 70℃ ② 60℃

③ 80℃ ④ 90℃

해설

일반적으로 보일러 패널 내부 온도는 60℃를 넘지 않도록 하는 것이 좋다(가스는 40℃ 이하).

18 **수관식 보일러에서 건조증기를 얻기 위하여 설치하는 것은?**

① 급수 내관

② 기수 분리기

③ 수위 경보기

④ 과열 저감기

해설

기수 분리기 : 보일러에서 발생한 증기 중에 포함되어 있는 수분을 제거하는 장치로, 수관식 보일러에 설치한다.

정답 14 ④ 15 ④ 16 ② 17 ② 18 ②

19 온수 보일러의 수위계 설치 시 수위계의 최고 눈금은 보일러의 최고사용압력의 몇 배로 하여야 하는가?

① 1배 이상 3배 이하
② 3배 이상 4배 이하
③ 4배 이상 6배 이하
④ 7배 이상 8배 이하

해설
온수 보일러의 수위계 설치 시 수위계의 최고 눈금은 보일러의 최고사용압력의 1배 이상 3배 이하로 하여야 한다.

20 액체연료의 연소용 공기 공급방식에서 1차 공기를 설명한 것으로 가장 적합한 것은?

① 연료의 무화와 산화반응에 필요한 공기
② 연료의 후열에 필요한 공기
③ 연료의 예열에 필요한 공기
④ 연료의 완전연소에 필요한 부족한 공기를 추가로 공급하는 공기

해설
액체연료 연소장치인 회전식 버너, 기류식 버너 등에서 1차 공기란 연료의 무화에 필요한 공기를 말하고, 2차 공기는 연소용 공기를 말한다.

21 기체연료의 연소방식과 관계가 없는 것은?

① 확산 연소방식
② 예혼합 연소방식
③ 포트형과 버너형
④ 회전 분무식

해설
회전 분무식은 액체연료 연소방법이다.

22 건도를 x라고 할 때 습증기는 어느 것인가?

① $x = 0$
② $0 < x < 1$
③ $x = 1$
④ $x > 1$

해설
증기엔탈피 종류
- 포화수 : 증기의 건조도$(x) = 0$인 증기
- 건포화증기 : 증기의 건조도$(x) = 1$인 증기
- 습포화증기 : 수분이 2~3% 포함된 증기($0 <$ 건조도$(x) < 1$)

23 보일러 급수펌프인 터빈펌프의 일반적인 특징이 아닌 것은?

① 효율이 높고 안정된 성능을 얻을 수 있다.
② 구조가 간단하고 취급이 용이하므로 보수관리가 편리하다.
③ 토출 시 흐름이 고르고 운전상태가 조용하다.
④ 저속회전에 적합하며 소형이면서 경량이다.

해설
터빈펌프의 특징
- 효율이 높고 안정된 성능을 얻을 수 있다.
- 구조가 간단하고 취급이 용이하므로 보수관리가 편리하다.
- 토출 시 흐름이 고르고 운전상태가 조용하다.
- 고속회전에 적합하며, 중·고압용 및 고양정용이다.

19 ① 20 ① 21 ④ 22 ② 23 ④ 정답

24 보일러 부속장치 설명 중 잘못된 것은?

① 기수분리기 : 증기 중에 혼입된 수분을 분리하는 장치
② 수트 블로어 : 보일러 동 저면의 스케일, 침전물 등을 밖으로 배출하는 장치
③ 오일 스트레이너 : 연료 속의 불순물 방지 및 유량계 펌프 등의 고장을 방지하는 장치
④ 스팀 트랩 : 응축수를 자동으로 배출하는 장치

해설

수트 블로어 : 보일러 전열면의 외측에 부착되는 그을음이나 재를 불어내는 장치

25 고체연료와 비교하여 액체연료 사용 시의 장점을 잘못 설명한 것은?

① 인화의 위험성이 없으며 역화가 발생하지 않는다.
② 그을음이 적게 발생하고 연소효율도 높다.
③ 품질이 비교적 균일하며 발열량이 크다.
④ 저장 및 운반 취급이 용이하다.

해설

액체연료의 특징
- 품질이 균일하고 발열량이 큼
- 운반, 저장, 취급 등이 편리
- 회분 등의 연소 잔재물이 적음
- 국부 과열과 인화성의 위험도가 큼
- 가격이 고가

26 집진효율이 대단히 좋고, 0.5μm 이하 정도의 미세한 입자도 처리할 수 있는 집진장치는?

① 관성력 집진기
② 전기식 집진기
③ 원심력 집진기
④ 멀티사이클론식 집진기

해설

전기식 집진기 : 가장 미세한 입자의 먼지를 집진할 수 있고, 압력손실이 작으며, 집진효율이 높은 집진장치 형식이다.

27 열정산의 방법에서 입열 항목에 속하지 않는 것은?

① 발생증기의 흡수열
② 연료의 연소열
③ 연료의 현열
④ 공기의 현열

해설

보일러 열정산

입열 항목	열손실
• 연료의 저위발열량 • 연료의 현열 • 공기의 현열 • 피열물의 보유열 • 노내 분입 증기열	• 발생증기의 보유열 • 배기가스의 손실열 • 불완전연소에 의한 열손실 • 미연분에 의한 손실열 • 방사 손실열

정답 24 ② 25 ① 26 ② 27 ①

28 보일러의 자동제어장치로 쓰이지 않는 것은?

① 화염검출기
② 안전밸브
③ 수위검출기
④ 압력조절기

해설

안전밸브는 보일러의 안전장치이다.
보일러의 자동제어장치 : 보일러를 자동적으로 제어, 조정하는 장치로서 연료, 공기량을 제어하여 공연비(空燃比)를 가장 적합하게 유지할 뿐 아니라 급수량도 제어하는 등 보일러 전체를 자동제어하는 장치이다.

29 급수온도 30℃에서 압력 1MPa 온도 180℃의 증기를 1시간당 10,000kg 발생시키는 보일러에서 효율은 약 몇 %인가?(단, 증기엔탈피는 664kcal/kg, 표준상태에서 가스사용량은 500m³/h, 이 연료의 저위발열량은 15,000 kcal/m³이다)

① 80.5%　　② 84.5%
③ 87.65%　　④ 91.65%

해설

$$\text{보일러 효율} = \frac{\text{상당증발량} \times 539}{\text{매시 연료 사용량} \times \text{저위발열량}} \times 100\%\text{에서}$$

$$\text{상당증발량} = \frac{\text{매시 실제증발량} \times (\text{증기 엔탈피} - \text{급수 엔탈피})}{539} \times 100$$

$$\therefore \frac{10{,}000 \times (664-30)}{500 \times 15{,}000} \times 100 \fallingdotseq 84.5\%$$

30 보일러의 사고 발생원인 중 제작상의 원인에 해당되지 않는 것은?

① 용접 불량
② 가스 폭발
③ 강도 부족
④ 부속장치 미비

해설

구조상의 결함(제작상의 결함) : 설계 불량, 재료 불량, 용접 불량, 구조 불량, 강도 불량, 부속기기 설비의 미비
※ 취급 불량 : 저수위, 압력 초과, 급수처리 미비, 과열, 부식, 미연소가스 폭발, 부속기기 정비 불량 및 점검 미비

31 그림 기호와 같은 밸브의 종류 명칭은?

① 게이트밸브
② 체크밸브
③ 볼밸브
④ 안전밸브

해설

밸브 · 콕의 종류	그림 기호	밸브 · 콕의 종류	그림 기호
밸브 일반		앵글밸브	
게이트밸브		3방향 밸브	
글로브밸브		안전밸브	
체크밸브			
볼밸브			
버터플라이 밸브		콕 일반	

28 ② 29 ② 30 ② 31 ② 정답

32 보일러의 검사기준에 관한 설명으로 틀린 것은?

① 수압시험은 보일러의 최고사용압력이 15kgf/cm^2를 초과할 때에는 그 최고사용압력의 1.5배의 압력으로 한다.

② 보일러 운전 중에 비눗물 시험 또는 가스누설검사기로 배관접속 부위 및 밸브류 등의 누설 유무를 확인한다.

③ 시험수압은 규정된 압력의 8% 이상을 초과하지 않도록 모든 경우에 대한 적절한 제어를 마련하여야 한다.

④ 화재, 천재지변 등 부득이한 사정으로 검사를 실시할 수 없는 경우에는 재신청 없이 다시 검사를 하여야 한다.

해설

시험수압은 규정된 압력의 6% 이상을 초과하지 않도록 모든 경우에 대한 적절한 제어를 마련하여야 한다.

33 보일러 보존 시 건조제로 주로 쓰이는 것이 아닌 것은?

① 실리카겔

② 활성알루미나

③ 염화마그네슘

④ 염화칼슘

해설

건식(단기간) 보존 시 사용 약품 : 생석회, 실리카겔, 염화칼슘, 활성알루미나(산화알루미늄), 기화성 방청제 등

34 배관의 신축이음 종류가 아닌 것은?

① 슬리브형

② 벨로스형

③ 루프형

④ 파일럿형

해설

신축이음 : 열을 받으면 늘어나고, 반대이면 줄어드는 것을 최소화하기 위해 만든 것이다.

- 슬리브형(미끄럼형) : 신축이음 자체에서 응력이 생기지 않으며, 단식과 복식이 있다.
- 루프형(만곡형) : 가장 효과가 뛰어나 옥외용으로 사용하며 관지름의 6배 크기의 원형을 만든다.
- 벨로스형(팩리스형, 주름형, 파상형) : 신축이 좋기 위해서는 주름이 얇아야 하기 때문에 고압에는 사용할 수 없다. 설치에 넓은 장소를 요하지 않으며 신축에 응력을 일으키지 않는 신축이음 형식이다.
- 스위블형 : 방열기(라디에이터)에 사용한다.

35 진공환수식 증기 배관에서 리프트 피팅(Lift Fitting)으로 흡상할 수 있는 1단의 최고 흡상높이는 몇 m 이하로 하는 것이 좋은가?

① 1m　　② 1.5m

③ 2m　　④ 2.5m

해설

진공환수식 증기난방에서 리프트 피팅 : 방열기보다 높은 위치에 환수관을 배관해야 할 경우 사용하며 1단 높이 1.5m 이내

정답 32 ③ 33 ③ 34 ④ 35 ②

36 난방부하 계산과정에서 고려하지 않아도 되는 것은?

① 난방형식
② 주위 환경조건
③ 유리창의 크기 및 문의 크기
④ 실내와 외기의 온도

해설

난방부하 : 실내온도를 적절히 유지하기 위하여 공급하여야 할 열량으로 벽체, 유리창, 천장 및 바닥에 의한 열손실을 계산해야 한다.

37 다음 보온재의 종류 중 안전사용(최고)온도(℃)가 가장 낮은 것은?

① 펄라이트 보온판・통
② 탄화 코르크판
③ 글라스울 블랭킷
④ 내화단열벽돌

해설

보온재의 안전사용(최고)온도(℃)
내화단열벽돌(1,200℃) > 펄라이트 보온판(650℃) > 글라스울 블랭킷(300℃) > 탄화 코르크판(130℃)

38 다음 중 보일러 손상의 하나인 압궤가 일어나기 쉬운 부분은?

① 수 관　② 노 통
③ 동 체　④ 갤러웨이관

해설

보일러 압궤・팽출 발생 부분
- 압궤 발생 지역 : 노통, 화실, 연관 등
- 팽출 발생 지역 : 수관, 동체, 노통 보일러의 갤러웨이관(횡관)

39 다음 중 보일러의 안전장치에 해당되지 않는 것은?

① 방출밸브
② 방폭문
③ 화염검출기
④ 감압밸브

해설

감압밸브는 송기장치이다.
보일러의 안전장치 : 안전밸브, 화염검출기, 방폭문, 용해 플러그, 저수위 경보기, 압력조절기, 가용전 등

40 열전도율이 다른 여러 층의 매체를 대상으로 정상상태에서 고온 측으로부터 저온 측으로 열이 이동할 때의 평균 열통과율을 의미하는 것은?

① 엔탈피
② 열복사율
③ 열관류율
④ 열용량

해설

열관류율($kcal/m^2h℃$) : 열관류는 열이 벽과 같은 고체를 통하여 공기층에서 공기층으로 열이 전해지는 것을 말하며, 단위시간에 $1m^2$의 단면적을 1℃의 온도차로 흐르는 열량을 열관류율이라 한다.

36 ① 37 ② 38 ② 39 ④ 40 ③ 정답

41 엘보나 티와 같이 내경이 나사로 된 부품을 폐쇄할 필요가 있을 때 사용되는 것은?

① 캡 ② 니 플

③ 소 켓 ④ 플러그

해설

엘보, 티 등 내경이 나사로 된 부품을 폐쇄할 때는 플러그를 사용하고, 외경이 나사로 된 부품은 캡을 사용한다.

42 사용 중인 보일러의 점화 전 주의사항으로 잘못된 것은?

① 연료 계통을 점검한다.

② 각 밸브의 개폐상태를 확인한다.

③ 댐퍼를 닫고 프리퍼지를 한다.

④ 수면계의 수위를 확인한다.

해설

프리퍼지 : 보일러 점화 전에 댐퍼를 열고 노내와 연도에 있는 가연성 가스를 송풍기로 취출시키는 작업

43 호칭지름 15A의 강관을 굽힘 반지름 80mm, 각도 90°로 굽힐 때 굽힘부의 필요한 중심 곡선부 길이는 약 몇 mm인가?

① 126 ② 135

③ 182 ④ 251

해설

$$L=2\pi R\times\frac{\theta}{360}$$

$$=2\times3.14\times80\times\frac{90}{360}\fallingdotseq126\text{mm}$$

44 난방부하가 2,250kcal/h인 경우 온수방열기의 방열면적은 몇 m^2인가?(단, 방열기의 방열량은 표준 방열량으로 한다)

① 3.5 ② 4.5

③ 5.0 ④ 8.3

해설

$$\text{방열면적}=\frac{\text{난방부하}}{\text{방열기방열량}}=\frac{2,250}{450}=5.0$$

45 증기 트랩을 기계식 트랩(Mechanical Trap), 온도조절식 트랩(Thermostatic Trap), 열역학적 트랩(Thermodynamic Trap)으로 구분할 때 온도조절식 트랩에 해당하는 것은?

① 버킷 트랩

② 플로트 트랩

③ 열동식 트랩

④ 디스크형 트랩

해설

② 플로트 트랩 : 기계식 트랩

④ 디스크형 트랩 : 열역학적 트랩

정답 41 ④ 42 ③ 43 ① 44 ③ 45 ③

46 **철금속가열로란 단조가 가능하도록 가열하는 것을 주목적으로 하는 노로서, 정격용량이 몇 kcal/h를 초과하는 것을 말하는가?**

① 200,000
② 500,000
③ 100,000
④ 300,000

해설
철금속가열로란 단조가 가능하도록 가열하는 것을 주목적으로 하는 노로, 정격용량이 500,000kcal/h를 초과하는 것을 말한다.

47 **연소 시작 시 부속설비 관리에서 급수예열기에 대한 설명으로 틀린 것은?**

① 바이패스 연도가 있는 경우에는 연소가스를 바이패스시켜 물이 급수예열기 내를 유동하게 한 후 연소가스를 급수예열기 연도에 보낸다.
② 댐퍼 조작은 급수예열기 연도의 입구 댐퍼를 먼저 연 다음에 출구 댐퍼를 열고 최후에 바이패스 연도 댐퍼를 닫는다.
③ 바이패스 연도가 없는 경우 순환관을 이용하여 급수예열기 내의 물을 유동시켜 급수예열기 내부에 증기가 발생하지 않도록 주의한다.
④ 순환관이 없는 경우는 보일러에 급수하면서 적량의 보일러수 분출을 실시하여 급수예열기 내의 물을 정체시키지 않도록 하여야 한다.

해설
댐퍼 조작은 절탄기(급수예열기) 연도의 출구 댐퍼를 먼저 연 다음에 입구 댐퍼를 열고 최후에 바이패스 연도 댐퍼를 닫는다.

48 **급수탱크의 설치에 대한 설명 중 틀린 것은?**

① 급수탱크를 지하에 설치하는 경우에는 지하수, 하수, 침출수 등이 유입되지 않도록 하여야 한다.
② 급수탱크의 크기는 용도에 따라 1~2시간 정도 급수를 공급할 수 있는 크기로 한다.
③ 급수탱크는 얼지 않도록 보온 등 방호조치를 하여야 한다.
④ 탈기기가 없는 시스템의 경우 급수에 공기 용입 우려로 인해 가열장치를 설치해서는 안 된다.

해설
탈기기가 없는 급수탱크의 경우 가열장치를 설치한 때에는 에어벤트를 설치하여 공기의 발생을 방지할 수 있다.

49 **온수난방에서 역귀환방식을 채택하는 주된 이유는?**

① 각 방열기에 연결된 배관의 신축을 조정하기 위해서
② 각 방열기에 연결된 배관 길이를 짧게 하기 위해서
③ 각 방열기에 공급되는 온수를 식지 않게 하기 위해서
④ 각 방열기에 공급되는 유량 분배를 균등하게 하기 위해서

해설
역귀환방식(역환수방식, 리버스 리턴 배관) : 각 층의 온수순환(유량)을 균등하게 할 목적으로 쓰인다.

46 ② 47 ② 48 ④ 49 ④ 정답

50 **본래 배관의 회전을 제한하기 위하여 사용되어 왔으나 근래에는 배관계의 축 방향의 안내 역할을 하며 축과 직각 방향의 이동을 구속하는 데 사용되는 리스트레인트의 종류는?**

① 앵커(Anchor)
② 가이드(Guide)
③ 스토퍼(Stopper)
④ 이어(Ear)

해설

리스트레인트(Restraint) : 열팽창에 의한 배관의 이동을 구속 또는 제한하기 위한 장치로서 구속하는 방법에 따라 앵커(Anchor), 스토퍼(Stopper), 가이드(Guide)로 나눈다.

- 앵커 : 배관 지지점의 이동 및 회전을 허용하지 않고 일정 위치에 완전히 고정하는 장치를 말하며, 배관계의 요동 및 진동 억제효과가 있으나 이로 인하여 과대한 열응력이 생기기 쉽다.
- 스토퍼 : 한 방향 앵커라고도 하며, 배관 지지점의 일정 방향으로의 변위를 제한하는 장치이며, 열팽창으로부터의 기기 노즐의 보호, 안전변의 토출압력을 받는 곳 등에 사용한다.
- 가이드 : 지지점에서 축방향으로 안내면을 설치하여 배관의 회전 또는 축에 대하여 직각방향으로 이동하는 것을 구속하는 장치이다.

51 **다음 중 유기질 보온재에 속하지 않는 것은?**

① 펠 트 ② 세라크울
③ 코르크 ④ 기포성 수지

해설

보온재의 종류

- 유기질 보온재 : 펠트, 텍스류, 탄화코르크, 기포성 수지 등
- 무기질 보온재 : 유리솜, 석면, 암면, 규조토, 탄산마그네슘 등
- 금속질 보온재 : 알루미늄 박 등

52 **동관 작업용 공구의 사용목적이 바르게 설명된 것은?**

① 플레어링 툴 세트 : 관 끝을 소켓으로 만듦
② 익스팬더 : 직관에서 분기관 성형 시 사용
③ 사이징 툴 : 관 끝을 원형으로 정형
④ 튜브 벤더 : 동관을 절단함

해설

① 플레어링 툴 세트 : 동관의 끝을 나팔관으로 가공하는 공구
② 익스팬더 : 동관의 관끝 확관용 공구
④ 튜브 벤더 : 동관 벤딩용 공구

53 **온수난방의 배관 시공법에 대한 설명으로 틀린 것은?**

① 배관 구배는 일반적으로 1/250 이상으로 한다.
② 운전 중에 온수에서 분리한 공기를 배제하기 위해 개방식 팽창 탱크로 향하여 선상향 구배로 한다.
③ 수평배관에서 관지름을 변경할 경우 동심이음쇠를 사용한다.
④ 온수 보일러에서 팽창탱크에 이르는 팽창관에는 되도록 밸브를 달지 않는다.

해설

온수관의 수평 배관에서 관지름을 변경할 시는 증기관과 같이 편심 이음쇠를 사용한다.

54 환수관의 배관방식에 의한 분류 중 환수주관을 보일러의 표준수위보다 낮게 배관하여 환수하는 방식은 어떤 배관방식인가?

① 건식환수
② 중력환수
③ 기계환수
④ 습식환수

해설

환수관의 배관방식에 의한 분류
- 건식환수 : 환수주관이 보일러의 표준 수위보다 높은 위치에 배관되고 응축수가 환수주관의 하부를 따라 흐르는 경우
- 습식환수 : 표준 수면보다 낮은 위치에 배관되어 항상 만수상태로 흐르는 경우

55 에너지이용합리화법의 위반사항과 벌칙내용이 맞게 짝지어진 것은?

① 효율관리기자재 판매금지 명령 위반 시 – 1천만원 이하의 벌금
② 검사대상기기 관리자를 선임하지 않을 시 – 5백만원 이하의 벌금
③ 검사대상기기 검사의무 위반 시 – 1년 이하의 징역 또는 1천만원 이하의 벌금
④ 효율관리기자재 생산명령 위반 시 – 5백만원 이하의 벌금

해설

① 효율관리기자재 판매금지 명령 위반 시 : 2천만원 이하의 벌금
② 검사대상기기 관리자를 선임하지 않을 시 : 1천만원 이하의 벌금
④ 효율관리기자재 생산명령 위반 시 : 2천만원 이하의 벌금

56 온실가스배출량 및 에너지사용량 등의 보고와 관련하여 관리업체는 해당 연도 온실가스배출량 및 에너지소비량에 관한 명세서를 작성하고 이에 대한 검증기관의 검증 결과를 언제까지 부문별 관장기관에게 제출하여야 하는가?

① 해당 연도 12월 31일까지
② 다음 연도 1월 31일까지
③ 다음 연도 3월 31일까지
④ 다음 연도 6월 30일까지

해설

관리업체에 대한 목표관리 방법 및 절차(저탄소녹색성장기본법 시행령 제30조제5항)
관리업체는 이행계획을 실행한 실적을 전자적 방식으로 다음 연도 3월 31일까지 부문별 관장기관에게 보고하여야 하며, 부문별 관장기관은 실적보고서의 정확성과 측정·보고·검증이 가능한 방식으로 작성되었는지 여부 등을 확인하고 이를 센터에 제출하여야 한다.
※ 저탄소녹색성장기본법은 폐지됨

57 에너지이용합리화법의 목적이 아닌 것은?

① 에너지의 수급 안정
② 에너지의 합리적이고 효율적인 이용 증진
③ 에너지소비로 인한 환경 피해를 줄임
④ 에너지 소비 촉진 및 자원개발

해설

에너지이용합리화법은 에너지의 수급(需給)을 안정시키고 에너지의 합리적이고 효율적인 이용을 증진하며 에너지소비로 인한 환경피해를 줄임으로써 국민경제의 건전한 발전 및 국민복지의 증진과 지구온난화의 최소화에 이바지함을 목적으로 한다.

54 ④ 55 ③ 56 ③ 57 ④ 정답

58 정부는 국가전략을 효율적 · 체계적으로 이행하기 위하여 몇 년마다 저탄소녹색성장 국가전략 5개년 계획을 수립하는가?

① 2년 ② 3년
③ 4년 ④ 5년

해설

저탄소 녹색성장 국가전략 5개년 계획 수립(저탄소녹색성장기본법 시행령 제4조)
정부는 국가전략을 효율적 · 체계적으로 이행하기 위하여 5년마다 저탄소녹색성장 국가전략 5개년 계획을 수립할 수 있다.
※ 저탄소녹색성장기본법은 폐지됨

59 에너지이용합리화법상 효율관리기자재가 아닌 것은?

① 삼상유도전동기
② 선 박
③ 조명기기
④ 전기냉장고

해설

효율관리기자재(에너지이용합리화법 시행규칙 제7조)
- 전기냉장고
- 전기냉방기
- 전기세탁기
- 조명기기
- 삼상유도전동기(三相誘導電動機)
- 자동차
- 그 밖에 산업통상자원부장관이 그 효율의 향상이 특히 필요하다고 인정하여 고시하는 기자재 및 설비

60 신축 · 증축 또는 개축하는 건축물에 대하여 그 설계 시 산출된 예상 에너지사용량의 일정 비율 이상을 신재생 에너지를 이용하여 공급되는 에너지를 사용하도록 신재생 에너지 설비를 의무적으로 설치하게 할 수 있는 기관이 아닌 것은?

① 공공기관
② 종교단체
③ 국가 및 지방자치단체
④ 특별법에 따라 설립된 법인

해설

신재생 에너지사업에의 투자권고 및 신재생 에너지 이용의무화 기관(신에너지 및 재생에너지 개발 · 이용 · 보급 촉진법 제12조)
㉠ 국가 및 지방자치단체
㉡ 공공기관
㉢ 정부가 대통령령으로 정하는 금액 이상을 출연한 정부출연기관
㉣ 국유재산법에 따른 정부출자기업체
㉤ 지방자치단체 및 ㉡부터 ㉣까지의 규정에 따른 공공기관, 정부출연기관 또는 정부출자기업체가 대통령령으로 정하는 비율 또는 금액 이상을 출자한 법인
㉥ 특별법에 따라 설립된 법인

정답 58 ④ 59 ② 60 ②

2012년 제2회 과년도 기출문제

01 주철제 보일러의 특징에 관한 설명으로 틀린 것은?

① 내식성이 우수하다.
② 섹션의 증감으로 용량 조절이 용이하다.
③ 주로 고압용으로 사용된다.
④ 전열효율 및 연소효율은 낮은 편이다.

해설
주철제 보일러는 저압 소용량 보일러로 고압에는 부적당하다.

02 다음 중 확산연소방식에 의한 연소장치에 해당하는 것은?

① 선회형 버너
② 저압 버너
③ 고압 버너
④ 송풍 버너

해설
기체연료의 연소장치

연소방식	종 류
확산연소방식	포트형
	버너형 : 선회형 버너, 방사형 버너
예혼합연소방식	저압 버너, 고압 버너, 송풍 버너

03 수트 블로어 사용에 관한 주의사항으로 틀린 것은?

① 분출기 내의 응축수를 배출시킨 후 사용할 것
② 부하가 적거나 소화 후 사용하지 말 것
③ 원활한 분출을 위해 분출하기 전 연도 내 배풍기를 사용하지 말 것
④ 한곳에 집중적으로 사용하여 전열면에 무리를 가하지 말 것

해설
분출하기 전 연도 내 배풍기를 사용하여 유인통풍을 증가시킨다.

04 급수예열기(절탄기, Economizer)의 형식 및 구조에 대한 설명으로 틀린 것은?

① 설치방식에 따라 부속식과 집중식으로 분류한다.
② 급수의 가열도에 따라 증발식과 비증발식으로 구분하며, 일반적으로 증발식을 많이 사용한다.
③ 평관 급수예열기는 부착하기 쉬운 먼지를 함유하는 배기가스에서도 사용할 수 있지만 설치공간이 넓어야 한다.
④ 핀튜브 급수예열기를 사용할 경우 배기가스의 먼지 생성에 주의할 필요가 있다.

1 ③ 2 ① 3 ③ 4 ② 정답

05 **가장 미세한 입자의 먼지를 집진할 수 있고, 압력손실이 작으며, 집진효율이 높은 집진장치형식은?**

① 전기식
② 중력식
③ 세정식
④ 사이클론식

해설

건식 집진장치

- 전기식 집진장치(코트렐 집진기) : 가장 작은 입자를 집진(0.5 μm 이하 포집)
- 여과 집진장치(백필터) : 0.5~1μm 이하 포집
- 사이클론식 : 비교적 입경이 클 경우

06 **원통형 보일러에 관한 설명으로 틀린 것은?**

① 입형 보일러는 설치면적이 작고 설치가 간단하다.
② 노통이 2개인 횡형 보일러는 코니시 보일러이다.
③ 패키지형 노통연관 보일러는 내분식이므로 방산손실열량이 적다.
④ 기관 본체를 둥글게 제작하여 이를 입형이나 횡형으로 설치 사용하는 보일러를 말한다.

해설

노통 보일러(Fluetube Boiler)에는 횡형으로 된 원통 내부에 노통이 1개 장착되어 있는 코니시(Cornish) 보일러와 노통이 2개 장착되어 있는 랭커셔(Lancashire) 보일러가 있다.

07 **액화석유가스(LPG)의 일반적인 성질에 대한 설명으로 틀린 것은?**

① 기화 시 체적이 증가된다.
② 액화 시 적은 용기에 충진이 가능하다.
③ 기체상태에서 비중이 도시가스보다 가볍다.
④ 압력이나 온도의 변화에 따라 쉽게 액화, 기화시킬 수 있다.

해설

액화석유가스(LPG)

주성분 프로판으로 기체연료 중 발열량이 가장 크고 공기보다 무겁다.

- 도시가스 비중 : 공기의 0.5~0.6배
- LPG 비중 : 공기의 1.5~2.0배

08 **다음 중 임계점에 대한 설명으로 틀린 것은?**

① 물의 임계온도는 374.15℃이다.
② 물의 임계압력은 225.65kgf/cm^{2}이다.
③ 물의 임계점에서의 증발잠열은 539kcal/kg이다.
④ 포화수에서 증발의 현상이 없고 액체와 기체의 구별이 없어지는 지점을 말한다.

해설

임계점(임계압력)

포화수가 증발 현상이 없고 포화수가 증기로 변하며, 액체와 기체의 구별이 없어지는 지점으로 증발잠열이 0인 상태의 압력 및 온도이다.

- 임계압 : 225.65kg/cm^2
- 임계온도 : 374.15℃
- 임계잠열 : 0kcal/kg

정답 5 ① 6 ② 7 ③ 8 ③

09 다음에서 설명한 송풍기의 종류는?

> • 경향 날개형이며 6~12매의 철판제 직선날개를 보스에서 방사한 스포크에 리벳죔을 한 것이며, 측판이 있는 임펠러와 측판이 없는 것이 있다.
> • 구조가 견고하며 내마모성이 크고 날개를 바꾸기도 쉬우며 회전이 많은 가스의 흡출 통풍기, 미분탄장치의 배탄기 등에 사용된다.

① 터보 송풍기
② 다익 송풍기
③ 축류 송풍기
④ 플레이트 송풍기

해설

① 터보 송풍기 : 낮은 정압에 높은 정압의 영역까지 폭넓은 운전범위를 가지고 있으며, 각 용도에 적합한 깃 및 케이싱 구조, 재질의 선택을 통하여 일반 공기 이송에서 고온의 가스혼합물 및 분체 이송까지 폭넓은 용도로 사용할 수 있다.
② 다익 송풍기 : 일반적으로 Sirocco Fan으로 불리며 임펠러 형상이 회전방향에 대해 앞쪽으로 굽어진 원심형 전향익 송풍기이다.
③ 축류 송풍기 : 기본적으로 원통형 케이싱 속에 넣어진 임펠러의 회전에 따라 축방향으로 기체를 송풍하는 형식을 말하며, 일반적으로 효율이 높고 고속회전에 적합하므로 전체가 소형이 되는 이점이 있다.

10 미리 정해진 순서에 따라 순차적으로 제어의 각 단계가 진행되는 제어방식으로 작동 명령이 타이머나 릴레이에 의해서 수행되는 제어는?

① 시퀀스 제어
② 피드백 제어
③ 프로그램 제어
④ 캐스케이드 제어

해설

② 피드백 제어 : 출력 측의 신호를 입력 측으로 되돌려 정정 동작을 행하는 제어
③ 프로그램 제어 : 목표치가 사전에 정해진 시간적 변화를 할 경우의 자동제어
④ 캐스케이드 제어 : 여러 개의 조절계를 연쇄적으로 연결, 각각 다음 단계로 신호를 보내어 동작을 조절하는 자동제어방식

11 안전 밸브의 수동시험은 최고사용압력의 몇 % 이상의 압력으로 행하는가?

① 50%　② 55%
③ 65%　④ 75%

해설

안전 밸브의 수동시험은 최고사용압력의 75% 이상 압력으로 행한다.

12 액체연료 중 경질유에 주로 사용하는 기화연소방식의 종류에 해당하지 않는 것은?

① 포트식
② 심지식
③ 증발식
④ 무화식

해설

액체연료 연소장치
• 기화연소방식 : 연료를 고온의 물체에 충돌시켜 연소시키는 방식이며 심지식, 포트식, 버너식, 증발식의 연소방식이 사용된다.
• 무화연소방식 : 연료에 압력을 주거나 고속회전시켜 무화하여 연소하는 방식

9 ④　10 ①　11 ④　12 ④　정답

13 연료유 탱크에 가열장치를 설치한 경우에 대한 설명으로 틀린 것은?

① 열원에는 증기, 온수, 전기 등을 사용한다.
② 전열식 가열장치에 있어서는 직접식 또는 저항밀봉 피복식의 구조로 한다.
③ 온수, 증기 등의 열매체가 동절기에 동결할 우려가 있는 경우에는 동결을 방지하는 조치를 취해야 한다.
④ 연료유 탱크의 기름 취출구 등에 온도계를 설치하여야 한다.

해설

전열식 가열장치에 있어서는 간접식 또는 저항밀봉 피복식의 구조로 한다.

14 플레임 아이에 대하여 옳게 설명한 것은?

① 연도의 가스온도로 화염의 유무를 검출한다.
② 화염의 전도성을 이용하여 화염의 유무를 검출한다.
③ 화염의 방사선을 감지하여 화염의 유무를 검출한다.
④ 화염의 이온화 현상을 이용해서 화염의 유무를 검출한다.

해설

화염검출기의 종류
- 플레임 아이 : 화염에서 발생하는 적외선을 이용한 화염검출기
- 플레임 로드 : 화염의 전기 전도성을 이용한 화염검출기
- 스택스위치 : 화염의 발열현상을 이용한 검출기

15 제어장치의 제어동작 종류에 해당되지 않는 것은?

① 비례동작
② 온오프 동작
③ 비례적분 동작
④ 반응동작

해설

제어동작
- 불연속 동작 : 온오프(ON-OFF) 동작, 다위치 동작, 단속도 동작
- 연속 동작 : 비례동작, 적분동작, 미분동작

16 10℃의 물 400kg과 90℃의 더운물 100kg을 혼합하면 혼합 후의 물의 온도는?

① 26℃ ② 36℃
③ 54℃ ④ 78℃

해설

10℃ 물이 얻는 에너지 = 90℃ 물이 빼앗기는 열에너지
$400\text{kg} \times (T-10) = 100\text{kg} \times (90-T)$(비열은 같은 물이므로 생략)
$\therefore T = 26℃$

17 급수탱크의 수위조절기에서 전극형만의 특징에 해당하는 것은?

① 기계적으로 작동이 확실하다.
② 내식성이 강하다.
③ 수면의 유동에서도 영향을 받는다.
④ ON-OFF의 스팬이 긴 경우는 적합하지 않다.

정답 13 ② 14 ③ 15 ④ 16 ① 17 ④

18 증기난방 시공에서 관말 증기 트랩장치에서 냉각 레그(Cooling Leg)의 길이는 일반적으로 몇 m 이상으로 해 주어야 하는가?

① 0.7m　　② 1.2m
③ 1.5m　　④ 2.0m

해설

- 증기난방의 냉각레그(Cooling Leg) 길이 : 1.5m 이상
- 증기난방의 리프트이음(Lift Joint) 길이 : 1.5m 이내

19 가스 버너에서 종류를 유도혼합식과 강제혼합식으로 구분할 때 유도혼합식에 속하는 것은?

① 슬리트 버너
② 리본 버너
③ 라디언트 튜브 버너
④ 혼소 버너

해설

가스 버너의 종류

<table>
<tr><th colspan="3">버너 형식</th><th>버너 종류</th></tr>
<tr><td rowspan="3">강제 혼합식</td><td colspan="2">내부혼합식</td><td>고압 버너, 표면연소 버너, 리본 버너</td></tr>
<tr><td colspan="2">외부혼합식</td><td>고속 버너, 라디언트 튜브 버너, 액중 연소 버너, 휘염 버너, 혼소 버너, 산업용 보일러 버너</td></tr>
<tr><td colspan="2">부분혼합식</td><td>-</td></tr>
<tr><td rowspan="4">유도 혼합식</td><td colspan="2">적화식</td><td>파이프 버너, 어미식 버너, 충염 버너</td></tr>
<tr><td rowspan="3">분젠식</td><td>전1차공기식</td><td>적외선 버너, 중압분젠 버너</td></tr>
<tr><td>분젠식</td><td>링 버너, 슬리트 버너</td></tr>
<tr><td>세미분젠식</td><td>-</td></tr>
</table>

20 보일러의 열정산 목적이 아닌 것은?

① 보일러의 성능 개선 자료를 얻을 수 있다.
② 열의 행방을 파악할 수 있다.
③ 연소실의 구조를 알 수 있다.
④ 보일러 효율을 알 수 있다.

해설

열정산 목적

- 열의 이동상태 파악
- 열설비의 성능 파악
- 조업방법을 개선
- 기기의 설계 및 개조에 참고 및 기초자료

21 1보일러 마력에 대한 설명에서 괄호 안에 들어갈 숫자로 옳은 것은?

> 표준상태에서 한 시간에 (　　)kg의 상당증발량을 나타낼 수 있는 능력이다.

① 16.56　　② 14.65
③ 15.65　　④ 13.56

해설

$$\text{보일러 마력} = \frac{\text{매시 상당증발량}}{15.65}$$

18 ③　19 ①　20 ③　21 ③　정답

22 상당증발량 = G_e(kg/h), 보일러 효율 = η, 연료소비량 B(kg/h), 저위발열량 = H_l(kcal/kg), 증발잠열 = 539(kcal/kg)일 때 상당증발량(G_e)을 옳게 나타낸 것은?

① $G_e = \dfrac{539\eta H_l}{B}$

② $G_e = \dfrac{BH_l}{539\eta}$

③ $G_e = \dfrac{\eta BH_l}{539}$

④ $G_e = \dfrac{539\eta B}{H_l}$

해설

$$상당증발량 = \frac{보일러효율 \times 연료소비량 \times 저위발열량}{539}$$

23 급유에서 보일러 가동 중 연소의 소화, 압력 초과 등 이상현상 발생 시 긴급히 연료를 차단하는 것은?

① 압력조절 스위치

② 압력제한 스위치

③ 감압 밸브

④ 전자 밸브

해설

전자 밸브 : 보일러의 긴급연료 차단 밸브

24 보일러 실제증발량이 7,000kg/h이고, 최대 연속 증발량이 8t/h일 때, 이 보일러 부하율은 몇 %인가?

① 80.5%　　② 85%

③ 87.5%　　④ 90%

해설

$$보일러\ 부하율 = \frac{실제증발량}{최대연속증발량} \times 100 = \frac{7,000}{8,000} \times 100 = 87.5\%$$

25 보일러 본체에서 수부가 클 경우의 설명으로 틀린 것은?

① 부하 변동에 대한 압력 변화가 크다.

② 증기 발생시간이 길어진다.

③ 열효율이 낮아진다.

④ 보유수량이 많으므로 파열 시 피해가 크다.

해설

보일러 본체에서 수부가 크면 부하 변동에 대한 압력 변화가 작다.

정답 22 ③ 23 ④ 24 ③ 25 ①

26 수소 15%, 수분 0.5%인 중유의 고위발열량이 10,000 kcal/kg이다. 이 중유의 저위발열량은 몇 kcal/kg 인가?

① 8,795 ② 8,984
③ 9,085 ④ 9,187

해설

간이발열량 계산

- 고위발열량(H_h) = 저위발열량 + 600(9 × 수소 + 물)
- 저위발열량(H_l) = 고위발열량 − 600(9 × 수소 + 물)

∴ 저위발열량(H_l) $= 10{,}000 - 600(9 \times 0.15 + 0.005)$
$= 9{,}187\text{kcal/kg}$

27 버너에서 연료분사 후 소정의 시간이 경과하여도 착화를 볼 수 없을 때 전자밸브를 닫아서 연소를 저지하는 제어는?

① 저수위 인터로크
② 저연소 인터로크
③ 불착화 인터로크
④ 프리퍼지 인터로크

해설

인터로크의 종류

- 저수위 인터로크 : 보일러 수위가 이상감수(저수위)가 될 경우 전자밸브를 작동하여 연료를 차단한다.
- 저연소 인터로크 : 운전 중 연소상태를 불량으로 저연소상태로 조절되지 않으면 전자밸브를 작동하여 연료 공급을 차단하면 연소가 중단된다.
- 불착화 인터로크 : 보일러 운전 중 실화가 될 경우 전자밸브를 작동하여 노내에 연료 공급을 차단한다.
- 프리퍼지 인터로크 : 점화 전 송풍기가 작동되지 않으면 전자밸브가 작동하여 연료 공급을 차단하면 점화가 되지 않는다.
- 압력초과 인터로크 : 증기압력이 제한압력을 초과할 경우 전자밸브를 작동한다.

28 과잉공기량에 관한 설명으로 옳은 것은?

① (과잉공기량) = (실제공기량) × (이론공기량)
② (과잉공기량) = (실제공기량) ÷ (이론공기량)
③ (과잉공기량) = (실제공기량) + (이론공기량)
④ (과잉공기량) = (실제공기량) − (이론공기량)

해설

과잉공기량 : 실제공기량에서 이론공기량을 차감하여 얻은 공기량

29 슈미트 보일러는 보일러 분류에서 어디에 속하는가?

① 관류식
② 자연순환식
③ 강제순환식
④ 간접가열식

해설

특수보일러

- 열매체 보일러 : 다우섬, 카네크롤, 수은, 모빌섬, 시큐리티
- 폐열 보일러 : 하이네, 리히보일러
- 특수연료 보일러 : 바크(나뭇껍질), 버개스(사탕수수 찌꺼기), 펄프폐액, 진기(쓰레기) 등
- 간접가열(이중증발) 보일러 : 슈미트 보일러(과열증기 발생), 레플러 보일러(포화증기 발생)

30 열팽창에 의한 배관의 이동을 구속 또는 제한하는 배관 지지구인 리스트레인트(Restraint)의 종류가 아닌 것은?

① 가이드 ② 앵 커
③ 스토퍼 ④ 행 거

해설

리스트레인트(Restraint) : 열팽창에 의한 배관의 이동을 구속 또는 제한하기 위한 장치로서 구속하는 방법에 따라 앵커(Anchor), 스토퍼(Stopper), 가이드(Guide)로 나눈다.

26 ④ 27 ③ 28 ④ 29 ④ 30 ④ 정답

31 보일러의 옥내 설치 시 보일러 동체 최상부로부터 천장, 배관 등 보일러 상부에 있는 구조물까지의 거리는 몇 m 이상이어야 하는가?

① 0.5 ② 0.8
③ 1.0 ④ 1.2

해설

보일러 동체 최상부로부터(보일러의 검사 및 취급에 지장이 없도록 작업대를 설치한 경우에는 작업대로부터) 천장, 배관 등 보일러 상부에 있는 구조물까지의 거리는 1.2m 이상이어야 한다. 다만, 소형 보일러 및 주철제 보일러의 경우에는 0.6m 이상으로 할 수 있다.

32 온수난방 배관방법에서 귀환관의 종류 중 직접귀환방식의 특징 설명으로 옳은 것은?

① 각 방열기에 이르는 배관 길이가 다르므로 마찰저항에 의한 온수의 순환율이 다르다.
② 배관 길이가 길어지고 마찰저항이 증가한다.
③ 건물 내 모든 실(室)의 온도를 동일하게 할 수 있다.
④ 동일층 및 각층 방열기의 순환율이 동일하다.

해설

②, ③, ④는 역귀환방식의 특징이다.
직접귀환방식 : 귀환온수를 가장 짧은 거리로 순환할 수 있도록 배관하는 형식이다. 각 방열기에 이르는 배관 길이가 다르므로 마찰저항으로 인하여 온수의 순환율이 다르게 된다.

33 보온재를 유기질 보온재와 무기질 보온재로 구분할 때 무기질 보온재에 해당하는 것은?

① 펠 트
② 코르크
③ 글라스 폼
④ 기포성 수지

해설

보온재의 종류
• 유기질 보온재 : 펠트, 텍스류, 탄화코르크, 기포성 수지 등
• 무기질 보온재 : 유리솜, 석면, 암면, 규조토, 탄산마그네슘 등
• 금속질 보온재 : 알루미늄 박 등

34 보일러의 유류배관의 일반사항에 대한 설명으로 틀린 것은?

① 유류배관은 최대 공급압력 및 사용온도에 견디어야 한다.
② 유류배관은 나사이음을 원칙으로 한다.
③ 유류배관에는 유류가 새는 것을 방지하기 위해 부식방지 등의 조치를 한다.
④ 유류배관은 모든 부분의 점검 및 보수할 수 있는 구조로 하는 것이 바람직하다.

해설

유류배관은 용접이음을 원칙으로 한다.

정답 31 ④ 32 ① 33 ③ 34 ②

35 온수난방 배관 시공 시 배관 구배는 일반적으로 얼마 이상이어야 하는가?

① 1/100
② 1/150
③ 1/200
④ 1/250

해설
배관 구배는 일반적으로 1/250 이상으로 한다.

36 보일러의 증기압력 상승 시의 운전관리에 관한 일반적 주의사항으로 거리가 먼 것은?

① 보일러에 불을 붙일 때는 어떠한 이유가 있어도 급격한 연소를 시켜서는 안 된다.
② 급격한 연소는 보일러 본체의 부동팽창을 일으켜 보일러와 벽돌 쌓은 접촉부에 틈을 증가시키고 벽돌 사이에 벌어짐이 생길 수 있다.
③ 특히 주철제 보일러는 급랭・급열 시에 쉽게 갈라질 수 있다.
④ 찬물을 가열할 경우에는 일반적으로 최저 20~30분 정도로 천천히 가열한다.

해설
찬물로 끓이기 시작할 때에는 일반적으로 최저 1~2시간 정도로 천천히 끓여야 한다.

37 사용 중인 보일러의 점화 전에 점검해야 될 사항으로 가장 거리가 먼 것은?

① 급수장치, 급수계통 점검
② 보일러 동내 물때 점검
③ 연소장치, 통풍장치의 점검
④ 수면계의 수위 확인 및 조정

해설
사용 중인 보일러의 점화 전 준비 사항
- 수면계의 이상 유무와 수위
- 압력계와 각종 계기 및 자동제어장치의 이상 유무
- 각 부속장치의 작동상태
- 각 밸브의 개폐상태
- 연료유의 적절한 가열상태
- 노내 환기와 송풍상태

38 배관이음 중 슬리브형 신축이음에 관한 설명으로 틀린 것은?

① 슬리브 파이프를 이음쇠 본체 측과 슬라이드시킴으로써 신축을 흡수하는 이음방식이다.
② 신축 흡수율이 크고 신축으로 인한 응력 발생이 적다.
③ 배관의 곡선 부분이 있어도 그 비틀림을 슬리브에서 흡수하므로 파손의 우려가 적다.
④ 장기간 사용 시에는 패킹의 마모로 인한 누설이 우려된다.

해설
배관에 곡선 부분이 있으면 신축이음쇠에 비틀림이 생겨 파손의 원인이 된다.

35 ④ 36 ④ 37 ② 38 ③ 정답

39 보일러의 보존법 중 장기보존법에 해당하지 않는 것은?

① 가열건조법
② 석회밀폐건조법
③ 질소가스봉입법
④ 소다만수보존법

해설

보일러의 휴지보존법

- 장기보존법
  - 건조보존법 : 석회밀폐건조법, 질소가스봉입법
  - 만수보존법 : 소다만수보존법
- 단기보존법
  - 건조보존법 : 가열건조법
  - 만수보존법 : 보통만수법
- 응급보존법

40 보일러에서 포밍이 발생하는 경우로 거리가 먼 것은?

① 증기의 부하가 너무 적을 때
② 보일러수가 너무 농축되었을 때
③ 수위가 너무 높을 때
④ 보일러수 중에 유지분이 다량 함유되었을 때

해설

증기의 부하가 과다할 때 포밍이 발생한다.
포밍 : 보일러수에 유지분 등의 불순물이 많이 함유되어 보일러수의 비등과 함께 수면 부근에 거품의 층을 형성하여 수위가 불안정하게 되는 현상

41 배관에서 바이패스관의 설치 목적으로 가장 적합한 것은?

① 트랩이나 스트레이너 등의 고장 시 수리, 교환을 위해 설치한다.
② 고압증기를 저압증기로 바꾸기 위해 사용한다.
③ 온수 공급관에서 온수의 신속한 공급을 위해 설치한다.
④ 고온의 유체를 중간과정 없이 직접 저온의 배관부로 전달하기 위해 설치한다.

해설

바이패스관의 설치 목적
트랩(Trap)과 같이 주요 부품이나 기기 등의 고장, 수리, 교환 등에 대비하여 설치

42 보일러 사고를 제작상의 원인과 취급상의 원인으로 구별할 때 취급상의 원인에 해당하지 않는 것은?

① 구조 불량
② 압력 초과
③ 저수위 사고
④ 가스 폭발

해설

- 취급상의 원인 : 저수위 운전, 사용압력 초과, 급수처리 미비, 과열, 부식, 미연소가스 폭발, 부속기기 정비 불량 및 점검 미비
- 구조상의 결함(제작상의 결함) : 설계 불량, 재료 불량, 용접 불량, 구조 불량, 강도 불량, 부속기기 설비의 미비

정답 39 ① 40 ① 41 ① 42 ①

43 그랜드 패킹의 종류에 해당하지 않는 것은?

① 편조 패킹
② 액상 합성수지 패킹
③ 플라스틱 패킹
④ 메탈 패킹

해설

• 그랜드 패킹의 종류
  – 브레이드 패킹 : 석면 브레이드 패킹
  – 플라스틱 패킹 : 면상 패킹
  – 금속 패킹
  – 적측 패킹 : 고무면사적층 패킹, 고무석면포·적측형 패킹
• 패킹의 재료에 따른 패킹의 종류
  – 플랜지 패킹 : 고무 패킹(천연고무, 네오프렌), 석면 조인트 시트, 합성수지 패킹(테프론), 금속 패킹, 오일 실 패킹
  – 나사용 패킹 : 페인트, 일산화연, 액상 합성수지
  – 그랜드 패킹 : 석면 각형 패킹, 석면 얀 패킹, 아마존 패킹, 몰드 패킹, 가죽 패킹

44 다음 중 구상부식(Grooving)의 발생장소로 거리가 먼 것은?

① 경판의 급수구멍
② 노통의 플랜지 원형부
③ 접시형 경판의 구석 원통부
④ 보일러수의 유속이 늦은 부분

해설

구상부식(Grooving)
• 강판에 반복된 응력을 가하면 피로감에 의해 v, u자형으로 갈라지는 현상이다.
• 발생장소 : 구식이 발생하는 것은 당연히 보일러수와 접촉하는 부분이며, 더욱이 응력이 집중하는 곳으로 노통의 플랜지 원형부, 접시형 경판의 구석 원통부, 경판의 급수구멍, 거싯 스테이의 구석, 스테이볼트부 등이다.

45 링겔만 농도표는 무엇을 계측하는 데 사용되는가?

① 배출가스의 매연 농도
② 중유 중의 유황 농도
③ 미분탄의 입도
④ 보일러수의 고형물 농도

해설

링겔만 비탁표 : 매연 농도계

46 난방부하 설계 시 고려하여야 할 사항으로 거리가 먼 것은?

① 유리창 및 문
② 천장 높이
③ 교통 여건
④ 건물의 위치(방위)

해설

• 난방부하 계산 시 고려사항
  – 주위 환경조건
  – 유리창의 크기 및 문의 크기
  – 실내와 외기의 온도
  – 난방면적
• 난방부하 계산 시 검토 및 고려해야 할 사항
  – 건물의 위치 : 일사광선 풍향의 방향, 인근 건물의 지형지물 반사에 의한 영향 등
  – 천장높이와 천장과 지붕 사이의 간격
  – 건축구조 벽지붕, 천장, 바닥 등의 두께 및 보온, 단열상태

43 ② 44 ④ 45 ① 46 ③ 정답

47 보일러를 비상 정지시키는 경우의 일반적인 조치 사항으로 잘못된 것은?

① 압력은 자연히 떨어지게 기다린다.
② 연소공기의 공급을 멈춘다.
③ 주증기 스톱 밸브를 열어 놓는다.
④ 연료 공급을 중단한다.

해설

보일러 비상 정지 시 주증기밸브를 닫는다.
비상정지 시 순서
연료 공급 차단 → 공기 공급 차단 → 주버너 정지 → 연결 보일러 차단 → 압력강하 확인 → 이상 유무 확인 및 원인규명

48 배관의 신축이음 중 지웰이음이라고도 불리며, 주로 증기 및 온수 난방용 배관에 사용되나, 신축량이 너무 큰 배관에서는 나사이음부가 헐거워져 누설의 염려가 있는 신축이음 방식은?

① 루프식
② 벨로스식
③ 볼 조인트식
④ 스위블식

해설

신축이음
- 슬리브형(미끄럼형) : 신축이음 자체에서 응력이 생기지 않으며, 단식과 복식이 있다.
- 루프형(만곡형) : 신축곡관이라고도 하며 고온, 고압용 증기관 등의 옥외 배관에 많이 쓰이는 신축이음이다.
- 벨로스형(팩리스형, 주름형, 파상형) : 설치에 넓은 장소를 필요로 하지 않고, 신축에 의한 응력을 일으키지 않는 신축이음이다.
- 스위블형 : 방열기 주변에 주로 설치하는 신축이음이다.

49 합성수지 또는 고무질 재료를 사용하여 다공질 제품으로 만든 것이며 열전도율이 극히 낮고 가벼우며 흡수성은 좋지 않으나 굽힘성이 풍부한 보온재는?

① 펠 트
② 기포성 수지
③ 하이올
④ 프리웨브

해설

- 펠트 : 양모펠트와 우모펠트가 있으며 아스팔트로 방습한 것을 -60℃ 정도까지 유지할 수 있어 보랭용에 사용하며 곡면 부분의 시공이 가능하다.
- 기포성 수지 : 불에 타지 않으며 보온성, 보랭성이 좋다.

50 다음 그림과 맞는 동력 나사절삭기의 종류의 형식으로 맞는 것은?

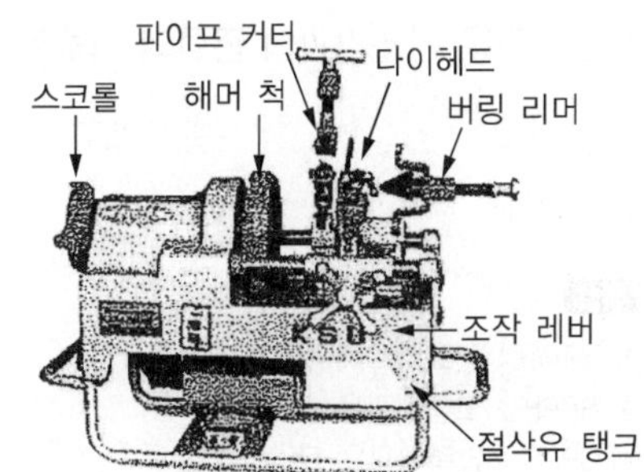

① 오스터형
② 호브형
③ 다이헤드형
④ 파이프형

해설

동력형 나사절삭기
- 다이헤드식 : 다이헤드에 의해 나사가 절삭되는 것으로 관의 절삭, 절단, 거스러미 제거 등을 연속적으로 처리할 수 있어 가장 많이 사용된다.
- 오스터식 : 수동식의 오스터형 또는 리드형을 이용한 동력용 나사절삭기로 주로 소형의 50A 이하의 관에 사용된다.
- 호브식 : 나사절삭 전용기계로서 호브를 저속으로 회전시켜 나사를 절삭하는 것으로 50A 이하, 65~150A, 80~200A의 3종류가 있다.

정답 47 ③ 48 ④ 49 ② 50 ③

51 보일러 운전자가 송기 시 취할 사항으로 맞는 것은?

① 증기헤더, 과열기 등의 응축수는 배출되지 않도록 한다.
② 송기 후에는 응축수 밸브를 완전히 열어 둔다.
③ 기수공발이나 수격작용이 일어나지 않도록 주의한다.
④ 주증기관은 스톱 밸브를 신속히 열어 열손실이 없도록 한다.

해설

① 주증기기관이나 증기헤더, 과열기 등의 응축수를 제거한다.
② 송기 후 압력계, 수면계의 지시상태를 확인하고, 응축수 밸브를 닫는다.
④ 주증기 스톱 밸브를 서서히 열어 증기로 주증기관을 예열한다.

52 저온배관용 탄소강관의 종류의 기호로 맞는 것은?

① SPPG ② SPLT
③ SPPH ④ SPPS

해설

① SPPG : 연료가스배관용 탄소강관
③ SPPH : 고압배관용 탄소강관
④ SPPS : 압력배관용 탄소강관

53 서비스 탱크는 자연압에 의하여 유류연료가 잘 공급될 수 있도록 버너보다 몇 m 이상 높은 장소에 설치하여야 하는가?

① 0.5m ② 1.0m
③ 1.2m ④ 1.5m

해설

서비스 탱크는 버너와 2m 이상 떨어지지 않고 버너보다 1.5m 상단에 위치해야 한다.

54 난방부하가 5,600kcal/h, 방열기 계수 7kcal/m^2·h·℃, 송수온도 80℃, 환수온도 60℃, 실내온도 20℃일 때 방열기의 소요방열면적은 몇 m^2인가?

① 8 ② 16
③ 24 ④ 32

해설

방열기의 소요방열면적 $= \dfrac{5,600}{\left(\dfrac{80+60}{2}-20\right)\times 7} = 16\text{m}^2$

55 에너지법에서 사용하는 "에너지"의 정의를 가장 올바르게 나타낸 것은?

① "에너지"라 함은 석유·가스 등 열을 발생하는 열원을 말한다.
② "에너지"라 함은 제품의 원료로 사용되는 것을 말한다.
③ "에너지"라 함은 태양, 조파, 수력과 같이 일을 만들어낼 수 있는 힘이나 능력을 말한다.
④ "에너지"라 함은 연료·열 및 전기를 말한다.

해설

에너지란 연료·열 및 전기를 말한다(에너지법 제2조 1호).

51 ③ 52 ② 53 ④ 54 ② 55 ④ 정답

56 용접검사가 면제될 수 있는 보일러의 대상 범위로 틀린 것은?

① 강철제 보일러 중 전열면적이 5m^2 이하이고, 최고사용압력이 0.35MPa 이하인 것
② 주철제 보일러
③ 제2종 관류 보일러
④ 온수 보일러 중 전열면적이 18m^2 이하이고, 최고사용압력이 0.35MPa 이하인 것

해설

검사의 면제대상 범위(에너지이용합리화법 시행규칙 별표 3의 6)

검사대상 기기명	대상범위	면제되는 검사
강철제 보일러, 주철제 보일러	• 강철제 보일러 중 전열면적이 5m^2 이하이고, 최고사용압력이 0.35MPa 이하인 것 • 주철제 보일러 • 1종 관류 보일러 • 온수 보일러 중 전열면적이 18m^2 이하이고, 최고사용압력이 0.35MPa 이하인 것	용접검사
	주철제 보일러	구조검사
	• 가스 외의 연료를 사용하는 1종 관류 보일러 • 전열면적 30m^2 이하의 유류용 주철제 증기 보일러	설치검사
	• 전열면적 5m^2 이하의 증기 보일러로서 다음의 어느 하나에 해당하는 것 – 대기에 개방된 안지름이 25mm 이상인 증기관이 부착된 것 – 수두압(水頭壓)이 5m 이하이며 안지름이 25mm 이상인 대기에 개방된 U자형 입관이 보일러의 증기부에 부착된 것 • 온수 보일러로서 다음의 어느 하나에 해당하는 것 – 유류 · 가스 외의 연료를 사용하는 것으로서 전열면적이 30m^2 이하인 것 – 가스 외의 연료를 사용하는 주철제 보일러	계속 사용검사
소형 온수 보일러	가스사용량이 17kg/h(도시가스는 232.6kW)를 초과하는 가스용 소형 온수 보일러	제조검사
캐스케이드 보일러	캐스케이드 보일러	제조검사
1종 압력용기, 2종 압력용기	• 용접이음(동체와 플랜지와의 용접이음은 제외한다)이 없는 강관을 동체로 한 헤더 • 압력용기 중 동체의 두께가 6mm 미만인 것으로서 최고사용압력(MPa)과 내부부피(m^3)를 곱한 수치가 0.02 이하(난방용의 경우에는 0.05 이하)인 것 • 전열교환식인 것으로서 최고사용압력이 0.35MPa 이하이고, 동체의 안지름이 600mm 이하인 것	용접검사
1종 압력용기, 2종 압력용기	• 2종 압력용기 및 온수탱크 • 압력용기 중 동체의 두께가 6mm 미만인 것으로서 최고사용압력(MPa)과 내부부피(m^3)를 곱한 수치가 0.02 이하(난방용의 경우에는 0.05 이하)인 것 • 압력용기 중 동체의 최고사용압력이 0.5MPa 이하인 난방용 압력용기 • 압력용기 중 동체의 최고사용압력이 0.1MPa 이하인 취사용 압력용기	설치검사 및 계속사용검사
철금속 가열로	철금속가열로	제조검사, 재사용 검사 및 계속사용 검사 중 안전검사

정답 56 ③

57 관리업체(대통령령으로 정하는 기준량 이상의 온실가스 배출업체 및 에너지소비업체)가 사업장별 명세서를 거짓으로 작성하여 정부에 보고하였을 경우 부과하는 과태료로 맞는 것은?

① 3백만원의 과태료 부과
② 5백만원의 과태료 부과
③ 7백만원의 과태료 부과
④ 1천만원의 과태료 부과

해설

과태료(저탄소녹색성장기본법 제64조)
다음의 자에게는 1천만원 이하의 과태료를 부과한다.

- 기후변화대응 및 에너지의 목표설정관리 또는 온실가스 배출량 및 에너지 사용량 등의 보고를 하지 아니하거나 거짓으로 보고한 자
- 기후변화대응 및 에너지의 목표관리에 따른 개선명령을 이행하지 아니한 자
- 기후변화대응 및 에너지의 목표관리에 따른 공개를 하지 아니한 자
- 온실가스 배출량 및 에너지 사용량 등의 보고에 따른 시정이나 보완 명령을 이행하지 아니한 자

※ 저탄소녹색성장기본법은 폐지됨

58 에너지이용합리화법상 검사대상기기 관리자를 반드시 선임해야 함에도 불구하고 선임하지 아니한 자에 대한 벌칙은?

① 2천만원 이하의 벌금
② 2년 이하의 징역 또는 2천만원 이하의 벌금
③ 1년 이하의 징역 또는 5백만원 이하의 벌금
④ 1천만원 이하의 벌금

해설

벌칙(에너지이용합리화법 제75조)
검사대상기기 관리자의 선임 또는 검사대상기기 설치자는 검사대상기기 관리자를 해임하거나 검사대상기기 관리자가 퇴직하는 경우에는 해임이나 퇴직 이전에 다른 검사대상기기 관리자를 선임하지 아니한 자는 1천만원 이하의 벌금에 처한다.

59 에너지사용계획의 검토기준, 검토방법, 그 밖에 필요한 사항을 정하는 영은?

① 산업통상자원부령
② 국토교통부령
③ 대통령령
④ 고용노동부령

해설

에너지사용계획의 검토 등(에너지이용합리화법 제11조 제3항)
에너지사용계획의 검토기준, 검토방법, 그 밖에 필요한 사항은 산업통상자원부령으로 정한다.

60 저탄소녹색성장기본법에서 국내 총소비에너지량에 대하여 신재생 에너지 등 국내 생산에너지량 및 우리나라가 국외에서 개발(지분 취득 포함한다)한 에너지량을 합한 양이 차지하는 비율을 무엇이라고 하는가?

① 에너지원단위
② 에너지생산도
③ 에너지비축도
④ 에너지자립도

해설

에너지자립도란 국내 총소비에너지량에 대하여 신재생 에너지 등 국내 생산에너지량 및 우리나라가 국외에서 개발(지분 취득을 포함한다)한 에너지량을 합한 양이 차지하는 비율을 말한다(저탄소녹색성장기본법 제2조 15항).
※ 저탄소녹색성장기본법은 폐지됨

57 ④ 58 ④ 59 ① 60 ④ 정답

2012년 제4회 과년도 기출문제

01 보일러에서 노통의 약한 단점을 보완하기 위해 설치하는 약 1m 정도의 노통이음을 무엇이라고 하는가?

① 아담슨 조인트
② 보일러 조인트
③ 브리징 조인트
④ 라몬트 조인트

해설

아담슨 조인트 : 평형 노통에 설치하여 신축을 조절하기 위한 리벳을 이용한 둘레이음

02 연소방식을 기화연소방식과 무화연소방식으로 구분할 때 일반적으로 무화연소방식을 적용해야 하는 연료는?

① 톨루엔 ② 중 유
③ 등 유 ④ 경 유

해설

무화연소방식
중질유의 연료를 10~500μm의 범위로 안개방울같이 무화(霧化)하여 단위 중량당 표면적을 크게 하여 공기와의 혼합을 양호하게 한 후 연소하는 방식

03 보일러의 인터로크제어 중 송풍기 작동 유무와 관련이 가장 큰 것은?

① 저수위 인터로크
② 불착화 인터로크
③ 저연소 인터로크
④ 프리퍼지 인터로크

해설

인터로크의 종류
- 저수위 인터로크 : 보일러 수위가 이상감수(저수위)가 된 경우 전자밸브를 작동하여 연료를 차단한다.
- 불착화 인터로크 : 보일러 운전 중 실화가 될 경우 전자밸브를 작동하여 노내에 연료 공급을 차단한다.
- 저연소 인터로크 : 운전 중 연소상태를 불량으로 저연소상태로 조절되지 않으면 전자밸브를 작동하여 연료 공급을 차단하면 연소가 중단된다.
- 프리퍼지 인터로크 : 점화 전 송풍기가 작동되지 않으면 전자밸브가 작동되어 연료 공급을 차단하여 점화되지 않는다.
- 압력초과 인터로크 : 증기압력이 제한압력을 초과할 경우 전자밸브를 작동한다.

04 보일러를 본체 구조에 따라 분류하면 원통형 보일러와 수관식 보일러로 크게 나눌 수 있다. 수관식 보일러에 속하지 않는 것은?

① 노통 보일러
② 타쿠마 보일러
③ 라몬트 보일러
④ 슐처 보일러

해설

원통형 보일러 : 연관식, 노통연관식, 노통식, 입형식

정답 1 ① 2 ② 3 ④ 4 ①

05 **수관 보일러에 설치하는 기수분리기의 종류가 아닌 것은?**

① 스크러버형
② 사이클론형
③ 배플형
④ 벨로스형

해설

기수분리기의 종류
- 스크러버식(형) : 장애판 이용
- 사이클론식 : 원심력 이용
- 배플식 : 관성력(방향 전환) 이용
- 건조스크린식 : 금속망 이용

06 **수관식 보일러의 일반적인 장점에 해당하지 않는 것은?**

① 수관의 관경이 작아 고압에 잘 견디며 전열면적이 커서 증기 발생이 빠르다.
② 용량에 비해 소요면적이 적으며 효율이 좋고 운반, 설치가 쉽다.
③ 급수의 순도가 나빠도 스케일이 잘 발생하지 않는다.
④ 과열기, 공기예열기 설치가 용이하다.

해설

수관식 보일러의 장단점

장 점	• 드럼의 직경이 작으므로 고압에 충분히 견딘다. • 전열면적은 크나 보유수량이 적어서 증기발생 시간이 단축된다. • 같은 증발량이면 보일러 용적이 둥근 보일러에 비하여 적어도 된다. • 보일러수의 순환이 빠르고 효율이 높다. • 전열면적이 커서 증발량이 많아 대용량에 적합하다. • 보일러 본체에 무리한 응력이 생기지 않는다. • 연소실의 크기가 자유롭고 수관의 설계가 용이하다.
단 점	• 구조가 복잡하여 제작이 까다로워 가격이 비싸다. • 보유수가 적어서 부하 변동 시 압력변화가 크다. • 스케일의 생성이 빨라서 양질의 급수가 필요하다. • 증발량이 많아 습증기 발생이 심하다. • 구조가 복잡하여 청소가 곤란하다. • 열팽창으로 인하여 수관에 무리가 많이 발생한다.

07 **다음 중 물의 임계압력은 어느 정도인가?**

① 100.43kgf/cm^2
② 225.65kgf/cm^2
③ 374.15kgf/cm^2
④ 539.15kgf/cm^2

해설

임계점(임계압력)
포화수가 증발 현상이 없고 포화수가 증기로 변하며, 액체와 기체의 구별이 없어지는 지점으로 증발잠열이 0인 상태의 압력 및 온도
- 임계압 : 225.65kgf/cm^2
- 임계온도 : 374.15℃
- 임계잠열 : 0kcal/kg

08 **급수온도 21℃에서 압력 14kgf/cm^2, 온도 250℃의 증기를 1시간당 14,000kg을 발생하는 경우의 상당증발량은 약 몇 kg/h인가?(단, 발생증기의 엔탈피는 635kcal/kg이다)**

① 15,948 ② 25,326
③ 3,235 ④ 48,159

해설

상당증발량 $= \dfrac{G_a \times (i_2 - i_1)}{539}$

$= \dfrac{\text{실제증발량} \times (\text{발생증기엔탈피} - \text{급수엔탈피})}{539}$

$= \dfrac{14{,}000 \times (635 - 21)}{539}$

$\fallingdotseq 15{,}948$kg/h

5 ④ 6 ③ 7 ② 8 ① 정답

09 **스프링식 안전밸브에서 저양정식인 경우는?**

① 밸브의 양정이 밸브시트 구경의 1/7 이상 1/5 미만인 것
② 밸브의 양정이 밸브시트 구경의 1/15 이상 1/7 미만인 것
③ 밸브의 양정이 밸브시트 구경의 1/40 이상 1/15 미만인 것
④ 밸브의 양정이 밸브시트 구경의 1/45 이상 1/40 미만인 것

해설

안전밸브-양정에 의한 분류

형식의 구분	유량 제어 기구
저양정식	안전밸브의 작동거리가 배수구 직경의 1/40 이상 1/15 미만인 것
고양정식	안전밸브의 작동거리가 배수구 직경의 1/15 이상 1/7 미만인 것
전양정식	안전밸브의 작동거리가 직경의 1/7 이상인 것
전량식	배수구 직경이 목부직경의 1.15배 이상인 것

10 **인젝터의 작동 불량 원인과 관계가 먼 것은?**

① 부품이 마모되어 있는 경우
② 내부 노즐에 이물질이 부착되어 있는 경우
③ 체크밸브가 고장난 경우
④ 증기압력이 높은 경우

해설

증기압력이 낮은 경우 인젝터 작동 불량의 원인이 된다.

11 **증기 보일러에서 압력계 부착방법에 대한 설명으로 틀린 것은?**

① 압력계의 콕은 그 핸들을 수직인 증기관과 동일 방향에 놓은 경우에 열려 있어야 한다.
② 압력계에는 안지름 12.7mm 이상의 사이펀관 또는 동등한 작용을 하는 장치를 설치한다.
③ 압력계는 원칙적으로 보일러의 증기실에 눈금판의 눈금이 잘 보이는 위치에 부착한다.
④ 증기온도가 483K(210℃)를 넘을 때에는 황동관 또는 동관을 사용하여서는 안 된다.

해설

사이펀관 안지름 : 동관 6.5mm 이상, 강관 12.7mm 이상

12 **보일러용 가스버너에서 외부혼합형 가스버너의 대표적 형태가 아닌 것은?**

① 분젠형
② 스크롤형
③ 센터파이어형
④ 다분기관형

해설

분젠형은 유도혼합식이다.

정답 9 ③ 10 ④ 11 ② 12 ①

13 보일러 분출장치의 분출시기로 적절하지 않은 것은?

① 보일러 가동 직전

② 프라이밍, 포밍 현상이 일어날 때

③ 연속 가동 시 열부하가 가장 높을 때

④ 관수가 농축되어 있을 때

해설

보일러의 분출시기

- 다음날 아침 보일러 가동하기 전
- 보일러 부하가 가장 가벼울 때
- 프라이밍, 포밍 발생 시

14 보일러 자동제어에서 신호전달방식이 아닌 것은?

① 공기압식 ② 자석식

③ 유압식 ④ 전기식

해설

자동제어계에 있어서 신호전달방법 : 전기식, 유압식, 공기식

15 육상용 보일러의 열정산 방식에서 환산 증발 배수에 대한 설명으로 맞는 것은?

① 증기의 보유 열량을 실제 연소열로 나눈 값이다.

② 발생증기 엔탈피와 급수 엔탈피의 차를 539로 나눈 값이다.

③ 매시 환산 증발량을 매시 연료 소비량으로 나눈 값이다.

④ 매시 환산 증발량을 전열면적으로 나눈 값이다.

해설

$$\text{환산증발 배수} = \frac{\text{환산증발량(kg)}}{\text{연료소비량(kg 또는 Nm}^3\text{)}}$$

16 보일러의 오일버너 선정 시 고려해야 할 사항으로 틀린 것은?

① 노의 구조에 적합할 것

② 부하변동에 따른 유량 조절범위를 고려할 것

③ 버너 용량이 보일러 용량보다 적을 것

④ 자동제어 시 버너의 형식과 관계를 고려할 것

해설

보일러의 오일버너 선정 시 버너 용량이 가열 용량과 맞아야 한다.

17 보일러 자동제어를 의미하는 용어 중 급수제어를 뜻하는 것은?

① ABC

② FWC

③ STC

④ ACC

해설

보일러 자동제어(ABC)

- 자동연소제어(ACC)
- 자동급수제어(FWC)
- 증기온도제어(STC)

정답: 13 ③ 14 ② 15 ③ 16 ③ 17 ②

18 연소 시 공기비가 많은 경우 단점에 해당하는 것은?

① 배기가스량이 많아져서 배기가스에 의한 열손실이 증가한다.
② 불완전연소가 되기 쉽다.
③ 미연소에 의한 열손실이 증가한다.
④ 미연소 가스에 의한 역화의 위험성이 있다.

해설

적정공기비보다 운전공기비가 크면 과잉공기에 의한 배기손실이 증가하고, 운전공기비가 적정공기비보다 작으면 불완전연소에 의한 미열손실이 급격히 증대하게 된다.

19 다음 연료 중 단위중량당 발열량이 가장 큰 것은?

① 등 유　　② 경 유
③ 중 유　　④ 석 탄

해설

발열량(kcal/kgf)

- 등유 : 11,000
- 경유 : 10,700
- 중유 : 약 10,000
- 석탄 : 4,600~6,400

20 육상용 보일러 열정산 방식에서 증기의 건도는 몇 % 이상인 경우에 시험함을 원칙으로 하는가?

① 98% 이상　　② 93% 이상
③ 88% 이상　　④ 83% 이상

21 연소에 있어서 환원염이란?

① 과잉 산소가 많이 포함되어 있는 화염
② 공기비가 커서 완전 연소된 상태의 화염
③ 과잉 공기가 많아 연소가스가 많은 상태의 화염
④ 산소 부족으로 불완전연소하여 미연분이 포함된 화염

해설

환원염 : 산소 부족으로 인한 화염 또는 산화염

22 보일러 급수제어방식의 3요소식에서 검출 대상이 아닌 것은?

① 수 위
② 증기유량
③ 급수유량
④ 공기압

해설

수위제어 방식

- 1요소식 : 수위
- 2요소식 : 수위, 증기량
- 3요소식 : 수위, 증기량, 급수량

정답 18 ① 19 ① 20 ① 21 ④ 22 ④

23 물질의 온도는 변하지 않고 상(Phase) 변화만 일으키는 데 사용되는 열량은?

① 잠 열　　② 비 열
③ 현 열　　④ 반응열

해설

① 잠열 : 증발열이나 용해열과 같이 열을 가하여도 물체의 온도 변화는 없고 상(相) 변화에만 관계하는 열
② 비열 : 어떤 물질 1kg을 온도 1℃ 높이는 데 필요한 열량
③ 현열 : 어떤 물질의 상태 변화 없이 온도 변화만을 가져오는 데 필요한 열량
④ 반응열 : 어떤 반응을 할 때 방출하거나 흡수되는 열로 반응물의 에너지와 생성물의 에너지의 차이

24 충전탑은 어떤 집진법에 해당되는가?

① 여과식 집진법
② 관성력식 집진법
③ 세정식 집진법
④ 중력식 집진법

해설

집진장치

- 건식 집진장치 : 중력식 집진 장치(중력 침강식, 다단 침강식), 관성 집진장치(반전식, 충돌식), 원심력 집진장치(사이클론식, 멀티클론식, 블로다운형)
- 습식(세정식) 집진장치 : 유수식 집진장치(전류형, 로터리형), 가압수식 집진장치(벤투리 스크러버, 사이클론형, 제트형, 충전탑, 분무탑)
- 전기식 집진장치 : 코트렐 집진장치
- 여과식 집진장치 : 표면 여과형(백필터), 내면 여과형(공기여과기, 고성능 필터)
- 음파 집진장치

25 보일러에서 사용하는 급유펌프에 대한 일반적인 설명으로 틀린 것은?

① 급유펌프는 점성을 가진 기름을 이송하므로 기어펌프나 스크루펌프 등을 주로 사용한다.
② 급유탱크에서 버너까지 연료를 공급하는 펌프를 수송펌프(Supply Pump)라 한다.
③ 급유펌프의 용량은 서비스탱크를 1시간 내에 급유할 수 있는 것으로 한다.
④ 펌프 구동용 전동기는 작동유의 정도를 고려하여 30% 정도 여유를 주어 선정한다.

해설

급유펌프는 기능면에서 저장탱크에서 연료유를 공급하는 수송펌프, 급유탱크에서 버너까지 연료를 공급하는 공급펌프(Feeding Pump)로 나눌 수 있다.

26 보일러 연소실 열부하의 단위로 맞는 것은?

① $kcal/m^3 \cdot h$
② $kcal/m^2$
③ $kcal/h$
④ $kcal/kg$

해설

연소실 열부하(연소실 열발생률)

연소실 단위 용적당 단위시간에 발생되는 열량

$$Q_C = \frac{H_1 \times G_1}{V} \text{(kcal/m}^3 \cdot \text{h)}$$

여기서, Q_C : 연소실 열발생률(kcal/m^3 · h)
H_1 : 연료의 저발열량(kcal/kg 또는 kcal/Sm^3)
G_1 : 연료 사용량(kg/hr 또는 Sm^3/hr)
V : 연소실 용적(m^3)

23 ① 24 ③ 25 ② 26 ① 정답

27 **과열증기에서 과열도는 무엇인가?**

① 과열증기온도와 포화증기온도의 차이다.
② 과열증기온도에 증발열을 합한 것이다.
③ 과열증기의 압력과 포화증기의 압력 차이다.
④ 과열증기온도에 증발열을 뺀 것이다.

해설

과열도 = 과열증기온도 – 포화증기온도

28 **수관식 보일러 중에서 기수드럼 2~3개와 수드럼 1~2개를 갖는 것으로 관의 양단을 구부려서 각 드럼에 수직으로 결합하는 구조로 되어 있는 보일러는?**

① 타쿠마 보일러
② 야로 보일러
③ 스털링 보일러
④ 가르베 보일러

해설

① 타쿠마 보일러 : 보일러의 드럼이 위쪽과 아래쪽으로 분리되어 있고, 수관의 각도가 45°이며 승수관과 강수관이 설치된 보일러
② 야로 보일러 : 2개 이상의 물 드럼과 1개의 기수드럼으로 구성되며, 기수 드럼과 각 물 드럼을 직관으로 연결한 수관 보일러
④ 가르베 보일러(급경사 보일러) : 급경사 직관 보일러이며 2개의 증기드럼과 하부에 2개의 물드럼에 수관을 급경사 직으로 연결시킨 보일러

29 **절탄기(Economizer) 및 공기예열기에서 유황(S) 성분에 의해 주로 발생되는 부식은?**

① 고온부식
② 저온부식
③ 산화부식
④ 점 식

해설

저온부식 : 연료 중의 유황(S)이 연소하여 아황산가스(SO_2)가 되고, 일부는 다시 산소와 반응하여 무수황산(SO_3)이 된다. 이것이 가스 중의 수분(H_2O)과 결합하여 황산이 된 후 보일러 저온 전열면에 눌러 붙어 그 부분을 부식시킨다.

30 **증기난방 배관 시공에 관한 설명으로 틀린 것은?**

① 저압증기 난방에서 환수관을 보일러에 직접 연결할 경우 보일러수의 역류현상을 방지하기 위해서 하트포드(Hartford) 접속법을 사용한다.
② 진공환수방식에서 방열기의 설치위치가 보일러보다 위쪽에 설치된 경우 리프트 피팅 이음방식을 적용하는 것이 좋다.
③ 증기가 식어서 발생하는 응축수를 증기와 분리하기 위하여 증기트랩을 설치한다.
④ 방열기에는 주로 열동식 트랩이 사용되고, 응축수량이 많이 발생하는 증기관에는 버킷트랩 등 다량 트랩을 장치한다.

해설

진공환수방식에서 방열기보다 높은 위치에 환수관을 배관해야 할 경우 리프트 피팅 이음방식을 적용하는 것이 좋다.

정답 27 ① 28 ③ 29 ② 30 ②

31 **보일러 송기 시 주증기밸브 작동요령 설명으로 잘못된 것은?**

① 만개 후 조금 되돌려 놓는다.
② 빨리 열고 만개 후 3분 이상 유지한다.
③ 주증기관 내에 소량의 증기를 공급하여 예열한다.
④ 송기하기 전 주증기밸브 등의 드레인을 제거한다.

해설

주증기밸브는 서서히 열고 평상시에는 닫아 놓아야 한다.

32 **다른 보온재에 비하여 단열 효과가 낮으며 500℃ 이하의 파이프, 탱크, 노벽 등에 사용하는 것은?**

① 규조토 ② 암 면
③ 글라스울 ④ 펠 트

33 **신설 보일러의 설치 제작 시 부착된 페인트, 유지, 녹 등을 제거하기 위해 소다 보일링(Soda Boiling) 할 때 주입하는 약액 조성에 포함되지 않는 것은?**

① 탄산나트륨
② 수산화나트륨
③ 플루오린화수소산
④ 제3인산나트륨

해설

화학세관 방법

- 산 세관방법 사용약품 : 염산, 황산, 인산, 기타 부식억제제 첨가
- 알칼리 세관방법 사용약품 : 수산화나트륨, 탄산나트륨, 인산나트륨, 암모니아, 기타 질산나트륨 첨가
- 유기산 세관방법 사용약품 : 구연산, 의산, 초산, 옥살산, 설파민산

34 **회전이음, 지블이음이라고도 하며, 주로 증기 및 온수난방용 배관에 설치하는 신축이음 방식은?**

① 벨로스형
② 스위블형
③ 슬리브형
④ 루프형

해설

② 스위블형 : 방열기(라디에이터)에 사용한다.
① 벨로스형(팩리스형, 주름형, 파상형) : 신축이 좋기 위해서는 주름이 얇아야 하기 때문에 고압에는 사용할 수 없다. 설치에 넓은 장소를 요하지 않으며 신축에 응력을 일으키지 않는 신축이음 형식이다.
③ 슬리브형(미끄럼형) : 신축이음 자체에서 응력이 생기지 않으며, 단식과 복식이 있다.
④ 루프형(만곡형) : 가장 효과가 뛰어나 옥외용으로 사용하며 관지름의 6배 크기의 원형을 만든다.
※ 신축이음 : 열을 받으면 늘어나고, 반대면 줄어드는 것을 최소화하기 위해 만든 것이다.

35 **증기난방을 고압증기난방과 저압증기난방으로 구분할 때 저압증기난방의 특징에 해당하지 않는 것은?**

① 증기의 압력은 약 0.15~0.35kgf/cm^{2}이다.
② 증기 누설의 염려가 적다.
③ 장거리 증기 수송이 가능하다.
④ 방열기의 온도는 낮은 편이다.

해설

저압증기난방은 증기의 장거리 수송이 어렵다.

31 ② 32 ① 33 ③ 34 ② 35 ③ 정답

36 다음 중 무기질 보온재에 속하는 것은?

① 펠트(Felt)
② 규조토
③ 코르크(Cork)
④ 기포성 수지

해설

보온재의 종류
- 유기질 보온재 : 펄트, 텍스류, 탄화코르크, 기포성 수지 등
- 무기질 보온재 : 유리솜, 석면, 암면, 규조토, 탄산마그네슘 등
- 금속질 보온재 : 알루미늄 박 등

37 글라스울 보온통의 안전사용(최고)온도는?

① 100℃
② 200℃
③ 300℃
④ 400℃

해설

안전사용(최고)온도(℃)
- 내화 단열 벽돌(1,200℃)
- 펄라이트 보온판(650℃)
- 글라스울 블랭킷(300℃)
- 탄화 코르크판(130℃)

38 관 속에 흐르는 유체의 화학적 성질에 따라 배관재료 선택 시 고려해야 할 사항으로 가장 관계가 먼 것은?

① 수송 유체에 따른 관의 내식성
② 수송 유체와 관의 화학반응으로 유체의 변질 여부
③ 지중 매설 배관할 때 토질과의 화학 변화
④ 지리적 조건에 따른 수송 문제

39 온수 난방에는 고온수 난방과 저온수 난방으로 분류한다. 저온수 난방의 일반적인 온수 온도는 몇 ℃ 정도를 많이 사용하는가?

① 40~50℃
② 60~90℃
③ 100~120℃
④ 130~150℃

해설

온수난방
- 고온수식 : 100℃ 이상의 고온수 사용
- 저온수식 : 60~90℃의 저온수 사용

정답 36 ② 37 ③ 38 ④ 39 ②

40 동관의 이음 방법 중 압축이음에 대한 설명으로 틀린 것은?

① 한쪽 동관의 끝을 나팔 모양으로 넓히고 압축이음쇠를 이용하여 체결하는 이음 방법이다.
② 진동 등으로 인한 풀림을 방지하기 위하여 더블너트(Double Nut)로 체결한다.
③ 점검, 보수 등이 필요한 장소에 쉽게 분해, 조립하기 위하여 사용한다.
④ 압축이음을 플랜지이음이라고도 한다.

해설

압축이음을 플레어이음이라 한다.

41 강철제 증기 보일러의 최고사용압력이 $4kgf/cm^2$이면 수압시험압력은 몇 kgf/cm^2로 하는가?

① $2.0kgf/cm^2$
② $5.2kgf/cm^2$
③ $6.0kgf/cm^2$
④ $8.0kgf/cm^2$

해설

강철제 증기보일러의 수압시험압력

- 보일러의 최고사용압력이 $4.3kgf/cm^2$ 이하일 때에는 그 최고사용압력의 2배의 압력으로 한다. 다만, 그 시험압력이 $2kgf/cm^2$ 미만인 경우에는 $2kgf/cm^2$로 한다.
- 보일러의 최고 사용압력이 $4.3kgf/cm^2$ 초과 $15kgf/cm^2$ 이하일 때에는 그 최고사용압력의 1.3배에 $3kgf/cm^2$를 더한 압력으로 한다.
- 보일러의 최고사용압력이 $15kgf/cm^2$를 초과할 때에는 그 최고사용압력의 1.5배의 압력으로 한다.

42 신설 보일러의 사용 전 점검사항으로 틀린 것은?

① 노벽은 가동 시 열을 받아 과열 건조되므로 습기가 약간 남아 있도록 한다.
② 연도의 배플, 그을음 제거기 상태, 댐퍼의 개폐상태를 점검한다.
③ 기수분리기와 기타 부속품의 부착상태와 공구나 볼트, 너트, 헝겊 조각 등이 남아 있는가를 확인한다.
④ 압력계, 수위제어기, 급수장치 등 본체와의 접속부 풀림, 누설, 콕의 개폐 등을 확인한다.

해설

내화재로 만들어진 노벽을 건조하기 위해 보일러 설치 후 10~14일 정도 자연건조를 행한다.

43 보일러의 용량을 나타내는 것으로 부적합한 것은?

① 상당증발량
② 보일러의 마력
③ 전열면적
④ 연료사용량

해설

보일러 용량을 표시하는 방법 : 보일러 마력, 전열면적, 상당증발량, 정격용량, 정격출력, 상당방열면적

40 ④ 41 ④ 42 ① 43 ④ 정답

44 진공환수식 증기난방에 대한 설명으로 틀린 것은?

① 환수관의 직경을 작게 할 수 있다.
② 방열기의 설치장소에 제한을 받지 않는다.
③ 중력식이나 기계식보다 증기의 순환이 느리다.
④ 방열기의 방열량 조절을 광범위하게 할 수 있다.

해설

진공환수식 증기난방
증기난방에서 응축수의 환수방법에 따른 분류 중 증기의 순환과 응축수의 배출이 빠르며, 방열량도 광범위하게 조절할 수 있어서 대규모 난방에서 많이 채택하는 방식

- 배관 및 방열기 내의 공기도 뽑아낼 수 있으므로 끓기 시작하는 초기부터 증기의 순환이 빠르게 된다.
- 응축수의 유속이 빠르게 되므로 환수관을 가늘게 할 수 있다.
- 환수관의 기울기를 낮게 할 수 있으므로 대규모 난방에 적합하다.
- 리프트 이음을 사용하여 환수를 위쪽 환수관으로 올릴 수도 있으므로 방열기의 설치 위치에 제한을 받지 않는다.
- 보통 증기난방법에서는 이와 같은 결점이 없으므로, 방열기 밸브의 개폐도를 조절하면서 방열량을 광범위하게 조절할 수 있다.

45 열사용기자재검사기준에 따라 안전밸브 및 압력방출장치의 규격 기준에 관한 설명으로 옳지 않은 것은?

① 소용량 강철제 보일러에서 안전밸브의 크기는 호칭지름 20A로 할 수 있다.
② 전열면적 $50m^2$ 이하의 증기 보일러에서 안전밸브의 크기는 호칭지름 20A로 할 수 있다.
③ 최대증발량 5t/h 이하의 관류 보일러에서 안전밸브의 크기는 호칭지름 20A로 할 수 있다.
④ 최고사용압력 0.1MPa 이하의 보일러에서 안전밸브의 크기는 호칭지름 20A로 할 수 있다.

해설

안전밸브 및 압력방출장치의 크기
안전밸브 및 압출방출장치의 크기는 호칭지름 25A 이상으로 하여야 한다. 다만, 다음 보일러에서는 호칭지름 20A 이상으로 할 수 있다.

- 최고사용압력 $1kgf/cm^2$ 이하의 보일러
- 최고사용압력 $5kgf/cm^2$ 이하의 보일러로 동체의 안지름이 500mm 이하이며 동체의 길이가 1,000mm 이하의 것
- 최고사용압력 $5kgf/cm^2$ 이하의 보일러로 전열면적 $2m^2$ 이하의 것
- 최대증발량 5t/h 이하의 관류 보일러
- 소용량 강철제 보일러, 소용량 주철제 보일러

46 다음 중 복사난방의 일반적인 특징이 아닌 것은?

① 외기온도의 급변화에 따른 온도조절이 곤란하다.
② 배관길이가 짧아도 되므로 설비비가 적게 든다.
③ 방열기가 없으므로 바닥면의 이용도가 높다.
④ 공기의 대류가 적으므로 바닥면의 먼지가 상승하지 않는다.

해설

복사난방의 장단점

장 점	• 복사열을 이용하므로 실내온도 분포가 균등하여 쾌감도를 높일 수 있다. • 실온이 낮으므로 대류난방보다 열손실이 적다. • 대공간(개방 공간)에서도 난방효과가 있다(복사열에 의한 난방이므로). • 바닥면의 먼지 상승이 적다(대류가 없으므로). • 실내 바닥 위에 기기(방열기)가 없으므로 공간활용이 높다.
단 점	• 대류난방에 비해 설비비가 비싸다(가열코일 매설 등으로). • 예열시간이 길다(보유수량이 많으므로). • 바닥배관인 경우 누수사고에 대처하기 어렵다. • 제어응답이 늦다(방열체의 열용량이 크기 때문). • 냉방 시 제어가 부적당하게 되면 냉각 패널에 결로가 생길 염려가 있으며, 특히 잠열 부하가 많은 공간에는 부적당하다. • 배관을 건물에 매입하는 경우 단열을 완벽히 하여야 한다. • 방의 모양을 바꿀 때에 융통성이 적다.

47 빔에 턴버클을 연결하여 파이프를 아랫부분을 받쳐 달아 올린 것이며 수직방향에 변위가 없는 곳에 사용하는 것은?

① 리지드 서포트
② 리지드 행거
③ 스토퍼
④ 스프링 서포트

정답 44 ③ 45 ② 46 ② 47 ②

48 배관의 높이를 표시할 때 포장된 지표면을 기준으로 하여 배관장치의 높이를 표시하는 경우 기입하는 기호는?

① BOP ② TOP

③ GL ④ FL

해설

배관의 표시(Base Line)

높이의 표시는 기준선을 설정하여 이 기준선으로부터 높이를 표시

- EL : 배관의 높이를 관의 중심을 기준으로 표시(기준선 : 해수면)
- TOP(TOP Of Line) : 배관의 바깥지름 윗면을 기준으로 표시
- BOP : 배관의 바깥지름 아랫면을 기준으로 표시
- GL(Ground Line) : 포장된 지표면 기준으로 표시
- FL(Floor Line) : 1층 바닥면을 기준으로 하여 장치의 높이 표시

49 기름연소 보일러의 수동점화 시 5초 이내에 점화되지 않으면 어떻게 해야 하는가?

① 연료밸브를 더 많이 열어 연료 공급을 증가시킨다.

② 연료 분무용 증기 및 공기를 더 많이 분사시킨다.

③ 점화봉은 그대로 두고 프리퍼지를 행한다.

④ 불착화 원인을 완전히 제거한 후에 처음 단계부터 재점화 조작한다.

50 보일러 수처리에서 순환계통 외처리에 관한 설명으로 틀린 것은?

① 탁수를 침전지에 넣어서 침강분리시키는 방법은 침전법이다.

② 증류법은 경제적이며 양호한 급수를 얻을 수 있어 많이 사용한다.

③ 여과법은 침전속도가 느린 경우 주로 사용하며 여과기 내로 급수를 통과시켜 여과한다.

④ 침전이나 여과로 분리가 잘되지 않는 미세한 입자들에 대해서는 응집법을 사용하는 것이 좋다.

해설

증류법은 물을 가열하여 발생하는 증기를 냉각하여 응축수로 만들어 양질의 물을 얻을 수 있으나 비경제적이다.

51 보일러의 정격출력이 7,500kcal/h, 보일러 효율이 85%, 연료의 저위발열량이 9,500kcal/kg인 경우, 시간당 연료소모량은 약 얼마인가?

① 1.49kg/h

② 0.93kg/h

③ 1.38kg/h

④ 0.67kg/h

해설

$$\text{보일러효율} = \frac{\text{정격출력}}{\text{시간당연료사용량} \times \text{발열량}}$$

$$0.85 = \frac{7{,}500}{x \times 9{,}500}$$

$\therefore x \fallingdotseq 0.93$kg/h

48 ③ 49 ④ 50 ② 51 ② 정답

52 철금속 가열로 설치검사 기준에서 다음 ( ) 안에 들어갈 항목으로 옳은 것은?

송풍기의 용량은 정격부하에서 필요한 이론공기량의 ( )를 공급할 수 있는 용량 이하이어야 한다.

① 80% ② 100%
③ 120% ④ 140%

해설

송풍기의 용량은 정격부하에서 필요한 이론공기량의 140%를 공급할 수 있는 용량 이하이어야 한다.

53 보일러 과열의 요인 중 하나인 저수위의 발생원인으로 거리가 먼 것은?

① 분출밸브의 이상으로 보일러수가 누설
② 급수장치가 증발능력에 비해 과소한 경우
③ 증기 토출량이 과소한 경우
④ 수면계의 막힘이나 고장

해설

저수위 발생 사고의 원인

- 급수장치의 고장
- 분출밸브에서 보일러수 누설
- 급수밸브 및 체크밸브 고장으로 보일러수가 급수탱크로 역류
- 급수내관의 구멍이 스케일에 막혀 급수 불능
- 수면계의 유리가 오손되어 수위를 오인하는 경우
- 자동급수제어장치 고장 또는 작동 불량
- 보일러 운전 중 안전관리자의 자리 이탈
- 증기 토출량이 지나치게 과대한 경우
- 펌프의 용량이 증발능력에 비해 과소한 것을 설치한 경우
- 보일러 연결부에서 누수 발생사고
- 갑자기 전기정전사고 발생

54 중유 예열기(Oil Preheater)를 사용 시 가열온도가 낮을 경우 발생하는 현상이 아닌 것은?

① 무화상태 불량
② 그을음, 분진 발생
③ 기름의 분해
④ 불길의 치우침 발생

55 에너지이용합리화법에 따라 고효율 에너지 인증대상 기자재에 포함하지 않는 것은?

① 펌 프
② 전력용 변압기
③ LED 조명기기
④ 산업건물용 보일러

해설

고효율 에너지 인증대상 기자재(에너지이용합리화법 시행규칙 제20조)

- 펌 프
- 산업건물용 보일러
- 무정전전원장치
- 폐열회수형 환기장치
- 발광다이오드(LED) 등 조명기기
- 그 밖에 산업통상자원부장관이 특히 에너지이용의 효율성이 높아 보급을 촉진할 필요가 있다고 인정하여 고시하는 기자재 및 설비

정답 52 ④ 53 ③ 54 ③ 55 ②

56 열사용기자재관리규칙상 검사대상기기의 검사 종류 중 유효기간이 없는 것은?

① 구조검사
② 계속사용검사
③ 설치검사
④ 설치장소변경검사

해설

검사의 유효기간(에너지이용합리화법 시행규칙 별표 3의 5)

검사의 종류		검사 유효 기간
설치검사		• 보일러 : 1년(단, 운전성능 부문의 경우 : 3년 1개월) • 캐스케이드 보일러, 압력용기 및 철금속가열로 : 2년
개조검사		• 보일러 : 1년 • 캐스케이드 보일러, 압력용기 및 철금속가열로 : 2년
설치장소 변경검사		• 보일러 : 1년 • 캐스케이드 보일러, 압력용기 및 철금속가열로 : 2년
재사용검사		• 보일러 : 1년 • 캐스케이드 보일러, 압력용기 및 철금속가열로 : 2년
계속사용검사	안전검사	• 보일러 : 1년 • 캐스케이드 보일러 및 압력용기 : 2년
	운전성능검사	• 보일러 : 1년 • 철금속가열로 : 2년

※ 열사용기자재관리규칙은 폐지됨

57 에너지법에서 정의한 에너지가 아닌 것은?

① 연 료
② 열
③ 풍 력
④ 전 기

해설

"에너지"란 연료 · 열 및 전기를 말한다.

58 신에너지 및 재생에너지 개발 · 이용 · 보급 촉진법에서 규정하는 신재생 에너지 설비 중 "지열에너지 설비"의 설명으로 옳은 것은?

① 바람의 에너지를 변환시켜 전기를 생산하는 설비
② 물의 유동에너지를 변환시켜 전기를 생산하는 설비
③ 폐기물을 변환시켜 연료 및 에너지를 생산하는 설비
④ 물, 지하수 및 지하의 열 등의 온도차를 변환시켜 에너지를 생산하는 설비

해설

신재생에너지 설비(신에너지 및 재생에너지 개발 · 이용 · 보급 촉진법 시행규칙 제2조)

- 태양에너지 설비
  - 태양열 설비 : 태양의 열에너지를 변환시켜 전기를 생산하거나 에너지원으로 이용하는 설비
  - 태양광 설비 : 태양의 빛에너지를 변환시켜 전기를 생산하거나 채광(採光)에 이용하는 설비
- 바이오에너지 설비 : 바이오에너지를 생산하거나 이를 에너지원으로 이용하는 설비
- 풍력 설비 : 바람의 에너지를 변환시켜 전기를 생산하는 설비
- 수력 설비 : 물의 유동(流動) 에너지를 변환시켜 전기를 생산하는 설비
- 연료전지 설비 : 수소와 산소의 전기화학 반응을 통하여 전기 또는 열을 생산하는 설비
- 석탄을 액화 · 가스화한 에너지 및 중질잔사유(重質殘渣油)를 가스화한 에너지 설비 : 석탄 및 중질잔사유의 저급 연료를 액화 또는 가스화시켜 전기 또는 열을 생산하는 설비
- 해양에너지 설비 : 해양의 조수, 파도, 해류, 온도차 등을 변환시켜 전기 또는 열을 생산하는 설비
- 폐기물에너지 설비 : 폐기물을 변환시켜 연료 및 에너지를 생산하는 설비
- 지열에너지 설비 : 물, 지하수 및 지하의 열 등의 온도차를 변환시켜 에너지를 생산하는 설비
- 수소에너지 설비 : 물이나 그 밖에 연료를 변환시켜 수소를 생산하거나 이용하는 설비

56 ① 57 ③ 58 ④ 정답

59 에너지이용합리화법에 따라 에너지다소비사업자가 산업통상자원부령으로 정하는 바에 따라 매년 1월 31일까지 시·도지사에게 신고해야 하는 사항과 관련이 없는 것은?

① 전년도의 분기별 에너지사용량·제품생산량
② 전년도의 분기별 에너지이용합리화 실적 및 해당 연도의 분기별 계획
③ 에너지사용기자재의 현황
④ 향후 5년간의 에너지사용예정량·제품생산예정량

해설

에너지다소비사업자의 신고 등(에너지이용합리화법 제31조)
에너지사용량이 대통령령으로 정하는 기준량 이상인 자(에너지다소비사업자)는 다음의 사항을 산업통상자원부령으로 정하는 바에 따라 매년 1월 31일까지 그 에너지사용시설이 있는 지역을 관할하는 시·도지사에게 신고하여야 한다.
㉠ 전년도의 분기별 에너지사용량·제품생산량
㉡ 해당 연도의 분기별 에너지사용예정량·제품생산예정량
㉢ 에너지사용기자재의 현황
㉣ 전년도의 분기별 에너지이용합리화 실적 및 해당 연도의 분기별 계획
㉤ ㉠부터 ㉣까지의 사항에 관한 업무를 담당하는 자(에너지관리자)의 현황

60 저탄소녹색성장기본법에 따라 온실가스 감축 목표의 설정·관리 및 필요한 조치에 관하여 총괄·조정 기능은 누가 수행하는가?

① 국토교통부장관
② 산업통상자원부장관
③ 농림축산식품부장관
④ 환경부장관

해설

온실가스·에너지 목표관리의 원칙 및 역할(저탄소녹색성장기본법 시행령 제26조)
환경부장관은 기후변화대응 및 에너지의 목표관리에 따른 목표관리에 관하여 총괄·조정 기능을 수행한다.
※ 저탄소녹색성장기본법은 폐지됨

정답 59 ④ 60 ④

2012년 제5회 과년도 기출문제

01 보일러 통풍에 대한 설명으로 틀린 것은?

① 자연통풍은 일반적으로 별도의 동력을 사용하지 않고 연돌로 인한 통풍을 말한다.
② 압입통풍은 연소용 공기를 송풍기로 노 입구에서 대기압보다 높은 압력으로 밀어 넣고 굴뚝의 통풍작용과 같이 통풍을 유지하는 방식이다.
③ 평형통풍은 통풍 조절은 용이하나 통풍력이 약하여 주로 소용량 보일러에서 사용한다.
④ 흡입통풍은 크게 연소가스를 직접 통풍기에 빨아들이는 직접 흡입식과 통풍기로 대기를 빨아들이게 하고 이를 이젝터로 보내어 그 작용에 의해 연소가스를 빨아들이는 간접흡입식이 있다.

해설

평형통풍 방식 : 연소실 입구에 송풍기, 굴뚝에 배풍기를 각각 설치한 형태의 강제통풍방식

02 전기식 온수온도제한기의 구성 요소에 속하지 않는 것은?

① 온도 설정 다이얼
② 마이크로 스위치
③ 온도차 설정 다이얼
④ 확대용 링게이지

해설

전기식 온수온도제한기는 조절기 본체, 용액을 밀봉한 감온체 및 이것을 연결하는 도관으로 구성되어 있다.

03 KS에서 규정하는 육상용 보일러의 열정산 조건과 관련된 설명으로 틀린 것은?

① 보일러의 정상 조업상태에서 적어도 2시간 이상의 운전 결과에 따른다.
② 발열량은 원칙적으로 사용 시 연료의 저발열량(진발열량)으로 하며, 고발열량(총발열량)으로 사용하는 경우에는 기준 발열량을 분명하게 명기해야 한다.
③ 최대 출열량을 시험할 경우에는 반드시 정격부하에서 시험을 한다.
④ 열정산과 관련한 시험 시 시험 보일러는 다른 보일러와 무관한 상태로 하여 실시한다.

해설

한국산업규격에는 육용 보일러의 열정산 방식(KS B 6205)에 의하면 보일러의 열정산 시의 연료의 발열량은 원칙적으로 연료의 고발열량(총발열량)으로 하고, 저발열량을 사용하는 경우에는 기준 발열량을 분명하게 명기하도록 하고 있다.

04 기체연료의 연소방식 중 버너의 연료노즐에서는 연료만을 분출하고 그 주위에서 공기를 별도로 연소실로 분출하여 연료가스와 공기가 혼합하면서 연소하는 방식으로 산업용 보일러의 대부분이 사용하는 방식은?

① 예증발 연소방식　② 심지 연소방식
③ 예혼합 연소방식　④ 확산 연소방식

해설

기체연료의 연소방식

- 확산 연소방식 : 연료와 공기가 따로 따로 연소실에 들어가는 것
- 예혼합 연소방식(내부 혼합식) : 밖에서 연료와 공기가 혼합되어 연소실로 들어가는 방식

1 ③ 2 ④ 3 ② 4 ④ 정답

05 고압과 저압 배관 사이에 부착하여 고압 측의 압력 변화 및 증기 소비량 변화에 관계없이 저압 측의 압력을 일정하게 유지시켜 주는 밸브는?

① 감압밸브
② 온도조절밸브
③ 안전밸브
④ 플랩밸브

06 보일러 급수처리의 목적으로 거리가 먼 것은?

① 스케일의 생성 방지
② 점식 등의 내면 부식 방지
③ 캐리오버의 발생 방지
④ 황분 등에 의한 저온부식 방지

해설

급수처리의 목적
- 내부부식 방지
- 슬러지, 스케일의 생성 방지
- 프라이밍, 포밍 방지
- 가성취화 방지
- 관수의 농축 방지
- 관수의 pH 조절

07 보일러의 분류 중 원통형 보일러에 속하지 않는 것은?

① 타쿠마 보일러
② 랭커셔 보일러
③ 케와니 보일러
④ 코니시 보일러

해설

타쿠마 보일러는 수관식 보일러이다.

08 보일러에서 C중유를 사용할 경우 중유예열장치로 예열할 때 적정 예열 범위는?

① 40~45℃
② 80~105℃
③ 130~160℃
④ 200~250℃

09 어떤 액체 1,200kg을 30℃에서 100℃까지 온도를 상승시키는 데 필요한 열량은 몇 kcal인가?(단, 이 액체의 비열은 3kcal/kg · ℃이다)

① 35,000
② 84,000
③ 126,000
④ 252,000

해설

현열(물질상태의 변화 없이 온도가 변화하는 데 필요한 열량)
= 질량 × 비열 × 온도차
= 1,200kg × 3 × (100 − 30)
= 252,000kcal

정답 5 ① 6 ④ 7 ① 8 ② 9 ④

10 매시간 1,000kg의 LPG를 연소시켜 15,000kg/h의 증기를 발생하는 보일러의 효율(%)은 약 얼마인가? (단, LPG의 총발열량은 12,980kcal/kg, 발생증기 엔탈피는 750 kcal/kg, 급수엔탈피는 18kcal/kg 이다)

① 79.8　　② 84.6
③ 88.4　　④ 94.2

해설

$$\text{보일러의 효율} = \frac{\text{증기발생량(발생증기엔탈피} - \text{급수엔탈피)}}{\text{(시간당연료소비량} \times \text{연료발생량)}} \times 100$$

$$= \frac{15,000(750-18)}{1,000 \times 12,980} \times 100(\%)$$

$$\fallingdotseq 84.6\%$$

11 보일러 자동제어에서 3요소식 수위제어의 3가지 검출요소와 무관한 것은?

① 노내 압력
② 수 위
③ 증기유량
④ 급수유량

해설

수위제어 방식
- 1요소식 : 수위
- 2요소식 : 수위, 증기량
- 3요소식 : 수위, 증기량, 급수량

12 다음 부품 중 전후에 바이패스를 설치해서는 안 되는 부품은?

① 급수관
② 연료차단밸브
③ 감압밸브
④ 유류배관의 유량계

해설

- 바이패스 회로를 설치하지 않는 것 : 전자밸브(솔레노이드밸브), 연료차단밸브 등
- 바이패스회로 기능 : 부속장치를 점검, 수리, 교환작업 원활하게 함

13 피드백 제어를 가장 옳게 설명한 것은?

① 일정하게 정해진 순서에 의해 행하는 제어
② 모든 조건이 충족되지 않으면 정지되어 버리는 제어
③ 출력측의 신호를 입력측으로 되돌려 정정 동작을 행하는 제어
④ 사람의 손에 의해 조작되는 제어

14 메탄(CH_4) 1Nm^3 연소에 소요되는 이론공기량이 9.52 Nm^3이고, 실제공기량이 11.43Nm^3일 때 공기비(m)는 얼마인가?

① 1.5　　② 1.4
③ 1.3　　④ 1.2

해설

$A = m \times A_t$

여기서 m : 공기비
A : 실제 공기량
A_t : 이론 공기량

$11.43 = x \times 9.52$

$\therefore\ x \fallingdotseq 1.2$

10 ② 11 ① 12 ② 13 ③ 14 ④ 정답

15 **세정식 집진장치 중 하나인 회전식 집진장치의 특징에 관한 설명으로 틀린 것은?**

① 가동 부분이 적고 구조가 간단하다.
② 세정용수가 적게 들며, 급수배관을 따로 설치할 필요가 없으므로 설치공간이 적게 든다.
③ 집진물을 회수할 때 탈수, 여과, 건조 등을 수행할 수 있는 별도의 장치가 필요하다.
④ 비교적 큰 압력손실을 견딜 수 있다.

해설

세정식 집진장치

- 구조가 비교적 간단하고 조작이 용이하나 배출수 처리시설을 함께 설치해야 하기 때문에 운전비용이 많이 드는 단점이 있다.
- 일반적으로 회전수가 클수록 액·가스비가 클수록 운전동력비가 커지고 집진율이 높아진다.
- 진기가 부식될 수 있고, 폐수가 발생되어 폐수처리장치가 필요하고, 처리가 된 후 수증기가 포함된 흰 연기 등의 가시적인 문제가 발생하는 단점도 있다.

16 **보일러 부속장치에 대한 설명 중 잘못된 것은?**

① 인젝터 : 증기를 이용한 급수장치
② 기수분리기 : 증기 중에 혼입된 수분을 분리하는 장치
③ 스팀 트랩 : 응축수를 자동으로 배출하는 장치
④ 수트 블로어 : 보일러 동 저면의 스케일, 침전물을 밖으로 배출하는 장치

해설

수트 블로어 : 증기나 압축공기로 그을음을 제거하는 장치

17 **저수위 등에 따른 이상온도의 상승으로 보일러가 과열되었을 때 작동하는 안전장치는?**

① 가용 마개
② 인젝터
③ 수위계
④ 증기 헤더

해설

가용 마개

노통 보일러 등에서 보일러수가 안전 저수위 이하로 감수할 때 노통의 과열로 인해 파열사고가 발생하는 것을 예방하기 위하여 노통 상단과 같이 제일 먼저 과열되는 부분에 설치하는 마개의 일종

18 **보일러용 연료 중에서 고체연료의 일반적인 주성분은?(단, 중량 %를 기준으로 한 주성분을 구한다)**

① 탄 소　　② 산 소
③ 수 소　　④ 질 소

해설

고체연료에는 탄소 성분이 많으므로 완전연소 시에는 이산화탄소가 생성되고 재가 남으며 불완전연소 시에는 일산화탄소와 그을음이 생긴다.

19 **연소의 3대 조건이 아닌 것은?**

① 이산화탄소 공급원
② 가연성 물질
③ 산소 공급원
④ 점화원

해설

연소의 3요소 : 가연물, 점화원, 산소 공급원

정답 15 ② 16 ④ 17 ① 18 ① 19 ①

20 주철제 보일러인 섹셔널 보일러의 일반적인 조합 방법이 아닌 것은?

① 전후조합
② 좌우조합
③ 맞세움조합
④ 상하조합

해설

주철제 보일러는 주로 저압증기 난방용 보일러로 사용되고 있으며, 같은 모양의 쪽(Section)을 여러 개 조합하여 만들기 때문에 섹셔널 보일러라고도 한다. 조합방법은 전후조합, 좌우조합, 맞세움조합으로 구분된다.

21 수관식 보일러의 일반적인 특징이 아닌 것은?

① 구조상 저압으로 운용되어야 하며 소용량으로 제작해야 한다.
② 전열면적을 크게 할 수 있으므로 열효율이 높은 편이다.
③ 급수 처리에 주의가 필요하다.
④ 연소실을 마음대로 크게 만들 수 있으므로 연소상태가 좋으며 또한 여러 종류의 연료 및 연소방식이 적용된다.

해설

수관식 보일러 : 동체의 직경이 비교적 작은 드럼과 가는 수관을 이어 만들어 수관에서 물이 증발하도록 한 고압 대용량 보일러

22 다음 중 자동연료차단장치가 작동하는 경우로 거리가 먼 것은?

① 버너가 연소상태가 아닌 경우(인터로크가 작동한 상태)
② 증기압력이 설정압력보다 높은 경우
③ 송풍기 팬이 가동할 때
④ 관류 보일러에 급수가 부족한 경우

해설

송풍기 팬이 가동되지 않을 때 자동연료차단장치가 작동한다.

23 섭씨온도(℃), 화씨온도(°F), 켈빈온도(K), 랭킨온도(°R)와의 관계식으로 옳은 것은?

① ℃ = 1.8 × (°F − 32)
② °F = (℃ + 32)/1.8
③ K = (5/9) × °R
④ °R = K × (5/9)

해설

- 섭씨온도 : ℃ = (°F − 32)/1.8
- 화씨온도 : °F = 1.8℃ + 32
- 켈빈온도(섭씨온도에 대응하는 절대온도) : T(K) = ℃ + 273
- 랭킨온도(화씨온도에 대응하는 절대온도) : °R = °F + 460
- 켈빈온도와 랭킨온도의 관계식 : °R = 1.8K

20 ④ 21 ① 22 ③ 23 ③ 정답

24 환산 증발 배수에 관한 설명으로 가장 적합한 것은?

① 연료 1kg이 발생시킨 증발능력을 말한다.
② 보일러에서 발생한 순수 열량을 표준 상태의 증발 잠열로 나눈 값이다.
③ 보일러의 전열면적 $1m^2$당 1시간 동안의 실제 증발량이다.
④ 보일러 전열면적 $1m^2$당 1시간 동안의 보일러 열출력이다.

해설

$$\text{환산증발 배수} = \frac{\text{환산증발량(kg)}}{\text{연료소비량(kg 또는 Nm}^3\text{)}}$$

25 원통형 보일러의 일반적인 특징 설명으로 틀린 것은?

① 보일러 내 보유수량이 많아 부하변동에 의한 압력변화가 작다.
② 고압 보일러나 대용량 보일러에는 부적당하다.
③ 구조가 간단하고 정비, 취급이 용이하다.
④ 전열면적이 커서 증기 발생시간이 짧다.

해설

원통형 보일러 장단점

장 점	• 수부가 커서 부하변동에 대응하기가 쉽다. • 제작이 쉽고 설비 가격이 저렴하다. • 내부청소 및 수리 검사가 쉽다. • 보유수량이 많아서 부하변동에 의한 압력변화가 작다. • 구조가 간단하고 취급이 쉽다.
단 점	• 고압 보일러나 대용량에 부적당하다. • 보일러 가동 후 점화 시 증기 발생의 소요시간이 길다. • 보유수량이 많아 파열 시 피해가 크다. • 보일러 효율이 낮다.

26 유류 보일러 시스템에서 중유를 사용할 때 흡입 측의 여과망 눈 크기로 적합한 것은?

① 1~10mesh
② 20~60mesh
③ 100~150mesh
④ 300~500mesh

해설

여과망 크기는 흡입 측 10~60mesh, 토출 측 60~120mesh

27 다음 중 과열기에 관한 설명으로 틀린 것은?

① 연소방식에 따라 직접연소식과 간접연소식으로 구분된다.
② 전열방식에 따라 복사형, 대류형, 양자병용형으로 구분된다.
③ 복사형 과열기는 관열관을 연소실 내 또는 노벽에 설치하여 복사열을 이용하는 방식이다.
④ 과열기는 일반적으로 직접연소식이 널리 사용된다.

해설

과열기는 보일러에 직접 부속하여 그 화로 또는 연도에 배치되는 간접연소식을 원칙으로 한다.

정답 24 ① 25 ④ 26 ② 27 ④

28 **표준대기압 상태에서 0℃ 물 1kg이 100℃ 증기로 만드는 데 필요한 열량은 몇 kcal인가?(단, 물의 비열은 1kcal/kg · ℃이고, 증발잠열은 539kcal/kg이다)**

① 100 ② 500
③ 539 ④ 639

해설

- 현열 : 0℃ 물 → 100℃ 물 = 1 × 1 × 100 = 100kcal/kg
- 증발잠열 : 100℃ 물 → 100℃ 증기 = 1 × 539 = 539kcal/kg
- 열량 : 현열 + 증발잠열 = 100 + 539 = 639kcal/kg

29 **다음 중 KS에서 규정하는 온수 보일러의 용량 단위는?**

① Nm^3/h ② $kcal/m^2$
③ kg/h ④ kJ/h

30 **열사용기자재 검사기준에 따라 온수발생 보일러에 안전밸브를 설치해야 되는 경우는 온수온도 몇 ℃ 이상인 경우인가?**

① 60℃ ② 80℃
③ 100℃ ④ 120℃

해설

증기 보일러 및 온수온도가 120℃를 넘는 온수 보일러에는 보일러의 최대연속증발량 이상의 취출량을 가지고 있는 안전밸브를 설치한다.

31 **보일러에서 발생하는 부식을 크게 습식과 건식으로 구분할 때 다음 중 건식에 속하는 것은?**

① 점 식
② 황화부식
③ 알칼리부식
④ 수소취화

해설

부식의 종류

<table>
<tr><td rowspan="14">습 식</td><td rowspan="3">전면부식</td><td>피막을 수반하는 부식</td><td>균일부식</td></tr>
<tr><td rowspan="2">피막을 수반하지 않는 부식</td><td>알칼리부식</td></tr>
<tr><td>황산노점부식(저온부식)</td></tr>
<tr><td rowspan="8">국부부식</td><td rowspan="3">균열을 동반하는 부식</td><td>응력부식균열</td></tr>
<tr><td>부식피로</td></tr>
<tr><td>수소취화</td></tr>
<tr><td rowspan="5">균열을 동반하지 않는 부식</td><td>점식(공식)</td></tr>
<tr><td>틈새부식</td></tr>
<tr><td>입계부식</td></tr>
<tr><td>이종금속접촉부식</td></tr>
<tr><td>탈성분부식</td></tr>
<tr><td rowspan="3">물리적 작용을 수반하는 부식</td><td colspan="2">침식부식</td></tr>
<tr><td colspan="2">캐비테이션손상</td></tr>
<tr><td colspan="2">마모부식</td></tr>
<tr><td rowspan="3">건 식</td><td colspan="3">고온산화</td></tr>
<tr><td colspan="3">고온부식</td></tr>
<tr><td colspan="3">황화부식</td></tr>
</table>

28 ④ 29 ④ 30 ④ 31 ② 정답

32 **보일러의 점화조작 시 주의사항에 대한 설명으로 잘못된 것은?**

① 연료가스의 유출속도가 너무 빠르면 역화가 일어나고, 너무 늦으면 실화가 발생하기 쉽다.
② 연료의 예열온도가 낮으면 무화 불량, 화염의 편류, 그을음, 분진이 발생하기 쉽다.
③ 유압이 낮으면 점화 및 분사가 불량하고 유압이 높으면 그을음이 축적되기 쉽다.
④ 프리퍼지 시간이 너무 길면 연소실의 냉각을 초래하고, 너무 짧으면 역화를 일으키기 쉽다.

해설

연료가스의 유출속도가 너무 빠르면 실화 등이 일어나고, 너무 늦으면 역화가 발생한다.

33 **보일러 작업 종료 시의 주요 점검사항으로 틀린 것은?**

① 전기의 스위치가 내려져 있는지 점검한다.
② 난방용 보일러에 대해서는 드레인의 회수를 확인하고 진공펌프를 가동시켜 놓는다.
③ 작업 종료 시 증기압력이 어느 정도인지 점검한다.
④ 증기밸브로부터 누설이 없는지 점검한다.

해설

보일러 작업 종료 시 난방용 보일러에 대해서는 드레인의 회수를 확인하고, 진공펌프를 정지한다.

34 **보일러 급수 중의 현탁질 고형물을 제거하기 위한 외처리 방법이 아닌 것은?**

① 여과법
② 탈기법
③ 침강법
④ 응집법

해설

급수처리(관외처리)

- 고형 협잡물 처리 : 침강법, 여과법, 응집법
- 용존가스제 처리 : 기폭법(CO_2, Fe, Mn, NH_3, H_2S), 탈기법(CO_2, O_2)
- 용해고형물 처리 : 증류법, 이온교환법, 약품첨가법

35 **보일러설치기술규격(KBI)에 따라 열매체유 팽창탱크의 공간부에는 열매체의 노화를 방지하기 위해 N_2가스를 봉입하는 데 이 가스의 압력이 너무 높게 되지 않도록 설정하는 팽창탱크의 최소체적(V_t)을 구하는 식으로 옳은 것은?(단, V_E는 승온 시 시스템 내의 열매체유 팽창량(l)이고, V_M은 상온 시 탱크 내 열매체유 보유량(l)이다)**

① $V_T = V_E + 2V_M$
② $V_T = 2V_E + V_M$
③ $V_T = 2V_E + 2V_M$
④ $V_T = 3V_E + V_M$

정답 32 ① 33 ② 34 ② 35 ②

36 지역난방의 일반적인 장점으로 거리가 먼 것은?

① 각 건물마다 보일러 시설이 필요 없고, 연료비와 인건비를 줄일 수 있다.
② 시설이 대규모이므로 관리가 용이하고 열효율 면에서 유리하다.
③ 지역난방설비에서 배관의 길이가 짧아 배관에 의한 열손실이 작다.
④ 고압증기나 고온수를 사용하여 관의 지름을 작게 할 수 있다.

해설

지역난방은 배관연장이 길기 때문에 열손실을 방지하기 위해 보온이 완벽해야 하며, 용접이나 플랜지이음이 많이 사용된다.

37 다음 보온재 중 유기질 보온재에 속하는 것은?

① 규조토
② 탄산마그네슘
③ 유리섬유
④ 코르크

해설

보온재의 종류
- 유기질 보온재 : 펄트, 텍스류, 탄화코르크, 기포성수지 등
- 무기질 보온재 : 유리솜, 석면, 암면, 규조토, 탄산마그네슘 등
- 금속질 보온재 : 알루미늄 박 등

38 수면측정장치 취급상의 주의사항에 대한 설명으로 틀린 것은?

① 수주 연결관은 수측 연결관의 도중에 오물이 끼기 쉬우므로 하향경사하도록 배관한다.
② 조명은 충분하게 하고 유리는 항상 청결하게 유지한다.
③ 수면계의 콕은 누설되기 쉬우므로 6개월 주기로 분해 정비하여 조작하기 쉬운 상태로 유지한다.
④ 수주관 하부의 분출관은 매일 1회 분출하여 수측 연결관의 찌꺼기를 배출한다.

해설

수면측정장치 취급상의 주의사항
- 조명은 충분하게 하고 유리는 항상 청결하게 유지한다. 현저하게 더러울 때는 깨끗한 유리로 교체한다.
- 수면계의 기능시험은 매일 실시한다. 시험은 점화할 때에 압력이 있는 경우는 점화 직전에 실시하고, 압력이 없는 경우에는 증기 압력이 상승하기 시작할 때에 실시한다.
- 수면계의 콕은 누설되기 쉬우므로 6개월 주기로 분해 정비하여 조작하기 쉬운 상태로 유지한다.
- 수면계가 수주관에 설치되어 있는 경우에는 수주연결관 도중에 있는 정지밸브의 개폐를 오인하지 않도록 하여야 한다. 오인하기 쉬운 밸브의 핸들은 완전히 연 상태에서 핸들을 떼어두는 것이 좋다.
- 수주연결관은 수측 연결관의 도중에 오물이 끼기 쉬우므로 하향경사하는 배관은 피하는 것이 좋다. 또한 구부러지는 부분에는 점검, 청소하기가 좋도록 플러그를 설치하고, 그 플러그를 떼어내어 청소를 한다. 외부연소 횡연관 보일러에서 연결관이 연도 내를 통과하는 부분에는 내화재 등을 감아 단열을 완전하게 한다.
- 수주관 하부의 분출관은 매일 1회 분출하여 수측 연결관의 찌꺼기를 배출한다.
- 차압식의 원격수면계는 도중에 누설이 생기는 경우 현저하게 오차가 생기므로 누설을 완전하게 방지하여야 한다.

36 ③ 37 ④ 38 ① 정답

39 **보일러 수리 시의 안전사항으로 틀린 것은?**

① 부식 부위의 해머작업 시에는 보호안경을 착용한다.

② 파이프 나사절삭 시 나사부는 맨손으로 만지지 않는다.

③ 토치램프 작업 시 소화기를 비치해 둔다.

④ 파이프렌치는 무거우므로 망치 대용으로 사용해도 된다.

해설

파이프렌치는 관을 회전시키거나 이음쇠를 죄거나 풀 때 사용하는 도구로, 망치로 사용하면 안 된다.

40 **관이음쇠로 사용되는 홈 조인트(Groove Joint)의 장점에 관한 설명으로 틀린 것은?**

① 일반 용접식, 플랜지식, 나사식 관이음 방식에 비해 빨리 조립이 가능하다.

② 배관 끝단 부분의 간격을 유지하여 온도변화 및 진동에 의한 신축, 유동성이 뛰어나다.

③ 홈 조인트의 사용 시 용접 효율성이 뛰어나서 배관 수명이 길어진다.

④ 플랜지식 관이음에 비해 볼트를 사용하는 수량이 적다.

해설

홈 조인트의 잘못된 사용은 누수 및 배관 수명 단축 등 여러 가지 문제의 원인이 될 수 있다.

41 **배관의 나사이음과 비교하여 용접이음의 장점이 아닌 것은?**

① 누수의 염려가 적다.

② 관 두께에 불균일한 부분이 생기지 않는다.

③ 이음부의 강도가 크다.

④ 열에 의한 잔류응력 발생이 거의 일어나지 않는다.

해설

용접이음의 단점

- 용접할 때 고열에 의한 변형이나 잔류응력이 발생하고, 재질이 변한다.
- 용접의 최적 조건이 맞지 않으면 결함이 생기기 쉽고, 이런 결함은 예민한 노치효과를 나타낸다.
- 강도가 매우 크므로 응력집중에 대한 민감도가 크고, 크랙이 발생하면 구조물이 일체이므로 파괴가 계속 진행되어 위험하다.
- 진동을 감쇠하는 능력이 부족하다.
- 용접부의 비파괴 검사가 어렵다.

42 **파이프 축에 대해서 직각 방향으로 개폐되는 밸브로, 유체의 흐름에 따른 마찰저항 손실이 적으며 난방배관 등에 주로 이용되나 절반만 개폐하면 디스크 뒷면에 와류가 발생되어 유량 조절용으로는 부적합한 밸브는?**

① 버터플라이 밸브

② 슬루스밸브

③ 글로브밸브

④ 콕

정답 39 ④ 40 ③ 41 ④ 42 ②

43 가동 중인 보일러를 정지시킬 때 일반적으로 가장 먼저 조치해야 할 사항은?

① 증기밸브를 닫고, 드레인 밸브를 연다.
② 연료의 공급을 정지한다.
③ 공기의 공급을 정지한다.
④ 댐퍼를 닫는다.

해설

가동 중인 보일러 운전 정지의 순서
연료의 공급을 차단한다. → 댐퍼를 닫는다. → 급수를 정지한다. → 공기의 공급을 정지한다.

44 증기 보일러에서 수면계의 점검시기로 적절하지 않은 것은?

① 2개의 수면계 수위가 다를 때 행한다.
② 프라이밍, 포밍 등이 발생할 때 행한다.
③ 수면계 유리관을 교체하였을 때 행한다.
④ 보일러의 점화 후에 행한다.

해설

수면계 기능시험의 시기
- 보일러를 가동하기 전
- 보일러를 가동하여 압력이 상승하기 시작했을 때
- 2개 수면계의 수위에 차이를 발견했을 때
- 수위의 움직임이 둔하고, 정확한 수위인지 아닌지 의문이 생길 때
- 수면계 유리의 교체, 그 외의 보수를 했을 때
- 프라이밍, 포밍 등이 생길 때
- 취급담당자 교대 시 다음 인계자가 사용할 때

45 보일러 내처리로 사용되는 약제 중 가성취화 방지, 탈산소, 슬러지 조정 등의 작용을 하는 것은?

① 수산화나트륨
② 암모니아
③ 타 닌
④ 고급지방산폴리알코올

해설

슬러지 조정제 : 전분, 리그린, 타닌

46 어떤 건물의 소요 난방부하가 54,600kcal/h이다. 주철제 방열기로 증기난방을 한다면 약 몇 쪽(Section)의 방열기를 설치해야 하는가?(단, 표준방열량으로 계산하며, 주철제 방열기의 쪽당 방열면적은 $0.24m^2$이다)

① 330쪽 ② 350쪽
③ 380쪽 ④ 400쪽

해설

$$\text{방열기쪽수} = \frac{\text{난방부하}}{\text{방열기표준방열량} \times \text{쪽당방열면적}} = \frac{54,600}{650 \times 0.24} = 350\text{쪽}$$

43 ② 44 ④ 45 ③ 46 ② 정답

47 관의 결합방식 표시방법 중 유니언식의 그림기호로 맞는 것은?

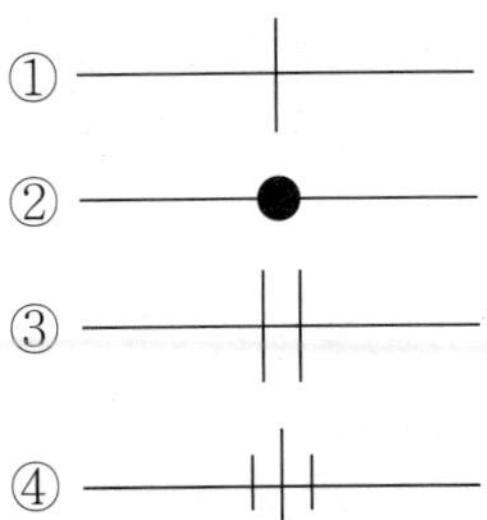

해설

① 나사이음
② 납땜이음
③ 플랜지이음

48 보일러에서 팽창탱크의 설치목적에 대한 설명으로 틀린 것은?

① 체적팽창, 이상팽창에 의한 압력을 흡수한다.
② 장치 내의 온도와 압력을 일정하게 유지한다.
③ 보충수를 공급하여 준다.
④ 관수를 배출하여 열손실을 방지한다.

해설

온수보일러 팽창탱크의 기능

- 보일러 파열 사고 방지
- 보충수 공급
- 온도 상승에 의한 체적팽창 압력 흡수
- 공기 누입 방지
- 열수 넘침 방지

49 열사용기자재 검사기준에 따라 전열면적 $12m^2$인 보일러의 급수밸브의 크기는 호칭 몇 A 이상이어야 하는가?

① 15 ② 20
③ 25 ④ 32

해설

급수밸브 및 체크밸브의 크기

전열면적	크기
전열면적 $10m^2$ 이하	15A 이상
전열면적 $10m^2$ 초과	20A 이상

50 다음 보온재 중 안전사용(최고)온도가 가장 낮은 것은?

① 탄산마그네슘 물반죽 보온재
② 규산칼슘 보온판
③ 경질 폼러버 보온통
④ 글라스울 블랭킷

해설

보온재의 안전사용최고온도
규산칼슘 650℃ > 글라스울 블랭킷 300℃ > 탄산마그네슘 250℃ > 경질 폼러버 51℃

51 다음 중 동관이음의 종류에 해당하지 않는 것은?

① 납땜이음
② 기볼트이음
③ 플레어이음
④ 플랜지이음

해설

동관의 접합의 종류
납땜이음(연납땜, 경납땜), 압축이음(Flare Joint), 플랜지이음, 용접이음

정답 47 ④ 48 ④ 49 ② 50 ③ 51 ②

52 다음과 같은 부하에 대해서 보일러의 "정격출력"을 올바르게 표시한 것은?

> H1 : 난방부하
> H2 : 급탕부하
> H3 : 배관부하
> H4 : 시동부하

① H1 + H2
② H1 + H2 + H3
③ H1 + H2 + H4
④ H1 + H2 + H3 + H4

해설

정격출력 : 매시간 보일러에서 증기나 온수가 발생할 때의 보유열량

53 다음 중 보온재의 일반적인 구비요건으로 틀린 것은?

① 비중이 크고 기계적 강도가 클 것
② 장시간 사용에도 사용온도에 변질되지 않을 것
③ 시공이 용이하고 확실하게 할 수 있을 것
④ 열전도율이 작을 것

해설

보온재의 구비조건
- 보온능력이 클 것(열전도율이 작을 것)
- 가벼울 것(부피비중이 적을 것)
- 기계적 강도가 있을 것
- 시공이 쉽고 확실하며 가격이 저렴할 것
- 독립기포로 되어 있고 다공질일 것
- 흡습・흡수성이 없을 것
- 내구성과 내변질성이 클 것

54 상용 보일러의 점화 전 연소계통의 점검에 관한 설명으로 틀린 것은?

① 중유예열기를 가동하되 예열기가 증기가열식인 경우에는 드레인을 배출시키지 않은 상태에서 가열한다.
② 연료배관, 스트레이너, 연료펌프 및 수동차단밸브의 개폐상태를 확인한다.
③ 연소가스 통로가 긴 경우와 구부러진 부분이 많을 경우에는 완전한 환기가 필요하다.
④ 연소실 및 연도 내의 잔류가스를 배출하기 위하여 연도의 각 댐퍼를 전부 열어 놓고 통풍기로 환기시킨다.

해설

상용 보일러 점화 전 중유예열기를 가동하고 적정온도를 유지한다. 예열기가 증기가열식인 경우에는 드레인을 배출시키고 가열한다.

55 에너지이용합리화법에 따라 연료・열 및 전력의 연간 사용량의 합계가 몇 티오이 이상인 자를 "에너지다소비사업자"라 하는가?

① 5백
② 1천
③ 1천 5백
④ 2천

52 ④ 53 ① 54 ① 55 ④ 정답

56 **에너지이용합리화법에 따라 효율관리기자재 중 하나인 가정용 가스 보일러의 제조업자 또는 수입업자는 소비효율 또는 소비효율등급을 라벨에 표시하여 나타내야 하는데, 이때 표시해야 하는 항목에 해당하지 않는 것은?**

① 난방출력
② 표시난방열효율
③ 1시간 사용 시 CO_2 배출량
④ 소비효율등급

해설

효율관리기자재의 지정 등(에너지이용합리화법 제15조)

㉠ 산업통상자원부장관은 에너지이용합리화를 위하여 필요하다고 인정하는 경우에는 일반적으로 널리 보급되어 있는 에너지사용기자재 또는 에너지관련기자재로서 산업통상자원부령으로 정하는 기자재(효율관리기자재)에 대하여 다음의 사항을 정하여 고시하여야 한다.
- 에너지의 목표소비효율 또는 목표사용량의 기준
- 에너지의 최저소비효율 또는 최대사용량의 기준
- 에너지의 소비효율 또는 사용량의 표시
- 에너지의 소비효율 등급기준 및 등급 표시
- 에너지의 소비효율 또는 사용량의 측정방법
- 그 밖에 효율관리기자재의 관리에 필요한 사항으로서 산업통상자원부령으로 정하는 사항
  - 효율관리시험기관(효율관리시험기관) 또는 자체 측정의 승인을 받은 자가 측정할 수 있는 효율관리기자재의 종류, 측정 결과에 관한 시험성적서의 기재 사항 및 기재 방법과 측정 결과의 기록 유지에 관한 사항
  - 이산화탄소 배출량의 표시
  - 에너지비용(일정기간 동안 효율관리기자재를 사용함으로써 발생할 수 있는 예상 전기요금이나 그 밖의 에너지요금을 말한다)

㉡ 효율관리기자재의 제조업자 또는 수입업자는 산업통상자원부장관이 지정하는 시험기관(효율관리시험기관)에서 해당 효율관리기자재의 에너지 사용량을 측정받아 에너지소비효율등급 또는 에너지소비효율을 해당 효율관리기자재에 표시하여야 한다. 다만, 산업통상자원부장관이 정하여 고시하는 시험설비 및 전문인력을 모두 갖춘 제조업자 또는 수입업자로서 산업통상자원부령으로 정하는 바에 따라 산업통상자원부장관의 승인을 받은 자는 자체 측정으로 효율관리시험기관의 측정을 대체할 수 있다.

57 **신에너지 및 재생에너지 개발 · 이용 · 보급 촉진법에 따라 신재생 에너지의 기술개발 및 이용보급을 촉진하기 위한 기본계획은 누가 수립하는가?**

① 교육부장관
② 환경부장관
③ 국토교통부장관
④ 산업통상자원부장관

해설

기본계획의 수립(신에너지 및 재생에너지 개발 · 이용 · 보급 촉진법 제5조)

산업통상자원부장관은 관계 중앙행정기관의 장과 협의를 한 후 신재생 에너지정책심의회의 심의를 거쳐 신재생 에너지의 기술개발 및 이용 · 보급을 촉진하기 위한 기본계획을 5년마다 수립하여야 한다.

58 **에너지법에서 정의하는 "에너지 사용자"의 의미로 가장 옳은 것은?**

① 에너지 보급 계획을 세우는 자
② 에너지를 생산, 수입하는 사업자
③ 에너지 사용시설의 소유자 또는 관리자
④ 에너지를 저장, 판매하는 자

해설

"에너지사용자"란 에너지 사용시설의 소유자 또는 관리자를 말한다. 그리고 "에너지공급자"란 에너지를 생산 · 수입 · 전환 · 수송 · 저장 또는 판매하는 사업자를 말한다(에너지법 제2조).

정답 56 ③ 57 ④ 58 ③

59 에너지이용합리화법에 따라 국내외 에너지사정의 변동으로 에너지 수급에 중대한 차질이 발생하거나 발생할 우려가 있다고 인정되면 에너지 수급의 안정을 기하기 위하여 필요한 범위 내에 조치를 취할 수 있는데, 다음 중 그러한 조치에 해당하지 않는 것은?

① 에너지의 비축과 저장

② 에너지공급설비의 가동 및 조업

③ 에너지의 배급

④ 에너지 판매시설 확충

해설

수급안정을 위한 조치 사항(에너지이용합리화법 제7조)

- 지역별·주요 수급자별 에너지 할당
- 에너지공급설비의 가동 및 조업
- 에너지의 비축과 저장
- 에너지의 도입·수출입 및 위탁가공
- 에너지공급자 상호 간의 에너지의 교환 또는 분배 사용
- 에너지의 유통시설과 그 사용 및 유통경로
- 에너지의 배급
- 에너지의 양도·양수의 제한 또는 금지
- 에너지사용의 시기·방법 및 에너지사용기자재의 사용 제한 또는 금지 등 대통령령으로 정하는 사항
  - 에너지사용시설 및 에너지사용기자재에 사용할 에너지의 지정 및 사용 에너지의 전환
  - 위생 접객업소 및 그 밖의 에너지사용시설에 대한 에너지사용의 제한
  - 차량 등 에너지사용기자재의 사용제한
  - 에너지사용의 시기 및 방법의 제한
  - 특정 지역에 대한 에너지사용의 제한
- 그 밖에 에너지 수급을 안정시키기 위하여 대통령령으로 정하는 사항

60 에너지이용합리화법에 따라 보일러의 개조검사의 경우 검사 유효기간으로 옳은 것은?

① 6개월 ② 1년

③ 2년 ④ 5년

해설

개조검사 유효기간(에너지이용합리화법 시행규칙 별표 3의 5)

- 보일러 : 1년
- 캐스케이드 보일러, 압력용기 및 철금속가열로 : 2년

59 ④ 60 ② 정답

2013년 제1회 과년도 기출문제

01 다음 중 연소 시에 매연 등의 공해 물질이 가장 적게 발생되는 연료는?

① 액화천연가스
② 석 탄
③ 중 유
④ 경 유

해설
액화천연가스(LNG)는 무색 투명한 액체로 공해 물질이 거의 없고, 열량이 높아 매우 우수한 연료이다.

02 외분식 보일러의 특징 설명으로 거리가 먼 것은?

① 연소실 개조가 용이하다.
② 노내 온도가 높다.
③ 연료의 선택 범위가 넓다.
④ 복사열의 흡수가 많다.

해설
내분식과 외분식 보일러 특징 비교

내분식 보일러 (입형, 노통, 노통연관식)	외분식 보일러 (횡연관식, 수관식, 수관식)
• 노내 복사열의 흡수가 좋다. • 완전연소가 어렵고, 역화의 위험이 크다. • 연소실의 크기와 개수에 제한을 받는다.	• 연소실의 개조가 용이하다. • 노내 온도가 높다. • 복사열의 흡수가 적다. • 연료 선택 범위가 넓다. • 휘발분이 많은 저질탄 연소에도 적합하다.

03 다음 중 비열에 대한 설명으로 옳은 것은?

① 비열은 물질 종류에 관계없이 1.4로 동일하다.
② 질량이 동일할 때 열용량이 크면 비열이 크다.
③ 공기의 비열이 물보다 크다.
④ 기체의 비열비는 항상 1보다 작다.

해설
① 비열은 그 종류에 따라 다르므로 물질의 특성이 될 수 있다.
③ 물의 비열이 공기보다 크다.
④ 기체의 비열비는 1.41이다.

04 보일러 자동연소제어(ACC)의 조작량에 해당하지 않는 것은?

① 연소가스량
② 공기량
③ 연료량
④ 급수량

해설
보일러의 자동제어

제어장치명	제어량	조작량
자동연소제어(ACC)	증기압력	연료량, 공기량
	노내압력	연소가스량
자동급수제어(FWC)	보일러 수위	급수량
증기온도제어(STC)	증기온도	전열량

정답 1 ① 2 ④ 3 ② 4 ④

05 다음 중 목표값이 변화되어 목표값을 측정하면서 제어목표량을 목표량에 맞도록 하는 제어에 속하지 않는 것은?

① 추종제어
② 비율제어
③ 정치제어
④ 캐스케이드제어

해설

제어목적에 의한 분류
- 정치제어 : 목표값이 변화 없이 일정함
- 추치제어 : 목표값이 변화되어 목표값을 측정하면서 제어목표량을 목표량에 맞도록 하는 제어
  - 추종제어(임의제어) : 목표값이 시간에 따라 임의로 변화
  - 프로그램제어 : 목표값이 시간에 따라 미리 결정된 일정한 제어
  - 비율제어 : 2개 이상의 제어값이 정해진 비율로 변화
  - 캐스케이드제어 : 1차 제어장치가 제어량을 측정하고 2차 조절계의 목표값을 설정하는 것으로 외란의 영향이나 낭비시간 지연이 큰 프로세서에 적용되는 제어방식

06 1보일러마력을 열량으로 환산하면 몇 kcal/h인가?

① 8,435kcal/h
② 9,435kcal/h
③ 7,435kcal/h
④ 10,173kcal/h

해설

보일러마력
- 1시간에 100℃의 물 15.65kg을 건조포화증기로 만드는 능력
- 상당증발량으로 환산하면 15.65kg/h
- 시간발생열량으로 환산하면 15.65 × 539 ≒ 8,435kcal/h

07 시간당 100kg의 중유를 사용하는 보일러에서 총 손실열량이 200,000kcal/h일 때 보일러의 효율은 약 얼마인가?(단, 중유의 발열량은 10,000kcal/h 이다)

① 75% ② 80%
③ 85% ④ 90%

해설

보일러 효율 계산
열손실법

$$효율(\eta) = \left(1 - \frac{총손실열량}{총입열량}\right) \times 100$$

$$= \left(1 - \frac{200,000}{10,000 \times 100}\right) \times 100$$

$$= 80\%$$

08 프라이밍의 발생원인으로 거리가 먼 것은?

① 보일러 수위가 높을 때
② 보일러수가 농축되어 있을 때
③ 송기 시 증기밸브를 급개할 때
④ 증발능력에 비하여 보일러수의 표면적이 클 때

해설

프라이밍은 보일러관수가 증기 출구로 분출되는 것을 말하며 일반적으로 다음 요인 중의 하나에 의해 발생한다.
- 보일러의 수위를 너무 높게 운전하는 경우
- 보일러를 설계압력 이하로 운전하는 경우 : 수면에서 증기의 비체적이 증가되고 증기의 속도를 증가시킴
- 과도한 증기 사용(급격한 부하변동)
- 주증기밸브를 급히 개방 시
- 보일러수가 농축되었을 때
- 보일러수 중에 부유물, 유지분, 불순물이 많이 함유되어 있을 때

5 ③ 6 ① 7 ② 8 ④ 정답

09 **열사용기자재의 검사 및 검사의 면제에 관한 기준에 따라 온수발생 보일러(액상식 열매체 보일러 포함)에서 사용하는 방출밸브와 방출관의 설치 기준에 관한 설명으로 옳은 것은?**

① 인화성 액체를 방출하는 열매체 보일러의 경우 방출밸브 또는 방출관은 밀폐식 구조로 하든가 보일러 밖의 안전한 장소에 방출시킬 수 있는 구조이어야 한다.

② 온수발생 보일러에는 압력이 보일러의 최고사용압력에 달하면 즉시 작동하는 방출밸브 또는 안전밸브를 2개 이상 갖추어야 한다.

③ 393K의 온도를 초과하는 온수발생 보일러에는 안전밸브를 설치하여야 하며, 그 크기는 호칭지름 10mm 이상이어야 한다.

④ 액상식 열매체 보일러 및 온도 393K 이하의 온수발생 보일러에는 방출밸브를 설치하여야 하며, 그 지름은 10mm으로 하고, 보일러의 압력이 보일러의 최고 사용압력에 그 5%(그 값이 0.035 MPa 미만인 경우에는 0.035MPa로 한다)를 더한 값을 초과하지 않도록 지름과 개수를 정하여야 한다.

해설

② 온수발생 보일러에는 압력이 보일러의 최고사용압력(열매체 보일러의 경우에는 최고사용압력 및 최고사용온도)에 달하면 즉시 작동하는 방출밸브 또는 안전밸브를 1개 이상 갖추어야 한다.
③ 온도 393K를 초과하는 온수발생 보일러에는 안전밸브를 설치하여야 하며, 그 크기는 호칭지름 20mm 이상이어야 한다.
④ 액상식 열매체 보일러 및 온도 393K 이하의 온수발생 보일러에는 방출밸브를 설치하여야 하며 그 지름은 20mm로 하고, 보일러의 압력이 보일러의 최고사용압력에 그 10%(그 값이 0.035MPa 미만인 경우에는 0.035MPa로 한다)를 더한 값을 초과하지 않도록 지름과 개수를 정하여야 한다.

10 **보일러 급수펌프 중 비용적식 펌프로서 원심펌프인 것은?**

① 워싱턴 펌프
② 웨어 펌프
③ 플런저 펌프
④ 벌류트 펌프

해설

펌프의 구조와 운동방법에 따른 분류

- 왕복펌프 : 피스톤 펌프, 플런저 펌프, 워싱턴 펌프, 웨어 펌프
- 원심펌프 : 벌류트 펌프, 터빈 펌프, 보어홀 펌프, 수중모터 펌프, 논 클러그 펌프
- 축류펌프 : 프로펠러 펌프

11 **다음 중 수관식 보일러에 해당되는 것은?**

① 스코치 보일러
② 배브콕 보일러
③ 코크란 보일러
④ 케와니 보일러

해설

①, ③, ④는 원통형 보일러이다.

12 **노통 보일러에서 갤러웨이관(Galloway Tube)을 설치하는 목적으로 가장 옳은 것은?**

① 스케일 부착을 방지하기 위하여
② 노통의 보강과 양호한 물 순환을 위하여
③ 노통의 진동을 방지하기 위하여
④ 연료의 완전연소를 위하여

해설

갤러웨이관의 설치목적은 노통의 보강과 양호한 물의 순환, 전열면적 증가로 이어진다.

정답 9 ① 10 ④ 11 ② 12 ②

13 오일 여과기의 기능으로 거리가 먼 것은?

① 펌프를 보호한다.
② 유량계를 보호한다.
③ 연료노즐 및 연료조절 밸브를 보호한다.
④ 분무효과를 높여 연소를 양호하게 하고 연소생성물을 활성화시킨다.

해설

윤활장치 내를 순환하는 오일은 점차적으로 수분, 카본, 금속 분말, 슬러지 등을 함유하기 때문에 오일의 기능이 저하된다. 따라서 오일 통로에 여과기를 설치하여 불순물을 여과시켜 정상적인 기능을 할 수 있도록 한다.

14 통풍 방식에 있어서 소요 동력이 비교적 많으나 통풍력 조절이 용이하고 노내압을 정압 및 부압으로 임의로 조절이 가능한 방식은?

① 흡인통풍
② 압입통풍
③ 평형통풍
④ 자연통풍

해설

평형통풍 방식은 통풍저항이 큰 대형 보일러나 고성능 보일러에 널리 사용되고 있다.

15 보일러의 부속장치에 관한 설명으로 틀린 것은?

① 배기가스의 여열을 이용하여 급수를 예열하는 장치를 절탄기라 한다.
② 배기가스의 열로 연소용 공기를 예열하는 것을 공기 예열기라 한다.
③ 고압증기 터빈에서 팽창되어 압력이 저하된 증기를 재과열하는 것을 과열기라 한다.
④ 오일 프리히터는 기름을 예열하여 점도를 낮추고, 연소를 원활히하는 데 목적이 있다.

해설

과열기는 드럼에서 분리된 포화증기를 가열하여 온도가 높은 과열증기로 만든다.

16 석탄의 함유 성분에 대해서 그 성분이 많을수록 연소에 미치는 영향에 대한 설명으로 틀린 것은?

① 수분 : 착화성이 저하된다.
② 회분 : 연소효율이 증가한다.
③ 휘발분 : 검은 매연이 발생하기 쉽다.
④ 고정탄소 : 발열량이 증가한다.

해설

석탄에 회분이 많을수록 연소효율이 떨어진다.

13 ④ 14 ③ 15 ③ 16 ② 정답

17 **보일러에서 사용하는 안전밸브 구조의 일반사항에 대한 설명으로 틀린 것은?**

① 설정압력이 3MPa를 초과하는 증기 또는 온도가 508K를 초과하는 유체에 사용하는 안전밸브에는 스프링이 분출하는 유체에 직접 노출되지 않도록 하여야 한다.

② 안전밸브는 그 일부가 파손하여도 충분한 분출량을 얻을 수 있는 것이어야 한다.

③ 안전밸브는 쉽게 조정이 가능하도록 잘 보이는 곳에 설치하고 봉인하지 않도록 한다.

④ 안전밸브의 부착부는 배기에 의한 반동력에 대하여 충분한 강도가 있어야 한다.

해설

안전밸브는 쉽게 검사할 수 있는 장소에 밸브 축을 수직으로 하여 가능한 한 보일러의 동체에 직접 부착시켜야 한다.

18 **건 배기가스 중의 이산화탄소분 최댓값이 15.7%이다. 공기비를 1.2로 할 경우 건 배기가스 중의 이산화탄소분은 몇 %인가?**

① 11.21% ② 12.07%

③ 13.08% ④ 17.58%

해설

배기가스 중의 이산화탄소농도를 계측하여 공기비(m)를 계산하는 경우

$$m = \frac{(CO_2)max}{(CO_2)}$$

여기서, $(CO_2)max$: 이론공기량으로 완전연소시키는 경우의 배기가스 중의 CO_2 농도(%)

CO_2 : 건배기가스 중의 CO_2 농도(%)

$$1.2 = \frac{15.7\%}{x}$$

$\therefore\ x \fallingdotseq 13.08\%$

19 **보일러와 관련한 기초 열역학에서 사용하는 용어에 대한 설명으로 틀린 것은?**

① 절대압력 : 완전 진공상태를 0으로 기준하여 측정한 압력

② 비체적 : 단위 체적당 질량으로 단위는 kg/m^3

③ 현열 : 물질 상태의 변화 없이 온도가 변화하는데 필요한 열량

④ 잠열 : 온도의 변화 없이 물질 상태가 변화하는데 필요한 열량

해설

비체적 : 단위중량당 체적으로 단위는 m^3/kg이다.

20 **다음 중 수트 블로어의 종류가 아닌 것은?**

① 장발형

② 건타입형

③ 정치회전형

④ 컴버스터형

해설

수트 블로어(Soot Blower)

- 정의 : 전열면에 그을음이나 재가 부착하여 전열 방해, 부식 및 통풍에 지장을 주므로 압축공기나 과열증기로 청소하는 장치
- 종류 : 장발형, 단발형 및 건타입, 정치회전형

정답 17 ③ 18 ③ 19 ② 20 ④

21 **다음 자동제어에 대한 설명으로 온-오프(On-Off) 제어에 해당되는 것은?**

① 제어량이 목표값을 기준으로 열거나 닫는 2개의 조작량을 가진다.
② 비교부의 출력이 조작량에 비례하여 변화한다.
③ 출력편차량의 시간 적분에 비례한 속도로 조작량을 변화시킨다.
④ 어떤 출력편차의 시간 변화에 비례하여 조작량을 변화시킨다.

해설

온-오프(On-Off) 동작 : 불연속동작으로 조작량이 두 개인 동작이며, 제어량이 목표값에서 어떤 양만큼 벗어나면 밸브를 개폐한다.

22 **다음 중 증기의 건도를 향상시키는 방법으로 틀린 것은?**

① 증기의 압력을 더욱 높여서 초고압 상태로 만든다.
② 기수분리기를 사용한다.
③ 증기주관에서 효율적인 드레인 처리를 한다.
④ 증기 공간 내의 공기를 제거한다.

해설

증기의 건도를 향상시키기 위해서는 고압증기를 저압으로 감압시킨다.

23 **KS에서 규정하는 보일러의 열정산은 원칙적으로 정격부하 이상에서 정상상태(Steady State)로 적어도 몇 시간 이상의 운전결과에 따라야 하는가?**

① 1시간 ② 2시간
③ 3시간 ④ 5시간

해설

보일러의 정상 조업상태에서 적어도 2시간 이상의 운전 결과에 따른다(KS B 6205).

24 **다음 도시가스의 종류를 크게 천연가스와 석유계 가스, 석탄계 가스로 구분할 때 석유계 가스에 속하지 않는 것은?**

① 코크스 가스
② LPG 변성가스
③ 나프타 분해가스
④ 정제소 가스

해설

코크스 가스는 석탄을 건류하여 얻는다.

25 **전기식 증기압력조절기에서 증기가 벨로스 내에 직접 침입하지 않도록 설치하는 것으로 가장 적합한 것은?**

① 신축 이음쇠
② 균압관
③ 사이펀관
④ 안전밸브

해설

증기가 벨로스에 침입되지 않도록 사이펀관을 사용한다.

21 ① 22 ① 23 ② 24 ① 25 ③ 정답

26 오일 버너 종류 중 회전컵의 회전운동에 의한 원심력과 미립화용 1차 공기의 운동에너지를 이용하여 연료를 분무시키는 버너는?

① 건타입 버너
② 로터리 버너
③ 유압식 버너
④ 기류 분무식 버너

해설
로터리 버너는 회전하는 컵모양의 회전체로 기름을 미립화시켜 무화연소시킨다.

27 보일러 열효율 향상을 위한 방안으로 잘못 설명한 것은?

① 절탄기 또는 공기예열기를 설치하여 배기가스 열을 회수한다.
② 버너 연소부하 조건을 낮게 하거나 연속운전을 간헐운전으로 개선한다.
③ 급수온도가 높으면 연료가 절감되므로 고온의 응축수는 회수한다.
④ 온도가 높은 블로 다운수를 회수하여 급수 및 온수 제조 열원으로 활용한다.

해설
보일러는 연속운전에서는 비교적 효율이 높지만, 증기사용량이 적어져 간헐운전이 되면 효율은 급격히 저하된다.

28 보일러 가동 중 실화(失火)가 되거나 압력이 규정치를 초과하는 경우는 연료 공급을 자동적으로 차단하는 장치는?

① 광전관 ② 화염검출기
③ 전자밸브 ④ 체크밸브

해설
전자밸브는 급유장치에서 보일러 가동 중 연소의 소화, 압력 초과 등 이상현상 발생 시 긴급히 연료를 차단하는 장치이다.

29 함진배기가스를 액방울이나 액막에 충돌시켜 분진입자를 포집 분리하는 집진장치는?

① 중력식 집진장치
② 관성력식 집진장치
③ 원심력식 집진장치
④ 세정식 집진장치

해설
세정식 집진장치 : 함진가스를 세정액 또는 액막 등에 충돌시키거나 충분히 접촉시켜 액에 의해 포집하는 습식 집진장치

30 보온시공 시 주의사항에 대한 설명으로 틀린 것은?

① 보온재와 보온재의 틈새는 되도록 작게 한다.
② 겹침부의 이음새는 동일 선상을 피해서 부착한다.
③ 테이프 감기는 물, 먼지 등의 침입을 막기 위해 위에서 아래쪽으로 향하여 감아내리는 것이 좋다.
④ 보온의 끝 단면은 사용하는 보온재 및 보온 목적에 따라서 필요한 보호를 한다.

해설
테이프 감기는 배관의 아래 방향에서 위쪽 방향으로 감아올린다.

정답 26 ② 27 ② 28 ③ 29 ④ 30 ③

31 온수 순환방법에서 순환이 빠르고 균일하게 급탕할 수 있는 방법은?

① 단관 중력순환식 배관법
② 복관 중력순환식 배관법
③ 건식순환식 배관법
④ 강제순환식 배관법

해설
강제순환식의 온수난방은 대규모 난방장치에서도 온수의 순환이 확실하며 균일하게 할 수 있다.

32 증기난방과 비교하여 온수난방의 특징을 설명한 것으로 틀린 것은?

① 난방 부하의 변동에 따라서 열량 조절이 용이하다.
② 예열시간이 짧고, 가열 후에 냉각시간도 짧다.
③ 방열기의 화상이나 공기 중의 먼지 등이 눌어붙어 생기는 나쁜 냄새가 적어 실내의 쾌적도가 높다.
④ 동일 발열량에 대하여 방열 면적이 커야 하고 관경도 굵어야 하기 때문에 설비비가 많이 드는 편이다.

해설
온수난방은 예열시간이 길고, 식는 시간도 길다.

33 증기, 물, 기름배관 등에 사용되며 관 내의 이물질, 찌꺼기 등을 제거할 목적으로 사용되는 것은?

① 플로트 밸브
② 스트레이너
③ 세정 밸브
④ 분수 밸브

34 보일러에서 발생하는 부식 형태가 아닌 것은?

① 점 식
② 수소취화
③ 알칼리 부식
④ 래미네이션

해설
래미네이션 : 보일러 강판이나 관의 제조 시 강괴 속에 함유되어 있는 가스체 등에 의해 두 장의 층을 형성하는 결함

35 로터리 밸브의 일종으로 원통 또는 원뿔에 구멍을 뚫고 축을 회전함에 따라 개폐하는 것으로, 플러그 밸브라고도 하며 0~90° 사이에 임의의 각도로 회전함으로써 유량을 조절하는 밸브는?

① 글로브 밸브
② 체크 밸브
③ 슬루스 밸브
④ 콕(Cock)

해설
콕(Cock)은 원추형의 수전을 90° 각도로 회전함으로써 구멍이 개폐되어 유체의 흐름을 차단하고 유량을 정지시키는 것이다.

31 ④ 32 ② 33 ② 34 ④ 35 ④ 정답

36 **신축곡관이라고도 하며 고온, 고압용 증기관 등의 옥외배관에 많이 쓰이는 신축 이음은?**

① 벨로스형
② 슬리브형
③ 스위블형
④ 루프형

해설

신축이음 : 열을 받으면 늘어나고, 반대면 줄어드는 것을 최소화하기 위해 만든 것

• 슬리브형(미끄럼형) : 신축이음 자체에서 응력이 생기지 않으며, 단식과 복식이 있다.
• 루프형(만곡형) : 가장 효과가 뛰어나 옥외용으로 사용하며, 관지름의 6배 크기의 원형을 만든다.
• 벨로스형(팩리스형, 주름형, 파상형) : 설치에 넓은 장소를 요하지 않으며 신축에 응력을 일으키지 않는 신축이음 형식이다. 신축이 좋기 위해서는 주름이 얇아야 하기 때문에 고압에는 사용할 수 없다.
• 스위블형 : 방열기(라디에이터)에 사용한다.

37 **증기난방에서 응축수의 환수방법에 따른 분류 중 증기의 순환과 응축수의 배출이 빠르며, 방열량도 광범위하게 조절할 수 있어서 대규모 난방에서 많이 채택하는 방식은?**

① 진공환수식 증기난방
② 복관 중력환수식 증기난방
③ 기계환수식 증기난방
④ 단관 중력환수식 증기난방

해설

진공환수식 증기난방은 대규모 난방에 많이 사용한다.

38 **증기보일러에는 원칙적으로 2개 이상의 안전밸브를 부착해야 하는데, 전열면적이 몇 m^2 이하이면 안전밸브를 1개 이상 부착해도 되는가?**

① $50m^2$ ② $30m^2$
③ $80m^2$ ④ $100m^2$

해설

증기보일러에는 2개 이상의 안전밸브를 설치하여야 한다. 다만, 전열면적 $50m^2$ 이하의 증기보일러에서는 1개 이상으로 한다.

39 **보일러에서 사용하는 수면계 설치 기준에 관한 설명 중 잘못된 것은?**

① 유리 수면계는 보일러의 최고사용압력과 그에 상당하는 증기온도에서 원활히 작용하는 기능을 가져야 한다.
② 소용량 및 1종 관류보일러에는 2개 이상의 유리 수면계를 부착해야 한다.
③ 최고사용압력 1MPa 이하로서 동체 안지름이 750mm 미만인 경우에 있어서는 수면계 중 1개는 다른 종류의 수면측정 장치로 할 수 있다.
④ 2개 이상의 원격지시 수면계를 시설하는 경우에 한하여 유리 수면계를 1개 이상으로 할 수 있다.

해설

소용량 및 1종 관류보일러는 1개 이상의 유리 수면계를 부착하여야 한다.

정답 36 ④ 37 ① 38 ① 39 ②

40 표준방열량을 가진 증기방열기가 설치된 실내의 난방부하가 20,000kcal/h일 때 방열면적은 몇 m^2인가?

① 30.8 ② 36.4

③ 44.4 ④ 57.1

해설

난방부하 = 방열기방열량 × 방열면적

$\therefore$ 방열면적 $= \frac{20,000}{650} \fallingdotseq 30.8\text{m}^2$

※ 방열기의 표준방열량

- 증기방열기 : $650\text{kcal/m}^2\text{h}$
- 온수방열기 : $450\text{kcal/m}^2\text{h}$

41 보일러 저수위 사고의 원인으로 가장 거리가 먼 것은?

① 보일러 이음부에서의 누설

② 수면계 수위의 오판

③ 급수장치가 증발능력에 비해 과소

④ 연료 공급 노즐의 막힘

해설

저수위 발생 사고의 원인

- 급수장치의 고장
- 분출밸브에서 보일러수 누설
- 급수밸브 및 체크밸브 고장으로 보일러수가 급수탱크로 역류
- 급수내관의 구멍이 스케일에 막혀 급수 불능
- 수면계의 유리가 오손되어 수위를 오인하는 경우
- 수면계의 막힘 또는 고장 및 급수공 증기통기공 주위 밸브 개폐의 잘못으로 수위 오판
- 자동급수제어장치 고장 또는 작동 불량
- 증기 토출량이 지나치게 과대한 경우
- 펌프의 용량이 증발능력에 비해 과소한 것을 설치한 경우
- 보일러 연결부에서 누수 발생사고
- 갑자기 전기정전사고 발생
- 보일러 운전 중 안전관리자의 자리 이탈 등

42 보일러의 휴지(休止) 보존 시에 질소가스 봉입보존법을 사용할 경우 질소가스의 압력을 몇 MPa 정도로 보존하는가?

① 0.2 ② 0.6

③ 0.02 ④ 0.06

해설

질소가스 봉입보존법

질소가스의 압력을 0.06MPa(0.6kgf/cm^2)로 보존한다. 보존 중에도 정기점검을 통해 압력이 0.015MPa(0.15kgf/cm^2) 이하가 되면 추가로 압입해서 0.06MPa(0.6kgf/cm^2)로 유지할 필요가 있다.

43 보일러 내처리로 사용되는 약제의 종류에서 pH, 알칼리 조정 작용을 하는 내처리제에 해당하지 않는 것은?

① 수산화나트륨

② 하이드라진

③ 인 산

④ 암모니아

해설

보일러 내처리

- pH 및 알칼리 조정제 : 수산화나트륨, 탄산나트륨, 인산소다, 암모니아 등
- 경도 성분 연화제 : 수산화나트륨, 탄산나트륨, 각종 인산나트륨 등
- 슬러지 조정제 : 타닌, 리그닌, 전분 등
- 탈산소제 : 아황산소다, 하이드라진, 타닌 등
- 가성취화 억제제 : 인산나트륨, 타닌, 리그닌, 황산나트륨 등

40 ① 41 ④ 42 ④ 43 ② 정답

44 가동 중인 보일러의 취급 시 주의사항으로 틀린 것은?

① 보일러수가 항시 일정수위(상용수위)가 되도록 한다.
② 보일러 부하에 응해서 연소율을 가감한다.
③ 연소량을 증가시킬 경우에는 먼저 연료량을 증가시키고 난 후 통풍량을 증가시켜야 한다.
④ 보일러수의 농축을 방지하기 위해 주기적으로 블로 다운을 실시한다.

해설

연소량을 증가시킬 경우에는 먼저 공기 공급량을 증가시킨 후에 연료량을 증가시키고, 연소량을 감소시킬 경우에는 우선 연료량을 줄인 다음 공기량을 감소시킨다.

45 보일러 배관 중에 신축이음을 하는 목적으로 가장 적합한 것은?

① 증기 속의 이물질을 제거하기 위하여
② 열팽창에 의한 관의 파열을 막기 위하여
③ 보일러수의 누수를 막기 위하여
④ 증기 속의 수분을 분리하기 위하여

해설

철의 선팽창계수 α는 1.2×10^{-5}m/m · ℃로 강관의 경우 온도차 1℃일 때 1m당 0.012mm만큼 신축이 발생하므로 직선거리가 긴 배관에 있어 접합부나 기기의 접속부가 파손될 우려가 있다. 이를 미연에 방지하기 위하여 신축이음을 배관 중에 설치하는 것이다.

46 연료(중유) 배관에서 연료 저장탱크와 버너 사이에 설치되지 않는 것은?

① 오일펌프
② 여과기
③ 중유가열기
④ 축열기

해설

축열기의 종류

급수라인에 설치하는 정압식과 증기라인에 설치하는 변압식이 있다.

47 배관 내에 흐르는 유체의 종류를 표시하는 기호 중 증기를 나타내는 것은?

① A ② G
③ S ④ O

해설

유체의 종류

유체의 종류	공 기	가 스	유 류	수증기	물
글자기호	A	G	O	S	W

정답 44 ③ 45 ② 46 ④ 47 ③

48 보일러 가동 시 맥동연소가 발생하지 않도록 하는 방법으로 틀린 것은?

① 연료 속에 함유된 수분이나 공기를 제거한다.

② 2차 연소를 촉진시킨다.

③ 무리한 연소를 하지 않는다.

④ 연소량의 급격한 변동을 피한다.

해설

맥동연소 예방대책

- 연료 속에 함유된 수분이나 공기는 제거한다. 또한, 가열온도를 적절히 유지한다.
- 연료량과 공급 공기량과의 밸런스를 맞추고, 특히 2차 공기의 예열이나 공급방법 등을 개선하며, 더욱 이들의 혼합을 적절히 함으로써 연소실 내에서 속히 연소를 완료할 수 있도록 양호한 연소상태를 유지한다.
- 무리한 연소는 하지 않는다.
- 연소량의 급격한 변동은 피한다.
- 연소실이나 연도의 가스 포켓부는 이를 충분히 둥그스름하게 해서 연소가스가 와류를 일으키지 않도록 개선한다.
- 연도의 단면이 급격히 변화하지 않도록 한다.
- 노내나 연도 내에 불필요한 공기가 누입되지 않도록 한다.
- 2차 연소를 방지한다.

49 온수난방을 하는 방열기의 표준 방열량은 몇 $kcal/m^2 \cdot h$인가?

① 440 ② 450

③ 460 ④ 470

해설

방열기의 표준방열량

- 증기방열기 : $650kcal/m^2 \cdot h$
- 온수방열기 : $450kcal/m^2 \cdot h$

50 방열기의 종류 중 관과 핀으로 이루어지는 엘리먼트와 이것을 보호하기 위한 덮개로 이루어지며 실내 벽면 아랫부분의 나비 나무 부분을 따라서 부착하여 방열하는 형식의 것은?

① 컨벡터

② 패널 라디에이터

③ 섹셔널 라디에이터

④ 베이스 보드 히터

해설

베이스 보드 히터는 강판재 캐비닛 속에 핀튜브형의 가열기가 들어 있어 캐비닛 속에서 대류작용을 일으켜 난방하는 것으로, 설치 높이가 낮은 대류방열기이다.

51 열사용기자재 검사기준에 따라 수압시험을 할 때 강철제 보일러의 최고사용압력이 0.43MPa를 초과, 1.5MPa 이하인 보일러의 수압시험 압력은?

① 최고 사용압력의 2배 + 0.1MPa

② 최고 사용압력의 1.5배 + 0.2MPa

③ 최고 사용압력의 1.3배 + 0.3MPa

④ 최고 사용압력의 2.5배 + 0.5MPa

해설

강철제 증기보일러의 수압시험 압력

- 보일러의 최고사용압력이 $4.3kgf/cm^2$ 이하일 때에는 그 최고사용압력의 2배의 압력으로 한다(다만, 그 시험압력이 $2kgf/cm^2$ 미만인 경우에는 $2kgf/cm^2$로 한다).
- 보일러의 최고사용압력이 $4.3kgf/cm^2$ 초과 $15kgf/cm^2$ 이하일 때에는 그 최고사용압력의 1.3배에 $3kgf/cm^2$를 더한 압력으로 한다.
- 보일러의 최고사용압력이 $15kgf/cm^2$를 초과할 때에는 그 최고사용압력의 1.5배의 압력으로 한다.

48 ② 49 ② 50 ④ 51 ③ 정답

52 배관의 나사이음과 비교한 용접이음의 특징으로 잘못 설명된 것은?

① 나사이음부와 같이 관의 두께에 불균일한 부분이 없다.
② 돌기부가 없어 배관상의 공간효율이 좋다.
③ 이음부의 강도가 적고, 누수의 우려가 크다.
④ 변형과 수축, 잔류응력이 발생할 수 있다.

해설
용접이음은 이음부의 강도가 크고 누수의 염려가 적다.

53 부식억제제의 구비조건에 해당하지 않는 것은?

① 스케일의 생성을 촉진할 것
② 정지나 유동 시에도 부식억제 효과가 클 것
③ 방식 피막이 두꺼우며 열전도에 지장이 없을 것
④ 이종금속과의 접촉부식 및 이종금속에 대한 부식 촉진 작용이 없을 것

해설
부식억제제의 구비조건
- 공해방지 기준에 저촉되지 않을 것
- 정지나 유동 시에도 부식억제 효과가 있을 것
- 저농도로 부식억제 효과가 클 것
- 적정 농도 이하 또는 이상에도 국부부식 또는 부식 촉진이 없을 것
- 스케일 생성을 조장하지 않을 것
- 방식피막이 두꺼우며 열전도에 지장이 없을 것
- 녹이 발생된 계에서도 부식억제 효과가 있을 것
- 이종금속과의 접촉부식 및 이종금속에 대한 부식 촉진 반응이 없을 것
- 장시간 분해되지 않고 안정하게 부식억제 효과를 발휘할 것
- 적수 방지 효과가 있을 것
- 경제적으로 부담이 되지 않을 것

54 보일러 점화조작 시 주의사항에 대한 설명으로 틀린 것은?

① 연소실의 온도가 높으면 연료의 확산이 불량해져서 착화가 잘 안 된다.
② 연료가스의 유출속도가 너무 빠르면 실화 등이 일어나고 너무 늦으면 역화가 발생한다.
③ 연료의 유압이 낮으면 점화 및 분사가 불량하고 높으면 그을음이 축적된다.
④ 프리퍼지 시간이 너무 길면 연소실의 냉각을 초래하고 너무 늦으면 역화를 일으킬 수 있다.

해설
점화조작 시 주의사항
- 연료가스의 유출속도가 너무 빠르면 실화 등이 일어나고 너무 늦으면 역화가 발생한다.
- 연소실의 온도가 낮으면 연료의 확산이 불량해지며 착화가 잘 안 된다.
- 연료의 예열온도가 낮으면 무화 불량, 화염의 편류, 그을음, 분진이 발생한다.
- 연료의 예열온도가 높으면 기름이 분해되고, 분사각도가 흐트러져 분무상태가 불량해지며, 탄화물이 생성한다.
- 유압이 낮으면 점화 및 분사가 불량하고 높으면 그을음이 축적된다.
- 무화용 매체가 과다하면 연소실 온도가 떨어지고 점화가 불량해지고 과소일 경우는 불꽃이 발생하고 역화 발생의 원인이 된다.
- 점화시간이 늦으면 연소실 내로 연료가 유입되어 역화의 원인이 된다.
- 프리퍼지 시간(30초~3분 정도)이 너무 길면 연소실의 냉각을 초래하고, 너무 짧으면 역화를 일으킨다.

정답 52 ③ 53 ① 54 ①

55 에너지이용합리화법에 따라 에너지사용계획을 수립하여 산업통상자원부장관에게 제출하여야 하는 민간사업주관자의 시설규모로 맞는 것은?

① 연간 2,500 티오이 이상의 연료 및 열을 사용하는 시설
② 연간 5,000 티오이 이상의 연료 및 열을 사용하는 시설
③ 연간 1천만 킬로와트 이상의 전력을 사용하는 시설
④ 연간 500만 킬로와트 이상의 전력을 사용하는 시설

해설

에너지사용계획의 제출 등(에너지이용합리화법 시행령 제20조)
에너지사용계획을 수립하여 산업통상자원부장관에게 제출하여야 하는 민간사업주관자는 다음의 어느 하나에 해당하는 시설을 설치하려는 자로 한다.
- 연간 5천 티오이 이상의 연료 및 열을 사용하는 시설
- 연간 2천만 킬로와트시 이상의 전력을 사용하는 시설

56 효율관리기자재 운용규정에 따라 가정용 가스보일러에서 시험성적서 기재 항목에 포함되지 않는 것은?

① 난방열효율
② 가스소비량
③ 부하손실
④ 대기전력

해설

가정용 가스보일러 시험성적서 기재항목(효율관리기자재운용규정 제10조)
난방열효율, 가스소비량, 난방출력(콘덴싱출력), 대기전력, 소비효율등급

57 신재생 에너지 설비 중 태양의 열에너지를 변환시켜 전기를 생산하거나 에너지원으로 이용하는 설비로 맞는 것은?

① 태양열 설비
② 태양광 설비
③ 바이오에너지 설비
④ 풍력 설비

해설

신재생에너지 설비(신에너지 및 재생에너지 개발·이용·보급 촉진법 시행규칙 제2조)
- 태양에너지 설비
  - 태양열 설비 : 태양의 열에너지를 변환시켜 전기를 생산하거나 에너지원으로 이용하는 설비
  - 태양광 설비 : 태양의 빛에너지를 변환시켜 전기를 생산하거나 채광(採光)에 이용하는 설비
- 바이오에너지 설비 : 바이오에너지를 생산하거나 이를 에너지원으로 이용하는 설비
- 풍력 설비 : 바람의 에너지를 변환시켜 전기를 생산하는 설비
- 수력 설비 : 물의 유동(流動) 에너지를 변환시켜 전기를 생산하는 설비
- 연료전지 설비 : 수소와 산소의 전기화학 반응을 통하여 전기 또는 열을 생산하는 설비
- 석탄을 액화·가스화한 에너지 및 중질잔사유(重質殘渣油)를 가스화한 에너지 설비 : 석탄 및 중질잔사유의 저급 연료를 액화 또는 가스화시켜 전기 또는 열을 생산하는 설비
- 해양에너지 설비 : 해양의 조수, 파도, 해류, 온도차 등을 변환시켜 전기 또는 열을 생산하는 설비
- 폐기물에너지 설비 : 폐기물을 변환시켜 연료 및 에너지를 생산하는 설비
- 지열에너지 설비 : 물, 지하수 및 지하의 열 등의 온도차를 변환시켜 에너지를 생산하는 설비
- 수소에너지 설비 : 물이나 그 밖에 연료를 변환시켜 수소를 생산하거나 이용하는 설비

55 ② 56 ③ 57 ① 정답

58 에너지이용합리화법에서 정한 국가에너지절약추진위원회의 위원장은 누구인가?

① 산업통상자원부장관
② 지방자치단체의 장
③ 국무총리
④ 대통령

해설

국가에너지절약추진위원회 위원장은 산업통상자원부장관이 되며, 위원은 대통령령으로 정하는 당연직 위원과 에너지 분야의 학식과 경험이 풍부한 사람 중에서 산업통상자원부장관이 위촉하는 위촉위원으로 구성한다.
※ 법 개정으로 인해 해당 조문 삭제됨

59 에너지이용합리화법에 따라 산업통상자원부령으로 정하는 광고매체를 이용하여 효율관리기자재의 광고를 하는 경우에는 그 광고 내용에 에너지소비효율, 에너지소비효율등급을 포함시켜야 할 의무가 있는 자가 아닌 것은?

① 효율관리기자재 제조업자
② 효율관리기자재 광고업자
③ 효율관리기자재 수입업자
④ 효율관리기자재 판매업자

해설

효율관리기자재의 지정 등(에너지이용합리화법 제15조)
효율관리기자재의 제조업자·수입업자 또는 판매업자가 산업통상자원부령으로 정하는 광고매체를 이용하여 효율관리기자재의 광고를 하는 경우에는 그 광고내용에 따른 에너지소비효율등급 또는 에너지소비효율을 포함하여야 한다.

60 에너지이용합리화법상 효율관리기자재에 해당하지 않는 것은?

① 전기냉장고
② 전기냉방기
③ 자동차
④ 범용선반

해설

효율관리기자재(에너지이용합리화법 시행규칙 제7조)
- 전기냉장고
- 전기냉방기
- 전기세탁기
- 조명기기
- 삼상유도전동기(三相誘導電動機)
- 자동차
- 그 밖에 산업통상자원부장관이 그 효율의 향상이 특히 필요하다고 인정하여 고시하는 기자재 및 설비

정답 58 ① 59 ② 60 ④

2013년 제2회 과년도 기출문제

01 어떤 물질의 단위질량(1kg)에서 온도를 1℃ 높이는 데 소요되는 열량을 무엇이라고 하는가?

① 열용량　　② 비 열
③ 잠 열　　④ 엔탈피

해설
① 열용량 : 어떤 물질의 온도를 1℃ 변화시키는 데 필요한 열량
③ 잠열 : 온도의 변화 없이 상태가 변화하는 데 필요한 열량
④ 엔탈피 : 유동하고 있는 물체가 갖고 있는 내부에너지＋유동에너지

02 엔탈피가 25kcal/kg인 급수를 받아 1시간당 20,000kg의 증기를 발생하는 경우 이 보일러의 매시 환산 증발량은 몇 kg/h인가?(단, 발생증기 엔탈피는 725kcal/kg이다)

① 3,246kg/h　　② 6,493kg/h
③ 12,987kg/h　　④ 25,974kg/h

해설
환산증발량

$$G_e = \frac{G(h_2 - h_1)}{539}$$

여기서, G : 실제 증발량(kg/h)
h_1 : 급수 엔탈피
h_2 : 발생 증기 엔탈피

기준 상태에 있어서의 증발량의 소요 열량 : 표준 기압에서 100℃의 포화수를 건포화 증기로 하는 데 필요한 증발 열량은 539.06kcal/kg

$$\therefore\ G_e = \frac{20,000(725-25)}{539} \fallingdotseq 25,974\text{kg/h}$$

03 보일러의 기수분리기를 가장 옳게 설명한 것은?

① 보일러에서 발생한 증기 중에 포함되어 있는 수분을 제거하는 장치
② 증기 사용처에서 증기 사용 후 물과 증기를 분리하는 장치
③ 보일러에 투입되는 연소용 공기 중의 수분을 제거하는 장치
④ 보일러 급수 중에 포함되어 있는 공기를 제거하는 장치

해설
기수분리기 : 공기 중에 혼입된 수분을 분리하는 장치

04 다음 중 보일러 스테이(Stay)의 종류에 해당되지 않는 것은?

① 거싯(Gusset) 스테이
② 바(Bar) 스테이
③ 튜브(Tube) 스테이
④ 너트(Nut) 스테이

해설
스테이 종류 : 경사 스테이, 거싯 스테이, 관(튜브) 스테이, 바(막대, 봉) 스테이, 나사(볼트) 스테이, 도그 스테이, 나막신 스테이(거더 스테이)

정답 1 ② 2 ④ 3 ① 4 ④

05 **보일러에 부착하는 압력계의 취급상 주의사항으로 틀린 것은?**

① 온도가 353K 이상 올라가지 않도록 한다.

② 압력계는 고장이 날 때까지 계속 사용하는 것이 아니라 일정 사용 시간을 정하고 정기적으로 교체하여야 한다.

③ 압력계 사이펀관의 수직부에 콕을 설치하고 콕의 핸들이 축 방향과 일치할 때에 열린 것이어야 한다.

④ 부르동관 내에 직접 증기가 들어가면 고장이 나기 쉬우므로 사이펀관에 물이 가득 차지 않도록 한다.

해설

부르동관 내에 직접 증기가 들어가면 고장이 나기 쉬우므로 사이펀관에 물이 가득 차지 않으면 안 된다.

06 **증기 중에 수분이 많을 경우의 설명으로 잘못된 것은?**

① 건조도가 저하한다.

② 증기의 손실이 많아진다.

③ 증기 엔탈피가 증가한다.

④ 수격작용이 발생할 수 있다.

해설

증기 중에 수분이 많으면 증기 엔탈피가 감소한다.

07 **다음 중 고체연료의 연소방식에 속하지 않는 것은?**

① 화격자 연소방식

② 확산 연소방식

③ 미분탄 연소방식

④ 유동층 연소방식

해설

고체연료의 연소방식

- 화격자 연소방식 : 수분식과 기계식이 있다(고체연료 사용).
- 미분탄 연소방식 : 미분탄의 연소 시에 사용한다.
- 유동층 연소방식 : 화격자와 미분탄의 절충식(상압유동층, 가압유동층)이다.

08 **보일러의 열정산 시 증기의 건도는 몇 % 이상에서 시험함을 원칙으로 하는가?**

① 96% ② 97%

③ 98% ④ 99%

해설

증기의 건도는 0.98로 한다.

09 **유류보일러의 자동장치 점화방법의 순서가 맞는 것은?**

① 송풍기 기동 → 연료펌프 기동 → 프리퍼지 → 점화용 버너 착화 → 주버너 착화

② 송풍기 기동 → 프리퍼지 → 점화용 버너 착화 → 연료펌프 기동 → 주버너 착화

③ 연료펌프 기동 → 점화용 버너 착화 → 프리퍼지 → 주버너 착화 → 송풍기 기동

④ 연료펌프 기동 → 주버너 착화 → 점화용 버너 착화 → 프리퍼지 → 송풍기 기동

정답 5 ④ 6 ③ 7 ② 8 ③ 9 ①

10 액체연료의 일반적인 특징에 관한 설명으로 틀린 것은?

① 유황분이 없어서 기기 부식의 염려가 거의 없다.
② 고체연료에 비해서 단위 중량당 발열량이 높다.
③ 연소효율이 높고 연소 조절이 용이하다.
④ 수송과 저장 및 취급이 용이하다.

해설

액체연료의 장단점

장 점	단 점
• 발열량이 크고 품질이 균일하다. • 회분이 거의 없고 점화, 소화 등 연소 조절이 쉽다. • 연소효율 및 열효율이 높다. • 운반·저장 및 취급이 쉽고, 저장 중 변질이 적다. • 계량과 기록이 쉽다.	• 연소온도가 높아 국부적인 과열을 일으키기 쉽다. • 화재·역화 등의 위험성이 크다. • 버너의 종류에 따라 소음이 크다. • 일반적으로 황분이 많고 대기오염의 주원인이다. • 국내 생산이 없어 값이 비싸다.

11 다음 중 수면계의 기능시험을 실시해야 할 시기로 옳지 않은 것은?

① 보일러를 가동하기 전
② 2개의 수면계의 수위가 동일할 때
③ 수면계 유리의 교체 또는 보수를 행하였을 때
④ 프라이밍, 포밍 등이 생길 때

해설

2개 수면계 수위의 차이를 발견했을 때 수면계의 기능시험을 실시한다.

12 난방 및 온수 사용열량이 400,000kcal/h인 건물에 효율 80%인 보일러로서 저위발열량 10,000kcal/Nm^3인 기체연료를 연소시키는 경우, 시간당 소요 연료량은 약 몇 Nm^3/h인가?

① 45
② 60
③ 56
④ 50

해설

$$\text{보일러효율} = \frac{\text{정격출력}}{\text{시간당 연료사용량} \times \text{발열량}}$$

$$0.8 = \frac{400{,}000\text{kcal/h}}{x \times 10{,}000\text{kcal/Nm}^3}$$

$$\therefore\ x = 50\text{Nm}^3/\text{h}$$

13 공기예열기에서 전열방법에 따른 분류에 속하지 않는 것은?

① 전도식
② 재생식
③ 히트파이프식
④ 열팽창식

해설

전열방법에 의한 공기예열기의 분류
• 전도식 : 관형, 판형
• 재생식 : 회전형, 고정형, 이동형
• 히트파이프식

14 보일러의 자동제어에서 급수제어의 약호는?

① ABC
② FWC
③ STC
④ ACC

해설

보일러의 자동제어(ABC) 종류
증기온도제어(STC), 급수제어(FWC), 연소제어(ACC)

10 ① 11 ② 12 ④ 13 ④ 14 ② 정답

15 외분식 보일러의 특징 설명으로 잘못된 것은?

① 연소실의 크기나 형상을 자유롭게 할 수 있다.
② 연소율이 좋다.
③ 사용연료의 선택이 자유롭다.
④ 방사 손실이 거의 없다.

해설

내분식과 외분식 보일러의 특징 비교

내분식 보일러 (입형, 노통, 노통연관식)	외분식 보일러 (횡연관식, 수관식, 수관식)
• 노내 복사열의 흡수가 좋다. • 완전연소가 어렵고, 역화의 위험이 크다. • 연소실의 크기와 개수에 제한을 받는다.	• 연소실의 개조가 용이하다. • 노내온도가 높다. • 복사열의 흡수가 적다. • 연료 선택범위가 넓다. • 휘발분이 많은 저질탄 연소에도 적합하다.

16 수트 블로어에 관한 설명으로 잘못된 것은?

① 전열면 외측의 그을음 등을 제거하는 장치이다.
② 분출기 내의 응축수를 배출시킨 후 사용한다.
③ 블로 시에는 댐퍼를 열고 흡입통풍을 증가시킨다.
④ 부하가 50% 이하인 경우에만 블로한다.

해설

보일러 부하가 50% 이하일 때 수트 블로어 사용을 금지한다.

17 보일러 마력(Boiler Horsepower)에 대한 정의로 가장 옳은 것은?

① 0℃ 물 15.65kg을 1시간에 증기로 만들 수 있는 능력
② 100℃ 물 15.65kg을 1시간에 증기로 만들 수 있는 능력
③ 0℃ 물 15.65kg을 10분에 증기로 만들 수 있는 능력
④ 100℃ 물 15.65kg을 10분에 증기로 만들 수 있는 능력

해설

보일러 마력

- 1시간에 100℃의 물 15.65kg을 건조포화증기로 만드는 능력
- 상당증발량으로 환산하면 15.65kg/h
- 시간발생열량으로 환산하면 $15.65 \times 539 = 8{,}435$kcal

18 원통형 보일러와 비교할 때 수관식 보일러의 특징 설명으로 틀린 것은?

① 수관의 관경이 작아 고압에 잘 견딘다.
② 보유수가 적어서 부하변동 시 압력변화가 작다.
③ 보일러수의 순환이 빠르고 효율이 높다.
④ 구조가 복잡하여 청소가 곤란하다.

해설

수관식 보일러의 특징

- 고압, 대용량용으로 제작
- 보유 수량이 적어 파열 시 피해가 작음
- 보유 수량에 비해 전열 면적이 크므로 증발 시간이 빠르고, 증발량이 많음
- 보일러수의 순환이 원활
- 효율이 가장 높음
- 연소실과 수관의 설계가 자유로움
- 구조가 복잡하므로 청소, 점검, 수리가 곤란
- 제작비가 고가
- 스케일에 의한 과열 사고가 발생되기 쉬움
- 수위 변동이 심하여 거의 연속적 급수가 필요

정답 15 ④ 16 ④ 17 ② 18 ②

19 다음 보기에서 그 연결이 잘못된 것은?

보기
- ㉠ 관성력 집진장치 – 충돌식, 반전식
- ㉡ 전기식 집진장치 – 코트렐 집진장치
- ㉢ 저유수식 집진장치 – 로터리 스크러버식
- ㉣ 가압수식 집진장치 – 임펄스 스크러버식

① ㉠　　② ㉡
③ ㉢　　④ ㉣

해설

집진장치
- 건식 집진장치 : 중력식 집진장치(중력 침강식, 다단 침강식), 관성력 집진장치(반전식, 충돌식), 원심력 집진장치(사이클론식, 멀티클론식, 블로다운형)
- 습식(세정식) 집진장치 : 유수식 집진장치(전류형, 로터리형), 가압수식 집전장치(벤투리 스크러버, 사이클론형, 제트형, 충전탑, 분무탑)
- 전기식 집진장치 : 코트렐 집진장치
- 여과식 집진장치 : 표면여과형(백필터), 내면여과형(공기여과기, 고성능 필터)
- 음파 집진장치

20 보일러의 안전장치와 거리가 가장 먼 것은?

① 과열기
② 안전밸브
③ 저수위 경보기
④ 방폭문

해설

보일러의 안전장치 : 안전밸브, 화염검출기, 방폭문, 용해플러그, 저수위 경보기, 압력조절기, 가용전 등

21 다음 보일러 중 특수열매체 보일러에 해당되는 것은?

① 타쿠마 보일러
② 카네크롤 보일러
③ 슐처 보일러
④ 하우덴 존슨 보일러

해설

특수액체(열매체) 보일러 : 다우섬, 카네크롤, 수은, 모빌섬, 시큐리티

22 다음 각각의 자동제어에 관한 설명으로 맞는 것은?

① 목표값이 일정한 자동제어를 추치제어라고 한다.
② 어느 한쪽의 조건이 구비되지 않으면 다른 제어를 정지시키는 것은 피드백 제어이다.
③ 결과가 원인으로 되어 제어단계를 진행하는 것을 인터로크 제어라고 한다.
④ 미리 정해진 순서에 따라 제어의 각 단계를 차례로 진행하는 제어는 시퀀스 제어이다.

해설

① 추치제어 : 목표치가 변화할 때, 그것에 제어량을 추종시키기 위한 제어
② 피드백 제어 : 출력측의 신호를 입력측으로 되돌려 정정 동작을 행하는 제어
③ 인터로크 제어 : 자동제어 시 어느 조건이 구비되지 않으면 그 다음 동작을 정지시키는 제어 형태

19 ④ 20 ① 21 ② 22 ④ 정답

23 보일러 자동제어에서 신호전달방식 종류에 해당되지 않는 것은?

① 팽창식 ② 유압식

③ 전기식 ④ 공기압식

해설

자동제어의 신호전달방식

- 전기식 : 원거리 신호전달이 용이하고 신호전달이 매우 빠르다.
- 유압식 : 인화의 위험이 크고 조작력이 매우 크다.
- 공기압식 : 비교적 신호전달거리가 짧고, 희망 특성을 살리기 어렵다.

24 연료의 연소 시 과잉공기계수(공기비)를 구하는 올바른 식은?

① $\frac{\text{연료가스량}}{\text{이론공기량}}$ ② $\frac{\text{실제공기량}}{\text{이론공기량}}$

③ $\frac{\text{배기가스량}}{\text{사용공기량}}$ ④ $\frac{\text{사용공기량}}{\text{배기가스량}}$

해설

$$\text{공기비}(m) = \frac{\text{실제공기량}(A)}{\text{이론공기량}(A_o)}$$

25 보일러 저수위 경보장치 종류에 속하지 않는 것은?

① 플로트식

② 전극식

③ 열팽창관식

④ 압력제어식

해설

저수위경보장치의 종류

플로트식(맥도널식), 전극식, 열팽창력식(코프스식)

26 보일러에서 카본이 생성되는 원인으로 거리가 먼 것은?

① 유류의 분무상태 또는 공기와의 혼합이 불량할 때

② 버너 타일공의 각도가 버너의 화염각도보다 작은 경우

③ 노통보일러와 같이 가느다란 노통을 연소실로 하는 것에서 화염각도가 현저하게 작은 버너를 설치하고 있는 경우

④ 직립보일러와 같이 연소실의 길이가 짧은 노에다가 화염의 길이가 매우 긴 버너를 설치하고 있는 경우

해설

노통보일러와 같이 가느다란 노통을 연소실로 하는 것에서 화염각도가 현저하게 큰 버너를 설치하고 있는 경우

27 고체연료에서 탄화가 많이 될수록 나타나는 현상으로 옳은 것은?

① 고정탄소가 감소하고, 휘발분은 증가되어 연료비는 감소한다.

② 고정탄소가 증가하고, 휘발분은 감소되어 연료비는 감소한다.

③ 고정탄소가 감소하고 휘발분은 증가되어 연료비는 증가한다.

④ 고정탄소가 증가하고 휘발분은 감소되어 연료비는 증가한다.

정답 23 ① 24 ② 25 ④ 26 ③ 27 ④

28 다음 중 여과식 집진장치의 분류가 아닌 것은?

① 유수식
② 원통식
③ 평판식
④ 역기류 분사식

해설

집진장치의 종류
• 세정 집진장치 : 유수식, 가압수식(벤투리, 사이클론, 충진탑), 회전식
• 건식 집진장치 : 관성식, 중력식, 원심식(사이클론), 여과식, 음파식
• 전기식 집진장치 : 코트넬식

29 절대온도 380K를 섭씨온도로 환산하면 약 몇 ℃인가?

① 107℃
② 380℃
③ 653℃
④ 926℃

해설

절대온도(K)
K = 273 + ℃
℃ = 380 − 273
= 107

30 파이프 또는 이음쇠의 나사이음 분해 조립 시 파이프 등을 회전시키는 데 사용되는 공구는?

① 파이프 리머
② 파이프 익스팬더
③ 파이프 렌치
④ 파이프 커터

31 보일러의 자동 연료차단장치가 작동하는 경우가 아닌 것은?

① 최고사용압력이 0.1MPa 미만인 주철제 온수보일러의 경우 온수 온도가 105℃인 경우
② 최고사용압력이 0.1MPa를 초과하는 증기보일러에서 보일러의 저수위 안전장치가 동작할 때
③ 관류보일러에 공급하는 급수량이 부족한 경우
④ 증기압력이 설정압력보다 높은 경우

32 스케일의 종류 중 보일러 급수 중의 칼슘성분과 결합하여 규산칼슘을 생성하기도 하며, 이 성분이 많은 스케일은 대단히 경질이기 때문에 기계적, 화학적으로 제거하기 힘든 스케일 성분은?

① 실리카
② 황산마그네슘
③ 염화마그네슘
④ 유 지

28 ① 29 ① 30 ③ 31 ① 32 ① 정답

33 **다음 열역학과 관계된 용어 중 그 단위가 다른 것은?**

① 열전달계수
② 열전도율
③ 열관류율
④ 열통과율

해설

• 열전달계수, 열관류율, 열통과율의 단위 : kcal/m^2·h·℃
• 열전도율의 단위 : kcal/m·h·℃

34 **증기 트랩의 설치 시 주의사항에 관한 설명으로 틀린 것은?**

① 응축수 배출점이 여러 개가 있을 경우 응축수 배출점을 묶어서 그룹 트래핑을 하는 것이 좋다.
② 증기가 트랩에 유입되면 즉시 배출시켜 운전에 영향을 미치지 않도록 하는 것이 필요하다.
③ 트랩에서의 배출관은 응축수 회수주관의 상부에 연결하는 것이 필수적으로 요구되며, 특히 회수주관이 고가 배관으로 되어 있을 때에는 더욱 주의하여 연결하여야 한다.
④ 증기트랩에서 배출되는 응축수를 회수하여 재활용하는 경우에 응축수 회수관 내에는 원하지 않는 배압이 형성되어 증기 트랩의 용량에 영향을 미칠 수 있다.

해설

그룹 트래핑을 하는 경우 각 설비의 증기 공급 압력 및 부하율에 따라 응축수 정체가 발생하며, 이로 인한 설비의 열효율 저하, 워터해머 등이 발생한다. 따라서 그룹 트래핑은 피해야 한다.

35 **회전이음, 지블이음 등으로 불리며, 증기 및 온수 난방 배관용으로 사용하고 현장에서 2개 이상의 엘보를 조립해서 설치하는 신축이음은?**

① 벨로스형 신축이음
② 루프형 신축이음
③ 스위블형 신축이음
④ 슬리브형 신축이음

해설

③ 스위블형 : 회전이음, 지블이음, 지웰이음 등으로 불린다. 2개 이상의 나사엘보를 사용하여 이음부 나사의 회전을 이용하여 배관의 신축을 흡수하는 것으로, 주로 온수 또는 저압의 증기난방 등의 방열기 주위 배관용으로 사용된다.
① 벨로스형(팩리스형, 주름통, 파상형) : 급수, 냉난방 배관에서 많이 사용되는 신축이음이다.
② 루프형(만곡형) : 신축곡관이라고도 하며 고온, 고압용 증기관 등의 옥외 배관에 많이 쓰이는 신축이음이다.
④ 슬리브형(미끄럼형) : 본체와 슬리브 파이프로 되어 있으며 관의 신축은 본체 속의 슬리브관에 의해 흡수되며 슬리브와 본체 사이에 패킹을 넣어 누설을 방지한다. 단식과 복식의 두 가지 형태가 있다.

36 **그림과 같이 개방된 표면에서 구멍 형태로 깊게 침식하는 부식을 무엇이라고 하는가?**

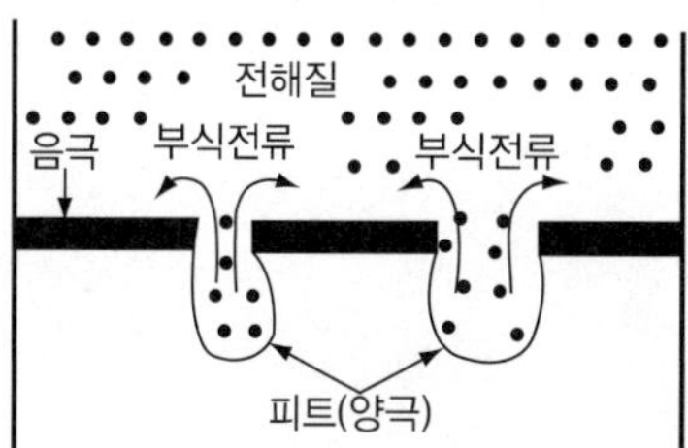

① 국부부식
② 그루빙(Grooving)
③ 저온부식
④ 점식(Pitting)

해설

④ 점식 : 보일러수 중에 염화물이온과 산소(O_2)가 다량 용해되어 있을 경우 발생하며 개방된 표면에서 구멍형태로 깊게 침식하는 부식
② 그루빙 : 강판에 반복된 응력을 가하면 피로감에 의해 v, u자형으로 갈라지는 현상

37 증기난방과 비교하여 온수난방의 특징에 대한 설명으로 틀린 것은?

① 물의 현열을 이용하여 난방하는 방식이다.
② 예열에 시간이 걸리지만 쉽게 냉각되지 않는다.
③ 동일 방열량에 대하여 방열 면적이 크고 관경도 굵어야 한다.
④ 실내 쾌감도가 증기난방에 비해 낮다.

해설
온수난방은 실내온도의 쾌감도가 증기난방에 비하여 쾌적하다.

38 파이프 커터로 관을 절단하면 안으로 거스러미(Burr)가 생기는데, 이것을 능률적으로 제거하는 데 사용되는 공구는?

① 다이 스토크
② 사각줄
③ 파이프 리머
④ 체인 파이프렌치

39 진공환수식 증기난방 배관시공에 관한 설명 중 맞지 않는 것은?

① 증기주관은 흐름 방향에 1/200 ~ 1/300의 앞내림 기울기로 하고 도중에 수직 상향부가 필요한 때 트랩장치를 한다.
② 방열기 분기관 등에서 앞단에 트랩장치가 없을 때는 1/50 ~ 1/100의 앞몰림 기울기로 하여 응축수를 주관에 역류시킨다.
③ 환수관에 수직 상향부가 필요한 때는 리프트 피팅을 써서 응축수가 위쪽으로 배출하게 한다.
④ 리프트 피팅은 될 수 있으면 사용개소를 많게 하고 1단을 2.5m 이내로 한다.

해설
리프트이음 : 진공환수식 증기난방에서 부득이 방열기보다 높은 곳에 환수관을 배관할 경우 사용하며, 한 단의 높이는 1.5m 이내로 한다.

40 액상 열매체 보일러시스템에서 열매체유의 액팽창을 흡수하기 위한 팽창탱크의 최소 체적(V_T)을 구하는 식으로 옳은 것은?(단, V_E : 승온 시 시스템 내의 열매체유 팽창량, V_M : 상온 시 탱크 내의 열매체유 보유량)

① $V_T = V_E + V_M$
② $V_T = V_E + 2V_M$
③ $V_T = 2V_E + V_M$
④ $V_T = 2V_E + 2V_M$

37 ④ 38 ③ 39 ④ 40 ③ 정답

41 압축기 진동과 서징, 관의 수격작용, 지진 등에서 발생하는 진동을 억제하는 데 사용되는 지지장치는?

① 벤드벤
② 플랩 밸브
③ 그랜드 패킹
④ 브레이스

해설

브레이스(Brace) : 펌프, 압축기 등에서 발생하는 기계의 진동을 흡수하는 방진기와 수격작용, 지진 등에서 일어나는 충격을 완화하는 완충기가 있다.

42 점화장치로 이용되는 파일럿 버너는 화염을 안정시키기 위해 보염식 버너가 이용되고 있는데, 이 보염식 버너의 구조에 관한 설명으로 가장 옳은 것은?

① 동일한 화염 구멍이 8 ~ 9개 내외로 나뉘어져 있다.
② 화염 구멍이 가느다란 타원형으로 되어 있다.
③ 중앙의 화염 구멍 주변으로 여러 개의 작은 화염 구멍이 설치되어 있다.
④ 화염 구멍부 구조가 원뿔 형태와 같이 되어 있다.

43 증기난방의 분류 중 응축수 환수방식에 의한 분류에 해당되지 않는 것은?

① 중력환수방식
② 기계환수방식
③ 진공환수방식
④ 상향환수방식

해설

증기난방의 분류
- 배관방식 : 단관식, 복관식
- 응축수 환수방법 : 중력환수식, 기계환수식, 진공환수식
- 온수공급방법 : 상향식, 하향식
- 증기압력 : 저압증기난방, 고압증기난방
- 환수관 배관방법 : 습식환수관, 건식환수관

44 천연고무와 비슷한 성질을 가진 합성고무로서 내유성, 내후성, 내산화성, 내열성 등이 우수하며 석유용매에 대한 저항성이 크고 내열도는 −46~121℃ 범위에서 안정한 패킹 재료는?

① 과열 석면
② 네오플렌
③ 테프론
④ 하스텔로이

정답 41 ④ 42 ③ 43 ④ 44 ②

45 **연료의 완전연소를 위한 구비조건으로 틀린 것은?**

① 연소실 내의 온도는 낮게 유지할 것
② 연료와 공기의 혼합이 잘 이루어지도록 할 것
③ 연료와 연소장치가 맞을 것
④ 공급 공기를 충분히 예열시킬 것

해설

연료의 완전연소를 위해 연소실의 온도는 높게 유지해야 한다.

46 **관의 결합방식 표시방법 중 플랜지식의 그림기호로 맞는 것은?**

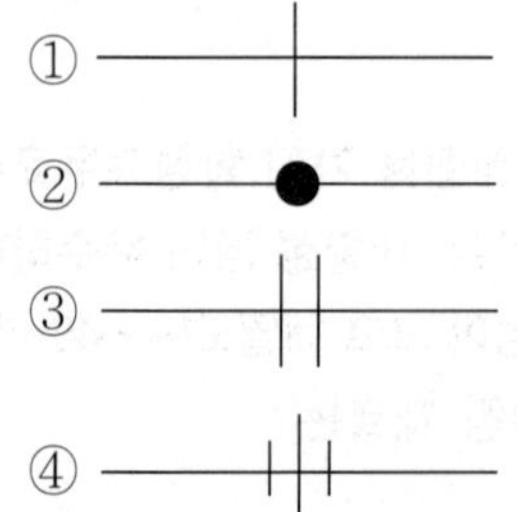

해설

① 나사이음
② 용접식
④ 유니언식

47 **어떤 거실의 난방부하가 5,000kcal/h이고, 주철제 온수방열기로 난방할 때 필요한 방열기의 쪽수(절수)는?(단, 방열기 1쪽당 방열면적은 $0.26m^2$이고, 방열량은 표준방열량으로 한다)**

① 11　　② 21
③ 30　　④ 43

해설

$$\text{방열기 쪽수} = \frac{\text{난방부하}}{\text{방열기 방열량} \times \text{1쪽당 방열면적}} = \frac{5,000}{450 \times 0.26} ≒ 43$$

※ 방열기의 표준방열량
- 증기방열기 : $650kcal/m^2h$
- 온수방열기 : $450kcal/m^2h$

48 **다음 보기 중에서 보일러의 운전정지 순서를 올바르게 나열한 것은?**

보기
㉠ 증기밸브를 닫고, 드레인 밸브를 연다.
㉡ 공기의 공급을 정지시킨다.
㉢ 댐퍼를 닫는다.
㉣ 연료의 공급을 정지시킨다.

① ㉡ → ㉣ → ㉠ → ㉢
② ㉣ → ㉡ → ㉠ → ㉢
③ ㉢ → ㉣ → ㉠ → ㉡
④ ㉠ → ㉣ → ㉡ → ㉢

해설

운전정지의 순서
연료의 공급을 정지한다. → 공기의 공급을 정지한다. → 증기밸브를 닫고, 드레인 밸브를 연다. → 댐퍼를 닫는다.

45 ① 46 ③ 47 ④ 48 ② 정답

49 다음 관 이음 중 진동이 있는 곳에 가장 적합한 이음은?

① MR 조인트 이음
② 용접 이음
③ 나사 이음
④ 플렉시블 이음

해설

플렉시블 조인트 : 긴 축의 연결 방법으로서 진동을 줄이기 위해 사용(고무를 이용)

50 보온재 선정 시 고려해야 할 조건이 아닌 것은?

① 부피, 비중이 작을 것
② 보온능력이 클 것
③ 열전도율이 클 것
④ 기계적 강도가 클 것

해설

보온재의 구비조건

- 보온능력이 클 것(열전도율이 작을 것)
- 가벼울 것(부피비중이 적을 것)
- 기계적 강도가 있을 것
- 시공이 쉽고 확실하며 가격이 저렴할 것
- 독립기포로 되어 있고 다공질일 것
- 흡습 · 흡수성이 없을 것
- 내구성과 내변질성이 클 것

51 가스 폭발에 대한 방지대책으로 거리가 먼 것은?

① 점화 조작 시에는 연료를 먼저 분무시킨 후 무화용 증기나 공기를 공급한다.
② 점화할 때에는 미리 충분한 프리퍼지를 한다.
③ 연료 속의 수분이나 슬러지 등은 충분히 배출한다.
④ 점화 전에는 중유를 가열하여 필요한 점도로 해 둔다.

해설

점화 조작 시에는 무화용 증기나 공기를 먼저 분사시킨 후에 연료를 분무시켜야 한다.

52 주증기관에서 증기의 건도를 향상시키는 방법으로 적당하지 않은 것은?

① 가압하여 증기의 압력을 높인다.
② 드레인 포켓을 설치한다.
③ 증기 공간 내에 공기를 제거한다.
④ 기수분리기를 사용한다.

해설

증기의 건도를 향상시키는 방법

- 강압에 의한 방법
- 효율적인 드레인 처리
- 공기의 제거
- 기수분리기 사용

정답 49 ④ 50 ③ 51 ① 52 ①

53 **보일러 사고의 원인 중 보일러 취급상의 사고원인이 아닌 것은?**

① 재료 및 설계 불량
② 사용압력 초과 운전
③ 저수위 운전
④ 급수처리 불량

해설

취급 불량 : 저수위운전, 사용압력 초과, 급수처리 미비, 과열, 부식, 미연소가스 폭발, 부속기기 정비 불량 및 점검 미비
※ 구조상의 결함(제작상의 결함) : 설계 불량, 재료 불량, 용접 불량, 구조 불량, 강도 불량, 부속기기 설비의 미비

54 **평소 사용하고 있는 보일러의 가동 전 준비사항으로 틀린 것은?**

① 각종 기기의 기능을 검사하고 급수계통의 이상 유무를 확인한다.
② 댐퍼를 닫고 프리퍼지를 행한다.
③ 각 밸브의 개폐상태를 확인한다.
④ 보일러수의 물의 높이는 상용 수위로 하여 수면계로 확인한다.

해설

프리퍼지(가스폭발을 방지하기 위해 점화 시에 노내에 송풍기로 잔존가스를 배출시키는 환기)할 때는 연도댐퍼를 열고 한다.

55 **에너지이용합리화법에 따라 에너지다소비사업자에게 개선명령을 하는 경우는 에너지관리지도 결과 몇 % 이상의 에너지 효율개선이 기대되고 효율개선을 위한 투자의 경제성이 인정되는 경우인가?**

① 5% ② 10%
③ 15% ④ 20%

해설

개선명령의 요건 및 절차 등(에너지이용합리화법 시행령 제40조)
산업통상자원부장관이 에너지다소비사업자에게 개선명령을 할 수 있는 경우는 에너지관리지도 결과 10% 이상의 에너지효율 개선이 기대되고 효율 개선을 위한 투자의 경제성이 있다고 인정되는 경우로 한다.

56 **다음 ( ) 안의 ㉠, ㉡에 각각 들어갈 용어로 옳은 것은?**

> 에너지이용합리화법은 에너지의 수급을 안정시키고 에너지의 합리적이고 효율적인 이용을 증진하며 에너지소비로 인한 (㉠)을(를) 줄임으로써 국민 경제의 건전한 발전 및 국민복지의 증진과 (㉡)의 최소화에 이바지함을 목적으로 한다.

① ㉠ 환경파괴, ㉡ 온실가스
② ㉠ 자연파괴, ㉡ 환경피해
③ ㉠ 환경피해, ㉡ 지구온난화
④ ㉠ 온실가스배출, ㉡ 환경파괴

해설

에너지이용합리화법은 에너지의 수급(需給)을 안정시키고 에너지의 합리적이고 효율적인 이용을 증진하며 에너지소비로 인한 환경피해를 줄임으로써 국민경제의 건전한 발전 및 국민복지의 증진과 지구온난화의 최소화에 이바지함을 목적으로 한다.

53 ① 54 ② 55 ② 56 ③ 정답

57 **에너지이용합리화법에 따라 검사대상기기의 용량이 15t/h인 보일러일 경우 관리자의 자격 기준으로 가장 옳은 것은?**

① 에너지관리기능장 자격 소지자만이 가능하다.
② 에너지관리기능장, 에너지관리기사 자격 소지자만이 가능하다.
③ 에너지관리기능장, 에너지관리기사, 에너지관리산업기사 자격 소지자만이 가능하다.
④ 에너지관리기능장, 에너지관리기사, 에너지관리산업기사, 에너지관리기능사 자격 소지자만이 가능하다.

해설

검사대상기기 관리자의 자격 및 조종범위(에너지이용합리화법 시행규칙 별표 3의 9)

관리자의 자격	관리범위
에너지관리기능장 또는 에너지관리기사	용량이 30t/h를 초과하는 보일러
에너지관리기능장, 에너지관리기사 또는 에너지관리산업기사	용량이 10t/h를 초과하고 30t/h 이하인 보일러
에너지관리기능장, 에너지관리기사, 에너지관리산업기사 또는 에너지관리기능사	용량이 10t/h 이하인 보일러
에너지관리기능장, 에너지관리기사, 에너지관리산업기사, 에너지관리기능사 또는 인정검사대상기기 관리자의 교육을 이수한 자	• 증기보일러로서 최고사용압력이 1MPa 이하이고, 전열면적이 $10m^2$ 이하인 것 • 온수발생 및 열매체를 가열하는 보일러로서 용량이 581.5kW 이하인 것 • 압력용기

58 **제3자로부터 위탁을 받아 에너지사용시설의 에너지절약을 위한 관리·용역 사업을 하는 자로서 산업통상자원부장관에게 등록을 한 자를 지칭하는 기업은?**

① 에너지진단기업
② 수요관리투자기업
③ 에너지절약전문기업
④ 에너지기술개발전담기업

해설

에너지절약전문기업의 지원(에너지이용합리화법 제25조)

정부는 제3자로부터 위탁을 받아 다음의 어느 하나에 해당하는 사업을 하는 자로서 산업통상자원부장관에게 등록을 한 자(에너지절약전문기업)가 에너지절약사업과 이를 통한 온실가스의 배출을 줄이는 사업을 하는 데에 필요한 지원을 할 수 있다.

• 에너지사용시설의 에너지절약을 위한 관리·용역사업
• 에너지절약형 시설투자에 관한 사업
• 그 밖에 대통령령으로 정하는 에너지절약을 위한 사업
  – 신에너지 및 재생에너지원의 개발 및 보급사업
  – 에너지절약형 시설 및 기자재의 연구개발사업

59 **신재생 에너지 설비인증 심사기준을 일반 심사기준과 설비 심사기준으로 나눌 때 다음 중 일반 심사기준에 해당되지 않는 것은?**

① 신재생 에너지 설비의 제조 및 생산 능력의 적정성
② 신재생 에너지 설비의 품질유지·관리능력의 적정성
③ 신재생 에너지 설비의 에너지효율의 적정성
④ 신재생 에너지 설비의 사후관리의 적정성

해설

설비인증 심사기준

• 일반 심사기준
  – 신재생 에너지 설비의 제조 및 생산 능력의 적정성
  – 신재생 에너지 설비의 품질 유지·관리능력의 적정성
  – 신재생 에너지 설비의 사후관리의 적정성
• 설비 심사기준
  – 국제 또는 국내의 성능 및 규격에의 적합성
  – 설비의 효율성
  – 설비의 내구성

※ 법 개정으로 조문 삭제

정답 57 ③ 58 ③ 59 ③

60 **에너지법상 지역에너지계획에 포함되어야 할 사항이 아닌 것은?**

① 에너지 수급의 추이와 전망에 관한 사항
② 에너지이용합리화와 이를 통한 온실가스 배출 감소를 위한 대책에 관한 사항
③ 미활용에너지원의 개발·사용을 위한 대책에 관한 사항
④ 에너지 소비촉진 대책에 관한 사항

해설

지역에너지계획의 수립(에너지법 제7조)

지역계획에는 해당 지역에 대한 다음의 사항이 포함되어야 한다.

- 에너지 수급의 추이와 전망에 관한 사항
- 에너지의 안정적 공급을 위한 대책에 관한 사항
- 신재생 에너지 등 환경친화적 에너지 사용을 위한 대책에 관한 사항
- 에너지 사용의 합리화와 이를 통한 온실가스의 배출 감소를 위한 대책에 관한 사항
- 집단에너지사업법에 따라 집단에너지공급대상지역으로 지정된 지역의 경우 그 지역의 집단에너지 공급을 위한 대책에 관한 사항
- 미활용 에너지원의 개발·사용을 위한 대책에 관한 사항
- 그 밖에 에너지시책 및 관련 사업을 위하여 시·도지사가 필요하다고 인정하는 사항

60 ④ 정답

2013년 제4회 과년도 기출문제

01 과열기의 형식 중 증기와 열가스 흐름의 방향이 서로 반대인 과열기의 형식은?

① 병류식
② 대향류식
③ 증류식
④ 역류식

해설
과열기의 종류 : 병향류식(병류식), 대향류식(향류식), 혼류식(절충식)

02 보일러에서 사용하는 화염검출기에 관한 설명 중 틀린 것은?

① 화염검출기는 검출이 확실하고 검출에 요구되는 응답시간이 길어야 한다.
② 사용하는 연료의 화염을 검출하는 것에 적합한 종류를 적용해야 한다.
③ 보일러용 화염검출기에는 주로 광학식 검출기와 화염검출봉식(Flame Rod)검출기가 사용된다.
④ 광학식 화염검출기는 자회선식을 사용하는 것이 효율적이지만 유류보일러에는 일반적으로 가시광선식 또는 적선식 화염검출기를 사용한다.

해설
화염검출기는 검출이 확실하고 검출에 요구되는 응답시간이 짧아야 한다.

03 다음 중 보일러의 안전장치로 볼 수 없는 것은?

① 고저수위 경보장치
② 화염검출기
③ 급수펌프
④ 압력조절기

해설
보일러의 안전장치 : 안전밸브, 화염검출기, 방폭문, 용해플러그, 저수위 경보기, 압력조절기, 가용전 등

04 측정 장소의 대기 압력을 구하는 식으로 옳은 것은?

① 절대 압력 + 게이지 압력
② 게이지 압력 − 절대 압력
③ 절대 압력 − 게이지 압력
④ 진공도 × 대기 압력

정답 1 ② 2 ① 3 ③ 4 ③

05 원통형 보일러의 일반적인 특징에 관한 설명으로 틀린 것은?

① 구조가 간단하고 취급이 용이하다.
② 수부가 크므로 열 비축량이 크다.
③ 폭발 시에도 비산 면적이 작아 재해가 크게 발생하지 않는다.
④ 사용 증기량의 변동에 따른 발생 증기의 압력변동이 작다.

해설

원통형 보일러 장단점

장 점	• 수부가 커서 부하변동에 대응하기가 쉽다. • 제작이 쉽고 설비 가격이 저렴하다. • 내부 청소 및 수리 검사가 쉽다. • 보유수량이 많아서 부하변동에 의한 압력변화가 작다. • 구조가 간단하고 취급이 쉽다.
단 점	• 고압보일러나 대용량에 부적당하다. • 보일러 가동 후 점화 시 증기 발생의 소요시간이 길다. • 보유수량이 많아 파열 시 피해가 크다. • 보일러 효율이 낮다.

06 포화증기와 비교하여 과열증기가 가지는 특징 설명으로 틀린 것은?

① 증기의 마찰 손실이 적다.
② 같은 압력의 포화증기에 비해 보유열량이 많다.
③ 증기 소비량이 적어도 된다.
④ 가열 표면의 온도가 균일하다.

해설

과열증기는 표면온도를 일정하게 유지할 수 없다.

07 대기압에서 동일한 무게의 물 또는 얼음을 다음과 같이 변화시키는 경우 가장 큰 열량이 필요한 것은? (단, 물과 얼음의 비열은 각각 1kcal/kg · ℃, 0.48 kcal/kg · ℃이고, 물의 증발잠열은 539kcal/kg, 융해잠열은 80kcal/kg이다)

① −20℃의 얼음을 0℃의 얼음으로 변화
② 0℃의 얼음을 0℃의 물로 변화
③ 0℃의 물을 100℃의 물로 변화
④ 100℃의 물을 100℃의 증기로 변화

해설

④ 100℃의 물을 100℃의 증기로 변화 : 539kcal
① −20℃의 얼음을 0℃의 얼음으로 변화 : 9.6kcal
② 0℃의 얼음을 0℃의 물로 변화 : 80kcal
③ 0℃의 물을 100℃의 물로 변화 : 100kcal

08 보일러 효율이 85%, 실제증발량이 5t/h이고, 발생증기의 엔탈피 656kcal/kg, 급수온도의 엔탈피는 56kcal/kg, 연료의 저위발열량 9,750kcal/kg일 때 연료 소비량은 약 몇 kg/h인가?

① 316 ② 362
③ 389 ④ 405

해설

보일러 효율(η)

$$\eta = \frac{G_a(h'' - h')}{G_f \times H_l} \times 100$$

$$85 = \frac{5,000(656 - 56)}{x \times 9,750} \times 100$$

∴ 연료소비량 $x ≒ 362$kgf/h

5 ③ 6 ④ 7 ④ 8 ② 정답

09 **온수보일러에서 배플 플레이트(Baffle Plate)의 설치목적으로 맞는 것은?**

① 급수를 예열하기 위하여
② 연소효율을 감소시키기 위하여
③ 강도를 보강하기 위하여
④ 그을음 부착량을 감소시키기 위하여

해설
배플 플레이트는 유류용 온수보일러가 직립형인 경우 연관을 통한 열손실을 방지하기 위하여 연관 내부에 설치하며, 설치목적은 전열량의 증가, 연소효율 향상, 그을음 부착량 감소를 위해서이다.

10 **보일러 통풍에 대한 설명으로 잘못된 것은?**

① 자연통풍은 일반적으로 별도의 동력을 사용하지 않고 연돌로 인한 통풍을 말한다.
② 평형통풍은 통풍 조절은 용이하나 통풍력이 약하여 주로 소용량 보일러에서 사용한다.
③ 압입통풍은 연소용 공기를 송풍기로 노 입구에서 대기압보다 높은 압력으로 밀어 넣고 굴뚝의 통풍작용과 같이 통풍을 유지하는 방식이다.
④ 흡입통풍은 크게 연소가스를 직접 통풍기에 빨아들이는 직접 흡입식과 통풍기로 대기를 빨아들이게 하고 이를 이젝터로 보내어 그 작용에 의해 연소가스를 빨아들이는 간접흡입식이 있다.

해설
평형통풍은 연소용 공기를 연소실로 밀어 넣는 방식으로 통풍저항이 큰 대형 보일러나 고성능 보일러에 널리 사용되고 있는 통풍방식이다.

11 **고압관과 저압관 사이에 설치하여 고압 측의 압력 변화 및 증기 사용량 변화에 관계없이 저압 측의 압력을 일정하게 유지시켜 주는 밸브는?**

① 감압 밸브　② 온도조절 밸브
③ 안전 밸브　④ 플로트밸브

12 **보일러 2마력을 열량으로 환산하면 약 몇 kcal/h인가?**

① 10,780　② 13,000
③ 15,650　④ 16,870

해설
보일러 1마력
- 1시간에 100℃의 물 15.65kg을 건조포화증기로 만드는 능력
- 상당증발량으로 환산하면 15.65kg/h
- 시간발생열량으로 환산하면 $15.65 \times 539 = 8,435$kcal

∴ $2 \times 8,435 = 16,870$kcal/h

정답 9 ④ 10 ② 11 ① 12 ④

13 **자동제어의 신호전달방법에서 공기압식의 특징으로 맞는 것은?**

① 신호전달거리가 유압식에 비하여 길다.
② 온도제어 등에 적합하고 화재의 위험이 많다.
③ 전송 시 시간지연이 생긴다.
④ 배관이 용이하지 않고 보존이 어렵다.

해설

자동제어의 신호전달방식
- 전기식 : 신호전달 지연이 거의 없으며, 원거리 전송이 용이하나 가격이 비싸다.
- 유압식 : 신호전달 지연이 적으나 인화의 위험성이 있으며, 조작력이 강하고 응답이 빠르다.
- 공기압식 : 관로의 저항으로 전송이 지연될 수 있으며, 자동제어에는 용이하나 원거리 전송이 곤란하다.

14 **보일러설치기술규격에서 보일러의 분류에 대한 설명 중 틀린 것은?**

① 주철제 보일러의 최고사용압력은 증기보일러일 경우 0.5MPa까지, 온수 온도는 373K(100℃)까지로 국한된다.
② 일반적으로 보일러는 사용매체에 따라 증기 보일러, 온수보일러 및 열매체 보일러로 분류한다.
③ 보일러의 재질에 따라 강철제 보일러와 주철제 보일러로 분류한다.
④ 연료에 따라 유류보일러, 가스보일러, 석탄보일러, 목재보일러, 폐열보일러, 특수연료보일러 등이 있다.

해설

회주철제 보일러의 최고사용압력은 증기보일러는 0.1MPa(1kgf/cm^2)까지, 온수보일러는 수두압으로 50m, 온수 온도 393K(120℃)까지로 국한된다.

15 **연소 시 공기비가 적을 때 나타나는 현상으로 거리가 먼 것은?**

① 배기가스 중 NO 및 NO_2의 발생량이 많아진다.
② 불완전연소가 되기 쉽다.
③ 미연소가스에 의한 가스 폭발이 일어나기 쉽다.
④ 누설 시 화재 및 폭발의 위험이 크다.

해설

적정공기비보다 운전공기비가 크면 과잉공기에 의한 배기손실이 증가하고, 운전공기비가 적정공기비보다 작으면 불완전연소에 의한 미연손실이 급격히 증대하게 된다.

16 **기체연료의 일반적인 특징을 설명한 것으로 잘못된 것은?**

① 적은 공기비로 완전연소가 가능하다.
② 수송 및 저장이 편리하다.
③ 연소효율이 높고 자동제어가 용이하다.
④ 누설 시 화재 및 폭발의 위험이 크다.

해설

기체연료의 장단점

장 점	• 연소성이 좋아 적절한 공기로 완전연소 가능 • 유해 배출물이 적어 배열을 회수하여 활용 가능 • 연소 조절 및 점화, 소화가 용이 • 회분이나 매연 등이 없어 청결하여 이용에 편리함
단 점	• 시설비가 많이 들며 고급연료로 다른 연료보다 가격이 높음 • 압축상태로 저장하기 때문에 누출하기가 쉽고 화재 및 폭발위험이 큼 • 연료밀도가 낮아 수송효율이 낮고, 저장조건이 간단치 않음

13 ③ 14 ① 15 ① 16 ② 정답

17 **보일러의 수면계와 관련된 설명 중 틀린 것은?**

① 증기보일러에는 2개(소용량 및 소형관류보일러는 1개) 이상의 유리수면계를 부착하여야 한다. 다만, 단관식 관류보일러는 제외한다.

② 유리수면계는 보일러 동체에만 부착하여야 하며 수주관에 부착하는 것은 금지하고 있다.

③ 2개 이상의 원격지시 수면계를 시설하는 경우에 한하여 유리수면계를 1개 이상으로 할 수 있다.

④ 유리수면계는 상하에 밸브 또는 콕을 갖추어야 하며, 한눈에 그것의 개폐 여부를 알 수 있는 구조이어야 한다. 다만, 소형관류보일러에서는 밸브 또는 콕을 갖추지 아니할 수 있다.

해설

수면계의 부착

유리 수면계는 보일러 사용 중 안전한 수위를 나타내도록 다음에 따라 보일러 또는 수주관에 부착한다. 수주관은 2개의 수면계에 대하여 공동으로 할 수 있고, 저수위 차단장치와도 공동으로 사용할 수 있다.

- 원형 보일러에서는 특별한 경우를 제외하고, 상용수위가 중심선에 오도록 부착하여 최저수위가 다음 위치에 있도록 한다.

※ 수면계 부착 위치

보일러의 종별	부착 위치
직립보일러	연소실 천장판 최고부(플랜지부 제외)위 75mm
직립 연관보일러	연소실 천장판 최고부 위 연관길이의 1/3
수평 연관보일러	연관의 최고부 위 75mm
노통 연관보일러	연관의 최고부 위 75mm. 다만, 연관 최고 부분보다 노통 윗면이 높은 것으로서는 노통 최고부(플랜지부를 제외)위 100mm
노통보일러	노통 최고부(플랜지부 제외) 위 100mm

- 수관식, 그 밖의 보일러에서는 그 구조에 따른 적당한 위치에 오도록 한다.

18 **전열면적인 30m^{2}인 수직 연관보일러를 2시간 연소시킨 결과 3,000kg의 증기가 발생하였다. 이 보일러의 증발률은 약 몇 kg/m^2·h인가?**

① 20 ② 30
③ 40 ④ 50

해설

$$\text{전열면 증발률} = \frac{\text{시간당 증발량}}{\text{전열면적}} = \frac{3{,}000}{30 \times 2} = 50\text{kg/m}^2\cdot\text{h}$$

19 **보일러의 부속설비 중 연료공급 계통에 해당하는 것은?**

① 컴버스터
② 버너 타일
③ 수트 블로어
④ 오일 프리히터

해설

오일 프리히터는 기름을 예열하여 점도를 낮추고, 연소를 원활히 하는 연료공급계통의 부속설비이다.

20 **노내에 분사된 연료에 연소용 공기를 유효하게 공급 확산시켜 연소를 유효하게 하고 확실한 착화와 화염의 안정을 도모하기 위하여 설치하는 것은?**

① 화염검출기
② 연료 차단밸브
③ 버너 정지 인터로크
④ 보염장치

해설

보염장치는 화염의 안정화를 도모한다.

정답 17 ② 18 ④ 19 ④ 20 ④

21 노통이 하나인 코니시 보일러에서 노통을 편심으로 설치하는 가장 큰 이유는?

① 연소장치의 설치를 쉽게 하기 위함이다.
② 보일러수의 순환을 좋게 하기 위함이다.
③ 보일러의 강도를 크게 하기 위함이다.
④ 온도변화에 따른 신축량을 흡수하기 위함이다.

22 보일러 부속장치에 대한 설명 중 잘못된 것은?

① 인젝터 : 증기를 이용한 급수장치
② 기수분리기 : 증기 중에 혼입된 수분을 분리하는 장치
③ 스팀 트랩 : 응축수를 자동으로 배출하는 장치
④ 절탄기 : 보일러 동 저면의 스케일, 침전물을 밖으로 배출하는 장치

해설

- 절탄기(폐열회수장치) : 연도에서 배기가스의 여열로 보일러 급수를 예열시키는 보일러 열효율 장치
- 분출밸브 : 보일러 급수 중의 불순물이나 침전물 등을 외부로 배출하기 위해 설치하는 밸브

23 어떤 보일러의 3시간 동안 증발량이 4,500kg이고, 그때의 급수엔탈피가 25kcal/kg, 증기엔탈피가 680kcal/kg이라면 상당증발량은 약 몇 kg/h인가?

① 551 ② 1,684
③ 1,823 ④ 3,051

해설

$$G_e = \frac{G(h_2 - h_1)}{539} = \frac{4,500(680-25)}{539 \times 3} \fallingdotseq 1,822.82\text{kg/h}$$

24 보일러 연료의 구비조건으로 틀린 것은?

① 공기 중에 쉽게 연소할 것
② 단위 중량당 발열량이 클 것
③ 연소 시 회분 배출량이 많을 것
④ 저장이나 운반, 취급이 용이할 것

해설

연료의 구비조건
- 공기 중에서 쉽게 연소할 것
- 단위 중량당 발열량이 클 것
- 저장이나 운반, 취급이 용이할 것
- 연소 시 유독성이 적고 매연 발생이 적을 것
- 연소 시 회분 등 배출물이 적을 것

25 운전 중 화염이 블로 오프(Blow-off)된 경우 특정한 경우에 한하여 재점화 및 재시동을 할 수 있다. 이때 재점화와 재시동의 기준에 관한 설명으로 틀린 것은?

① 재점화에서의 점화장치는 화염의 소화 직후, 1초 이내에 자동으로 작동할 것
② 강제 혼합식 버너의 경우 재점화 동작 시 화염감시장치가 부착된 버너에는 가스가 공급되지 아니할 것
③ 재점화에 실패한 경우에는 지정된 안전차단시간 내에 버너가 작동 폐쇄될 것
④ 재시동은 가스의 공급이 차단된 후 즉시 표준연속프로그램에 의하여 자동으로 이루어질 것

해설

재점화 동작 시 화염감시장치가 부착된 버너 이외의 버너에는 가스가 공급되지 않아야 한다.

21 ② 22 ④ 23 ③ 24 ③ 25 ② 정답

26 보일러의 급수장치에 해당되지 않는 것은?

① 비수방지관
② 급수내관
③ 원심펌프
④ 인젝터

해설

비수방지관은 송기장치이다.

27 전자밸브가 작동하여 연료공급을 차단하는 경우로 거리가 먼 것은?

① 보일러수의 이상 감수 시
② 증기압력 초과 시
③ 배기가스온도의 이상 저하 시
④ 점화 중 불착화 시

해설

가스차단용 전자밸브 기능 : 이상 압력상승과 이상 감수 시, 가동 중 실화, 불착화 시 연소실 내로 유입되는 연료 차단

28 다음 집진장치 중 가압수를 이용한 집진장치는?

① 포켓식
② 임펠러식
③ 벤투리 스크러버식
④ 산소 공급원

해설

집진장치

- 세정 집진장치 : 유수식, 가압수식(벤투리, 사이클론, 충진탑), 회전식
- 건식 집진장치 : 관성식, 중력식, 원심식(사이클론), 여과식, 음파식
- 전기식 집진장치 : 코트넬식

29 연소가 이루어지기 위한 필수 요건에 속하지 않는 것은?

① 가연물　　② 수소 공급원
③ 점화원　　④ 산소 공급원

해설

연소의 3요소 : 가연물, 점화원, 산소 공급원

30 동관 이음에서 한쪽 동관의 끝을 나팔형으로 넓히고 압축이음쇠를 이용하여 체결하는 이음 방법은?

① 플레어이음　　② 플랜지이음
③ 플라스턴이음　　④ 몰코이음

해설

플레어이음을 압축이음이라 하며 점검, 보수 등이 필요한 장소에 쉽게 분해, 조립하기 위하여 사용한다.

31 다음과 같은 부하에 대해서 보일러의 "정격출력"을 올바르게 표시한 것은?

H1 : 난방부하,	H2 : 급탕부하
H3 : 배관부하,	H4 : 예열부하

① H1 + H2 + H3
② H2 + H3 + H4
③ H1 + H2 + H4
④ H1 + H2 + H3 + H4

해설

보일러의 용량결정

- 정격출력 = 난방부하 + 급탕부하 + 배관부하 + 예열부하
- 상용출력 = 난방부하 + 급탕부하 + 배관부하

정답 26 ① 27 ③ 28 ③ 29 ② 30 ① 31 ④

32 **보일러에서 이상고수위를 초래한 경우 나타나는 현상과 그 조치에 관한 설명으로 옳지 않은 것은?**

① 이상고수위를 확인한 경우에는 즉시 연소를 정지시킴과 동시에 급수 펌프를 멈추고 급수를 정지시킨다.
② 이상고수위를 넘어 만수상태가 되면 보일러 파손이 일어날 수 있으므로 동체 하부에 분출밸브(콕)를 전개하여 보일러수를 전부 재빨리 방출하는 것이 좋다.
③ 이상고수위나 증기의 취출량이 많은 경우에는 캐리오버나 프라이밍 등을 일으켜 증기 속에 물방울이나 수분이 포함되며, 심할 경우 수격작용을 일으킬 수 있다.
④ 수위가 유리수면계의 상단에 달했거나 조금 초과한 경우에는 급수를 정지시켜야 하지만, 연소는 정지시키지 말고 저연소율로 계속 유지하여 송기를 계속한 후 보일러 수위가 정상으로 회복하면 원래 운전상태로 돌아오는 것이 좋다.

해설
보일러의 수위가 이상고수위를 넘어서 만수상태가 되면, 물은 비압축성이기 때문에 보일러의 압력이 급상승하여 이상압력 초과라는 매우 위험한 상태가 된다. 이상고수위를 확인한 경우에는 즉시 연소를 정지시킴과 동시에 급수펌프를 멈추고 급수를 정지시킨다.

33 **보일러가 최고사용압력 이하에 파손되는 이유로 가장 옳은 것은?**

① 안전장치가 작동하지 않기 때문에
② 안전밸브가 작동하지 않기 때문에
③ 안전장치가 불완전하기 때문에
④ 구조상 결함이 있기 때문에

해설
보일러가 최고사용압력 이하에서 파손되는 이유는 구조상의 결함이 있기 때문이다.

34 **손실열량 3,000kcal/h의 사무실에 온수 방열기를 설치할 때, 방열기의 소요 섹션 수는 몇 쪽인가? (단, 방열기 방열량은 표준방열량으로 하며, 1섹션의 방열면적은 $0.26m^2$이다)**

① 12쪽 ② 15쪽
③ 26쪽 ④ 32쪽

해설

$$\text{방열기 쪽수} = \frac{\text{난방부하}}{\text{방열기표준방열량} \times \text{쪽당방열면적}} = \frac{3{,}000}{450 \times 0.26} \fallingdotseq 25.64$$

35 **보일러를 옥내에 설치할 때의 설치 시공 기준 설명으로 틀린 것은?**

① 보일러에 설치된 계기들을 육안으로 관찰하는 데 지장이 없도록 충분한 조명시설이 있어야 한다.
② 보일러 동체에서 벽, 배관, 기타 보일러 측부에 있는 구조물(검사 및 청소에 지장이 없는 것은 제외)까지 거리는 0.6m 이상이어야 한다. 다만, 소형보일러는 0.45m 이상으로 할 수 있다.
③ 보일러실은 연소 및 환경을 유지하기에 충분한 급기구 및 환기구가 있어야 하고 도시가스를 사용하는 경우에는 환기구를 가능한 한 높이 설치하여 가스나 누설되었을 때 체류하지 않는 구조이어야 한다.
④ 연료를 저장할 때에는 보일러 외측으로부터 2m 이상 거리를 두거나 방화격벽을 설치하여야 한다. 다만, 소형보일러의 경우에는 1m 이상 거리를 두거나 반격벽으로 할 수 있다.

해설
보일러 동체 최상부로부터(보일러의 검사 및 취급에 지장이 없도록 작업대를 설치한 경우에는 작업대로부터) 천장, 배관 등 보일러 상부에 있는 구조물까지의 거리는 1.2m 이상이어야 한다. 다만, 소형보일러 및 주철제 보일러의 경우에는 0.6m 이상으로 할 수 있다.

32 ② 33 ④ 34 ③ 35 ② 정답

36 점화 조작 시 주의사항에 관한 설명으로 틀린 것은?

① 연료가스의 유출속도가 너무 빠르면 실화 등이 일어날 수 있고, 너무 늦으면 역화가 발생할 수 있다.

② 연소실의 온도가 낮으면 연료의 확산이 불량해지고 착화가 잘 안 된다.

③ 연료의 예열온도가 너무 높으면 기름이 분해되고, 분사각도가 흐트러져 분무 상태가 불량해지며, 탄화물이 생성될 수 있다.

④ 유압이 너무 낮으면 그을음이 축적될 수 있고, 너무 높으면 점화 및 분사가 불량해질 수 있다.

해설

유압이 낮으면 점화 및 분사가 불량하고 유압이 높으면 그을음이 축적되기 쉽다.

37 보일러에서 연소조직 중의 역화의 원인으로 거리가 먼 것은?

① 불완전 연소의 상태가 두드러진 경우

② 흡입통풍이 부족한 경우

③ 연도댐퍼의 개도를 너무 넓힌 경우

④ 압입통풍이 너무 강한 경우

해설

역화가 일어나는 원인

- 댐퍼를 너무 조이거나 흡입통풍이 부족할 경우
- 연료의 인화점이 낮은 경우
- 착화가 늦은 경우
- 공기보다 연료를 먼저 투입하는 경우
- 압입통풍이 너무 강할 경우
- 프리퍼지 및 포스트퍼지 부족 시
- 2차 공기의 예열 부족 시

38 보온재가 갖추어야 할 조건 설명으로 틀린 것은?

① 열전도율이 작아야 한다.

② 부피, 비중이 커야 한다.

③ 적합한 기계적 강도를 가져야 한다.

④ 흡수성이 낮아야 한다.

해설

보온재의 구비조건

- 보온능력이 클 것(열전도율이 작을 것)
- 가벼울 것(부피비중이 적을 것)
- 기계적 강도가 있을 것
- 시공이 쉽고 확실하며 가격이 저렴할 것
- 독립기포로 되어있고 다공질일 것
- 흡습·흡수성이 없을 것
- 내구성과 내변질성이 클 것

39 관의 접속상태 · 결합방식의 표시방법에서 용접이음을 나타내는 그림기호로 맞는 것은?

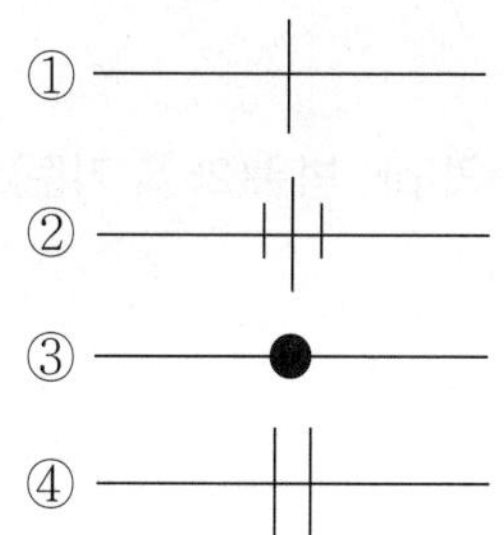

해설

③ 용접식
① 나사이음
② 유니언식
④ 플랜지식

정답 36 ④ 37 ③ 38 ② 39 ③

40 어떤 주철제 방열기 내의 증기의 평균온도가 110℃이고, 실내 온도가 18℃일 때, 방열기의 방열량은? (단, 방열기의 방열계수는 7.2kcal/m^2 · h · ℃이다)

① 236kcal/m^2 · h
② 478.8kcal/m^2 · h
③ 521.6kcal/m^2 · h
④ 662.4kcal/m^2 · h

해설
방열기 방열량 = 방열계수 × (평균온도 − 실내온도)
= 7.2 × (110 − 18)
= 662.4kcal/m^2 · h

41 원통보일러에서 급수의 pH 범위(25℃ 기준)로 가장 적합한 것은?

① pH 3~5
② pH 7~9
③ pH 11~12
④ pH 14~15

해설
급수처리하기 좋은 pH는 8~9 상태가 좋고, 보일러수는 pH 10.5~11.8가 좋다.

42 가스보일러에서 가스폭발의 예방을 위한 유의사항 중 틀린 것은?

① 가스압력이 적당하고 안정되어 있는지 점검한다.
② 화로 및 굴뚝의 통풍, 환기를 완벽하게 하는 것이 필요하다.
③ 점화용 가스의 종류는 가급적 화력이 낮은 것을 사용한다.
④ 착화 후 불안정할 때는 즉시 가스공급을 중단한다.

해설
가스보일러 점화는 1회에 이루어질 수 있도록 화력이 큰 불씨를 사용한다.

43 보일러를 계획적으로 관리하기 위해서는 연간계획 및 일상보전계획을 세워 이에 따라 관리를 하는데, 연간 계획에 포함할 사항과 가장 거리가 먼 것은?

① 급수계획
② 점검계획
③ 정비계획
④ 운전계획

44 구상흑연 주철관이라고도 하며, 땅속 또는 지상에 배관하여 압력상태 또는 무압력상태에서 물의 수송 등에 주로 사용되는 주철관은?

① 덕타일 주철관
② 수도용 이형 주철관
③ 원심력 모르타르 라이닝 주철관
④ 수도용 원심력 금형 주철관

40 ④ 41 ② 42 ③ 43 ① 44 ① 정답

45 다음 중 보온재의 종류가 아닌 것은?

① 코르크
② 규조토
③ 기포성 수지
④ 제게르 콘

해설

제게르 콘 : 내화물이나 도자기 따위의 고온 가열 효과를 비교 측정하는 일종

46 보일러 운전 중 연도 내에서 폭발이 발생하면 제일 먼저 해야 할 일은?

① 급수를 중단한다.
② 증기밸브를 잠근다.
③ 송풍기 가동을 중지한다.
④ 연료공급을 차단하고 가동을 중지한다.

47 강철제 보일러의 최고사용압력이 0.43MPa 초과 1.5MPa 이하일 때 수압시험 압력기준으로 옳은 것은?

① 0.2MPa로 한다.
② 최고사용압력의 1.3배에 0.3MPa를 더한 압력으로 한다.
③ 최고사용압력의 1.5배로 한다.
④ 최고사용압력의 2배에 0.5MPa를 더한 압력으로 한다.

해설

강철제 증기보일러의 수압시험압력

- 보일러의 최고사용압력이 4.3kgf/cm^2 이하일 때에는 그 최고사용압력의 2배의 압력으로 한다. 다만, 그 시험압력이 2kgf/cm^2 미만인 경우에는 2kgf/cm^2로 한다.
- 보일러의 최고 사용압력이 4.3kgf/cm^2 초과 15kgf/cm^2 이하일 때에는 그 최고사용압력의 1.3배에 3kgf/cm^2를 더한 압력으로 한다.
- 보일러의 최고사용압력이 15kgf/cm^2를 초과할 때에는 그 최고사용압력의 1.5배의 압력으로 한다.

48 신축곡관이라고 하며 강관 또는 동관 등을 구부려서 구부림에 따른 신축을 흡수하는 이음쇠는?

① 루프형 신축이음쇠
② 슬리브형 신축이음쇠
③ 스위블형 신축이음쇠
④ 벨로스형 신축이음쇠

해설

① 루프형(만곡형) : 신축곡관이라고도 하며 고온, 고압용 증기관 등의 옥외 배관에 많이 쓰이는 신축이음이다.
② 슬리브형(미끄럼형) : 본체와 슬리브 파이프로 되어 있으며 관의 신축은 본체 속의 슬리브관에 의해 흡수되며 슬리브와 본체 사이에 패킹을 넣어 누설을 방지한다. 단식과 복식의 두 가지 형태가 있다.
③ 스위블형 : 회전이음, 지블이음, 지웰이음 등으로 불린다. 2개 이상의 나사엘보를 사용하여 이음부 나사의 회전을 이용하여 배관의 신축을 흡수하는 것으로, 주로 온수 또는 저압의 증기난방 등의 방열기 주위배관용으로 사용된다.
④ 벨로스형(팩리스형, 주름통, 파상형) : 급수, 냉난방 배관에서 많이 사용되는 신축이음이다.

정답 45 ④ 46 ④ 47 ② 48 ①

49 **증기난방방식에서 응축수 환수방법에 의한 분류가 아닌 것은?**

① 진공환수식
② 세정환수식
③ 기계환수식
④ 중력환수식

해설

증기난방의 분류
- 배관방식 : 단관식, 복관식
- 응축수 환수방법 : 중력환수식, 기계환수식, 진공환수식
- 온수공급방법 : 상향식, 하향식
- 증기압력 : 저압증기난방, 고압증기난방
- 환수관 배관방법 : 습식환수관, 건식환수관

50 **온수온돌의 방수처리에 대한 설명으로 적절하지 않은 것은?**

① 다층건물에 있어서도 전층의 온수온돌에 방수처리를 하는 것이 좋다.
② 방수처리는 내식성이 있는 루핑, 비닐, 방수모르타르로 하며, 습기가 스며들지 않도록 완전히 밀봉한다.
③ 벽면으로 습기가 올라오는 것을 대비하여 온돌바닥보다 약 10cm 이상 위까지 방수처리를 하는 것이 좋다.
④ 방수처리를 함으로써 열손실을 감소시킬 수 있다.

해설

온돌구조의 하부가 지면에 접하는 경우에는 하부 바탕층에 대한 방수처리 및 단열재의 상부에는 방습처리를 해야 한다. 온돌바닥이 땅과 직접 접촉하지 않는 2층의 경우에는 방수처리를 하지 않아도 된다.

51 **배관의 하중을 위에서 끌어당겨 지지할 목적으로 사용되는 지지구가 아닌 것은?**

① 리지드 행거(Rigid Hanger)
② 앵커(Anchor)
③ 콘스탄트 행거(Constant Hanger)
④ 스프링 행거(Spring Hanger)

해설

앵커 : 배관 지지점의 이동 및 회전을 허용하지 않고 일정 위치에 완전히 고정하는 장치

52 **보일러 휴지기간이 1개월 이하인 단기보존에 적합한 방법은?**

① 석회밀폐건조법
② 소다만수보존법
③ 가열건조법
④ 질소가스봉입법

해설

보일러의 휴지보존법

장기보존법	건조보존법	석회밀폐건조법
		질소가스봉입법
	만수보존법	소다만수보존법
단기보존법	건조보존법	가열건조법
	만수보존법	보통만수법
응급보존법	–	

49 ② 50 ① 51 ② 52 ③ 정답

53 온수난방에서 팽창탱크의 용량 및 구조에 대한 설명으로 틀린 것은?

① 개방식 팽창탱크는 저온수난방 배관에 주로 사용된다.
② 밀폐식 팽창탱크는 고온수난방 배관에 주로 사용된다.
③ 밀폐식 팽창탱크에는 수면계를 설치한다.
④ 개방식 팽창탱크에는 압력계를 설치한다.

해설

개방식 팽창탱크에는 오버플로(Overflow)를 설치한다.
개방식 탱크의 부속기구 : 배기관, 안전관(방출관), 오버플로관, 안전관(방출관), 팽창관(보충수관), 배수관 등

54 난방설비와 관련된 설명 중 잘못된 것은?

① 증기난방의 표준 방열량은 650kcal/m^2 · h이다.
② 방열기는 증기 또는 온수 등의 열매를 유입하여 열을 방산하는 기구로 난방의 목적을 달성하는 장치이다.
③ 하트포드 접속법(Hartford Connection)은 고압 증기 난방에 필요한 접속법이다.
④ 온수난방에서 온수순환방식에 따라 크게 중력순환식과 강제순환식으로 구분한다.

해설

저압증기 난방에서 환수관을 보일러에 직접 연결할 경우 보일러수의 역류현상을 방지하기 위해서 하트포드(Hartford) 접속법을 사용한다.

55 에너지이용합리화법에 따라 주철제 보일러에서 설치검사를 면제받을 수 있는 기준으로 옳은 것은?

① 전열면적 30m^2 이하의 유류용 주철제 증기보일러
② 전열면적 40m^2 이하의 유류용 주철제 온수보일러
③ 전열면적 50m^2 이하의 유류용 주철제 증기보일러
④ 전열면적 60m^2 이하의 유류용 주철제 온수보일러

해설

검사의 면제대상 범위(에너지이용합리화법 시행규칙 별표 3의 6)

검사대상 기기명	대상범위	면제되는 검사
강철제 보일러, 주철제 보일러	• 강철제 보일러 중 전열면적이 5m^2 이하이고, 최고사용압력이 0.35MPa 이하인 것 • 주철제 보일러 • 1종 관류보일러 • 온수보일러 중 전열면적이 18m^2 이하이고, 최고사용 압력이 0.35MPa 이하인 것	용접검사
	주철제 보일러	구조검사
	• 가스 외의 연료를 사용하는 1종 관류보일러 • 전열면적 30m^2 이하의 유류용 주철제 증기보일러	설치검사
강철제 보일러, 주철제 보일러	• 전열면적 5m^2 이하의 증기보일러로서 다음의 어느 하나에 해당하는 것 – 대기에 개방된 안지름이 25mm 이상인 증기관이 부착된 것 – 수두압(水頭壓)이 5m 이하이며 안지름이 25mm 이상인 대기에 개방된 U자형 입관이 보일러의 증기부에 부착된 것	계속사용검사
강철제 보일러, 주철제 보일러	• 온수보일러로서 다음의 어느 하나에 해당하는 것 – 유류 · 가스 외의 연료를 사용하는 것으로서 전열면적이 30m^2 이하인 것 – 가스 외의 연료를 사용하는 주철제 보일러	계속사용검사
소형 온수 보일러	가스사용량이 17kg/h(도시가스는 232.6 kW)를 초과하는 가스용 소형 온수보일러	제조검사

정답 53 ④ 54 ③ 55 ①

56 신재생 에너지 설비의 인증을 위한 심사기준 항목으로 거리가 먼 것은?

① 국제 또는 국내의 성능 및 규격에의 적합성
② 설비의 효율성
③ 설비의 우수성
④ 설비의 내구성

해설

설비인증 심사기준
- 일반 심사기준
  - 신재생 에너지 설비의 제조 및 생산 능력의 적정성
  - 신재생 에너지 설비의 품질 유지·관리능력의 적정성
  - 신재생 에너지 설비의 사후관리의 적정성
- 설비 심사기준
  - 국제 또는 국내의 성능 및 규격에의 적합성
  - 설비의 효율성
  - 설비의 내구성

※ 법 개정으로 조문 삭제

57 에너지이용합리화법의 목적이 아닌 것은?

① 에너지의 수급안정을 기함
② 에너지의 합리적이고 비효율적인 이용을 증진함
③ 에너지소비로 인한 환경 피해를 줄임
④ 지구온난화의 최소화에 이바지함

해설

이 법은 에너지의 수급(需給)을 안정시키고 에너지의 합리적이고 효율적인 이용을 증진하며 에너지소비로 인한 환경 피해를 줄임으로써 국민경제의 건전한 발전 및 국민복지의 증진과 지구온난화의 최소화에 이바지함을 목적으로 한다.

58 에너지이용합리화법에 따라 에너지이용합리화 기본계획에 포함될 사항으로 거리가 먼 것은?

① 에너지절약형 경제구조로의 전환
② 에너지이용 효율의 증대
③ 에너지이용합리화를 위한 홍보 및 교육
④ 열사용기자재의 품질관리

해설

에너지이용합리화 기본계획(에너지이용합리화법 제4조)

에너지이용합리화 기본계획에는 다음의 사항이 포함되어야 한다.
- 에너지절약형 경제구조로의 전환
- 에너지이용효율의 증대
- 에너지이용합리화를 위한 기술개발
- 에너지이용합리화를 위한 홍보 및 교육
- 에너지원간 대체(代替)
- 열사용기자재의 안전관리
- 에너지이용합리화를 위한 가격예시제(價格豫示制)의 시행에 관한 사항
- 에너지의 합리적인 이용을 통한 온실가스의 배출을 줄이기 위한 대책
- 그 밖에 에너지이용합리화를 추진하기 위하여 필요한 사항으로서 산업통상자원부령으로 정하는 사항

59 에너지이용합리화법 시행령상 에너지 저장의무부과대상자에 해당되는 자는?

① 연간 2만 석유환산톤 이상의 에너지를 사용하는 자
② 연간 1만5천 석유환산톤 이상의 에너지를 사용하는 자
③ 연간 1만 석유환산톤 이상의 에너지를 사용하는 자
④ 연간 5천 석유환산톤 이상의 에너지를 사용하는 자

해설

에너지저장의무 부과대상자(에너지이용합리화법 시행령 제12조)

산업통상자원부장관이 에너지저장의무를 부과할 수 있는 대상자는 다음과 같다.
- 전기사업자
- 도시가스사업자
- 석탄가공업자
- 집단에너지사업자
- 연간 2만 석유환산톤(에너지법 시행령 제15조 제1항에 따라 석유를 중심으로 환산한 단위를 말한다) 이상의 에너지를 사용하는 자

56 ③ 57 ② 58 ④ 59 ① 정답

60 **저탄소녹색성장기본법에 따라 대통령령으로 정하는 기준량 이상의 에너지 소비업체를 지정하는 기준으로 옳은 것은?(단, 기준일은 2013년 7월 21일을 기준으로 한다)**

① 해당 연도 1월 1일을 기준으로 최근 3년간 업체의 모든 사업체에서 소비한 에너지의 연평균 총량이 650terajoules 이상
② 해당 연도 1월 1일을 기준으로 최근 3년간 업체의 모든 사업체에서 소비한 에너지의 연평균 총량이 550terajoules 이상
③ 해당 연도 1월 1일을 기준으로 최근 3년간 업체의 모든 사업체에서 소비한 에너지의 연평균 총량이 450terajoules 이상
④ 해당 연도 1월 1일을 기준으로 최근 3년간 업체의 모든 사업체에서 소비한 에너지의 연평균 총량이 350terajoules 이상

해설

대통령령으로 정하는 기준량 이상의 온실가스 배출업체 및 에너지 소비업체의 기준

㉠ 해당 연도 1월 1일을 기준으로 최근 3년간 업체의 모든 사업장에서 배출한 온실가스와 소비한 에너지의 연평균 총량이 다음의 기준 모두에 해당하는 업체

- 관리업체지정 온실가스 소비량 기준
  (제29조 제1항 제1호 관련)
  - 2011년 12월 31일까지 적용되는 기준 : 125kilotonnes CO_2-eq 이상
  - 2012년 1월 1일부터 적용되는 기준 : 87.5kilotonnes CO_2-eq 이상
  - 2014년 1월 1일부터 적용되는 기준 : 50kilotonnes CO_2-eq 이상
- 관리업체지정 에너지 소비량 기준
  (제29조 제1항 제1호 관련)
  - 2011년 12월 31일까지 적용되는 기준 : 500terajoules 이상
  - 2012년 1월 1일부터 적용되는 기준 : 350terajoules 이상
  - 2014년 1월 1일부터 적용되는 기준 : 200terajoules 이상

㉡ 업체의 사업장 중 최근 3년간 온실가스 배출량과 에너지 소비량의 연평균 총량이 다음의 기준 모두에 해당하는 사업장이 있는 업체의 해당 사업장

- 관리업체지정 사업장 온실가스 배출량 기준
  (제29조 제1항 제2호 관련)
  - 2011년 12월 31일까지 적용되는 기준 : 25kilotonnes CO_2-eq 이상
  - 2012년 1월 1일부터 적용되는 기준 : 20kilotonnes CO_2-eq 이상
  - 2014년 1월 1일부터 적용되는 기준 : 15kilotonnes CO_2-eq 이상
- 관리업체지정 사업장 에너지 소비량 기준
  (제29조 제1항 제2호 관련)
  - 2011년 12월 31일까지 적용되는 기준 : 100terajoules 이상
  - 2012년 1월 1일부터 적용되는 기준 : 90terajoules 이상
  - 2014년 1월 1일부터 적용되는 기준 : 80terajoules 이상

※ 저탄소녹색성장기본법은 폐지됨

정답 60 ④

2013년 제5회 과년도 기출문제

01 보일러의 연소장치에서 통풍력을 크게 하는 조건으로 틀린 것은?

① 연돌의 높이를 높인다.
② 배기가스 온도를 높인다.
③ 연도의 굴곡부를 줄인다.
④ 연돌의 단면적을 줄인다.

해설
보일러의 연소장치에서 통풍력을 크게 하려면 연돌의 단면적을 크게 한다.

02 보일러의 부속장치 중 축열기에 대한 설명으로 가장 옳은 것은?

① 통풍이 잘 이루어지게 하는 장치이다.
② 폭발방지를 위한 안전장치이다.
③ 보일러의 부하변동에 대비하기 위한 장치이다.
④ 증기를 한 번 더 가열시키는 장치이다.

해설
축열기는 보일러 부하 증가 시에 대비하기 위한 장치이다.

03 보일러 액체연료의 특징 설명으로 틀린 것은?

① 품질이 균일하여 발열량이 높다.
② 운반 및 저장, 취급이 용이하다.
③ 회분이 많고 연소조절이 쉽다.
④ 연소온도가 높아 국부과열 위험성이 높다.

해설
액체연료의 장단점

장 점	단 점
• 발열량이 크고 품질이 균일하다. • 회분이 거의 없고 점화, 소화 등 연소 조절이 쉽다. • 연소효율 및 열효율이 높다. • 운반·저장 및 취급이 쉽고 저장 중 변질이 적다. • 계량과 기록이 쉽다.	• 연소온도가 높아 국부적인 과열을 일으키기 쉽다. • 화재·역화 등의 위험성이 크다. • 버너의 종류에 따라 소음이 크다. • 일반적으로 황분이 많고 대기오염의 주원인이다. • 국내 생산이 없어 값이 비싸다.

1 ④ 2 ③ 3 ③ 정답

04 **수관보일러 중 자연순환식 보일러와 강제순환식 보일러에 관한 설명으로 틀린 것은?**

① 강제순환식은 압력이 작아질수록 물과 증기와의 비중차가 작아서 물의 순환이 원활하지 않은 경우 순환력이 약해지는 결점을 보완하기 위해 강제로 순환시키는 방식이다.

② 자연순환식 수관보일러는 드럼과 다수의 수관으로 보일러 물의 순환회로를 만들 수 있도록 구성된 보일러이다.

③ 자연순환식 수관보일러는 곡관을 사용하는 형식이 널리 사용되고 있다.

④ 강제순환식 수관보일러의 순환펌프는 보일러수의 순환회로 중에 설치한다.

해설

자연순환식 수관보일러에는 고압이 될수록 물과의 비중차가 작아지기 때문에 자연적인 순환력이 약해지게 된다. 이러한 결점을 보완하기 위해 보일러의 순환회로 중에 펌프를 설치하여 강제적으로 강력한 순환을 하게 하는 것으로 고압력에 적합하고 또는 가는 수관을 사용하여 전열면을 자유로이 배치할 수 있는 장점이 있다.

05 **보일러 전열면의 그을음을 제거하는 장치는?**

① 수저 분출장치

② 수트 블로어

③ 절탄기

④ 인젝터

해설

① 수저 분출장치 : 보일러수보다 무거운 불순물 제거하는 장치
③ 절탄기 : 배기가스로 급수를 예열하는 장치
④ 인젝터 : 보일러의 증기 에너지를 이용한 급수장치

06 **일반적으로 보일러의 효율을 높이기 위한 방법으로 틀린 것은?**

① 보일러 연소실 내의 온도를 낮춘다.

② 보일러 장치의 설계를 최대한 효율이 높도록 한다.

③ 연소장치에 적합한 연료를 사용한다.

④ 공기예열기 등을 사용한다.

해설

보일러 효율을 높이기 위한 방법

- 열손실을 최대한 억제한다.
- 장치의 설계조건을 완벽하게 한다.
- 운전조건을 양호하게 한다.
- 연소장치에 맞는 연료를 사용한다.
- 피열물을 예열한 후 연소시킨다.
- 연소실 내의 온도를 높인다.
- 단속조업(斷續操業)을 하는 것보다는 연속조업(連續操業)을 해야 열손실을 줄일 수 있다.

07 **보일러의 3대 구성요소 중 부속장치에 속하지 않는 것은?**

① 통풍장치

② 급수장치

③ 여열장치

④ 연소장치

해설

보일러 부속설비

안전장치, 급수장치, 통풍장치, 분출장치, 급유장치, 제어장치, 처리장치, 수면장치

정답 4 ① 5 ② 6 ① 7 ④

08 보일러 증발률이 80kg/m^2·h이고, 실제 증발량이 40t/h일 때, 전열면적은 약 몇 m^{2}인가?

① 200 ② 320
③ 450 ④ 500

해설

$G_a = \frac{G_s}{S_a}$ (kg/m^2·h)

$80 = \frac{40,000}{x}$

$\therefore x = 500\text{m}^2$

여기서, G_a : 전열면 증발률
S_a : 전열면적
G_s : 실제 증발량

※ 1ton = 1,000kg

09 프로판 가스가 완전연소될 때 생성되는 것은?

① CO와 C_3H_8
② C_4H_{10}와 CO_2
③ CO_2와 H_2O
④ CO와 CO_2

해설

프로판(C_3H_8) → $3CO_2 + 4H_2O$

10 벽체면적이 24m^2, 열관류율이 0.5kcal/m^2·h·℃, 벽체 내부의 온도가 40℃, 벽체 외부의 온도가 8℃일 경우 시간당 손실열량은 약 몇 kcal/h인가?

① 294kcal/h
② 380kcal/h
③ 384kcal/h
④ 394kcal/h

해설

$hl = k \times a \times \Delta t \times z$(kcal/hr)
= 0.5kcal/m^2·h℃ × 24m^2 × (40 − 8)℃
= 384kcal/h

여기서, k : 벽체의 열관류율(kcal/m^{2}h℃)
Δt : 실내외의 온도차(℃)
z : 방위계수

11 연료유 저장탱크의 일반사항에 대한 설명으로 틀린 것은?

① 연료유를 저장하는 저장탱크 및 서비스탱크는 보일러의 운전에 지장을 주지 않는 용량의 것으로 하여야 한다.
② 연료유 탱크에는 보기 쉬운 위치에 유면계를 설치하여야 한다.
③ 연료유 탱크에는 탱크 내의 유량이 정상적인 양보다 초과 또는 부족한 경우에 경보를 발하는 경보장치를 설치하는 것이 바람직하다.
④ 연료유 탱크에 드레인을 설치할 경우 누유에 따른 화재 발생 소지가 있으므로 이물질을 배출할 수 있는 드레인은 탱크 상단에 설치하여야 한다.

해설

연료유 탱크에 드레인을 설치할 경우 드레인은 탱크 하단에 설치하여야 한다.

8 ④ 9 ③ 10 ③ 11 ④ 정답

12 고체 연료의 고위발열량으로부터 저위발열량을 산출할 때 연료 속의 수분과 다른 한 성분의 함유율을 가지고 계산하여 산출할 수 있는데, 이 성분은 무엇인가?

① 산 소
② 수 소
③ 유 황
④ 탄 소

해설

저위발열량 = 고위발열량 − 600(9 × 수소 + 물)

13 보일러 예비 급수장치인 인젝터의 특징을 설명한 것으로 틀린 것은?

① 구조가 간단하다.
② 설치장소를 많이 차지하지 않는다.
③ 증기압이 낮아도 급수가 잘 이루어진다.
④ 급수온도가 높으면 급수가 곤란하다.

해설

증기압력이 너무 낮을 경우(2기압 이하 시) 급수가 곤란하다.

14 연소안전장치 중 플레임 아이(Flame Eye)로 사용되지 않는 것은?

① 광전관
② CdS Cell
③ PbS Cell
④ CdP Cell

해설

플레임 아이 : 화염의 발광체(빛)를 이용한 검출기
※ 셀의 종류 : 황화카드늄(CdS) 광도전 셀, 황화납(PbS) 광도전 셀, 적외선 광전관, 자외선 광전관

15 보일러 수위제어 방식인 2요소식에서 검출하는 요소로 옳게 짝지어진 것은?

① 수위와 온도
② 수위와 급수유량
③ 수위와 압력
④ 수위와 증기유량

해설

수위제어 방식
- 1요소식 : 수위
- 2요소식 : 수위, 증기량
- 3요소식 : 수위, 증기량, 급수량

정답 12 ② 13 ③ 14 ④ 15 ④

16 **공기예열기에서 발생되는 부식에 관한 설명으로 틀린 것은?**

① 중유연소 보일러의 배기가스 노점은 연료유 중의 유황성분과 배기가스의 산소농도에 의해 좌우된다.

② 공기예열기에 가장 주의를 요하는 것은 공기 입구와 출구부의 고온부식이다.

③ 보일러에 사용되는 액체연료 중에는 유황성분이 함유되어 있으며 공기예열기 배기가스 출구 온도가 노점 이상인 경우에도 공기 입구온도가 낮으면 전열관 온도가 배기가스의 노점 이하가 되어 전열관에 부식을 초래한다.

④ 노점에 영향을 주는 SO_2에서 SO_3로의 변환율은 배기가스 중의 O_2에 영향을 크게 받는다.

해설

공기예열기에 가장 주의를 요하는 것은 공기 입구와 출구부의 저온부식이다. 즉, 배기가스 중의 황산화물에 의한 저온부식이 발생된다.

공기예열기 사용상의 주의사항

- 전열면의 저온 부식에 주의한다.
- 급작스럽게 연소가스를 보내면 공기예열기가 열에 의해 팽창하게 된다.
- 전열을 좋게 하기 위하여 수시로 그을음 등의 불순물을 제거한다.
- 과열을 방지(국부과열 방지)한다.
- 회전식 공기예열기는 보일러 가동 전에 운전을 시켜야 한다.
- 관형의 공기예열기에는 에어클리너형의 그을음 제거기를 사용한다.

17 **다음 중 열량(에너지)의 단위가 아닌 것은?**

① J　② cal
③ N　④ BTU

해설

① 1J = 1N · m
② 1cal = 4.18605J
④ 1BTU = 1,055J

18 **다음 중 액화천연가스(LNG)의 주성분은 어느 것인가?**

① CH_4　② C_2H_6
③ C_3H_8　④ C_4H_{10}

해설

LNG(액화천연가스) 주성분 : CH_4(메탄)

19 **증기 공급 시 과열증기를 사용함에 따른 장점이 아닌 것은?**

① 부식 발생 저감
② 열효율 증대
③ 가열장치의 열응력 저하
④ 증기소비량 감소

해설

증기 공급 시 과열증기 사용

- 장점 : 적은 증기로 많은 일을 함, 증기의 마찰저항 감소, 부식 및 수격작용 방지, 열효율 증가
- 단점 : 가열장치에 열응력 발생, 표면온도 일정 유지 곤란

20 **연료 발열량은 9,750kcal/kg, 연료의 시간당 사용량은 300kg/h인 보일러의 상당증발량이 5,000kg/h일 때 보일러 효율은 약 몇 %인가?**

① 83　② 85
③ 87　④ 92

해설

$$\text{보일러의 효율} = \frac{\text{상당증발량} \times 539}{\text{시간당연료소비량} \times \text{저위발열량}} \times 100\%$$

$$= \frac{5,000 \times 539}{300 \times 9,750} \times 100\%$$

$$\fallingdotseq 92\%$$

16 ② 17 ③ 18 ① 19 ③ 20 ④ 정답

21 증기 보일러에 설치하는 압력계의 최고 눈금은 보일러 최고사용압력의 몇 배가 되어야 하는가?

① 0.5~0.8배
② 1.0~1.4배
③ 1.5~3.0배
④ 5.0~10.0배

해설
보일러 증기 압력계 : 최고사용압력의 1.5~3배

22 수위경보기의 종류에 속하지 않는 것은?

① 맥도널식
② 전극식
③ 배플식
④ 마그네틱식

해설
수위경보기의 종류 : 플로트식(맥도널식), 전극식, 마그네틱식 등

23 1보일러마력은 몇 kg/h의 상당증발량의 값을 가지는가?

① 15.65　　② 79.8
③ 539　　④ 860

해설
보일러마력
- 1시간에 100℃의 물 15.65kg을 건조포화증기로 만드는 능력
- 상당증발량으로 환산하면 15.65kg/h
- 시간발생열량으로 환산하면 15.65 × 539 = 8,435kcal

24 주철제 보일러의 특징 설명으로 옳은 것은?

① 내열성 및 내식성이 나쁘다.
② 고압 및 대용량으로 적합하다.
③ 섹션의 증감으로 용량을 조절할 수 있다.
④ 인장 및 충격에 강하다.

해설
주철제 보일러 특징
- 증기용은 최고사용압력이 1kgf/cm^2이다.
- 주형 제작이 가능하여 복잡한 구조도 제작이 가능하다.
- 저압용이라서 파열 시 피해가 적고, 쪽수의 증감으로 용량을 조절할 수 있다.
- 내부 청소와 수리, 검사가 어렵다.

25 보일러 자동제어에서 시퀀스(Sequence)제어를 가장 옳게 설명한 것은?

① 결과가 원인으로 되어 제어단계를 진행하는 제어이다.
② 목표값이 시간적으로 변화하는 제어이다.
③ 목표값이 변화하지 않고 일정한 값을 갖는 제어이다.
④ 제어의 각 단계를 미리 정해진 순서에 따라 진행하는 제어이다.

해설
① 피드백 제어
② 추치제어
③ 정치제어

정답　21 ③　22 ③　23 ①　24 ③　25 ④

26 **보일러의 세정식 집진방법은 유수식과 가압수식, 회전식으로 분류할 수 있는데, 다음 중 가압수식 집진장치의 종류가 아닌 것은?**

① 타이젠 와셔
② 벤투리 스크러버
③ 제트 스크러버
④ 충전탑

해설

집진장치

- 건식 집진장치 : 중력식 집진장치(중력 침강식, 다단 침강식), 관성 집진장치(반전식, 충돌식), 원심력 집진장치(사이클론식, 멀티클론식, 블로다운형)
- 습식(세정식) 집진장치 : 유수식 집진장치(전류형, 로터리형), 가압수식 집진장치(벤투리 스크러버, 사이클론형, 제트형, 충전탑, 분무탑)
- 전기식 집진장치 : 코트렐 집진장치
- 여과식 집진장치 : 표면 여과형(백필터), 내면 여과형(공기여과기, 고성능 필터)
- 음파 집진장치

27 **화염 검출기의 종류 중 화염의 발열을 이용한 것으로 바이메탈에 의하여 작동되며, 주로 소용량 온수 보일러의 연도에 설치되는 것은?**

① 플레임 아이
② 스택스위치
③ 플레임 로드
④ 적외선 광전관

해설

화염검출기의 종류

- 플레임 아이 : 화염의 발광체(빛)를 이용한 검출기로서, 연소실에 설치
- 스택스위치 : 화염의 발열현상을 이용한 검출기로서 연도에 설치(바이메탈을 사용하고, 응답이 느려서 소형보일러에만 사용한다)
- 플레임 로드 : 화염의 이온화 현상을 이용한 검출기로서, 연소실에 설치

28 **중유 연소에서 버너에 공급되는 중유의 예열온도가 너무 높을 때 발생되는 이상현상으로 거리가 먼 것은?**

① 카본(탄화물) 생성이 잘 일어날 수 있다.
② 분무상태가 고르지 못할 수 있다.
③ 역화를 일으키기 쉽다.
④ 무화 불량이 발생하기 쉽다.

해설

예열온도가 낮으면 점도가 높아져 무화 불량이 발생하기 쉽다.

29 **노통 보일러에서 노통에 직각으로 설치하여 노통의 전열면적을 증가시키고, 이로 인한 강도 보강, 관수 순환을 양호하게 하는 역할을 위해 설치하는 것은?**

① 갤러웨이 관
② 아담슨 조인트(Adamson Joint)
③ 브리징 스페이스(Breathing Space)
④ 반구형 경판

해설

갤러웨이관(Galloway Tube) 설치 목적

노통이나 화실벽의 보강, 물의 순환 촉진, 전열면적의 증가

26 ① 27 ② 28 ④ 29 ① 정답

30 **강철제 증기보일러의 안전밸브 부착에 관한 설명으로 잘못된 것은?**

① 쉽게 검사할 수 있는 곳에 부착한다.
② 밸브 축을 수직으로 하여 부착한다.
③ 밸브의 부착은 플랜지, 용접 또는 나사 접합식으로 한다.
④ 가능한 한 보일러의 동체에 직접 부착시키지 않는다.

해설

안전밸브 부착 : 보일러 본체, 과열기 출구, 독립과열기 입구 및 출구, 재열기 입구 및 출구

31 **회전이음이라고도 하며 2개 이상의 엘보를 사용하여 이음부의 나사회전을 이용해서 배관의 신축을 흡수하는 신축이음쇠는?**

① 루프형 신축이음쇠
② 스위블형 신축이음쇠
③ 벨로스형 신축이음쇠
④ 슬리브형 신축이음쇠

해설

② 스위블형 : 방열기에 사용한다.
① 루프형(만곡형) : 가장 효과가 뛰어나 옥외용으로 사용하며 관지름의 6배 크기의 원형을 만든다.
③ 벨로스형(팩리스형, 주름형, 파상형) : 신축이 좋기 위해서는 주름이 얇아야 한다. 따라서 고압에는 사용할 수 없다. 설치에 넓은 장소를 요하지 않으며 신축에 응력을 일으키지 않는 신축이음 형식이다.
④ 슬리브형(미끄럼형) : 신축이음 자체에서 응력이 생기지 않으며, 단식과 복식이 있다.

32 **보일러의 계속사용검사기준 중 내부검사에 관한 설명이 아닌 것은?**

① 관의 부식 등을 검사할 수 있도록 스케일은 제거되어야 하며, 관 끝부분의 손상, 취화 및 빠짐이 없어야 한다.
② 노벽 보호 부분은 벽체의 현저한 균열 및 파손 등 사용상 지장이 없어야 한다.
③ 내용물의 외부 유출 및 본체의 부식이 없어야 한다. 이때 본체의 부식상태를 판별하기 위하여 보온재 등 피복물을 제거하게 할 수 있다.
④ 연소실 내부에는 부적당하거나 결함이 있는 버너 또는 스토커의 설치운전에 의한 현저한 열의 국부적인 집중으로 인한 현상이 없어야 한다.

해설

③은 외부검사 내용이다.

33 **보일러 운전 중 정전이 발생한 경우의 조치사항으로 적합하지 않은 것은?**

① 전원을 차단한다.
② 연료 공급을 멈춘다.
③ 안전밸브를 열어 증기를 분출시킨다.
④ 주증기밸브를 닫는다.

정답 30 ④ 31 ② 32 ③ 33 ③

34 스테인리스강관의 특징 설명으로 옳은 것은?

① 강관에 비해 두께가 얇고 가벼워 운반 및 시공이 쉽다.
② 강관에 비해 내열성은 우수하나 내식성은 떨어진다.
③ 강관에 비해 기계적 성질이 떨어진다.
④ 한랭지 배관이 불가능하며 동결에 대한 저항이 작다.

해설

스테인리스강관은 내식용, 내열용, 저온용, 고온용에 사용한다.

35 보일러 점화 전 수위 확인 및 조정에 대한 설명 중 틀린 것은?

① 수면계의 기능 테스트가 가능한 정도의 증기압력이 보일러 내에 남아 있을 때는 수면계의 기능시험을 해서 정상인지 확인한다.
② 2개의 수면계의 수위를 비교하고 동일 수위인지 확인한다.
③ 수면계에 수주관이 설치되어 있을 때는 수주연락관의 체크밸브가 바르게 닫혀 있는지 확인한다.
④ 유리관이 더러워졌을 때는 필히 청소하거나 또는 교환하여야 한다.

해설

수면계가 수주관에 설치되어 있는 경우는 수주 연결관의 도중에 있는 정지밸브의 개폐를 오인하지 않도록 해야 한다. 오인하기 쉬운 밸브의 핸들은 전개한 상태에서 핸들을 떼어두는 것이 좋다.

36 배관계에 설치한 밸브의 오작동 방지 및 배관계 취급의 적정화를 도모하기 위해 배관에 식별(識別)표시를 하는데 관계가 없는 것은?

① 지지하중
② 식별색
③ 상태표시
④ 물질표시

해설

배관의 식별표시
- 물질표시 : 물질의 종류, 식별색
- 상태표시 : 흐름 방향의 표시, 압력·온도·속도 등의 특성표시
- 안전표시 : 위험표시, 소화표시, 방사능표시

37 방열기 내 온수의 평균온도 85℃, 실내온도 15℃, 방열계수 $7.2kcal/m^2 \cdot h \cdot ℃$인 경우 방열기 방열량은 얼마인가?

① $450kcal/m^2 \cdot h$
② $504kcal/m^2 \cdot h$
③ $509kcal/m^2 \cdot h$
④ $515kcal/m^2 \cdot h$

해설

방열기 방열량 = 방열계수 × (평균온도 − 실내온도)
= 7.2 × (85 − 15)
= $504kcal/m^2 \cdot h$

34 ① 35 ③ 36 ① 37 ② 정답

38 개방식 팽창탱크에서 필요 없는 것은?

① 배기관　　② 압력계
③ 급수관　　④ 팽창관

해설
개방식 탱크의 부속기구
배기관, 안전관(방출관), 오버플로관, 안전관(방출관), 팽창관(보충수관), 배수관 등

39 보일러 건식보존법에서 가스봉입 방식(기체보존법)에 사용되는 가스는?

① O_2　　② N_2
③ CO　　④ CO_2

해설
건조보존법 : 석회밀폐건조법, 질소가스봉입법

40 증기배관 내에 응축수가 고여 있을 때 증기밸브를 급격히 열어 증기를 빠른 속도로 보냈을 때 발생하는 현상으로 가장 적합한 것은?

① 압궤가 발생한다.
② 팽출이 발생한다.
③ 블리스터가 발생한다.
④ 수격작용이 발생한다.

해설
수격작용(워터해머) : 증기계통에 응축수가 고속의 증기에 밀려 관이나 장치를 타격하는 현상

41 보일러 취급자가 주의하여 염두에 두어야 할 사항으로 틀린 것은?

① 보일러 사용처의 작업환경에 따라 운전기준을 설정하여 둔다.
② 사용처에 필요한 증기를 항상 발생, 공급할 수 있도록 한다.
③ 증기 수요에 따라 보일러 정격한도를 10% 정도 초과하여 운전한다.
④ 보일러 제작사 취급설명서의 의도를 파악 숙지하여 그 지시에 따른다.

해설
보일러 가동은 정격한도를 넘지 않도록 운전한다.

42 증기난방의 시공에서 환수배관에 리프트 피팅(Lift Fitting) 을 적용하여 시공할 때 1단의 흡상높이로 적당한 것은?

① 1.5m 이내
② 2m 이내
③ 2.5m 이내
④ 3m 이내

해설
진공환수식 증기 난방장치에 있어서 부득이 방열기보다 상부에 환수관을 배관해야만 할 때 리프트 이음을 사용한다(리프트 이음의 1단 흡상높이 1.5m 이내).

정답 38 ② 39 ② 40 ④ 41 ③ 42 ①

43 보일러의 손상에서 팽출(膨出)을 옳게 설명한 것은?

① 보일러의 본체가 화염에 과열되어 외부로 볼록하게 튀어나오는 현상
② 노통이나 화실이 외측의 압력에 의해 눌려 쭈그러져 찢어지는 현상
③ 강판에 가스가 포함된 것이 화염의 접촉으로 양쪽으로 오목하게 되는 현상
④ 고압보일러 드럼 이음에 주로 생기는 응력 부식 균열의 일종

해설

① 팽출현상
② 압궤현상

44 보일러의 가동 중 주의해야 할 사항으로 맞지 않는 것은?

① 수위가 안전저수위 이하로 되지 않도록 수시로 점검한다.
② 증기압력이 일정하도록 연료 공급을 조절한다.
③ 과잉공기를 많이 공급하여 완전연소가 되도록 한다.
④ 연소량을 증가시킬 때는 통풍량을 먼저 증가시킨다.

해설

과잉공기를 적정하게 공급하여 완전연소가 되도록 한다.

45 온수난방에 대한 특징을 설명한 것으로 틀린 것은?

① 증기난방에 비해 소요방열면적과 배관경이 작아지므로 시설비가 적어진다.
② 난방부하의 변동에 따라 온도 조절이 쉽다.
③ 실내온도의 쾌감도가 비교적 높다.
④ 밀폐식일 경우 배관의 부식이 적어 수명이 길다.

해설

온수난방은 증기난방에 비해 압력이 낮아 배관관경이 커야 하고, 온도가 낮아 방열기도 커야 하므로 시설비가 많이 든다.

46 캐리오버(Carry Over)에 대한 방지대책이 아닌 것은?

① 압력을 규정압력으로 유지해야 한다.
② 수면이 비정상적으로 높게 유지되지 않도록 한다.
③ 부하를 급격히 증가시켜 증기실의 부하율을 높인다.
④ 보일러수에 포함되어 있는 유지류나 용해고형물 등의 불순물을 제거한다.

해설

③은 캐리오버의 발생원인이다.

캐리오버의 방지방법

- 보일러 수위를 너무 높게 하지 않는다.
- 보일러수의 농축을 방지하기 위해 적절한 블로 다운을 행한다.
- 유지분이나 불순물이 많은 물을 사용하지 않는다.
- 무리한 연소를 하지 않는다.
- 증기밸브를 급격하게 열지 않는다.
- 심한 부하변동 발생요인을 제거한다.
- 기수분리기(스팀 세퍼레이터)를 이용한다.
- 응축수를 회수하여 사용할 경우에는 설비결함에 의해 이물이 혼입하기 때문에 특별히 주의한다.

43 ① 44 ③ 45 ① 46 ③ 정답

47 기름 보일러에서 연소 중 화염이 점멸하는 등 연소 불안정이 발생하는 경우가 있다. 그 원인으로 적당하지 않은 것은?

① 기름의 점도가 높을 때
② 기름 속에 수분이 혼입되었을 때
③ 연료의 공급상태가 불안정한 때
④ 노내가 부압(負壓)인 상태에서 연소했을 때

해설

연소 불안정의 원인
- 기름 배관 내에 공기가 들어간 경우
- 기름 내에 수분이 포함된 경우
- 기름 온도가 너무 높을 경우
- 펌프의 흡입량이 부족한 경우
- 연료 공급 상태가 불안정한 경우
- 기름 점도가 너무 높을 경우
- 1차 공기 압송량이 너무 많을 경우

48 증기난방의 중력 환수식에서 복관식인 경우 배관 기울기로 적당한 것은?

① 1/50 정도의 순 기울기
② 1/100 정도의 순 기울기
③ 1/150 정도의 순 기울기
④ 1/200 정도의 순 기울기

해설

중력 환수식에서의 배관구배

배관방식	순구배	역구배
단관식	$\frac{1}{200} \sim \frac{1}{100}$	$\frac{1}{100} \sim \frac{1}{50}$
복관식	$\frac{1}{200}$	

49 보일러 사고 원인 중 취급 부주의가 아닌 것은?

① 과 열
② 부 식
③ 압력 초과
④ 재료 불량

해설

취급 불량 : 저수위운전, 사용압력 초과, 급수처리 미비, 과열, 부식, 미연소가스 폭발, 부속기기 정비 불량 및 점검 미비
※ 구조상의 결함(제작상의 결함) : 설계 불량, 재료 불량, 용접 불량, 구조 불량, 강도 불량, 부속기기 설비의 미비

50 단열재의 구비조건으로 맞는 것은?

① 비중이 커야 한다.
② 흡수성이 커야 한다.
③ 가연성이어야 한다.
④ 열전도율이 작아야 한다.

해설

단열재의 구비조건
- 비중이 작을 것
- 흡수성이 적을 것
- 내화성이 좋을 것
- 열전도율이 낮을 것
- 경제적일 것

정답 47 ④ 48 ④ 49 ④ 50 ④

51 **증기난방에서 환수관의 수평배관에서 관경이 가늘어 지는 경우 편심 리듀서를 사용하는 이유로 적합한 것은?**

① 응축수의 순환을 억제하기 위해
② 관의 열팽창을 방지하기 위해
③ 동심 리듀서보다 시공을 단축하기 위해
④ 응축수의 체류를 방지하기 위해

해설

편심 리듀서를 사용하는 이유
- 펌프 흡입측 배관 내 공기 고임으로 마찰저항 방지
- 공동현상 발생 방지
- 배관 내 응축수의 체류 방지

52 **중앙식 급탕법에 대한 설명으로 틀린 것은?**

① 기구의 동시 이용률을 고려하여 가열장치의 총용량을 적게 할 수 있다.
② 기계실 등에 다른 설비 기계와 함께 가열장치 등이 설치되기 때문에 관리가 용이하다.
③ 설비 규모가 크고 복잡하기 때문에 초기 설비비가 비싸다.
④ 비교적 배관길이가 짧아 열손실이 적다.

해설

④는 개별식 급탕의 장점이다.

53 **보일러 수압시험 시의 시험수압은 규정된 압력의 몇 % 이상을 초과하지 않도록 해야 하는가?**

① 3%　　② 4%
③ 5%　　④ 6%

해설

보일러 수압시험에서 규정된 압력의 6% 이상 초과하지 않는 범위 내에서 실시한다.

54 **온수난방설비에서 복관식 배관방식에 대한 특징으로 틀린 것은?**

① 단관식보다 배관 설비비가 적게 든다.
② 역귀환 방식의 배관을 할 수 있다.
③ 발열량을 밸브에 의하여 임의로 조정할 수 있다.
④ 온도변화가 거의 없고 안정성이 높다.

해설

배관 방식
- 단관식 : 배관이 비교적 짧고 설비비가 적으며 소규모 배관용이다.
- 복관식 : 급탕관과 반탕관이 구분되고 뜨거운 물이 곧바로 나오며 대규모 배관용이다.

55 **에너지법에서 정한 에너지기술개발사업비로 사용될 수 없는 사항은?**

① 에너지에 관한 연구인력 양성
② 온실가스 배출을 늘리기 위한 기술개발
③ 에너지사용에 따른 대기오염 저감을 위한 기술개발
④ 에너지기술 개발 성과의 보급 및 홍보

해설

에너지기술개발사업비(에너지법 제14조)

에너지기술개발사업비는 다음의 사업 지원을 위해 사용해야 한다.
- 에너지기술의 연구·개발에 관한 사항
- 에너지기술의 수요 조사에 관한 사항
- 에너지사용기자재와 에너지공급설비 및 그 부품에 관한 기술개발에 관한 사항
- 에너지기술 개발 성과의 보급 및 홍보에 관한 사항
- 에너지기술에 관한 국제협력에 관한 사항
- 에너지에 관한 연구인력 양성에 관한 사항
- 에너지 사용에 따른 대기오염을 줄이기 위한 기술개발에 관한 사항
- 온실가스 배출을 줄이기 위한 기술개발에 관한 사항
- 에너지기술에 관한 정보의 수집·분석 및 제공과 이와 관련된 학술활동에 관한 사항
- 평가원의 에너지기술개발사업 관리에 관한 사항

51 ④　52 ④　53 ④　54 ①　55 ②　정답

56 산업통상자원부장관이 에너지저장의무를 부과할 수 있는 대상자로 맞는 것은?

① 연간 5천 석유환산톤 이상의 에너지를 사용하는 자
② 연간 6천 석유환산톤 이상의 에너지를 사용하는 자
③ 연간 1만 석유환산톤 이상의 에너지를 사용하는 자
④ 연간 2만 석유환산톤 이상의 에너지를 사용하는 자

해설

에너지저장의무 부과대상자(에너지이용합리화법 시행령 제12조)

- 전기사업자
- 도시가스사업자
- 석탄가공업자
- 집단에너지사업자
- 연간 2만 석유환산톤 이상의 에너지를 사용하는 자

57 신에너지 및 재생에너지 개발 · 이용 · 보급 촉진법에서 규정하는 신에너지 또는 재생에너지에 해당하지 않는 것은?

① 태양에너지
② 풍 력
③ 수소에너지
④ 원자력에너지

해설

정의(신에너지 및 재생에너지 개발 · 이용 · 보급 촉진법 제2조)

- 신에너지 : 기존의 화석연료를 변환시켜 이용하거나 수소 · 산소 등의 화학 반응을 통하여 전기 또는 열을 이용하는 에너지로서 다음의 어느 하나에 해당하는 것을 말한다.
  - 수소에너지
  - 연료전지
  - 석탄을 액화 · 가스화한 에너지 및 중질잔사유(重質殘渣油)를 가스화한 에너지로서 대통령령으로 정하는 기준 및 범위에 해당하는 에너지
  - 그 밖에 석유 · 석탄 · 원자력 또는 천연가스가 아닌 에너지로서 대통령령으로 정하는 에너지
- 재생에너지 : 햇빛 · 물 · 지열(地熱) · 강수(降水) · 생물유기체 등을 포함하는 재생 가능한 에너지를 변환시켜 이용하는 에너지로서 다음의 어느 하나에 해당하는 것을 말한다.
  - 태양에너지
  - 풍 력
  - 수 력
  - 해양에너지
  - 지열에너지
  - 생물자원을 변환시켜 이용하는 바이오에너지로서 대통령령으로 정하는 기준 및 범위에 해당하는 에너지
  - 폐기물에너지로서 대통령령으로 정하는 기준 및 범위에 해당하는 에너지
  - 그 밖에 석유 · 석탄 · 원자력 또는 천연가스가 아닌 에너지로서 대통령령으로 정하는 에너지

정답 56 ④ 57 ④

58 **저탄소녹색성장기본법에 따라 2020년의 우리나라 온실가스 감축 목표로 옳은 것은?**

① 2020년의 온실가스 배출전망치 대비 100분의 20
② 2020년의 온실가스 배출전망치 대비 100분의 30
③ 2000년의 온실가스 배출량의 100분의 20
④ 2000년의 온실가스 배출량의 100분의 30

해설

온실가스 감축 국가목표 설정 · 관리(저탄소녹색성장기본법 시행령 제25조)
온실가스 감축 목표는 2030년의 국가 온실가스 총배출량을 2017년의 온실가스 총배출량의 1,000분의 244만큼 감축하는 것으로 한다.
※ 출제 당시 정답은 ②였으나 해당 법령의 개정으로 정답 없음
※ 저탄소녹색성장기본법은 폐지됨

59 **에너지이용합리화법에 따라 에너지다소비사업자가 매년 1월 31일까지 신고해야 할 사항과 관계없는 것은?**

① 전년도의 분기별 에너지사용량
② 전년도의 분기별 제품생산량
③ 에너지사용기자재의 현황
④ 해당 연도의 에너지관리진단 현황

해설

에너지다소비사업자의 신고 등(에너지이용합리화법 제31조)
에너지사용량이 대통령령으로 정하는 기준량 이상인 자(에너지다소비사업자)는 다음의 사항을 산업통상자원부령으로 정하는 바에 따라 매년 1월 31일까지 그 에너지사용시설이 있는 지역을 관할하는 시 · 도지사에게 신고하여야 한다.
㉠ 전년도의 분기별 에너지사용량 · 제품생산량
㉡ 해당 연도의 분기별 에너지사용예정량 · 제품생산예정량
㉢ 에너지사용기자재의 현황
㉣ 전년도의 분기별 에너지이용합리화 실적 및 해당 연도의 분기별 계획
㉤ ㉠부터 ㉣까지의 사항에 관한 업무를 담당하는 자(에너지관리자)의 현황

60 **에너지이용합리화법의 목적과 거리가 먼 것은?**

① 에너지소비로 인한 환경 피해 감소
② 에너지의 수급 안정
③ 에너지의 소비 촉진
④ 에너지의 효율적인 이용 증진

해설

에너지이용합리화법은 에너지의 수급(需給)을 안정시키고 에너지의 합리적이고 효율적인 이용을 증진하며 에너지소비로 인한 환경피해를 줄임으로써 국민경제의 건전한 발전 및 국민복지의 증진과 지구온난화의 최소화에 이바지함을 목적으로 한다.

58 정답 없음 59 ④ 60 ③ 정답

2014년 제1회 과년도 기출문제

01 입형(직립)보일러에 대한 설명으로 틀린 것은?

① 동체를 바로 세워 연소실을 그 하부에 둔 보일러이다.
② 전열면적을 넓게 할 수 있어 대용량에 적당하다.
③ 다관식은 전열면적을 보강하기 위하여 다수의 연관을 설치한 것이다.
④ 횡관식은 횡관의 설치로 전열면을 증가시킨다.

해설
입형보일러는 전열면적이 작고 소용량 보일러이다.

02 공기예열기에 대한 설명으로 틀린 것은?

① 보일러의 열효율을 향상시킨다.
② 불완전 연소를 감소시킨다.
③ 배기가스의 열손실을 감소시킨다.
④ 통풍저항이 작아진다.

해설
공기예열기를 사용하면 통풍저항을 증가시킬 수 있다.
공기예열기 설치 시 특징
- 열효율 향상
- 적은 공기비로 완전연소 가능
- 폐열을 이용하므로 열손실 감소
- 연소효율 증가
- 수분이 많은 저질탄의 연료도 연소 가능
- 연소실의 온도 증가
- 황산에 의한 저온부식 발생

03 가스버너에서 리프팅(Lifting) 현상이 발생하는 경우는?

① 가스압이 너무 높은 경우
② 버너부식으로 염공이 커진 경우
③ 버너가 과열된 경우
④ 1차 공기의 흡인이 많은 경우

해설
리프팅(선화) 발생의 원인
- 버너 내의 가스압력이 너무 높아 가스가 지나치게 분출 시
- 댐퍼가 과대하게 개방되어 혼합 가스량이 많을 때
- 염공이 막혔을 때
- 가스유출압력이 연소속도보다 더 빠를 때

04 다음 중 LPG의 주성분이 아닌 것은?

① 부 탄
② 프로판
③ 프로필렌
④ 메 탄

해설
- LPG의 주성분 : 프로판(C_3H_8), 부탄(C_4H_{10}), 프로필렌(C_3H_6), 부틸렌(C_4H_8)
- LNG의 주성분 : 메탄(CH_4), 에탄(C_2H_6)

정답 1 ② 2 ④ 3 ① 4 ④

05 보일러의 안전 저수면에 대한 설명으로 적당한 것은?

① 보일러의 보안상 운전 중에 보일러 전열면이 화염에 노출되는 최저 수면의 위치
② 보일러의 보안상 운전 중에 급수하였을 때의 최저 수면의 위치
③ 보일러의 보안상 운전 중에 유지해야 하는 일상적인 가동 시의 표준 수면의 위치
④ 보일러의 보안상 운전 중에 유지해야 하는 보일러 드럼 내 최저 수면의 위치

해설

안전 저수면 : 보일러 보안상 운전 중에 유지해야 하는 보일러 드럼 내 최저 수면의 위치

06 기체연료의 발열량 단위로 옳은 것은?

① kcal/m^2
② kcal/cm^2
③ kcal/mm^2
④ kcal/Nm^3

해설

발열량의 단위
- 기체 : kcal/Nm^3
- 고체 및 액체 : kcal/kg

07 보일러 1마력을 상당증발량으로 환산하면 약 얼마인가?

① 13.65kg/h
② 15.65kg/h
③ 18.65kg/h
④ 21.65kg/h

해설

보일러 1마력
100℃ 물 15.65kg을 1시간 동안 같은 온도의 증기로 변화시킬 수 있는 능력

08 공기량이 지나치게 많을 때 나타나는 현상 중 틀린 것은?

① 연소실 온도가 떨어진다.
② 열효율이 저하한다.
③ 연료소비량이 증가한다.
④ 배기가스 온도가 높아진다.

해설

공기량이 지나치게 클 때 나타나는 현상
- 연소실의 온도가 떨어진다.
- 열효율이 저하된다.
- 연료소비량이 증가된다.
- 배기가스 온도가 떨어진다.

09 절대온도 360K를 섭씨온도로 환산하면 약 몇 °C인가?

① 97°C ② 87°C
③ 67°C ④ 57°C

해설

켈빈온도(K, 섭씨온도에 대응하는 절대온도)
K = 273 + ℃
360 = 273 + ℃
∴ ℃ = 87

5 ④ 6 ④ 7 ② 8 ④ 9 ② 정답

10 보일러효율 시험방법에 관한 설명으로 틀린 것은?

① 급수온도는 절탄기가 있는 것은 절탄기 입구에서 측정한다.

② 배기가스의 온도는 전열면의 최종 출구에서 측정한다.

③ 포화증기의 압력은 보일러 출구의 압력으로 부르동관식 압력계로 측정한다.

④ 증기온도의 경우 과열기가 있을 때는 과열기 입구에서 측정한다.

해설

증기온도의 경우 과열기가 있을 때는 과열기 출구에서 증기온도를 측정한다.

11 보일러의 압력이 $8kgf/cm^2$이고, 안전밸브 입구 구멍의 단면적이 $20cm^2$라면 안전밸브에 작용하는 힘은 얼마인가?

① 140kgf ② 160kgf

③ 170kgf ④ 180kgf

해설

안전밸브 작용하는 힘(P)

$P=\frac{W}{A}$

$8=\frac{x}{20}$

$\therefore x=160$kgf

12 1기압하에서 20°C의 물 10kg을 100°C의 증기로 변화시킬 때 필요한 열량은 얼마인가?(단, 물의 비열은 1kcal/ kg · °C이다)

① 6,190kcal

② 6,390kcal

③ 7,380kcal

④ 7,480kcal

해설

총열량(Q)

$Q=q_1+q_2$

$q_1=G\times C\times \Delta t=10\times 1\times (100-20)=800$kcal

$q_2=G\times \gamma=10\times 539=5{,}390$kcal

$\therefore Q=800+5{,}390=6{,}190$kcal

여기서, q_1 : 현열

q_2 : 잠열

13 보일러의 출열 항목에 속하지 않는 것은?

① 불완전 연소에 의한 열손실

② 연소 잔재물 중의 미연소분에 의한 손실

③ 공기의 현열 손실

④ 방산에 의한 손실열

해설

- 출열항목
  - 불완전 연소가스에 의한 열손실
  - 미연소분에 의한 열손실
  - 발생증기의 보유열(출열 중 가장 많은 열)
  - 방산에 의한 손실열
  - 배기가스의 손실열(손실열 중 가장 많은 열)
- 입열항목
  - 연료의 발열량
  - 연료의 현열
  - 공기의 현열
  - 노내 분입 증기열

정답 10 ④ 11 ② 12 ① 13 ③

14 오일 프리히터의 사용 목적이 아닌 것은?

① 연료의 점도를 높여 준다.

② 연료의 유동성을 증가시켜 준다.

③ 완전연소에 도움을 준다.

④ 분무상태를 양호하게 한다.

해설

- 오일 프리히터 : 중유를 예열하여 점도를 낮추고, 무화상태를 양호하게 하여 연소상태를 좋게 하기 위한 장치
- 오일 프리히터의 기능
  - 연료의 점도를 낮추어 무화효율 및 연소효율을 높이기 위해 설치한다.
  - 연료의 점도를 낮추어 분무 촉진 및 유동성을 증가시킨다.
  - 버너 입구 전에 최종적으로 연료를 예열시킨다.

15 육상용 보일러의 열정산은 원칙적으로 정격부하 이상에서 정상 상태로 적어도 몇 시간 이상의 운전결과에 따라야 하는가?(단, 액체 또는 기체연료를 사용하는 소형보일러에서 인수·인도 당사자 간의 협정이 있는 경우는 제외)

① 0.5시간

② 1시간

③ 1.5시간

④ 2시간

해설

육상용 보일러 열정산은 원칙적으로 정격부하 이상에서 정상 상태로 적어도 2시간 이상의 운전결과에 따라야 한다(KS B 6205).

16 증기보일러에서 감압밸브 사용의 필요성에 대한 설명으로 가장 적합한 것은?

① 고압증기를 감압시키면 잠열이 감소하여 이용열이 감소된다.

② 고압증기는 저압증기에 비해 관경을 크게 해야 하므로 배관설비비가 증가한다.

③ 감압을 하면 열교환 속도가 불규칙하나 열전달이 균일하여 생산성이 향상된다.

④ 감압을 하면 증기의 건도가 향상되어 생산성 향상과 에너지절감이 이루어진다.

해설

감압하면 증기가 건도가 향상되어 생산성 향상과 에너지 절감이 이루어진다.

17 제어계를 구성하는 요소 중 전송기의 종류에 해당되지 않는 것은?

① 전기식 전송기

② 증기식 전송기

③ 유압식 전송기

④ 공기압식 전송기

해설

자동제어의 신호전달방법

- 공기압식 : 전송거리 100m 정도
- 유압식 : 전송거리 300m 정도
- 전기식 : 전송거리 수 km까지 가능

14 ① 15 ④ 16 ④ 17 ② 정답

18 과열기를 연소가스 흐름 상태에 의해 분류할 때 해당되지 않는 것은?

① 복사형
② 병류형
③ 향류형
④ 혼류형

해설

열가스 흐름상태에 의한 과열기의 분류
- 병류형 : 연소가스와 증기가 같이 지나면서 열교환
- 향류형 : 연소가스와 증기의 흐름이 정반대방향으로 지나면서 열교환
- 혼류형 : 향류와 병류형의 혼합형

19 보일러 연소장치의 선정기준에 대한 설명으로 틀린 것은?

① 사용 연료의 종류와 형태를 고려한다.
② 연소효율이 높은 장치를 선택한다.
③ 과잉공기를 많이 사용할 수 있는 장치를 선택한다.
④ 내구성 및 가격 등을 고려한다.

해설

모든 연소장치는 과잉공기를 적게 사용할 수 있는 장치를 선택해야 한다.

20 보일러 급수처리의 목적으로 볼 수 없는 것은?

① 부식의 방지
② 보일러수의 농축 방지
③ 스케일 생성 방지
④ 역화(Back Fire) 방지

해설

급수처리의 목적
- 급수를 깨끗이 연화시켜 스케일 생성 및 고착을 방지한다.
- 부식 발생을 방지한다.
- 가성취화의 발생을 감소시킨다.
- 포밍과 프라이밍의 발생을 방지한다.

21 열전달의 기본형식에 해당되지 않는 것은?

① 대 류　　② 복 사
③ 발 산　　④ 전 도

해설

열이동 방식 : 전도, 대류, 복사

22 수면계의 기능시험의 시기에 대한 설명으로 틀린 것은?

① 가마울림 현상이 나타날 때
② 2개 수면계의 수위에 차이가 있을 때
③ 보일러를 가동하여 압력이 상승하기 시작했을 때
④ 프라이밍, 포밍 등이 생길 때

해설

수면계의 점검시기
- 보일러를 가동하기 전
- 프라이밍 · 포밍 발생 시
- 두 조의 수면계 수위가 서로 다를 경우
- 수면계의 수위가 의심스러울 때
- 수면계 교체 시

정답 18 ① 19 ③ 20 ④ 21 ③ 22 ①

23 보일러 동 내부 안전저수위보다 약간 높게 설치하여 유지분, 부유물 등을 제거하는 장치로서 연속분출장치에 해당되는 것은?

① 수면분출장치

② 수저분출장치

③ 수중분출장치

④ 압력분출장치

해설

분출장치

- 수면분출장치(수면에 설치) : 관수 중의 부유물, 유지분 등을 제거하기 위해 설치한다. – 연속취출
- 수저분출장치(동저부에 설치) : 수중의 침전물(슬러지 등)을 분출 제거하기 위해 설치한다. – 단속취출(간헐취출)

24 액체연료의 유압분무식 버너의 종류에 해당되지 않는 것은?

① 플랜지형

② 외측 반환유형

③ 직접 분사형

④ 간접 분사형

해설

유압분무식버너의 종류 : 플런저형, 외측 반환류형, 직접 분사형

25 어떤 보일러의 5시간 동안 증발량이 5,000kg이고, 그때의 급수 엔탈피가 25kcal/kg, 증기엔탈피가 675kcal/kg이라면 상당증발량은 약 몇 kg/h인가?

① 1,106　② 1,206

③ 1,304　④ 1,451

해설

$$상당증발량(환산) = \frac{실제증발량 \times (증기엔탈피 - 급수엔탈피)}{539}$$

$$= \frac{\frac{5,000}{5} \times (675 - 25)}{539}$$

$\fallingdotseq 1,206$kg/h

26 수관식 보일러에 대한 설명으로 틀린 것은?

① 고온, 고압에 적당하다.

② 용량에 비해 소요면적이 작으며 효율이 좋다.

③ 보유 수량이 많아 파열 시 피해가 크고, 부하변동에 응하기 쉽다.

④ 급수의 순도가 나쁘면 스케일이 발생하기 쉽다.

해설

수관식 보일러의 특징

- 고압 · 대용량용으로 제작
- 보유 수량이 적어 파열 시 피해가 작음
- 보유 수량에 비해 전열 면적이 크므로 증발 시간이 빠르고, 증발량이 많음
- 보일러수의 순환이 원활
- 효율이 가장 높음
- 연소실과 수관의 설계가 자유로움
- 구조가 복잡하므로 청소, 점검, 수리가 곤란
- 제작비가 고가임
- 스케일에 의한 과열 사고가 발생되기 쉬움
- 수위 변동이 심하여 거의 연속적 급수가 필요

23 ① 24 ④ 25 ② 26 ③ 정답

27 보일러의 제어장치 중 연소용 공기를 제어하는 설비는 자동제어에서 어디에 속하는가?

① FWC　② ABC
③ ACC　④ AFC

해설

보일러 자동제어

보일러 자동제어(ABC)	제어량	조작량
자동연소제어(ACC)	증기압력	연료량, 공기량
	노내압력	연소가스량
급수제어(FWC)	드럼수위	급수량
증기온도제어(STC)	과열증기온도	전열량

28 특수보일러 중 간접가열 보일러에 해당되는 것은?

① 슈미트 보일러
② 베록스 보일러
③ 벤슨 보일러
④ 코니시 보일러

해설

폐열・특수연료를 쓰는 보일러, 특수열매체를 쓰는 보일러, 특수가열 방식을 쓰는 보일러로 나눈다.

- 폐열 보일러 : 용광로・가열로・시멘트가마 등에서 나오는 고온의 폐가스를 열원으로 하여 증기를 만든다. 수관 보일러가 많으므로 고온 가스의 부식성이나 오염된 물에 따르는 대책이 갖추어져야 한다.
- 특수연료 보일러 : 사탕수수의 찌꺼기인 버가스, 나무의 톱밥이나 도시의 연료 쓰레기인 흑회 등을 쓰며 펄프공장의 폐액, 석유를 정제하는 과정에서 생기는 일산화탄소 기체, 천연가스 등을 연소하여 증기를 발생시킨다.
- 특수열매체 보일러 : 합성 유체의 조성을 조절하여 고온에서 증발하는 포화증기의 압력을 낮추기 위하여 쓴다. 가열 유체로는 다우샴・카네크 등을 쓴다.
- 간접가열 보일러 : 2중 증발 보일러라고도 한다. 증발장치를 2중으로 하여 1차 증발장치 안에 처리한 물을 넣고 연료의 연소열로 과열증기를 만들어 2차 증발장치로 보내면 급수가 간접적으로 데워져 증발한다. 과열증기는 다시 물로 응축되어 1차 증발장치로 들어가서 같은 작용을 되풀이한다. 예로는 슈미트 보일러, 레플러 보일러 등이 있다.
- 전기 보일러 : 소형 입식 보일러로서 남는 전력을 써서 작업용・난방용의 증기와 온수를 만든다. 열선을 사용하거나 물에 전기를 통하도록 하여 가열하는데, 시동시간이 짧으며 효율도 높다.

29 자연통풍에 대한 설명으로 가장 옳은 것은?

① 연소에 필요한 공기를 압입 송풍기에 의해 통풍하는 방식이다.
② 연돌로 인한 통풍방식이며 소형보일러에 적합하다.
③ 축류형 송풍기를 이용하여 연도에서 열 가스를 배출하는 방식이다.
④ 송・배풍기를 보일러 전・후면에 부착하여 통풍하는 방식이다.

해설

자연통풍은 보일러 등의 연기를 통풍기를 사용하지 않고 연돌작용만으로 통풍을 행하는 것을 말한다.

30 다음 중 보일러에서 실화가 발생하는 원인으로 거리가 먼 것은?

① 버너의 팁이나 노즐이 카본이나 소손 등으로 막혀 있다.
② 분사용 증기 또는 공기의 공급량이 연료량에 비해 과다 또는 과소하다.
③ 중유를 과열하여 중유가 유관 내나 가열기 내에서 가스화하여 중유의 흐름이 중단되었다.
④ 연료 속의 수분이나 공기가 거의 없다.

해설

연료 속에 수분이나 공기가 거의 없으면 실화가 발생하지 않는다.

실화의 일반적인 원인

- 버너의 분무구(팁, 노즐 등)가 생성 부착된 카본이나 소손 등으로 막혀 있다.
- 연료 속에 수분이나 공기가 비교적 많이 섞여 있다.
- 분사용 증기 또는 공기의 공급량이 연료량에 비해 과다 또는 과소하다.
- 분사용 증기 또는 공기에 응축수가 비교적 많이 섞여 있다.
- 중유를 과열하여 중유가 유관 내나 가열기 내에서 가스화하여 중유의 흐름이 중단된다.
- 중유의 예열온도가 너무 낮아 분무상태가 불량하여 기름방울이 너무 크다.
- 연료 배관 중의 스트레이너가 막혀 있다.

정답 27 ③ 28 ① 29 ② 30 ④

31 두께가 13cm, 면적이 10m^{2}인 벽이 있다. 벽 내부 온도는 200°C, 외부의 온도가 20°C일 때 벽을 통해 전도되는 열량은 약 몇 kcal/h인가?(단, 열전도율은 0.02kcal/m·h·°C이다)

① 234.2　　② 259.6
③ 276.9　　④ 312.3

해설

열전도량(Q)

$$Q = \lambda \times F \times \frac{\Delta t}{l}$$
$$= 0.02 \times 10 \times \frac{(200-20)}{0.13}$$
$$\fallingdotseq 276.9\text{kcal/h}$$

32 보일러 본체나 수관, 연관 등에 발생하는 블리스터(Blister)를 옳게 설명한 것은?

① 강판이나 관의 제조 시 두 장의 층을 형성하는 것
② 래미네이션된 강판이 열에 의해 혹처럼 부풀어 나오는 현상
③ 노통이 외부압력에 의해 내부로 짓눌리는 현상
④ 리벳 조인트나 리벳 구멍 등의 응력이 집중하는 곳에 물리적 작용과 더불어 화학적 작용에 의해 발생하는 균열

해설

- 래미네이션 : 강판이 내부의 기포에 의해 2장의 층으로 분리되는 현상
- 블리스터 : 강판이 내부의 기포에 의해 표면이 부풀어 오르는 현상

33 일반 보일러(소용량 보일러 및 가스용 온수보일러 제외)에서 온도계를 설치할 필요가 없는 곳은?

① 절탄기가 있는 경우 절탄기 입구 및 출구
② 보일러 본체의 급수 입구
③ 버너 급유 입구(예열을 필요로 할 때)
④ 과열기가 있는 경우 과열기 입구

해설

과열기 또는 재열기가 있는 경우에는 그 출구에 온도계를 설치한다.

온도계

다음의 곳에는 KS B 5320(공업용 바이메탈식 온도계) 또는 이와 동등이상의 성능을 가진 온도계를 설치하여야 한다(다만, 소용량 보일러 및 가스용 온수보일러는 배기가스 온도계만 설치하여도 좋다).

㉠ 급수 입구의 급수 온도계
㉡ 버너 급유입구의 급유온도계(다만, 예열을 필요로 하지 않는 것은 제외한다)
㉢ 절탄기 또는 공기예열기가 설치된 경우에는 각 유체의 전후 온도를 측정할 수 있는 온도계(다만, 포화증기의 경우에는 압력계로 대신할 수 있다)
㉣ 보일러 본체 배기가스온도계(다만 ㉢의 규정에 의한 온도계가 있는 경우에는 생략할 수 있다)
㉤ 과열기 또는 재열기가 있는 경우에는 그 출구 온도계
㉥ 유량계를 통과하는 온도를 측정할 수 있는 온도계

34 다음 보일러의 휴지보존법 중 단기보존법에 속하는 것은?

① 석회밀폐건조법　　② 질소가스봉입법
③ 소다만수보존법　　④ 가열건조법

해설

단기보존법은 보일러의 휴지(休止)기간이 2개월 이내일 때의 휴지보존법으로 만수보존법, 건조보존법(가열건조법) 등이 이용된다.

보일러의 휴지보존법

장기보존법	건조보존법	석회밀폐건조법
		질소가스봉입법
	만수보존법	소다만수보존법
단기보존법	건조보존법	가열건조법
	만수보존법	보통만수법
응급보존법	–	

31 ③　32 ②　33 ④　34 ④　정답

35 보일러에서 발생하는 고온 부식의 원인물질로 거리가 먼 것은?

① 나트륨　　② 유 황
③ 철　　④ 바나듐

해설

고온 부식 : 보일러의 과열기나 재열기, 복사 전열면과 같은 고온부 전열면에 중유의 회분 속에 포함되어 있는 바나듐, 유황, 나트륨 화합물이 고온에서 용융 부착하여 금속 표면의 보호 피막을 깨뜨리고 부식시키는 현상

36 보일러에서 수면계 기능시험을 해야 할 시기로 가장 거리가 먼 것은?

① 수위의 변화에 수면계가 빠르게 반응할 때
② 보일러를 가동하기 전
③ 2개의 수면계 수위가 서로 다를 때
④ 프라이밍, 포밍 등이 발생한 때

해설

수면계의 점검시기
- 보일러를 가동하기 전
- 프라이밍·포밍 발생 시
- 두 조의 수면계 수위가 서로 다를 경우
- 수면계의 수위가 의심스러울 때
- 수면계 교체 시

37 열사용기자재의 검사 및 검사면제에 관한 기준에 따라 급수장치를 필요로 하는 보일러에는 기준을 만족시키는 주펌프 세트와 보조펌프 세트를 갖춘 급수장치가 있어야 하는데, 특정 조건에 따라 보조펌프 세트를 생략할 수 있다. 다음 중 보조펌프 세트를 생략할 수 없는 경우는?

① 전열면적이 $10m^2$인 보일러
② 전열면적이 $8m^2$인 가스용 온수보일러
③ 전열면적이 $16m^2$인 가스용 온수보일러
④ 전열면적이 $50m^2$인 관류보일러

해설

급수밸브의 보조펌프 생략이 가능한 전열면적
- 전열면적 $12m^2$ 이하의 보일러
- 전열면적 $14m^2$ 이하의 가스용 온수보일러
- 전열면적 $100m^2$ 이하의 관류보일러

38 다음 중 난방부하의 단위로 옳은 것은?

① kcal/kg
② kcal/h
③ kg/h
④ $kcal/m^2 \cdot h$

해설

난방부하의 단위 : kcal/h

※ 난방부하 = 난방을 목적으로 실내온도를 보전하기 위하여 공급되는 열량–손실되는 열량

정답　35 ③　36 ①　37 ③　38 ②

39 최고사용압력이 16kgf/cm^{2}인 강철제 보일러의 수압 시험압력으로 맞는 것은?

① 8kgf/cm^2

② 16kgf/cm^2

③ 24kgf/cm^2

④ 32kgf/cm^2

해설

$16 \times 1.5 = 24$kgf/cm^2

강철제 보일러

- 보일러의 최고사용압력이 0.43MPa 이하일 때에는 그 최고사용압력의 2배의 압력으로 한다(다만, 그 시험압력이 0.2MPa 미만인 경우에는 0.2MPa로 한다).
- 보일러의 최고사용압력이 0.43MPa초과 1.5MPa 이하일 때는 그 최고사용압력의 1.3배에 0.3MPa를 더한 압력으로 한다.
- 보일러의 최고사용압력이 1.5MPa를 초과할 때에는 그 최고사용압력의 1.5배의 압력으로 한다.
- 조립 전에 수압시험을 실시하는 수관식 보일러의 내압 부분은 최고사용압력의 1.5배 압력으로 한다.

40 콘크리트 벽이나 바닥 등에 배관이 관통하는 곳에 관의 보호를 위하여 사용하는 것은?

① 슬리브 ② 보온재료

③ 행 거 ④ 신축곡관

해설

① 슬리브 : 보통 벽 같은 곳을 구멍을 내고 그곳에 배관이 통과하는 곳에 관의 보호를 위해 사용하는 것

③ 행거 : 배관의 하중을 위(천장)에서 걸어 당겨 받치는 지지구

④ 신축곡관 : 루프형(만곡형)이라고도 하며 고온, 고압용 증기관 등의 옥외 배관에 많이 쓰이는 신축이음

41 무기질 보온재 중 하나로 안산암, 현무암에 석회석을 섞어 용융하여 섬유모양으로 만든 것은?

① 코르크 ② 암 면

③ 규조토 ④ 유리섬유

해설

② 암면 : 무기질 보온재 중 하나로 인산암, 현무암에 석회석을 섞어 용융하여 섬유모양으로 만든 것

① 코르크 : 유기질 보온재

③ 규조토 : 광물질의 잔해 퇴적물

④ 유리섬유 : 용융상태인 유리에 압축공기 또는 증기를 분사시켜 짧은 섬유모양으로 만든 것

42 보일러수 처리에서 순환계통의 처리방법 중 용해고형물 제거 방법이 아닌 것은?

① 약제 첨가법

② 이온교환법

③ 증류법

④ 여과법

해설

급수처리(관외처리)

- 고형 협잡물 처리 : 침강법, 여과법, 응집법
- 용존가스제 처리 : 기폭법(CO_2, Fe, Mn, NH_3, H_2S), 탈기법(CO_2, O_2)
- 용해고형물 처리 : 증류법, 이온교환법, 약제첨가법

39 ③ 40 ① 41 ② 42 ④ 정답

43 강관에 대한 용접이음의 장점으로 거리가 먼 것은?

① 열에 의한 잔류응력이 거의 발생하지 않는다.
② 접합부의 강도가 강하다.
③ 접합부의 누수의 염려가 없다.
④ 유체의 압력손실이 작다.

해설

용접이음은 열에 의한 잔류응력이 발생하여 재질변화, 변형, 수축이 일어날 수 있다.

용접이음의 단점

- 용접할 때 고열에 의한 변형이나 잔류응력이 발생하고, 재질이 변한다.
- 용접의 최적 조건이 맞지 않으면 결함이 생기기 쉽고 이런 결함은 예민한 노치효과를 나타낸다.
- 강도가 매우 크므로 응력집중에 대한 민감도가 크고, 크랙이 발생하면 구조물이 일체이므로 파괴가 계속 진행해서 위험하다.
- 진동을 감쇠하는 능력이 부족하다.
- 용접부의 비파괴검사가 어렵다.

44 가동 보일러에 스케일과 부식물 제거를 위한 산세척 처리 순서로 올바른 것은?

① 전처리 → 수세 → 산액처리 → 수세 → 중화·방청처리
② 수세 → 산액처리 → 전처리 → 수세 → 중화·방청처리
③ 전처리 → 중화·방청처리 → 수세 → 산액처리 → 수세
④ 전처리 → 수세 → 중화·방청처리 → 수세 → 산액처리

해설

산세척 처리순서

전처리 → 수세 → 산액처리 → 수세 → 중화·방청처리

45 방열기의 구조에 관한 설명으로 옳지 않은 것은?

① 주요 구조 부분은 금속재료나 그 밖의 강도와 내구성을 가지는 적절한 재질의 것을 사용해야 한다.
② 엘리먼트 부분은 사용하는 온수 또는 증기의 온도 및 압력을 충분히 견디어 낼 수 있는 것으로 한다.
③ 온수를 사용하는 것에는 보온을 위해 엘리먼트 내에 공기를 빼는 구조가 없도록 한다.
④ 배관 접속부는 시공이 쉽고 점검이 용이해야 한다.

해설

온수를 사용하는 곳에도 공기를 빼는 구조로 하여야 한다.

46 액상 열매체 보일러 시스템에서 사용하는 팽창탱크에 관한 설명으로 틀린 것은?

① 액상 열매체 보일러 시스템에는 열매체유의 액팽창을 흡수하기 위한 팽창탱크가 필요하다.
② 열매체유 팽창탱크에는 액면계와 압력계가 부착되어야 한다.
③ 열매체유 팽창탱크의 설치장소는 통상 열매체유 보일러 시스템에서 가장 낮은 위치에 설치한다.
④ 열매체유의 노화방지를 위해 팽창탱크의 공간부에는 N_2가스를 봉입한다.

해설

열매체유 팽창탱크의 설치장소는 통상 열매체유 보일러 시스템에서 가장 높은 곳에 설치한다.

정답 43 ① 44 ① 45 ③ 46 ③

47 포화온도 105℃인 증기난방 방열기의 상당 방열면적이 20m^2일 경우 시간당 발생하는 응축수량은 약 kg/h인가?(단, 105℃ 증기의 증발잠열은 535.6kcal/kg이다)

① 10.37　② 20.57
③ 12.17　④ 24.27

해설

응축수량(G)

$$G=\frac{Q}{\gamma}=\frac{650\times 20}{535.6}\fallingdotseq 24.27\text{kg/h}$$

여기서, Q : 방열기 방열량
γ : 증발잠열

48 강관재 루프형 신축이음은 고압에 견디고 고장이 적어 고온·고압용 배관에 이용되는데, 이 신축이음의 곡률반경은 관지름의 몇 배 이상으로 하는 것이 좋은가?

① 2배　② 3배
③ 4배　④ 6배

해설

루프형 신축이음의 곡률반경은 관지름의 6배 이상으로 한다.

49 보온재 선정 시 고려하여야 할 사항으로 틀린 것은?

① 안전사용 온도범위에 적합해야 한다.
② 흡수성이 크고 가공이 용이해야 한다.
③ 물리적, 화학적 강도가 커야 한다.
④ 열전도율이 가능한 한 작아야 한다.

해설

보온재의 구비조건
- 열전도율이 작을 것
- 비중이 작고 불연성일 것
- 흡수성이 작을 것

※ 유기질 보온재 : 펠트, 코르크, 기포성 수지 등
※ 무기질 보온재 : 저온용(탄산마그네슘, 석면, 암면, 규조토, 유리섬유 등), 고온용(펄라이트, 규산칼슘, 세라믹 파이버 등)

50 수격작용을 방지하기 위한 조치로 거리가 먼 것은?

① 송기에 앞서서 관을 충분히 데운다.
② 송기할 때 주증기밸브는 급히 열지 않고 천천히 연다.
③ 증기관은 증기가 흐르는 방향으로 경사가 지도록 한다.
④ 증기관에 드레인이 고이도록 중간을 낮게 배관한다.

해설

증기관에 드레인이 고이도록 중간을 낮게 배관하면 수격작용 발생이 더 잘 일어난다.

취급 시 수격작용 예방조치
- 송기에 앞서서 증기관의 드레인 빼기장치로 관 내의 드레인을 완전히 배출한다.
- 송기에 앞서서 관을 충분히 데운다. 즉, 난관을 한다.
- 송기할 때에는 주증기밸브는 절대로 급개하거나 급히 증기를 보내서는 안 되며, 반드시 주증기밸브를 조용히 그리고 천천히 열어서 관 내에 골고루 증기가 퍼진 후에 이 밸브를 크게 열고 본격적으로 송기를 시작한다.
- 송기 이외의 경우라도 증기관 계통의 밸브 개폐는 조용히 그리고 서서히 조작한다.

47 ④　48 ④　49 ②　50 ④　정답

51 **배관용접 작업 시 안전사항 중 산소용기는 일반적으로 몇 ℃ 이하의 온도로 보관하여야 하는가?**

① 100℃ 이하
② 80℃ 이하
③ 60℃ 이하
④ 40℃ 이하

해설
용기의 보관온도는 40℃ 이하가 적당하다.

52 **단관 중력순환식 온수난방의 배관은 주관을 앞내림 기울기로 하여 공기가 모두 어느 곳으로 빠지게 하는가?**

① 드레인 밸브
② 팽창탱크
③ 에어벤트 밸브
④ 체크밸브

해설
단관 중력순환식 온수난방의 배관은 팽창탱크를 통해 공기가 빠지도록 한다.

온수난방시공

- 단관 중력순환식 : 메인 파이프에 선단 하향기울기를 하고 공기는 모두 팽창탱크에서 배출하도록 하며, 온수주관은 끝내림 기울기를 준다.
- 복관 중력환수식
  - 상향공급식 : 공급관을 선단 상향으로, 복귀관을 선단 하향으로 기울인다.
  - 하향공급식 : 공급관이나 복귀관 모두 같이 하향으로 기울인다.
- 강제순환식 : 배관의 기울기는 선단 상향, 하향과는 무관하나 배관 내에 에어포켓을 만들면 안 된다.

53 **배관 지지 장치의 명칭과 용도가 잘못 연결된 것은?**

① 파이프 슈 – 관의 수평부, 곡관부 지지
② 리지드 서포트 – 빔 등으로 만든 지지대
③ 롤러 서포트 – 방진을 위해 변위가 작은 곳에 사용
④ 행거 – 배관계의 중량을 위에서 달아 매는 장치

해설
방진의 변위를 위해 사용하는 것은 브레이스이다.

54 **보일러 운전이 끝난 후의 조치사항으로 잘못된 것은?**

① 유류 사용 보일러의 경우 연료 계통의 스톱밸브를 닫고 버너를 청소한다.
② 연소실 내의 잔류 여열로 보일러 내부의 압력이 상승하는지 확인한다.
③ 압력계 지시압력과 수면계의 표준수위를 확인해둔다.
④ 예열용 연료를 노내에 약간 넣어 둔다.

해설
보일러 운전이 끝난 후에도 예열용 연료를 노내에 넣으면 안 된다.

보일러 운전이 끝난 후의 조치사항

- 노내의 여열로 내부의 압력이 상승하고 안전밸브가 밀려나올 염려가 있을 경우는 증기를 유효하게 뽑아내고 급수를 보내 압력을 낮춰 둔다.
- 연료제품의 스톱밸브를 닫고 버너를 청소하여 노내에 기름이 새어들지 않도록 한다.
- 자동수동점화 스위치를 전부 정상 위치에 둔다.
- 보일러 외관상태 및 배관계통밸브를 점검하고 부속기기 베어링부의 주유상황을 점검하여 둔다.
- 압력계 지시압력 수면계의 표시수위를 확인하여 둔다.
- 동력용 전원을 끈다.
- 보일러 실내를 청소한다.

정답 51 ④ 52 ② 53 ③ 54 ④

55 에너지법에 의거, 지역에너지계획을 수립한 시·도지사는 이를 누구에게 제출하여야 하는가?

① 대통령
② 산업통상자원부장관
③ 국토교통부장관
④ 한국에너지공단 이사장

해설

지역에너지계획의 수립(에너지법 제7조)
에너지법에 의해 지역에너지계획을 수립한 시·도지사는 산업통상자원부장관에게 제출하여야 한다.

56 신재생 에너지정책심의회의 구성으로 맞는 것은?

① 위원장 1명을 포함한 10명 이내의 위원
② 위원장 1명을 포함한 20명 이내의 위원
③ 위원장 2명을 포함한 10명 이내의 위원
④ 위원장 2명을 포함한 20명 이내의 위원

해설

신재생에너지정책심의회의 구성(신에너지 및 재생에너지 개발·이용·보급 촉진법 시행령 제4조)
신재생 에너지정책심의회는 위원장 1명을 포함한 20명 이내의 위원으로 구성한다.

57 에너지 수급안정을 위하여 산업통상자원부장관이 필요한 조치를 취할 수 있는 사항이 아닌 것은?

① 에너지의 배급
② 산업별·주요공급자별 에너지 할당
③ 에너지의 비축과 저장
④ 에너지의 양도·양수의 제한 또는 금지

해설

수급안정을 위한 조치(에너지이용합리화법 제7조)
- 지역별·주요 수급자별 에너지 할당
- 에너지공급설비의 가동 및 조업
- 에너지의 비축과 저장
- 에너지의 도입·수출입 및 위탁가공
- 에너지공급자 상호 간의 에너지의 교환 또는 분배 사용
- 에너지의 유통시설과 그 사용 및 유통경로
- 에너지의 배급
- 에너지의 양도·양수의 제한 또는 금지
- 에너지사용의 시기·방법 및 에너지사용기자재의 사용 제한 또는 금지 등 대통령령으로 정하는 사항

58 저탄소녹색성장기본법에 의거, 온실가스 감축목표 등의 설정·관리 및 필요한 조치에 관한 사항을 관장하는 기관으로 옳은 것은?

① 농림축산식품부 : 건물·교통 분야
② 환경부 : 농업·축산 분야
③ 국토교통부 : 폐기물 분야
④ 산업통상지원부 : 산업·발전 분야

해설

온실가스·에너지 목표관리의 원칙 및 역할(저탄소녹색성장기본법 시행령 제26조)
부문별 관장기관은 다음의 구분에 따라 소관 부문별로 저탄소녹색성장기본법 기후변화대응 및 에너지의 목표관리에 따른 목표의 설정·관리 및 필요한 조치에 관한 사항을 관장하되, 온실가스 감축 목표의 세부 감축 목표 및 부문별 목표에 부합하도록 하여야 한다. 이 경우 부문별 관장기관은 환경부장관의 총괄·조정업무에 최대한 협조하여야 한다.
- 농림축산식품부 : 농업·임업·축산·식품 분야
- 산업통상자원부 : 산업·발전(發電) 분야
- 환경부 : 폐기물 분야
- 국토교통부 : 건물·교통 분야(해운 분야는 제외한다)
- 해양수산부 : 해양·수산·해운·항만 분야

※ 저탄소녹색성장기본법은 폐지됨

55 ② 56 ② 57 ② 58 ④ 정답

59 **에너지이용합리화법상 검사대상기기 관리자가 퇴직하는 경우 퇴직 이전에 다른 검사대상기기 관리자를 선임하지 아니한 자에 대한 벌칙으로 맞는 것은?**

① 1천만원 이하의 벌금

② 2천만원 이하의 벌금

③ 5백만원 이하의 벌금

④ 2년 이하의 징역

해설

벌칙(에너지이용합리화법 제75조)

검사대상기기 관리자를 선임하지 아니한 자는 1천만원 이하의 벌금에 처한다.

60 **에너지이용합리화법에서 정한 검사대상기기 관리자의 자격에서 에너지관리기능사가 조정할 수 있는 관리범위로서 옳지 않은 것은?**

① 용량 15t/h 이하인 보일러

② 온수발생 및 열매체를 가열하는 보일러로서 용량이 581.5kW 이하인 것

③ 최고사용압력이 1MPa 이하이고, 전열면적이 $10m^2$ 이하인 증기보일러

④ 압력용기

해설

검사대상기기 관리자의 자격 및 조종범위(에너지이용합리화법 시행규칙 별표 3의 9)

관리자의 자격	관리범위
에너지관리기능장 또는 에너지관리기사	용량이 30t/h를 초과하는 보일러
에너지관리기능장, 에너지관리기사 또는 에너지관리산업기사	용량이 10t/h를 초과하고 30t/h 이하인 보일러
에너지관리기능장, 에너지관리기사, 에너지관리산업기사 또는 에너지관리기능사	용량이 10t/h 이하인 보일러
에너지관리기능장, 에너지관리기사, 에너지관리산업기사, 에너지관리기능사 또는 인정검사대상기기 관리자의 교육을 이수한 자	• 증기보일러로서 최고사용압력이 1MPa 이하이고, 전열면적이 $10m^2$ 이하인 것 • 온수발생 및 열매체를 가열하는 보일러로서 용량이 581.5kW 이하인 것 • 압력용기

2014년 제2회 과년도 기출문제

01 화염검출기 기능 불량과 대책을 연결한 것으로 잘못된 것은?

① 집광렌즈 오염 – 분리 후 청소
② 증폭기 노후 – 교체
③ 동력선의 영향 – 검출회로와 동력선 분리
④ 점화전극의 고전압이 프레임 로드에 흐를 때 – 전극과 불꽃 사이를 넓게 분리

해설
점화전극의 고전압이 프레임 로드에 흐를 때는 전극과 불꽃 사이를 좁게 한다.

02 물의 임계압력에서의 잠열은 몇 kcal/kg인가?

① 539 ② 100
③ 0 ④ 639

해설
임계점(임계압력)
포화수가 증발 현상이 없고 포화수가 증기로 변하며, 액체와 기체의 구별이 없어지는 지점으로 증발잠열이 0인 상태의 압력 및 온도
- 임계압 : 222.65kg/cm^2
- 임계온도 : 374.15℃
- 임계잠열 : 0kcal/kg

03 유류 연소 시의 일반적인 공기비는?

① 0.95~1.1
② 1.6~1.8
③ 1.2~1.4
④ 1.8~2.0

해설
연소 시 일반적인 공기비
- 기체연료 공기비 : 1.1~1.3
- 액체연료 공기비 : 1.2~1.4
- 고체연료 공기비 : 1.4~2.0

04 다음 보일러 중 수관식 보일러에 해당되는 것은?

① 타쿠마 보일러
② 카네크롤 보일러
③ 스코치 보일러
④ 하우덴 존슨 보일러

해설
- 카네크롤 보일러 : 특수보일러
- 스코치 보일러, 하우덴 존슨 보일러 : 노통연관식 보일러

1 ④ 2 ③ 3 ③ 4 ① 정답

05 **집진장치 중 집진효율은 높으나 압력손실이 낮은 형식은?**

① 전기식 집진장치
② 중력식 집진장치
③ 원심력식 집진장치
④ 세정식 집진장치

해설

전기식은 가장 미세한 입자의 먼지를 집진할 수 있고, 압력손실이 작으며, 집진효율이 높은 집진장치 형식이다.

06 **액체연료에서의 무화의 목적으로 틀린 것은?**

① 연료와 연소용 공기와의 혼합을 고르게 하기 위해
② 연료 단위 중량당 표면적을 작게 하기 위해
③ 연소효율을 높이기 위해
④ 연소실 열발생률을 높게 하기 위해

해설

무화의 목적은 연료 단위 중량당 표면적을 크게 하기 위해서이다.

07 **보일러 화염검출장치의 보수나 점검에 대한 설명 중 틀린 것은?**

① 플레임 아이 장치의 주위온도는 50℃ 이상이 되지 않게 한다.
② 광전관식은 유리나 렌즈를 매주 1회 이상 청소하고 감도 유지에 유의한다.
③ 플레임 로드는 검출부가 불꽃에 직접 접하므로 소손에 유의하고 자주 청소해 준다.
④ 플레임 아이는 불꽃의 직사광이 들어가면 오동작하므로 불꽃의 중심을 향하지 않도록 설치한다.

해설

플레임아이는 불꽃의 직사광이 들어가면 정상작동이다.

08 **유압분무식 오일버너의 특징에 관한 설명으로 틀린 것은?**

① 대용량 버너의 제작이 가능하다.
② 무화 매체가 필요 없다.
③ 유량 조절범위가 넓다.
④ 기름의 점도가 크면 무화가 곤란하다.

해설

유압분무식 오일버너의 특징은 유량 조절범위가 좁다.

정답 5 ① 6 ② 7 ④ 8 ③

09 다음 중 잠열에 해당되는 것은?

① 기화열 ② 생성열
③ 중화열 ④ 반응열

해설

잠 열

증발열(기화열)이나 융해열과 같이 열을 가하여도 물체의 온도 변화는 없고 상(相) 변화에만 관계하는 열로, 물질의 변화 상태에 따라 다음과 같이 부른다.

- 기화열 : 물이 증발할 경우를 증발열(기화열)
- 응축열 : 반대로 증기(기체)가 응축해서 물(액체)이 될 경우
- 융해열 : 얼음이 녹아 물이 될 경우
- 응고열 : 물이 응고(얼어서) 되어 얼음이 되는 경우

10 보일러의 자동제어에서 연소제어 시 조작량과 제어량의 관계가 옳은 것은?

① 공기량 – 수위
② 급수량 – 증기온도
③ 연료량 – 증기압
④ 전열량 – 노내압

해설

보일러의 자동제어

제어장치명	제어량	조작량
자동연소제어(ACC)	증기압력	연료량, 공기량
	노내압력	연소가스량
자동급수제어(FWC)	보일러 수위	급수량
증기온도제어(STC)	증기온도	전열량

11 다음과 같은 특징을 갖고 있는 통풍방식은?

- 연도의 끝이나 연돌 하부에 송풍기를 설치한다.
- 연도 내의 압력은 대기압보다 낮게 유지된다.
- 매연이나 부식성이 강한 배기가스가 통과하므로 송풍기의 고장이 자주 발생한다.

① 자연통풍
② 압입통풍
③ 흡입통풍
④ 평형통풍

해설

① 자연통풍 : 일반적으로 별도의 동력을 사용하지 않고 연돌로 인한 통풍
② 압입통풍 : 연소용 공기를 송풍기로 노 입구에서 대기압보다 높은 압력으로 밀어 넣고 굴뚝의 통풍작용과 같이 통풍을 유지하는 방식
④ 평형통풍 : 연소용 공기를 연소실로 밀어 넣는 방식

12 프라이밍의 발생원인으로 거리가 먼 것은?

① 보일러 수위가 낮을 때
② 보일러수가 농축되어 있을 때
③ 송기 시 증기밸브를 급개할 때
④ 증발능력에 비하여 보일러수의 표면적이 작을 때

해설

프라이밍은 보일러관수가 증기 출구로 분출되는 것을 말하며, 일반적으로 다음 요인 중의 하나에 의해 발생한다.

- 보일러의 수위를 너무 높게 운전하는 경우
- 보일러를 설계압력 이하로 운전하는 경우 – 이것은 수면에서 증기의 비체적이 증가되고 증기의 속도를 증가시킨다.
- 과도한 증기사용(급격한 부하변동)
- 주증기밸브를 급히 개방 시
- 보일러수가 농축되었을 때
- 보일러수 중에 부유물, 유지분, 불순물이 많이 함유되어 있을 때

9 ① 10 ③ 11 ③ 12 ① 정답

13 주철제 보일러의 특징 설명으로 틀린 것은?

① 내열·내식성이 우수하다.
② 쪽수의 증감에 따라 용량 조절이 용이하다.
③ 재질이 주철이므로 충격에 강하다.
④ 고압 및 대용량에 부적당하다.

해설

주철제 보일러는 열의 부동 팽창에 의해 균열이 발생하기 쉽다.

14 보일러의 급수장치에서 인젝터의 특징으로 틀린 것은?

① 구조가 간단하고 소형이다.
② 급수량의 조절이 가능하고 급수효율이 높다.
③ 증기와 물이 혼합하여 급수가 예열된다.
④ 인젝터가 과열되면 급수가 곤란하다.

해설

인젝터는 급수효율이 낮다(40~50% 정도).

15 무게 80kg인 물체를 수직으로 5m까지 끌어올리기 위한 일을 열량으로 환산하면 약 몇 kcal인가?

① 0.94kcal ② 0.094kcal
③ 40kcal ④ 400kcal

해설

$80 \times 5 = 400$kg·m

일의 열당량 $A = \frac{1}{427}$kcal/kg·m

$\therefore \frac{400}{427} \fallingdotseq 0.94$kcal

16 상당증발량이 6,000kg/h, 연료 소비량이 400kg/h인 보일러의 효율은 약 몇 %인가?(단, 연료의 저위발열량은 9,700kcal/kg이다)

① 81.3% ② 83.4%
③ 85.8% ④ 79.2%

해설

$$\text{보일러 효율} = \frac{\text{상당증발량} \times 539}{\text{연료소비량} \times \text{저위발열량}} \times 100\%$$
$$= \frac{6,000 \times 539}{400 \times 9,700} \times 100(\%)$$
$$\fallingdotseq 83.4\%$$

17 정격압력이 12kgf/cm^{2}일 때 보일러의 용량이 가장 큰 것은?(단, 급수온도는 10℃, 증기엔탈피는 663.8kcal/kg이다)

① 실제 증발량 1,200kg/h
② 상당 증발량 1,500kg/h
③ 정격 출력 800,000kcal/h
④ 보일러 100마력(B-HP)

해설

100마력 × 8,435 = 843,500kcal/h

※ 1보일러 마력을 kcal/h로 환산하면
1마력의 상당증발량 × 증발잠열
= 15.65(kg/h) × 539(kcal/kg)
≒ 8,435kcal/h

정답 13 ③ 14 ② 15 ① 16 ② 17 ④

18 보일러의 열손실이 아닌 것은?

① 방열손실
② 배기가스 열손실
③ 미연소손실
④ 응축수손실

해설

보일러의 출열 중 열손실
- 배기가스에 의한 손실열(손실열 중 비중이 가장 크다)
- 불완전연소에 의한 손실열
- 미연소 연료에 의한 손실열
- 노벽방산에 의한 방산손실 등
- 발생증기 보유열

19 어떤 보일러의 시간당 발생증기량을 G_a, 발생증기의 엔탈피를 i_2, 급수 엔탈피를 i_1라 할 때, 다음 식으로 표시되는 값(G_e)은?

$$G_e = \frac{G_a(i_2 - i_1)}{539} \text{(kg/h)}$$

① 증발률
② 보일러 마력
③ 연소효율
④ 상당증발량

해설

상당증발량(kg/h)
환산 또는 기준증발량이라고도 한다. 실제증발량(단위시간에 발생하는 증기량(kg/h)을 말하는 것으로 운전압력 등에 따라 좌우된다)이 흡수한 전열량을 가지고, 대기압에서 포화수인 100℃의 온수를 같은 온도의 증기로 변화시킬 수 있는 환산한 증발량이다.

20 보일러의 부하율에 대한 설명으로 적합한 것은?

① 보일러의 최대증발량에 대한 실제증발량의 비율
② 증기발생량을 연료소비량으로 나눈 값
③ 보일러에서 증기가 흡수한 총열량을 급수량으로 나눈 값
④ 보일러 전열면적 $1m^2$에서 시간당 발생되는 증기열량

해설

$$\text{보일러 부하율} = \frac{\text{실제증발량}}{\text{최대연속증발량}} \times 100$$

21 열용량에 대한 설명으로 옳은 것은?

① 열용량의 단위는 kcal/g・℃이다.
② 어떤 물질 1g의 온도를 1℃ 올리는 데 소요되는 열량이다.
③ 어떤 물질의 비열에 그 물질의 질량을 곱한 값이다.
④ 열용량은 물질의 질량에 관계없이 항상 일정하다.

해설

① 열용량 단위는 kcal/℃이다.
② 비열을 말한다. 열용량은 어떤 물질의 온도를 1℃ 변화시키는 데 필요한 열량이다.
④ 열용량은 물질의 질량이 클수록, 비열이 클수록 크다.

18 ④ 19 ④ 20 ① 21 ③ 정답

22 수관식 보일러의 특징에 관한 설명으로 틀린 것은?

① 구조상 고압 대용량에 적합하다.
② 전열면적을 크게 할 수 있으므로 일반적으로 효율이 높다.
③ 급수 및 보일러수 처리에 주의가 필요하다.
④ 전열면적당 보유수량이 많아 기동에서 소요증기가 발생할 때까지의 시간이 길다.

해설

전열면적은 크나 보유수량이 적어서 증기발생 시간이 단축된다.

23 보일러의 폐열회수장치에 대한 설명 중 가장 거리가 먼 것은?

① 공기예열기는 배기가스와 연소용 공기를 열교환하여 연소용 공기를 가열하기 위한 것이다.
② 절탄기는 배기가스의 여열을 이용하여 급수를 예열하는 급수예열기를 말한다.
③ 공기예열기의 형식은 전열방법에 따라 전도식과 재생식, 히트파이프식으로 분류된다.
④ 급수예열기는 설치하지 않아도 되지만 공기예열기는 반드시 설치하여야 한다.

해설

보일러의 배기가스 폐열을 회수하는 방법으로는 배기가스열로 연소용공기를 예열하는 열교환기(공기예열기)를 설치하거나 배기가스열로 보일러에 공급하는 물을 데우는 열교환기(급수가열기)를 설치하면 보일러에서 소비되는 연료를 크게 줄일 수 있다.

24 다음 중 탄화수소비가 가장 큰 액체연료는?

① 휘발유 ② 등 유
③ 경 유 ④ 중 유

해설

④ 중유 $C_{17}H_{36}$ 이상
① 휘발유 C_5H_{12}~$C_{12}H_{26}$
② 등유 $C_{12}H_{26}$~$C_{16}H_{34}$
③ 경유 $C_{15}H_{32}$~$C_{18}H_{38}$

25 보일러의 자동제어를 제어동작에 따라 구분할 때 연속동작에 해당되는 것은?

① 2위치 동작
② 다위치 동작
③ 비례동작(P동작)
④ 부동제어 동작

해설

제어동작
- 불연속동작
  - 온-오프(ON-OFF) 동작 : 조작량이 두 개인 동작
  - 다위치 동작 : 3개 이상의 정해진 값 중 하나를 취하는 방식
  - 단속도 동작 : 일정한 속도로 정·역방향으로 번갈아 작동시키는 방식
- 연속동작
  - 비례동작(P) : 조작량이 신호에 비례
  - 적분동작(I) : 조작량이 신호의 적분값에 비례
  - 미분동작(D) : 조작량이 신호의 미분값에 비례

정답 22 ④ 23 ④ 24 ④ 25 ③

26 중유의 연소 상태를 개선하기 위한 첨가제의 종류가 아닌 것은?

① 연소촉진제
② 회분개질제
③ 탈수제
④ 슬러지 생성제

해설

중유의 연소상태를 개선하기 위한 첨가제
- 연소촉진제 : 기름분무를 용이하게 한다.
- 회분개질제 : 회분의 융점을 높여 고온부식을 방지한다.
- 탈수제 : 연료 속의 수분을 분리 제거한다.
- 안정제 : 슬러지 생성을 방지한다.

27 일반적으로 보일러 동(드럼) 내부에는 물을 어느 정도로 채워야 하는가?

① $\frac{1}{4}\sim\frac{1}{3}$　② $\frac{1}{6}\sim\frac{1}{5}$
③ $\frac{1}{4}\sim\frac{2}{5}$　④ $\frac{2}{3}\sim\frac{4}{5}$

28 매연분출장치에서 보일러의 고온부인 과열기나 수관부용으로 고온의 열가스 통로에 사용할 때만 사용되는 매연분출장치는?

① 정치 회전형
② 롱 리트랙터블형
③ 쇼트 리트랙터블형
④ 이동 회전형

해설

쇼트 리트랙터블형 : 분사관이 짧으며 1개의 노즐을 설치하여 연소노벽에 부착되어 있는 이물질을 제거하는 매연분출장치

29 노통 연관식 보일러의 특징으로 가장 거리가 먼 것은?

① 내분식이므로 열손실이 작다.
② 수관식 보일러에 비해 보유수량이 적어 파열 시 피해가 작다.
③ 원통형 보일러 중에서 효율이 가장 높다.
④ 원통형 보일러 중에서 구조가 복잡한 편이다.

해설

노통 연관식 보일러는 보유수량이 많아 파열 시 위험하다.

30 보일러 운전 중 저수위로 인하여 보일러가 과열된 경우의 조치법으로 거리가 먼 것은?

① 연료 공급을 중지한다.
② 연소용 공기 공급을 중단하고 댐퍼를 전개한다.
③ 보일러가 자연냉각하는 것을 기다려 원인을 파악한다.
④ 부동 팽창을 방지하기 위해 즉시 급수를 한다.

해설

보일러가 과열되었을 때 즉시 전원을 차단하고 서서히 냉각시킨다. 이때 급수를 하면 보일러가 폭발될 우려가 있으므로 절대로 급수를 하면 안된다.

26 ④ 27 ④ 28 ② 29 ② 30 ④ 정답

31 **보일러 동체가 국부적으로 과열되는 경우는?**

① 고수위로 운전하는 경우
② 보일러 동 내면에 스케일이 형성되는 경우
③ 안전밸브의 기능이 불량한 경우
④ 주증기밸브의 개폐 동작이 불량한 경우

해설

과열 원인
- 보일러 내에 스케일이 부착한 경우
- 보일러 내에 유지분이 부착한 경우
- 보일러수의 순환이 좋지 않은 경우(수관의 격벽 파손 시)
- 국부적으로 복사열을 받는 경우
- 다량의 불순물로 인한 보일러의 농축
- 국부적으로 화염이 세차게 충돌하는 경우
- 증기기포의 이탈이 나쁜 경우
- 보일러 수위가 너무 낮은 경우
- 보일러수가 농축된 경우

32 **복사난방의 특징에 관한 설명으로 옳지 않은 것은?**

① 쾌감도가 좋다.
② 고장 발견이 용이하고 시설비가 싸다.
③ 실내공간의 이용률이 높다.
④ 동일 방열량에 대한 열손실이 작다.

해설

복사난방은 대류난방에 비해 설비비가 비싸다.

33 **배관 중간이나 밸브, 펌프, 열교환기 등의 접속을 위해 사용되는 이음쇠로서 분해, 조립이 필요한 경우에 사용되는 것은?**

① 밴 드 ② 리듀서
③ 플랜지 ④ 슬리브

해설

① 밴드 : 관의 방향을 변경시키는 이음쇠
② 리듀서 : 지름이 서로 다른 관과 관을 접속하는 데 사용하는 관 이음쇠
④ 슬리브 : 콘크리트 벽이나 바닥 등에 배관이 관통하는 곳에 관의 보호를 위하여 사용한다.

34 **강관 용접접합의 특징에 대한 설명으로 틀린 것은?**

① 관 내 유체의 저항손실이 작다.
② 접합부의 강도가 강하다.
③ 보온피복 시공이 어렵다.
④ 누수의 염려가 적다.

해설

강관 용접접합은 보온피복의 시공이 쉽고, 보온재가 절약된다.

35 **강관 배관에서 유체의 흐름방향을 바꾸는 데 사용되는 이음쇠는?**

① 부 싱 ② 리턴 밴드
③ 리듀서 ④ 소 켓

해설

- 직경이 다른 관을 직선 연결할 때 : 리듀서, 부싱
- 동일직경의 관을 직선 연결할 때 : 소켓, 니플, 유니언, 플랜지
- 배관의 방향을 전환할 때 : 엘보, 밴드

정답 31 ② 32 ② 33 ③ 34 ③ 35 ②

36 규산칼슘 보온재의 안전사용 최고온도(℃)는?

① 300 ② 450
③ 650 ④ 850

해설

무기질 보온재의 안전사용 최고온도

- 세라믹 파이버 : 30~1,300℃
- 실리카 파이버 : 50~1,100℃
- 탄산마그네슘 : 250℃
- 규조토 : 500℃
- 석면 : 600℃
- 규산칼슘 : 650℃

37 주철제 보일러의 최고사용압력이 0.30MPa인 경우 수압시험압력은?

① 0.15MPa ② 0.30MPa
③ 0.43MPa ④ 0.60MPa

해설

$0.3 \times 2 = 0.6$

주철제 보일러 수압시험

- 최고사용압력 0.43MPa 이하일 때 : 최고사용압력의 2배(다만, 시험압력이 0.2MPa 미만인 경우에는 0.2MPa로 한다)
- 최고사용압력 0.43MPa 초과일 때 : 최고사용압력의 1.3배 + 0.3MPa

38 흑체로부터의 복사 전열량은 절대온도의 몇 승에 비례하는가?

① 2승 ② 3승
③ 4승 ④ 5승

해설

흑체로부터의 전열량은 절대온도(T)의 4제곱에 비례한다.

39 수면계의 점검순서 중 가장 먼저 해야 하는 사항으로 적당한 것은?

① 드레인 콕을 닫고 물콕을 연다.
② 물콕을 열어 통수관을 확인한다.
③ 물콕 및 증기콕을 닫고 드레인 콕을 연다.
④ 물콕을 닫고 증기콕을 열어 통기관을 확인한다.

해설

보일러 수면계 점검방법 순서

물콕 및 증기콕을 닫고 드레인 콕을 연다. → 물콕을 열어 통수관을 확인한다. → 물콕을 닫고 증기콕을 열고 통기관을 확인한 다음 증기콕을 닫는다. → 드레인 콕을 닫고 증기콕을 연후 물콕을 서서히 연다.

40 다음 중 보일러 용수관리에서 경도(Hardness)와 관련되는 항목으로 가장 적합한 것은?

① Hg, SVI
② BOD, COD
③ DO, Na
④ Ca, Mg

해설

경도는 수중의 Ca, Mg양을 나타내는 척도이다.

36 ③ 37 ④ 38 ③ 39 ③ 40 ④ 정답

41 보일러의 점화조작 시 주의사항에 대한 설명으로 잘못된 것은?

① 유압이 낮으면 점화 및 분사가 불량하고 유압이 높으면 그을음이 축적되기 쉽다.

② 연료의 예열온도가 낮으면 무화 불량, 화염의 편류, 그을음, 분진이 발생하기 쉽다.

③ 연료가스의 유출속도가 너무 빠르면 역화가 일어나고 너무 늦으면 실화가 발생하기 쉽다.

④ 프리퍼지 시간이 너무 길면 연소실의 냉각을 초래하고 너무 짧으면 역화를 일으키기 쉽다.

해설

연료가스의 유출속도가 너무 빠르면 실화 등이 일어나고, 너무 늦으면 역화가 발생한다.

42 세관작업 시 규산염은 염산에 잘 녹지 않으므로 용해촉진제를 사용하는데, 다음 중 어느 것을 사용하는가?

① H_2SO_4

② HF

③ NH_3

④ Na_2SO_4

해설

황산염, 규산염 등의 경질스케일은 염산에 잘 용해되지 않아 용해촉진제를 사용하여야 하며, 용해촉진제는 플루오린화수소산(HF)이다.

43 이동 및 회전을 방지하기 위해 지지점 위치에 완전히 고정하는 지지금속으로, 열팽창 신축에 의한 영향이 다른 부분에 미치지 않도록 배관을 분리하여 설치·고정해야 하는 리스트레인트의 종류는?

① 앵 커

② 리지드 행거

③ 파이프 슈

④ 브레이스

해설

- 리스트레인트의 종류 : 앵커, 스톱, 가이드
- 서포트의 종류 : 스프링, 리지드, 롤러, 파이프슈
- 브레이스 : 펌프, 압축기 등에서 발생하는 배관계 진동을 억제하는 데 사용한다.

44 강철제 증기보일러의 최고사용압력이 2MPa일 때 수압시험압력은?

① 2MPa ② 2.5MPa

③ 3MPa ④ 4MPa

해설

$2 \times 1.5 = 3$MPa

강철제 증기보일러의 수압시험압력

- 최고사용압력 0.43MPa 이하 : 최고사용압력×2배
- 최고사용압력 0.43MPa 초과 1.5MPa 이하 : 최고사용압력×1.3배 + 0.3MPa
- 최고사용압력 1.5MPa 초과 : 최고사용압력×1.5배

정답 41 ③ 42 ② 43 ① 44 ③

45 보일러에서 열효율의 향상대책으로 틀린 것은?

① 열손실을 최대한 억제한다.
② 운전조건을 양호하게 한다.
③ 연소실 내의 온도를 낮춘다.
④ 연소장치에 맞는 연료를 사용한다.

해설

보일러 열효율의 향상대책
- 열손실을 최대한 억제한다.
- 운전조건을 양호하게 한다.
- 연소실 내의 온도를 높인다.
- 연소장치에 맞는 연료를 사용한다.
- 장치의 설계조건을 완벽하게 한다.
- 피열물을 예열한 후 연소시킨다.
- 단속조업을 하는 것보다는 연속조업을 해야 열손실을 줄일 수 있다.

46 증기보일러의 캐리오버(Carry Over)의 발생원인과 가장 거리가 먼 것은?

① 보일러 부하가 급격하게 증대할 경우
② 증발부 면적이 불충분할 경우
③ 증기정지밸브를 급격히 열었을 경우
④ 부유 고형물 및 용해 고형물이 존재하지 않을 경우

해설

캐리오버 발생원인

물리적 원인	• 증발부 면적이 좁음 • 보일러 내의 수면이 비정상적으로 높게 될 경우 • 증기정지밸브를 급히 열 경우 • 보일러 부하가 급격하게 증대될 경우 • 압력의 급강하로 격렬한 자기증발을 일으킬 때
화학적 원인	• 나트륨 등 염류가 많고 특히 인산나트륨이 많을 때 • 유지류나 부유 고형물이 많고 용해 고형물이 다량 존재할 경우

47 보일러의 증기관 중 반드시 보온을 해야 하는 곳은?

① 난방하고 있는 실내에 노출된 배관
② 방열기 주위 배관
③ 주증기 공급관
④ 관말 증기트랩장치의 냉각레그

해설

증기 주관은 반드시 보온되어야 하며 증기지관은 증기 주관의 상부로부터 연결되어야 한다.

48 보일러 연소실 내에서 가스 폭발을 일으킨 원인으로 가장 적절한 것은?

① 프리퍼지 부족으로 미연소 가스가 충만되어 있었다.
② 연도 쪽의 댐퍼가 열려 있었다.
③ 연소용 공기를 다량으로 주입하였다.
④ 연료의 공급이 부족하였다.

해설

프리퍼지(연소실 내에 환기작업)가 불충분하면 미연소 가스가 가득 차서 점화 시 가스 폭발이나 역화가 발생된다.

※ 가스폭발 : 연소실 내 또는 연도 내에 정체되어 있는 미연소가스 또는 탄진 등이 공기와 혼합되어 폭발한계 안에 들게 되었을 때 불씨가 들어가면 급격한 연소가 일어나서 폭발사고가 일어난다.

49 보일러 건조보존 시에 사용되는 건조제가 아닌 것은?

① 암모니아 ② 생석회
③ 실리카겔 ④ 염화칼슘

해설

건식(단기간)보존 시 사용약품 : 생석회, 실리카겔, 염화칼슘, 활성알루미나(산화알루미늄), 기화성 방청제 등

45 ③ 46 ④ 47 ③ 48 ① 49 ① 정답

50 환수관의 배관방식에 의한 분류 중 환수주관을 보일러의 표준수위보다 낮게 배관하여 환수하는 방식은 어떤 배관방식인가?

① 건식환수 ② 중력환수
③ 기계환수 ④ 습식환수

해설

환수관의 배관 방식에 의한 분류
- 건식환수 : 환수 주관이 보일러의 표준 수위보다 높은 위치에 배관되고 응축수가 환수 주관의 하부를 따라 흐르는 경우
- 습식환수 : 표준 수면보다 낮은 위치에 배관되어 항상 만수 상태로 흐르는 경우

51 보일러 운전 중 1일 1회 이상 실행하거나 상태를 점검해야 하는 것으로 가장 거리가 먼 사항은?

① 안전밸브 작동상태
② 보일러수 분출 작업
③ 여과기 상태
④ 저수위 안전장치 작동상태

52 보일러의 수압시험을 하는 주된 목적은?

① 제한 압력을 결정하기 위하여
② 열효율을 측정하기 위하여
③ 균열의 여부를 알기 위하여
④ 설계의 양부를 알기 위하여

해설

수압시험 목적
- 검사나 사용의 보조수단으로 실시한다.
- 구조상 내부검사를 하기 어려운 곳에는 그 상태를 판단하기 위하여 실시한다.
- 보일러 각부의 균열, 부식, 각종 이음부의 누설 정도를 확인한다.
- 각종 덮개를 장치한 후의 기밀도를 확인한다.
- 손상이 생긴 부분의 강도를 확인한다.
- 수리한 경우 그 부분의 강도나 이상 유무를 판단한다.

53 난방부하의 발생요인 중 맞지 않은 것은?

① 벽체(외벽, 바닥, 지붕 등)를 통한 손실열량
② 극간풍에 의한 손실열량
③ 외기(환기공기)의 도입에 의한 손실열량
④ 실내조명, 전열 기구 등에서 발산되는 열부하

해설

난방부하 요인

부하 종류	부하 요소	현 열	잠 열
실내 손실열량	외벽, 창, 지붕, 바닥, 내벽	○	
	극간풍	○	○
기기 손실열량	덕 트	○	
외기 부하	환기, 극간풍	○	○

54 팽창탱크 내의 물이 넘쳐흐를 때를 대비하여 팽창탱크에 설치하는 관은?

① 배수관
② 환수관
③ 오버플로관
④ 팽창관

해설

팽창탱크에는 물이 팽창 등에 대비하여 본체, 보일러 및 관련 부품에 위해가 발생되지 않도록 일수관(오버플로관)을 설치하여야 한다.

정답 50 ④ 51 ③ 52 ③ 53 ④ 54 ③

55 온실가스 감축 목표의 설정·관리 및 필요한 조치에 관하여 총괄·조정 기능을 수행하는 자는?

① 환경부장관
② 산업통상자원부장관
③ 국토교통부장관
④ 농림축산식품부장관

해설

온실가스·에너지 목표관리의 원칙 및 역할(저탄소녹색성장기본법 시행령 제26조)
환경부장관은 기후변화대응 및 에너지의 목표관리에 따른 목표관리에 관하여 총괄·조정 기능을 수행한다.
※ 저탄소녹색성장기본법은 폐지됨

56 저탄소녹색성장기본법상 온실가스에 해당하지 않는 것은?

① 이산화탄소
② 메 탄
③ 수 소
④ 육플루오린화황

해설

온실가스란 이산화탄소(CO_2), 메탄(CH_4), 아산화질소(N_2O), 수소플루오린화탄소(HFCs), 과플루오린화탄소(PFCs), 육플루오린화황(SF_6) 및 그 밖에 대통령령으로 정하는 것(수소플루오린화탄소(HFCs)와 과플루오린화탄소(PFCs))으로 적외선 복사열을 흡수하거나 재방출하여 온실효과를 유발하는 대기 중의 가스 상태의 물질을 말한다(저탄소녹색성장기본법 제2조).
※ 저탄소녹색성장기본법은 폐지됨

57 에너지법상 에너지 공급설비에 포함되지 않는 것은?

① 에너지 수입설비
② 에너지 전환설비
③ 에너지 수송설비
④ 에너지 생산설비

해설

에너지공급설비란 에너지를 생산·전환·수송 또는 저장하기 위하여 설치하는 설비를 말한다.

58 온실가스 감축, 에너지 절약 및 에너지 이용효율 목표를 통보받은 관리업체가 규정의 사항을 포함한 다음 연도 이행계획을 전자적 방식으로 언제까지 부문별 관장기관에게 제출하여야 하는가?

① 매년 3월 31일까지
② 매년 6월 30일까지
③ 매년 9월 30일까지
④ 매년 12월 31일까지

해설

관리업체에 대한 목표관리방법 및 절차(저탄소녹색성장기본법 시행령 제30조)
목표를 통보받은 관리업체는 다음의 사항을 포함한 다음 연도 이행계획을 전자적 방식으로 매년 12월 31일까지 부문별 관장기관에게 제출하여야 하며, 부문별 관장기관은 이를 확인하여 다음 연도 1월 31일까지 센터에 제출하여야 한다.

- 3년 단위의 연차별 목표와 이행계획
- 사업장별 생산설비 현황 및 가동률
- 사업장별 배출 온실가스의 종류·배출량 및 사용 에너지의 종류·사용량 현황
- 사업장별 온실가스 감축, 에너지 절약 및 에너지 이용효율 목표와 이행방법
- 주요 생산 공정별 온실가스 배출 현황 및 에너지 소비량
- 주요 생산 공정별 온실가스 감축, 에너지 절약 및 에너지 이용효율 목표와 이행방법
- 사업장별 온실가스 배출량 및 에너지 소비량 산정방법(계산방식 및 측정방식을 포함한다)
- 그 밖에 목표의 이행을 위하여 환경부장관이 정하는 사항

※ 저탄소녹색성장기본법은 폐지됨

55 ① 56 ③ 57 ① 58 ④ 정답

59 **자원을 절약하고, 효율적으로 이용하며 폐기물의 발생을 줄이는 등 자원순환산업을 육성 · 지원하기 위한 다양한 시책에 포함되지 않는 것은?**

① 자원의 수급 및 관리
② 유해하거나 재제조 · 재활용이 어려운 물질의 사용억제
③ 에너지자원으로 이용되는 목재, 식물, 농산물 등 바이오매스의 수집 · 활용
④ 친환경 생산체제로의 전환을 위한 기술지원

해설

자원순환산업의 육성 · 지원 시책에 포함되어야 할 사항

- 자원순환 촉진 및 자원생산성 제고 목표 설정
- 자원의 수급 및 관리
- 유해하거나 재제조 · 재활용이 어려운 물질의 사용 억제
- 폐기물 발생의 억제 및 재제조 · 재활용 등 재자원화
- 에너지자원으로 이용되는 목재, 식물, 농산물 등 바이오매스의 수집 · 활용
- 자원순환 관련 기술개발 및 산업의 육성
- 자원생산성 향상을 위한 교육훈련 · 인력양성 등에 관한 사항

60 **에너지이용합리화법상 열사용기자재가 아닌 것은?**

① 강철제 보일러
② 구멍탄용 온수보일러
③ 전기순간온수기
④ 2종 압력용기

해설

열사용기자재(에너지이용합리화법 시행규칙 별표 1)

- 보일러 : 강철제 보일러, 주철제 보일러, 소형 온수보일러, 구멍탄용 온수보일러, 축열식 전기보일러, 캐스케이드 보일러, 가정용 화목보일러
- 태양열 집열기
- 압력용기 : 1종 압력용기, 2종 압력용기
- 요로 : 요업요로, 금속요로

정답 59 ④ 60 ③

2014년 제4회 과년도 기출문제

01 보일러 증기 발생량이 5t/h, 발생 증기엔탈피는 650kcal/kg, 연료사용량 400kg/h, 연료의 저위발열량이 9,750kcal/kg일 때 보일러 효율은 약 몇 %인가?(단, 급수온도는 20℃이다)

① 78.8% ② 80.8%
③ 82.4% ④ 84.2%

해설

보일러 효율(η)

$$\eta = \frac{G_a(h''-h')}{G_f \times H_l} \times 100\%$$

$$= \frac{5,000(650-20)}{400 \times 9,750} \times 100\%$$

$$\fallingdotseq 80.8\%$$

여기서, G_a : 실제증발량
h'' : 발생증기엔탈피
h' : 급수엔탈피
G_f : 연료소비량
H_l : 저위발열량

02 보일러 급수배관에서 급수의 역류를 방지하기 위하여 설치하는 밸브는?

① 체크밸브
② 슬루스밸브
③ 글로브밸브
④ 앵글밸브

해설

체크밸브 : 유체를 일정한 방향으로만 흐르게 하고 역류를 방지하는 데 사용한다. 밸브의 구조에 따라 리프트형, 스윙형, 풋형이 있다.

03 열의 일당량 값으로 옳은 것은?

① 427kg · m/kcal
② 327kg · m/kcal
③ 273kg · m/kcal
④ 472kg · m/kcal

해설

- 열의 일당량 $J = 427$kg · m/kcal
- 일의 열당량 $A = 1/427$kcal/kg · m

04 보일러 효율이 85%, 실제증발량이 5t/h이고, 발생증기의 엔탈피 656kcal/kg, 급수온도의 엔탈피는 56kcal/kg, 연료의 저위발열량 9,750kcal/kg일 때, 연료소비량은 약 몇 kg/h인가?

① 316 ② 362
③ 389 ④ 405

해설

보일러 효율(η)

$$\eta = \frac{G_a(h''-h')}{G_f \times H_l} \times 100$$

$$85 = \frac{5,000(656-56)}{x \times 9,750} \times 100$$

∴ 연료소비량 $x \fallingdotseq 362$kgf/h

1 ② 2 ① 3 ① 4 ② 정답

05 보일러 중에서 관류 보일러에 속하는 것은?

① 코크란 보일러
② 코니시 보일러
③ 스코치 보일러
④ 슐처 보일러

해설

수관식 보일러
- 자연순환식 수관 보일러 : 배브콕 보일러, 츠네키치 보일러, 타쿠마 보일러, 2동 D형 보일러, 2동 수관 보일러, 3동 A형 수관 보일러, 스털링 보일러, 가르베 보일러
- 강제순환식 수관 보일러 : 라몬트 보일러, 베록스 보일러
- 관류 보일러 : 벤슨 보일러, 슐처 보일러, 소형 관류 보일러, 엣모스 보일러, 람진 보일러

06 급유량계 앞에 설치하는 여과기의 종류가 아닌 것은?

① U형 ② V형
③ S형 ④ Y형

해설

여과기의 종류 : Y형, U형, V형

07 보일러 시스템에서 공기예열기 설치 사용 시 특징으로 틀린 것은?

① 연소효율을 높일 수 있다.
② 저온부식이 방지된다.
③ 예열공기의 공급으로 불완전연소가 감소된다.
④ 노내의 연소속도를 빠르게 할 수 있다.

해설

공기예열기 : 연소실로 들어가는 공기를 예열시키는 장치로서, 180~350℃까지 예열된다. 공기예열기에 가장 주의를 요하는 것은 공기 입구와 출구부의 저온부식으로, 배기가스 중의 황산화물에 의한 저온부식이 발생한다.

※ 완전연소 구비조건
- 연소실 온도는 높게
- 연소실 용적은 넓게
- 연소속도는 빠르게

※ 공기에서 연소용공기의 온도를 25℃ 높일 때마다 열효율은 1% 정도 높아진다.

08 보일러 연료로 사용되는 LNG의 성분 중 함유량이 가장 많은 것은?

① CH_4 ② C_2H_6
③ C_3H_8 ④ C_4H_{10}

해설

LNG(액화 천연가스)의 주성분 : 메탄(CH_4) 함유량이 에탄(C_2H_6)보다 많다.

정답 5 ④ 6 ③ 7 ② 8 ①

09 **긴 관의 한 끝에서 펌프로 압송된 급수가 관을 지나는 동안 차례로 가열, 증발, 과열된 다음 과열증기가 되어 나가는 형식의 보일러는?**

① 노통보일러
② 관류보일러
③ 연관보일러
④ 입형보일러

해설

관류보일러 : 강제순환식 보일러에 속하며, 긴 관의 한쪽 끝에서 급수를 펌프로 압송하고 도중 차례로 가열, 증발, 과열되어 관의 다른 한쪽 끝까지 과열증기로 송출되는 형식의 보일러

10 **급유장치에서 보일러 가동 중 연소의 소화, 압력초과 등 이상현상 발생 시 긴급히 연료를 차단하는 것은?**

① 압력조절 스위치
② 압력제한 스위치
③ 감압밸브
④ 전자밸브

해설

전자밸브 : 보일러 운전 중 긴급 시 연료를 차단하는 밸브로 증기압력제한기로 저수위 경보기, 화염검출기 등이 연결되어 있다.

11 **보일러의 자동제어 신호전달방식 중 전달거리가 가장 긴 것은?**

① 전기식 ② 유압식
③ 공기식 ④ 수압식

해설

자동제어의 신호전달방법
- 공기압식 : 전송거리 100m 정도
- 유압식 : 전송거리 300m 정도
- 전기식 : 전송거리 수 km까지 가능

12 **연료 중 표면연소하는 것은?**

① 목 탄 ② 중 유
③ 석 탄 ④ LPG

해설

연소의 종류
- 표면연소 : 목탄(숯), 코크스, 금속분
- 분해연소 : 중유, 석탄
- 증발연소 : 경유, 석유, 휘발유
- 확산연소 : 액화석유가스(LPG)

13 **일반적으로 효율이 가장 좋은 보일러는?**

① 코니시 보일러
② 입형 보일러
③ 연관 보일러
④ 수관 보일러

해설

수관 보일러는 보일러수의 순환이 빠르고 효율이 높다.

9 ② 10 ④ 11 ① 12 ① 13 ④ 정답

14 플로트 트랩은 어떤 종류의 트랩인가?

① 디스크 트랩
② 기계적 트랩
③ 온도조절 트랩
④ 열역학적 트랩

해설

트랩의 종류

- 기계식 트랩 : 상향 버킷형, 역버킷형, 레버플로트형, 프리플로트형
- 온도조절식 트랩 : 벨로스형, 바이메탈형
- 열역학식 트랩 : 오리피스형, 디스크형

15 수면계의 기능시험 시기로 틀린 것은?

① 보일러를 가동하기 전
② 수위의 움직임이 활발할 때
③ 보일러를 가동하여 압력이 상승하기 시작했을 때
④ 2개 수면계의 수위에 차이를 발견했을 때

해설

수면계의 점검시기

- 보일러를 가동하기 전
- 프라이밍・포밍 발생 시
- 두 조의 수면계 수위가 서로 다를 경우
- 수면계의 수위가 의심스러울 때
- 수면계 교체 시

16 연료를 연소시키는 데 필요한 실제공기량과 이론공기량의 비, 즉 공기비를 m이라 할 때 다음 식이 뜻하는 것은?

$$(m-1)\times 100\%$$

① 과잉공기율
② 과소공기율
③ 이론공기율
④ 실제공기율

17 원통형 및 수관식 보일러의 구조에 대한 설명 중 틀린 것은?

① 노통 접합부는 아담슨 조인트(Adamson Joint)로 연결하여 열에 의한 신축을 흡수한다.
② 코니시 보일러는 노통을 편심으로 설치하여 보일러수의 순환이 잘되도록 한다.
③ 갤러웨이관은 전열면을 증대하고 강도를 보강한다.
④ 강수관의 내부는 열가스가 통과하여 보일러수 순환을 증진한다.

해설

강수관 내부에 열가스가 통과하는 것은 연관식 보일러이다.

정답 14 ② 15 ② 16 ① 17 ④

18 공기예열기 설치 시 이점으로 옳지 않은 것은?

① 예열공기의 공급으로 불완전연소가 감소한다.
② 배기가스의 열손실이 증가된다.
③ 저질 연료도 연소가 가능하다.
④ 보일러 열효율이 증가한다.

해설
공기예열기 : 연소실로 들어가는 공기를 예열시키는 장치로서 180~350°까지 된다. 공기예열기를 설치하면 배기가스 열손실이 경감하여 보일러 효율이 향상된다.

19 보일러 연소실 내의 미연소가스 폭발에 대비하여 설치하는 안전장치는?

① 가용전 ② 방출밸브
③ 안전밸브 ④ 방폭문

해설
④ 방폭문 : 연소실 내의 미연소가스에 의한 폭발을 방지하기 위해 설치하는 안전장치
① 가용전 : 노통이나 화실 천장부에 설치, 이상 온도 상승 시 그 속에 내장된 합금이 녹아 증기 방출
② 방출밸브 : 보일러물 중에 불순물이나 농도가 높을 때 또는 수리, 검사 때 보일러물 배출

20 물질의 온도 변화에 소요되는 열, 즉 물질의 온도를 상승시키는 에너지로 사용되는 열은 무엇인가?

① 잠 열 ② 증발열
③ 융해열 ④ 현 열

해설
- 잠열(숨은열) : 온도 변화 없이 상태를 변화시키는 데 필요한 열
- 현열(감열) : 상태 변화 없이 온도를 변화시키는 데 필요한 열

21 보일러에 과열기를 설치하여 과열증기를 사용하는 경우의 설명으로 잘못된 것은?

① 과열증기란 포화증기의 온도와 압력을 높인 것이다.
② 과열증기는 포화증기보다 보유 열량이 많다.
③ 과열증기를 사용하면 배관부의 마찰저항 및 부식을 감소시킬 수 있다.
④ 과열증기를 사용하면 보일러의 열효율을 증대시킬 수 있다.

해설
과열증기란 포화증기의 압력은 일정하고 온도만 높인 것이다.
※ 과열증기 : 포화온도 이상에서의 증기

22 자동제어의 신호전달방법 중 신호전송 시 시간지연이 있으며, 전송거리가 100~150m 정도인 것은?

① 전기식 ② 유압식
③ 기계식 ④ 공기식

해설
자동제어의 신호전달방법
- 공기압식 : 전송거리 100m 정도
- 유압식 : 전송거리 300m 정도
- 전기식 : 전송거리 수 km까지 가능

18 ② 19 ④ 20 ④ 21 ① 22 ④ 정답

23 가압수식 집진장치의 종류에 속하는 것은?

① 백필터 ② 세정탑
③ 코트렐 ④ 배풀식

해설

습식(세정식) 집진장치
- 가압수식 : 사이클론 스크러버, 제트 스크러버, 벤투리 스크러버, 충전탑
- 유수식
- 회전식

24 보일러 중 노통연관식 보일러는?

① 코니시 보일러
② 랭커셔 보일러
③ 스코치 보일러
④ 타쿠마 보일러

해설

원통형 보일러의 종류

입 형	입형횡관식, 입형연관식, 코크란 보일러	
횡 형	노 통	코니시, 랭커셔 보일러
	연 관	횡연관식, 기관차, 케와니 보일러
	노통연관	스코치, 하우덴 존슨, 노통연관패키지 보일러

25 분사관을 이용해 선단에 노즐을 설치하여 청소하는 것으로, 주로 고온의 전열면에 사용하는 수트 블로어(Soot Blower)의 형식은?

① 롱 리트랙터블(Long Retractable)형
② 로터리(Rotary)형
③ 건(Gun)형
④ 에어히터 클리너(Air Heater Cleaner)형

해설

수트 블로어의 종류
- 롱 리트랙터블형 : 과열기와 같은 고온 전열면에 부착하여 사용
- 쇼트 리트랙터블형(건타입형) : 연소로벽, 전열면 등에 부착하여 사용
- 회전형 : 절탄기와 같은 저온 전열면에 부착하여 사용

26 용적식 유량계가 아닌 것은?

① 로터리형 유량계
② 피토관식 유량계
③ 루트형 유량계
④ 오벌기어형 유량계

해설

피토관은 동정압(動靜壓)의 차이로 풍량을 측정하는 기구이다.
용적식 유량계 종류 : 회전자형(오벌기어형, 루트형, 스파이럴 기어형), 피스톤형, 로터리 피스톤형, 다이어프램형, 습식드럼형 등

정답 23 ② 24 ③ 25 ① 26 ②

27 연소의 속도에 미치는 인자가 아닌 것은?

① 반응물질의 온도
② 산소의 온도
③ 촉매물질
④ 연료의 발열량

해설

연소속도에 미치는 인자
반응물질의 온도, 산소의 온도, 촉매물질, 연소압력, 연료입자의 크기

28 액체연료 중 경질유에 주로 사용하는 기화연소방식의 종류에 해당하지 않는 것은?

① 포트식 ② 심지식
③ 증발식 ④ 무화식

해설

액체연료 연소장치
- 기화연소방식 : 연료를 고온의 물체에 충돌시켜 연소시키는 방식이며 심지식, 포트식, 버너식, 증발식의 연소방식이 사용된다.
- 무화연소방식 : 연료에 압력을 주거나 고속회전시켜 무화하여 연소하는 방식이다.

29 서로 다른 두 종류의 금속판은 하나로 합쳐 온도 차이에 따라 팽창 정도가 다른 점을 이용한 온도계는?

① 바이메탈 온도계
② 압력식 온도계
③ 전기저항 온도계
④ 열전대 온도계

해설

바이메탈 온도계 : 2개의 금속(보통 철과 놋쇠)이 팽창하는 차이를 이용하여 30°C에서 300°C 사이의 온도를 측정하는 온도계

30 냉동용 배관 결합 방식에 따른 도시방법 중 용접식을 나타내는 것은?

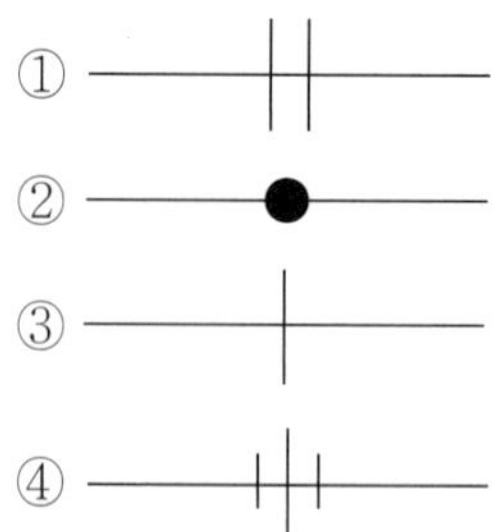

해설

② 용접이음
① 플랜지이음
③ 나사이음
④ 유니언이음

31 방열기 설치 시 벽면과의 간격으로 가장 적합한 것은?

① 50mm ② 80mm
③ 100mm ④ 150mm

해설

증기난방에서 방열기와 벽면과의 적합한 간격은 50~60mm 정도, 벽걸이 방열기는 바닥에서 150mm, 대류방열기는 바닥으로부터 하부 케이싱까지 90mm 떨어지게 설치한다.

27 ④ 28 ④ 29 ① 30 ② 31 ① 정답

32 보일러 설치·시공기준상 가스용 보일러의 경우 연료배관 외부에 표시하여야 하는 사항이 아닌 것은?(단, 배관은 지상에 노출된 경우임)

① 사용 가스명
② 최고사용압력
③ 가스흐름 방향
④ 최저사용온도

해설
가스보일러의 연료배관 외부에 표시하여야 할 사항 : 가스명, 사용압력, 가스흐름 방향

33 관을 아래서 지지하면서 신축을 자유롭게 하는 지지물은 무엇인가?

① 스프링 행거
② 롤러 서포트
③ 콘스탄트 행거
④ 리스트레인트

해설
롤러 서포트 : 관을 아래에서 지지하면서 신축을 자유롭게 하는 지지물

34 실내의 온도분포가 가장 균등한 난방방식은 무엇인가?

① 온풍난방
② 방열기난방
③ 복사난방
④ 온돌난방

해설
복사난방(패널히팅) : 천장이나 벽, 바닥 등에 코일을 매설하여 온수 등 열매체를 이용하여 복사열에 의해 실내를 난방하는 방식으로, 실내온도 분포가 균등하여 쾌감도를 높일 수 있다.

35 20A 관을 90°로 구부릴 때 중심곡선의 적당한 길이는 약 몇 mm인가?(단, 곡률 반지름 R = 100mm 이다)

① 147　② 157
③ 167　④ 177

해설
배관의 길이(l)

$$l = 2\pi R\frac{\theta}{360} = 2\times3.14\times100\times\frac{90}{360} = 157$$

36 유류연소 수동보일러의 운전정지 내용으로 잘못된 것은?

① 운전정지 직전에 유류예열기의 전원을 차단하고 유류예열기의 온도를 낮춘다.
② 연소실 내, 연도를 환기시키고 댐퍼를 닫는다.
③ 보일러 수위를 정상수위보다 조금 낮추고 버너의 운전을 정지한다.
④ 연소실에서 버너를 분리하여 청소를 하고 기름이 누설되는지 점검한다.

해설
유류연소 수동보일러는 보일러 수위를 정상수위 상태에서 운전을 정지시킨다.

정답 32 ④ 33 ② 34 ③ 35 ② 36 ③

37 증기 트랩의 종류가 아닌 것은?

① 그리스 트랩
② 열동식 트랩
③ 버킷식 트랩
④ 플로트 트랩

해설

트랩의 종류
- 기계식 트랩 : 상향 버킷형, 역버킷형, 레버플로트형, 프리플로트형
- 온도조절식 트랩 : 벨로스형, 바이메탈형
- 열역학식 트랩 : 오리피스형, 디스크형 트랩

38 배관의 단열공사를 실시하는 목적에서 가장 거리가 먼 것은 무엇인가?

① 열에 대한 경제성을 높인다.
② 온도 조절과 열량을 낮춘다.
③ 온도변화를 제한한다.
④ 화상 및 화재방지를 한다.

해설

단열재는 주위온도보다 높거나 낮은 온도에서 작동되는 배관 및 각종 기기의 표면으로부터 열손실 또는 열취득을 차단하는 목적을 가지고 있으며, 다음 중 하나 이상의 기능을 달성하기 위하여 적절하게 설계되어야 한다.
- 열전달의 최소화
- 화상 등의 사고 방지를 위한 표면온도 조절
- 결로 방지를 위한 표면온도 조절
- 작동유체 온도 유지 또는 동결 방지
- 기타 소음제어, 화재안전, 부식 방지 등

39 보일러의 운전정지 시 가장 뒤에 조작하는 작업은?

① 연료의 공급을 정지시킨다.
② 연소용 공기의 공급을 정지시킨다.
③ 댐퍼를 닫는다.
④ 급수펌프를 정지시킨다.

해설

보일러 운전 정지 순서
연료 공급 정지 → 공기 공급 정지 → 급수하여 압력을 낮추고 급수펌프 정지 → 증기밸브 차단 → 드레인밸브 엶 → 댐퍼 닫음

40 보일러의 외부부식 발생원인과 관계가 가장 먼 것은?

① 빗물, 지하수 등에 의한 습기나 수분에 의한 작용
② 보일러수 등의 누출로 인한 습기나 수분에 의한 작용
③ 연소가스 속의 부식성 가스(아황산가스 등)에 의한 작용
④ 급수 중에 유지류, 산류, 탄산가스, 산소, 염류 등의 불순물 함유에 의한 작용

해설

보일러부식
- 외부부식
  - 저온부식 : 연료성분 중 S(황분)에 의한 부식
  - 고온부식 : 연료성분 중 V(바나듐)에 의한 부식
  - 산화부식 : 산화에 의한 부식
- 내부부식
  - 국부부식(점식) : 용존산소에 의해 발생
  - 전면부식 : 염화마그네슘($MgCl_2$)에 의해 발생
  - 알칼리부식 : pH 12 이상일 때 농축 알칼리에 의해 발생

37 ① 38 ② 39 ③ 40 ④ 정답

41 강판 제조 시 강괴 속에 함유되어 있는 가스체 등에 의해 강판이 두 장의 층을 형성하는 결함은?

① 래미네이션
② 크 랙
③ 브리스터
④ 심 리프트

해설

① 래미네이션 : 강판이 내부의 기포에 의해 2장의 층으로 분리되는 현상
② 크랙 : 균열
③ 브리스터 : 강판이 내부의 기포에 의해 표면이 부풀어 오르는 현상

42 보일러 급수의 pH로 가장 적합한 것은?

① 4~6
② 7~9
③ 9~11
④ 11~13

해설

보일러 급수의 pH : 7~9
※ 관수의 pH : 10.5 ~ 11.8(약 알칼리성)

43 증기난방과 비교한 온수난방의 특징 설명으로 틀린 것은?

① 예열시간이 길다.
② 건물 높이에 제한을 받지 않는다.
③ 난방부하 변동에 따른 온도 조절이 용이하다.
④ 실내 쾌감도가 높다.

해설

온수난방은 건물이 너무 높으면 온도분포가 균일하지 못하다.

44 가스절단 조건에 대한 설명 중 틀린 것은?

① 금속 산화물의 용융온도가 모재의 용융온도보다 낮을 것
② 모재의 연소온도가 그 용융점보다 낮을 것
③ 모재의 성분 중 산화를 방해하는 원소가 많을 것
④ 금속 산화물 유동성이 좋으며, 모재로부터 이탈될 수 있을 것

해설

가스절단 시 모재의 성분 중 산화를 방해하는 성분이 적어야 한다.

45 보일러의 외처리 방법 중 탈기법에서 제거되는 것은?

① 황화수소
② 수 소
③ 망 간
④ 산 소

해설

진공탈기법 : 용존산소를 제거하는 방법으로 탈기기 내의 진공도를 유지하기 위해 진공펌프를 사용한다.

정답 41 ① 42 ② 43 ② 44 ③ 45 ④

46 난방부하 계산 시 사용되는 용어에 대한 설명 중 틀린 것은?

① 열전도 : 인접한 물체 사이의 열 이동 현상
② 열관류 : 열이 한 유체에서 벽을 통하여 다른 유체로 전달되는 현상
③ 난방부하 : 방열기가 표준 상태에서 $1m^2$당 단위 시간에 방출하는 열량
④ 정격용량 : 보일러 최대 부하상태에서 단위 시간당 총 발생되는 열량

해설

난방부하 : 난방에 필요한 공급 열량으로, 단위는 kcal/h이다. 실내에 열원이 없을 때의 난방부하는 관류(貫流) 및 환기에 의한 열부하, 난방장치의 손실열량 등으로 이루어진다.

47 증기 보일러의 관류밸브에서 보일러와 압력 릴리프밸브의 사이에 체크밸브를 설치할 경우 압력 릴리프밸브는 몇 개 이상 설치하여야 하는가?

① 1개 ② 2개
③ 3개 ④ 4개

해설

안전밸브 성능 및 개수

- 증기 보일러에는 안전밸브를 2개 이상(전열면적 $50m^2$ 이하의 증기보일러에서는 1개 이상) 설치하여야 한다. 다만, 내부의 압력이 최고사용압력에 6%에 해당되는 값(그 값이 0.035MPa($0.35kgf/cm^2$) 미만일 때는 0.035MPa($0.35kgf/cm^2$))을 더한 값을 초과하지 않도록 하여야 한다.
- 관류보일러에서 보일러와 압력 릴리프밸브와의 사이에 체크밸브를 설치할 경우, 압력 릴리프밸브는 2개 이상이어야 한다.

48 증기보일러에서 송기를 개시할 때 증기밸브를 급히 열면 발생할 수 있는 현상으로 가장 적당한 것은?

① 캐비테이션 현상
② 수격작용
③ 역 화
④ 수면계의 파손

해설

주증기밸브 급개 시 캐리오버 및 수격작용이 발생한다.
수격작용(워터해머) : 증기계통에 응축수가 고속의 증기에 밀려 관이나 장치를 타격하는 현상

49 고체 내부에서의 열의 이동 현상으로, 물질은 움직이지 않고 열만 이동하는 현상은 무엇인가?

① 전 도 ② 전 달
③ 대 류 ④ 복 사

해설

열 전달방식

- 전도 : 고체 내부에서의 열의 이동 현상으로 물질은 움직이지 않고 열만 이동하는 현상
- 대류 : 온도차에 따라 유체 분자가 직접 이동하면서 전달하는 형태
- 복사 : 고온의 물체로부터 나온 열이 도중의 물체를 거치지 않고 직접 다른 물체로 이동하는 현상

46 ③ 47 ② 48 ② 49 ① 정답

50 **난방부하가 15,000kcal/h이고, 주철제 증기 방열기로 난방한다면 방열기 소요 방열면적은 약 몇 m^2인가?(단, 방열기의 방열량은 표준 방열량으로 한다)**

① 16　　② 18

③ 20　　④ 23

해설

$$방열면적 = \frac{난방부하}{방열량} = \frac{15,000}{650} \fallingdotseq 23.08m^2$$

51 **강관의 스케줄 번호가 나타내는 것은?**

① 관의 중심

② 관의 두께

③ 관의 외경

④ 관의 내경

해설

스케줄 번호(SCH) : 관의 두께를 나타내는 번호

52 **신축이음쇠 종류 중 고온·고압에 적당하며, 신축에 따른 자체응력이 생기는 결점이 있는 신축이음쇠는?**

① 루프형(Loop Type)

② 스위블형(Swivel Type)

③ 벨로스형(Bellows Type)

④ 슬리브형(Sleeve Type)

해설

① 루프형 : 신축에 따른 자체응력이 생기는 단점이 있으며, 고온·고압에 적당하다.

② 스위블형 : 회전이음, 지블이음, 지웰이음 등으로 불린다. 2개 이상의 나사엘보를 사용하여 이음부 나사의 회전을 이용하여 배관의 신축을 흡수하는 것으로, 주로 온수 또는 저압의 증기난방 등의 방열기 주위 배관용으로 사용된다.

③ 벨로스형(팩리스형, 주름통, 파상형) : 급수, 냉난방 배관에서 많이 사용되는 신축이음이다.

④ 슬리브형(미끄럼형) : 본체와 슬리브 파이프로 되어 있으며 관의 신축은 본체 속의 슬리브관에 의해 흡수되며 슬리브와 본체 사이에 패킹을 넣어 누설을 방지한다. 단식과 복식의 두 가지 형태가 있다.

53 **가연가스와 미연가스가 노내에 발생하는 경우가 아닌 것은?**

① 심한 불완전연소가 되는 경우

② 점화조작에 실패한 경우

③ 소정의 안전 저연소율보다 부하를 높여서 연소시킨 경우

④ 연소정지 중에 연료가 노내에 스며든 경우

해설

소정의 안전 저연소율보다 부하를 높여서 연소시키면 미연가스가 발생하지 않는다.

가연가스와 미연가스가 노내에 발생하는 경우

- 심한 불완전연소가 되는 경우
- 점화조작에 실패한 경우
- 소정의 안전 저연소율보다 부하를 낮추어서 연소시킨 경우
- 연소정지 중에 연료가 연료가 노내에 스며든 경우
- 노내에 다량의 그을음이 쌓여있는 경우
- 연소 중에 갑자기 실화되었을 때 즉시 연료 공급을 중단하지 않은 경우

정답 50 ④ 51 ② 52 ① 53 ③

54 가정용 온수보일러 등에 설치하는 팽창탱크의 주된 설치 목적은 무엇인가?

① 허용압력 초과에 따른 안전장치 역할
② 배관 중의 맥동을 방지
③ 배관 중의 이물질 제거
④ 온수순환의 원활

해설

팽창탱크의 설치 목적
온수의 온도변화에 따른 체적팽창을 흡수하여 난방시스템의 파열을 방지하기 위해

55 저탄소녹색성장기본법상 녹색성장위원회는 위원장 2명을 포함한 몇 명 이내의 위원으로 구성하는가?

① 25 ② 30
③ 45 ④ 50

해설

녹색성장위원회의 구성 및 운영(저탄소녹색성장기본법 제14조)
저탄소녹생성장기본법상 녹생성장위원회는 위원장 2명을 포함한 50명 이내의 위원으로 구성한다.
※ 저탄소녹색성장기본법은 폐지됨

56 열사용기자재관리규칙에서 용접검사가 면제될 수 있는 보일러의 대상 범위로 틀린 것은?

① 강철제 보일러 중 전열면적이 $5m^2$ 이하이고, 최고사용압력이 0.35MPa 이하인 것
② 주철제 보일러
③ 제2종 관류보일러
④ 온수보일러 중 전열면적이 $18m^2$ 이하이고, 최고사용압력이 0.35MPa 이하인 것

해설

용접검사가 면제되는 경우(에너지이용합리화법 시행규칙 별표 3의 6)
- 강철제 보일러 중 전열면적이 $5m^2$ 이하이고, 최고사용압력이 0.35MPa 이하인 것
- 주철제 보일러
- 1종 관류보일러
- 온수보일러 중 전열면적이 $18m^2$ 이하이고, 최고사용압력이 0.35 MPa 이하인 것

※ 열사용기자재관리규칙은 폐지됨

57 에너지절약 전문기업의 등록은 누구에게 하도록 위탁되어 있는가?

① 산업통상자원부장관
② 한국에너지공단
③ 시공업자단체의 장
④ 시・도지사

해설

에너지절약전문기업의 등록은 한국에너지공단에 위탁한다.

54 ① 55 ④ 56 ③ 57 ② 정답

58 신재생 에너지 설비의 설치를 전문으로 하려는 자는 자본금 · 기술인력 등의 신고기준 및 절차에 따라 누구에게 신고를 하여야 하는가?

① 국토교통부장관
② 환경부장관
③ 고용노동부장관
④ 산업통상자원부장관

해설

신재생 에너지 설비의 설치를 전문으로 하려는 자는 자본금, 기술인력 등의 신고기준 및 절차에 따라 산업통상산업부장관에세 신고하여야 한다(신에너지 및 재생에너지 개발 · 이용 · 보급 촉진법 제22조).

※ 법 개정으로 조문 삭제

59 에너지법에서 사용하는 "에너지"의 정의를 가장 올바르게 나타낸 것은?

① "에너지"라 함은 석유 · 가스 등 열을 발생하는 열원을 말한다.
② "에너지"라 함은 제품의 원료로 사용되는 것을 말한다.
③ "에너지"라 함은 태양, 조파, 수력과 같이 일을 만들어 낼 수 있는 힘이나 능력을 말한다.
④ "에너지"라 함은 연료 · 열 및 전기를 말한다.

해설

① "연료"란 석유 · 가스 · 석탄, 그 밖에 열을 발생하는 열원(熱源)을 말한다(다만, 제품의 원료로 사용되는 것은 제외한다).

60 에너지법상 지역에너지계획은 몇 년마다 몇 년 이상을 계획기간으로 수립 · 시행하는가?

① 2년마다 2년 이상
② 5년마다 5년 이상
③ 7년마다 7년 이상
④ 10년마다 10년 이상

해설

지역에너지계획의 수립(에너지법 제7조)

특별시장 · 광역시장 · 특별자치시장 · 도지사 또는 특별자치도지사는 관할 구역의 지역적 특성을 고려하여 에너지기본계획의 효율적인 달성과 지역경제의 발전을 위한 지역에너지계획을 5년마다 5년 이상을 계획기간으로 하여 수립 · 시행하여야 한다.

정답 58 ④ 59 ④ 60 ②

2014년 제5회 과년도 기출문제

01 보일러 제어에서 자동연소제어에 해당하는 약호는?

① ACC ② ABC
③ STC ④ FWC

해설

보일러 자동제어

보일러 자동제어(ABC)	제어량	조작량
자동연소제어(ACC)	증기압력	연료량, 공기량
	노내압력	연소가스량
급수제어(FWC)	드럼수위	급수량
증기온도제어(STC)	과열증기온도	전열량

02 보일러의 수위 제어에 영향을 미치는 요인 중에서 보일러 수위제어시스템으로 제어할 수 없는 것은?

① 급수온도
② 급수량
③ 수위검출
④ 증기량검출

해설

3요소식 수위제어 방식 : 수위, 증기량, 급수량

03 보일러에서 기체연료의 연소방식으로 가장 적당한 것은?

① 화격자연소
② 확산연소
③ 증발연소
④ 분해연소

해설

① 고체연소
③ 액체연소
④ 고체연소

04 수관식 보일러의 특징에 대한 설명으로 틀린 것은?

① 전열면적이 커서 증기의 발생이 빠르다.
② 구조가 간단하여 청소, 검사, 수리 등이 용이하다.
③ 철저한 급수처리가 요구된다.
④ 보일러수의 순환이 빠르고 효율이 좋다.

해설

수관식보일러는 청소, 검사, 수리가 곤란하다.

05 연관식 보일러의 특징으로 틀린 것은?

① 동일 용량인 노통 보일러에 비해 설치면적이 작다.
② 전열면적이 커서 증기발생이 빠르다.
③ 외분식은 연료 선택범위가 좁다.
④ 양질의 급수가 필요하다.

해설

연관식 보일러는 외분식이므로 연료의 선택범위가 넓다.

1 ① 2 ① 3 ② 4 ② 5 ③ 정답

06 **랭커셔보일러는 어디에 속하는가?**

① 관류보일러
② 연관보일러
③ 수관보일러
④ 노통보일러

해설

원통형 보일러의 종류

<table>
<tr><td>입 형</td><td colspan="2">입형횡관식, 입형연관식, 코크란보일러</td></tr>
<tr><td rowspan="3">횡 형</td><td>노 통</td><td>코니시, 랭커셔보일러</td></tr>
<tr><td>연 관</td><td>횡연관식, 기관차, 케와니보일러</td></tr>
<tr><td>노통연관</td><td>스코치, 하우덴 존슨, 노통연관패키지보일러</td></tr>
</table>

07 **고체연료와 비교하여 액체연료 사용 시의 장점을 잘못 설명한 것은?**

① 인화의 위험성이 없으며 역화가 발생하지 않는다.
② 그을음이 적게 발생하고 연소효율도 높다.
③ 품질이 비교적 균일하며 발열량이 크다.
④ 저장 중 변질이 적다.

해설

액체연료는 인화의 위험성이 높고 역화가 발생할 수 있다.

08 **보일러 기관 작동을 저지시키는 인터로크 제어에 속하지 않는 것은?**

① 저수위 인터로크
② 저압력 인터로크
③ 저연소 인터로크
④ 프리퍼지 인터로크

해설

인터로크의 종류

저수위 인터로크, 압력초과 인터로크, 불착화 인터로크, 저연소 인터로크, 프리퍼지 인터로크 등

09 **액체연료 연소에서 무화의 목적이 아닌 것은?**

① 단위 중량당 표면적을 크게 한다.
② 연소효율을 향상시킨다.
③ 주위 공기와 혼합을 좋게 한다.
④ 연소실의 열부하를 낮게 한다.

해설

무화의 목적

- 단위 중량당 표면적을 넓게 한다.
- 공기와의 혼합을 좋게 한다.
- 연소에 적은 과잉공기를 사용할 수 있다.
- 연소효율 및 열효율을 높게 한다.

정답 6 ④ 7 ① 8 ② 9 ④

10 최근 난방 또는 급탕용으로 사용되는 진공 온수보일러에 대한 설명 중 틀린 것은?

① 열매수의 온도는 운전 시 100℃ 이하이다.
② 운전 시 열매수의 급수는 불필요하다.
③ 본체의 안전장치로서 용해전, 온도퓨즈, 안전밸브 등을 구비한다.
④ 추기장치는 내부에서 발생하는 비응축가스 등을 외부로 배출시킨다.

해설
진공온수식 보일러는 보일러 내의 압력을 대기압 이하로 유지하기 위하여 보일러 본체 수실을 진공으로 만들어 대기압 이하의 상태로 운전하도록 설계한 방식으로서, 안전밸브 등의 안전장치는 필요 없다.

11 수트 블로어(Soot Blower) 사용 시 주의사항으로 거리가 먼 것은?

① 한곳으로 집중하여 사용하지 말 것
② 분출기 내의 응축수를 배출시킨 후 사용할 것
③ 보일러 가동을 정지 후 사용할 것
④ 연도 내 배풍기를 사용하여 유인통풍을 증가시킬 것

해설
수트 블로어의 그을음을 제거하는 시기는 부하가 가장 가벼운 시기를 선택한다.

12 노통보일러에서 아담슨 조인트를 하는 목적은?

① 노통 제작을 쉽게 하기 위해서
② 재료를 절감하기 위해서
③ 열에 의한 신축을 조절하기 위해서
④ 물 순환을 촉진하기 위해서

해설
아담슨 조인트 : 랭커셔 보일러 또는 코니시 보일러의 노통은 전열범위가 크기 때문에 불균등하게 가열되어 신축이 심하므로, 노통을 여러 개로 나누고 끝부분을 굽혀 만곡부를 형성하고 열에 의한 신축이 흡수되도록 하는 조인트

13 다음 중 압력계의 종류가 아닌 것은?

① 부르동관식 압력계
② 벨로스식 압력계
③ 유니버설 압력계
④ 다이어프램 압력계

해설
- 탄성식 압력계 : 부르동관식, 다이어프램식, 벨로스식
- 액주식 압력계 : U자관식, 단관식, 경사관식, 마노미터

14 증기압력이 높아질 때 감소되는 것은?

① 포화 온도
② 증발잠열
③ 포화수 엔탈피
④ 포화증기 엔탈피

해설
증기압력이 높아지면
- 포화온도가 증가
- 증발잠열 감소
- 포화수 엔탈피 증가
- 증기엔탈피 증가 후 감소

10 ③ 11 ③ 12 ③ 13 ③ 14 ② 정답

15 프로판(C_3H_8) 1kg이 완전연소하는 경우 필요한 이론산소량은 약 몇 Nm^3인가?

① 3.47 ② 2.55
③ 1.25 ④ 1.50

해설

프로판의 연소반응
$C_3H_8 + 5O_2 \rightarrow 3CO_2 + 4H_2O$
1kg : xNm^3 = 44kg : 5×22.4Nm^3
∴ x ≒ 2.55Nm^3

16 스팀 헤더(Steam Header)에 관한 설명으로 틀린 것은?

① 보일러 주증기관과 부하측 증기관 사이에 설치한다.
② 송기 및 정지가 편리하다.
③ 불필요한 장소에 송기하기 때문에 열손실은 증가한다.
④ 증기의 과부족을 일부 해소할 수 있다.

해설

스팀 헤더는 불필요한 장소에는 송기하지 않기 때문에 열손실을 줄일 수 있다.

17 오일 버너의 화염이 불안정한 원인과 가장 무관한 것은?

① 분무 유압이 비교적 높을 경우
② 연료 중에 슬러지 등의 협잡물이 들어 있을 경우
③ 무화용 공기량이 적절치 않을 경우
④ 연소용 공기의 과다로 노내 온도가 저하될 경우

해설

오일 버너에서 분무 유압이 높으면 안정된 연소를 도모할 수 있다.

18 500W의 전열기로서 2kg의 물을 18℃로부터 100℃까지 가열하는 데 소요되는 시간은 얼마인가?(단, 전열기 효율은 100%로 가정한다)

① 약 10분 ② 약 16분
③ 약 20분 ④ 약 23분

해설

열량(Q)

$$Q = G \times C \times \Delta t$$
$$= 500\text{W} \times \frac{1\text{kW}}{1{,}000\text{W}} \times \frac{860\text{kcal/h}}{1\text{kW}} \times x$$
$$= 2 \times 1 \times (100-18)$$
$$\therefore x = 0.381\text{h} \times \frac{60\text{min}}{1\text{h}} ≒ 23\text{min}$$

19 연소가스와 대기의 온도가 각각 250℃, 30℃이고 연돌의 높이가 50m일 때 이론 통풍력은 약 얼마인가?(단, 연소가스와 대기의 비중량은 각각 1.35kg/Nm^3, 1.25kg/Nm^{3}이다)

① 21.08mmAq
② 23.12mmAq
③ 25.02mmAq
④ 27.36mmAq

해설

통풍력(Z)

$$Z = 273 \times H \times \left(\frac{\gamma_a}{273+t_a} - \frac{\gamma_g}{273+t_g}\right)(\text{mmH}_2\text{O})$$
$$= 273 \times 50 \times \left(\frac{1.25}{273+30} - \frac{1.35}{273+250}\right)(\text{mmH}_2\text{O})$$
$$≒ 21.08\,\text{mmH}_2\text{O}$$

정답 15 ② 16 ③ 17 ① 18 ④ 19 ①

20 사이클론 집진기의 집진율을 증가시키기 위한 방법으로 틀린 것은?

① 사이클론의 내면을 거칠게 처리한다.
② 블로 다운방식을 사용한다.
③ 사이클론 입구의 속도를 크게 한다.
④ 분진박스와 모양은 적당한 크기와 형상으로 한다.

해설
사이클론 집진기의 집진율을 증가시키려면 사이클론 내면을 매끄럽게 한다.

21 보일러의 여열을 이용하여 증기보일러의 효율을 높이기 위한 부속장치로 맞는 것은?

① 버너, 댐퍼, 송풍기
② 절탄기, 공기예열기, 과열기
③ 수면계, 압력계, 안전밸브
④ 인젝터, 저수위 경보장치, 집진장치

해설
폐열회수장치
과열기 → 재열기 → 절탄기 → 공기예열기

22 보일러에서 발생하는 증기를 이용하여 급수하는 장치는?

① 슬러지(Sludge)
② 인젝터(Injector)
③ 콕(Cock)
④ 트랩(Trap)

해설
인젝터 : 증기의 분사압력을 이용한 비동력 급수장치로서 증기의 열에너지 – 속도에너지 – 압력에너지로 전환시켜 보일러에 급수를 하는 예비용 급수장치

23 다음 중 특수보일러에 속하는 것은?

① 벤슨 보일러
② 슐처 보일러
③ 소형 관류 보일러
④ 슈미트 보일러

해설
특수보일러는 폐열・특수연료를 쓰는 보일러, 특수열매체를 쓰는 보일러, 특수가열 방식을 쓰는 보일러로 나눈다.

- 폐열 보일러 : 용광로・가열로・시멘트가마 등에서 나오는 고온의 폐가스를 열원으로 하여 증기를 만든다. 수관 보일러가 많으므로 고온 가스의 부식성이나 오염된 물에 따르는 대책이 갖추어져야 한다.
- 특수연료 보일러 : 사탕수수의 찌꺼기인 버가스, 나무의 톱밥이나 도시의 연료 쓰레기인 흑회 등을 쓰며 펄프공장의 폐액, 석유를 정제하는 과정에서 생기는 일산화탄소 기체, 천연가스 등을 연소하여 증기를 발생시킨다.
- 특수열매체 보일러 : 합성 유체의 조성을 조절하여 고온에서 증발하는 포화증기의 압력을 낮추기 위하여 쓴다. 가열 유체로는 다우삼・카네크 등을 쓴다.
- 간접가열 보일러 : 2중 증발 보일러라고도 한다. 증발장치를 2중으로 하여 1차 증발장치 안에 처리한 물을 넣고 연료의 연소열로 과열증기를 만들어 2차 증발장치로 보내면 급수가 간접적으로 데워져 증발한다. 과열증기는 다시 물로 응축되어 1차 증발장치로 들어가서 같은 작용을 되풀이한다. 예로는 슈미트 보일러・레플러 보일러 등이 있다.
- 전기 보일러 : 소형 입식 보일러로서 남는 전력을 써서 작업용・난방용의 증기와 온수를 만든다. 열선을 사용하거나 물에 전기를 통하도록 하여 가열하는데, 시동 시간이 짧으며 효율도 높다.

24 보일러 연소실이나 연도에서 화염의 유무를 검출하는 장치가 아닌 것은?

① 스테빌라이저
② 플레임 로드
③ 플레임 아이
④ 스택스위치

해설
화염 유무를 검출하는 장치 : 플레임 아이, 플레임 로드, 스택스위치

20 ① 21 ② 22 ② 23 ④ 24 ① 정답

25 건포화증기의 엔탈피와 포화수의 엔탈피의 차는?

① 비 열 ② 잠 열
③ 현 열 ④ 액체열

해설

잠열 = 건포증기엔탈피 – 포화수엔탈피

26 열전도에 적용되는 푸리에의 법칙 설명 중 틀린 것은?

① 두 면 사이에 흐르는 열량은 물체의 단면적에 비례한다.
② 두 면 사이에 흐르는 열량은 두 면 사이의 온도차에 비례한다.
③ 두 면 사이에 흐르는 열량은 시간에 비례한다.
④ 두 면 사이에 흐르는 열량은 두 면 사이의 거리에 비례한다.

해설

푸리에의 법칙 : 두 면 사이에 흐르는 열량은 온도차, 면적 및 시간에 비례하며, 거리에 반비례한다는 법칙

27 보일러에서 실제 증발량(kg/h)을 연료 소모량(kg/h)으로 나눈 값은?

① 증발 배수
② 전열면 증발량
③ 연소실 열부하
④ 상당 증발량

해설

증발 배수 = 실제 증발량 / 연료 소모량

28 보일러의 과열 원인으로 적당하지 않은 것은?

① 보일러수의 순환이 좋은 경우
② 보일러 내에 스케일이 부착된 경우
③ 보일러 내에 유지분이 부착된 경우
④ 국부적으로 심하게 복사열을 받는 경우

해설

보일러 과열의 원인
- 보일러 수위가 저수위일 때
- 관 내의 스케일 부착
- 보일러수의 순환이 불량일 경우
- 관수가 농축되었을 때

29 고압, 중압 보일러 급수용 및 고양정 급수용으로 쓰이는 것으로 임펠러와 안내날개가 있는 펌프는?

① 벌류트 펌프
② 터빈펌프
③ 워싱턴 펌프
④ 웨어펌프

해설

터빈펌프(Turbine Pump)
- 회전자(Impeller)의 바깥둘레에 안내깃이 있는 펌프
- 원심력에 의한 속도에너지를 안내날개(안내깃)에 의해 압력에너지로 바꾸어 주기 때문에 양정, 방출압력이 높은 곳에 적절함

정답 25 ② 26 ④ 27 ① 28 ① 29 ②

30 증기보일러에 설치하는 유리수면계는 2개 이상이어야 하는데, 1개만 설치해도 되는 경우는?

① 소형 관류보일러
② 최고사용압력 2MPa 미만의 보일러
③ 동체 안지름 800mm 미만의 보일러
④ 1개 이상의 원격지시 수면계를 설치한 보일러

해설
소형 관류보일러인 경우 유리수면계를 1개만 설치해도 된다.

31 보일러의 열효율 향상과 관계가 없는 것은?

① 공기예열기를 설치하여 연소용 공기를 예열한다.
② 절탄기를 설치하여 급수를 예열한다.
③ 가능한 한 과잉공기를 줄인다.
④ 급수펌프로는 원심펌프를 사용한다.

해설
급수펌프의 종류와 열효율 향상과는 관계가 없다.

32 온수난방 배관 시공법의 설명으로 잘못된 것은?

① 온수난방은 보통 1/250 이상의 끝올림 구배를 주는 것이 이상적이다.
② 수평 배관에서 관경을 바꿀 때는 편심 리듀서를 사용하는 것이 좋다.
③ 지관이 주관 아래로 분기될 때는 45° 이상 끝내림 구배로 배관한다.
④ 팽창탱크에 이르는 팽창관에는 조정용 밸브를 단다.

해설
팽창탱크에 이르는 팽창관에는 조정용 밸브를 달지 않는다.

33 보일러 내부에 아연판을 매다는 가장 큰 이유는?

① 기수공발을 방지하기 위하여
② 보일러 판의 부식을 방지하기 위하여
③ 스케일 생성을 방지하기 위하여
④ 프라이밍을 방지하기 위하여

해설
보일러 내부에 아연판을 매다는 이유는 부식을 방지하기 위해서이다.

34 배관의 높이를 관의 중심을 기준으로 표시한 기호는?

① TOP ② GL
③ BOP ④ EL

해설
높이 표시
- EL(관의 중심을 기준으로 배관의 높이를 표시한 것)
  - BOP법 : 관 외경의 아랫면까지의 높이를 기준으로 표시
  - TOP법 : 관 외경의 윗면까지의 높이를 기준으로 표시
- GL(지표면을 기준으로 하여 높이를 표시한 것)
- FL(1층의 바닥면을 기준으로 하여 높이를 표시한 것)

30 ① 31 ④ 32 ④ 33 ② 34 ④ 정답

35 증기난방의 분류에서 응축수 환수방식에 해당하는 것은?

① 고압식
② 상향 공급식
③ 기계환수식
④ 단관식

해설
응축수 환수 방법 : 중력환수식, 기계환수식, 진공환수식

36 보일러에서 분출 사고 시 긴급조치 사항으로 틀린 것은?

① 연도 댐퍼를 전개한다.
② 연소를 정지시킨다.
③ 압입 통풍기를 가동시킨다.
④ 급수를 계속하여 수위의 저하를 막고 보일러의 수위 유지에 노력한다.

해설
보일러 분출 사고 시 압입통풍을 가동시키지 말아야 한다.

37 보일러 수트 블로어를 사용하여 그을음 제거 작업을 하는 경우의 주의사항 설명으로 가장 옳은 것은?

① 가급적 부하가 높을 때 실시한다.
② 보일러를 소화한 직후에 실시한다.
③ 흡출통풍을 감소시킨 후 실시한다.
④ 작업 전에 분출기 내부의 드레인을 충분히 제거한다.

해설
보일러 수트 블로어를 사용하여 그을음 제거 작업을 하는 경우 작업 전에 분출기 내부의 드레인을 충분히 제거해야 한다.

38 어떤 거실의 난방부하가 5,000kcal/h이고, 주철제 온수 방열기로 난방할 때 필요한 방열기 쪽수는?(단, 방열기 1쪽당 방열 면적은 $0.26m^2$이고, 방열량은 표준방열량으로 한다)

① 11쪽　　② 21쪽
③ 30쪽　　④ 43쪽

해설

$$방열기\ 쪽수 = \frac{난방부하}{방열기방열량 \times 1쪽당\ 방열면적} = \frac{5,000}{450 \times 0.26} ≒ 43쪽$$

39 가정용 온수보일러 등에 설치하는 팽창탱크의 주된 기능은?

① 배관 중의 이물질 제거
② 온수 순환의 맥동 방지
③ 열효율의 증대
④ 온수의 가열에 따른 체적팽창 흡수

해설
팽창탱크의 역할 : 온수의 온도변화에 따른 체적팽창을 흡수하여 난방시스템의 파열을 방지

정답　35 ③　36 ③　37 ④　38 ④　39 ④

40 호칭지름 20A인 강관을 그림과 같이 배관할 때 엘보 사이의 파이프의 절단 길이는?(단, 20A 엘보의 끝단에서 중심까지의 거리는 32mm이고, 파이프의 물림 길이는 13mm이다)

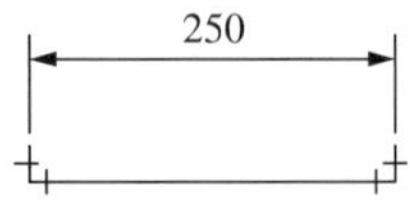

① 210mm ② 212mm
③ 214mm ④ 216mm

해설

파이프 절단길이(l)
$l = 250 - 2(32 - 13) = 212$mm

41 보일러 급수성분 중 포밍과 관련이 가장 큰 것은?

① pH ② 경도성분
③ 용존산소 ④ 유지성분

해설

포밍 : 관수의 농축, 유지분 등에 의해 동수면에 기포가 덮여 있는 거품 현상

42 보온재 중 흔히 스티로폼이라고 하며, 체적의 97~98%가 기공으로 되어 있어 열차단 능력이 우수하고, 내수성도 뛰어난 보온재는?

① 폴리스티렌 폼
② 경질 우레탄 폼
③ 코르크
④ 글라스울

해설

스티로폼(폴리스티렌 폼) : 체적의 97~98%가 기공으로 되어 있어 열차단 능력이 우수하고, 내수성도 뛰어난 보온재

43 유리솜 또는 암면의 용도와 관계 없는 것은?

① 보온재
② 보랭재
③ 단열재
④ 방습재

해설

유리솜 또는 암면의 용도 : 보온재, 단열재, 보랭재

44 진공환수식 증기난방에서 리프트 피팅이란?

① 저압환수관이 진공펌프의 흡입구보다 낮은 위치에 있을 때 적용되는 이음방법이다.
② 방열기보다 낮은 곳에 환수주관이 설치된 경우 적용되는 이음방법이다.
③ 진공펌프가 환수주관과 같은 위치에 있을 때 적용되는 이음방법이다.
④ 방열기와 환수주관의 위치가 같을 때 적용되는 이음방법이다.

해설

리프트 피팅 : 저압증기환수관이 진공펌프의 흡입구보다 낮은 위치에 있을 때의 배관이음 방법으로, 환수관 내의 응축수를 이음부 전후에서 형성되는 작은 압력차를 이용하여 끌어올릴 수 있도록 한 배관방법이다.

- 리프트관은 주관보다 1~2 정도 작은 치수를 사용한다.
- 리프트 피팅의 1단 높이 : 1.5m 이내(3단까지 가능)

※ 리프트 계수로서 진공환식 난방배관에서 환수를 유인하기 위한 배관방법이다.

40 ② 41 ④ 42 ① 43 ④ 44 ① 정답

45 단관 중력 환수식 온수난방에서 방열기 입구 반대편 상부에 부착하는 밸브는?

① 방열기 밸브
② 온도조절 밸브
③ 공기빼기 밸브
④ 배니 밸브

해설

공기빼기 밸브 : 단관 중력 환수식 온수난방에서 방열기 입구 반대편 상부에 부착하는 밸브

46 보일러에서 역화의 발생원인이 아닌 것은?

① 점화 시 착화가 지연되었을 경우
② 연료보다 공기를 먼저 공급한 경우
③ 연료 밸브를 과대하게 급히 열었을 경우
④ 프리퍼지가 부족할 경우

해설

역화(백파이어) 발생원인

- 미연가스에 의한 노내 폭발이 발생하였을 때
- 착화가 늦어졌을 때
- 연료의 인화점이 낮을 때
- 공기보다 연료를 먼저 공급했을 경우
- 압입통풍이 지나치게 강할 때

47 보일러 내면의 산세정 시 염산을 사용하는 경우 세정액의 처리온도와 처리시간으로 가장 적합한 것은?

① 60±5℃, 1~2시간
② 60±5℃, 4~6시간
③ 90±5℃, 1~2시간
④ 90±5℃, 4~6시간

해설

보일러 내면의 산세정 시 염산을 사용하는 경우 세정액의 처리온도는 60±5℃이고, 처리시간은 4~6시간이 가장 적합하다.

48 다른 보온재에 비하여 단열 효과가 낮으며 500℃ 이하의 파이프, 탱크, 노벽 등에 사용하는 것은?

① 규조토
② 암 면
③ 글라스울
④ 펠 트

해설

단열 보온재의 종류

- 무기질 보온재(안전 사용온도 300~800℃의 범위 내에서 보온효과가 있는 것) : 탄산 마그네슘(250℃), 글라스울(300℃), 석면(500℃), 규조토(500℃), 암면(600℃), 규산칼슘(650℃), 세라믹 파이버(1,000℃)
- 유기질 보온재(안전사용온도 100~200℃의 범위 내에서 보온효과가 있는 것) : 펠트류(100℃), 텍스류(120℃), 탄화코르크(130℃), 기포성 수지

정답 45 ③ 46 ② 47 ② 48 ①

49 **보일러 수(水) 중의 경도 성분을 슬러지로 만들기 위하여 사용하는 청관제는?**

① 가성취화 억제제
② 연화제
③ 슬러지 조정제
④ 탈산소제

해설

연화제 : 보일러 청정제의 하나로서, 보일러수 속에 첨가하여 수중의 경도 성분과 반응시킴으로써 불용성의 물질, 소위 슬러지로 바꾸어 침전시키고, 이 슬러지를 보일러수의 분출 시에 보일러 밖으로 배출하여 경도 성분 스케일의 석출·부착을 방지하기 위한 약제

50 **방열기의 표준 방열량에 대한 설명으로 틀린 것은?**

① 증기의 경우 게이지 압력 $1kg/cm^2$, 온도 80℃로 공급하는 것이다.
② 증기 공급 시의 표준 방열량은 $650kcal/m^2 \cdot h$이다.
③ 실내 온도는 증기일 경우 21℃, 온수일 경우 18℃ 정도이다.
④ 온수 공급 시의 표준 방열량은 $450kcal/m^2 \cdot h$이다.

해설

표준방열량($kcal/m^2 \cdot h$)

열 매	표준방열량 ($kcal/m^2 \cdot h$)	표준온도차 (℃)	표준 상태에서의 온도(℃)	
			열매온도	실 온
증 기	650	81	102	21
온 수	450	62	80	18

51 **건물을 구성하는 구조체, 즉 바닥, 벽 등에 난방용 코일을 묻고 열매체를 통과시켜 난방을 하는 것은?**

① 대류난방
② 복사난방
③ 간접난방
④ 전도난방

해설

복사난방 : 바닥패널, 벽패널, 천장패널을 설치하여 복사열을 이용하는 난방

52 **점화 전 댐퍼를 열고 노내와 연도에 체류하고 있는 가연성가스를 송풍기로 취출시키는 작업은?**

① 분 출　　② 송 풍
③ 프리퍼지　　④ 포스트퍼지

해설

프리퍼지 : 점화 전 댐퍼를 열고 노내와 연도에 체류하고 있는 가연성가스를 송풍기로 취출시키는 작업

53 **보일러 유리수면계의 유리파손 원인과 무관한 것은?**

① 유리관 상하 콕의 중심이 일치하지 않을 때
② 유리가 알칼리 부식 등에 의해 노화되었을 때
③ 유리관 상하 콕의 너트를 너무 조였을 때
④ 증기의 압력을 갑자기 올렸을 때

해설

보일러 유리수면계의 유리관 파손 원인

- 상하의 너트를 너무 조였을 때
- 상하의 바탕쇠 중심선이 일치하지 않을 때
- 외부로부터 충격을 받았을 때
- 유리가 알칼리 부식 등에 의해 노화되었을 때

정답: 49 ② 50 ① 51 ② 52 ③ 53 ④

54 지역난방의 특징을 설명한 것 중 틀린 것은?

① 설비가 길어지므로 배관 손실이 있다.
② 초기 시설 투자비가 높다.
③ 개개 건물의 공간을 많이 차지한다.
④ 대기오염의 방지를 효과적으로 할 수 있다.

해설
지역난방 : 대규모 시설로 일정지역 내의 건축물을 난방하는 형식으로 설비의 열효율이 높고 도시매연 발생은 적으며, 개개 건물의 공간을 많이 차지하지 않는다.

55 에너지이용합리화법상의 목표에너지원단위를 가장 옳게 설명한 것은?

① 에너지를 사용하여 만드는 제품의 단위당 폐연료 사용량
② 에너지를 사용하여 만드는 제품의 연간 폐열 사용량
③ 에너지를 사용하여 만드는 제품의 단위당 에너지 사용 목표량
④ 에너지를 사용하여 만드는 제품의 연간 폐열에너지 사용 목표량

해설
목표에너지단위 : 에너지를 사용하여 만드는 제품의 단위당 에너지 사용 목표량 또는 건축물의 단위 면적당 에너지 사용 목표량

56 다음은 저탄소녹색성장기본법에 명시된 용어의 뜻이다. (   ) 안에 알맞은 것은?

온실가스란 (㉠), 메탄, 아산화질소, 수소플루오린화탄소, 과플루오린화탄소, 육플루오린화황 및 그 밖에 대통령령으로 정하는 것으로 (㉡) 복사열을 흡수하거나 재방출하여 온실효과를 유발하는 대기 중의 가스 상태의 물질을 말한다.

① ㉠ 일산화탄소, ㉡ 자외선
② ㉠ 일산화탄소, ㉡ 적외선
③ ㉠ 이산화탄소, ㉡ 자외선
④ ㉠ 이산화탄소, ㉡ 적외선

해설
온실가스 : 이산화탄소, 메탄, 아산화질소, 수소플루오린화탄소, 과플루오린화탄소, 육플루오린화황 및 그 밖에 대통령령으로 정하는 것으로 적외선 복사열을 흡수하거나 재방출하여 온실효과를 유발하는 대기 중의 가스 상태의 물질
※ 저탄소녹색성장기본법은 폐지됨

57 에너지이용합리화법상 에너지의 최저소비효율기준에 미달하는 효율관리기자재의 생산 또는 판매 금지 명령을 위반한 자에 대한 벌칙 기준은?

① 1년 이하의 징역 또는 1천만원 이하의 벌금
② 1천만원 이하의 벌금
③ 2년 이하의 징역 또는 2천만원 이하의 벌금
④ 2천만원 이하의 벌금

해설
벌칙(에너지이용합리화법 제74조)
생산 또는 판매 금지명령을 위반한 자는 2천만원 이하의 벌금에 처한다.

정답 54 ③ 55 ③ 56 ④ 57 ④

58 특정열사용기자재 중 산업통상자원부령으로 정하는 검사대상기기의 계속사용검사신청서는 검사유효기간만료 며칠 전까지 제출해야 하는가?

① 10일 전까지
② 15일 전까지
③ 20일 전까지
④ 30일 전까지

해설

계속사용검사신청(에너지이용합리화법 시행규칙 제31조의 19)
검사대상기기 계속사용검사신청서를 검사유효기간 만료 10일 전까지 공단이사장에게 제출하여야 한다.

59 화석연료에 대한 의존도를 낮추고 청정에너지의 사용 및 보급을 확대하여 녹색기술 연구개발, 탄소 흡수원 확충 등을 통하여 온실가스를 적정 수준 이하로 줄이는 것에 대한 정의로 옳은 것은?

① 녹색성장
② 저탄소
③ 기후 변화
④ 자원 순환

해설

저탄소 : 화석연료에 대한 의존도를 낮추고 청정에너지의 사용 및 보급을 확대하여 녹색기술 연구개발, 탄소 흡수의 확충 등을 통하여 온실가스를 적정 수준 이하로 줄이는 것

60 특정열사용기자재 중 산업통상자원부령으로 정하는 검사대상기기를 폐기한 경우에는 폐기한 날부터 며칠 이내에 폐기신고서를 제출해야 하는가?

① 7일 이내에
② 10일 이내에
③ 15일 이내에
④ 30일 이내에

해설

검사대상기기의 폐기신고 등(에너지이용합리화법 시행규칙 제31조의 23)
검사대상기기의 설치자가 사용 중인 검사대상기기를 폐기한 경우에는 폐기한 날부터 15일 이내에 검사대상기기 폐기신고서를 공단이사장에게 제출하여야 한다.

58 ① 59 ② 60 ③ 정답

2015년 제1회 과년도 기출문제

01 액체연료 연소장치에서 보염장치(공기조절장치)의 구성요소가 아닌 것은?

① 바람상자 ② 보염기
③ 버너 팁 ④ 버너타일

해설

보염장치 : 연소용 공기의 흐름을 조절하여 착화를 확실히 해 주고, 화염의 안정을 도모하며, 화염의 각도 및 형상을 조절하여 국부과열 또는 화염의 편류현상을 방지

- 윈드박스 : 노내에 일정한 압력으로 공급하는 장치
- 보염기 : 화염을 안정시키고, 화염의 크기를 조절하며 화염이 소실되는 것을 방지
- 컴버스터 : 저온도에서도 연료의 연소를 안정시켜 주는 장치
- 버너타일 : 연소실 입구버너 주위에 내화벽돌을 원형으로 쌓은 것
- 가이드 베인 : 날개 각도를 조절하여 윈드박스에 공기를 공급하는 장치

02 증기난방시공에서 관할 증기 트랩 장치의 냉각 레그(Cooling Leg) 길이는 일반적으로 몇 m 이상으로 해 주어야 하는가?

① 0.7m ② 1.0m
③ 1.5m ④ 2.5m

해설

- 증기난방의 냉각 레그(Cooling Leg) 길이 : 1.5m 이상
- 증기난방의 리프트 이음(Lift Joint) 길이 : 1.5m 이내

03 드럼 없이 초임계압력하에서 증기를 발생시키는 강제순환 보일러는?

① 특수 열매체 보일러
② 2중 증발 보일러
③ 연관 보일러
④ 관류 보일러

해설

관류 보일러
강제 순환식 보일러에 속하며, 긴 관의 한쪽 끝에서 급수를 펌프로 압송하고 도중에서 차례로 가열, 증발, 과열되어 관의 다른 한쪽 끝까지 과열증기로 송출되는 형식의 보일러로 드럼 없이 초임계압력하에서 증기를 발생시키는 보일러

04 증발량 3,500kgf/h인 보일러의 증기 엔탈피가 640kcal/kg이고, 급수의 온도는 20℃이다. 이 보일러의 상당증발량은 얼마인가?

① 약 3,786kgf/h
② 약 4,156kgf/h
③ 약 2,760kgf/h
④ 약 4,026kgf/h

해설

$$\text{상당증발량(환산)} = \frac{\text{실제증발량} \times (\text{증기엔탈피} - \text{급수엔탈피})}{539}$$

$$= \frac{3{,}500 \times (640 - 20)}{539}$$

$$\fallingdotseq 4{,}026\text{kgf/h}$$

정답 1 ③ 2 ③ 3 ④ 4 ④

05 보일러의 상당증발량을 옳게 설명한 것은?

① 일정 온도의 보일러수가 최종의 증발상태에서 증기가 되었을 때의 중량
② 시간당 증발된 보일러수의 중량
③ 보일러에서 단위시간에 발생하는 증기 또는 온수의 보유열량
④ 시간당 실제증발량이 흡수한 전열량을 온도 100℃의 포화수를 100℃의 증기로 바꿀 때의 열량으로 나눈 값

해설

상당증발량 : 보일러의 실제 증발열량을 증발잠열 539kcal/kg을 환산한 증발량

$$\text{상당증발량} = \frac{\text{실제증발량} \times (h'' - h')}{539}$$

06 수관식 보일러의 일반적인 특징에 관한 설명으로 틀린 것은?

① 구조상 고압 대용량에 적합하다.
② 전열면적을 크게 할 수 있으므로 일반적으로 열효율이 좋다.
③ 부하변동에 따른 압력이나 수위의 변동이 적으므로 제어가 편리하다.
④ 급수 및 보일러수 처리에 주의가 필요하며 특히 고압보일러에서는 엄격한 수질관리가 필요하다.

해설

수관식 보일러의 특징

- 고압, 대용량용으로 제작
- 보유 수량이 적어 파열 시 피해가 작음
- 보유 수량에 비해 전열 면적이 크므로 증발 시간이 빠르고, 증발량이 많음
- 보일러수의 순환이 원할
- 효율이 가장 높음
- 연소실과 수관의 설계가 자유로움
- 구조가 복잡하므로 청소, 점검, 수리가 곤란
- 제작비가 고가
- 스케일에 의한 과열 사고가 발생되기 쉬움
- 수위 변동이 심하여 거의 연속적 급수가 필요

07 증기의 압력을 높일 때 변하는 현상으로 틀린 것은?

① 현열이 증대한다.
② 증발 잠열이 증대한다.
③ 증기 비체적이 증대한다.
④ 포화수 온도가 높아진다.

해설

증발 잠열은 증기의 압력을 높일 때 변하는 현상이 아니다.

08 증기보일러의 압력계 부착에 대한 설명으로 틀린 것은?

① 압력계와 연결된 관의 크기는 강관을 사용할 때에는 안지름이 6.5mm 이상이어야 한다.
② 압력계는 눈금판의 눈금이 잘 보이는 위치에 부착하고 얼지 않도록 하여야 한다.
③ 압력계는 사이펀관 또는 동등한 작용을 하는 장치가 부착되어야 한다.
④ 압력계의 콕은 그 핸들을 수직인 관과 동일방향에 놓은 경우에 열려 있는 것이어야 한다.

해설

사이펀관의 직경

- 강관 : 지름 12.7mm 이상
- 동관 : 지름 6.5mm 이상

09 분출밸브의 최고사용압력은 보일러 최고사용압력의 몇 배 이상이어야 하는가?

① 0.5배 ② 1.0배
③ 1.25배 ④ 2.0배

해설

분출밸브의 최고사용압력은 보일러 최고사용압력의 1.25배 이상이어야 한다.

5 ④ 6 ③ 7 ② 8 ① 9 ③ 정답

10 **게이지 압력이 1.57MPa이고, 대기압이 0.103MPa 일 때 절대압력은 몇 MPa인가?**

① 1.467 ② 1.673
③ 1.783 ④ 2.008

해설

절대압력 = 대기압 + 게이지 압력 = 1.57 + 0.103 = 1.673

11 **증기 또는 온수 보일러로서 여러 개의 섹션(Section)을 조합하여 제작하는 보일러는?**

① 열매체 보일러
② 강철제 보일러
③ 관류 보일러
④ 주철제 보일러

해설

주철제 보일러는 여러 개의 섹션(Section)을 조합하여 제작하는 보일러로서 내식성, 내열성이 좋고 저압력 보일러로서 충격에 약하다.

12 **연소용 공기를 노의 앞에서 불어 넣으므로 공기가 차고 깨끗하며 송풍기의 고장이 적고 점검 수리가 용이한 보일러의 강제통풍 방식은?**

① 압입통풍
② 흡입통풍
③ 자연통풍
④ 수직통풍

해설

압입통풍 : 강제통풍이라고도 하며, 송풍기를 사용하여 강제적으로 통풍하는 인공통풍이다. 보일러 노내의 연소용 공기를 송풍기를 이용하여 대기압보다 조금 높은 압력으로 노내에 압입시키는 통풍이다.

13 **액면계 중 직접식 액면계에 속하는 것은?**

① 압력식
② 방사선식
③ 초음파식
④ 유리관식

해설

액면 측정방법
- 직접식 : 유리관식 액면계(직관식), 검척식 액면계, 플로트식 액면계(부자식), 편위식 액면계
- 간접식 : 압력식 액면계(차압식 액면계), 퍼지식 액면계(기포식 액면계), 방사선식 액면계, 초음파식 액면계

14 **보일러 자동제어 신호전달방식 중 공기압 신호전송의 특징 설명으로 틀린 것은?**

① 배관이 용이하고 보존이 비교적 쉽다.
② 내열성이 우수하나 압축성이므로 신호전달에 지연이 된다.
③ 신호전달 거리가 100~150m 정도이다.
④ 온도제어 등에 부적합하고 위험이 크다.

해설

공기압식 자동제어장치
회로의 신호 전달에 공기압(압축 공기)을 사용하는 자동제어장치로서, 공기압 신호의 값은 일반적으로 0.2~1kgf/cm^{2}를 0~100%로 하고 있다. 공기압 자동제어장치에서 제어 동작을 행하게 하는 신호는 공기압이며, 여러 가지 신호를 공기압으로 변환할 필요가 있다. 그 때문에 노즐(Nozzle), 플래퍼(Flapper)라고 하는 기구를 사용하는 것이 보통이며, 공기압 신호를 증폭시키기 위해 계전기 밸브가 일반적으로 사용되고 있다. 공기압 자동제어장치의 조작부로는 다이어프램 모터나 조작 실린더가 사용되고 온도제어 등에 적합하다.

정답 10 ② 11 ④ 12 ① 13 ④ 14 ④

15 보일러 자동제어의 급수제어(FWC)에서 조작량은?

① 공기량　② 연료량
③ 전열량　④ 급수량

해설

보일러 자동제어

보일러 자동제어(ABC)	제어량	조작량
자동연소제어(ACC)	증기 압력	연료량, 공기량
	노내 압력	연소 가스량
급수제어(FWC)	드럼 수위	급수량
증기온도제어(STC)	과열증기 온도	전열량

16 연료유 탱크에 가열장치를 설치한 경우에 대한 설명으로 틀린 것은?

① 열원에는 증기, 온수, 전기 등을 사용한다.
② 전열식 가열장치에 있어서는 직접식 또는 저항밀봉 피복식의 구조로 한다.
③ 온수, 증기 등의 열매체가 동절기에 동결할 우려가 있는 경우에는 동결을 방지하는 조치를 취해야 한다.
④ 연료유 탱크의 기름 취출구 등에 온도계를 설치하여야 한다.

해설

전열식 가열장치에 있어서는 간접식 또는 저항밀봉 피복식의 구조로 한다.

17 분진가스를 방해판 등에 충돌시키거나 급격한 방향전환 등에 의해 매연을 분리 포집하는 집진방법은?

① 중력식　② 여과식
③ 관성력식　④ 유수식

해설

관성력 집진장치 : 함진가스를 방해판 등에 충돌시키거나 기류의 방향을 전환시켜 포집하는 방식

18 보일러 연료 중에서 고체연료를 원소 분석하였을 때 일반적인 주성분은?(단, 중량 %를 기준으로 한 주성분을 구한다)

① 탄 소　② 산 소
③ 수 소　④ 질 소

해설

고체연료에는 탄소 성분이 많으므로 완전연소 시에는 이산화탄소가 생성되고 재가 남으며, 불완전연소 시에는 일산화탄소와 그을음이 생긴다.

19 보일러에 사용되는 열교환기 중 배기가스의 폐열을 이용하는 교환기가 아닌 것은?

① 절탄기
② 공기예열기
③ 방열기
④ 과열기

해설

폐열회수장치

과열기 → 재열기 → 절탄기 → 공기예열기

15 ④　16 ②　17 ③　18 ①　19 ③　정답

20 **보일러 본체에서 수부가 클 경우의 설명으로 틀린 것은?**

① 부하변동에 대한 압력 변화가 크다.
② 증기 발생시간이 길어진다.
③ 열효율이 낮아진다.
④ 보유 수량이 많으므로 파열 시 피해가 크다.

해설

보일러 본체에서 수부가 클 경우 부하변동에 대한 압력 변화가 작다.

21 **매시간 1,500kg의 연료를 연소시켜서 시간당 11,000 kg의 증기를 발생시키는 보일러의 효율은 약 몇 %인가?(단, 연료의 발열량은 6,000kcal/kg, 발생증기의 엔탈피는 742kcal/kg, 급수의 엔탈피는 20kcal/kg이다)**

① 88%   ② 80%
③ 78%   ④ 70%

해설

보일러 효율(η)

$$\eta = \frac{G_a(h''-h')}{G_f \times H_l} \times 100$$

$$= \frac{11,000(742-20)}{1,500 \times 6,000} \times 100$$

$$\fallingdotseq 88\%$$

22 **육용 보일러 열정산의 조건과 관련된 설명 중 틀린 것은?**

① 전기 에너지는 1kW당 860kcal/h로 환산한다.
② 보일러 효율 산정 방식은 입출열법과 열손실법으로 실시한다.
③ 열정산 시험 시의 연료 단위량은 액체 및 고체연료의 경우 1kg에 대하여 열정산을 한다.
④ 보일러의 열정산은 원칙적으로 정격부하 이하에서 정상 상태로 3시간 이상의 운전 결과에 따라 한다.

해설

보일러의 정상 조업상태에서 적어도 2시간 이상의 운전 결과에 따른다(KS B 6205).

23 **가스용 보일러의 연소방식 중에서 연료와 공기를 각각 연소실에 공급하여 연소실에서 연료와 공기가 혼합되면서 연소하는 방식은?**

① 확산연소식
② 예혼합연소식
③ 목열혼합연소식
④ 부분예혼합연소식

해설

확산연소식

연료와 공기를 혼합시키지 않고 연료만 버너로부터 분출시켜 연소에 필요한 공기는 모두 화염의 주변에서 확산에 의해 공기와 연료를 서서히 혼합시키면서 연소시키는 방식

정답 20 ① 21 ① 22 ④ 23 ①

24 안전밸브의 종류가 아닌 것은?

① 레버 안전밸브

② 추 안전밸브

③ 스프링 안전밸브

④ 핀 안전밸브

해설

안전밸브는 구조상 추식, 스프링식, 지렛대식(레버식), 복합식(스프링식과 지렛대식의 조합형)으로 구분할 수 있으며 스프링식은 전량식, 전양정식, 고양정식, 저양정식으로 나뉜다.

25 보일러 급수예열기를 사용할 때의 장점을 설명한 것으로 틀린 것은?

① 보일러의 증발능력이 향상된다.

② 급수 중 불순물의 일부가 제거된다.

③ 증기의 건도가 향상된다.

④ 급수와 보일러수와의 온도 차이가 작아 열응력 발생을 방지한다.

해설

보일러 급수예열기가 증기의 건도를 향상시키는 것은 아니다.

26 다음 중 수관식 보일러에 속하는 것은?

① 기관차 보일러

② 코니시 보일러

③ 타쿠마 보일러

④ 랭커셔 보일러

해설

수관식

- 자연순환식 : 배브콕, 츠네키치, 타쿠마, 야로, 2동 D형 보일러
- 강제순환식 : 라몬트, 베록스 보일러
- 관류식 : 벤슨, 슐처, 람진 보일러

27 물의 임계압력은 약 몇 kgf/cm^2인가?

① 175.23　② 225.65

③ 374.15　④ 539.75

해설

- 물의 임계온도 : 374℃
- 물의 임계압력 : 225.65kgf/cm^2

28 액화석유가스(LPG)의 특징에 대한 설명 중 틀린 것은?

① 유황분이 없으며 유독성분도 없다.

② 공기보다 비중이 무거워 누설 시 낮은 곳에 고여 인화 및 폭발성이 크다.

③ 연소 시 액화천연가스(LNG)보다 소량의 공기로 연소한다.

④ 발열량이 크고 저장이 용이하다.

해설

액화석유가스(LPG)의 연소 시 액화천연가스(LNG)보다 다량의 공기로 연소한다.

24 ④ 25 ③ 26 ③ 27 ② 28 ③ 정답

29 **보일러 피드백제어에서 동작신호를 받아 규정된 동작을 하기 위해 조작신호를 만들어 조작부에 보내는 부분은?**

① 조절부 ② 제어부
③ 비교부 ④ 검출부

해설
조절부
보일러 피드백제어에서 동작신호를 받아 규정된 동작을 하기 위해 조작신호를 만들어 조작부에 보내는 부분

30 **보일러에서 발생한 증기 또는 온수를 건물의 각 실내에 설치된 방열기에 보내어 난방하는 방식은?**

① 복사 난방법
② 간접 난방법
③ 온풍 난방법
④ 직접 난방법

해설
직접 난방법 : 건물의 각 실에 방열기를 설치하여 온수 또는 증기로 난방하는 방식

31 **상용 보일러의 점화 전 준비사항과 관련이 없는 것은?**

① 압력계 지침의 위치를 점검한다.
② 분출밸브 및 분출콕을 조작해서 그 기능이 정상인지 확인한다.
③ 연소장치에서 연료배관, 연료펌프 등의 개폐상태를 확인한다.
④ 연료의 발열량을 확인하고, 성분을 점검한다.

해설
연료의 발열량을 확인하고, 성분을 점검하는 것은 보일러 점화 전 준비사항이 아니다.

32 **경납땜의 종류가 아닌 것은?**

① 황동납
② 인동납
③ 은 납
④ 주석-납

해설
경납땜의 종류 : 은납, 황동납, 인동납, 양은납, 알루미늄납

33 **보일러 점화 전 자동제어장치의 점검에 대한 설명이 아닌 것은?**

① 수위를 올리고 내려서 수위검출기 기능을 시험하고 설정된 수위 상한 및 하한에서 정확하게 급수펌프가 기동, 정지하는지 확인한다.
② 저수탱크 내의 저수량을 점검하고 충분한 수량인 것을 확인한다.
③ 저수위경보기가 정상 작동하는 것을 확인한다.
④ 인터로크계통의 제한기는 이상 없는지 확인한다.

해설
저수탱크 내의 저수량을 점검하고 충분한 수량인 것을 확인하는 것은 자동제어장치의 점검사항이 아니다.

정답 29 ① 30 ④ 31 ④ 32 ④ 33 ②

34 보일러수 중에 함유된 산소에 의해서 생기는 부식의 형태는?

① 점 식

② 가성취화

③ 그루빙

④ 전면부식

해설

보일러부식

- 외부부식
  - 저온부식 : 연료성분 중 S(황분)에 의한 부식
  - 고온부식 : 연료성분 중 V(바나듐)에 의한 부식
  - 산화부식 : 산화에 의한 부식
- 내부부식
  - 국부부식(점식) : 용존산소에 의해 발생
  - 전면부식 : 염화마그네슘($MgCl_2$)에 의해 발생
  - 알칼리부식 : pH 12 이상일 때 농축 알칼리에 의해 발생

35 땅속 또는 지상에 배관하여 압력상태 또는 무압력 상태에서 물의 수송 등에 주로 사용되는 덕 타일 주철관을 무엇이라 부르는가?

① 회주철관

② 구상흑연 주철관

③ 모르타르 주철관

④ 사형 주철관

해설

구상흑연 주철관 : 땅속 또는 지상에 배관하여 압력상태 또는 무압력 상태에서 물의 수송 등에 주로 사용되는 덕 타일 주철관

36 보일러 운전정지의 순서를 바르게 나열한 것은?

가. 댐퍼를 닫는다.
나. 공기의 공급을 정지한다.
다. 급수 후 급수펌프를 정지한다.
라. 연료의 공급을 정지한다.

① 가 → 나 → 다 → 라

② 가 → 라 → 나 → 다

③ 라 → 가 → 나 → 다

④ 라 → 나 → 다 → 가

해설

보일러 운전 정지 순서

연료 공급 정지 → 공기 공급 정지 → 급수하여 압력을 낮추고 급수펌프 정지 → 증기밸브를 차단 → 드레인밸브를 엶 → 댐퍼를 닫음

37 보일러 점화 시 역화가 발생하는 경우와 가장 거리가 먼 것은?

① 댐퍼를 너무 조인 경우나 흡입통풍이 부족할 경우

② 적정공기비로 점화한 경우

③ 공기보다 먼저 연료를 공급했을 경우

④ 점화할 때 착화가 늦어졌을 경우

해설

적정공기비로 점화한 경우에는 역화가 발생하지 않고 정상연소를 일으킨다.

34 ① 35 ② 36 ④ 37 ② 정답

38 다음 보온재 중 안전사용온도가 가장 높은 것은?

① 펠 트
② 암 면
③ 글라스울
④ 세라믹 파이버

해설

무기질 보온재
- 세라믹 파이버 : 30~1,300℃
- 규조토 : 500℃
- 실리카 파이버 : 50~1,100℃
- 석면 : 600℃
- 탄산마그네슘 : 250℃
- 규산칼슘 : 650℃

39 보일러의 계속사용검사기준에서 사용 중 검사에 대한 설명으로 거리가 먼 것은?

① 보일러 지지대의 균열, 내려앉음, 지지부재의 변형 또는 파손 등 보일러의 설치상태에 이상이 없어야 한다.
② 보일러와 접속된 배관, 밸브 등 각종 이음부에는 누기, 누수가 없어야 한다.
③ 연소실 내부가 충분히 청소된 상태이어야 하고, 축로의 변형 및 이탈이 없어야 한다.
④ 보일러 동체는 보온 및 케이싱이 분해되어 있어야 하며, 손상이 약간 있는 것은 사용해도 관계가 없다.

해설

보일러 동체는 보온 및 케이싱이 분해되어 있어야 하며, 손상이 약간 있는 것도 사용하지 말아야 한다.

40 어떤 건물의 소요 난방부하가 45,000kcal/h이다. 주철제 방열기로 증기난방을 한다면 약 몇 쪽(Section)의 방열기를 설치해야 하는가?(단, 표준방열량으로 계산하며, 주철제 방열기의 쪽당 방열면적은 0.24m^2이다)

① 156쪽 ② 254쪽
③ 289쪽 ④ 315쪽

해설

$$\text{방열기 쪽수} = \frac{\text{난방부하}}{\text{방열기방열량} \times \text{1쪽당 방열면적}} = \frac{45{,}000}{650 \times 0.24} = 289\text{쪽}$$

41 주철제 방열기를 설치할 때 벽과의 간격은 약 몇 mm 정도로 하는 것이 좋은가?

① 10~30 ② 50~60
③ 70~80 ④ 90~100

해설

주철제 방열기를 설치할 때 벽과의 간격 : 50~60mm

정답 38 ④ 39 ④ 40 ③ 41 ②

42 벨로스형 신축이음쇠에 대한 설명으로 틀린 것은?

① 설치 공간을 넓게 차지하지 않는다.
② 고온, 고압 배관의 옥내배관에 적당하다.
③ 일명 팩리스(Packless) 신축이음쇠라고도 한다.
④ 벨로스는 부식되지 않는 스테인리스, 청동 제품 등을 사용한다.

해설

신축이음 : 열을 받으면 늘어나고, 반대이면 줄어드는 것을 최소화하기 위해 만든 것이다.

- 슬리브형(미끄럼형) : 신축이음 자체에서 응력이 생기지 않으며, 단식과 복식이 있다.
- 루프형(만곡형) : 가장 효과가 뛰어나 옥외용으로 사용하며 관지름 6배 크기의 원형을 만든다.
- 벨로스형(팩리스형, 주름형, 파상형) : 신축이 좋기 위해서는 주름이 얇아야 한다. 따라서 고압에는 사용할 수 없다. 설치에 넓은 장소를 요하지 않으며 신축에 응력을 일으키지 않는 신축이음 형식이다.
- 스위블형 : 방열기(라디에이터)에 사용한다.

43 배관의 이동 및 회전을 방지하기 위해 지지점 위치에 완전히 고정시키는 장치는?

① 앵 커　② 서포트
③ 브레이스　④ 행 거

해설

앵커 : 배관의 이동 및 회전을 방지하기 위해 지지점 위치에 완전히 고정시키는 장치

44 보일러수 속에 유지류, 부유물 등의 농도가 높아지면 드럼수면에 거품이 발생하고, 또한 거품이 증가하여 드럼의 증기실에 확대되는 현상은?

① 포 밍
② 프라이밍
③ 워터 해머링
④ 프리퍼지

해설

포밍 : 보일러수에 유지분 등의 불순물이 많이 함유되어 보일러수의 비등과 함께 수면 부근에 거품의 층을 형성하여 수위가 불안정하게 되는 현상

45 동관 끝을 원형으로 정형하기 위해 사용하는 공구는?

① 사이징 툴
② 익스펜더
③ 리 머
④ 튜브벤더

46 보일러 산세정의 순서로 옳은 것은?

① 전처리 → 산액처리 → 수세 → 중화방청 → 수세
② 전처리 → 수세 → 산액처리 → 수세 → 중화방청
③ 산액처리 → 수세 → 전처리 → 중화방청 → 수세
④ 산액처리 → 전처리 → 수세 → 중화방청 → 수세

해설

산세정의 순서
전처리 → 수세 → 산액처리 → 수세 → 중화방청

42 ② 43 ① 44 ① 45 ① 46 ② 정답

47 방열기 내 온수의 평균온도 80℃, 실내온도 18℃, 방열계수 7.2kcal/m^2 · h · ℃인 경우 방열기 방열량은 얼마인가?

① 346.4kcal/m^2 · h
② 446.4kcal/m^2 · h
③ 519kcal/m^2 · h
④ 560kcal/m^2 · h

해설

방열기 방열량 = 방열계수 × (방열기 평균온도 − 실내온도)
= 7.2 × (80 − 18)
= 446.4kcal/m^2 · h

48 온수난방 배관 시공법에 대한 설명 중 틀린 것은?

① 배관구배는 일반적으로 1/250 이상으로 한다.
② 배관 중에 공기가 모이지 않게 배관한다.
③ 온수관의 수평배관에서 관경을 바꿀 때는 편심이음쇠를 사용한다.
④ 지관이 주관 아래로 분기될 때는 90° 이상으로 끝올림 구배로 한다.

해설

지관이 주관 아래로 분기될 때는 45° 이상 끝내림 구배로 배관한다.

49 단열재를 사용하여 얻을 수 있는 효과에 해당하지 않는 것은?

① 축열용량이 작아진다.
② 열전도율이 작아진다.
③ 노내의 온도분포가 균일하게 된다.
④ 스폴링 현상을 증가시킨다.

해설

단열재를 사용하여 스폴링 현상을 감소시킨다.
※ 스폴링 현상 : 표면 균열이나 개재물 등이 있는 곳에 하중이 가해져서 표면이 서서히 박리하는 현상

50 보일러 사고의 원인 중 취급상의 원인이 아닌 것은?

① 부속장치 미비
② 최고사용압력의 초과
③ 저수위로 인한 보일러의 과열
④ 습기나 연소가스 속의 부식성 가스로 인한 외부부식

해설

부속장치 미비는 제작상의 원인이다.

51 보일러에서 래미네이션(Lamination)이란?

① 보일러 본체나 수관 등이 사용 중에 내부에서 2장의 층을 형성한 것
② 보일러 강판이 화염에 닿아 볼록 튀어 나온 것
③ 보일러 동에 작용하는 응력의 불균일로 동의 일부가 함몰된 것
④ 보일러 강판이 화염에 접촉하여 점식된 것

해설

- 래미네이션 : 강판이 내부의 기포에 의해 2장의 층으로 분리되는 현상
- 브리스터 : 강판이 내부의 기포에 의해 표면이 부풀어 오르는 현상

정답 47 ② 48 ④ 49 ④ 50 ① 51 ①

52 보일러 설치·시공기준상 가스용 보일러의 연료 배관 시 배관의 이음부와 전기계량기 및 전기개폐기와의 유지거리는 얼마인가?(단, 용접이음매는 제외한다)

① 15cm 이상
② 30cm 이상
③ 45cm 이상
④ 60cm 이상

해설

가스용 보일러의 연료 배관 시 배관의 이음부와 전기계량기 및 전기개폐기의 유지거리는 60cm 이상이어야 한다.

53 증기난방식을 응축수환수법에 의해 분류하였을 때 해당되지 않는 것은?

① 중력환수식
② 고압환수식
③ 기계환수식
④ 진공환수식

해설

응축수 환수방법 : 중력환수식, 기계환수식, 진공환수식

54 보일러 과열의 요인 중 하나인 저수위의 발생원인으로 거리가 먼 것은?

① 분출밸브의 이상으로 보일러수가 누설
② 급수장치가 증발능력에 비해 과소한 경우
③ 증기 토출량이 과소한 경우
④ 수면계의 막힘이나 고장

해설

증기 토출량이 과대한 경우 저수위가 발생된다.

55 에너지이용합리화법상 에너지를 사용하여 만드는 제품의 단위당 에너지사용목표량 또는 건축물의 단위면적당 에너지사용목표량을 정하여 고시하는 자는?

① 산업통상자원부장관
② 한국에너지공단 이사장
③ 시·도지사
④ 고용노동부장관

56 에너지다소비사업자가 매년 1월 31일까지 신고해야 할 사항에 포함되지 않는 것은?

① 전년도의 분기별 에너지사용량·제품생산량
② 해당 연도의 분기별 에너지사용예정량·제품생산예정량
③ 에너지사용기자재의 현황
④ 전년도의 분기별 에너지 절감량

해설

에너지다소비사업자의 신고 등(에너지이용합리화법 제31조)

에너지사용량이 대통령령으로 정하는 기준량 이상인 자(에너지다소비사업자)는 다음의 사항을 산업통상자원부령으로 정하는 바에 따라 매년 1월 31일까지 그 에너지사용시설이 있는 지역을 관할하는 시·도지사에게 신고하여야 한다.

㉠ 전년도의 분기별 에너지사용량·제품생산량
㉡ 해당 연도의 분기별 에너지사용예정량·제품생산예정량
㉢ 에너지사용기자재의 현황
㉣ 전년도의 분기별 에너지이용합리화 실적 및 해당 연도의 분기별 계획
㉤ ㉠부터 ㉣까지의 사항에 관한 업무를 담당하는 자(에너지관리자)의 현황

52 ④ 53 ② 54 ③ 55 ① 56 ④ 정답

57 정부는 국가전략을 효율적, 체계적으로 이행하기 위하여 몇 년마다 저탄소녹색성장 국가전략 5개년 계획을 수립하는가?

① 2년 ② 3년
③ 4년 ④ 5년

해설

저탄소녹색성장 국가전략 5개년 계획 수립(저탄소녹색성장기본법 시행령 제4조)
정부는 국가전략을 효율적·체계적으로 이행하기 위하여 5년마다 저탄소녹색성장 국가전략 5개년 계획을 수립할 수 있다.
※ 저탄소녹색성장기본법은 폐지됨

58 에너지이용합리화법상 대기전력경고표지를 하지 아니한 자에 대한 벌칙은?

① 2년 이하의 징역 또는 2천만원 이하의 벌금
② 1년 이하의 징역 또는 1천만원 이하의 벌금
③ 5백만원 이하의 벌금
④ 1천만원 이하의 벌금

해설

벌칙(에너지이용합리화법 제76조)
다음 어느 하나에 해당하는 자는 500만원 이하의 벌금에 처한다.
- 효율관리기자재에 대한 에너지사용량의 측정결과를 신고하지 아니한 자
- 대기전력경고표지대상제품에 대한 측정결과를 신고하지 아니한 자
- 대기전력경고표지를 하지 아니한 자
- 대기전력저감우수제품임을 표시하거나 거짓 표시를 한 자
- 시정명령을 정당한 사유 없이 이행하지 아니한 자
- 법을 위반하여 인증 표시를 한 자

59 신에너지 및 재생에너지 개발·이용·보급 촉진법에 따라 건축물인증기관으로부터 건축물인증을 받지 아니하고 건축물인증의 표시 또는 이와 유사한 표시를 하거나 건축물인증을 받은 것으로 홍보한 자에 대해 부과하는 과태료 기준으로 맞는 것은?

① 5백만원 이하의 과태료 부과
② 1천만원 이하의 과태료 부과
③ 2천만원 이하의 과태료 부과
④ 3천만원 이하의 과태료 부과

해설

과태료(신에너지 및 재생에너지 개발·이용·보급 촉진법 제35조)
다음 해당하는 자에게는 1천만원 이하의 과태료를 부과한다.
- 보험 또는 공제에 가입하지 아니한 자
- 신재생 에너지 연료 혼합의무 등에 따른 자료 제출 요구에 따르지 아니하거나 거짓 자료를 제출한 자

※ 법 개정으로 문제의 조문 삭제됨

60 에너지이용합리화법에서 정한 검사에 합격되지 아니한 검사대상기기를 사용한 자에 대한 벌칙은?

① 1년 이하의 징역 또는 1천만원 이하의 벌금
② 2년 이하의 징역 또는 2천만원 이하의 벌금
③ 3년 이하의 징역 또는 3천만원 이하의 벌금
④ 4년 이하의 징역 또는 4천만원 이하의 벌금

해설

벌칙(에너지이용합리화법 제73조)
다음 어느 하나에 해당하는 자는 1년 이하의 징역 또는 1천만원 이하의 벌금에 처한다.
- 검사대상기기의 검사를 받지 아니한 자
- 검사에 합격되지 아니한 검사대상기기를 사용한 자
- 수입 검사대상기기의 검사에 합격되지 아니한 검사대상기기를 수입한 자

정답 57 ④ 58 ③ 59 ② 60 ①

2015년 제2회 과년도 기출문제

01 노통연관식 보일러에서 노통을 한쪽으로 편심시켜 부착하는 이유로 가장 타당한 것은?

① 전열면적을 크게 하기 위해서
② 통풍력의 증대를 위해서
③ 노통의 열신축과 강도를 보강하기 위해서
④ 보일러수를 원활하게 순환하기 위해서

해설

노통을 한쪽으로 편심시켜 부착하는 이유는 보일러수를 원활하게 순환하기 위함이다.

02 스프링식 안전밸브에서 전양정식의 설명으로 옳은 것은?

① 밸브의 양정이 밸브시트 구경의 $\frac{1}{40} \sim \frac{1}{15}$ 미만인 것
② 밸브의 양정이 밸브시트 구경의 $\frac{1}{15} \sim \frac{1}{7}$ 미만인 것
③ 밸브의 양정이 밸브시트 구경의 $\frac{1}{7}$ 이상인 것
④ 밸브시트 증기통로 면적은 목 부분 면적의 1.05배 이상인 것

해설

- 저양정식 : 안전밸브의 작동거리가 배수구 직경의 $\frac{1}{40}$ 이상 $\frac{1}{15}$ 미만인 것
- 고양정식 : 안전밸브의 작동거리가 배수구 직경의 $\frac{1}{15}$ 이상 $\frac{1}{7}$ 미만인 것
- 전양정식 : 안전밸브의 작동거리가 직경의 $\frac{1}{7}$ 이상인 것
- 전량식 : 배수구 직경이 목부 직경의 1.15배 이상인 것

03 2차 연소의 방지대책으로 적합하지 않은 것은?

① 연도의 가스 포켓이 되는 부분을 없앨 것
② 연소실 내에서 완전연소시킬 것
③ 2차 공기온도를 낮추어 공급할 것
④ 통풍 조절을 잘할 것

해설

2차 연소
불완전연소에 의한 미연 가스가 연소실에서 나온 연도(燃道) 내에서 적당한 양의 공기를 혼입하여 재연소하는 것을 말한다. 2차 연소를 일으키면 공기예열기나 케이싱 등을 손상시키고, 수관식 보일러에서는 물 순환을 교란한다. 이것을 방지하기 위해서는 노내에서 완전 연소를 하고, 연도에서 공기가 새어 들어오는 것을 차단할 필요가 있다.

1 ④ 2 ③ 3 ③ 정답

04 보기에서 설명한 송풍기의 종류는?

> ㉮ 경향 날개형이며 6~12매의 철판제 직선날개를 보스에서 방사한 스포크에 리벳죔을 한 것이며, 측관이 있는 임펠러와 측판이 없는 것이 있다.
> ㉯ 구조가 견고하며 내마모성이 크고 날개를 바꾸기도 쉬우며 회전이 많은 가스의 흡출통풍기, 미분탄 장치의 배탄기 등에 사용된다.

① 터보 송풍기
② 다익 송풍기
③ 축류 송풍기
④ 플레이트 송풍기

해설

① 터보 송풍기 : 낮은 정압에서 높은 정압의 영역까지 폭넓은 운전범위를 가지고 있으며, 각 용도에 적합한 깃 및 케이싱 구조, 재질의 선택을 통하여 일반 공기 이송에서 고온의 가스혼합물 및 분체 이송까지 폭넓은 용도로 사용할 수 있다.
② 다익 송풍기 : 일반적으로 Sirocco Fan으로 불리며 임펠러 형상이 회전방향에 대해 앞쪽으로 굽어진 원심형 전향익 송풍기이다.
③ 축류 송풍기 : 기본적으로 원통형 케이싱 속에 넣어진 임펠러의 회전에 따라 축방향으로 기체를 송풍하는 형식을 말하며 일반적으로 효율이 높고 고속회전에 적합하므로 전체가 소형이 되는 이점이 있다.

05 연도에서 폐열회수장치의 설치순서가 옳은 것은?

① 재열기 → 절탄기 → 공기예열기 → 과열기
② 과열기 → 재열기 → 절탄기 → 공기예열기
③ 공기예열기 → 과열기 → 절탄기 → 재열기
④ 절탄기 → 과열기 → 공기예열기 → 재열기

해설

폐열회수장치
과열기 → 재열기 → 절탄기 → 공기예열기

06 수관식 보일러 종류에 해당되지 않는 것은?

① 코니시 보일러
② 슐처 보일러
③ 타쿠마 보일러
④ 라몬트 보일러

해설

코니시 보일러는 노통 보일러에 해당된다.
수관식 보일러
- 자연순환식 : 배브콕, 츠네키치, 타쿠마, 야로, 2동 D형 보일러
- 강제순환식 : 라몬트, 베록스 보일러
- 관류식 : 벤슨, 슐처, 람진 보일러

07 탄소(C) 1kmol이 완전연소하여 탄산가스(CO_2)가 될 때, 발생하는 열량은 몇 kcal인가?

① 29,200　② 57,600
③ 68,600　④ 97,200

해설

$C + O_2 \rightarrow CO_2 + 97{,}200\text{kcal/kmol}$

08 일반적으로 보일러의 열손실 중에서 가장 큰 것은?

① 불완전연소에 의한 손실
② 배기가스에 의한 손실
③ 보일러 본체 벽에서의 복사, 전도에 의한 손실
④ 그을음에 의한 손실

해설

열손실 중에서 배기가스 열손실이 가장 크다.

정답 4 ④ 5 ② 6 ① 7 ④ 8 ②

09 **압력이 일정할 때 과열증기에 대한 설명으로 가장 적절한 것은?**

① 습포화 증기에 열을 가해 온도를 높인 증기
② 건포화 증기에 압력을 높인 증기
③ 습포화 증기에 과열도를 높인 증기
④ 건포화 증기에 열을 가해 온도를 높인 증기

해설
과열증기 : 포화온도 이상에서의 증기

10 **기름예열기에 대한 설명 중 옳은 것은?**

① 가열온도가 낮으면 기름분해와 분무상태가 불량하고 분사각도가 나빠진다.
② 가열온도가 높으면 불길이 한쪽으로 치우쳐 그을음, 분진이 일어나고 무화상태가 나빠진다.
③ 서비스탱크에서 점도가 떨어진 기름을 무화에 적당한 온도로 가열시키는 장치이다.
④ 기름예열기에서의 가열온도는 인화점보다 약간 높게 한다.

해설
오일프리히트(기름예열기)는 기름을 예열하여 점도를 낮추고, 연소를 원활히 하는 데 목적이 있다.

11 **보일러의 자동제어 중 제어동작이 연속동작에 해당하지 않는 것은?**

① 비례동작
② 적분동작
③ 미분동작
④ 다위치 동작

해설
제어동작
- 불연속동작
  - 온오프(On-off) 동작 : 조작량이 두 개인 동작
  - 다위치 동작 : 3개 이상의 정해진 값 중 하나를 취하는 방식
  - 단속도 동작 : 일정한 속도로 정·역방향으로 번갈아 작동시키는 방식
- 연속동작
  - 비례동작(P) : 조작량이 신호에 비례
  - 적분동작(I) : 조작량이 신호의 적분값에 비례
  - 미분동작(D) : 조작량이 신호의 미분값에 비례

12 **바이패스(By-pass)관에 설치해서는 안 되는 부품은?**

① 플로트트랩
② 연료차단밸브
③ 감압밸브
④ 유류배관의 유량계

해설
바이패스를 설치해서는 안 되는 부품으로 연료차단밸브 등이 있다.
바이패스관 : 설비의 고장 시 유체의 보수, 점검, 교체 등을 쉽게 하기 위한 배관방식

9 ④ 10 ③ 11 ④ 12 ② 정답

13 다음 중 압력의 단위가 아닌 것은?

① mmHg ② Bar
③ N/m^2 ④ kg · m/s

해설

kg · m/s는 동력의 단위이다.

14 보일러에 부착하는 압력계에 대한 설명으로 옳은 것은?

① 최대증발량이 10t/h 이하인 관류보일러에 부착하는 압력계는 눈금판의 바깥지름을 50mm 이상으로 할 수 있다.
② 부착하는 압력계의 최고 눈금은 보일러의 최고사용압력의 1.5배 이하의 것을 사용한다.
③ 증기보일러에 부착하는 압력계 눈금판의 바깥지름은 80mm 이상의 크기로 한다.
④ 압력계를 보호하기 위하여 물을 넣은 안지름 6.5mm 이상의 사이펀관 또는 동등한 장치를 부착하여야 한다.

해설

보일러 압력계는 부르동관식 압력계를 사용한다.
- 크기 : 바깥지름 100mm 이상
- 지시범위 : 최고사용압력×1.5~3배
- 사이펀관의 관경 : 6.5mm 이상

15 수트 블로어 사용에 관한 주의사항으로 틀린 것은?

① 분출기 내의 응축수를 배출시킨 후 사용할 것
② 그을음 불어내기를 할 때는 통풍력을 크게 할 것
③ 원활한 분출을 위해 분출하기 전 연도 내 배풍기를 사용하지 말 것
④ 한곳에 집중적으로 사용하여 전열면에 무리를 가하지 말 것

해설

수트 블로어 사용 시 분출하기 전 연도 내 배풍기를 사용하여 유인통풍을 증가시킨다.

16 수관보일러의 특징에 대한 설명으로 틀린 것은?

① 자연순환식 고압이 될수록 물과의 비중차가 작아 순환력이 낮아진다.
② 증발량이 크고 수부가 커서 부하변동에 따른 압력변화가 적으며 효율이 좋다.
③ 용량에 비해 설치면적이 적으며 과열기, 공기예열기 등 설치와 운반이 쉽다.
④ 구조상 고압 대용량에 적합하며 연소실의 크기를 임의로 할 수 있어 연소상태가 좋다.

해설

수관보일러는 보일러수의 순환이 빠르고 수부가 작아 부하변동에 따른 압력변화가 크며 효율이 좋다.

정답 13 ④ 14 ④ 15 ③ 16 ②

17 연통에서 배기되는 가스량이 2,500kg/h이고, 배기가스 온도가 230℃, 가스의 평균비열이 0.31kcal/kg·℃, 외기온도가 18℃이면, 배기가스에 의한 손실열량은?

① 164,300kcal/h
② 174,300kcal/h
③ 184,300kcal/h
④ 194,300kcal/h

해설

손실열량 $= 2,500\frac{kg}{h} \times 0.31\frac{kcal}{kg℃} \times (230-18)℃$

$= 164,300\frac{kcal}{h}$

18 보일러 집진장치의 형식과 종류를 짝지은 것 중 틀린 것은?

① 가압수식 – 제트 스크러버
② 여과식 – 충격식 스크러버
③ 원심력식 – 사이클론
④ 전기식 – 코트렐

해설

집진장치

- 건식 집진장치 : 중력식 집진장치(중력 침강식, 다단 침강식), 관성 집진장치(반전식, 충돌식), 원심력 집진장치(사이클론식, 멀티클론식, 블로다운형)
- 습식(세정식) 집진장치 : 유수식 집진장치(전류형, 로터리형), 가압수식 집진장치(벤투리 스크러버, 사이클론형, 제트형, 충전탑, 분무탑)
- 전기식 집진장치 : 코트렐 집진장치
- 여과식 집진장치 : 표면 여과형(백필터), 내면 여과형(공기여과기, 고성능 필터)
- 음파 집진장치

19 연소효율이 95%, 전열효율이 85%인 보일러의 효율은 약 몇 %인가?

① 90　　② 81
③ 70　　④ 61

해설

보일러 효율 = 연소효율 × 전열효율
= (0.95 × 0.85) × 100
= 81%

20 소형연소기를 실내에 설치하는 경우, 급배기통을 전용 체임버 내에 접속하여 자연통기력에 의해 급배기하는 방식은?

① 강제배기식
② 강제급배기식
③ 자연급배기식
④ 옥외급배기식

해설

자연급배기식 : 급배기통을 전용 체임버 내에 접속하여 자연통기력에 의해 급배기하는 방식

21 가스버너 연소방식 중 예혼합 연소방식이 아닌 것은?

① 저압버너
② 포트형 버너
③ 고압버너
④ 송풍버너

해설

예혼합 연소방식의 버너 : 저압버너, 고압버너, 송풍버너

17 ① 18 ② 19 ② 20 ③ 21 ② 정답

22 전열면적이 $25m^2$인 연관보일러를 8시간 가동시킨 결과 4,000kgf의 증기가 발생하였다면, 이 보일러의 전열면의 증발률은 몇 $kgf/m^2 \cdot h$인가?

① 20 ② 30
③ 40 ④ 50

해설

증발률$\left(\frac{kgf}{m^2 h}\right) = \frac{4,000kgf}{25m^2 \times 8h} = 20\frac{kgf}{m^2 h}$

23 물을 가열하여 압력을 높이면 어느 지점에서 액체, 기체 상태의 구별이 없어지고, 증발잠열이 0kcal/kg이 된다. 이 점을 무엇이라 하는가?

① 임계점 ② 삼중점
③ 비등점 ④ 압력점

해설

임계점 : 액체와 기체의 두 상태를 서로 분간할 수 없게 되는 임계상태에서의 온도와 이때의 증기압이다. 따라서 임계점에서 증발잠열은 0이다.

24 증기난방과 비교한 온수난방의 특징에 대한 설명으로 틀린 것은?

① 가열시간은 길지만 잘 식지 않으므로 동결의 우려가 작다.
② 난방부하의 변동에 따라 온도 조절이 용이하다.
③ 취급이 용이하고 표면의 온도가 낮아 화상의 염려가 없다.
④ 방열기에는 증기트랩을 반드시 부착해야 한다.

해설

- 습식환수관식 : 드레인 밸브를 설치
- 건식환수관식 : 증기트랩을 설치

25 외기온도 20℃, 배기가스온도 200℃이고, 연돌 높이가 20m일 때 통풍력은 약 몇 mmAq인가?

① 5.5 ② 7.2
③ 9.2 ④ 12.2

해설

$$Z = 355 \times H \times \left(\frac{1}{273+t_a} - \frac{1}{273+t_g}\right)$$
$$= 355 \times 20 \times \left(\frac{1}{273+20} - \frac{1}{273+200}\right)$$
$$= 9.22mmAq$$

정답 22 ① 23 ① 24 ④ 25 ③

26 과잉공기량에 관한 설명으로 옳은 것은?

① (실제공기량) × (이론공기량)

② (실제공기량)/(이론공기량)

③ (실제공기량) + (이론공기량)

④ (실제공기량) − (이론공기량)

해설

과잉공기량 : 실제공기량에서 이론공기량을 차감하여 얻은 공기량

27 다음 그림은 인젝터의 단면을 나타낸 것이다. C부의 명칭은?

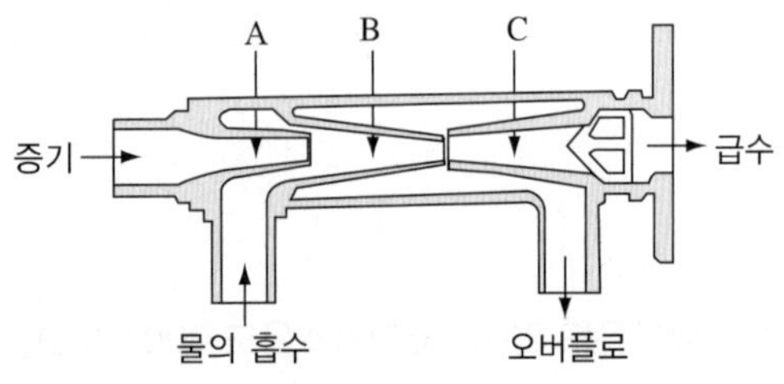

① 증기노즐

② 혼합노즐

③ 분출노즐

④ 고압노즐

해설

- A : 증기노즐
- B : 혼합노즐
- C : 분출노즐

28 증기축열기(Steam Accumulator)에 대한 설명으로 옳은 것은?

① 송기압력을 일정하게 유지하기 위한 장치

② 보일러 출력을 증가시키는 장치

③ 보일러에서 온수를 저장하는 장치

④ 증기를 저장하여 과부하 시에는 증기를 방출하는 장치

해설

스팀 어큐뮬레이터(증기축열기) : 보일러 저부하 시 잉여증기를 저장하여 최대부하일 때 증기 과부족이 없도록 공급하기 위한 장치

29 물체의 온도를 변화시키지 않고, 상(相)변화를 일으키는 데만 사용되는 열량은?

① 감 열 ② 비 열

③ 현 열 ④ 잠 열

해설

- 현열 : 상태변화 없이 물체의 온도변화에만 소요되는 열량
- 잠열 : 물체의 온도변화 없이 상태변화에 필요한 열량

30 고체벽의 한쪽에 있는 고온의 유체로부터 이 벽을 통과하여 다른 쪽에 있는 저온의 유체로 흐르는 열의 이동을 의미하는 용어는?

① 열관류 ② 현 열

③ 잠 열 ④ 전열량

해설

열관류 : 열이 한 유체에서 벽을 통하여 다른 유체로 전달되는 현상

26 ④ 27 ③ 28 ④ 29 ④ 30 ① 정답

31 호칭지름 15A의 강관을 각도 90°로 구부릴 때 곡선부의 길이는 약 몇 mm인가?(단, 곡선부의 반지름은 90mm로 한다)

① 141.4　　② 145.5
③ 150.2　　④ 155.3

해설

$$L = 2\pi R \times \frac{\theta}{360}$$
$$= 2 \times 3.14 \times 90 \times \frac{90}{360}$$
$$= 141.4$$

32 보일러의 점화 조작 시 주의사항으로 틀린 것은?

① 연료가스의 유출속도가 너무 빠르면 실화 등이 일어나고 너무 늦으면 역화가 발생한다.
② 연소실의 온도가 낮으면 연료의 확산이 불량해지며 착화가 잘 안 된다.
③ 연료의 예열온도가 낮으면 무화 불량, 화염의 편류, 그을음, 분진이 발생한다.
④ 유압이 낮으면 점화 및 분사가 양호하고 높으면 그을음이 없어진다.

해설

유압이 낮으면 점화 및 분사가 불량하고 유압이 높으면 그을음이 축적되기 쉽다.

33 온수난방에서 상당방열면적이 45m^{2}일 때 난방부하는?(단, 방열기의 방열량은 표준방열량으로 한다)

① 16,450kcal/h
② 18,500kcal/h
③ 19,450kcal/h
④ 20,250kcal/h

해설

난방부하 = 방열량 × 방열면적
= 450 × 45
= 20,250kcal/h

34 보일러 사고에서 제작상의 원인이 아닌 것은?

① 구조 불량
② 재료 불량
③ 캐리오버
④ 용접 불량

해설

보일러 사고의 원인
- 제작상의 원인 : 재료 불량, 강도 부족, 구조 및 설계 불량, 용접 불량, 부속기기의 설비 미비 등
- 취급상의 원인 : 저수위, 압력 초과, 미연가스에 의한 노내 폭발, 급수처리 불량, 부식, 과열 등

35 주철제 벽걸이 방열기의 호칭 방법은?

① W – 형 × 쪽수
② 종별 – 치수 × 쪽수
③ 종별 – 쪽수 × 형
④ 치수 – 종별 × 쪽수

해설

주철제 벽걸이 방열기의 호칭 방법 : W – 형 × 쪽수

정답 31 ① 32 ④ 33 ④ 34 ③ 35 ①

36 **증기난방에서 응축수의 환수방법에 따른 분류 중 증기의 순환과 응축수의 배출이 빠르며, 방열량도 광범위하게 조절할 수 있어서 대규모 난방에서 많이 채택하는 방식은?**

① 진공 환수식 증기난방
② 복관 중력 환수식 증기난방
③ 기계 환수식 증기난방
④ 단관 중력 환수식 증기난방

해설

진공 환수식
• 배관 내의 진공도가 100~250mmHg 정도
• 증기의 순환이 빠르므로 대규모 난방에서 많이 채택하는 방식

37 **저탕식 급탕설비에서 급탕의 온도를 일정하게 유지시키기 위해서 가스나 전기를 공급 또는 정지하는 것은?**

① 사일렌서 ② 순환펌프
③ 가열코일 ④ 서모스탯

해설

서모스탯 : 온도조절장치

38 **파이프 밴더에 의한 구부림 작업 시 관에 주름이 생기는 원인으로 가장 옳은 것은?**

① 압력조정이 세고 저항이 크다.
② 굽힘 반지름이 너무 작다.
③ 받침쇠가 너무 나와 있다.
④ 바깥지름에 비하여 두께가 너무 얇다.

해설

밴더에 의한 구부림 작업 시 바깥지름에 비하여 두께가 너무 얇을 경우 관에 주름이 생긴다.

39 **보일러 급수의 수질이 불량할 때 보일러에 미치는 장해와 관계없는 것은?**

① 보일러 내부의 부식이 발생된다.
② 래미네이션 현상이 발생한다.
③ 프라이밍이나 포밍이 발생된다.
④ 보일러 내부에 슬러지가 퇴적된다.

해설

래미네이션 : 보일러 강판이나 관의 제조 시 강괴 속에 함유되어 있는 가스체 등에 의해 두 장의 층을 형성하는 결함이다.

40 **보일러의 정상운전 시 수면계에 나타나는 수위의 위치로 가장 적당한 것은?**

① 수면계의 최상위
② 수면계의 최하위
③ 수면계의 중간
④ 수면계 하부의 1/3 위치

해설

수면계의 부착
유리 수면계는 보일러 사용 중 안전한 수위를 나타내도록 다음에 따라 보일러 또는 수주관에 부착한다. 수주관은 2개의 수면계에 대하여 공동으로 할 수 있고, 저수위 차단장치와도 공동으로 사용할 수 있다.
※ 원형 보일러에서는 특별한 경우를 제외하고, 상용수위가 중심선에오도록 부착하여 최저수위가 다음 위치에 있도록 한다. 수관식, 그 밖의 보일러에서는 그 구조에 따른 적당한 위치에 오도록 한다.

36 ① 37 ④ 38 ④ 39 ② 40 ③ 정답

41 유류 연소 자동점화 보일러의 점화순서상 화염검출기 작동 후 다음 단계는?

① 공기댐퍼 열림
② 전자밸브 열림
③ 노내압 조정
④ 노내 환기

해설
보일러 자동점화 시에 화염검출 다음 단계는 전자밸브 열림이다.

42 보일러 내처리제에서 가성취화 방지에 사용되는 약제가 아닌 것은?

① 인산나트륨
② 질산나트륨
③ 타 닌
④ 암모니아

해설
가성취화 방지제 : 인산나트륨, 질산나트륨, 타닌, 리그린

43 연관 최고부보다 노통 윗면이 높은 노통연관 보일러의 최저수위(안전저수면)의 위치는?

① 노통 최고부 위 100mm
② 노통 최고부 위 75mm
③ 연관 최고부 위 100mm
④ 연관 최고부 위 75mm

해설
노통연관보일러 안전저수위
- 연관이 높은 경우 : 최상단부 위 75mm 높이
- 노통이 높은 경우 : 노통 최상단부 위 100mm 높이

44 보일러의 외부 검사에 해당되는 것은?

① 스케일, 슬러지 상태 검사
② 노벽 상태 검사
③ 배관의 누설 상태 검사
④ 연소실의 열 집중 현상 검사

해설
보일러의 외부 검사 : 보일러 등의 외면, 설치 상태, 부속품의 상황, 배관의 누설 상태 등을 조사하는 검사이다.

45 보일러 강판이나 강관을 제조할 때 재질 내부에 가스체 등이 함유되어 두 장의 층을 형성하고 있는 상태의 흠은?

① 블리스터
② 팽 출
③ 압 궤
④ 래미네이션

해설
래미네이션 : 보일러 강판이나 강관을 제조할 때 재질 내부에 가스체 등이 함유되어 두 장의 층을 형성하고 있는 상태의 흠을 말한다.

정답 41 ② 42 ④ 43 ① 44 ③ 45 ④

46 오일프리히터의 종류에 속하지 않는 것은?

① 증기식
② 직화식
③ 온수식
④ 전기식

해설

오일프리히터의 종류 : 전기식, 온수식, 증기식

47 보일러의 과열 원인과 무관한 것은?

① 보일러수의 순환이 불량할 경우
② 스케일 누적이 많은 경우
③ 저수위로 운전할 경우
④ 1차 공기량의 공급이 부족한 경우

해설

1차 공기량의 공급이 부족한 경우 불완전연소의 원인, 즉 무화 불량의 원인이 된다.

48 증기난방 배관시공 시 환수관이 문 또는 보와 교차할 때 이용되는 배관형식으로 위로는 공기, 아래로는 응축수를 유통시킬 수 있도록 시공하는 배관은?

① 루프형 배관
② 리프트 피팅 배관
③ 하트포드 배관
④ 냉각 배관

해설

루프형 배관 : 환수관이 보 또는 문과 교차 증기관과 환수관이 출입구나 보와 같은 장애물에 부딪치는 경우 상부는 공기, 하부는 응축수가 흐르도록 한 배관

49 강철제 증기보일러의 최고사용압력이 0.4MPa인 경우 수압시험압력은?

① 0.16MPa ② 0.2MPa
③ 0.8MPa ④ 1.2MPa

해설

강철제 증기보일러의 수압시험압력

- 보일러의 최고사용압력이 4.3kgf/cm^2 이하일 때에는 그 최고사용압력의 2배의 압력으로 한다. 다만, 그 시험 압력이 2kgf/cm^2 미만인 경우에는 2kgf/cm^{2}로 한다.
- 보일러의 최고사용압력이 4.3kgf/cm^2 초과 15kgf/cm^2 이하일 때에는 그 최고사용압력의 1.3배에 3kgf/cm^{2}를 더한 압력으로 한다.
- 보일러의 최고사용압력이 15kgf/cm^{2}를 초과할 때에는 그 최고사용압력의 1.5배의 압력으로 한다.

46 ② 47 ④ 48 ① 49 ③ 정답

50 **질소봉입방법으로 보일러 보존 시 보일러 내부에 질소가스의 봉입압력(MPa)으로 적합한 것은?**

① 0.02　② 0.03
③ 0.06　④ 0.08

해설

건조보존법
완전 건조시킨 보일러 내부에 흡습제 또는 질소가스를 넣고 밀폐 보존하는 방법을 말한다(6개월 이상의 장기보존방법).

- 흡습제 : 생석회, 실리카겔, 활성알루미나, 염화칼슘, 기화방청제 등이 있다.
- 질소가스봉입 : 압력 0.06MPa으로 봉입하여 밀폐 보존한다.

51 **보일러 급수 중 Fe, Mn, CO_2를 많이 함유하고 있는 경우의 급수처리 방법으로 가장 적합한 것은?**

① 분사법
② 기폭법
③ 침강법
④ 가열법

해설

급수처리(관외처리)

- 고형 협잡물 처리 : 침강법, 여과법, 응집법
- 용존가스제 처리 : 기폭법(CO_2, Fe, Mn, NH_3, H_2S), 탈기법(CO_2, O_2)
- 용해고형물 처리 : 증류법, 이온교환법, 약품첨가법

52 **증기난방에서 방열기와 벽면과의 적합한 간격(mm)은?**

① 30~40
② 50~60
③ 80~100
④ 100~120

해설

증기난방에서 방열기와 벽면과의 적합한 간격은 50~60mm 정도, 벽걸이 방열기는 바닥에서 150mm, 대류방열기는 바닥으로부터 하부 케이싱까지 90mm 떨어지게 설치한다.

53 **다음 중 보온재의 종류가 아닌 것은?**

① 코르크
② 규조토
③ 프탈산수지도료
④ 기포성 수지

해설

단열 보온재의 종류

- 무기질 보온재(안전사용온도 300~800℃의 범위 내에서 보온효과가 있는 것) : 탄산마그네슘(250℃), 글라스울(300℃), 석면(500℃), 규조토(500℃), 암면(600℃), 규산칼슘(650℃), 세라믹 파이버(1,000℃)
- 유기질 보온재(안전사용온도 100~200℃의 범위 내에서 보온효과가 있는 것) : 펠트류(100℃), 텍스류(120℃), 탄화코르크(130℃), 기포성 수지

정답 50 ③ 51 ② 52 ② 53 ③

54 다음 보온재 중 안전사용 (최고)온도가 가장 높은 것은?

① 탄산마그네슘 물반죽 보온재
② 규산칼슘 보온재
③ 경질 폼러버 보온통
④ 글라스울 블랭킷

해설

단열 보온재의 종류

- 무기질 보온재(안전사용온도 300~800℃의 범위 내에서 보온효과가 있는 것) : 탄산마그네슘(250℃), 글라스울(300℃), 석면(500℃), 규조토(500℃), 암면(600℃), 규산칼슘(650℃), 세라믹 파이버(1,000℃)
- 유기질 보온재(안전사용온도 100~200℃의 범위 내에서 보온효과가 있는 것) : 펠트류(100℃), 텍스류(120℃), 탄화코르크(130℃), 기포성 수지

55 저탄소녹색성장기본법상 녹색성장위원회의 위원으로 틀린 것은?

① 국토교통부장관
② 과학기술정보통신부장관
③ 기획재정부장관
④ 고용노동부장관

해설

녹색성장위원회 위원들은 기획재정부, 과학기술정보통신부, 산업통상자원부, 환경부, 국토교통부의 장관 등 대통령령이 정하는 공무원과 기후변화, 에너지・자원, 녹색기술・녹색산업, 지속가능발전 분야 등 저탄소녹색성장에 관한 학식과 경험이 풍부한 사람 중에서 대통령이 위촉하는 사람들로 구성이 된다(저탄소녹색성장기본법 제14조).

※ 저탄소녹색성장기본법은 폐지됨

56 에너지이용합리화법상 검사대상기기 설치자가 검사대상기기의 관리자를 선임하지 않았을 때의 벌칙은?

① 1년 이하의 징역 또는 2천만원 이하의 벌금
② 1년 이하의 징역 또는 5백만원 이하의 벌금
③ 1천만원 이하의 벌금
④ 5백만원 이하의 벌금

해설

에너지이용합리화법상 검사대상기기 설치자가 검사대상기기의 관리자를 선임하지 않았을 때의 벌칙은 1천만원 이하의 벌금이 부과된다(에너지이용합리화법 제75조).

57 에너지이용합리화법령상 산업통상자원부장관이 에너지다소비사업자에게 개선명령을 할 수 있는 경우는 에너지관리 지도 결과 몇 % 이상 에너지 효율개선이 기대되는 경우인가?

① 2% ② 3%
③ 5% ④ 10%

해설

개선명령의 요건 및 절차 등(에너지이용합리화법 시행령 제40조)
산업통상자원부장관이 에너지다소비사업자에게 개선명령을 할 수 있는 경우는 에너지관리지도 결과 10% 이상의 에너지효율 개선이 기대되고 효율개선을 위한 투자의 경제성이 있다고 인정되는 경우로 한다.

54 ② 55 ④ 56 ③ 57 ④ 정답

58 **에너지이용합리화법상 에너지사용자와 에너지공급자의 책무로 맞는 것은?**

① 에너지의 생산・이용 등에서의 그 효율을 극소화
② 온실가스 배출을 줄이기 위한 노력
③ 기자재의 에너지효율을 높이기 위한 기술개발
④ 지역경제발전을 위한 시책 강구

해설

에너지사용자와 에너지공급자는 온실가스 배출을 줄이기 위한 노력을 하여야 한다(에너지이용합리화법 제3조).

59 **에너지이용합리화법상 평균에너지소비효율에 대하여 총량적인 에너지효율의 개선이 특히 필요하다고 인정되는 기자재는?**

① 승용자동차
② 강철제 보일러
③ 1종압력용기
④ 축열식전기보일러

해설

평균효율관리기자재(에너지이용합리화법 시행규칙 제11조)

① 자동차관리법 제3조제1항에 따른 승용자동차 등 산업통상자원부령으로 정하는 기자재란 다음 어느 하나에 해당하는 자동차를 말한다.
   ㉠ 자동차관리법 제3조제1항제1호에 따른 승용자동차로서 총중량이 3.5톤 미만인 자동차
   ㉡ 자동차관리법 제3조제1항제2호에 따른 승합자동차로서 승차인원이 15인승 이하이고 총중량이 3.5톤 미만인 자동차
   ㉢ 자동차관리법 제3조제1항제3호에 따른 화물자동차로서 총중량이 3.5톤 미만인 자동차
② ①에도 불구하고 다음의 어느 하나에 해당하는 자동차는 ①에 따른 자동차에서 제외한다.
   ㉠ 환자의 치료 및 수송 등 의료목적으로 제작된 자동차
   ㉡ 군용(軍用)자동차
   ㉢ 방송・통신 등의 목적으로 제작된 자동차
   ㉣ 2012년 1월 1일 이후 제작되지 아니하는 자동차
   ㉤ 자동차관리법 시행규칙 별표 1 제2호에 따른 특수형 승합자동차 및 특수용도형 화물자동차

60 **에너지이용합리화법에 따라 에너지 진단을 면제 또는 에너지진단주기를 연장받으려는 자가 제출해야 하는 첨부서류에 해당하지 않는 것은?**

① 보유한 효율관리기자재 자료
② 중소기업임을 확인할 수 있는 서류
③ 에너지절약 유공자 표창 사본
④ 친에너지형 설비 설치를 확인할 수 있는 서류

해설

에너지진단의 면제 등(에너지이용합리화법 시행규칙 제29조)
에너지진단을 면제 또는 에너지진단주기를 연장받으려는 자는 에너지진단 면제(에너지진단주기 연장) 신청서에 다음의 어느 하나에 해당하는 서류를 첨부하여 산업통상자원부장관에게 제출하여야 한다.

- 자발적 협약 우수사업장임을 확인할 수 있는 서류
- 중소기업임을 확인할 수 있는 서류
- 에너지경영시스템 구축 및 개선실적을 확인할 수 있는 서류
- 에너지절약 유공자 표창 사본
- 에너지진단결과를 반영한 에너지절약 투자 및 개선실적을 확인할 수 있는 서류
- 친에너지형 설비 설치를 확인할 수 있는 서류(설비의 목록, 용량 및 설치사진 등을 말한다)
- 에너지관리시스템 구축 및 개선실적을 확인할 수 있는 서류
- 목표 관리업체로서 온실가스・에너지 목표관리 실적을 확인할 수 있는 서류

정답 58 ② 59 ① 60 ①

2015년 제4회 과년도 기출문제

01 **보일러에서 배출되는 배기가스의 여열을 이용하여 급수를 예열하는 장치는?**

① 과열기
② 재열기
③ 절탄기
④ 공기예열기

해설

절탄기 : 보일러의 배기가스의 여열을 이용하여 급수를 예열하는 장치로서, 보일러에서 배기되는 연소실은 전체 발열량의 약 20% 정도이며 이 열을 회수하여 열효율을 높게 하고 연료를 절감시킨다.

02 **목표값이 시간에 따라 임의로 변화되는 것은?**

① 비율제어
② 추종제어
③ 프로그램제어
④ 캐스케이드제어

해설

제어목적에 의한 분류

- 정치제어 : 목표값이 변화 없이 일정한 제어
- 추치제어 : 목표값이 변화되어 목표값을 측정하면서 제어목표량을 목표량에 맞도록 하는 제어
- 추종제어(임의제어) : 목표값이 시간에 따라 임의로 변화
- 프로그램제어 : 목표값이 시간에 따라 미리 결정된 일정한 제어
- 비율제어 : 2개 이상의 제어값이 정해진 비율로 변화
- 캐스케이드제어 : 1차 제어장치가 제어량을 측정하고 2차 조절계의 목표값을 설정하는 것으로 외란의 영향이나 낭비시간 지연이 큰 프로세서에 적용되는 제어방식

03 **보일러 부속품 중 안전장치에 속하는 것은?**

① 감압밸브
② 주증기밸브
③ 가용전
④ 유량계

해설

보일러의 안전장치 : 안전밸브, 화염검출기, 방폭문, 용해플러그, 저수위 경보기, 압력조절기, 가용전 등

04 **캐비테이션의 발생원인이 아닌 것은?**

① 흡입양정이 지나치게 클 때
② 흡입관의 저항이 작은 경우
③ 유량의 속도가 빠른 경우
④ 관로 내의 온도가 상승되었을 때

해설

캐비테이션의 발생원인

- 흡입양정이 지나치게 클 때
- 흡입관의 저항이 큰 경우
- 유량의 속도가 빠른 경우
- 관로 내의 온도가 상승되었을 때

1 ③ 2 ② 3 ③ 4 ② 정답

05 다음 중 연료의 연소온도에 가장 큰 영향을 미치는 것은?

① 발화점　　② 공기비
③ 인화점　　④ 회 분

해설
연료의 연소온도에 가장 큰 영향을 미치는 것 : 공기비

06 수소 15%, 수분 0.5%인 중유의 고위발열량이 10,000 kcal/kg이다. 이 중유의 저위발열량은 몇 kcal/kg 인가?

① 8,795　　② 8,984
③ 9,085　　④ 9,187

해설
저위발열량 = 고위발열량 − 600(9 × 수소 + 물)
= 10,000 − 600[(9 × 0.15) + 0.005]
= 9,187kcal/kg

07 부르동관 압력계를 부착할 때 사용되는 사이펀관 속에 넣은 물질은?

① 수 은　　② 증 기
③ 공 기　　④ 물

해설
사이펀관 : 관 내에 응결수가 고여 있는 구조의 관으로 고압의 증기가 부르동관 내로 직접 침입하지 못하도록 함으로써 압력계를 보호하기 위해 설치한다.
사이펀관의 직경
- 강관 : 지름 12.7mm 이상
- 동관 : 지름 6.5mm 이상

08 집진장치의 종류 중 건식집진장치의 종류가 아닌 것은?

① 가압수식 집진기
② 중력식 집진기
③ 관성력식 집진기
④ 원심력식 집진기

해설
건식집진장치 : 중력식, 관성력식, 원심력식, 여과식 등

09 수관식 보일러에 속하지 않는 것은?

① 입형횡관식
② 자연순환식
③ 강제순환식
④ 관류식

해설
수관식 보일러
- 자연순환식 : 배브콕, 츠네키치, 타쿠마, 야로, 2동 D형 보일러
- 강제순환식 : 라몬트, 베록스 보일러
- 관류식 : 벤슨, 슐처, 람진 보일러

정답 5 ② 6 ④ 7 ④ 8 ① 9 ①

10 공기예열기의 종류에 속하지 않는 것은?

① 전열식 ② 재생식
③ 증기식 ④ 방사식

해설

공기예열기 : 연소실로 들어가는 공기를 예열시키는 장치로서, 180~350°C까지 된다. 공기에서 연소용 공기의 온도를 25°C 높일 때마다 열효율은 1% 정도 높아진다. 전열기, 재생식, 증기식 등이 있다.

11 비접촉식 온도계의 종류가 아닌 것은?

① 광전관식 온도계
② 방사 온도계
③ 광고온도계
④ 열전대 온도계

해설

비접촉식 온도계
- 광전관식 온도계
- 방사 온도계
- 광고온도계
- 색 온도계

12 보일러의 전열면적이 클 때의 설명으로 틀린 것은?

① 증발량이 많다.
② 예열이 빠르다.
③ 용량이 적다.
④ 효율이 높다.

해설

보일러의 전열면적이 크면 보일러 용량이 증가된다.

13 보일러 연도에 설치하는 댐퍼의 설치 목적과 관계가 없는 것은?

① 매연 및 그을음의 제거
② 통풍력의 조절
③ 연소가스 흐름의 차단
④ 주연도와 부연도가 있을 때 가스의 흐름을 전환

해설

수트 블로어 : 전열면에 부착된 그을음 제거 장치

14 통풍력을 증가시키는 방법으로 옳은 것은?

① 연도는 짧고, 연돌은 낮게 설치한다.
② 연도는 길고, 연돌의 단면적을 작게 설치한다.
③ 배기가스의 온도는 낮춘다.
④ 연도는 짧고, 굴곡부는 적게 한다.

해설

자연통풍력을 증가시키는 방법
- 연돌의 높이를 높게 한다.
- 배기가스의 온도를 높게 한다.
- 연돌의 단면적을 넓게 한다.
- 연도의 길이는 짧게 하고 굴곡부를 적게 한다.

10 ④ 11 ④ 12 ③ 13 ① 14 ④ 정답

15 **연료의 연소에서 환원염이란?**

① 산소 부족으로 인한 화염이다.
② 공기비가 너무 클 때의 화염이다.
③ 산소가 많이 포함된 화염이다.
④ 연료를 완전연소시킬 때의 화염이다.

해설
환원염 : 산소 부족으로 인한 화염 또는 산화염

16 **보일러 화염 유무를 검출하는 스택스위치에 대한 설명으로 틀린 것은?**

① 화염의 발열현상을 이용한 것이다.
② 구조가 간단하다.
③ 버너 용량이 큰 곳에 사용된다.
④ 바이메탈의 신축작용으로 화염 유무를 검출한다.

해설
화염검출기의 종류
- 플레임 아이 : 화염의 발광체(빛)를 이용한 검출기로서, 연소실에 설치한다.
- 스택스위치 : 화염의 발열현상을 이용한 검출기로서 연도에 설치한다(바이메탈을 사용하고, 응답이 느려서 소형 보일러에만 사용한다).
- 플레임 로드 : 화염의 이온화 현상을 이용한 검출기로서, 연소실에 설치한다.

17 **3요소식 보일러 급수 제어 방식에서 검출하는 3요소는?**

① 수위, 증기유량, 급수유량
② 수위, 공기압, 수압
③ 수위, 연료량, 공기압
④ 수위, 연료량, 수압

해설
급수제어의 3요소식 : 수위, 증기유량, 급수유량

18 **대형보일러인 경우에 송풍기가 작동되지 않으면 전자밸브가 열리지 않고, 점화를 저지하는 인터로크의 종류는?**

① 저연소 인터로크
② 압력초과 인터로크
③ 프리퍼지 인터로크
④ 불착화 인터로크

해설
프리퍼지 인터로크 : 송풍기가 작동하지 않으면 전자밸브가 열리지 않아 점화가 차단되는 인터로크

19 **수위의 부력에 의한 플로트 위치에 따라 연결된 수은 스위치로 작동하는 형식으로, 중·소형 보일러에 가장 많이 사용하는 저수위 경보장치의 형식은?**

① 기계식
② 전극식
③ 자석식
④ 맥도널식

해설
저수위 경보장치의 종류 : 플로트식(맥도널식), 전극식, 열팽창력식(코프스식)

정답 15 ① 16 ③ 17 ① 18 ③ 19 ④

20 증기의 발생이 활발해지면 증기와 함께 물방울이 같이 비산하여 증기관으로 취출되는데, 이때 드럼 내에 증기 취출구에 부착하여 증기 속에 포함된 수분취출을 방지해주는 관은?

① 워터실링관
② 주증기관
③ 베이퍼록 방지관
④ 비수방지관

해설
비수방지관 : 프라이밍을 방지하여 건조도가 높은 증기를 얻기 위한 장치

21 증기의 과열도를 옳게 표현한 식은?

① 과열도 = 포화증기온도 – 과열증기온도
② 과열도 = 포화증기온도 – 압축수의 온도
③ 과열도 = 과열증기온도 – 압축수의 온도
④ 과열도 = 과열증기온도 – 포화증기온도

해설
과열도 : 과열증기온도와 포화증기온도와의 차이

22 어떤 액체연료를 완전연소시키기 위한 이론공기량이 10.5Nm^3/kg이고, 공기비가 1.4인 경우 실제공기량은?

① 7.5Nm^3/kg
② 11.9Nm^3/kg
③ 14.7Nm^3/kg
④ 16.0Nm^3/kg

해설
실제공기량$(A) = m$(공기비)$\times A_0$(이론공기량)
$= 1.4 \times 10.5 = 14.7\text{Nm}^3/\text{kg}$

23 파형 노통보일러의 특징을 설명한 것으로 옳은 것은?

① 제작이 용이하다.
② 내·외면의 청소가 용이하다.
③ 평형 노통보다 전열면적이 크다.
④ 평형 노통보다 외압에 대하여 강도가 작다.

해설
파형 노통보일러의 특징
- 제작이 어렵다.
- 내·외면의 청소가 어렵다.
- 평형 노통보다 전열면적이 크다.
- 평형 노통보다 외압에 대하여 강도가 크다.

20 ④ 21 ④ 22 ③ 23 ③ 정답

24 **보일러에 과열기를 설치할 때 얻어지는 장점으로 틀린 것은?**

① 증기관 내의 마찰저항을 감소시킬 수 있다.
② 증기기관의 이론적 열효율을 높일 수 있다.
③ 같은 압력의 포화증기에 비해 보유열량이 많은 증기를 얻을 수 있다.
④ 연소가스의 저항으로 압력손실을 줄일 수 있다.

해설
과열증기 장점 : 적은 증기로 많은 일, 증기의 마찰저항 감소, 부식 및 수격작용방지, 열효율 증가

25 **수트 블로어 사용 시 주의사항으로 틀린 것은?**

① 부하가 50% 이하인 경우에 사용한다.
② 보일러 정지 시 수트 블로어 작업을 하지 않는다.
③ 분출 시에는 유인 통풍을 증가시킨다.
④ 분출기 내의 응축수를 배출시킨 후 사용한다.

해설
부하가 50% 이하인 경우에는 수트 블로어를 사용하지 않는다.

26 **후향 날개 형식으로 보일러의 압입송풍에 많이 사용되는 송풍기는?**

① 다익형 송풍기
② 축류형 송풍기
③ 터보형 송풍기
④ 플레이트형 송풍기

해설
③ 터보 송풍기 : 낮은 정압에 높은 정압의 영역까지 폭넓은 운전범위를 가지고 있으며, 각 용도에 적합한 깃 및 케이싱 구조, 재질의 선택을 통하여 일반 공기 이송에서 고온의 가스혼합물 및 분체 이송까지 폭넓은 용도로 사용할 수 있다.
① 다익 송풍기 : 일반적으로 Sirocco Fan으로 불리며 임펠러 형상이 회전방향에 대해 앞쪽으로 굽어진 원심형 전향익 송풍기이다.
② 축류 송풍기 : 기본적으로 원통형 케이싱 속에 넣어진 임펠러의 회전에 따라 축방향으로 기체를 송풍하는 형식을 말하며 일반적으로 효율이 높고 고속회전에 적합하므로 전체가 소형이 되는 이점이 있다.

27 **연료의 가연 성분이 아닌 것은?**

① N ② C
③ H ④ S

해설
질소, 이산화탄소, 0족 원소는 불연성분이다.

정답 24 ④ 25 ① 26 ③ 27 ①

28 효율이 82%인 보일러로 발열량 9,800kcal/kg의 연료를 15kg 연소시키는 경우의 손실열량은?

① 80,360kcal

② 32,500kcal

③ 26,460kcal

④ 120,540kcal

해설

보일러 효율 계산

$$효율 = \left(1 - \frac{총손실열량}{총입열량}\right) \times 100$$

$$0.82 = 1 - \frac{x}{9,800 \times 15}$$

$x = 26,460\text{kcal}$

29 보일러 연소용 공기조절장치 중 착화를 원활하게 하고 화염의 안정을 도모하는 장치는?

① 윈드박스(Wind Box)

② 보염기(Stabilizer)

③ 버너타일(Burner Tile)

④ 플레임 아이(Flame Eye)

해설

보염장치 : 노내에 분사된 연료에 연소용 공기를 유효하게 공급 확산시켜 연소를 유효하게 하고 확실한 착화와 화염의 안정을 도모하기 위하여 설치하는 장치이다.

30 증기난방설비에서 배관 구배를 부여하는 가장 큰 이유는 무엇인가?

① 증기의 흐름을 빠르게 하기 위해서

② 응축기의 체류를 방지하기 위해서

③ 배관시공을 편리하게 하기 위해서

④ 증기와 응축수의 흐름마찰을 줄이기 위해서

해설

증기난방설비에서 배관 구배를 부여하는 가장 큰 이유 : 응축기의 체류 방지

31 보일러 배관 중에 신축이음을 하는 목적으로 가장 적합한 것은?

① 증기 속의 이물질을 제거하기 위하여

② 열팽창에 의한 관의 파열을 막기 위하여

③ 보일러수의 누수를 막기 위하여

④ 증기 속의 수분을 분리하기 위하여

해설

신축이음을 하는 목적 : 열팽창에 의한 관의 파열 방지

28 ③ 29 ② 30 ② 31 ② 정답

32 팽창탱크에 대한 설명으로 옳은 것은?

① 개방식 팽창탱크는 주로 고온수 난방에서 사용한다.
② 팽창관에는 방열관에 부착하는 크기의 밸브를 설치한다.
③ 밀폐형 팽창탱크에는 수면계를 구비한다.
④ 밀폐형 팽창탱크는 개방식 팽창탱크에 비하여 적어도 된다.

해설

밀폐형 팽창탱크의 구조 : 밀폐식 팽창탱크는 탱크 안에 고무로 된 물주머니 또는 다이어프램에 의해 수실과 공기실로 구분되어 있으며 배관수는 대기(공기)와의 접촉이 완전히 차단되어 있다.

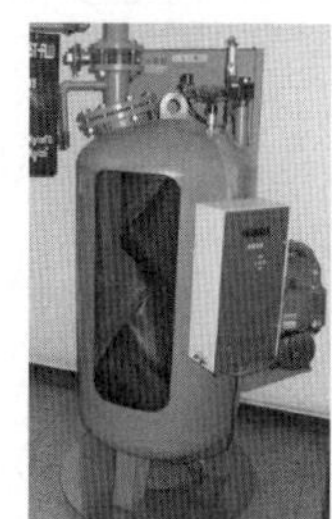
[실물 모형]

33 온수난방의 특성을 설명한 것 중 틀린 것은?

① 실내 예열시간이 짧지만 쉽게 냉각되지 않는다.
② 난방부하 변동에 따른 온도 조절이 쉽다.
③ 단독주택 또는 소규모 건물에 적용된다.
④ 보일러 취급이 비교적 쉽다.

해설

온수난방은 예열시간이 길고, 식는 시간도 길다.

34 다음 중 주형 방열기의 종류로 거리가 먼 것은?

① 1주형 ② 2주형
③ 3세주형 ④ 5세주형

해설

- 주형 방열기 : 2주형(Ⅱ), 3주형(Ⅲ), 3세주형(3), 5세주형(5)
- 벽걸이형(W) : 가로형(W–H), 세로형(W–V)

35 보일러 점화 시 역화의 원인과 관계가 없는 것은?

① 착화가 지연될 경우
② 점화원을 사용한 경우
③ 프리퍼지가 불충분한 경우
④ 연료의 공급밸브를 급개하여 다량으로 분무한 경우

해설

역화(백파이어) 발생원인
- 미연가스에 의한 노내 폭발이 발생하였을 때
- 착화가 늦어졌을 때
- 연료의 인화점이 낮을 때
- 공기보다 연료를 먼저 공급했을 경우
- 압입통풍이 지나치게 강할 때

36 압력계로 연결하는 증기관을 황동관이나 동관을 사용할 경우 증기온도는 약 몇 ℃ 이하인가?

① 210℃ ② 260℃
③ 310℃ ④ 360℃

해설

증기관을 황동관이나 동관을 사용할 경우 증기온도는 210℃ 이하이다.

정답 32 ③ 33 ① 34 ① 35 ② 36 ①

37 **보일러를 비상정지시키는 경우의 일반적인 조치사항으로 거리가 먼 것은?**

① 압력은 자연히 떨어지게 기다린다.
② 주증기 스톱밸브를 열어 놓는다.
③ 연소공기의 공급을 멈춘다.
④ 연료 공급을 중단한다.

해설
보일러를 비상정지시키는 경우 주증기 스톱밸브를 닫아 놓아야 한다.

38 **금속 특유의 복사열에 대한 반사 특성을 이용한 대표적인 금속질 보온재는?**

① 세라믹 파이버
② 실리카 파이버
③ 알루미늄 박
④ 규산칼슘

해설
보온재의 종류
• 유기질 보온재 : 펠트, 텍스류, 탄화코르크, 기포성 수지 등
• 무기질 보온재 : 유리솜, 석면, 암면, 규조토, 탄산마그네슘 등
• 금속질 보온재 : 알루미늄 박 등

39 **기포성 수지에 대한 설명으로 틀린 것은?**

① 열전도율이 낮고 가볍다.
② 불에 잘 타며 보온성과 보랭성은 좋지 않다.
③ 흡수성은 좋지 않으나 굽힘성은 풍부하다.
④ 합성수지 또는 고무질 재료를 사용하여 다공질 제품으로 만든 것이다.

해설
기포성 수지는 불에 잘 타며 보온성과 보랭성이 우수하다.

40 **온수 보일러의 순환펌프 설치 방법으로 옳은 것은?**

① 순환펌프의 모터 부분은 수평으로 설치한다.
② 순환펌프는 보일러 본체에 설치한다.
③ 순환펌프는 송수주관에 설치한다.
④ 공기빼기 장치가 없는 순환펌프는 체크밸브를 설치한다.

해설
온수 보일러의 순환펌프는 온수난방에 사용하는 펌프로서, 120℃ 전후의 내열성을 가지며 비교적 저양정(3~6mH$_2$O)의 원심펌프이다. 전동기와 같은 구조의 라인펌프와 주택의 중앙난방에만 사용된다.

41 **보일러 가동 시 매연 발생의 원인과 가장 거리가 먼 것은?**

① 연소실 과열
② 연소실 용적의 과소
③ 연료 중의 불순물 혼입
④ 연소용 공기의 공급 부족

해설
연소실이 과열되면 완전연소를 하므로 매연 발생은 적다.

37 ② 38 ③ 39 ② 40 ① 41 ① 정답

42 중유 연소 시 보일러 저온부식의 방지대책으로 거리가 먼 것은?

① 저온의 전열면에 내식재료를 사용한다.
② 첨가제를 사용하여 황산가스의 노점을 높여 준다.
③ 공기예열기 및 급수예열장치 등에 보호피막을 한다.
④ 배기가스 중의 산소 함유량을 낮추어 아황산가스의 산화를 제한한다.

해설

저온부식 : 연료 중의 유황(S)이 연소하여 아황산가스(SO_2)가 되고, 일부는 다시 산소와 반응하여 무수황산(SO_3)이 된다. 이것이 가스 중의 수분(H_2O)과 결합하여 황산이 된 후 보일러 저온 전열면에 눌러 붙어 그 부분을 부식시킨다.

43 물의 온도가 393K를 초과하는 온수발생보일러에는 크기가 몇 mm 이상인 안전밸브를 설치하여야 하는가?

① 5 ② 10
③ 15 ④ 20

해설

증기 보일러 및 온수온도가 120℃를 넘는 온수 보일러에는 보일러의 최대연속증발량 이상의 취출량을 가지고 있는 20A 이상의 안전밸브를 설치한다.

44 보일러부식에 관련된 설명 중 틀린 것은?

① 점식은 국부전지의 작용에 의해서 일어난다.
② 수용액 중에서 부식문제를 일으키는 주요원인은 용존산소, 용존가스 등이다.
③ 중유 연소 시 중유 회분 중에 바나듐이 포함되어 있으면 바나듐 산화물에 의한 고온부식이 발생한다.
④ 가성취화는 고온에서 알칼리에 의한 부식현상을 말하며, 보일러 내부 전체에 걸쳐 균일하게 발생한다.

해설

가성취화

- 보일러 몸통의 리벳이음 등 응력이 집중하는 곳에 생기는 균열의 일종이다.
- 가성소다가 고농도로 응축되어서 생기는 현상으로서, 용접이 보급된 현재에는 그러한 예가 드물지만, 미세한 간극에 열을 받는 부분 등에서는 주의를 요한다.

45 증기난방의 중력 환수식에서 단관식인 경우 배관의 기울기로 적당한 것은?

① 1/200~1/100 정도의 순 기울기
② 1/300~1/200 정도의 순 기울기
③ 1/400~1/300 정도의 순 기울기
④ 1/500~1/400 정도의 순 기울기

해설

증기난방의 중력 환수식에서 배관의 기울기

배관방식	순구배	역구배
단관식	1/200~1/100	1/100~1/50
복관식	1/200	

정답 42 ② 43 ④ 44 ④ 45 ①

46 **보일러 용량 결정에 포함될 사항으로 거리가 먼 것은?**

① 난방부하
② 급탕부하
③ 배관부하
④ 연료부하

해설
보일러 용량 결정에 포함될 사항
- 난방부하
- 급탕부하
- 배관부하
- 예열부하

47 **온수난방 배관에서 수평주관에 지름이 다른 관을 접속하여 연결할 때 가장 적합한 관 이음쇠는?**

① 유니언　② 편심 리듀서
③ 부 싱　④ 니 플

해설
보일러수의 순환을 좋게 하기 위하여 수평 배관에서 관경을 바꿀 때는 편심 리듀서를 사용하는 것이 좋다.

48 **온수 순환 방식에 의한 분류 중에서 순환이 자유롭고 신속하며, 방열기의 위치가 낮아도 순환이 가능한 방법은?**

① 중력 순환식
② 강제 순환식
③ 단관식 순환식
④ 복관식 순환식

해설
강제 순환식 : 배관의 기울기는 선단 상향, 하향과는 무관하나 배관 내에 에어포켓을 만들어서는 안 된다.

49 **온수보일러 개방식 팽창탱크 설치 시 주의사항으로 틀린 것은?**

① 팽창탱크에는 상부에 통기구멍을 설치한다.
② 팽창탱크 내부의 수위를 알 수 있는 구조이어야 한다.
③ 탱크에 연결된 팽창 흡수관은 팽창탱크 바닥면과 같게 배관해야 한다.
④ 팽창탱크의 높이는 최고부 위 방열기보다 1m 이상 높은 곳에 설치한다.

해설
팽창관은 팽창탱크 바닥면보다 25mm 이상 높게 연결한다.

50 **열팽창에 의한 배관의 이동을 구속 또는 제한하는 배관 지지구인 리스트레인트(Restraint)의 종류가 아닌 것은?**

① 가이드　② 앵 커
③ 스토퍼　④ 행 거

해설
리스트레인트(Restraint)
열팽창에 의한 배관의 이동을 구속 또는 제한하기 위한 장치로서, 구속하는 방법에 따라 앵커(Anchor), 스토퍼(Stopper), 가이드(Guide)로 나눈다.
- 가이드 : 지지점에서 축방향으로 안내면을 설치하여 배관의 회전 또는 축에 대하여 직각방향으로 이동하는 것을 구속하는 장치이다.
- 앵커 : 배관 지지점의 이동 및 회전을 허용하지 않고 일정 위치에 완전히 고정하는 장치를 말하며, 배관계의 요동 및 진동 억제효과가 있으나 이로 인하여 과대한 열응력이 생기기 쉽다.
- 스토퍼 : 한 방향 앵커라고도 하며, 배관 지지점의 일정 방향으로의 변위를 제한하는 장치이며, 열팽창으로부터의 기기 노즐의 보호, 안전변의 토출압력을 받는 곳 등에 사용한다.

46 ④　47 ②　48 ②　49 ③　50 ④　정답

51 보통 온수식 난방에서 온수의 온도는?

① 65~70℃

② 75~80℃

③ 85~90℃

④ 95~100℃

해설

온수난방
- 고온수식 : 100℃ 이상의 고온수 사용
- 저온수식 : 60~90℃의 저온수 사용

52 장시간 사용을 중지하고 있던 보일러의 점화 준비에서 부속장치 조작 및 시동으로 틀린 것은?

① 댐퍼는 굴뚝에서 가까운 것부터 차례로 연다.

② 통풍장치의 댐퍼 개폐도가 적당한지 확인한다.

③ 흡입통풍기가 설치된 경우는 가볍게 운전한다.

④ 절탄기나 과열기에 바이패스가 설치된 경우는 바이패스 댐퍼를 닫는다.

해설

절탄기나 과열기에 바이패스가 설치된 경우는 바이패스 댐퍼를 연다.

53 응축수 환수방식 중 중력환수 방식으로 환수가 불가능한 경우 응축수를 별도의 응축수 탱크에 모으고 펌프 등을 이용하여 보일러에 급수를 행하는 방식은?

① 복관 환수식　② 부력 환수식

③ 진공 환수식　④ 기계 환수식

해설

기계 환수식 : 원심펌프로 응축수를 보일러에 강제 환수시키는 방식이다.

54 무기질 보온재에 해당하는 것은?

① 암 면

② 펠 트

③ 코르크

④ 기포성 수지

해설

보온재의 종류
- 유기질 보온재 : 펠트, 코르크, 기포성 수지
- 무기질 보온재 : 저온용(탄산마그네슘, 석면, 암면, 규조토, 유리섬유), 고온용(펄라이트, 규산칼슘, 세라믹 파이버)

55 에너지이용합리화법상 효율관리기자재의 에너지소비효율등급 또는 에너지소비효율을 효율관리시험기관에서 측정받아 해당 효율관리기자재에 표시하여야 하는 자는?

① 효율관리기자재의 제조업자 또는 시공업자

② 효율관리기자재의 제조업자 또는 수입업자

③ 효율관리기자재의 시공업자 또는 판매업자

④ 효율관리기자재의 시공업자 또는 수입업자

해설

효율관리기자재의 지정 등(에너지이용합리화법 제15조)

효율관리기자재의 제조업자 또는 수입업자는 산업통상자원부장관이 지정하는 시험기관(효율관리시험기관)에서 해당 효율관리기자재의 에너지 사용량을 측정받아 에너지소비효율등급 또는 에너지소비효율을 해당 효율관리기자재에 표시하여야 한다.

정답 51 ③ 52 ④ 53 ④ 54 ① 55 ②

56 **저탄소녹색성장기본법상 녹색성장위원회의 심의사항이 아닌 것은?**

① 지방자치단체의 저탄소녹색성장의 기본방향에 관한 사항
② 녹색성장국가전략의 수립·변경·시행에 관한 사항
③ 기후변화대응 기본계획, 에너지기본계획 및 지속가능발전 기본계획에 관한 사항
④ 저탄소녹색성장을 위한 재원의 배분방향 및 효율적 사용에 관한 사항

해설

녹색성장위원회의 심의사항(저탄소녹색성장기본법 제15조)

- 저탄소녹색성장 정책의 기본방향에 관한 사항
- 녹색싱장국가전략의 수립·변경·시헹에 관한 사힝
- 기후변화대응 기본계획, 에너지기본계획 및 지속가능발전 기본계획에 관한 사항
- 저탄소녹색성장 추진의 목표 관리, 점검, 실태조사 및 평가에 관한 사항
- 관계 중앙행정기관 및 지방자치단체의 저탄소녹색성장과 관련된 정책 조정 및 지원에 관한 사항
- 저탄소녹색성장과 관련된 법제도에 관한 사항
- 저탄소녹색성장을 위한 재원의 배분방향 및 효율적 사용에 관한 사항
- 저탄소녹색성장과 관련된 국제협상·국제협력, 교육·홍보, 인력양성 및 기반구축 등에 관한 사항
- 저탄소녹색성장과 관련된 기업 등의 고충조사, 처리, 시정권고 또는 의견표명
- 다른 법률에서 위원회의 심의를 거치도록 한 사항
- 그 밖에 저탄소녹색성장과 관련하여 위원장이 필요하다고 인정하는 사항

※ 저탄소녹색성장기본법은 폐지됨

57 **에너지법령상 "에너지 사용자"의 정의로 옳은 것은?**

① 에너지 보급 계획을 세우는 자
② 에너지를 생산, 수입하는 사업자
③ 에너지사용시설의 소유자 또는 관리자
④ 에너지를 저장, 판매하는 자

해설

"에너지 사용자"란 에너지사용시설의 소유자 또는 관리자를 말한다. 그리고 "에너지 공급자"란 에너지를 생산·수입·전환·수송·저장 또는 판매하는 사업자를 말한다.

58 **에너지이용합리화법규상 냉난방온도제한 건물에 냉난방 제한온도를 적용할 때의 기준으로 옳은 것은?(단, 판매시설 및 공항의 경우는 제외한다)**

① 냉방 : 24℃ 이상, 난방 : 18℃ 이하
② 냉방 : 24℃ 이상, 난방 : 20℃ 이하
③ 냉방 : 26℃ 이상, 난방 : 18℃ 이하
④ 냉방 : 26℃ 이상, 난방 : 20℃ 이하

해설

냉난방온도의 제한온도 기준(에너지이용 합리화법 시행규칙 제31조의 2)

냉난방온도의 제한온도(이하 '냉난방온도의 제한온도'라 한다)를 정하는 기준은 다음과 같다. 다만, 판매시설 및 공항의 경우에 냉방온도는 25℃ 이상으로 한다.

- 냉방 : 26℃ 이상
- 난방 : 20℃ 이하

56 ① 57 ③ 58 ④ 정답

59 다음 ( ) 안에 알맞은 것은?

> 에너지법령상 에너지 총조사는 (A)마다 실시하되, (B)이 필요하다고 인정할 때에는 간이조사를 실시할 수 있다

① A : 2년, B : 행정자치부장관

② A : 2년, B : 교육부장관

③ A : 3년, B : 산업통상자원부장관

④ A : 3년, B : 고용노동부장관

해설

에너지 관련 통계 및 에너지 총조사(에너지법 시행령 제15조)

에너지 총조사는 3년마다 실시하되, 산업통상자원부장관이 필요하다고 인정할 때에는 간이조사를 실시할 수 있다.

60 에너지이용합리화법상 검사대상기기설치자가 시·도지사에게 신고하여야 하는 경우가 아닌 것은?

① 검사대상기기를 정비한 경우

② 검사대상기기를 폐기한 경우

③ 검사대상기기의 사용을 중지한 경우

④ 검사대상기기의 설치자가 변경된 경우

해설

에너지이용합리화법상 검사대상기기설치자가 시·도지사에게 신고하여야 하는 경우(에너지이용합리화법 제39조)

- 검사대상기기를 폐기한 경우
- 검사대상기기의 사용을 중지한 경우
- 검사대상기기의 설치자가 변경된 경우
- 검사의 전부 또는 일부가 면제된 검사대상기기 중 산업통상자원부령으로 정하는 검사대상기기를 설치한 경우

정답 59 ③ 60 ①

2015년 제5회 과년도 기출문제

01 중유의 성상을 개선하기 위한 첨가제 중 분무를 순조롭게 하기 위하여 사용하는 것은?

① 연소촉진제
② 슬러지분산제
③ 회분개질제
④ 탈수제

해설
연소촉진제 : 중유의 분무를 순조롭게 하는 것

02 천연가스의 비중이 약 0.64라고 표시되었을 때, 비중의 기준은?

① 물
② 공 기
③ 배기가스
④ 수증기

해설
액체의 비중은 물, 기체의 비중은 공기를 기준으로 한다.

03 30마력(PS)인 기관이 1시간 동안 행한 일량을 열량으로 환산하면 약 몇 kcal인가?(단, 이 과정에서 행한 일량은 모두 열량으로 변환된다고 가정한다)

① 14,360
② 15,240
③ 18,970
④ 20,402

해설
1PS = 75kg · m/s = 632kcal/h = 0.736kW
1kW = 102kg · m/s = 860kcal/h = 1.36PS = 1,000J/s
1HP = 76kg · m/s = 641kcal/h
∴ 30 × 632 = 18,960kcal/h

04 프로판(Propane) 가스의 연소식은 다음과 같다. 프로판 가스 10kg을 완전연소시키는 데 필요한 이론산소량은?

$$C_3H_8 + 5O_2 \rightarrow 3CO_2 + 4H_2O$$

① 약 11.6Nm^3
② 약 13.8Nm^3
③ 약 22.4Nm^3
④ 약 25.5Nm^3

해설
$C_3H_8 + 5O_2 \rightarrow 3CO_2 + 4H_2O$
10kg : xm^3 = 44kg : 5 × 22.4m^3
x = 25.45m^3

1 ① 2 ② 3 ③ 4 ④ 정답

05 화염 검출기 종류 중 화염의 이온화를 이용한 것으로, 가스 점화 버너에 주로 사용하는 것은?

① 플레임 아이
② 스택스위치
③ 광도전 셀
④ 플레임 로드

해설

• 화염의 발광체 : 플레임 아이
• 화염의 이온화(전기전도성) : 플레임 로드

06 수위경보기의 종류 중 플로트의 위치변위에 따라 수은 스위치 또는 마이크로 스위치를 작동시켜 경보를 울리는 것은?

① 기계식 경보기
② 자석식 경보기
③ 전극식 경보기
④ 맥도널식 경보기

해설

저수위경보장치의 종류
플로트식(맥도널식), 전극식, 열팽창력식(코프스식)

07 보일러 열정산을 설명한 것 중 옳은 것은?

① 입열과 출열이 반드시 같아야 한다.
② 방열손실로 인하여 입열이 항상 크다.
③ 열효율 증대장치로 인하여 출열이 항상 크다.
④ 연소효율에 따라 입열과 출열은 다르다.

해설

보일러 열정산은 입열과 출열이 반드시 같아야 한다.

08 보일러 액체연료 연소장치인 버너의 형식별 종류에 해당되지 않는 것은?

① 고압기류식
② 왕복식
③ 유압분사식
④ 회전식

해설

중유연소장치에 사용되는 버너의 종류 : 유압분사식, 저압공기분사식, 고압기류식

09 매시간 425kg의 연료를 연소시켜 4,800kg/h의 증기를 발생시키는 보일러의 효율은 약 얼마인가?(단, 연료의 발열량 : 9,750kcal/kg, 증기엔탈피 : 676kcal/kg, 급수온도 : 20℃이다)

① 76%
② 81%
③ 85%
④ 90%

해설

$$\text{보일러효율} = \frac{G_a(h'' - h')}{G_f \times H_l} \times 100$$

$$= \frac{4,800(676-20)}{425 \times 9,750} \times 100$$

$$= 76\%$$

정답 5 ④ 6 ④ 7 ① 8 ② 9 ①

10 함진가스에 선회운동을 주어 분진입자에 작용하는 원심력에 의하여 입자를 분리하는 집진장치로 가장 적합한 것은?

① 백필터식 집진기
② 사이클론식 집진기
③ 전기식 집진기
④ 관성력식 집진기

해설

집진장치
- 건식 집진장치 : 중력식 집진장치(중력 침강식, 다단 침강식), 관성 집진장치(반전식, 충돌식), 원심력 집진장치(사이클론식, 멀티클론식, 블로다운형)
- 습식(세정식) 집진장치 : 유수식 집진장치(전류형, 로터리형), 가압수식 집진장치(벤투리 스크러버, 사이클론형, 제트형, 충전탑, 분무탑)
- 전기식 집진장치 : 코트렐 집진장치
- 여과식 집진장치 : 표면 여과형(백필터), 내면 여과형(공기여과기, 고성능 필터)
- 음파 집진장치

11 "1 보일러 마력"에 대한 설명으로 옳은 것은?

① 0℃의 물 539kg을 1시간에 100℃의 증기로 바꿀 수 있는 능력이다.
② 100℃의 물 539kg을 1시간에 같은 온도의 증기로 바꿀 수 있는 능력이다.
③ 100℃의 물 15.65kg을 1시간에 같은 온도의 증기로 바꿀 수 있는 능력이다.
④ 0℃의 물 15.65kg을 1시간에 100℃의 증기로 바꿀 수 있는 능력이다.

해설

보일러 마력
- 1시간에 100℃의 물 15.65kg을 건조포화증기로 만드는 능력
- 상당증발량으로 환산하면 15.65kg/h
- 시간발생열량으로 환산하면 $15.65 \times 539 = 8,435$kcal

12 연료성분 중 가연 성분이 아닌 것은?

① C ② H
③ S ④ O

해설

산소(O)는 조연성이다.

13 보일러 급수내관의 설치 위치로 옳은 것은?

① 보일러의 기준수위와 일치되게 설치한다.
② 보일러의 상용수위보다 50mm 정도 높게 설치한다.
③ 보일러의 안전저수위보다 50mm 정도 높게 설치한다.
④ 보일러의 안전저수위보다 50mm 정도 낮게 설치한다.

해설

급수내관은 보일러 안전저수면보다 50mm 정도 낮게 설치한다.

10 ② 11 ③ 12 ④ 13 ④ 정답

14 보일러 배기가스의 자연통풍력을 증가시키는 방법으로 틀린 것은?

① 연도의 길이를 짧게 한다.

② 배기가스온도를 낮춘다.

③ 연돌 높이를 증가시킨다.

④ 연돌의 단면적을 크게 한다.

해설

자연통풍력을 증가시키는 방법

- 연돌의 높이를 높게 한다.
- 배기가스의 온도를 높게 한다.
- 연돌의 단면적을 넓게 한다.
- 연도의 길이는 짧게 하고 굴곡부를 적게 한다.

15 증기의 건조도(x) 설명이 옳은 것은?

① 습증기 전체 질량 중 액체가 차지하는 질량비를 말한다.

② 습증기 전체 질량 중 증기가 차지하는 질량비를 말한다.

③ 액체가 차지하는 전체 질량 중 습증기가 차지하는 질량비를 말한다.

④ 증기가 차지하는 전체 질량 중 습증기가 차지하는 질량비를 말한다.

해설

증기의 건조도(x) : 습증기 전체 질량 중 증기가 차지하는 질량비

16 다음 중 저양정식 안전밸브의 단면적 계산식은? (단, A = 단면적(mm²), P = 분출압력$\left(\frac{\text{kgf}}{\text{cm}^2}\right)$, E = 증발량$\left(\frac{\text{kg}}{\text{h}}\right)$이다)

① $A=\dfrac{22E}{1.03P+1}$

② $A=\dfrac{10E}{1.03P+1}$

③ $A=\dfrac{5E}{1.03P+1}$

④ $A=\dfrac{2.5E}{1.03P+1}$

해설

스프링식 안전밸브의 증기 분출량

- 저양정식 : 밸브의 양정이 관경의 1/40~1/15의 것
  - 증기 분출량(E) $=\dfrac{(1.03P+1)\cdot S\cdot C}{22}$(kg/h)
- 고양정식 : 밸브의 양정이 관경의 1/15~1/7의 것
  - 증기 분출량(E) $=\dfrac{(1.03P+1)\cdot S\cdot C}{10}$(kg/h)
- 전양정식 : 밸브의 양정이 관경의 1/7 이상의 것
  - 증기 분출량(E) $=\dfrac{(1.03P+1)\cdot S\cdot C}{5}$(kg/h)
- 전량식 : 관경이 목부지름의 1.15배 이상의 것
  - 증기 분출량(E) $=\dfrac{(1.03P+1)\cdot A\cdot C}{2.5}$(kg/h)

여기서, P : 분출압력(kgf/cm²)
S : 밸브의 단면적(mm²)
A : 목부단면적(mm²)
C : 계수(압력 12MPa 이하, 증기 온도 230℃ 이하일 때는 1로 한다)

정답 14 ② 15 ② 16 ①

17 입형보일러에 대한 설명으로 거리가 먼 것은?

① 보일러 동을 수직으로 세워 설치한 것이다.
② 구조가 간단하고 설비비가 적게 든다.
③ 내부 청소 및 수리나 검사가 불편하다.
④ 열효율이 높고 부하능력이 크다.

해설

입형보일러는 주로 소규모 용량에 사용되는 것으로 보일러 본체가 원통형을 이루고 있으며 이것을 수직으로 세워서 설치한 것이다. 좁은 장소에 설치가 가능하고 운반과 이동설치가 용이하다. 구조가 간단하고 소형이므로 취급이 용이하다. 반면에 전열면적이 작아 보일러효율이 낮으며 대용량에는 적합하지 않다.

18 보일러용 가스버너 중 외부혼합식에 속하지 않는 것은?

① 파일럿 버너
② 센터파이어형 버너
③ 링형 버너
④ 멀티스폿형 버너

해설

파일럿 버너 : 점화버너로 사용되는 내부혼합형 가스버너

19 보일러 부속장치인 증기과열기를 설치 위치에 따라 분류할 때, 해당되지 않는 것은?

① 복사식 ② 전도식
③ 접촉식 ④ 복사접촉식

해설

증기과열기의 종류
- 접촉과열기(대류열 이용) : 연도에 설치한다.
- 복사과열기(복사열 이용) : 화실 노내에 설치한다.
- 복사접촉과열기(복사, 접촉과열기) : 화실과 연도 접촉부에 설치한다.

20 가스 연소용 보일러의 안전장치가 아닌 것은?

① 가용마개 ② 화염검출기
③ 이젝터 ④ 방폭문

해설

보일러의 안전장치 : 안전밸브, 화염검출기, 방폭문, 용해플러그, 저수위 경보기, 압력조절기, 가용전 등

21 보일러에서 제어해야 할 요소에 해당되지 않는 것은?

① 급수 제어
② 연소 제어
③ 증기온도 제어
④ 전열면 제어

해설

보일러에서 제어해야 할 요소
- 급수 제어
- 연소 제어
- 증기온도 제어

17 ④ 18 ① 19 ② 20 ③ 21 ④ 정답

22 관류보일러의 특징에 대한 설명으로 틀린 것은?

① 철저한 급수처리가 필요하다.
② 임계압력 이상의 고압에 적당하다.
③ 순환비가 1이므로 드럼이 필요하다.
④ 증기의 가동 발생시간이 매우 짧다.

해설

관류보일러 : 강제 순환식 보일러에 속한다. 긴 관의 한쪽 끝에서 급수를 펌프로 압송하고 도중 차례로 가열, 증발, 과열되어 관의 다른 한쪽 끝까지 과열증기로 송출되는 형식의 보일러로, 드럼이 필요 없다.

23 보일러 전열면적 1m²당 1시간에 발생되는 실제 증발량은 무엇인가?

① 전열면 증발률
② 전열면 출력
③ 전열면의 효율
④ 상당증발 효율

해설

전열면 증발률 : 보일러 전열면적 1m²당 1시간에 발생되는 실제 증발량

24 50kg의 −10℃ 얼음을 100℃의 증기로 만드는 데 소요되는 열량은 몇 kcal인가?(단, 물과 얼음의 비열은 각각 1kcal/kg · ℃, 0.5kcal/kg · ℃로 한다)

① 36,200 ② 36,450
③ 37,200 ④ 37,450

해설

$$Q = q_1 + q_2 + q_3 + q_4 = 36,200$$

$$q_1 = GC\Delta t = 50\text{kg} \times 0.5\frac{\text{kcal}}{\text{kg}℃} \times 10℃ = 250\text{kcal}$$

$$q_2 = G\gamma = 50\text{kg} \times 80\frac{\text{kcal}}{\text{kg}} = 4,000\text{kcal}$$

$$q_3 = GC\Delta t = 50\text{kg} \times 1\frac{\text{kcal}}{\text{kg}℃} \times 100℃ = 5,000\text{kcal}$$

$$q_4 = G\gamma = 50\text{kg} \times 539\frac{\text{kcal}}{\text{kg}} = 26,950\text{kcal}$$

25 피드백 자동제어에서 동작신호를 받아서 제어계가 정해진 동작을 하는 데 필요한 신호를 만들어 조작부에 보내는 부분은?

① 검출부 ② 제어부
③ 비교부 ④ 조절부

해설

조절부 : 보일러 피드백제어에서 동작신호를 받아 규정된다.

26 중유 보일러의 연소보조장치에 속하지 않는 것은?

① 여과기 ② 인젝터
③ 화염 검출기 ④ 오일 프리히터

해설

인젝터 : 증기의 분사압력을 이용한 비동력 급수장치로서, 증기의 열에너지–속도에너지–압력에너지로 전환시켜 보일러에 급수를 하는 예비용 급수장치

정답 22 ③ 23 ① 24 ① 25 ④ 26 ②

27 보일러 분출 목적으로 틀린 것은?

① 불순물로 인한 보일러수의 농축을 방지한다.

② 포밍이나 프라이밍의 생성을 좋게 한다.

③ 전열면에 스케일 생성을 방지한다.

④ 관수의 순환을 좋게 한다.

해설

보일러 분출의 목적
- 관수의 농축 방지
- 슬러지분의 배출 제거
- 프라이밍, 포밍의 방지
- 관수의 pH조정
- 가성취화 방지
- 고수위 방지

28 캐리오버로 인하여 나타날 수 있는 결과로 거리가 먼 것은?

① 수격현상

② 프라이밍

③ 열효율 저하

④ 배관의 부식

해설

캐리오버(기수공발) : 발생증기 중 물방울이 포함되어 송기되는 현상

발생원인
- 프라이밍, 포밍에 의해
- 보일러수가 농축되었을 때
- 주증기밸브를 급개하였을 경우
- 급수내관의 위치가 높을 경우
- 보일러가 과부하일 때
- 고수위일 때

29 입형보일러 특징으로 거리가 먼 것은?

① 보일러 효율이 높다.

② 수리나 검사가 불편하다.

③ 구조 및 설치가 간단하다.

④ 전열면적이 작고 소용량이다.

해설

입형보일러는 주로 소규모 용량에 사용되는 것으로 보일러 본체가 원통형을 이루고 있으며 이것을 수직으로 세워서 설치한 것이다. 좁은 장소에 설치가 가능하고 운반과 이동설치가 용이하다. 구조가 간단하고 소형이므로 취급이 용이하다. 반면에 전열면적이 적어 보일러효율이 낮으며 대용량에는 적합하지 않다.

30 보일러의 점화 시 역화원인에 해당되지 않은 것은?

① 압입통풍이 너무 약한 경우

② 프리퍼지의 불충분이나 또는 잊어버린 경우

③ 점화원을 가동하기 전에 연료를 분무해 버린 경우

④ 연료 공급밸브를 필요 이상 급개하여 다량으로 분무한 경우

해설

역화(백파이어) 발생원인
- 미연가스에 의한 노내 폭발이 발생하였을 때
- 착화가 늦어졌을 때
- 연료의 인화점이 낮을 때
- 공기보다 연료를 먼저 공급했을 경우
- 압입통풍이 지나치게 강할 때

27 ② 28 ② 29 ① 30 ① 정답

31 **관 속에 흐르는 유체의 종류를 나타내는 기호 중 증기를 나타내는 것은?**

① S ② W
③ O ④ A

해설
① S : 증기
② W : 물
③ O : 기름
④ A : 공기

32 **보일러 청관제 중 보일러수의 연화제로 사용되지 않는 것은?**

① 수산화나트륨
② 탄산나트륨
③ 인산나트륨
④ 황산나트륨

해설
보일러 내처리
- pH 및 알칼리 조정제 : 수산화나트륨, 탄산나트륨, 인산소다, 암모니아 등
- 경도 성분 연화제 : 수산화나트륨, 탄산나트륨, 각종 인산나트륨 등
- 슬러지 조정제 : 타닌, 리그닌, 전분 등
- 탈산소제 : 아황산소다, 하이드라진, 타닌 등
- 가성취화 억제제 : 인산나트륨, 타닌, 리그닌, 황산나트륨 등

33 **어떤 방의 온수난방에서 소요되는 열량이 시간당 21,000kcal이고, 송수온도가 85℃이며, 환수온도가 25℃라면, 온수의 순환량은?(단, 온수의 비열은 1kcal/kg · ℃이다)**

① 324kg/h
② 350kg/h
③ 398kg/h
④ 423kg/h

해설
$Q = G \times C \times \Delta t$

$21{,}000\frac{\text{kcal}}{\text{h}} = x \times 1\frac{\text{kcal}}{\text{kg℃}} \times (85-25)℃$

$x = 350\frac{\text{kg}}{\text{h}}$

34 **보일러에 사용되는 안전밸브 및 압력방출장치 크기를 20A 이상으로 할 수 있는 보일러가 아닌 것은?**

① 소용량 강철제 보일러
② 최대증발량 5t/h 이하의 관류보일러
③ 최고사용압력 1MPa(10kgf/cm^2) 이하의 보일러로 전열면적 5m^2 이하의 것
④ 최고사용압력 0.1MPa(1kgf/cm^2) 이하의 보일러

해설
안전밸브 및 압력방출장치의 크기
안전밸브 및 압력방출장치의 크기는 호칭지름 25A 이상으로 하여야 한다. 다만, 다음 보일러에서는 호칭지름 20A 이상으로 할 수 있다.
- 최고사용압력 1kgf/cm^2(0.1MPa) 이하의 보일러
- 최고사용압력 5kgf/cm^2(0.5MPa) 이하의 보일러로 동체의 안지름이 500mm 이하이며, 동체의 길이가 1,000mm 이하의 것
- 최고사용압력 5kgf/cm^2(0.5MPa) 이하의 보일러로 전열면적 2m^2 이하의 것
- 최대증발량 5t/h 이하의 관류보일러
- 소용량 강철제 보일러, 소용량 주철제 보일러

정답 31 ① 32 ④ 33 ② 34 ③

35 **배관계의 식별 표시는 물질의 종류에 따라 달리한다. 물질과 식별색의 연결이 틀린 것은?**

① 물 : 파랑

② 기름 : 연한 주황

③ 증기 : 어두운 빨강

④ 가스 : 연한 노랑

해설

배관 내를 흐르는 물질의 종류를 식별하기 위해 도포하는 색을 말하며, KS A 0503(배관계의 식별 표시)에 색이 지정되어 있다. KS에 의한 식별법은 물(파랑), 증기(어두운 빨강), 공기(하양), 가스(연한 노랑), 산 또는 알칼리(회보라), 기름(어두운 주황), 전기(연한 주황), 그 이외의 물질에 대해서는 여기에 규정된 식별색 이외의 것을 사용한다.

36 **다음 보온재 중 안전사용온도가 가장 낮은 것은?**

① 우모 펠트

② 암 면

③ 석 면

④ 규조토

해설

단열 보온재의 종류

- 무기질 보온재 : 안전사용온도 300~800℃의 범위 내에서 보온 효과가 있는 것
  - 종류 : 탄산마그네슘(250℃), 글라스울(300℃), 석면(500℃), 규조토(500℃), 암면(600℃), 규산칼슘(650℃), 세라믹 파이버(1,000℃)
- 유기질 보온재 : 안전사용온도 100~200℃의 범위 내에서 보온 효과가 있는 것
  - 종류 : 펠트류(100℃), 텍스류(120℃), 탄화코르크(130℃), 기포성수지

37 **주증기관에서 증기의 건도를 향상시키는 방법으로 적당하지 않은 것은?**

① 가압하여 증기의 압력을 높인다.

② 드레인 포켓을 설치한다.

③ 증기공간 내에 공기를 제거한다.

④ 기수분리기를 사용한다.

해설

증기의 건도를 향상시키기 위해서는 고압증기를 저압으로 감압시킨다.

38 **보일러 기수공발(Carry Over)의 원인이 아닌 것은?**

① 보일러의 증발능력에 비하여 보일러수의 표면적이 너무 넓다.

② 보일러의 수위가 높아지거나 송기 시 증기밸브를 급개하였다.

③ 보일러수 중의 가성소다, 인산소다, 유지분 등의 함유비율이 많았다.

④ 부유 고형물이나 용해 고형물이 많이 존재하였다.

해설

캐리오버(기수공발)

발생증기 중 물방울이 포함되어 송기되는 현상

발생원인

- 프라이밍, 포밍에 의해
- 보일러수가 농축되었을 때
- 주증기밸브를 급개하였을 경우
- 급수내관의 위치가 높을 경우
- 보일러가 과부하일 때
- 고수위일 때

35 ② 36 ① 37 ① 38 ① 정답

39 동관의 끝을 나팔 모양으로 만드는 데 사용하는 공구는?

① 사이징 툴
② 익스팬더
③ 플레어링 툴
④ 파이프 커터

40 보일러 분출 시의 유의사항 중 틀린 것은?

① 분출 도중 다른 작업을 하지 말 것
② 안전저수위 이하로 분출하지 말 것
③ 2대 이상의 보일러를 동시에 분출하지 말 것
④ 계속 운전 중인 보일러는 부하가 가장 클 때 할 것

해설

분출은 계속 운전 중인 보일러는 부하가 가장 작을 때 한다.

41 난방부하 계산 시 고려해야 할 사항으로 거리가 먼 것은?

① 유리창 문의 크기
② 현관 등의 공간
③ 연료의 발열량
④ 건물 위치

해설

난방부하 계산 시 고려사항

- 주위 환경조건
- 유리창의 크기 및 문의 크기
- 실내와 외기의 온도
- 난방면적

난방부하 계산 시 검토 및 고려해야 할 사항

- 건물의 위치 : 일사광선 풍향의 방향, 인근 건물의 지형지물 반사에 의한 영향 등
- 천장높이와 천장과 지붕 사이의 간격
- 건축구조 벽지붕, 천장, 바닥 등의 두께 및 보온, 단열상태

42 보일러에서 수압시험을 하는 목적으로 틀린 것은?

① 분출 증기압력을 측정하기 위하여
② 각종 덮개를 장치한 후의 기밀도를 확인하기 위하여
③ 수리한 경우 그 부분의 강도나 이상 유무를 판단하기 위하여
④ 구조상 내부검사를 하기 어려운 곳에는 그 상태를 판단하기 위하여

해설

수압시험 목적

- 검사나 사용의 보조수단으로 실시한다.
- 구조상 내부검사를 하기 어려운 곳에는 그 상태를 판단하기 위하여 실시한다.
- 보일러 각부의 균열, 부식, 각종 이음부의 누설 정도를 확인한다.
- 각종 덮개를 장치한 후의 기밀도를 확인한다.
- 손상이 생긴 부분의 강도를 확인한다.
- 수리한 경우 그 부분의 강도나 이상 유무를 판단한다.

43 온수난방법 중 고온수 난방에 사용되는 온수의 온도는?

① 100℃ 이상　　② 80~90℃
③ 60~70℃　　④ 40~60℃

해설

온수난방의 분류

- 고온수식(밀폐식) : 밀폐식 팽창탱크(온수압력이 대기압 이상 유지) 설치하며 방열기와 배관의 치수가 작아지며, 주철제 방열기 사용 불가. 100~150℃)
- 저온수식(개방식) : 개방형 팽창탱크 설치–온수 온도 100℃ 이하로 제한

정답 39 ③ 40 ④ 41 ③ 42 ① 43 ①

44 **온수방열기의 공기빼기 밸브의 위치로 적당한 것은?**

① 방열기 상부
② 방열기 중부
③ 방열기 하부
④ 방열기의 최하단부

해설

공기빼기 밸브 : 단관 중력 환수식 온수난방에서 방열기 입구 반대편 상부에 부착하는 밸브

45 **관의 방향을 바꾸거나 분기할 때 사용되는 이음쇠가 아닌 것은?**

① 밴 드　② 크로스
③ 엘 보　④ 니 플

해설

- 직경이 다른 관을 직선 연결할 때 : 리듀서, 부싱
- 동일직경의 관을 직선 연결할 때 : 소켓, 니플, 유니언, 플랜지
- 배관의 방향을 전환할 때 : 엘보, 밴드

46 **보일러 운전이 끝난 후 노내와 연도에 체류하고 있는 가연성 가스를 배출시키는 작업은?**

① 페일 세이프(Fail Safe)
② 풀 프루프(Fool Proof)
③ 포스트 퍼지(Post-purge)
④ 프리퍼지(Pre-purge)

해설

포스트 퍼지(Post-purge) : 보일러 운전이 끝난 후 노내와 연도에 체류하고 있는 가연성 가스를 배출시키는 작업

47 **온도 조절식 트랩으로 응축수와 함께 저온공기로 통과시키는 특성이 있으며, 진공 환수식 증기 배관의 방열기 트랩이나 관말 트랩으로 사용되는 것은?**

① 버킷 트랩
② 열동식 트랩
③ 플로트 트랩
④ 매니폴드 트랩

해설

열동식 트랩(벨로스 트랩) : 벨로스의 팽창, 수축작용 등을 이용하여 밸브를 개폐시키는 트랩

48 **온수난방의 특징에 대한 설명으로 틀린 것은?**

① 실내의 쾌감도가 좋다.
② 온도 조절이 용이하다.
③ 화상의 우려가 작다.
④ 예열시간이 짧다.

해설

온수난방 : 온수를 방열기, 대류 방열기 등에 의해 순환시켜서 방열하여 난방하는 방식으로 예열시간이 길다.

44 ① 45 ④ 46 ③ 47 ② 48 ④ 정답

49 고온 배관용 탄소강 강관의 KS 기호는?

① SPHT

② SPLT

③ SPPS

④ SPA

해설

강관의 종류

• 압력 배관용 탄소강관 : SPPS, 350℃ 이하
• 고압 배관용 탄소강관 : SPPH, 350℃ 이하
• 고온 배관용 탄소강관 : SPHT, 350~450℃
• 배관용 합금강관 : SPA
• 저온 배관용 탄소강관 : SPLT(냉매배관용)
• 수도용 아연도금 강관 : SPPW
• 배관용 아크용접 탄소강 강관 : SPW
• 배관용 스테인레스강 강관 : STSXT
• 보일러 열교환기용 탄소강 강관 : STH

50 보일러 수위에 대한 설명으로 옳은 것은?

① 항상 상용수위를 유지한다.

② 증기 사용량이 적을 때는 수위를 높게 유지한다.

③ 증기 사용량이 많을 때는 수위를 얕게 유지한다.

④ 증기 압력이 높을 때는 수위를 높게 유지한다.

해설

보일러 수위는 항상 상용수위를 유지한다.

51 급수펌프에서 송출량이 10m³/min이고, 전양정이 8m일 때, 펌프의 소요마력은?(단, 펌프 효율은 75%이다)

① 15.6PS

② 17.8PS

③ 23.7PS

④ 31.6PS

해설

$$PS = \frac{\gamma Q h}{75\eta} = \frac{1{,}000\frac{kg}{m^3} \times 10\frac{m^3}{min} \times \frac{1min}{60sec} \times 8m}{75 \times 0.75} = 23.7$$

52 증기난방배관에 대한 설명 중 옳은 것은?

① 건식환수식이란 환수주관이 보일러의 표준수위보다 낮은 위치에 배관되고 응축수가 환수주관의 하부를 따라 흐르는 것을 말한다.

② 습식환수식이란 환수주관이 보일러의 표준수위보다 높은 위치에 배관되는 것을 말한다.

③ 건식환수식에서는 증기트랩을 설치하고, 습식환수식에서는 공기빼기밸브나 에어포켓을 설치한다.

④ 단관식배관은 복관식배관보다 배관의 길이가 길고 관경이 작다.

해설

환수관의 배치에 따른 분류

• 건식환수방법 : 보일러의 수면보다 환수주관이 위에 있는 경우로서 환수주관의 증기 혼입에 의한 열손실을 방지하기 위하여 방열기와 관말에 트랩을 설치한다.
• 습식환수방법 : 보일러의 수면보다 환수주관이 아래에 있는 경우로서 건식보다 관경이 작아도 되며 관말트랩은 불필요하다.

정답 49 ① 50 ① 51 ③ 52 ③

53 사용 중인 보일러의 점화 전 주의사항으로 틀린 것은?

① 연료 계통을 점검한다.
② 각 밸브의 개폐 상태를 확인한다.
③ 댐퍼를 닫고 프리퍼지를 한다.
④ 수면계의 수위를 확인한다.

해설

보일러의 점화 전 주의사항 : 댐퍼를 열고 프리퍼지를 한다.

54 다음 중 보일러의 안전장치에 해당되지 않는 것은?

① 방출밸브
② 방폭문
③ 화염검출기
④ 감압밸브

해설

보일러의 안전장치 : 안전밸브, 화염검출기, 방폭문, 용해플러그, 저수위경보기, 압력조절기, 가용전 등

55 에너지이용합리화법에 따른 열사용기자재 중 소형 온수 보일러의 적용 범위로 옳은 것은?

① 전열면적 $24m^2$ 이하이며, 최고사용압력이 0.5 MPa 이하의 온수를 발생하는 보일러
② 전열면적 $14m^2$ 이하이며, 최고사용압력이 0.35 MPa 이하의 온수를 발생하는 보일러
③ 전열면적 $20m^2$ 이하인 온수 보일러
④ 최고사용압력이 0.8MPa 이하의 온수를 발생하는 보일러

해설

소형 온수보일러

전열면적이 $14m^2$ 이하이고, 최고사용압력이 0.35MPa 이하의 온수를 발생하는 것으로, 다만 구멍탄용 온수보일러 · 축열식 전기보일러 · 가정용 화목보일러 및 가스사용량이 17kg/h(도시가스는 232.6kW) 이하인 가스용 온수보일러는 제외한다.

56 에너지이용합리화법상 목표에너지원단위란?

① 에너지를 사용하여 만드는 제품의 종류별 연간 에너지사용목표량
② 에너지를 사용하여 만드는 제품의 단위당 에너지 사용목표량
③ 건축물의 총면적당 에너지사용목표량
④ 자동차 등의 단위연료당 목표주행거리

해설

목표에너지원단위 : 에너지를 사용하여 만드는 제품의 단위당 에너지사용목표량

53 ③ 54 ④ 55 ② 56 ② 정답

57 저탄소녹색성장기본법령상 관리업체는 해당 연도 온실가스 배출량 및 에너지 소비량에 관한 명세서를 작성하고, 이에 대한 검증기관의 검증결과를 부문별 관장기관에게 전자적 방식으로 언제까지 제출하여야 하는가?

① 해당 연도 12월 31일까지
② 다음 연도 1월 31일까지
③ 다음 연도 3월 31일까지
④ 다음 연도 6월 30일까지

해설

명세서의 보고 · 관리 절차 등(저탄소녹색성장기본법 시행령 제34조)
저탄소녹색성장기본법령상 관리업체는 해당 연도 온실가스 배출량 및 에너지 소비량에 관한 명세서를 작성하고, 이에 대한 검증기관의 검증결과를 부문별 관장기관에게 전자적 방식으로 다음 연도 3월 31일까지 제출하여야 한다.
※ 저탄소녹색성장기본법은 폐지됨

58 에너지이용합리화법 시행령에서 에너지다소비사업자라 함은 연료, 열 및 전력의 연간 사용량 합계가 얼마 이상인 경우인가?

① 5백 티오이
② 1천 티오이
③ 1천5백 티오이
④ 2천 티오이

해설

에너지다소비사업자라 함은 연료, 열 및 전력의 연간 사용량 합계가 2천 티오이 이상인 경우를 말한다.

59 에너지이용합리화법상 에너지소비효율 등급 또는 에너지 소비효율을 해당 효율관리기자재에 표시할 수 있도록 효율관리기자재의 에너지 사용량을 측정하는 기관은?

① 효율관리진단기관
② 효율관리전문기관
③ 효율관리표준기관
④ 효율관리시험기관

해설

효율관리시험기관 : 에너지이용합리화법상 에너지소비효율 등급 또는 에너지 소비효율을 해당 효율관리기자재에 표시할 수 있도록 효율관리기자재의 에너지 사용량을 측정하는 기관

60 에너지이용합리화법상 법을 위반하여 검사대상기기 관리자를 선임하지 아니한 자에 대한 벌칙기준으로 옳은 것은?

① 2년 이하의 징역 또는 2천만원 이하의 벌금
② 2천만원 이하의 벌금
③ 1천만원 이하의 벌금
④ 500만원 이하의 벌금

해설

벌칙(에너지이용합리화법 제75조)
검사대상기기 관리자를 선임하지 아니한 자는 1천만원 이하의 벌금에 처한다.

정답 57 ③ 58 ④ 59 ④ 60 ③

2016년 제1회 과년도 기출문제

01 증기트랩이 갖추어야 할 조건에 대한 설명으로 틀린 것은?

① 마찰저항이 클 것
② 동작이 확실할 것
③ 내식, 내마모성이 있을 것
④ 응축수를 연속적으로 배출할 수 있을 것

해설

증기트랩이 갖추어야 할 조건
- 마찰저항이 작을 것
- 동작이 확실할 것
- 내식성, 내마모성이 있을 것
- 응축수를 연속으로 배출할 수 있을 것

02 보일러의 수위제어 검출방식의 종류로 가장 거리가 먼 것은?

① 피스톤식
② 전극식
③ 플로트식
④ 열팽창관식

해설

수위제어 검출방식 : 전극식, 차압식, 열팽창식

03 중유의 첨가제 중 슬러지의 생성방지제 역할을 하는 것은?

① 회분개질제
② 탈수제
③ 연소촉진제
④ 안정제

해설

중유의 연소상태를 개선하기 위한 첨가제
- 회분개질제 : 회분의 융점을 높여 고온부식을 방지한다.
- 탈수제 : 연료 속의 수분을 분리 제거한다.
- 연소촉진제 : 기름분무를 용이하게 한다.
- 안정제 : 슬러지 생성을 방지한다.

04 일반적으로 보일러의 상용수위는 수면계의 어느 위치와 일치시키는가?

① 수면계의 최상단부
② 수면계의 2/3 위치
③ 수면계의 1/2 위치
④ 수면계의 최하단부

해설

보일러의 상용수위는 수면계의 1/2 위치에 일치시킨다.

1 ① 2 ① 3 ④ 4 ③ 정답

05 다음은 증기보일러를 성능시험하고 결과를 산출하였다. 보일러 효율은?

- 급수온도 : 12℃
- 연료의 저위 발열량 : 10,500kcal/Nm^3
- 발생증기의 엔탈피 : 663.8kcal/kg
- 증기사용량 : 373.9Nm^3/h
- 증기발생량 : 5,120kg/h
- 보일러 전열면적 : 102m^2

① 78% ② 80%
③ 82% ④ 85%

해설

$$보일러\ 효율 = \frac{상당증발량 \times 539}{연료소비량 \times 저위발열량} \times 100(\%)$$
$$= \frac{실제증발량 \times (발생증기엔탈피 - 급수엔탈피)}{연료소비량 \times 저위발열량} \times 100$$

06 어떤 물질 500kg을 20℃에서 50℃로 올리는 데 3,000kcal의 열량이 필요하였다. 이 물질의 비열은?

① 0.1kcal/kg·℃
② 0.2kcal/kg·℃
③ 0.3kcal/kg·℃
④ 0.4kcal/kg·℃

해설

$Q = G \times C \times \Delta t$
3,000kcal = 500kg × x × (50 − 20)℃
x = 0.2kcal/kg·℃

07 동작유체의 상태변화에서 에너지의 이동이 없는 변화는?

① 등온변화 ② 정적변화
③ 정압변화 ④ 단열변화

해설

단열변화 : 외부와 열의 출입이 없는 상태에서 이루어지는 기체의 상태변화

08 보일러 유류연료 연소 시에 가스 폭발이 발생하는 원인이 아닌 것은?

① 연소 도중에 실화되었을 때
② 프리퍼지 시간이 너무 길어졌을 때
③ 소화 후에 연료가 흘러들어 갔을 때
④ 점화가 잘 안 되는데 계속 급유했을 때

해설

보일러 유류연료 연소 시에 가스폭발이 발생하는 원인
- 연소 도중에 실화되었을 때
- 프리퍼지 시간이 너무 짧을 때
- 소화 후에 연료가 흘러들어 갔을 때
- 점화가 잘 안 되는데 계속 급유했을 때

09 보일러 연소장치와 가장 거리가 먼 것은?

① 스테이 ② 버 너
③ 연 도 ④ 화격자

해설

스테이 : 강도(強度)가 부족한 부분에 보강하는 것

정답 5 전항정답 6 ② 7 ④ 8 ② 9 ①

10 보일러 1마력에 대한 표시로 옳은 것은?

① 전열면적 $10m^2$
② 상당증발량 15.65kg/h
③ 전열면적 $8ft^2$
④ 상당증발량 30.6lb/h

해설

보일러 1마력
100℃ 물 15.65kg을 1시간 동안 같은 온도의 증기로 변화시킬 수 있는 능력

11 보일러 드럼 없이 초임계압력 이상에서 고압증기를 발생시키는 보일러는?

① 복사보일러
② 관류보일러
③ 수관보일러
④ 노통연관보일러

해설

관류보일러 : 강제순환식 보일러에 속하며, 드럼 없이 긴 관의 한쪽 끝에서 급수를 펌프로 압송하고 도중에서 차례로 가열, 증발, 과열되어 관의 다른 한쪽 끝까지 과열증기로 송출되는 형식의 보일러

12 과열증기에서 과열도는 무엇인가?

① 과열증기의 압력과 포화증기의 압력 차이다.
② 과열증기온도와 포화증기온도와의 차이다.
③ 과열증기온도에 증발열을 합한 것이다.
④ 과열증기온도에 증발열을 뺀 것이다.

해설

과열도란 과열증기온도와 포화증기온도와의 차이다.

13 절탄기에 대한 설명으로 옳은 것은?

① 연소용 공기를 예열하는 장치이다.
② 보일러의 급수를 예열하는 장치이다.
③ 보일러용 연료를 예열하는 장치이다.
④ 연소용 공기와 보일러 급수를 예열하는 장치이다.

해설

절탄기는 보일러의 급수를 예열하는 장치이다.

14 왕복동식 펌프가 아닌 것은?

① 플런저 펌프
② 피스톤 펌프
③ 터빈 펌프
④ 다이어프램 펌프

해설

왕복동식 펌프
• 피스톤 펌프
• 플런저 펌프
• 다이어프램 펌프
• 워싱턴 펌프
• 웨어 펌프

10 ② 11 ② 12 ② 13 ② 14 ③ 정답

15 수위자동제어장치에서 수위와 증기유량을 동시에 검출하여 급수밸브의 개도가 조절되도록 한 제어방식은?

① 단요소식
② 2요소식
③ 3요소식
④ 모듈식

해설

수위제어방식

- 1요소식 : 수위
- 2요소식 : 수위, 증기량
- 3요소식 : 수위, 증기량, 급수량

16 세정식 집진장치 중 하나인 회전식 집진장치의 특징에 관한 설명으로 가장 거리가 먼 것은?

① 구조가 대체로 간단하고 조작이 쉽다.
② 급수배관을 따로 설치할 필요가 없으므로 설치공간이 적게 든다.
③ 집진물을 회수할 때 탈수, 여과, 건조 등을 수행할 수 있는 별도의 장치가 필요하다.
④ 비교적 큰 압력손실을 견딜 수 있다.

해설

세정식 집진장치 중 회전식 집진장치의 특징

- 구조가 비교적 간단하고 조작이 용이하나 배출수 처리시설을 함께 설치해야 하기 때문에 운전비용이 많이 드는 단점이 있다.
- 일반적으로 회전수가 클수록 액·가스비가 클수록 운전동력비가 커지고 집진율이 높아진다.
- 진기가 부식될 수 있고, 폐수가 발생되어 폐수처리장치가 필요하고, 처리가 된 후 수증기가 포함된 흰 연기 등의 가시적인 문제가 발생하는 단점도 있다.

17 보일러 사용 시 이상 저수위의 원인이 아닌 것은?

① 증기 취출량이 과대한 경우
② 보일러 연결부에서 누출이 되는 경우
③ 급수장치가 증발능력에 비해 과소한 경우
④ 급수탱크 내 급수량이 많은 경우

해설

급수탱크 내 급수량이 적을 경우 이상 저수위의 원인이 된다.

18 자동제어의 신호전달방법에서 공기압식의 특징으로 옳은 것은?

① 전송 시 시간지연이 생긴다.
② 배관이 용이하지 않고 보존이 어렵다.
③ 신호전달거리가 유압식에 비하여 길다.
④ 온도제어 등에 적합하고 화재의 위험이 많다.

해설

자동제어의 신호전달방식

- 전기식 : 원거리 신호전달이 용이하고 신호전달이 매우 빠르다.
- 유압식 : 인화의 위험이 크고 조작력이 매우 크다.
- 공기압식 : 비교적 신호전달거리가 짧고 희망 특성을 살리기 어렵고, 전송 시 시간지연이 생긴다.

정답 15 ② 16 ② 17 ④ 18 ①

19 자연통풍방식에서 통풍력이 증가되는 경우가 아닌 것은?

① 연돌의 높이가 낮은 경우
② 연돌의 단면적이 큰 경우
③ 연도의 굴곡수가 적은 경우
④ 배기가스의 온도가 높은 경우

해설

자연통풍방식에서 통풍력이 증가되는 경우
- 연돌의 높이를 높게 한다.
- 배기가스의 온도를 높게 한다.
- 연돌의 단면적을 넓게 한다.
- 연도의 길이는 짧게 하고 굴곡부를 적게 한다.

20 가스용 보일러 설비 주위에 설치해야 할 계측기 및 안전장치와 무관한 것은?

① 급기가스 온도계
② 가스 사용량 측정 유량계
③ 연료 공급 자동차단장치
④ 가스 누설 자동차단장치

해설

가스용 보일러 설비 주위에 설치해야 할 계측기 및 안전장치
- 급수입구의 급수 온도계
- 가스 사용량 측정 유량계
- 연료 공급 자동차단장치
- 가스 누설 자동차단장치

21 어떤 보일러의 증발량이 40t/h이고, 보일러 본체의 전열면적이 $580m^2$일 때 이 보일러의 증발률은?

① $14kg/m^2 \cdot h$
② $44kg/m^2 \cdot h$
③ $57kg/m^2 \cdot h$
④ $69kg/m^2 \cdot h$

해설

$$전열면\ 증발률 = \frac{증발량}{전열면적} = \frac{40,000}{580} ≒ 68.9kg/m^2 \cdot h$$

22 연소 시 공기비가 작을 때 나타나는 현상으로 틀린 것은?

① 불완전연소가 되기 쉽다.
② 미연소가스에 의한 가스 폭발이 일어나기 쉽다.
③ 미연소가스에 의한 열손실이 증가될 수 있다.
④ 배기가스 중 NO 및 NO_2의 발생량이 많아진다.

해설

배기가스 중 NO 및 NO_2의 발생량이 작아진다.

23 제어장치에서 인터로크(Interlock)란?

① 정해진 순서에 따라 차례로 동작이 진행되는 것
② 구비조건에 맞지 않을 때 작동을 정지시키는 것
③ 증기압력의 연료량, 공기량을 조절하는 것
④ 제어량과 목표치를 비교하여 동작시키는 것

해설

인터로크(Interlock) : 앞쪽의 조건이 충족되지 않으면 다음 단계의 동작을 정지시키는 것

19 ① 20 ① 21 ④ 22 ④ 23 ② 정답

24 액체연료의 주요 성상으로 가장 거리가 먼 것은?

① 비 중 ② 점 도
③ 부 피 ④ 인화점

해설

액체연료의 주요 성상은 부피가 아니라 무게로 나타낸다.

25 연소가스 성분 중 인체에 미치는 독성이 가장 적은 것은?

① SO_2 ② NO_2
③ CO_2 ④ CO

해설

가스의 허용농도

- SO_2 : 2ppm
- NO_2 : 3ppm
- CO_2 : 5,000ppm
- CO : 50ppm

26 열정산의 방법에서 입열 항목에 속하지 않는 것은?

① 발생증기의 흡수열
② 연료의 연소열
③ 연료의 현열
④ 공기의 현열

해설

입열 항목 열손실	출열 항목 열손실
• 연료의 저위발열량 • 연료의 현열 • 공기의 현열 • 피열물의 보유열 • 노내 분입 증기열	• 발생증기의 보유열 • 배기가스의 손실열 • 불완전연소에 의한 열손실 • 미연분에 의한 손실열 • 방사 손실열

27 증기과열기의 열가스 흐름방식 분류 중 증기와 연소가스의 흐름이 반대방향으로 지나면서 열교환이 되는 방식은?

① 병류형
② 혼류형
③ 향류형
④ 복사대류형

해설

열가스 흐름상태에 의한 과열기의 분류

- 병류형 : 연소가스와 증기가 같이 지나면서 열교환
- 향류형 : 연소가스와 증기의 흐름이 정반대방향으로 지나면서 열교환
- 혼류형 : 향류와 병류형의 혼합형

28 유류용 온수보일러에서 버너가 정지하고 리셋버튼이 돌출하는 경우는?

① 연통의 길이가 너무 길다.
② 연소용 공기량이 부적당하다.
③ 오일 배관 내의 공기가 빠지지 않고 있다.
④ 실내온도조절기의 설정온도가 실내온도보다 낮다.

해설

오일 배관 내의 공기가 빠지지 않으면 버너가 정지되고 리셋버튼이 돌출된다.

정답 24 ③ 25 ③ 26 ① 27 ③ 28 ③

29 다음 열효율 증대장치 중에서 고온부식이 잘 일어나는 장치는?

① 공기예열기 ② 과열기
③ 증발전열면 ④ 절탄기

해설

고온부식 : 보일러의 과열기나 재열기, 복사 전열면과 같은 고온부 전열면에 중유의 회분 속에 포함되어 있는 바나듐, 유황, 나트륨 화합물이 고온에서 용융 부착하여 금속 표면의 보호 피막을 깨뜨리고 부식시키는 현상

30 증기보일러의 기타 부속장치가 아닌 것은?

① 비수방지관
② 기수분리기
③ 팽창탱크
④ 급수내관

해설

팽창탱크는 온수보일러에서 온수 온도 상승에 따른 팽창압을 흡수·완화하고 부족수를 보충 급수하기 위해 설치한다.

31 온수난방에서 방열기 내 온수의 평균온도가 82℃, 실내온도가 18℃이고, 방열기의 방열계수가 6.8kcal/m^2·h·℃인 경우 방열기의 방열량은?

① 650.9kcal/m^2·h
② 557.6kcal/m^2·h
③ 450.7kcal/m^2·h
④ 435.2kcal/m^2·h

해설

방열기 방열량 = 방열계수 × (방열기 평균온도 − 실내온도)
= 6.8 × (82 − 18)
= 435.2kcal/m^2·h

32 증기난방에서 저압증기환수관이 진공펌프의 흡입구보다 낮은 위치에 있을 때 응축수를 원활히 끌어올리기 위해 설치하는 것은?

① 하트포드 접속(Hartford Connection)
② 플래시 레그(Flash Leg)
③ 리프트 피팅(Lift Fitting)
④ 냉각관(Cooling Leg)

해설

리프트 피팅 : 저압증기환수관이 진공펌프의 흡입구보다 낮은 위치에 있을 때 배관이음방법으로, 환수관 내의 응축수를 이음부 전후에서 형성되는 작은 압력차를 이용하여 끌어올릴 수 있도록 한 배관방법

- 리프트관은 주관보다 1~2 정도 작은 치수를 사용한다.
- 리프트 피팅의 1단 높이 : 1.5m 이내(3단까지 가능)

※ 리프트 계수로서 진공환식 난방배관에서 환수를 유인하기 위한 배관방법이다.

33 온수보일러에 팽창탱크를 설치하는 주된 이유로 옳은 것은?

① 물의 온도 상승에 따른 체적팽창에 의한 보일러의 파손을 막기 위한 것이다.
② 배관 중의 이물질을 제거하여 연료의 흐름을 원활하기 위한 것이다.
③ 온수 순환 펌프에 의한 맥동 및 캐비테이션을 방지하기 위한 것이다.
④ 보일러, 배관, 방열기 내에 발생한 스케일 및 슬러지를 제거하기 위한 것이다.

해설

팽창탱크의 설치 목적

온수의 온도변화에 따른 체적팽창을 흡수하여 난방시스템의 파열을 방지한다.

29 ② 30 ③ 31 ④ 32 ③ 33 ① 정답

34 포밍, 프라이밍의 방지대책으로 부적합한 것은?

① 정상 수위로 운전할 것
② 급격한 과연소를 하지 않을 것
③ 주증기밸브를 천천히 개방할 것
④ 수저 또는 수면 분출을 하지 말 것

해설

분출의 목적
• 관수의 농축 방지
• 슬러지분의 배출 제거
• 프라이밍, 포밍의 방지
• 관수의 pH 조정
• 가성취화 방지
• 고수위 방지

35 보일러 급수처리방법 중 5,000ppm 이하의 고형물 농도에서는 비경제적이므로 사용하지 않고, 선박용 보일러에 사용하는 급수를 얻을 때 주로 사용하는 방법은?

① 증류법
② 가열법
③ 여과법
④ 이온교환법

해설

물을 가열하여 끓는점 차이에 의해서 발생되는 증기를 냉각하여 응축수를 만들어 양질의 물을 얻을 수 있지만, 경제적인 면에서는 물을 가열하는 데 비용이 많이 들어 비경제적이다.

36 보일러 설치·시공 기준상 유류보일러의 용량이 시간당 몇 톤 이상이면 공급연료량에 따라 연소용 공기를 자동 조절하는 기능이 있어야 하는가?(단, 난방보일러인 경우이다)

① 1t/h ② 3t/h
③ 5t/h ④ 10t/h

해설

보일러 설치·시공 기준상 유류보일러의 용량이 10t/h 이상이면 공급 연료량에 따라 연소용 공기를 자동 조절하는 기능이 있어야 한다(단, 난방 보일러인 경우이다).

37 온도 25℃의 급수를 공급받아 엔탈피가 725kcal/kg의 증기를 1시간당 2,310kg을 발생시키는 보일러의 상당증발량은?

① 1,500kg/h
② 3,000kg/h
③ 4,500kg/h
④ 6,000kg/h

해설

$$\text{상당증발량(환산)} = \frac{\text{실제증발량} \times (\text{증기엔탈피} - \text{급수엔탈피})}{539}$$

$$= \frac{\frac{2,310}{1} \times (725-25)}{539}$$

$$= 3,000\text{kg/h}$$

38 다음 중 가스관의 누설검사 시 사용하는 물질로 가장 적합한 것은?

① 소금물 ② 증류수
③ 비눗물 ④ 기 름

해설
가스관의 누설검사 시 사용하는 물질은 비눗물로, 누설 시 비누거품이 점점 커지게 된다.

39 중력순환식 온수난방법에 관한 설명으로 틀린 것은?

① 소규모 주택에 이용된다.
② 온수의 밀도차에 의해 온수가 순환한다.
③ 자연순환이므로 관경을 작게 하여도 된다.
④ 보일러는 최하위 방열기보다 더 낮은 곳에 설치한다.

해설
중력순환식 온수난방법은 자연순환이므로 관경을 크게 하여야 된다.

40 보일러를 장기간 사용하지 않고 보존하는 방법으로 가장 적당한 것은?

① 물을 가득 채워 보존한다.
② 배수하고 물이 없는 상태로 보존한다.
③ 1개월에 1회씩 급수를 공급・교환한다.
④ 건조 후 생석회 등을 넣고 밀봉하여 보존한다.

해설
건조보존법
완전 건조시킨 보일러 내부에 흡습제 또는 질소가스를 넣고 밀폐 보존하는 방법(6개월 이상의 장기보존방법)
• 흡습제 : 생석회, 실리카겔, 활성알루미나, 염화칼슘, 기화방청제 등
• 질소가스봉입 : 압력 0.6kg/cm^2으로 봉입하여 밀폐 보존함

41 진공환수식 증기난방장치의 리프트이음 시 1단 흡상 높이는 최고 몇 m 이하로 하는가?

① 1.0 ② 1.5
③ 2.0 ④ 2.5

해설
리프트이음 : 진공환수식 증기난방에서 부득이 방열기보다 높은 곳에 환수관을 배관할 경우 사용하며, 한 단의 높이는 1.5m 이내로 한다.

42 보일러 드럼 및 대형 헤더가 없고 지름이 작은 전열관을 사용하는 관류보일러의 순환비는?

① 4 ② 3
③ 2 ④ 1

해설
관류보일러의 특징
• 철저한 급수처리가 필요하다.
• 임계압력 이상의 고압에 적당하다.
• 순환비가 1이므로 드럼이 필요 없다.
• 증기의 가동 발생시간이 매우 짧다.

38 ③ 39 ③ 40 ④ 41 ② 42 ④ 정답

43 연료의 연소 시 이론공기량에 대한 실제공기량의 비, 즉 공기비(m)의 일반적인 값으로 옳은 것은?

① $m=1$
② $m<1$
③ $m<0$
④ $m>1$

해설

연료의 연소 시 이론공기량에 대한 실제공기량의 비는 일반적으로 공기비는 1보다 크다.

44 가스보일러에서 가스 폭발의 예방을 위한 유의사항으로 틀린 것은?

① 가스압력이 적당하고 안정되어 있는지 점검한다.
② 화로 및 굴뚝의 통풍, 환기를 완벽하게 하는 것이 필요하다.
③ 점화용 가스의 종류는 가급적 화력이 낮은 것을 사용한다.
④ 착화 후 연소가 불안정할 때는 즉시 가스 공급을 중단한다.

해설

점화용 가스의 종류는 가급적 화력이 높은 것을 사용한다.

45 온수난방설비에서 온수, 온도차에 의한 비중력차로 순환하는 방식으로 단독주택이나 소규모 난방에 사용되는 난방방식은?

① 강제순환식 난방
② 하향순환식 난방
③ 자연순환식 난방
④ 상향순환식 난방

해설

자연순환식 수관보일러는 외부의 동력 없이 비중량의 차이로 인해서 순환하는 방법이다.

46 압축기 진동과 서징, 관의 수격작용, 지진 등에서 발생하는 진동을 억제하기 위해 사용되는 지지장치는?

① 벤드벤
② 플랩 밸브
③ 그랜드 패킹
④ 브레이스

해설

브레이스 : 진동, 충격 등을 완화하는 완충기

정답 43 ④ 44 ③ 45 ③ 46 ④

47 보일러 사고의 원인 중 제작상의 원인에 해당되지 않는 것은?

① 구조의 불량
② 강도 부족
③ 재료의 불량
④ 압력 초과

해설

보일러사고의 원인
- 제작상의 원인 : 재료 불량, 강도 부족, 구조 및 설계 불량, 용접 불량, 부속기기의 설비 미비 등
- 취급상의 원인 : 저수위, 압력 초과, 미연가스에 의한 노내 폭발, 급수처리 불량, 부식, 과열 등

48 열팽창에 대한 신축이 방열기에 영향을 미치지 않도록 주로 증기 및 온수난방용 배관에 사용되며, 2개 이상의 엘보를 사용하는 신축이음은?

① 벨로스이음
② 루프형이음
③ 슬리브이음
④ 스위블이음

해설

④ 스위블형 : 회전이음, 지블이음, 지웰이음 등으로 불린다. 2개 이상의 나사엘보를 사용하여 이음부 나사의 회전을 이용하여 배관의 신축을 흡수하는 것으로, 주로 온수 또는 저압의 증기난방 등의 방열기 주위배관용으로 사용된다.
① 벨로스형(팩리스형, 주름통, 파상형) : 급수, 냉난방 배관에서 많이 사용되는 신축이음이다.
② 루프형(만곡형) : 신축곡관이라고도 하며 고온, 고압용 증기관 등의 옥외 배관에 많이 쓰이는 신축이음이다.
③ 슬리브형(미끄럼형) : 본체와 슬리브 파이프로 되어 있으며 관의 신축은 본체 속의 슬리브관에 의해 흡수되며 슬브와 본체 사이에 패킹을 넣어 누설을 방지한다. 단식과 복식의 두 가지 형태가 있다.

49 보일러수 내처리방법으로 용도에 따른 청관제로 틀린 것은?

① 탈산소제 – 염산, 알코올
② 연화제 – 탄산소다, 인산소다
③ 슬러지 조정제 – 타닌, 리그닌
④ pH 조정제 – 인산소다, 암모니아

해설

보일러 내처리
- pH 및 알칼리 조정제 : 수산화나트륨, 탄산나트륨, 인산소다, 암모니아 등
- 경도 성분 연화제 : 수산화나트륨, 탄산나트륨, 각종 인산나트륨 등
- 슬러지 조정제 : 타닌, 리그닌, 전분 등
- 탈산소제 : 아황산소다, 하이드라진, 타닌 등
- 가성취화 억제제 : 인산나트륨, 타닌, 리그닌, 황산나트륨 등

50 하트포드 접속법(Hartford Connection)을 사용하는 난방방식은?

① 저압증기난방
② 고압증기난방
③ 저온온수난방
④ 고온온수난방

해설

증기난방방법은 고압증기난방과 저압증기난방으로 나뉘는데 저압증기난방장치에서는 환수주관을 보일러에 직접 연결하지 않고 증기관과 환수관 사이에 설치한 균형관에 접속하는 배관방법이다.
- 목적 : 환수관 파손 시 보일러수의 역류를 방지하기 위해 설치한다.
- 접속 위치 : 보일러 표준 수위보다 50mm 낮게 접속한다.

47 ④ 48 ④ 49 ① 50 ① 정답

51 난방부하를 구성하는 인자에 속하는 것은?

① 관류 열손실
② 환기에 의한 취득열량
③ 유리창을 통한 취득열량
④ 벽, 지붕 등을 통한 취득열량

해설

난방부하 : 난방에 필요한 공급열량으로, 단위는 kcal/h이다. 실내에 열원이 없을 때의 난방부하는 관류(貫流) 및 환기에 의한 열부하, 난방장치의 손실열량 등으로 이루어진다.

52 증기관이나 온수관 등에 대한 단열로서 불필요한 방열을 방지하고 인체에 화상을 입히는 위험방지 또는 실내공기의 이상온도 상승방지 등을 목적으로 하는 것은?

① 방 로　　② 보 랭
③ 방 한　　④ 보 온

해설

보온은 증기관이나 온수관 등에 대한 단열로서 불필요한 방열을 방지하고 인체에 화상을 입히는 위험방지 또는 실내공기의 이상온도 상승방지 등을 목적으로 하는 것이다.

53 보일러 급수 중의 용존(용해)고형물을 처리하는 방법으로 부적합한 것은?

① 증류법
② 응집법
③ 약품첨가법
④ 이온교환법

해설

급수처리(관외처리)

- 고형 협잡물 처리 : 침강법, 여과법, 응집법
- 용존가스제 처리 : 기폭법(CO_2, Fe, Mn, NH_3, H_2S), 탈기법(CO_2, O_2)
- 용해고형물 처리 : 증류법, 이온교환법, 약제첨가법

54 증기보일러에는 2개 이상의 안전밸브를 설치하여야 하는 반면에 1개 이상으로 설치 가능한 보일러의 최대 전열면적은?

① $50m^2$　　② $60m^2$
③ $70m^2$　　④ $80m^2$

해설

안전밸브 성능 및 개수

- 증기보일러에는 안전밸브를 2개 이상(전열면적 $50m^2$ 이하의 증기보일러에서는 1개 이상) 설치하여야 한다. 다만, 내부의 압력이 최고사용압력에 6%에 해당되는 값[그 값이 0.035MPa($0.35kgf/cm^2$) 미만일 때는 0.035MPa($0.35kgf/cm^2$)]을 더한 값을 초과하지 않도록 하여야 한다.
- 관류보일러에서 보일러와 압력 릴리프밸브와의 사이에 체크밸브를 설치할 경우, 압력 릴리프밸브는 2개 이상이어야 한다.

정답 51 ① 52 ④ 53 ② 54 ①

55 **에너지이용합리화법상 에너지진단기관의 지정기준은 누구의 영으로 정하는가?**

① 대통령
② 시・도지사
③ 시공업자단체장
④ 산업통상자원부장관

해설

에너지진단기관의 지정기준은 대통령령으로 정하고, 진단기관의 지정절차와 그 밖에 필요한 사항은 산업통상자원부령으로 정한다(에너지이용합리화법 제32조).

56 **에너지법에서 정한 지역에너지계획을 수립・시행하여야 하는 자는?**

① 행정자치부장관
② 산업통상자원부장관
③ 한국에너지공단 이사장
④ 특별시장・광역시장・도지사 또는 특별자치도지사

해설

지역에너지계획의 수립(에너지법 제7조)
특별시장・광역시장・특별자치시장・도지사 또는 특별자치도지사가 5년마다 5년 이상을 계획기간으로 하여 수립・시행하여야 한다.
※ '특별시장・광역시장・도지사 또는 특별자치도지사'에서 '특별시장・광역시장・특별자치시장・도지사 또는 특별자치도지사'로 개정되었다(2014. 12. 30 개정).

57 **열사용기자재 중 온수를 발생하는 소형 온수보일러의 적용 범위로 옳은 것은?**

① 전열면적 12m^2 이하, 최고사용압력 0.25MPa 이하의 온수를 발생하는 것
② 전열면적 14m^2 이하, 최고사용압력 0.25MPa 이하의 온수를 발생하는 것
③ 전열면적 12m^2 이하, 최고사용압력 0.35MPa 이하의 온수를 발생하는 것
④ 전열면적 14m^2 이하, 최고사용압력 0.35MPa 이하의 온수를 발생하는 것

해설

소형 온수보일러
전열면적이 14m^2 이하이고, 최고사용압력이 0.35MPa 이하의 온수를 발생하는 것으로, 다만 구멍탄용 온수보일러・축열식 전기보일러・가정용 화목보일러 및 가스사용량이 17kg/h(도시가스는 232.6kW) 이하인 가스용 온수보일러는 제외한다.

58 **효율관리기자재가 최저소비효율기준에 미달하거나 최대사용량기준을 초과하는 경우 제조・수입・판매업자에게 어떠한 조치를 명할 수 있는가?**

① 생산 또는 판매금지
② 제조 또는 설치금지
③ 생산 또는 세관금지
④ 제조 또는 시공금지

해설

효율관리기자재의 사후 관리(에너지이용합리화법 제16조)
산업통상자원부장관은 효율관리기자재가 최저소비효율기준에 미달하거나 최대사용량기준을 초과하는 경우 제조업자・수입업자・판매업자에게 그 생산이나 판매의 금지를 명할 수 있다.

55 ① 56 ④ 57 ④ 58 ① 정답

59 **에너지이용합리화법에 따라 산업통상자원부령으로 정하는 광고매체를 이용하여 효율관리기자재의 광고를 하는 경우에는 그 광고 내용에 에너지소비효율, 에너지소비효율등급을 포함시켜야 할 의무가 있는 자가 아닌 것은?**

① 효율관리기자재의 제조업자
② 효율관리기자재의 광고업자
③ 효율관리기자재의 수입업자
④ 효율관리기자재의 판매업자

해설

효율관리기자재의 지정 등(에너지이용합리화법 제15조)
효율관리기자재의 제조업자·수입업자 또는 판매업자가 산업통상자원부령으로 정하는 광고매체를 이용하여 효율관리기자재의 광고를 하는 경우에는 그 광고내용에 따른 에너지소비효율등급 또는 에너지소비효율을 포함하여야 한다.

60 **검사대상기기 관리범위 용량이 10t/h 이하인 보일러의 관리자 자격이 아닌 것은?**

① 에너지관리기사
② 에너지관리기능장
③ 에너지관리기능사
④ 인정검사대상기기 관리자 교육이수자

해설

검사대상기기 관리자의 자격 및 조종범위(에너지이용합리화법 시행규칙 별표 3의 9)

관리자의 자격	관리범위
에너지관리기능장 또는 에너지관리기사	용량이 30t/h를 초과하는 보일러
에너지관리기능장, 에너지관리기사 또는 에너지관리산업기사	용량이 10t/h를 초과하고 30t/h 이하인 보일러
에너지관리기능장, 에너지관리기사, 에너지관리산업기사 또는 에너지관리기능사	용량이 10t/h 이하인 보일러
에너지관리기능장, 에너지관리기사, 에너지관리산업기사, 에너지관리기능사 또는 인정검사대상기기 관리자의 교육을 이수한 자	• 증기보일러로서 최고사용압력이 1MPa 이하이고, 전열면적이 10m^2 이하인 것 • 온수발생 및 열매체를 가열하는 보일러로서 용량이 581.5kW 이하인 것 • 압력용기

정답 59 ② 60 ④

2016년 제2회 과년도 기출문제

01 압력에 대한 설명으로 옳은 것은?

① 단위 면적당 작용하는 힘이다.
② 단위 부피당 작용하는 힘이다.
③ 물체의 무게를 비중량으로 나눈 값이다.
④ 물체의 무게에 비중량을 곱한 값이다.

해설
압력의 정의는 단위 면적당 작용하는 힘을 말한다.

02 유류버너의 종류 중 수 기압(MPa)의 분무매체를 이용하여 연료를 분무하는 형식의 버너로서 2유체 버너라고도 하는 것은?

① 고압기류식 버너
② 유압식 버너
③ 회전식 버너
④ 환류식 버너

해설
고압기류식 버너 : 2유체버너
- 수기압(2~10kgf/cm^2)의 분무매체를 이용하여 연료를 분무하는 방식이다.
- 분무각도는 30° 정도로 가장 좁다.
- 유량조절범위는 1:10 정도로 가장 크다.

03 증기보일러의 효율계산식을 바르게 나타낸 것은?

① 효율(%) = $\frac{\text{상당증발량} \times 538.8}{\text{연료소비량} \times \text{연료의 발열량}} \times 100$

② 효율(%) = $\frac{\text{증기소비량} \times 538.8}{\text{연료소비량} \times \text{연료의 비중}} \times 100$

③ 효율(%) = $\frac{\text{급수량} \times 538.8}{\text{연료소비량} \times \text{연료의 발열량}} \times 100$

④ 효율(%) = $\frac{\text{급수사용량}}{\text{증기발열량}} \times 100$

해설

$$\text{보일러 효율}(\eta) = \frac{G_a(h'' - h')}{G_f \times H_l} \times 100 = \frac{G \times C \times \Delta t}{G_f \times H_l} \times 100 = \frac{G_e \times 539}{G_f \times H_l} \times 100$$

여기서, G_f : 연료사용량
H_l : 연료의 발열량
G_a : 실제증발량
h'' : 증기엔탈피
h' : 급수엔탈피
G : 질량
C : 비열
Δt : 온도차
G_e : 상당증발량

1 ① 2 ① 3 ① 정답

04 보일러 열효율 정산방법에서 열정산을 위한 액체 연료량을 측정할 때, 측정의 허용오차는 일반적으로 몇 %로 하여야 하는가?

① ±1.0%　　② ±1.5%
③ ±1.6%　　④ ±2.0%

해설

연료 사용량 측정

- 고체연료는 계량 후 수분 증발을 피하기 위해 가능한 한 연소 직전에 계량하고 그때마다 동시에 시료를 취한다. 계량은 원칙적으로 계량기를 사용하고, 기타 계량기를 사용했을 때는 지시량을 정확하게 보정한다. 측정 허용오차는 ±0.5%로 한다.
- 액체연료는 중량탱크 또는 체적식 유량계로 측정한다. 체적으로 구한 것은 비중(밀도)을 곱해 중량(질량)으로 환산한다. 측정 허용오차는 ±1.0%로 한다.
- 기체연료는 체적식 또는 오리피스(Orifice)식 유량계 또는 기타 방식으로 계측하고 계측 시의 압력온도에 따라 표준 상태의 용량 Nm^3로 환산한다. 측정 허용오차는 원칙적으로 ±1.6%로 한다.

05 중유예열기의 가열하는 열원의 종류에 따른 분류가 아닌 것은?

① 전기식　　② 가스식
③ 온수식　　④ 증기식

해설

열원에는 증기, 온수, 전기 등을 사용한다.

06 공기비를 m, 이론공기량을 A_o라고 할 때, 실제공기량 A를 계산하는 식은?

① $A = m \cdot A_o$
② $A = m / A_o$
③ $A = 1 / (m \cdot A_o)$
④ $A = A_o - m$

해설

실제공기량 A를 계산하는 식 : $A = m \cdot A_o$
(공기비를 m, 이론공기량을 A_o라고 할 때 실제공기량 A)

07 보일러 급수장치의 일종인 인젝터 사용 시 장점에 관한 설명으로 틀린 것은?

① 급수예열효과가 있다.
② 구조가 간단하고 소형이다.
③ 설치에 넓은 장소를 요하지 않는다.
④ 급수량 조절이 양호하여 급수의 효율이 높다.

해설

인젝터는 급수 조절이 곤란하고, 과열 시 급수 불량 상태가 될 수 있으며 급수의 효율이 낮다.

08 다음 중 슈미트보일러는 보일러 분류에서 어디에 속하는가?

① 관류식
② 간접가열식
③ 자연순환식
④ 강제순환식

해설

특수보일러

- 열매체보일러 : 다우섬, 카네크롤, 수은, 모빌섬, 시큐리티
- 폐열보일러 : 하이네, 리히보일러
- 특수연료보일러 : 바크(나무껍질), 버개스(사탕수수 찌꺼기), 펄프폐액, 진기(쓰레기) 등
- 간접가열(이중증발)보일러 : 슈미트보일러(과열증기 발생), 레플러보일러(포화증기 발생)

정답 4 ① 5 ② 6 ① 7 ④ 8 ②

09 보일러의 안전장치에 해당되지 않는 것은?

① 방폭문
② 수위계
③ 화염검출기
④ 가용마개

해설

보일러의 안전장치 : 안전밸브, 화염검출기, 방폭문, 용해플러그, 저수위 경보기, 압력조절기, 가용전 등

10 보일러의 시간당 증발량 1,100kg/h, 증기엔탈피 650kcal/kg, 급수온도 30℃일 때, 상당증발량은?

① 1,050kg/h
② 1,265kg/h
③ 1,415kg/h
④ 1,733kg/h

해설

상당(환산)증발량(G_e)

$$G_e = \frac{\text{매시 실제증발량}(h'' - h')}{539} \text{(kg/h)}$$

$$= \frac{1{,}100(650 - 30)}{539}$$

$\fallingdotseq$ 1,265kg/h

여기서, h'' : 증기엔탈피(kcal/kg)
h' : 급수엔탈피(kcal/kg)

11 보일러의 자동연소제어와 관련이 없는 것은?

① 증기압력제어
② 온수 온도제어
③ 노내압제어
④ 수위제어

12 보일러의 과열방지장치에 대한 설명으로 틀린 것은?

① 과열방지용 온도퓨즈는 373K 미만에서 확실히 작동하여야 한다.
② 과열방지용 온도퓨즈가 작동한 경우 일정시간 후 재점화되는 구조로 한다.
③ 과열방지용 온도퓨즈는 봉인을 하고 사용자가 변경할 수 없는 구조로 한다.
④ 일반적으로 용해전은 369~371K에 용해되는 것을 사용한다.

해설

과열방지용 온도퓨즈

설정온도(최고사용압력하의 포화온도 +약 10℃)에서 전원을 차단하여 모든 컨트롤 기능을 정지시킨다.

- 퓨즈식 : 설정온도에 의한 퓨즈 단락으로 전원을 차단시킨다(재사용 불가).
- 전자식 : 설정온도에 의한 리밋 스위치의 작동으로 전원을 차단시킨다(정상 시 원상 복귀, 계속 사용 가능).

13 보일러 급수처리의 목적으로 볼 수 없는 것은?

① 부식의 방지
② 보일러수의 농축 방지
③ 스케일 생성 방지
④ 역화 방지

해설

급수처리의 목적

- 급수를 깨끗이 연화시켜 스케일 생성 및 고착을 방지한다.
- 부식 발생을 방지한다.
- 가성취화의 발생을 감소시킨다.
- 포밍과 프라이밍의 발생을 방지한다.

9 ② 10 ② 11 ④ 12 ② 13 ④ 정답

14 배기가스 중에 함유되어 있는 CO_2, O_2, CO 3가지 성분을 순서대로 측정하는 가스분석계는?

① 전기식 CO_2계
② 헴펠식 가스분석계
③ 오르자트 가스분석계
④ 가스크로마토그래픽 가스분석계

해설

자동 오르자트법의 가스흡수액
- CO_2 : 수산화칼륨(KOH) 30% 수용액
- O_2 : 알칼리성 파이로갈롤 용액
- CO : 암모니아성 염화 제1용액

15 보일러 부속장치에 관한 설명으로 틀린 것은?

① 기수분리기 : 증기 중에 혼입된 수분을 분리하는 장치
② 수트 블로어 : 보일러 동 저면의 스케일, 침전물 등을 밖으로 배출하는 장치
③ 오일스트레이너 : 연료 속의 불순물 방지 및 유량계 펌프 등의 고장을 방지하는 장치
④ 스팀 트랩 : 응축수를 자동으로 배출하는 장치

해설

수트 블로어 : 전열면에 부착된 그을음 제거 장치

16 일반적으로 보일러 패널 내부온도는 몇 ℃를 넘지 않도록 하는 것이 좋은가?

① 60℃ ② 70℃
③ 80℃ ④ 90℃

해설

일반적으로 보일러 패널 내부 온도는 60℃를 넘지 않도록 하는 것이 좋다.

17 함진배기가스를 액방울이나 액막에 충돌시켜 분진 입자를 포집·분리하는 집진장치는?

① 중력식 집진장치
② 관성력식 집진장치
③ 원심력식 집진장치
④ 세정식 집진장치

해설

세정식 집진장치
- 구조가 비교적 간단하고 조작이 용이하나 배출수 처리시설을 함께 설치해야 하기 때문에 운전비용이 많이 드는 단점이 있다.
- 일반적으로 회전수가 클수록 액·가스비가 클수록 운전동력비가 커지고 집진율이 높아진다.
- 진기가 부식될 수 있고, 폐수가 발생되어 폐수처리장치가 필요하며 처리가 된 후 수증기가 포함된 흰 연기 등의 가시적인 문제가 발생하는 단점도 있다.
- 함진배기가스를 액방울이나 액막에 충돌시켜 분진 입자를 포집 분리하는 집진장치이다.

정답 14 ③ 15 ② 16 ① 17 ④

18 보일러 인터로크와 관계가 없는 것은?

① 압력 초과 인터로크
② 저수위 인터로크
③ 불착화 인터로크
④ 급수장치 인터로크

해설

인터로크의 종류
저수위 인터로크, 압력 초과 인터로크, 불착화 인터로크, 저연소 인터로크, 프리퍼지 인터로크 등

19 상태변화 없이 물체의 온도변화에만 소요되는 열량은?

① 고체열 ② 현 열
③ 액체열 ④ 잠 열

해설

현열(감열)과 잠열(숨은열) 및 열용량
- 현열(감열) : 상태변화 없이 온도를 변화시키는 데 필요한 열
- 잠열(숨은열) : 온도변화 없이 상태를 변화시키는 데 필요한 열

20 보일러용 오일연료에서 성분분석 결과 수소 12.0%, 수분 0.3%라면, 저위발열량은?(단, 연료의 고위발열량은 10,600kcal/kg이다)

① 6,500kcal/kg
② 7,600kcal/kg
③ 8,950kcal/kg
④ 9,950kcal/kg

해설

저위발열량(H_l) = 고위발열량(H_h) − 600(9H + W)
= 10,600 − 600[(9 × 0.12) + 0.003]
= 9,950kcal/kg

여기서, H : 수소의 성분
W : 수분의 성분

21 보일러에서 보염장치의 설치목적에 대한 설명으로 틀린 것은?

① 화염의 전기전도성을 이용한 검출을 실시한다.
② 연소용 공기의 흐름을 조절하여 준다.
③ 화염의 형상을 조절한다.
④ 확실한 착화가 되도록 한다.

해설

보염장치 : 연소용 공기의 흐름을 조절하여 착화를 확실히 해 주고, 화염의 안정을 도모하며, 화염의 각도 및 형상을 조절하여 국부과열 또는 화염의 편류현상을 방지한다.
- 윈드박스 : 노내에 일정한 압력으로 공급하는 장치
- 보염기 : 화염을 안정시키고, 화염의 크기를 조절하며 화염이 소실되는 것을 방지
- 컴버스터 : 저온도에서도 연료의 연소를 안정시켜 주는 장치
- 버너타일 : 연소실 입구버너 주위에 내화벽돌을 원형으로 쌓은 것
- 가이드 베인 : 날개 각도를 조절하여 윈드박스에 공기를 공급하는 장치

18 ④ 19 ② 20 ④ 21 ① 정답

22 증기사용압력이 같거나 또는 다른 여러 개의 증기사용설비의 드레인관을 하나로 묶어 한 개의 트랩으로 설치한 것을 무엇이라고 하는가?

① 플로트 트랩
② 버킷 트래핑
③ 디스크 트랩
④ 그룹 트래핑

해설

그룹 트래핑 : 증기사용압력이 같거나 다른 여러 개의 증기사용설비의 드레인관을 하나로 묶어 한 개의 트랩으로 설치한 것

23 보일러 윈드박스 주위에 설치되는 장치 또는 부품과 가장 거리가 먼 것은?

① 공기예열기
② 화염검출기
③ 착화버너
④ 투시구

해설

공기예열기

연소실로 들어가는 공기를 예열시키는 장치로서 180~350°C까지 된다. 공기에서 연소용공기의 온도를 25°C 높일 때마다 열효율은 1% 정도 높아진다. 종류로는 전열기, 증기식, 재생식이 있다.

24 보일러 운전 중 정전이나 실화로 인하여 연료의 누설이 발생하여 갑자기 점화되었을 때 가스폭발 방지를 위해 연료공급을 차단하는 안전장치는?

① 폭발문
② 수위경보기
③ 화염검출기
④ 안전밸브

해설

화염검출기 : 기름 및 가스 점화보일러에는 그 연소장치에 버너가 이상 소화(消火)되었을 때 신속하게 그것을 탐지하는 화염검출기를 설치하여야 한다. 화염검출기가 정확하게 기능하지 않으면 노내(爐內) 가스폭발 발생의 원인이 된다. 화염검출기에는 Flame Eye, Stack Switch 및 Flame Rod가 사용된다.

25 다음 중 보일러에서 연소가스의 배기가 잘되는 경우는?

① 연도의 단면적이 작을 때
② 배기가스 온도가 높을 때
③ 연도에 급한 굴곡이 있을 때
④ 연도에 공기가 많이 침입될 때

해설

자연 통풍력을 증가시키는 방법

- 연돌의 높이를 높게 한다.
- 배기가스의 온도를 높게 한다.
- 연돌의 단면적을 넓게 한다.
- 연도의 길이는 짧게 하고 굴곡부를 적게 한다.

정답 22 ④ 23 ① 24 ③ 25 ②

26 전열면적이 $40m^2$인 수직연관보일러를 2시간 연소시킨 결과 4,000kg의 증기가 발생하였다. 이 보일러의 증발률은?

① $40kg/m^2 \cdot h$

② $30kg/m^2 \cdot h$

③ $60kg/m^2 \cdot h$

④ $50kg/m^2 \cdot h$

해설

$$전열면\ 증발률 = \frac{증발량}{전열면적} = \frac{\frac{4,000}{2}}{40} = 50kg/m^2 \cdot h$$

27 다음 중 보일러 스테이(Stay)의 종류로 가장 거리가 먼 것은?

① 거싯(Gusset) 스테이

② 바(Bar) 스테이

③ 튜브(Tube) 스테이

④ 너트(Nut) 스테이

해설

스테이 종류 : 경사 스테이, 거싯 스테이, 관(튜브) 스테이, 바(막대, 봉) 스테이, 나사(볼트) 스테이, 도그 스테이, 나막신 스테이(거더 스테이)

28 과열기의 종류 중 열가스 흐름에 의한 구분방식에 속하지 않는 것은?

① 병류식 ② 접촉식

③ 향류식 ④ 혼류식

해설

과열기의 종류 : 병향류식(병류식), 대향류식(향류식), 혼류식(절충식)

29 고체연료의 고위발열량으로부터 저위발열량을 산출할 때 연료 속의 수분과 다른 한 성분의 함유율을 가지고 계산하여 산출할 수 있는데 이 성분은 무엇인가?

① 산 소 ② 수 소

③ 유 황 ④ 탄 소

해설

저저위발열량(H_l) = 고위발열량(H_h) − 600(9H +W)

여기서, H : 수소의 성분

W : 수분의 성분

30 상용보일러의 점화 전 준비사항에 관한 설명으로 틀린 것은?

① 수저분출밸브 및 분출콕의 기능을 확인하고, 조금씩 분출되도록 약간 개방하여 둔다.

② 수면계에 의하여 수위가 적정한지 확인한다.

③ 급수배관의 밸브가 열려 있는지, 급수펌프의 기능은 정상인지 확인한다.

④ 공기빼기밸브는 증기가 발생하기 전까지 열어 놓는다.

해설

분출밸브 및 분출콕을 조작해서 그 기능이 정상인지 확인한다.

26 ④ 27 ④ 28 ② 29 ② 30 ① 정답

31 **도시가스배관의 설치에서 배관의 이음부(용접이음매 제외)와 전기점멸기 및 전기접속기와의 거리는 최소 얼마 이상 유지해야 하는가?**

① 10cm ② 15cm
③ 30cm ④ 60cm

해설

도시가스배관의 설치에서 배관의 이음부(용접이음매 제외)와 전기점멸기 및 전기접속기의 거리 : 30cm 이상

32 **증기보일러에는 2개 이상의 안전밸브를 설치하여야 하지만, 전열면적이 몇 이하인 경우에는 1개 이상으로 해도 되는가?**

① $80m^2$ ② $70m^2$
③ $60m^2$ ④ $50m^2$

해설

안전밸브 성능 및 개수

- 증기보일러에는 안전밸브를 2개 이상(전열면적 $50m^2$ 이하의 증기보일러에서는 1개 이상) 설치하여야 한다. 다만, 내부의 압력이 최고사용압력에 6%에 해당되는 값[그 값이 0.035MPa ($0.35kgf/cm^2$) 미만일 때는 0.035MPa($0.35kgf/cm^2$)]을 더한 값을 초과하지 않도록 하여야 한다.
- 관류보일러에서 보일러와 압력 릴리프밸브와의 사이에 체크밸브를 설치할 경우, 압력 릴리프밸브는 2개 이상이어야 한다.

33 **배관보온재의 선정 시 고려해야 할 사항으로 가장 거리가 먼 것은?**

① 안전사용온도 범위
② 보온재의 가격
③ 해체의 편리성
④ 공사현장의 작업성

해설

보온재 선정 시 고려사항

- 안전사용온도 범위에 적합해야 한다.
- 단위 체적에 대한 가격이 저렴해야 한다.
- 시공이 쉽고 확실해야 한다.

34 **증기주관의 관말트랩배관의 드레인 포켓과 냉각관 시공요령이다. 다음 ( ) 안에 적절한 것은?**

증기주관에서 응축수를 건식환수관에 배출하려면 주관과 동경으로 (㉠)mm 이상 내리고 하부로 (㉡)mm 이상 연장하여 (㉢)을(를) 만들어 준다. 냉각관은 (㉣) 앞에서 1.5m 이상 나관으로 배관한다.

① ㉠ 150 ㉡ 100 ㉢ 트랩 ㉣ 드레인 포켓
② ㉠ 100 ㉡ 150 ㉢ 드레인 포켓 ㉣ 트랩
③ ㉠ 150 ㉡ 100 ㉢ 드레인 포켓 ㉣ 드레인 밸브
④ ㉠ 100 ㉡ 150 ㉢ 드레인 밸브 ㉣ 드레인 포켓

해설

증기주관에서 응축수를 건식환수관에 배출하려면 주관과 동경으로 100mm 이상 내리고, 하부로 150mm 이상 연장하여 드레인 포켓을 만들어 준다. 냉각관은 트랩 앞에서 1.5m 이상 나관으로 배관한다.

정답 31 ③ 32 ④ 33 ③ 34 ②

35 **파이프와 파이프를 홈 조인트로 체결하기 위하여 파이프 끝을 가공하는 기계는?**

① 띠톱 기계
② 파이프 벤딩기
③ 동력파이프 나사절삭기
④ 그루빙 조인트 머신

해설

④ 그루빙 조인트 머신 : 파이프와 파이프를 홈 조인트로 체결하기 위하여 파이프 끝을 가공하는 기계
① 띠톱 기계 : 띠 모양의 톱을 회전시켜 재료를 절단하는 공작기계
② 파이프 벤딩기 : 파이프를 굽히는 기계
③ 동력파이프 나사절삭기 : 파이프에 나사산을 내는 기계

36 **보일러 보존 시 동결사고가 예상될 때 실시하는 밀폐식 보존법은?**

① 건조보존법
② 만수보존법
③ 화학적 보존법
④ 습식보존법

해설

건조보존법
완전 건조시킨 보일러 내부에 흡습제 또는 질소가스를 넣고 밀폐 보존하는 방법(6개월 이상의 장기보존방법)
- 흡습제 : 생석회, 실리카겔, 활성알루미나, 염화칼슘, 기화방청제 등
- 질소가스봉입 : 압력 0.6kg/cm^{2}으로 봉입하여 밀폐 보존함

37 **온수난방배관 시공 시 이상적인 기울기는 얼마인가?**

① 1/100 이상
② 1/150 이상
③ 1/200 이상
④ 1/250 이상

해설

온수난방배관 기울기
1/250 이상 앞올림 기울기를 배관하고 자동공기배출밸브를 설치한다. 배관의 최상단에는 공기배출밸브 최하단에 배수밸브를 설치한다.

38 **온수난방설비의 내림구배배관에서 배관 아랫면을 일치시키고자 할 때 사용되는 이음쇠는?**

① 소 켓
② 편심 리듀서
③ 유니언
④ 이경엘보

해설

편심 리듀서(내림구배배관에서 배관 아랫면을 일치시키고자 할 때 사용)를 사용하는 이유
- 펌프 흡입측 배관 내 공기 고임으로 마찰저항 방지
- 공동현상 발생 방지
- 배관 내 응축수의 체류 방지

35 ④ 36 ① 37 ④ 38 ② 정답

39 두께 150mm, 면적이 15m²인 벽이 있다. 내면온도는 200℃, 외면온도가 20℃일 때 벽을 통한 열손실량은?(단, 열전도율은 0.25kcal/m · h · ℃이다)

① 101kcal/h

② 675kcal/h

③ 2,345kcal/h

④ 4,500kcal/h

해설

$$Q = \lambda \times F \times \frac{\Delta t}{l}$$

$$= 0.25 \times 15 \times \frac{200-20}{0.15}$$

$$= 4,500\text{kcal/h}$$

여기서, Q : 1시간 동안 전해진 열량(kcal/h)

λ : 열전도율(kcal/mh℃)

F : 전열면적(m²)

l : 두께(m)

Δt : 온도차(℃)

40 보일러수에 불순물이 많이 포함되어 보일러수의 비등과 함께 수면 부근에 거품의 층을 형성하여 수위가 불안정하게 되는 현상은?

① 포 밍

② 프라이밍

③ 캐리오버

④ 공동현상

해설

① 포밍 : 관수의 농축, 유지분 등에 의해 동수면에 기포가 덮여 있는 거품 현상

② 프라이밍 : 관수의 농축, 급격한 증발 등에 의해 동 수면에서 물방울이 튀어 오르는 현상

41 수질이 불량하여 보일러에 미치는 영향으로 가장 거리가 먼 것은?

① 보일러의 수명과 열효율에 영향을 준다.

② 고압보다 저압일수록 장애가 더욱 심하다.

③ 부식현상이나 증기의 질이 불순하게 된다.

④ 수질이 불량하면 관계통에 관석이 발생한다.

해설

수질이 불량하면 고압일수록 관석이 발생하기 쉽고, 밸브나 배관계통을 폐쇄하여 위험할 수 있다.

42 다음 보온재 중 유기질 보온재에 속하는 것은?

① 규조토

② 탄산마그네슘

③ 유리섬유

④ 기포성 수지

해설

보온재의 구비조건

- 열전도율이 작을 것
- 비중이 작고 불연성
- 흡수성이 작을 것

※ 유기질 보온재 : 펠트, 코르크, 기포성 수지 등

※ 무기질 보온재 : 저온용(탄산마그네슘, 석면, 암면, 규조토, 유리섬유 등), 고온용(펄라이트, 규산칼슘, 세라믹 파이버 등)

정답 39 ④ 40 ① 41 ② 42 ④

43 관의 접속상태 · 결합방식의 표시방법에 용접이음을 나타내는 그림기호로 맞는 것은?

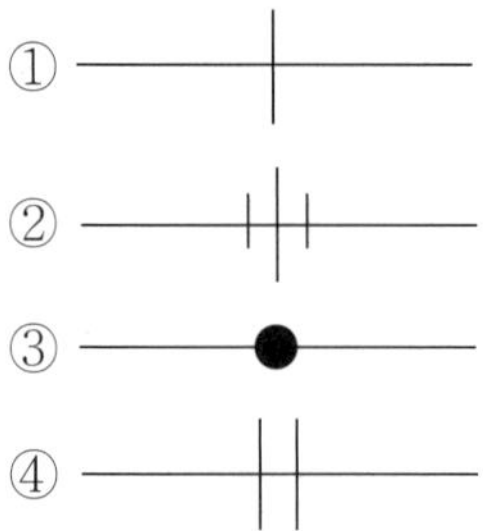

해설

배관의 도시기호

명 칭	도시기호	명 칭	도시기호
나사형		유니언	
용접형		슬루스밸브	
플랜지형		글로브밸브	
턱걸이형		체크밸브	
납땜형		캡	

44 보일러 점화 불량의 원인으로 가장 거리가 먼 것은?

① 댐퍼작동 불량

② 파일럿 오일 불량

③ 공기비의 조정 불량

④ 점화용 트랜스의 전기스파크 불량

해설

점화 불량의 원인 : 공기비 조정 불량, 전기스파크 불량, 댐퍼작동 불량

45 다음 방열기 도시기호 중 벽걸이 종형 도시기호는?

① W – H

② W – V

③ W – Ⅱ

④ W – Ⅲ

해설

호칭 및 도시방법

- 주형 방열기 : 2주형(Ⅱ), 3주형(Ⅲ), 3세주형(3), 5세주형(5)
- 벽걸이형(W) : 가로형(W–H), 세로형(W–V)

46 배관지지구의 종류가 아닌 것은?

① 파이프 슈

② 콘스탄트 행거

③ 리지드 서포트

④ 소 켓

해설

소켓은 배관연결 부속품이다.

47 보온시공 시 주의사항에 대한 설명으로 틀린 것은?

① 보온재와 보온재의 틈새는 되도록 작게 한다.

② 겹침부의 이음새는 동일선상을 피해서 부착한다.

③ 테이프 감기는 물, 먼지 등의 침입을 막기 위해 위에서 아래쪽으로 향하여 감아 내리는 것이 좋다.

④ 보온의 끝 단면은 사용하는 보온재 및 보온 목적에 따라서 필요한 보호를 한다.

해설

테이프 감기는 배관의 아래에서 위로 감아올린다.

43 ③ 44 ② 45 ② 46 ④ 47 ③ 정답

48 **온수난방에 관한 설명으로 틀린 것은?**

① 단관식은 보일러에서 멀어질수록 온수의 온도가 낮아진다.

② 복관식은 방열량의 변화가 일어나지 않고 밸브의 조절로 방열량을 가감할 수 있다.

③ 역귀환방식은 각 방열기의 방열량이 거의 일정하다.

④ 증기난방에 비하여 소요방열면적과 배관경이 작게 되어 설비비를 비교적 절약할 수 있다.

해설

온수난방은 증기난방에 비하여 소요방열면적과 배관경이 크다.

49 **온수보일러에서 팽창탱크를 설치할 경우 주의사항으로 틀린 것은?**

① 밀폐식 팽창탱크의 경우 상부에 물빼기관이 있어야 한다.

② 100℃의 온수에도 충분히 견딜 수 있는 재료를 사용하여야 한다.

③ 내식성 재료를 사용하거나 내식처리된 탱크를 설치하여야 한다.

④ 동결 우려가 있을 경우에는 보온을 한다.

해설

밀폐식 팽창탱크의 경우 하부에 물빼기배관이 있어야 한다.

50 **보일러 내부부식에 속하지 않는 것은?**

① 점 식 ② 저온부식

③ 구 식 ④ 알칼리부식

해설

보일러부식

- 외부부식
  - 저온부식 : 연료성분 중 S(황분)에 의한 부식
  - 고온부식 : 연료성분 중 V(바나듐)에 의한 부식
  - 산화부식 : 산화에 의한 부식
- 내부부식
  - 국부부식(점식) : 용존산소에 의해 발생
  - 전면부식 : 염화마그네슘($MgCl_2$)에 의해 발생
  - 알칼리부식 : pH 12 이상일 때 농축 알칼리에 의해 발생

51 **보일러 내부의 건조방식에 대한 설명 중 틀린 것은?**

① 건조제로 생석회가 사용된다.

② 가열장치로 서서히 가열하여 건조시킨다.

③ 보일러 내부 건조 시 사용되는 기화성 부식억제제(VCI)는 물에 녹지 않는다.

④ 보일러 내부 건조 시 사용되는 기화성 부식억제제(VCI)는 건조제와 병용하여 사용할 수 있다.

해설

기화성 부식억제제 : 휴지보일러의 건조보존법으로는 보일러 내부의 물을 제거, 건조한 다음 내부에 기화성 부식억제제(VCI)를 투입하고 보일러를 밀폐하는 방법이 있다.

정답 48 ④ 49 ① 50 ② 51 ③

52 **증기난방시공에서 진공환수식으로 하는 경우 리프트 피팅(Lift Fitting)을 설치하는 데 1단의 흡상높이로 적절한 것은?**

① 1.5m 이내

② 2.0m 이내

③ 2.5m 이내

④ 3.0m 이내

해설

리프트 피팅 : 저압증기환수관이 진공펌프의 흡입구보다 낮은 위치에 있을 때 배관이음 방법으로, 환수관 내의 응축수를 이음부 전후에서 형성되는 작은 압력차를 이용하여 끌어올릴 수 있도록 한 배관방법이다.

- 리프트관은 주관보다 한 치수 작은 관을 사용한다.
- 리프트 피팅의 1단 높이 : 1.5m 이내(3단까지 가능)

※ 리프트 계수로서 진공환식 난방배관에서 환수를 유인하기 위한 배관방법이다.

53 **배관의 나사이음과 비교한 용접이음에 관한 설명으로 틀린 것은?**

① 나사이음부와 같이 관의 두께에 불균일한 부분이 없다.

② 돌기부가 없어 배관상의 공간효율이 좋다.

③ 이음부의 강도가 작고, 누수의 우려가 크다.

④ 변형과 수축, 잔류응력이 발생할 수 있다.

해설

이음부의 강도가 크고, 누수의 우려가 없다.

54 **보일러 외부부식의 한 종류인 고온부식을 유발하는 주된 성분은?**

① 황 ② 수 소

③ 인 ④ 바나듐

해설

보일러부식

- 외부부식
  - 저온부식 : 연료성분 중 S(황분)에 의한 부식
  - 고온부식 : 연료성분 중 V(바나듐)에 의한 부식
  - 산화부식 : 산화에 의한 부식
- 내부부식
  - 국부부식(점식) : 용존산소에 의해 발생
  - 전면부식 : 염화마그네슘($MgCl_2$)에 의해 발생
  - 알칼리부식 : pH 12 이상일 때 농축 알칼리에 의해 발생

55 **에너지이용합리화법에 따라 고시한 효율관리기자재 운용규정에 따라 가정용 가스보일러의 최저소비효율기준은 몇 %인가?**

① 63% ② 68%

③ 76% ④ 86%

해설

에너지이용합리화법에 따라 고시한 효율관리기자재 운용규정에 따라 가정용 가스보일러의 최저소비효율기준은 76%이다(효율관리기자재 운용규정 별표 1).

52 ① 53 ③ 54 ④ 55 ③ 정답

56 **에너지다소비사업자는 산업통상자원부령이 정하는 바에 따라 전년도의 분기별 에너지사용량·제품생산량을 그 에너지사용시설이 있는 지역을 관할하는 시·도지사에게 매년 언제까지 신고해야 하는가?**

① 1월 31일까지
② 3월 31일까지
③ 5월 31일까지
④ 9월 30일까지

해설

에너지이용합리화법상 에너지다소비사업자는 에너지사용기자재의현황을 산업통상자원부령이 정하는 바에 따라 매년 1월 31일까지 시·도지사에게 신고하여야 한다.

57 **저탄소녹색성장기본법에서 사람의 활동에 수반하여 발생하는 온실가스가 대기 중에 축적되어 온실가스 농도를 증가시킴으로써 지구 전체적으로 지표 및 대기의 온도가 추가적으로 상승하는 현상을 나타내는 용어는?**

① 지구온난화
② 기후변화
③ 자원순환
④ 녹색경영

해설

지구온난화 : 산업혁명 이후 인구 증가와 산업화에 따라 화석 연료의 사용이 늘어나 온실가스 배출량이 증가하고, 무분별한 삼림 벌채로 대기 중의 온실가스 농도가 높아지면서 지구의 평균 기온이 상승하는 현상으로 온실효과를 일으키는 기체는 이산화탄소, 메탄, 염화플루오린화탄소 등이 있다.
※ 저탄소녹색성장기본법은 폐지됨

58 **에너지이용합리화법에 따라 산업통상자원부장관 또는 시·도지사로부터 한국에너지공단에 위탁된 업무가 아닌 것은?**

① 에너지사용계획의 검토
② 고효율시험기관의 지정
③ 대기전력경고표지대상제품의 측정결과 신고의 접수
④ 대기전력저감대상제품의 측정결과 신고의 접수

해설

한국에너지공단에 위탁된 업무(에너지이용합리화법 시행령 제51조)
- 에너지사용계획의 검토
- 이행 여부의 점검 및 실태 파악
- 효율관리기자재의 측정결과 신고의 접수
- 대기전력경고표지대상제품의 측정결과 신고의 접수
- 대기전력저감대상제품의 측정결과 신고의 접수
- 고효율에너지기자재 인증신청의 접수 및 인증
- 고효율에너지기자재의 인증취소 또는 인증사용정지 명령
- 에너지절약전문기업의 등록
- 온실가스배출 감축실적의 등록 및 관리
- 에너지다소비사업자 신고의 접수
- 진단기관의 관리·감독
- 에너지관리지도
- 진단기관의 평가 및 그 결과의 공개
- 냉난방온도의 유지·관리 여부에 대한 점검 및 실태 파악
- 검사대상기기의 검사
- 검사증의 발급
- 검사대상기기의 폐기, 사용 중지, 설치자 변경 및 검사의 전부 또는 일부가 면제된 검사대상기기의 설치에 대한 신고의 접수
- 검사대상기기 관리자의 선임·해임 또는 퇴직신고의 접수

정답 56 ① 57 ① 58 ②

59 **에너지이용합리화법에서 효율관리기자재의 제조업자 또는 수입업자가 효율관리기자재의 에너지사용량을 측정 받는 기관은?**

① 산업통상자원부장관이 지정하는 시험기관
② 제조업자 또는 수입업자의 검사기관
③ 환경부장관이 지정하는 진단기관
④ 시・도지사가 지정하는 측정기관

해설

효율관리기자재의 지정 등(에너지이용합리화법 제15조)
효율관리기자재의 제조업자 또는 수입업자는 산업통상자원부장관이 지정하는 시험기관에서 해당 효율관리기자재의 에너지 사용량을 측정받아 에너지소비효율등급 또는 에너지소비효율을 해당 효율관리기자재에 표시하여야 한다.

60 **에너지이용합리화법에서 정한 국가에너지절약추진위원회의 위원장은?**

① 산업통상자원부장관
② 국토교통부장관
③ 국무총리
④ 대통령

해설

※ 법 개정으로 인해 해당 조문 삭제됨

59 ① 60 ① 정답

2016년 제4회 과년도 기출문제

01 유류연소버너에서 기름의 예열온도가 너무 높은 경우에 나타나는 주요 현상으로 옳은 것은?

① 버너 화구의 탄화물 축적
② 버너용 모터의 마모
③ 진동, 소음의 발생
④ 점화 불량

해설
유류연소버너에서 기름의 예열온도가 너무 높은 경우 버너 화구의 탄화물이 축적된다.

02 대형보일러인 경우에 송풍기가 작동하지 않으면 전자밸브가 열리지 않고, 점화를 저지하는 인터로크는?

① 프리퍼지 인터로크
② 불착화 인터로크
③ 압력 초과 인터로크
④ 저수위 인터로크

해설
프리퍼지 인터로크 : 송풍기가 작동하지 않으면 전자밸브가 열리지 않아 점화가 차단되는 인터로크

03 가압수식을 이용한 집진장치가 아닌 것은?

① 제트 스크러버
② 충격식 스크러버
③ 벤투리 스크러버
④ 사이클론 스크러버

해설
습식(세정식) 집진장치
- 가압수식 : 사이클론 스크러버, 제트 스크러버, 벤투리 스크러버, 충전탑
- 유수식
- 회전식

04 절탄기에 대한 설명으로 옳은 것은?

① 절탄기의 설치방식은 혼합식과 분배식이 있다.
② 절탄기의 급수예열온도는 포화온도 이상으로 한다.
③ 연료의 절약과 증발량의 감소 및 열효율을 감소시킨다.
④ 급수와 보일러수의 온도차 감소로 열응력을 줄여준다.

해설
절탄기 : 보일러의 배기가스의 여열을 이용하여 급수를 예열하는 장치로서 보일러에서 배기되는 연소실은 전체 발열량의 약 20% 정도이며 이 열을 회수하여 열효율을 높게 하고 연료를 절감시킨다.

정답 1 ① 2 ① 3 ② 4 ④

05 분진가스를 집진기 내에 충돌시키거나 열가스의 흐름을 반전시켜 급격한 기류의 방향전환에 의해 분진을 포집하는 집진장치는?

① 중력식 집진장치
② 관성력식 집진장치
③ 사이클론식 집진장치
④ 멀티사이클론식 집진장치

해설

관성력 집진장치 : 함진가스를 방해판 등에 충돌시키거나 기류의 방향을 전환시켜 포집하는 방식

06 비열이 0.6kcal/kg · ℃인 어떤 연료 30kg을 15℃에서 35℃까지 예열하고자 할 때 필요한 열량은 몇 kcal인가?

① 180 ② 360
③ 450 ④ 600

해설

$Q = G \times C \times \Delta t$
$= 30 \times 0.6 \times (35 - 15)$
$= 360\text{kcal}$

여기서, Q : 열량(kcal)
G : 중량(kg)
C : 비열(kcal/kg℃)
Δt : 온도차(℃)

07 습증기의 엔탈피 hx를 구하는 식으로 옳은 것은? (단, h : 포화수의 엔탈피, x : 건조도, r : 증발잠열(숨은열), v : 포화수의 비체적)

① $hx = h + x$
② $hx = h + r$
③ $hx = h + xr$
④ $hx = v + h + xr$

해설

증기의 건조도(x) : 습증기 전체 질량 중 증기가 차지하는 질량비

08 보일러의 자동제어에서 제어량에 따른 조작량의 대상으로 옳은 것은?

① 증기온도 : 연소가스량
② 증기압력 : 연료량
③ 보일러수위 : 공기량
④ 노내압력 : 급수량

해설

보일러 자동제어(ABC)

구 분	제어량	조작량
자동연소제어(ACC)	증기압력	연료량, 공기량
	노내압력	연소가스량
급수제어(FWC)	드럼수위	급수량
증기온도제어(STC)	과열증기온도	전열량

5 ② 6 ② 7 ③ 8 ② 정답

09 화염검출기의 종류 중 화염의 이온화 현상에 따른 전기 전도성으로 이용하여 화염의 유무를 검출하는 것은?

① 플레임로드 ② 플레임아이
③ 스택스위치 ④ 광전관

해설
화염검출기의 종류
• 플레임아이 : 화염에서 발생하는 적외선을 이용한 화염검출기
• 플레임로드 : 화염의 전기 전도성을 이용한 화염검출기
• 스택스위치 : 화염의 발열현상을 이용한 검출기

10 원심형 송풍기에 해당하지 않는 것은?

① 터보형 ② 다익형
③ 플레이트형 ④ 프로펠러형

해설
• 축류형 송풍기 : 프로펠러형, 축관형, 날개축형
• 원심형 송풍기 : 터보형, 다익형, 플레이트형

11 석탄의 함유 성분이 많을수록 연소에 미치는 영향에 대한 설명으로 틀린 것은?

① 수분 : 착화성이 저하된다.
② 회분 : 연소효율이 증가한다.
③ 고정탄소 : 발열량이 증가한다.
④ 휘발분 : 검은 매연이 발생하기 쉽다.

해설
회분이란 석탄이 연소하고 남은 재로서 석탄 내에 함유된 광물질 성분 함량이다. 이 석탄회재 성분을 화학분석하면 이산화규소, 산화철, 산화알루미늄, 산화칼슘, 산화마그네슘, 이산화타이타늄, 산화나트륨, 산화칼륨 등의 성분으로 구성되어 있고, 연소효율을 낮춘다.

12 보일러 수위제어 검출방식에 해당되지 않는 것은?

① 유속식
② 전극식
③ 차압식
④ 열팽창식

해설
수위제어 검출방식 : 전극식, 차압식, 열팽창식

13 다음 중 보일러의 손실열 중 가장 큰 것은?

① 연료의 불완전 연소에 의한 손실열
② 노내 분입증기에 의한 손실열
③ 과잉공기에 의한 손실열
④ 배기가스에 의한 손실열

해설
• 출열항목
  – 불완전 연소가스에 의한 열손실
  – 미연소분에 의한 열손실
  – 발생증기의 보유열(출열 중 가장 많은 열)
  – 방산에 의한 손실열
  – 배기가스의 손실열(손실열 중 가장 많은 열)
• 입열항목
  – 연료의 발열량
  – 연료의 현열
  – 공기의 현열
  – 노내 분입증기열

정답 9 ① 10 ④ 11 ② 12 ① 13 ④

14 증기의 압력에너지를 이용하여 피스톤을 작동시켜 급수를 행하는 펌프는?

① 워싱턴 펌프
② 기어 펌프
③ 벌류트 펌프
④ 디퓨저 펌프

해설

왕복동식 펌프
- 피스톤 펌프
- 플런저 펌프
- 다이어프램 펌프
- 워싱턴 펌프
- 웨어 펌프

15 다음 중 보일러수 분출의 목적이 아닌 것은?

① 보일러수의 농축을 방지한다.
② 프라이밍, 포밍을 방지한다.
③ 관수의 순환을 좋게 한다.
④ 포화증기를 과열증기로 증기의 온도를 상승시킨다.

해설

보일러 분출의 목적
- 관수의 농축 방지
- 슬러지분의 배출 제거
- 프라이밍, 포밍의 방지
- 관수의 pH 조정
- 가성취화 방지
- 고수위 방지

16 화염 검출기에서 검출되어 프로텍터 릴레이로 전달된 신호는 버너 및 어떤 장치로 다시 전달되는가?

① 압력제한 스위치
② 저수위 경보장치
③ 연료차단밸브
④ 안전밸브

해설

화염 검출기에서 검출되어 프로텍터 릴레이로 전달된 신호는 버너 및 연료차단밸브로 전달하여 연료를 차단한다.

17 기체연료의 특징으로 틀린 것은?

① 연소 조절 및 점화나 소화가 용이하다.
② 시설비가 적게 들며 저장이나 취급이 편리하다.
③ 회분이나 매연 발생이 없어서 연소 후 청결하다.
④ 연료 및 연소용 공기도 예열되어 고온을 얻을 수 있다.

해설

기체연료의 특성
- 연소효율이 높고 소량의 공기라도 완전연소가 가능하다.
- 고온을 얻기가 쉽다.
- 연소가 균일하고, 연소조절이 용이하다.
- 회분이나 매연이 없어 청결하다.
- 배관공사비의 시설비가 많이 들어 저장이 곤란하며, 다른 연료에 비해 고가이다.
- 누출되기 쉽고, 폭발의 위험성이 크다.

14 ① 15 ④ 16 ③ 17 ② 정답

18 다음 중 수관식 보일러의 종류가 아닌 것은?

① 타쿠마 보일러
② 가르베 보일러
③ 야로 보일러
④ 하우덴 존슨 보일러

해설

노통연관식 보일러 : 스코치 보일러, 하우덴 존슨 보일러

19 보일러 1마력을 열량으로 환산하면 약 몇 kcal/h인가?

① 15.65 ② 539
③ 1,078 ④ 8,435

해설

보일러 마력을 kcal/h로 환산하면
1마력의 상당증발량 × 증발잠열 = 15.65(kg/h) × 539(kcal/kg)
≒ 8,435kcal/h

20 연관보일러에서 연관에 대한 설명으로 옳은 것은?

① 관이 내부로 연소가스가 지나가는 관
② 관의 외부로 연소가스가 지나가는 관
③ 관의 내부로 증기가 지나가는 관
④ 관의 내부로 물이 지나가는 관

해설

강수관 내부에 열가스가 통과하는 것은 연관식 보일러이다.

21 90℃의 물 1,000kg에 15℃의 물 2,000kg을 혼합시키면 온도는 몇 ℃가 되는가?

① 40 ② 30
③ 20 ④ 10

해설

$G_1 \times C_1 \times \Delta t_1 = G_2 \times C_2 \times \Delta t_2$
$1{,}000 \times 1 \times (90 - x) = 2{,}000 \times 1 \times (x - 15)$
$\therefore\ x = 40$
여기서, Q : 열량(kcal)
G : 중량(kg)
C : 비열(kcal/kg℃)
Δt : 온도차(℃)

22 유류보일러 시스템에서 중유를 사용할 때 흡입측의 여과망 눈 크기로 적합한 것은?

① 1~10mesh
② 20~60mesh
③ 100~150mesh
④ 300~500mesh

해설

여과망 눈 크기는 흡입측 10~60mesh, 토출측 60~120mesh 이다.

정답 18 ④ 19 ④ 20 ① 21 ① 22 ②

23 보일러 효율 시험방법에 관한 설명으로 틀린 것은?

① 급수온도는 절탄기가 있는 것은 절탄기 입구에서 측정한다.

② 배기가스의 온도는 전열면의 최종 출구에서 측정한다.

③ 포화증기의 압력은 보일러 출구의 압력으로 부르동관식 압력계로 측정한다.

④ 증기온도의 경우 과열기가 있을 때는 과열기 입구에서 측정한다.

해설

증기온도의 경우 과열기가 있을 때는 과열기 출구에서 증기온도를 측정한다.

24 비교적 많은 동력이 필요하나 강한 통풍력을 얻을 수 있어 통풍저항이 큰 대형 보일러나 고성능 보일러에 널리 사용되고 있는 통풍방식은?

① 자연통풍방식

② 평형통풍방식

③ 직접흡입통풍방식

④ 간접흡입통풍방식

해설

- 자연통풍방식 : 일반적으로 별도의 동력을 사용하지 않고 연돌로 통풍
- 압입통풍방식 : 연소용 공기를 송풍기로 노 입구에서 대기압보다 높은 압력으로 밀어 넣고 굴뚝의 통풍작용과 같이 통풍을 유지하는 방식
- 평형통풍방식 : 연소용 공기를 연소실로 밀어 넣는 방식으로, 통풍저항이 큰 대형 보일러나 고성능 보일러에 널리 사용되고 있다.

25 고체연료에 대한 연료비를 가장 잘 설명한 것은?

① 고정탄소와 휘발분의 비

② 회분과 휘발분의 비

③ 수분과 회분의 비

④ 탄소와 수소의 비

해설

연료비란 석탄의 공업 분석으로부터 얻어지는 고정탄소(%)와 휘발분(%)의 비, 즉 고정탄소/휘발분의 수치를 말한다. 석탄은 탄화도가 진행될수록 고정탄소가 증가하여 휘발분이 감소한다.

26 보일러의 최고사용압력이 0.1MPa 이하일 경우 설치 가능한 과압방지 안전장치의 크기는?

① 호칭지름 5mm

② 호칭지름 10mm

③ 호칭지름 15mm

④ 호칭지름 20mm

해설

안전밸브 및 압력방출장치의 크기는 호칭지름 25A 이상으로 하여야 한다. 다만, 다음 보일러에서는 호칭지름 20A 이상으로 할 수 있다.

- 최고사용압력 1kgf/cm^2(0.1MPa) 이하의 보일러
- 최고사용압력 5kgf/cm^2(0.5MPa) 이하의 보일러로 동체의 안지름이 500mm 이하이며, 동체의 길이가 1,000mm 이하의 것
- 최고사용압력 5kgf/cm^2(0.5MPa) 이하의 보일러로 전열면적 2m^2 이하의 것
- 최대증발량 5t/h 이하의 관류보일러
- 소용량 강철제 보일러, 소용량 주철제 보일러

23 ④ 24 ② 25 ① 26 ④ 정답

27 **보일러 부속장치에서 연소가스의 저온부식과 가장 관계가 있는 것은?**

① 공기예열기

② 과열기

③ 재생기

④ 재열기

해설

저온부식 : 절탄기 및 공기예열기에서 유황성분에 의해 주로 발생되는 부식

28 **비점이 낮은 물질인 수은, 다우섬 등을 사용하여 저압에서도 고온을 얻을 수 있는 보일러는?**

① 관류식 보일러

② 열매체식 보일러

③ 노통연관식 보일러

④ 자연순환 수관식 보일러

해설

특수액체(열매체) 보일러 : 다우섬, 카네크롤, 수은, 모빌섬, 시큐리티

29 **어떤 보일러의 연소 효율이 92%, 전열면 효율이 85%이면 보일러 효율은?**

① 73.2% ② 74.8%

③ 78.2% ④ 82.8%

해설

보일러 효율 = 연소 효율 × 전열면 효율

= 0.92 × 0.85 × 100

= 78.2%

30 **온수온돌의 방수처리에 대한 설명으로 적절하지 않은 것은?**

① 다층건물에 있어서도 전층의 온수온돌에 방수처리를 하는 것이 좋다.

② 방수처리는 내식성이 있는 루핑, 비닐, 방수모르타르로 하며, 습기가 스며들지 않도록 완전히 밀봉한다.

③ 벽면으로 습기가 올라오는 것을 대비하여 온돌바닥보다 약 10cm 이상 위까지 방수처리를 하는 것이 좋다.

④ 방수처리를 함으로써 열손실을 감소시킬 수 있다.

해설

온돌구조의 하부가 지면에 접하는 경우에는 하부 바탕층에 대한 방수처리 및 단열재의 상부에는 방습처리를 해야 한다. 온돌바닥이 땅과 직접 접촉하지 않는 2층의 경우에는 방수처리를 하지 않아도 된다.

31 **압력배관용 탄소강관의 KS 규격기호는?**

① SPPS

② SPLT

③ SPP

④ SPPH

해설

② SPLT : 저온배관용 탄소강관

③ SPP : 배관용 탄소강관

④ SPPH : 고압배관용 탄소강관

정답 27 ① 28 ② 29 ③ 30 ① 31 ①

32 중력환수식 온수난방법의 설명으로 틀린 것은?

① 온수의 밀도차에 의해 온수가 순환한다.
② 소규모 주택에 이용한다.
③ 보일러는 최하위 방열기보다 더 낮은 곳에 설치한다.
④ 자연순환이므로 관경을 작게 하여도 된다.

해설

중력환수식 온수난방법은 자연순환이므로 관경을 크게 해야 된다.

33 전열면적 12m²인 보일러의 급수밸브의 크기는 호칭 몇 A 이상이어야 하는가?

① 15　　② 20
③ 25　　④ 32

해설

급수밸브, 체크밸브의 크기

- 전열면적 10m² 이하 : 15A 이상
- 전열면적 10m² 초과 : 20A 이상

34 보온재의 열전도율과 온도와의 관계를 맞게 설명한 것은?

① 온도가 낮아질수록 열전도율은 커진다.
② 온도가 높아질수록 열전도율은 작아진다.
③ 온도가 높아질수록 열전도율은 커진다.
④ 온도에 관계없이 열전도율은 일정하다.

해설

열전도율(λ, kcal/mh℃)

1변이 1m인 입방체의 4면을 완전히 단열하여 나머지 2면의 온도차를 1℃로 유지할 때 1시간에 양면을 흐르는 열량을 열전도율이라 한다. 다음 공식에서 온도가 높아질수록 열전도율은 커진다.

$$Q = \lambda \times F \times \frac{\Delta t}{l}$$

여기서, Q : 1시간 동안 전해진 열량(kcal/h)
λ : 열전도율(kcal/mh℃)
F : 전열면적(m²)
l : 두께(m)
Δt : 온도차(℃)

35 그랜드 패킹의 종류에 해당하지 않는 것은?

① 편조 패킹
② 액상 합성수지 패킹
③ 플라스틱 패킹
④ 메탈 패킹

해설

- 그랜드 패킹의 종류
  - 브레이드 패킹 : 석면 브레이드 패킹
  - 플라스틱 패킹 : 면상 패킹
  - 금속 패킹
  - 적측 패킹 : 고무면사적층 패킹, 고무석면포·적측형 패킹
- 패킹의 재료에 따른 패킹의 종류
  - 플랜지 패킹 : 고무 패킹(천연고무, 네오프렌), 석면 조인트 시트, 합성수지 패킹(테프론), 금속 패킹, 오일 실 패킹
  - 나사용 패킹 : 페인트, 일산화연, 액상 합성수지
  - 그랜드 패킹 : 석면 각형 패킹, 석면 얀 패킹, 아마존 패킹, 몰드 패킹, 가죽 패킹

32 ④ 33 ② 34 ③ 35 ② 정답

36 **배관 중간이나 밸브, 펌프, 열교환기 등의 접속을 위해 사용되는 이음쇠로서 분해, 조립이 필요한 경우에 사용되는 것은?**

① 벤 드　② 리듀서
③ 플랜지　④ 슬리브

해설

플랜지 : 배관 중간이나 밸브, 펌프, 열교환기 등의 접속을 위해 사용되는 이음쇠로서 분해, 조립이 필요한 경우에 사용

37 **급수 중 불순물에 의한 장해나 처리방법에 대한 설명으로 틀린 것은?**

① 현탁고형물의 처리방법에는 침강분리, 여과, 응집침전 등이 있다.
② 경도성분은 이온 교환으로 연화시킨다.
③ 유지류는 거품의 원인이 되나, 이온교환수지의 능력을 향상시킨다.
④ 용존산소는 급수계통 및 보일러 본체의 수관을 산화 부식시킨다.

해설

유지류는 거품의 원인이 되고, 이온교환수지의 능력을 떨어트린다.

38 **난방설비 배관이나 방열기에서 높은 위치에 설치해야 하는 밸브는?**

① 공기빼기밸브
② 안전밸브
③ 전자밸브
④ 플로트밸브

해설

공기빼기밸브는 배관이나 방열기에서 높은 위치에 설치해야 된다.

39 **기름보일러에서 연소 중 화염이 점멸하는 등 연소 불안정이 발생하는 경우가 있다. 그 원인으로 가장 거리가 먼 것은?**

① 기름의 점도가 높을 때
② 기름 속에 수분이 혼입되었을 때
③ 연료의 공급상태가 불안정한 때
④ 노내가 부압(負壓)인 상태에서 연소했을 때

해설

연소 불안정 원인
- 기름 배관 내에 공기가 들어간 경우
- 기름 내에 수분이 포함된 경우
- 기름 온도가 너무 높을 경우
- 펌프의 흡입량이 부족한 경우
- 연료 공급상태가 불안정한 경우
- 기름 점도가 너무 높을 경우
- 1차 공기 압송량이 너무 많을 경우

40 **배관의 관 끝을 막을 때 사용하는 부품은?**

① 엘 보　② 소 켓
③ 티　④ 캡

해설

배관의 관 끝을 막을 때 사용하는 부품 : 캡, 플러그

정답 36 ③ 37 ③ 38 ① 39 ④ 40 ④

41 어떤 강철제 증기보일러의 최고사용압력이 0.35MPa 이면 수압시험압력은?

① 0.35MPa
② 0.5MPa
③ 0.7MPa
④ 0.95MPa

해설

강철제 보일러
- 보일러의 최고사용압력이 0.43MPa 이하일 때에는 그 최고사용 압력의 2배의 압력으로 한다(다만, 그 시험압력이 0.2MPa 미만인 경우에는 0.2MPa로 한다).
- 보일러의 최고사용압력이 0.43MPa 초과 1.5MPa 이하일 때는 그 최고사용압력의 1.3배에 0.3MPa를 더한 압력으로 한다.
- 보일러의 최고사용압력이 1.5MPa를 초과할 때에는 그 최고사용 압력의 1.5배의 압력으로 한다.
- 조립 전에 수압시험을 실시하는 수관식 보일러의 내압 부분은 최고사용압력의 1.5배 압력으로 한다.

42 온수난방설비의 밀폐식 팽창탱크에 설치되지 않는 것은?

① 수위계
② 압력계
③ 배기관
④ 안전밸브

해설

배기관(통기관)은 개방식 팽창탱크에 설치하여 배기 및 통기를 원활하게 하기 위함이다.

43 다른 보온재에 비하여 단열효과가 낮으며, 500℃ 이하의 파이프, 탱크, 노벽 등에 사용하는 보온재는?

① 규조토
② 암 면
③ 기포성수지
④ 탄산마그네슘

해설

무기질 보온재의 안전사용 최고온도
- 세라믹 파이버 : 30~1,300℃
- 실리카 파이버 : 50~1,100℃
- 탄산마그네슘 : 250℃
- 규조토 : 500℃
- 석면 : 600℃
- 규산칼슘 : 650℃

44 진공환수식 증기난방 배관시공에 관한 설명으로 틀린 것은?

① 증기주관은 흐름 방향에 1/200~1/300의 앞내림 기울기로 하고 도중에 수직 상향부가 필요한 때 트랩장치를 한다.
② 방열기 분기관 등에서 앞단에 트랩장치가 없을 때에는 1/50~1/100의 앞올림 기울기로 하여 응축수를 주관에 역류시킨다.
③ 환수관에 수직 상향부가 필요한 때에는 리프트 피팅을 써서 응축수가 위쪽으로 배출되게 한다.
④ 리프트 피팅은 될 수 있으면 사용 개소를 많게 하고 1단을 2.5m 이내로 한다.

해설

리프트 피팅 배관법
- 저압증기환수관이 진공펌프의 흡입구보다 낮은 위치에 있을 때 응축수를 끌어올리기 위해 설치하는 배관법이다.
- 리프트 피팅의 1단의 흡상 높이는 1.5m 이내로 한다.
- 사용 개수를 가능하면 적게 하고, 급수펌프의 근처에 1개소만 설치한다.

41 ③ 42 ③ 43 ① 44 ④ 정답

45 보일러의 내부부식에 속하지 않는 것은?

① 점 식
② 구 식
③ 알칼리부식
④ 고온부식

해설

보일러부식
- 외부부식
  - 저온부식 : 연료성분 중 S(황분)에 의한 부식
  - 고온부식 : 연료성분 중 V(바나듐)에 의한 부식
  - 산화부식 : 산화에 의한 부식
- 내부부식
  - 국부부식(점식) : 용존산소에 의해 발생
  - 전면부식 : 염화마그네슘($MgCl_2$)에 의해 발생
  - 알칼리부식 : pH 12 이상일 때 농축 알칼리에 의해 발생

46 보일러성능시험에서 강철제 증기보일러의 증기건도는 몇 % 이상이어야 하는가?

① 89 ② 93
③ 95 ④ 98

해설

증기건도
- 강철제 보일러 : 98% 이상
- 주철제 보일러 : 97% 이상

47 보일러 사고의 원인 중 보일러 취급상의 사고원인이 아닌 것은?

① 재료 및 설계 불량
② 사용압력 초과 운전
③ 저수위 운전
④ 급수처리 불량

해설

보일러사고의 원인
- 제작상의 원인 : 재료 불량, 강도 부족, 구조 및 설계 불량, 용접 불량, 부속기기의 설비 미비 등
- 취급상의 원인 : 저수위, 압력 초과, 미연가스에 의한 노내 폭발, 급수처리 불량, 부식, 과열 등

48 실내의 천장 높이가 12m인 극장에 대한 증기난방 설비를 설계하고자 한다. 이때의 난방부하 계산을 위한 실내평균온도는?(단, 호흡선 1.5m에서의 실내 온도는 18℃이다)

① 23.5℃ ② 26.1℃
③ 29.8℃ ④ 32.7℃

해설

$$t_m = t + 0.05(h-3)t$$
$$= 18 + [0.05(12-3) \times 18]$$
$$= 26.1℃$$

정답 45 ④ 46 ④ 47 ① 48 ②

49 보일러 강판의 가성취화현상의 특징에 관한 설명으로 틀린 것은?

① 고압보일러에서 보일러수의 알칼리 농도가 높은 경우에 발생한다.
② 발생하는 장소로는 수면 상부의 리벳과 리벳 사이에 발생하기 쉽다.
③ 발생하는 장소로는 관구멍 등 응력이 집중하는 곳의 틈이 많은 곳이다.
④ 외견상 부식성이 없고, 극히 미세한 불규칙적인 방사상 형태를 하고 있다.

해설

발생하는 장소로는 수면하부의 리벳과 리벳 사이에서 발생하기 쉽다.

50 보일러에서 발생한 증기를 송기할 때의 주의사항으로 틀린 것은?

① 주증기관 내의 응축수를 배출시킨다.
② 주증기밸브를 서서히 연다.
③ 송기한 후에 압력계의 증기압 변동에 주의한다.
④ 송기한 후에 밸브의 개폐상태에 대한 이상 유무를 점검하고 드레인밸브를 열어 놓는다.

해설

드레인밸브는 송기하기 전에 열어 응축수를 배출한 후 닫아 놓는다.

51 증기 트랩을 기계식, 온도조절식, 열역학적 트랩으로 구분할 때 온도조절식 트랩에 해당하는 것은?

① 버킷 트랩
② 플로트 트랩
③ 열동식 트랩
④ 디스크형 트랩

해설

트랩의 종류 및 특징

기계식 트랩	• 상향 버킷형 • 역버킷형 • 레버플로트형 • 프리플로트형
온도조절식 트랩	• 벨로스형 • 바이메탈형 • 열동식
열역학식 트랩	• 오리피스형 • 디스크형

52 보일러 전열면의 과열방지대책으로 틀린 것은?

① 보일러 내의 스케일을 제거한다.
② 다량의 불순물로 인해 보일러수가 농축되지 않게 한다.
③ 보일러의 수위가 안전 저수면 이하가 되지 않도록 한다.
④ 화염을 국부적으로 집중 가열한다.

해설

화염을 국부적으로 집중 가열하면 과열의 원인이 된다.

49 ② 50 ④ 51 ③ 52 ④ 정답

53 난방부하가 2,250kcal/h인 경우 온수방열기의 방열면적은?(단, 방열기의 방열량은 표준방열량으로 한다)

① $3.5m^2$ ② $4.5m^2$
③ $5.0m^2$ ④ $8.3m^2$

해설

$$방열면적 = \frac{난방부하}{방열량} = \frac{2,250}{450} = 5m^2$$

54 증기난방에서 환수관의 수평배관에서 관경이 가늘어 지는 경우 편심 리듀서를 사용하는 이유로 적합한 것은?

① 응축수의 순환을 억제하기 위해
② 관의 열팽창을 방지하기 위해
③ 동심 리듀서보다 시공을 단축하기 위해
④ 응축수의 체류를 방지하기 위해

해설

편심 리듀서를 사용하는 이유 : 응축수의 체류를 방지하기 위해

55 에너지이용합리화법상 시공업자단체의 설립, 정관의 기재사항과 감독에 관하여 필요한 사항은 누구의 영으로 정하는가?

① 대통령령
② 산업통상자원부령
③ 고용노동부령
④ 환경부령

해설

에너지이용합리화법상 시공업자단체의 설립, 정관의 기재사항과 감독에 관하여 필요한 사항은 대통령령으로 정한다(에너지이용합리화법 제41조).

56 에너지이용합리화법상 열사용기자재가 아닌 것은?

① 강철제 보일러
② 구멍탄용 온수보일러
③ 전기순간온수기
④ 2종 압력용기

해설

특정열사용기자재 및 그 설치 · 시공범위(에너지이용합리화법 시행규칙 별표 3의 2)

구 분	품목명	설치 · 시공범위
보일러	• 강철제 보일러 • 주철제 보일러 • 온수보일러 • 구멍탄용 온수보일러 • 축열식 전기보일러 • 캐스케이드 보일러 • 가정용 화목보일러	해당 기기의 설치 · 배관 및 세관
태양열 집열기	• 태양열 집열기	해당 기기의 설치 · 배관 및 세관
압력용기	• 1종 압력용기 • 2종 압력용기	
요업요로	• 연속식 유리용융가마 • 불연속식 유리용융가마 • 유리용융도가니가마 • 터널가마 • 도염식각가마 • 셔틀가마 • 회전가마 • 석회용선가마	해당 기기의 설치를 위한 시공
금속요로	• 용선로 • 비철금속용융로 • 금속소둔(풀림)로 • 철금속가열로 • 금속균열로	

정답 53 ③ 54 ④ 55 ① 56 ③

57 다음 에너지이용합리화법의 목적에 관한 내용이 다. (　　) 안의 A, B에 각각 들어갈 용어로 옳은 것은?

> 에너지이용합리화법은 에너지의 수급을 안정시키고 에너지의 합리적이고 효율적인 이용을 증진하며 에너지소비로 인한 (A)을(를) 줄임으로써 국민경제의 건전한 발전 및 국민복지의 증진과 (B)의 최소화에 이바지함을 목적으로 한다.

① A = 환경파괴　　B = 온실가스
② A = 자연파괴　　B = 환경피해
③ A = 환경피해　　B = 지구온난화
④ A = 온실가스배출　　B = 환경파괴

해설

에너지이용합리화법은 에너지의 수급을 안정시키고 에너지의 합리적이고 효율적인 이용을 증진하며 에너지소비로 인한 환경피해를 줄임으로써 국민경제의 건전한 발전 및 국민복지의 증진과 지구온난화의 최소화에 이바지함을 목적으로 한다.

58 에너지이용합리화법에 따라 고효율 에너지 인증대상 기자재에 포함되지 않는 것은?

① 펌 프
② 전력용 변압기
③ LED 조명기기
④ 산업건물용 보일러

해설

고효율 에너지 인증대상 기자재(에너지이용합리화법 시행규칙 제20조)
- 펌 프
- 산업건물용 보일러
- 무정전전원장치
- 폐열회수형 환기장치
- 발광다이오드(LED) 등 조명기기
- 그 밖에 산업통상자원부장관이 특히 에너지이용의 효율성이 높아 보급을 촉진할 필요가 있다고 인정하여 고시하는 기자재 및 설비

59 에너지법에 따라 에너지기술개발 사업비의 사업에 대한 지원항목에 해당되지 않는 것은?

① 에너지기술의 연구・개발에 관한 사항
② 에너지기술에 관한 국내 협력에 관한 사항
③ 에너지기술의 수요조사에 관한 사항
④ 에너지에 관한 연구인력 양성에 관한 사항

해설

에너지기술개발사업비(에너지법 제14조)
에너지기술개발사업비는 다음의 사업 지원을 위하여 사용하여야 한다.
- 에너지기술의 연구・개발에 관한 사항
- 에너지기술의 수요조사에 관한 사항
- 에너지사용기자재와 에너지공급설비 및 그 부품에 관한 기술개발에 관한 사항
- 에너지기술 개발 성과의 보급 및 홍보에 관한 사항
- 에너지기술에 관한 국제 협력에 관한 사항
- 에너지에 관한 연구인력 양성에 관한 사항
- 에너지 사용에 따른 대기오염을 줄이기 위한 기술개발에 관한 사항
- 온실가스 배출을 줄이기 위한 기술개발에 관한 사항
- 에너지기술에 관한 정보의 수집・분석 및 제공과 이와 관련된 학술활동에 관한 사항
- 평가원의 에너지기술개발사업 관리에 관한 사항

60 에너지이용합리화법에 따라 검사에 합격되지 아니한 검사대상기기를 사용한 자에 대한 벌칙은?

① 6개월 이하의 징역 또는 5백만원 이하의 벌금
② 1년 이하의 징역 또는 1천만원 이하의 벌금
③ 2년 이하의 징역 또는 2천만원 이하의 벌금
④ 3년 이하의 징역 또는 3천만원 이하의 벌금

해설

벌칙(에너지이용합리화법 제73조)
다음 어느 하나에 해당하는 자는 1년 이하의 징역 또는 1천만원 이하의 벌금에 처한다.
- 검사대상기기의 검사를 받지 아니한 자
- 검사에 합격되지 아니한 검사대상기기를 사용한 자
- 수입 검사대상기기의 검사에 합격되지 아니한 검사대상기기를 수입한 자

57 ③ 58 ② 59 ② 60 ② 정답

2017년 제1회 과년도 기출복원문제

※ 2017년부터는 CBT(컴퓨터 기반 시험)로 진행되어 수험자의 기억에 의해 문제를 복원하였습니다. 실제 시행문제와 일부 상이할 수 있음을 알려드립니다.

01 물의 임계압력에서의 잠열은 몇 kcal/kg인가?

① 539 ② 100
③ 0 ④ 639

해설

임계점(임계압력)

포화수의 증발현상이 없고 포화수가 증기로 변하며, 액체와 기체의 구별이 없어지는 지점으로 증발잠열이 0인 상태의 압력 및 온도이다.

- 임계압 : 225.65kg/cm^2
- 임계온도 : 374.15℃
- 임계잠열 : 0kcal/kg

02 기동할 때 반드시 프라이밍(Priming)을 해 주어야 하는 펌프는?

① 원심펌프
② 피스톤펌프
③ 워싱턴펌프
④ 플런저펌프

해설

기동할 때 반드시 프라이밍(Priming)을 해 주어야 하는 펌프는 원심펌프이다.

03 액체연료를 연소시키는 버너 중 초음파 버너란?

① 진동 무화식이다.
② 압력 분무식이다.
③ 조연제 첨가식이다.
④ 기류 분무식이다.

해설

초음파식은 진동 무화식의 중질유 연소방식이다.

04 수관보일러의 물 순환 방법 중 보일러수를 가열함으로써 생기는 비중량의 차에 의한 순환력으로 순환시키는 방식은?

① 관류식
② 화격자식
③ 자연순환식
④ 강제순환식

해설

자연순환식 수관보일러는 외부의 동력 없이 비중량의 차이로 인해서 순환하는 방법이다.

정답 1 ③ 2 ① 3 ① 4 ③

05 **코니시(Cornish) 보일러에서 노통을 보일러 동체에 대하여 편심으로 설치하는 이유는?**

① 물의 순환을 양호하게 하기 위하여
② 전열면적을 크게 하기 위하여
③ 열에 대한 신축을 자유롭게 하기 위하여
④ 스케일(Scale)의 소제를 쉽게 하기 위하여

해설

편심 리듀서를 사용하는 이유
- 펌프 흡입측 배관 내 공기 고임으로 생기는 마찰저항 방지
- 공동현상 발생 방지
- 배관 내 응축수의 체류 방지

06 **다음 중 가장 미세한 먼지를 집진할 수 있는 집진장치는?**

① 전기식 집진장치
② 중력식 집진장치
③ 세정식 집진장치
④ 여과식 집진장치

해설

전기식은 가장 미세한 입자의 먼지를 집진할 수 있고, 압력손실이 작으며, 집진효율이 높은 집진장치 형식이다.

07 **보일러 안전밸브 부착에 관한 설명으로 잘못된 것은?**

① 안전밸브는 바이패스 배관으로 부착한다.
② 쉽게 검사할 수 있는 장소에 부착한다.
③ 밸브 축을 수직으로 한다.
④ 가능한 한 보일러 동체에 직접 부착한다.

해설

안전밸브는 바이패스 배관으로 부착하면 안된다.

08 **유류 연소 자동점화 보일러의 점화순서상 화염검출의 다음 단계는?**

① 점화 버너 작동
② 전자밸브 열림
③ 노내압 조정
④ 노내 환기

해설

보일러 자동점화 시에 가장 먼저 확인하여야 할 사항은 노내 환기이고, 화염검출 다음 단계는 전자밸브 열림이다.

09 **보일러 급수처리 중 협잡물(현탁물)의 제거법이 아닌 것은?**

① 침강법　　② 응집법
③ 탈기법　　④ 여과법

해설

급수처리(관외처리)
- 고형 협잡물 처리 : 침강법, 여과법, 응집법
- 용존가스제 처리 : 기폭법(CO_2, Fe, Mn, NH_3, H_2S), 탈기법(CO_2, O_2)
- 용해고형물 처리 : 증류법, 이온교환법, 약품첨가법

5 ① 6 ① 7 ① 8 ② 9 ③ 정답

10 보일러 운전 중 팽출이 발생하기 쉬운 곳은?

① 횡형 노통 보일러의 노통
② 입형 보일러의 연소실
③ 횡연관 보일러의 동(Drum) 저부
④ 수관 보일러의 연도

해설

팽출 : 과열된 보일러 동체가 내부 압력에 견디지 못하고 외부로 부풀어 나오는 현상(보일러 동 저부, 수관, 횡연관, 갤러웨이관 등에서 잘 발생함)

11 어떤 강철제 증기보일러의 최고사용압력이 0.35MPa (3.5kg/cm^2)이면 수압시험 압력은?

① 0.35MPa(3.5kg/cm^2)
② 0.5MPa(5kg/cm^2)
③ 0.7MPa(7kg/cm^2)
④ 0.95MPa(9.5kg/cm^2)

해설

강철제 보일러

- 보일러의 최고사용압력이 0.43MPa 이하일 때에는 그 최고사용압력의 2배의 압력으로 한다(다만, 그 시험압력이 0.2MPa 미만인 경우에는 0.2MPa로 한다).
- 보일러의 최고사용압력이 0.43MPa 초과 1.5MPa 이하일 때는 그 최고사용압력의 1.3배에 0.3MPa를 더한 압력으로 한다.
- 보일러의 최고사용압력이 1.5MPa를 초과할 때에는 그 최고사용압력의 1.5배의 압력으로 한다.
- 조립 전에 수압시험을 실시하는 수관식 보일러의 내압부분은 최고사용압력의 1.5배 압력으로 한다.

12 외부와 열의 출입이 없는 열역학적 변화는?

① 등온변화
② 정압변화
③ 단열변화
④ 정적변화

해설

단열변화는 외부와 열의 출입이 없는 열역학적 변화이다.

13 보일러 부속설비에 해당되지 않는 것은?

① 방열장치
② 급수장치
③ 안전장치
④ 통풍장치

해설

보일러 부속설비

안전장치, 급수장치, 통풍장치, 분출장치, 급유장치, 제어장치, 처리장치, 수면장치

14 다음 중 연소온도에 영향을 미치는 요소와 무관한 것은?

① 산소의 농도
② 연료의 저위발열량
③ 과잉공기량
④ 연료의 단위중량

해설

연료의 단위중량은 연소온도에 영향을 미치지 않는다.

정답 10 ③ 11 ③ 12 ③ 13 ① 14 ④

15 **증기보일러에 설치하는 유리수면계는 2개 이상이어야 하는데 1개만 설치해도 되는 경우는?**

① 소형 관류보일러
② 최고사용압력 2MPa(20kg/cm^2) 미만의 보일러
③ 동체 안지름 800mm 미만의 보일러
④ 1개 이상의 원격지시 수면계를 설치한 보일러

해설
소형 관류보일러인 경우 유리수면계를 1개만 설치해도 된다.

16 **저압보일러에서 보일러 관수의 용존산소를 처리할 목적으로 사용되는 약품은?**

① 타 닌
② 아황산나트륨
③ 인산나트륨
④ 전 분

해설
아황산나트륨은 보일러 관수의 용존산소를 처리할 목적으로 사용되는 약품이다.

17 **증기보일러의 수관이 파열되어 수위가 내려가기 시작했을 때의 긴급조치로서 잘못된 것은?**

① 연료의 공급을 차단한다.
② 증기취출을 중단한다.
③ 연도댐퍼를 닫는다.
④ 연소용 공기공급을 중단한다.

해설
증기보일러의 수관이 파열되어 수위가 내려가게 되면 연도댐퍼를 개방한다.

18 **보일러의 열효율 향상과 관계가 없는 것은?**

① 공기예열기를 설치하여 연소용 공기를 예열한다.
② 절탄기를 설치하여 급수를 예열한다.
③ 가능한 한 과잉공기를 줄인다.
④ 급수펌프로는 원심펌프를 사용한다.

해설
급수펌프의 종류와 열효율 향상과는 관계가 없다.

19 **보일러의 강도가 부족하여 증기압 또는 수두압에 견디지 못하고 파열하는 원인과 가장 무관한 것은?**

① 사용 중 부식
② 재료 불량
③ 캐리오버
④ 용접 불량

해설
캐리오버(기수공발) : 발생증기 중 물방울이 포함되어 송기되는 현상

15 ① 16 ② 17 ③ 18 ④ 19 ③ 정답

20 **과열증기 사용 시의 장점이 아닌 것은?**

① 열효율이 증가한다.
② 증기소비량을 감소시킨다.
③ 보일러 관 내의 물때가 적어진다.
④ 습증기로 인한 부식을 방지한다.

해설

증기 공급 시 과열증기 사용
- 장점 : 적은 증기로 많은 일을 함, 증기의 마찰저항 감소, 부식 및 수격작용 방지, 열효율 증가
- 단점 : 가열장치에 열응력 발생, 표면온도의 일정 유지 곤란

21 **보일러 공기예열기의 종류에 속하지 않는 것은?**

① 전열식
② 재생식
③ 증기식
④ 방사식

해설

공기예열기 : 연소실로 들어가는 공기를 예열시키는 장치로서 180~350°C까지 된다. 공기에서 연소용공기의 온도를 25°C 높일 때마다 열효율은 1% 정도 높아진다. 전열기, 재생식, 증기식 등이 있다.

22 **온수보일러의 출력이 15,000kcal/h, 보일러효율이 90%, 연료의 발열량이 10,000kcal/kg일 때 연료소모량은?(단, 연료비중량은 0.9kg/L이다)**

① 1.26L/h ② 1.57L/h
③ 1.85L/h ④ 2.21L/h

해설

$$\text{보일러효율} = \frac{\text{정격출력}}{\text{연료소모량} \times \text{발열량} \times \text{연료비중량}}$$

$$0.9 = \frac{15,000}{x \times 10,000 \times 0.9}$$

$x = 1.85$

23 **연소에 있어서 환원염이란?**

① 과잉산소가 많이 포함되어 있는 화염
② 공기비가 커서 완전연소된 상태의 화염
③ 과잉공기가 많아 연소가스가 많은 상태의 화염
④ 산소 부족으로 일산화탄소와 같은 미연분이 포함된 화염

해설

환원염 : 산소 부족으로 인한 화염 또는 산화염

정답 20 ③ 21 ④ 22 ③ 23 ④

24 보일러 집진장치의 형식과 종류를 서로 짝지은 것으로 틀린 것은?

① 가압수식 – 벤투리 스크러버
② 여과식 – 타이젠 와셔
③ 원심력식 – 사이클론
④ 전기식 – 코트렐

해설

집진장치

- 건식 집진장치 : 중력식 집진장치(중력침강식, 다단침강식), 관성 집진장치(반전식, 충돌식), 원심력 집진장치(사이클론식, 멀티클론식, 블로다운형)
- 습식(세정식) 집진장치 : 유수식 집진장치(전류형, 로터리형), 가압수식 집진장치(벤투리 스크러버, 사이클론형, 제트형, 충전탑, 분무탑)
- 전기식 집진장치 : 코트렐 집진장치
- 여과식 집진장치 : 표면여과형(백필터), 내면여과형(공기여과기, 고성능 필터)
- 음파 집진장치

25 보일러의 자동제어 신호전달방식 중 전달거리가 가장 긴 것은?

① 전기식 ② 유압식
③ 공기식 ④ 수압식

해설

자동제어의 신호전달방법

- 공기압식 : 전송거리 100m 정도
- 유압식 : 전송거리 300m 정도
- 전기식 : 전송거리 수 km까지 가능

26 온도 조절식 트랩으로 응축수와 함께 저온공기로 통과시키는 특성이 있으며, 진공 환수식 증기 배관의 방열기 트랩이나 관말 트랩으로 사용되는 것은?

① 버킷 트랩
② 열동식 트랩
③ 플로트 트랩
④ 매니폴드 트랩

해설

열동식 트랩(벨로스 트랩) : 벨로스의 팽창, 수축작용 등을 이용하여 밸브를 개폐시키는 트랩

27 증기보일러에서 어큐뮬레이터를 설치하는 가장 큰 이유는?

① 안전을 위해서
② 과부하 또는 응급 시에 대비하기 위해서
③ 증기를 방출하기 위해서
④ 공기를 저장하기 위해서

해설

스팀 어큐뮬레이터(증기축열기) : 보일러 저부하 시 잉여증기를 저장하여 최대부하일 때 증기 과부족이 없도록 공급하기 위한 장치

24 ② 25 ① 26 ② 27 ② 정답

28 증기 배관에서의 수격작용을 방지하기 위한 조치로 잘못된 것은?

① 증기관의 보온을 잘할 것
② 드레인이 고이기 쉬운 곳에는 드레인 빼기를 설치할 것
③ 송기 시 주증기밸브를 열고 난 다음 드레인밸브를 열어서 드레인을 배출할 것
④ 주증기밸브를 여는 경우에는 소량의 증기로 난관(暖管)작업을 할 것

해설

취급 시 수격작용 예방조치

- 송기에 앞서서 증기관의 드레인 빼기장치로 관 내의 드레인을 완전히 배출한다.
- 송기에 앞서서 관을 충분히 데운다. 즉, 난관을 한다.
- 송기할 때에는 주증기밸브는 절대로 급개하거나 급히 증기를 보내서는 안 되며, 반드시 주증기밸브를 조용히 그리고 천천히 열어서 관 내에 골고루 증기가 퍼진 후에 이 밸브를 크게 열고 본격적으로 송기를 시작한다.
- 송기 이외의 경우라도 증기관 계통의 밸브개폐는 조용히 그리고 서서히 조작한다.

29 연관 최고부보다 노통 윗면이 높은 노통연관보일러의 최저수위(안전저수면)의 위치는?

① 노통 최고부 위 100mm
② 노통 최고부 위 75mm
③ 연관 최고부 위 100mm
④ 연관 최고부 위 75mm

해설

노통연관보일러 안전저수위

- 연관이 높은 경우 : 최상단부 위 75mm 높이
- 노통이 높은 경우 : 노통 최상단부 위 100mm 높이

30 보일러 건조보존 시 보일러 내에 넣어 두는 물질로 부적합한 것은?

① 생석회
② 실리카겔
③ 알칼리분
④ 기화성 방청제

해설

건조보존법

완전건조시킨 보일러 내부에 흡습제 또는 질소가스를 넣고 밀폐보존하는 방법(6개월 이상의 장기보존방법)

- 흡습제 : 생석회, 실리카겔, 활성알루미나, 염화칼슘, 기화방청제 등
- 질소가스 봉입 : 압력 0.6kg/cm^{2}으로 봉입하여 밀폐보존함

31 액체 및 고체인 물체의 비중은 어떤 물질을 기준으로 하는가?

① 수 은 ② 톨루엔
③ 알코올 ④ 물

해설

액체 및 고체인 물체의 비중은 물과 서로 비교한 값이다.

32 보일러 유리수면계의 유리관의 최하부는 어느 위치에 맞추는가?

① 안전저수면의 위치
② 상용수면의 위치
③ 급수내관의 상부 위치
④ 급수밸브의 위치

해설

보일러 유리수면계의 유리관의 최하부는 안전저수면의 위치에 맞춘다.

정답 28 ③ 29 ① 30 ③ 31 ④ 32 ①

33 보일러 액체연료가 갖추어야 할 성질이 아닌 것은?

① 발열량이 클 것

② 점도가 낮고, 유동성이 클 것

③ 적당한 유황분을 포함할 것

④ 저장이 간편하고, 연소 시 매연이 적을 것

해설

액체연료의 특징

• 품질이 균일하고 발열량이 큼
• 운반, 저장, 취급 등이 편리
• 회분 등의 연소 잔재물이 적음
• 국부과열과 인화성의 위험도가 큼
• 가격이 고가

34 보일러 자동점화와 가장 관계가 먼 장치는?

① 착화트랜스

② 점화플러그

③ 유량검출기

④ 점화버너

해설

보일러 자동점화장치

• 착화트랜스
• 점화플러그
• 점화버너

35 오일 프리히터의 사용목적이 아닌 것은?

① 연료의 점도를 높여 준다.

② 연료의 유동성을 증가시켜 준다.

③ 완전연소에 도움을 준다.

④ 분무상태를 양호하게 한다.

해설

• 오일 프리히터 : 중유를 예열하여 점도를 낮추고, 무화상태를 양호하게 하여 연소상태를 좋게 하기 위한 장치
• 오일 프리히터 기능
  - 연료의 점도를 낮추어 무화효율 및 연소효율을 높이기 위해 설치한다.
  - 연료의 점도를 낮추어 분무촉진 및 유동성을 증가시킨다.
  - 버너 입구 전에 최종적으로 연료를 예열시킨다.

36 일반적으로 보일러의 열손실 중 가장 큰 것은?

① 미연소 손실

② 배기가스에 의한 손실

③ 불완전연소 손실

④ 방열 손실

해설

보일러의 출열 중 열손실

• 배기가스에 의한 손실열(손실열 중 비중이 가장 크다)
• 불완전연소에 의한 손실열
• 미연소 연료에 의한 손실열
• 노벽방산에 의한 방산손실 등
• 발생증기 보유열

33 ③ 34 ③ 35 ① 36 ② 정답

37 **강철제 증기보일러의 분출밸브 크기는 호칭 25 이상이어야 하지만 전열면적이 몇 m^2 이하이면 지름 20mm 이상으로 할 수 있는가?**

① $8m^2$ ② $10m^2$
③ $15m^2$ ④ $20m^2$

해설

전열면적 $10m^2$ 이하 : 분출밸브의 크기 20mm 이상

38 **보일러 기수공발(Carry Over)의 원인이 아닌 것은?**

① 증발 수면적이 너무 넓다.
② 주증기밸브를 급개하였다.
③ 부유 고형물이나 용해 고형물이 많이 존재하였다.
④ 압력의 급강하로 격렬한 자기증발을 일으켰다.

해설

캐리오버는 증발 수면적이 좁을 때 발생한다.
캐리오버(기수공발) : 발생증기 중 물방울이 포함되어 송기되는 현상

39 **보일러 이음부 부근에서 발생하는 도랑형태의 부식은?**

① 점식(Pitting)
② 전면식
③ 반 식
④ 구식(Grooving)

해설

구식(그루빙, 도랑부식) : 응력부식균열의 일종으로, 홈 모양의 선으로 부식하는 것

40 **보일러 사고원인 중 취급 부주의가 아닌 것은?**

① 과 열
② 부 식
③ 압력 초과
④ 재료 불량

해설

보일러 사고의 원인
- 제작상의 원인 : 재료 불량, 강도 부족, 구조 및 설계 불량, 용접 불량, 부속기기의 설비 미비 등
- 취급상의 원인 : 저수위, 압력 초과, 미연가스에 의한 노내 폭발, 급수처리 불량, 부식, 과열 등

41 **증기보일러에서 송기를 개시할 때 증기밸브를 급히 열면 발생할 수 있는 현상은?**

① 캐비테이션 현상
② 수격작용
③ 역 화
④ 수면계의 파손

해설

수격작용(워터해머) : 증기계통에 응축수가 고속의 증기에 밀려 관이나 장치를 타격하는 현상

정답 37 ② 38 ① 39 ④ 40 ④ 41 ②

42 외부에서 전해진 열을 물과 증기에 전하는 보일러의 부위 명칭은?

① 전열면 ② 동 체
③ 노 ④ 연 도

해설
전열면은 외부에서 전해진 열을 물과 증기에 전하는 역할을 한다.

43 육상용 보일러의 열정산은 원칙적으로 정격부하 이상에서 정상상태로 적어도 몇 시간 이상의 운전결과에 따라야 하는가?(단, 액체 또는 기체연료를 사용하는 소형보일러에서 인수 · 인도 당사자 간의 협정이 있는 경우는 제외)

① 0.5시간 ② 1시간
③ 1.5시간 ④ 2시간

해설
육상용 보일러 열정산은 원칙적으로 정격부하 이상에서 정상상태로 적어도 2시간 이상의 운전결과에 따라야 한다(KS B 6205).

44 보일러 급수배관에서 급수의 역류를 방지하기 위하여 설치하는 밸브는?

① 체크밸브
② 슬루스밸브
③ 글로브밸브
④ 앵글밸브

해설
체크밸브는 유체의 역류를 방지하는 밸브이다.

45 보일러 배기가스의 성분을 연속적으로 기록하며 연소 상황을 알 수 있는 것은?

① 링겔만 비탁표
② 전기식 CO_2계
③ 오르자트 분석법
④ 헴펠 분석법

해설
보일러 배기가스의 성분을 연속적으로 기록하며 연소 상황을 알 수 있는 것은 전기식 CO_2계이다.

46 제어량을 조정하기 위해 제어장치가 제어대상으로 주는 것은?

① 목표치
② 제어량
③ 제어편차
④ 조작량

해설
제어량을 조정하기 위해 제어장치가 제어대상으로 주는 것 : 조작량

42 ① 43 ④ 44 ① 45 ② 46 ④ 정답

47 기체연료 중 가스보일러용 연료로 사용하기에 적합하고, 발열량이 비교적 좋으며 석유분해가스, 액화석유가스, 천연가스 등을 혼합한 것은?

① LPG　② LNG
③ 도시가스　④ 수성가스

해설
도시가스 : 기체연료 중 가스보일러용 연료로 사용하기에 적합하고, 발열량이 비교적 좋으며 석유분해가스, 액화석유가스, 천연가스 등을 혼합한 것이다.

48 바이패스 배관으로 증기배관 중에 감압밸브를 설치하는 경우 필요 없는 것은?

① 스트레이너
② 슬루스밸브
③ 압력계
④ 에어벤트

해설
에어벤트(공기빼기밸브)는 감압밸브를 설치할 필요가 없다.

49 안전관리자의 임무가 아닌 것은?

① 재해 발생 시 원인조사
② 안전에 관한 전반적 책임
③ 안전사고 발생 방지대책 강구
④ 안전교육 및 훈련 실시

해설
안전에 관한 전반적 책임은 안전관리자가 아닌 사업주의 책임이다.

50 증기보일러의 안전밸브는 2개 이상 설치하여야 하는데 전열면적이 얼마 이하이면 1개 이상으로 해도 되는가?

① $25m^2$　② $50m^2$
③ $75m^2$　④ $100m^2$

해설
증기보일러의 안전밸브는 2개 이상 설치할 것(다만, 전열면적이 $50m^2$ 이하인 경우 1개 이상 설치)

51 보일러에서 포밍(Foaming)이 발생되는 경우가 아닌 것은?

① 보일러수가 너무 농축되었을 때
② 보일러수 중에 가스분이 많이 포함되었을 때
③ 보일러수 중에 유지분이 다량 함유되었을 때
④ 수위가 너무 낮을 때

해설
포밍은 수위가 너무 높을 때 발생한다.

정답 47 ③ 48 ④ 49 ② 50 ② 51 ④

52 보일러 운전 중 압력계의 정상 작동 여부를 확인하는 방법으로 가장 옳은 것은?

① 압력계를 분리하여 표준압력계와 비교한다.
② 운전을 중단시켜 압력계의 영점을 확인한다.
③ 삼방콕으로 압력계의 영점을 확인한다.
④ 압력계를 두드려서 바늘의 움직임을 확인한다.

해설

보일러 운전 중 압력계의 정상 작동 여부를 확인하는 방법 : 삼방콕으로 압력계의 영점을 확인한다.

53 보일러 관련 계산식 중 잘못된 것은?

① 증발계수 = (발생증기의 엔탈피 − 급수의 엔탈피) / 539
② 보일러 마력 = 실제증발량 / 539
③ 보일러 효율 = 연소효율 × 전열효율
④ 화격자 연소율 = 매시간 석탄소비량 / 화격자 면적

해설

$$\text{보일러 마력} = \frac{\text{실제증발량(증기엔탈피} - \text{급수엔탈피)}}{539 \times 15.65}$$

54 화염에서 발생하는 적외선을 이용하여 화염을 검출하는 것은?

① 플레임로드 ② 스택스위치
③ 플레임아이 ④ 아쿠아스탯

해설

화염검출기의 종류

- 플레임아이 : 화염에서 발생하는 적외선을 이용한 화염검출기
- 플레임로드 : 화염의 전기전도성을 이용한 화염검출기
- 스택스위치 : 화염의 발열현상을 이용한 검출기

55 보일러 연소장치와 가장 거리가 먼 것은?

① 스테이 ② 버 너
③ 연 도 ④ 화격자

해설

스테이 : 강도(强度)가 부족한 부분에 보강하는 것

56 다음은 저탄소녹색성장기본법에 명시된 용어의 뜻이다. ( ) 안에 알맞은 것은?

> 온실가스란 (㉠), 메탄, 아산화질소, 수소플루오린화탄소, 과플루오린화탄소, 육플루오린화황 및 그 밖에 대통령령으로 정하는 것으로 (㉡) 복사열을 흡수하거나 재방출하여 온실효과를 유발하는 대기 중의 가스 상태의 물질을 말한다.

① ㉠ 일산화탄소, ㉡ 자외선
② ㉠ 일산화탄소, ㉡ 적외선
③ ㉠ 이산화탄소, ㉡ 자외선
④ ㉠ 이산화탄소, ㉡ 적외선

해설

온실가스 : 이산화탄소, 메탄, 아산화질소, 수소플루오린화탄소, 과플루오린화탄소, 육플루오린화황 및 그 밖에 대통령령으로 정하는 것으로 적외선 복사열을 흡수하거나 재방출하여 온실효과를 유발하는 대기 중의 가스 상태의 물질
※ 저탄소녹색성장기본법은 폐지됨

52 ③ 53 ② 54 ③ 55 ① 56 ④ 정답

57 **정부는 국가전략을 효율적, 체계적으로 이행하기 위하여 몇 년마다 저탄소녹색성장 국가전략 5개년 계획을 수립하는가?**

① 2년 ② 3년
③ 4년 ④ 5년

해설

저탄소 녹색성장 국가전략 5개년 계획 수립(저탄소녹색성장기본법 시행령 제4조)
정부는 국가전략을 효율적 · 체계적으로 이행하기 위하여 5년마다 저탄소녹색성장 국가전략 5개년 계획을 수립할 수 있다.
※ 저탄소녹색성장기본법은 폐지됨

58 **에너지이용합리화법상 에너지사용자와 에너지공급자의 책무로 맞는 것은?**

① 에너지의 생산 · 이용 등에서의 그 효율을 극소화
② 온실가스 배출을 줄이기 위한 노력
③ 기자재의 에너지효율을 높이기 위한 기술개발
④ 지역경제발전을 위한 시책 강구

해설

에너지사용자와 에너지공급자의 책무는 온실가스 배출을 줄이기 위한 노력을 하여야 한다(에너지이용합리화법 제3조).

59 **다음 ( )에 알맞은 것은?**

> 에너지법령상 에너지 총조사는 (A)마다 실시하되, (B)이 필요하다고 인정할 때에는 간이조사를 실시할 수 있다.

① A : 2년, B : 행정안전부장관
② A : 2년, B : 교육부장관
③ A : 3년, B : 산업통상자원부장관
④ A : 3년, B : 고용노동부장관

해설

에너지 관련 통계 및 에너지 총조사(에너지법 시행령 제15조)
에너지 총조사는 3년마다 실시하되, 산업통상자원부장관이 필요하다고 인정할 때에는 간이조사를 실시할 수 있다.

60 **에너지이용합리화법상 법을 위반하여 검사대상기기 관리자를 선임하지 아니한 자에 대한 벌칙기준으로 옳은 것은?**

① 2년 이하의 징역 또는 2천만원 이하의 벌금
② 2천만원 이하의 벌금
③ 1천만원 이하의 벌금
④ 500만원 이하의 벌금

해설

벌칙(에너지이용합리화법 제75조)
검사대상기기 관리자를 선임하지 아니한 자는 1천만원 이하의 벌금에 처한다.

정답 57 ④ 58 ② 59 ③ 60 ③

2017년 제2회 과년도 기출복원문제

01 보온재를 유기질 보온재와 무기질 보온재로 구분할 때 무기질 보온재에 해당하는 것은?

① 펠 트
② 코르크
③ 글라스폼
④ 기포성 수지

해설

보온재의 종류
- 유기질 보온재 : 펠트, 텍스류, 탄화코르크, 기포성 수지 등
- 무기질 보온재 : 유리솜, 석면, 암면, 규조토, 탄산마그네슘 등
- 금속질 보온재 : 알루미늄박 등

02 보일러의 안전장치에 해당되지 않는 것은?

① 방폭문
② 수위계
③ 화염검출기
④ 가용마개

해설

보일러의 안전장치 : 안전밸브, 화염검출기, 방폭문, 용해플러그, 저수위경보기, 압력조절기, 가용전 등

03 보일러 내부부식에 속하지 않는 것은?

① 점 식
② 저온부식
③ 구 식
④ 알칼리부식

해설

보일러부식
- 외부부식
  - 저온부식 : 연료성분 중 S(황분)에 의한 부식
  - 고온부식 : 연료성분 중 V(바나듐)에 의한 부식
  - 산화부식 : 산화에 의한 부식
- 내부부식
  - 국부부식(점식) : 용존산소에 의해 발생
  - 전면부식 : 염화마그네슘($MgCl_2$)에 의해 발생
  - 알칼리부식 : pH 12 이상일 때 농축 알칼리에 의해 발생

04 진공환수식 증기난방장치의 리프트이음 시 1단 흡상 높이는 최고 몇 m 이하로 하는가?

① 1.0 ② 1.5
③ 2.0 ④ 2.5

해설

리프트이음 : 진공환수식 증기난방에서 부득이 방열기보다 높은 곳에 환수관을 배관할 경우 사용하며, 한 단의 높이는 1.5m 이내로 한다.

1 ③ 2 ② 3 ② 4 ② 정답

05 **중유의 첨가제 중 슬러지의 생성방지제 역할을 하는 것은?**

① 회분개질제
② 탈수제
③ 연소촉진제
④ 안정제

해설
안정제 : 중유첨가제 중에서 슬러지의 생성방지 역할을 하는 것

06 **액체연료의 주요 성상으로 가장 거리가 먼 것은?**

① 비 중 ② 점 도
③ 부 피 ④ 인화점

해설
액체연료의 주요 성상은 부피가 아니라 무게로 나타낸다.

07 **증기과열기의 열가스 흐름방식 분류 중 증기와 연소가스의 흐름이 반대방향으로 지나면서 열교환이 되는 방식은?**

① 병류형
② 혼류형
③ 향류형
④ 복사대류형

해설
열가스 흐름상태에 의한 과열기의 분류
- 병류형 : 연소가스와 증기가 같이 지나면서 열교환
- 향류형 : 연소가스와 증기의 흐름이 정반대방향으로 지나면서 열교환
- 혼류형 : 향류와 병류형의 혼합형

08 **보일러수 내처리방법으로 용도에 따른 청관제로 틀린 것은?**

① 탈산소제 - 염산, 알코올
② 연화제 - 탄산소다, 인산소다
③ 슬러지 조정제 - 타닌, 리그닌
④ pH 조정제 - 인산소다, 암모니아

해설
보일러 내처리
- pH 및 알칼리 조정제 : 수산화나트륨, 탄산나트륨, 인산소다, 암모니아 등
- 경도성분 연화제 : 수산화나트륨, 탄산나트륨, 각종 인산나트륨 등
- 슬러지 조정제 : 타닌, 리그닌, 전분 등
- 탈산소제 : 아황산소다, 하이드라진, 타닌 등
- 가성취화 억제제 : 인산나트륨, 타닌, 리그닌, 황산나트륨 등

09 **지역난방의 특징에 대한 설명으로 틀린 것은?**

① 인건비를 줄일 수 있다.
② 고압증기이므로 관경을 크게 한다.
③ 대규모 설비로 인해 고효율화를 가져온다.
④ 건물 안의 공간을 유효하게 사용할 수 있다.

해설
고압증기는 기체 상태로 유속이 빠르기 때문에 관경을 작게 해도 되지만, 액체 상태의 배관은 유속이 느리고 마찰손실이 크게 작용하므로 배관의 직경이 커야 된다.

정답 5 ④ 6 ③ 7 ③ 8 ① 9 ②

10 **증기난방방식을 응축수환수법에 의해 분류하였을 때 해당되지 않는 것은?**

① 중력환수식
② 고압환수식
③ 기계환수식
④ 진공환수식

해설

응축수환수방법 : 중력환수식, 기계환수식, 진공환수식

11 **보일러 1마력을 열량으로 환산하면 약 몇 kcal/h인가?**

① 15.65 ② 539
③ 1,078 ④ 8,435

해설

보일러 마력을 kcal/h로 환산하면
1마력의 상당증발량 × 증발잠열 = 15.65kg/h × 539kcal/kg
≒ 8,435kcal/h

12 **물체의 온도를 변화시키지 않고, 상(相)변화를 일으키는 데만 사용되는 열량은?**

① 감 열 ② 비 열
③ 현 열 ④ 잠 열

해설

- 현열 : 상태변화 없이 물체의 온도변화에만 소요되는 열량
- 잠열 : 물체의 온도변화 없이 상태변화에 필요한 열량

13 **증기축열기(Steam Accumulator)에 대한 설명으로 옳은 것은?**

① 송기압력을 일정하게 유지하기 위한 장치
② 보일러 출력을 증가시키는 장치
③ 보일러에서 온수를 저장하는 장치
④ 증기를 저장하여 과부하 시에는 증기를 방출하는 장치

해설

스팀 어큐뮬레이터(증기축열기) : 보일러 저부하 시 잉여증기를 저장하여 최대부하일 때 증기 과부족이 없도록 공급하기 위한 장치

14 **가스절단 조건에 대한 설명 중 틀린 것은?**

① 금속산화물의 용융온도가 모재의 용융온도보다 낮을 것
② 모재의 연소온도가 그 용융점보다 낮을 것
③ 모재의 성분 중 산화를 방해하는 원소가 많을 것
④ 금속산화물 유동성이 좋으며, 모재로부터 이탈될 수 있을 것

해설

가스절단 시 모재의 성분 중 산화를 방해하는 성분이 적어야 한다.

10 ② 11 ④ 12 ④ 13 ④ 14 ③ 정답

15 난방부하 계산과정에서 고려하지 않아도 되는 것은?

① 난방형식
② 주위 환경조건
③ 유리창의 크기 및 문의 크기
④ 실내와 외기의 온도

해설

난방부하 : 실내온도를 적절히 유지하기 위하여 공급하여야 할 열량으로 벽체, 유리창, 천장 및 바닥에 의한 열손실을 계산해야 한다.

16 보일러에서 래미네이션(Lamination)이란?

① 보일러 본체나 수관 등이 사용 중에 내부에서 2장의 층을 형성한 것
② 보일러 강판이 화염에 닿아 볼록 튀어 나온 것
③ 보일러 동에 작용하는 응력의 불균일로 동의 일부가 함몰된 것
④ 보일러 강판이 화염에 접촉하여 점식된 것

해설

- 래미네이션 : 강판이 내부의 기포에 의해 2장의 층으로 분리되는 현상
- 브리스터 : 강판이 내부의 기포에 의해 표면이 부풀어 오르는 현상

17 보일러의 열정산 목적이 아닌 것은?

① 보일러의 성능개선자료를 얻을 수 있다.
② 열의 행방을 파악할 수 있다.
③ 연소실의 구조를 알 수 있다.
④ 보일러의 효율을 알 수 있다.

해설

열정산의 목적
- 열의 손실을 파악하기 위하여
- 조업방법을 개선하기 위하여
- 열설비의 성능을 파악하기 위하여
- 열의 행방을 파악하기 위하여

18 노통보일러에서 갤러웨이관(Galloway Tube)을 설치하는 목적으로 가장 옳은 것은?

① 스케일 부착을 방지하기 위하여
② 노통의 보강과 양호한 물순환을 위하여
③ 노통의 진동을 방지하기 위하여
④ 연료의 완전연소를 위하여

해설

갤러웨이관의 설치목적은 노통의 보강과 양호한 물의 순환으로, 이는 전열면적 증가로 이어진다.

정답 15 ① 16 ① 17 ③ 18 ②

19 **보일러에 부착하는 압력계의 취급상 주의사항으로 틀린 것은?**

① 온도가 353K 이상 올라가지 않도록 한다.

② 압력계는 고장 날 때까지 계속 사용하는 것이 아니라 일정 사용시간을 정하고 정기적으로 교체하여야 한다.

③ 압력계 사이펀관의 수직부에 콕을 설치하고 콕의 핸들이 축방향과 일치할 때에 열린 것이어야 한다.

④ 부르동관 내에 직접 증기가 들어가면 고장이 나기 쉬우므로 사이펀관에 물이 가득 차지 않도록 한다.

해설

부르동관 내에 직접 증기가 들어가면 고장 나기 쉬우므로 사이펀관에 물이 가득 차야 한다.

20 **벽체면적이 $24m^2$, 열관류율이 $0.5kcal/m^2 \cdot h \cdot ℃$, 벽체 내부의 온도가 40℃, 벽체 외부의 온도가 8℃일 경우 시간당 손실열량은 약 몇 kcal/h인가?**

① 294kcal/h

② 380kcal/h

③ 384kcal/h

④ 394kcal/h

해설

$hl = k \times a \times \Delta t \times z$(kcal/h)

$= 0.5kcal/m^2 \cdot h \cdot ℃ \times 24m^2 \times (40-8)℃$

$= 384kcal/h$

여기서, k : 벽체의 열관류율($kcal/m^2 \cdot h \cdot ℃$)

Δt : 실내외의 온도차(℃)

z : 방위계수

21 **다음 중 액화천연가스(LNG)의 주성분은 어느 것인가?**

① CH_4

② C_2H_6

③ C_3H_8

④ C_4H_{10}

해설

LNG(액화천연가스) 주성분 : CH_4(메탄)

22 **방열기 내 온수의 평균온도 85℃, 실내온도 15℃, 방열계수 $7.2kcal/m^2 \cdot h \cdot ℃$인 경우 방열기 방열량은 얼마인가?**

① $450kcal/m^2 \cdot h$

② $504kcal/m^2 \cdot h$

③ $509kcal/m^2 \cdot h$

④ $515kcal/m^2 \cdot h$

해설

방열기 방열량 = 방열계수 × (평균온도 − 실내온도)

= 7.2 × (85 − 15)

= $504kcal/m^2 \cdot h$

19 ④ 20 ③ 21 ① 22 ② 정답

23 보일러 중에서 관류 보일러에 속하는 것은?

① 코크란 보일러
② 코니시 보일러
③ 스코치 보일러
④ 슐처 보일러

해설

수관식 보일러

- 자연 순환식 수관 보일러 : 배브콕 보일러, 츠네키치 보일러, 타쿠마 보일러, 2동 D형 보일러, 2동 수관 보일러, 3동 A형 수관 보일러, 스털링 보일러, 가르베 보일러
- 강제 순환식 수관 보일러 : 라몬트 보일러, 베록스 보일러
- 관류 보일러 : 벤슨 보일러, 슐처 보일러, 소형 관류 보일러, 엣모스 보일러, 람진 보일러

24 다음 중 압력계의 종류가 아닌 것은?

① 부르동관식 압력계
② 벨로스식 압력계
③ 유니버설 압력계
④ 다이어프램 압력계

해설

- 탄성식 압력계 : 부르동관식, 다이어프램식, 벨로스식
- 액주식 압력계 : U자관식, 단관식, 경사관식, 마노미터

25 배관의 높이를 관의 중심을 기준으로 표시한 기호는?

① TOP ② GL
③ BOP ④ EL

해설

높이 표시

- EL(관의 중심을 기준으로 배관의 높이를 표시한 것)
  - BOP법 : 관외경의 아랫면까지의 높이를 기준으로 표시
  - TOP법 : 관외경의 윗면까지의 높이를 기준으로 표시
- GL(지표면을 기준으로 하여 높이를 표시한 것)
- FL(1층의 바닥면을 기준으로 하여 높이를 표시한 것)

26 증발량이 3,500kgf/h인 보일러의 증기엔탈피가 640kcal/kg이고, 급수의 온도는 20℃이다. 이 보일러의 상당증발량은 얼마인가?

① 약 3,786kgf/h
② 약 4,156kgf/h
③ 약 2,760kgf/h
④ 약 4,026kgf/h

해설

$$\text{상당증발량(환산)} = \frac{\text{실제증발량} \times (\text{증기엔탈피} - \text{급수엔탈피})}{539}$$

$$= \frac{3,500 \times (640 - 20)}{539}$$

$$\fallingdotseq 4,026\text{kgf/h}$$

27 **과열증기에서 과열도란?**

① 과열증기온도와 포화증기온도와의 차이다.
② 과열증기온도에 증발열을 합한 것이다.
③ 과열증기의 압력과 포화증기의 압력 차이다.
④ 과열증기온도에 증발열을 뺀 것이다.

해설

과열도 : 과열증기온도와 포화증기온도의 차이

28 **보일러 통풍방식에서 연소용 공기를 송풍기로 노 입구에서 대기압보다 높은 압력으로 밀어 넣고 굴뚝의 통풍 작용과 같이 통풍을 유지하는 방식은?**

① 자연 통풍
② 노출 통풍
③ 흡입 통풍
④ 압입 통풍

해설

압입 통풍 : 연소용 공기를 송풍기로 노 입구에서 대기압보다 높은 압력으로 밀어 넣어 통풍하는 방식

29 **열의 이동방법에 속하지 않는 것은?**

① 복 사 ② 전 도
③ 대 류 ④ 증 발

해설

열의 이동방법 : 전도, 대류, 복사

30 **증기트랩이 갖추어야 할 조건이 아닌 것은?**

① 마찰저항이 클 것
② 동작이 확실할 것
③ 내식, 내마모성이 있을 것
④ 응축수를 연속적으로 배출할 수 있을 것

해설

증기트랩이 갖추어야 할 조건
- 마찰저항이 작을 것
- 동작이 확실할 것
- 내식성, 내마모성이 있을 것
- 응축수를 연속으로 배출할 수 있을 것

31 **연도에서 폐열회수장치의 설치순서가 올바른 것은?**

① 재열기 → 절탄기 → 공기예열기 → 과열기
② 과열기 → 재열기 → 절탄기 → 공기예열기
③ 공기예열기 → 과열기 → 절탄기 → 재열기
④ 절탄기 → 과열기 → 공기예열기 → 재열기

해설

폐열회수장치 설치순서
과열기 → 재열기 → 절탄기 → 공기예열기

27 ① 28 ④ 29 ④ 30 ① 31 ② 정답

32 웨어펌프의 특징으로 틀린 것은?

① 고압용에 부적당하다.
② 유체의 흐름 시 맥동이 일어난다.
③ 토출압의 조절이 용이하다.
④ 고점도의 유체 수송에 적합하다.

해설

웨어펌프의 특징
- 고압용에 적당하다.
- 토출압력의 조절이 용이하다.
- 고점도의 유체 수송에 적합하다.
- 맥동현상이 있다.

33 수트 블로어(Soot Blower) 시 주의사항으로 옳지 않은 것은?

① 한 장소에서 장시간 불어대지 않도록 한다.
② 그을음을 제거할 때에는 연소가스온도나 통풍손실을 측정하여 효과를 조사한다.
③ 그을음을 제거하는 시기는 부하가 가장 무거운 시기를 선택한다.
④ 그을음을 제거하기 전에 반드시 드레인을 충분히 배출하는 것이 필요하다.

해설

수트 블로어의 그을음을 제거하는 시기는 부하가 가장 가벼운 시기이다.

34 온수온돌의 설치 시 단점에 해당되지 않는 것은?

① 냉난방시설의 공동 이용이 불가능하다.
② 설치비가 싸고 환기장치가 필요 없다.
③ 보온재 설치가 곤란하다.
④ 바닥의 균열이 생기고 고장의 발견이 어렵다.

해설

온수온돌 설치 시 단점
- 고장을 발견하기 어렵다.
- 냉난방시설의 공동 이용이 불가능하다.
- 보온재 설치가 곤란하다.

35 증기관이나 온수관 등에 대한 단열로서, 불필요한 방열을 방지하고 인체에 화상을 입히는 위험방지 또는 실내공기의 이상온도 상승방지 등을 목적으로 하는 것은?

① 방 로　　② 보 랭
③ 방 한　　④ 보 온

해설

보온은 증기관이나 온수관 등에 대한 단열로서, 불필요한 방열을 방지하고 인체에 화상을 입히는 위험방지 또는 실내공기의 이상온도 상승방지 등을 목적으로 한다.

정답 32 ① 33 ③ 34 ② 35 ④

36 자동제어동작 중 이 동작은 잔류편차가 남지 않아서 비례동작과 조합하여 쓰이는데, 제어의 안정성이 떨어지고, 진동하는 경향이 있는 동작은?

① 미분동작
② 적분동작
③ 온-오프동작
④ 다위치동작

해설

적분동작 : 잔류편차가 남지 않아서 비례동작과 조합하여 쓰이는데, 제어의 안전성이 떨어지고 진동하는 경향이 있는 동작이다.

37 방열기의 표준방열량에 대한 설명으로 틀린 것은?

① 증기의 경우, 게이지 압력 $1kg/cm^2$, 온도 80℃로 공급하는 것이다.
② 증기 공급 시의 표준방열량은 $650kcal/m^2 \cdot h$이다.
③ 실내온도는 증기일 경우 21℃, 온수일 경우 18℃ 정도이다.
④ 온수 공급 시의 표준방열량은 $450kcal/m^2 \cdot h$이다.

해설

표준방열량($kcal/m^2 \cdot h$)

열 매	표준방열량 ($kcal/m^2 \cdot h$)	표준온도차 (℃)	표준상태에서의 온도(℃)	
			열매온도	실 온
증 기	650	81	102	21
온 수	450	62	80	18

38 물의 임계점에 관한 설명으로 맞지 않는 것은?

① 임계점이란 포화수가 증발의 현상이 없고, 액체와 기체의 구별이 없어지는 지점이다.
② 임계온도는 374.15℃이다.
③ 습증기로서 체적팽창의 범위가 0(Zero)이 된다.
④ 임계상태에서의 증발잠열은 약 10kcal/kg 정도이다.

해설

임계점 : 액체와 기체의 두 상태를 서로 분간할 수 없게 되는 임계상태에서의 온도와 이때의 증기압이다. 따라서 임계점에서 증발잠열은 0이다.

39 열역학 제2법칙에 따라 정해진 온도로 이론상 생각할 수 있는 최저온도를 기준으로 하는 온도단위는?

① 임계온도　② 섭씨온도
③ 절대온도　④ 복사온도

해설

절대온도 : 최저온도를 0으로 기준하여 측정한 온도

40 함진가스를 세정액 또는 액막 등에 충돌시키거나 충분히 접촉시키거나 액에 의해 포집하는 습식 집진장치는?

① 세정식 집진장치
② 여과식 집진장치
③ 원심력식 집진장치
④ 관성력식 집진장치

해설

세정식 집진장치 : 함진가스를 세정액 또는 액막 등에 충돌시키거나 충분히 접촉시켜 액에 의해 포집하는 습식 집진장치

36 ② 37 ① 38 ④ 39 ③ 40 ① 정답

41 저위발열량은 고위발열량에서 어떤 값을 뺀 것인가?

① 물의 엔탈피량
② 수증기의 열량
③ 수증기의 온도
④ 수증기의 압력

해설
저위발열량은 고위발열량에서 수증기의 증발잠열을 뺀 값이다.

42 자동제어 용어에 관한 설명 중 틀린 것은?

① 피드백(Feed Back) : 결과를 원인쪽으로 되돌려 입력과 출력과의 편차를 수정
② 시퀀스(Sequence) : 정해진 순서에 따라 제어단계 진행
③ 인터로크(Interlock) : 앞쪽의 조건이 충족되지 않으면 다음 단계의 동작을 정지
④ 블록(Block)선도 : 온도, 압력, 수위에 관한 선도

해설
블록선도 : 자동제어계의 각 요소를 블록으로 나타내어 입출력 신호 사이의 관계를 나타내는 계통도(系統圖)

43 보일러의 가동 중 주의해야 할 사항으로 맞지 않는 것은?

① 수위가 안전저수위 이하로 되지 않도록 수시로 점검한다.
② 증기압력이 일정하도록 연료 공급을 조절한다.
③ 과잉공기를 많이 공급하여 완전연소가 되도록 한다.
④ 연소량을 증가시킬 때는 통풍량을 먼저 증가시킨다.

해설
연소실에 공기량이 많이 들어가면 통풍력을 증대시키므로 부하가 많다.

44 보일러 운전 중 정전이 발생한 경우의 조치사항으로 적합하지 않은 것은?

① 전원을 차단한다.
② 연료 공급을 멈춘다.
③ 안전밸브를 열어 증기를 분출시킨다.
④ 주증기밸브를 닫는다.

해설
보일러 운전 중 정전 발생 시 안전밸브를 열면 안 된다.

45 기체연료의 연소장치에서 예혼합 연소방식의 버너 종류가 아닌 것은?

① 저압버너
② 고압버너
③ 송풍버너
④ 회전분무식 버너

해설
예혼합 연소방식의 버너 : 저압버너, 고압버너, 송풍버너

정답 41 ② 42 ④ 43 ③ 44 ③ 45 ④

46 이상기체 상태방정식에서 "모든 가스는 온도가 일정할 때 가스의 비체적은 압력에 반비례한다."는 법칙은?

① 보일의 법칙
② 샤를의 법칙
③ 줄의 법칙
④ 보일-샤를의 법칙

해설

보일의 법칙

기체의 온도가 일정할 때 기체의 체적은 압력에 반비례한다(등온법칙).

$P_1V_1 = P_2V_2$

47 긴 관의 한 끝에서 펌프로 압송된 급수가 관을 지나는 동안 차례로 가열, 증발, 과열되어 다른 끝에서는 과열 증기가 나가는 형식의 보일러는?

① 노통보일러
② 관류보일러
③ 연관보일러
④ 입형보일러

해설

관류보일러

강제순환식 보일러에 속하며, 긴 관의 한쪽 끝에서 급수를 펌프로 압송하고 도중에서 차례로 가열, 증발, 과열되어 관의 다른 한쪽 끝까지 과열증기로 송출되는 형식의 보일러이다.

48 다음 중 용적식 유량계가 아닌 것은?

① 로터리형 유량계
② 피토관 유량계
③ 루트형 유량계
④ 오벌기어형 유량계

해설

피토관 : 동정(動靜)압의 차이로 풍량을 측정하는 기구

49 보일러 운전 중 프라이밍(Priming)이 발생하는 경우는?

① 보일러 증기압력이 낮을 때
② 보일러수가 농축되지 않았을 때
③ 부하를 급격히 증가시킬 때
④ 급수 공급이 원활할 때

해설

프라이밍 발생원인

- 관수의 농축
- 유지분 및 부유물 포함
- 보일러가 과부하일 때
- 보일러수가 고수위일 때

46 ① 47 ② 48 ② 49 ③ 정답

50 **보일러의 설비면에서 수격작용의 예방조치로 틀린 것은?**

① 증기배관에는 충분한 보온을 취한다.
② 증기관에는 중간을 낮게 하는 배관방법은 드레인이 고이기 쉬우므로 피해야 한다.
③ 증기관은 증기가 흐르는 방향으로 경사가 지도록 한다.
④ 대형밸브나 증기헤더에도 드레인 배출장치 설치를 피해야 한다.

해설

대형밸브나 증기헤더에 드레인 배출장치를 설치하여 수격작용을 방지한다.

51 **보일러의 압력에 관한 안전장치 중 설정압이 낮은 것부터 높은 순으로 열거된 것은?**

① 압력제한기 – 압력조절기 – 안전밸브
② 압력조절기 – 압력제한기 – 안전밸브
③ 안전밸브 – 압력제한기 – 압력조절기
④ 압력조절기 – 안전밸브 – 압력제한기

해설

보일러의 압력에 관한 안전장치 설정압
압력조절기 < 압력제한기 < 안전밸브

52 **공기예열기에 대한 설명으로 틀린 것은?**

① 보일러의 열효율을 향상시킨다.
② 불완전연소를 감소시킨다.
③ 배기가스의 열손실을 감소시킨다.
④ 통풍저항이 작아진다.

해설

④ 공기예열기를 사용함으로써 통풍저항을 증가시킬 수 있다.

공기예열기의 설치 시 특징
- 열효율 향상
- 적은 공기비로 완전연소 가능
- 폐열을 이용하므로 열손실 감소
- 연소효율을 증가
- 수분이 많은 저질탄의 연료도 연소 가능
- 연소실의 온도 증가
- 황산에 의한 저온부식 발생

53 **배관의 하중을 위에서 끌어당겨 지지할 목적으로 사용되는 지지구가 아닌 것은?**

① 리지드 행거(Rigid Hanger)
② 앵커(Anchor)
③ 콘스탄트 행거(Constant Hanger)
④ 스프링 행거(Spring Hanger)

해설

앵커 : 배관 지지점의 이동 및 회전을 허용하지 않고 일정 위치에 완전히 고정하는 장치

정답 50 ④ 51 ② 52 ④ 53 ②

54 보일러의 과열 원인으로 옳지 않은 것은?

① 보일러수의 순환이 좋은 경우
② 보일러 내에 스케일이 부착된 경우
③ 보일러 내에 유지분이 부착된 경우
④ 국부적으로 심하게 복사열을 받는 경우

해설

보일러 과열의 원인
- 보일러 수위가 저수위일 때
- 관 내의 스케일 부착
- 보일러수의 순환이 불량일 경우
- 관수의 농축되었을 때

55 저탄소녹색성장기본법상 녹색성장위원회는 위원장 2명을 포함한 몇 명 이내의 위원으로 구성하는가?

① 25
② 30
③ 45
④ 50

해설

저탄소녹색성장기본법상 녹색성장위원회는 위원장 2명을 포함한 50명 이내의 위원으로 구성한다(저탄소녹색성장기본법 제14조).
※ 저탄소녹색성장기본법은 폐지됨

56 에너지이용합리화법에 따라 고효율 에너지 인증대상 기자재에 포함하지 않는 것은?

① 펌 프
② 전력용 변압기
③ LED 조명기기
④ 산업건물용 보일러

해설

고효율 에너지 인증대상 기자재(에너지이용합리화법 시행규칙 제20조)
- 펌 프
- 산업건물용 보일러
- 무정전전원장치
- 폐열회수형 환기장치
- 발광다이오드(LED) 등 조명기기
- 그 밖에 산업통상자원부장관이 특히 에너지이용의 효율성이 높아 보급을 촉진할 필요가 있다고 인정하여 고시하는 기자재 및 설비

57 에너지이용합리화법상 에너지진단기관의 지정기준은 누구의 영으로 정하는가?

① 대통령
② 시・도지사
③ 시공업자단체장
④ 산업통상자원부장관

해설

에너지진단기관의 지정기준은 대통령령으로 정하고, 진단기관의 지정절차와 그 밖에 필요한 사항은 산업통상자원부령으로 정한다(에너지이용합리화법 제32조).

54 ① 55 ④ 56 ② 57 ① 정답

58 **효율관리기자재가 최저소비효율기준에 미달하거나 최대사용량기준을 초과하는 경우 제조·수입·판매업자에게 어떠한 조치를 명할 수 있는가?**

① 생산 또는 판매금지
② 제조 또는 설치금지
③ 생산 또는 세관금지
④ 제조 또는 시공금지

해설

산업통상자원부장관은 효율관리기자재가 최저소비효율기준에 미달하거나 최대사용량기준을 초과하는 경우 제조업자·수입업자·판매업자에게 그 생산이나 판매의 금지를 명할 수 있다(에너지이용합리화법 제16조).

59 **에너지이용합리화법상 검사대상기기 설치자가 검사대상기기의 관리자를 선임하지 않았을 때의 벌칙은?**

① 1년 이하의 징역 또는 2천만원 이하의 벌금
② 1년 이하의 징역 또는 5백만원 이하의 벌금
③ 1천만원 이하의 벌금
④ 5백만원 이하의 벌금

해설

벌칙(에너지이용합리화법 제75조)
검사대상기기 관리자를 선임하지 아니한 자는 1천만원 이하의 벌금에 처한다.

60 **에너지이용합리화법의 목적이 아닌 것은?**

① 에너지의 수급 안정
② 에너지의 합리적이고 효율적인 이용 증진
③ 에너지소비로 인한 환경 피해를 줄임
④ 에너지 소비촉진 및 자원개발

해설

에너지이용합리화법의 목적은 에너지(전기, 열, 연료)의 수급(需給)을 안정시키고 에너지의 합리적이고 효율적인 이용을 증진하며 에너지소비로 인한 환경 피해를 줄임으로써 국민경제의 건전한 발전 및 국민복지의 증진과 지구온난화의 최소화에 이바지함을 목적으로 한다.

정답 58 ① 59 ③ 60 ④

2017년 제3회 과년도 기출복원문제

01 보일러 분출의 목적으로 틀린 것은?

① 불순물로 인한 보일러수의 농축을 방지한다.
② 전열면에 스케일 생성을 방지한다.
③ 포밍이나 프라이밍의 생성을 좋게 한다.
④ 관수의 순환을 좋게 한다.

해설

분출의 목적
- 관수의 농축 방지
- 슬러지분의 배출 제거
- 프라이밍·포밍의 방지
- 관수의 pH 조정
- 가성취화 방지
- 고수위 방지

02 응축수 환수방식 중 중력환수방식으로 환수가 불가능한 경우 응축수를 별도의 응축수 탱크에 모으고 펌프 등을 이용하여 보일러에 급수를 행하는 방식은?

① 복관환수식
② 부력환수식
③ 진공환수식
④ 기계환수식

해설

기계환수식 : 핫 웰(Hot Well)에 모은 증기배관계의 환수를 펌프를 이용하여 보일러에 공급하는 방식

03 온수보일러에서 팽창탱크의 설치목적으로 틀린 것은?

① 공기를 배출하고 운전정지 후에도 일정압력이 유지된다.
② 보충수를 공급하여 준다.
③ 팽창한 물의 배출을 방지하여 장치 내의 열손실을 촉진한다.
④ 운전 중 장치 내를 일정한 압력으로 유지하고 온수온도를 유지한다.

해설

팽창탱크는 온수온도 상승에 따른 팽창압을 흡수·완화하고 부족수를 보충·급수하기 위해 설치한다.

04 보일러의 전열면에 부착된 그을음이나 재를 제거하는 장치는?

① 수트 블로어
② 수저분출장치
③ 증기트랩
④ 기수분리기

해설

수트 블로어 : 그을음이나 재를 제거하는 장치

1 ③ 2 ④ 3 ③ 4 ① 정답

05 보일러의 연관에 대한 설명으로 옳은 것은?

① 관의 내부에서 연소가 이루어지는 관
② 관의 외부에서 연소가 이루어지는 관
③ 관의 내부에는 물이 차 있고 외부로는 연소가스가 흐르는 관
④ 관의 내부에는 연소가스가 흐르고 외부로는 물이 차 있는 관

해설

관의 내부에는 연소가스가 흐르고 외부로는 물이 차 있는 관을 연관이라 한다.

06 다음 방열기 도시기호 중 벽걸이 종형 도시기호는?

① W – H ② W – V
③ W – Ⅱ ④ W – Ⅲ

해설

호칭 및 도시방법
- 주형 방열기 : 2주형(Ⅱ), 3주형(Ⅲ), 3세주형(3), 5세주형(5)
- 벽걸이형(W) : 가로형(W–H), 세로형(W–V)

07 보일러의 열정산 목적이 아닌 것은?

① 보일러의 성능개선자료를 얻을 수 있다.
② 열의 행방을 파악할 수 있다.
③ 연소실의 구조를 알 수 있다.
④ 보일러의 효율을 알 수 있다.

해설

열정산 목적
- 열의 이동상태 파악
- 열설비의 성능 파악
- 조업방법 개선
- 기기의 설계 및 개조에 참고 및 기초자료

08 연관 최고부보다 노통 윗면이 높은 노통연관보일러의 최저수위(안전저수면)의 위치는?

① 노통 최고부 위 100mm
② 노통 최고부 위 75mm
③ 연관 최고부 위 100mm
④ 연관 최고부 위 75mm

해설

노통연관보일러 안전저수위
- 연관이 높은 경우 : 최상단부 위 75mm 높이
- 노통이 높은 경우 : 노통 최상단부 위 100mm 높이

09 고체벽의 한쪽에 있는 고온의 유체로부터 이 벽을 통과하여 다른 쪽에 있는 저온의 유체로 흐르는 열의 이동을 의미하는 용어는?

① 열관류
② 현 열
③ 잠 열
④ 전열량

해설

열관류 : 열이 한 유체에서 벽을 통하여 다른 유체로 전달되는 현상

정답 5 ④ 6 ② 7 ③ 8 ① 9 ①

10 자동제어계의 블록선도 중 어떤 장치에서 제어량에 대한 희망값 또는 외부로부터 이 제어계에 부여된 값이라고 불리는 것은?

① 조작량
② 검출량
③ 목표값
④ 동작신호값

해설
목표값 : 제어계에서 제어량이 이 값을 취하도록 목표로서 외부로부터 주어지는 값

11 자동제어 시 어느 조건이 구비되지 않으면 그 다음 동작을 정지시키는 제어 형태는?

① 온-오프 제어
② 인터로크 제어
③ 피드백 제어
④ 비율 제어

해설
인터로크
어떤 조건이 충족될 때까지 다음 동작을 멈추게 하는 동작으로 보일러에서는 보일러 운전 중 어떤 조건이 충족되지 않으면 연료공급을 차단시키는 전자밸브(솔레노이드밸브, Solenoid Valve)의 동작을 말한다.

12 열매체 보일러의 열매체로 사용되지 않는 것은?

① 프레온　② 모빌섬
③ 수 은　④ 카네크롤

해설
열매체 보일러의 열매체 : 수은, 다우섬, 카네크롤, 모빌섬, 시큐리티

13 고압과 저압배관 사이에 부착하여 고압측의 압력 변화 및 증기 소비량 변화에 관계없이 저압측의 압력을 일정하게 유지시켜 주는 밸브는?

① 감압밸브
② 온도조절밸브
③ 안전밸브
④ 다이어프램밸브

해설
감압밸브 : 저압측의 압력을 일정하게 유지시켜 주는 밸브

14 보일러에서 수압시험을 하는 목적으로 틀린 것은?

① 구조상 내부검사를 하기 어려운 곳에서 그 상태를 판단하기 위하여
② 분출 증기압력을 측정하기 위하여
③ 각종 덮개를 장치한 후의 기밀도를 확인하기 위하여
④ 수리한 경우 그 부분의 강도나 이상 유무를 판단하기 위하여

해설
분출 증기압을 측정하기 위해서 수압시험을 하는 것은 아니다.

10 ③　11 ②　12 ①　13 ①　14 ②　정답

15 **압력에 대한 설명으로 옳은 것은?**

① 단위면적당 작용하는 힘이다.

② 단위부피당 작용하는 힘이다.

③ 물체의 무게를 비중량으로 나눈 값이다.

④ 물체의 무게에 비중량을 곱한 값이다.

해설

압력의 정의는 단위면적당 작용하는 힘을 말한다.

16 **프로판(C_3H_8) 1kg이 완전연소하는 경우 필요한 이론산소량은 약 몇 Nm^3인가?**

① 3.47 ② 2.55

③ 1.25 ④ 1.50

해설

프로판의 연소반응

$C_3H_8 + 5O_2 \rightarrow 3CO_2 + 4H_2O$

$1kg : xNm^3 = 44kg : 5 \times 22.4Nm^3$

$\therefore x \fallingdotseq 2.55Nm^3$

17 **발열량 6,000kcal/kg인 연료 80kg을 연소시켰을 때 실제로 보일러에 흡수된 유효열량이 408,000kcal이면, 이 보일러의 효율은?**

① 70% ② 75%

③ 80% ④ 85%

해설

보일러 효율

$\eta = \dfrac{G \times C \times \Delta t}{G_f \times H_l} = \dfrac{408,000}{80 \times 6,000} \times 100 = 85\%$

18 **보일러 자동제어에서 1차 제어장치가 제어명령을 하고, 2차 제어장치가 1차 명령을 바탕으로 제어량을 조절하는 측정제어는?**

① 프로그램제어

② 정치제어

③ 캐스케이드제어

④ 비율제어

19 **건물의 각 실내에 방열기를 설치하여 증기 또는 온수로 난방하는 방식은?**

① 복사난방법

② 간접난방법

③ 개별난방법

④ 직접난방법

해설

직접난방법 : 건물의 각 실에 방열기를 설치하여 온수 또는 증기로 난방하는 방식

정답 15 ① 16 ② 17 ④ 18 ③ 19 ④

20 보일러 배기가스의 자연 통풍력을 증가시키는 방법으로 틀린 것은?

① 배기가스 온도를 낮춘다.
② 연돌 높이를 증가시킨다.
③ 연돌을 보온처리한다.
④ 연돌의 단면적을 크게 한다.

해설

자연 통풍력을 증가시키는 방법

- 연돌의 높이를 높게 한다.
- 배기가스의 온도를 높게 한다.
- 연돌의 단면적을 넓게 한다.
- 연도의 길이는 짧게 하고 굴곡부를 적게 한다.

21 다음 중 보온재의 종류가 아닌 것은?

① 코르크
② 규조토
③ 프탈산수지도료
④ 기포성 수지

해설

단열 보온재의 종류

- 무기질 보온재(안전사용온도 300~800℃의 범위 내에서 보온효과가 있는 것) : 탄산마그네슘(250℃), 글라스울(300℃), 석면(500℃), 규조토(500℃), 암면(600℃), 규산칼슘(650℃), 세라믹 파이버(1,000℃)
- 유기질 보온재(안전사용온도 100~200℃의 범위 내에서 보온효과가 있는 것) : 펠트류(100℃), 텍스류(120℃), 탄화코르크(130℃), 기포성 수지

22 질소봉입방법으로 보일러 보존 시 보일러 내부에 질소가스의 봉입압력(MPa)으로 적합한 것은?

① 0.02 ② 0.03
③ 0.06 ④ 0.08

해설

건조보존법

완전 건조시킨 보일러 내부에 흡습제 또는 질소가스를 넣고 밀폐보존하는 방법을 말한다(6개월 이상의 장기보존방법).

- 흡습제 : 생석회, 실리카겔, 활성알루미나, 염화칼슘, 기화방청제 등이 있다.
- 질소가스 봉입 : 압력 0.06MPa으로 봉입하여 밀폐 보존한다.

23 열팽창에 의한 배관의 이동을 구속 또는 제한하는 배관 지지구인 리스트레인트(Restraint)의 종류가 아닌 것은?

① 가이드 ② 앵 커
③ 스토퍼 ④ 행 거

해설

리스트레인트(Restraint)

열팽창에 의한 배관의 이동을 구속 또는 제한하기 위한 장치로서 구속하는 방법에 따라 앵커(Anchor), 스토퍼(Stopper), 가이드(Guide)로 나눈다.

- 가이드 : 지지점에서 축방향으로 안내면을 설치하여 배관의 회전 또는 축에 대하여 직각방향으로 이동하는 것을 구속하는 장치이다.
- 앵커 : 배관 지지점의 이동 및 회전을 허용하지 않고 일정 위치에 완전히 고정하는 장치를 말하며, 배관계의 요동 및 진동 억제효과가 있으나 이로 인하여 과대한 열응력이 생기기 쉽다.
- 스토퍼 : 한 방향 앵커라고도 하며, 배관 지지점의 일정 방향으로의 변위를 제한하는 장치이며, 열팽창으로부터의 기기 노즐 보호, 안전변의 토출압력을 받는 곳 등에 사용한다.

20 ① 21 ③ 22 ③ 23 ④ 정답

24 어떤 주철제 방열기 내의 증기의 평균온도가 110℃이고, 실내온도가 18℃일 때, 방열기의 방열량은?(단, 방열기의 방열계수 : 7.2kcal/m^2·h·℃)

① 230.4kcal/m^2·h
② 470.8kcal/m^2·h
③ 520.6kcal/m^2·h
④ 662.4kcal/m^2·h

해설

방열기 방열량 = 방열계수×(방열기 평균온도−실내온도)
= 7.2×(110−18)
= 662.4kcal/m^2·h

25 두께 150mm, 면적이 15m^{2}인 벽이 있다. 내면온도는 200℃, 외면온도가 20℃일 때 벽을 통한 열손실량은?(단, 열전도율은 0.25kcal/m·h·℃이다)

① 101kcal/h
② 675kcal/h
③ 2,345kcal/h
④ 4,500kcal/h

해설

$$Q=\lambda\times F\times\frac{\Delta t}{l}=0.25\times 15\times\frac{200-20}{0.15}=4{,}500\text{kcal/h}$$

여기서, Q : 1시간 동안 전해진 열량(kcal/h)
λ : 열전도율(kcal/m·h·℃)
F : 전열면적(m^2)
l : 두께(m)
Δt : 온도차(℃)

26 보일러 윈드박스 주위에 설치되는 장치 또는 부품과 가장 거리가 먼 것은?

① 공기예열기 ② 화염검출기
③ 착화버너 ④ 투시구

해설

공기예열기
연소실로 들어가는 공기를 예열시키는 장치로서 180~350℃까지 된다. 공기에서 연소용 공기의 온도를 25℃ 높일 때마다 열효율은 1% 정도 높아진다. 종류로는 전열기, 증기식, 재생식이 있다.

27 공기비를 m, 이론공기량을 A_o라고 할 때, 실제공기량 A를 계산하는 식은?

① $A=m\cdot A_o$
② $A=m/A_o$
③ $A=1/(m\cdot A_o)$
④ $A=A_o-m$

해설

실제공기량 A를 계산하는 식 : $A=m\cdot A_o$
(공기비를 m, 이론공기량을 A_o라고 할 때 실제공기량 A)

28 복사난방에 대한 특징을 설명한 것으로 틀린 것은?

① 바닥면의 이용도가 높다.
② 실내의 온도분포가 균등하다.
③ 외기온도 급변에 대한 온도 조절이 쉽다.
④ 실내 평균온도가 낮으므로 열손실이 비교적 적다.

해설

복사난방의 단점 : 외기의 온도변화에 대한 온도 조절이 어렵다.

정답 24 ④ 25 ④ 26 ① 27 ① 28 ③

29 **사용 시 예열이 필요 없고 비중이 가장 작은 중유는?**

① 타르 중유
② A급 중유
③ B급 중유
④ C급 중유

해설

사용 시 예열이 필요 없고 비중이 가장 가벼운 중유는 A급 중유이다.

30 **다음 중 펌프의 공동현상의 방지대책으로 옳지 않은 것은?**

① 설치위치를 수원보다 낮게 한다.
② 임펠러(Impeller) 속도를 크게 한다.
③ 흡입측 수두손실을 적게 한다.
④ 흡입관경을 크게 한다.

해설

공동현상의 방지대책

- 펌프의 흡입측 수두, 마찰손실을 적게 한다.
- 펌프 임펠러(Impeller) 속도를 작게 한다.
- 펌프의 흡입관경을 크게 한다.
- 펌프의 설치위치를 수원보다 낮게 하여야 한다.
- 펌프 흡입압력을 유체의 증기압보다 높게 한다.
- 양흡입펌프를 사용하여야 한다.
- 양흡입펌프로 부족 시 펌프를 2대로 나눈다.

31 **액체연료연소에서 연료를 무화시키는 목적의 설명으로 틀린 것은?**

① 주위 공기와 혼합을 고르게 하기 위하여
② 단위중량당 표면적을 작게 하기 위하여
③ 연소효율을 향상시키기 위하여
④ 연소실의 열부하를 높게 하기 위하여

해설

무화의 목적

- 단위중량당 표면적을 넓게 한다.
- 공기와의 혼합을 좋게 한다.
- 연소에 적은 과잉공기를 사용할 수 있다.
- 연소효율 및 열효율을 높게 한다.

32 **보일러 수면계의 기능시험시기로 적합하지 않는 것은?**

① 프라이밍, 포밍 등이 생길 때
② 보일러를 가동하기 전
③ 2개 수면계의 수위에 차이를 발견했을 때
④ 수위의 움직임이 민감하고 정확할 때

해설

수면계의 점검시기

- 보일러를 가동하기 전
- 프라이밍·포밍 발생 시
- 두 조의 수면계 수위가 서로 다를 경우
- 수면계의 수위가 의심스러울 때
- 수면계 교체 시

29 ② 30 ② 31 ② 32 ④ 정답

33 단열재를 사용하여 얻을 수 있는 효과에 해당하지 않는 것은?

① 축열용량이 작아진다.
② 열전도율이 작아진다.
③ 노내의 온도분포가 균일하게 된다.
④ 스폴링현상을 증가시킨다.

해설

단열재를 사용하여 스폴링현상을 감소시킨다.

스폴링현상 : 표면균열이나 개재물 등이 있는 곳에 하중이 가해져서 표면이 서서히 박리하는 현상

34 보일러수 중에 함유된 산소에 의해서 생기는 부식의 형태는?

① 점 식 ② 가성취화
③ 그루빙 ④ 전면부식

해설

보일러부식

- 외부부식
  - 저온부식 : 연료성분 중 S(황분)에 의한 부식
  - 고온부식 : 연료성분 중 V(바나듐)에 의한 부식
  - 산화부식 : 산화에 의한 부식
- 내부부식
  - 국부부식(점식) : 용존산소에 의해 발생
  - 전면부식 : 염화마그네슘($MgCl_2$)에 의해 발생
  - 알칼리부식 : pH 12 이상일 때 농축 알칼리에 의해 발생

35 보일러 드럼 및 대형 헤더가 없고 지름이 작은 전열관을 사용하는 관류보일러의 순환비는?

① 4 ② 3
③ 2 ④ 1

해설

관류보일러의 특징

- 철저한 급수처리가 필요하다.
- 임계압력 이상의 고압에 적당하다.
- 순환비가 1이므로 드럼이 필요 없다.
- 증기의 가동 발생시간이 매우 짧다.

36 500W의 전열기로서 2kg의 물을 18℃로부터 100℃까지 가열하는 데 소요되는 시간은 얼마인가?(단, 전열기 효율은 100%로 가정한다)

① 약 10분 ② 약 16분
③ 약 20분 ④ 약 23분

해설

열량(Q)

$Q = G \times C \times \Delta t$

$$500\text{W} \times \frac{1\text{kW}}{1{,}000\text{W}} \times \frac{860\text{kcal/h}}{1\text{kW}} \times x$$

$$= 2\text{kg} \times 1\text{kcal/kg} \cdot ℃ \times (100-18)℃$$

$$\therefore\ x = 0.381\text{h} \times \frac{60\text{min}}{1\text{h}} \fallingdotseq 23\text{min}$$

정답 33 ④ 34 ① 35 ④ 36 ④

37 소형관류보일러(다관식 관류보일러)를 구성하는 주요 구성요소로 맞는 것은?

① 노통과 연관
② 노통과 수관
③ 수관과 드럼
④ 수관과 헤더

해설
소형관류보일러는 드럼이 없고 수관과 헤더로 구성되어 있다.

38 보일러를 계획적으로 관리하기 위해서는 연간계획 및 일상보전계획을 세워 이에 따라 관리를 하는데, 연간 계획에 포함할 사항과 가장 거리가 먼 것은?

① 급수계획
② 점검계획
③ 정비계획
④ 운전계획

39 보일러에서 이상 폭발음이 있다면 가장 먼저 해야 할 조치사항으로 맞는 것은?

① 급수 중단
② 연료 공급 차단
③ 증기출구 차단
④ 송풍기 가동 중지

해설
보일러에서 이상 폭발음이 있다면 가장 먼저 연료 공급을 차단해야 한다.

40 수직의 다수 강관이나 주철관을 사용하여 연소가스는 관 내를, 공기는 관 외부를 직각으로 흐르게 하여 관의 열전도로 공기를 가열하는 공기예열기는?

① 판형 공기예열기
② 회전식 공기예열기
③ 관형 공기예열기
④ 증기식 공기예열기

해설
관형 공기예열기 : 수직의 다수 강관이나 주철관을 사용하여 연소가스는 관 내를, 공기는 관 외부를 직각으로 흐르게 하여 관의 열전도로 공기를 가열하는 예열기

41 보일러 연료의 구비조건으로 틀린 것은?

① 공기 중에 쉽게 연소할 것
② 단위중량당 발열량이 클 것
③ 연소 시 회분 등 배출물이 많을 것
④ 저장이나 운반, 취급이 용이할 것

해설
연료의 구비조건
- 공급이 용이하고 풍부할 것
- 저장 및 운반이 편리할 것
- 인체에 무해하고 대기오염도가 적을 것
- 단위용적당 발열량이 높을 것
- 가격이 저렴할 것
- 취급이 용이하고 안전성이 있을 것

37 ④ 38 ① 39 ② 40 ③ 41 ③ 정답

42 1기압하에서 100℃의 포화수를 같은 온도의 포화증기로 몇 kg을 변화할 수 있느냐 하는 기준값으로 환산한 것을 무엇이라 하는가?

① 증발계수
② 상당증발량
③ 증발배수
④ 전열면 열부하

해설

상당증발량 : 임의의 상태로 발생하는 증기량을 100℃의 포화수로부터 건포화증기를 발생하는 양으로 환산한 것

43 보일러의 자동제어를 제어동작에 따라 구분할 때 연속 동작에 해당되는 것은?

① 2위치동작
② 다위치동작
③ 비례동작(P동작)
④ 부동제어동작

해설

제어동작

- 불연속동작
  - 온-오프(ON-OFF)동작 : 조작량이 두 개인 동작
  - 다위치동작 : 3개 이상의 정해진 값 중 하나를 취하는 방식
  - 단속도동작 : 일정한 속도로 정·역방향으로 번갈아 작동시키는 방식
- 연속동작
  - 비례동작(P) : 조작량이 신호에 비례
  - 적분동작(I) : 조작량이 신호의 적분값에 비례
  - 미분동작(D) : 조작량이 신호의 미분값에 비례

44 증발열이나 용해열과 같이 열을 가하여도 물체의 온도 변화는 없고, 상(相)변화에만 관계하는 열은?

① 현 열　　② 잠 열
③ 승화열　　④ 기화열

해설

- 현열 : 상태변화 없이 물체의 온도변화에만 소요되는 열량
- 잠열 : 물체의 온도변화 없이 상태변화에 필요한 열

45 원통형 보일러에 관한 설명으로 틀린 것은?

① 입형 보일러는 설치면적이 작고 설치가 간단하다.
② 노통이 2개인 횡형 보일러는 코니시 보일러이다.
③ 패키지형 노통연관 보일러는 내분식이므로 방산손실열량이 적다.
④ 기관 본체를 둥글게 제작하여 이를 입형이나 횡형으로 설치 사용하는 보일러를 말한다.

해설

노통 보일러(Fluetube Boiler)에는 횡형으로 된 원통 내부에 노통이 1개 장착되어 있는 코니시(Cornish) 보일러와 노통이 2개 장착되어 있는 랭커셔(Lancashire) 보일러가 있다.

정답 42 ② 43 ③ 44 ② 45 ②

46 **하트포드 접속법(Hartford Connection)을 사용하는 난방방식은?**

① 저압증기난방
② 고압증기난방
③ 저온온수난방
④ 고온온수난방

해설
하트포드 배관법
저압증기난방장치에서 환수주관을 보일러에 직접 연결하지 않고 증기관과 환수관 사이에 설치한 균형관에 접속하는 배관방법
• 목적 : 환수관 파손 시 보일러수의 역류를 방지하기 위해 설치한다.
• 접속위치 : 보일러 표준수위보다 50mm 낮게 접속한다.

47 **압축기 진동과 서징, 관의 수격작용, 지진 등에서 발생하는 진동을 억제하기 위해 사용되는 지지장치는?**

① 벤드벤
② 플랩밸브
③ 그랜드패킹
④ 브레이스

해설
브레이스(Brace) : 펌프, 압축기 등에서 발생하는 기계의 진동을 흡수하는 방진기와 수격작용, 지진 등에서 일어나는 충격을 완화하는 완충기가 있다.

48 **증기보일러의 압력계 부착에 대한 설명으로 틀린 것은?**

① 압력계는 원칙적으로 보일러의 증기실에 눈금판의 눈금이 잘 보이는 위치에 부착한다.
② 압력계와 연결된 증기관은 최고사용압력에 견디는 것이어야 한다.
③ 압력계와 연결된 증기관은 강관을 사용할 때에는 안지름이 6.5mm 이상이어야 한다.
④ 압력계에는 물을 넣은 안지름 6.5mm 이상의 사이펀관 또는 동등한 작용을 하는 장치를 부착한다.

해설
사이펀관의 직경
• 강관 : 지름 12.7mm 이상
• 동관 : 지름 6.5mm 이상

49 **강관의 스케줄 번호가 나타내는 것은?**

① 관의 중심
② 관의 두께
③ 관의 외경
④ 관의 내경

해설
스케줄 번호(Sch No.)는 관의 두께를 나타내는 번호로, 숫자가 커질수록 관의 두께가 더 두꺼워진다는 의미이다.

46 ① 47 ④ 48 ③ 49 ② 정답

50 **배관의 단열공사를 실시하는 목적에서 가장 거리가 먼 것은 무엇인가?**

① 열에 대한 경제성을 높인다.

② 온도 조절과 열량을 낮춘다.

③ 온도변화를 제한한다.

④ 화상 및 화재를 방지한다.

해설

단열재는 주위온도보다 높거나 낮은 온도에서 작동되는 배관 및 각종 기기의 표면으로부터 열손실 또는 열취득을 차단하는 목적을 가지고 있으며 다음 중 하나 이상의 기능을 달성하기 위하여 적절하게 설계되어야 한다.

- 열전달의 최소화
- 화상 등의 사고방지를 위한 표면온도 조절
- 결로방지를 위한 표면온도 조절
- 작동유체 온도유지 또는 동결 방지
- 기타 소음제어, 화재안전, 부식 방지 등

51 **보일러 운전 중 1일 1회 이상 실행하거나 상태를 점검해야 하는 것으로 가장 거리가 먼 사항은?**

① 안전밸브 작동상태

② 보일러수 분출작업

③ 여과기상태

④ 저수위 안전장치 작동상태

52 **배관 중간이나 밸브, 펌프, 열교환기 등의 접속을 위해 사용되는 이음쇠로서 분해, 조립이 필요한 경우에 사용되는 것은?**

① 밴 드　　② 리듀서

③ 플랜지　　④ 슬리브

해설

플랜지 : 배관 중간이나 밸브, 펌프, 열교환기 등의 접속을 위해 사용되는 이음쇠로서 분해, 조립이 필요한 경우에 사용한다.

53 **세관작업 시 규산염은 염산에 잘 녹지 않으므로 용해촉진제를 사용하는데, 다음 중 어느 것을 사용하는가?**

① H_2SO_4　　② HF

③ NH_3　　④ Na_2SO_4

해설

황산염, 규산염 등의 경질스케일은 염산에 잘 용해되지 않아 용해촉진제를 사용하여야 하며, 용해촉진제는 플루오린화수소산(HF)이다.

54 **사용 중인 보일러의 점화 전 주의사항으로 잘못된 것은?**

① 연료계통을 점검한다.

② 각 밸브의 개폐상태를 확인한다.

③ 댐퍼를 닫고 프리퍼지를 한다.

④ 수면계의 수위를 확인한다.

해설

프리퍼지 : 보일러 점화 전에 댐퍼를 열고 노내와 연도에 있는 가연성 가스를 송풍기로 취출시키는 작업

정답 50 ② 51 ③ 52 ③ 53 ② 54 ③

55 에너지이용합리화법에 따라 에너지다소비사업자가 매년 1월 31일까지 신고해야 할 사항과 관계없는 것은?

① 전년도의 분기별 에너지사용량
② 전년도의 분기별 제품생산량
③ 에너지사용기자재의 현황
④ 해당 연도의 에너지관리진단현황

해설

에너지다소비사업자의 신고 등(에너지이용합리화법 제31조)
에너지사용량이 대통령령으로 정하는 기준량 이상인 자(에너지다소비사업자)는 다음의 사항을 산업통상자원부령으로 정하는 바에 따라 매년 1월 31일까지 그 에너지사용시설이 있는 지역을 관할하는 시·도지사에게 신고하여야 한다.
㉠ 전년도의 분기별 에너지사용량·제품생산량
㉡ 해당 연도의 분기별 에너지사용예정량·제품생산예정량
㉢ 에너지사용기자재의 현황
㉣ 전년도의 분기별 에너지이용합리화 실적 및 해당 연도의 분기별 계획
㉤ ㉠부터 ㉣까지의 사항에 관한 업무를 담당하는 자(에너지관리자)의 현황

56 저탄소녹색성장기본법상 온실가스에 해당하지 않는 것은?

① 이산화탄소
② 메 탄
③ 수 소
④ 육플루오린화황

해설

온실가스란 이산화탄소(CO_2), 메탄(CH_4), 아산화질소(N_2O), 수소플루오린화탄소(HFCs), 과플루오린화탄소(PFCs), 육플루오린화황(SF_6) 및 그 밖에 대통령령으로 정하는 것(수소플루오린화탄소(HFCs)와 과플루오린화탄소(PFCs))으로 적외선복사열을 흡수하거나 재방출하여 온실효과를 유발하는 대기 중의 가스상태의 물질을 말한다(저탄소녹색성장기본법 제2조).
※ 저탄소녹색성장기본법은 폐지됨

57 신에너지 및 재생에너지 개발·이용·보급 촉진법에서 규정하는 신재생 에너지 설비 중 "지열에너지 설비"의 설명으로 옳은 것은?

① 바람의 에너지를 변환시켜 전기를 생산하는 설비
② 물의 유동에너지를 변환시켜 전기를 생산하는 설비
③ 폐기물을 변환시켜 연료 및 에너지를 생산하는 설비
④ 물, 지하수 및 지하의 열 등의 온도차를 변환시켜 에너지를 생산하는 설비

해설

신재생에너지 설비(신에너지 및 재생에너지 개발·이용·보급 촉진법 시행규칙 제2조)
- 태양에너지 설비
  - 태양열 설비 : 태양의 열에너지를 변환시켜 전기를 생산하거나 에너지원으로 이용하는 설비
  - 태양광 설비 : 태양의 빛에너지를 변환시켜 전기를 생산하거나 채광(採光)에 이용하는 설비
- 바이오에너지 설비 : 바이오에너지를 생산하거나 이를 에너지원으로 이용하는 설비
- 풍력 설비 : 바람의 에너지를 변환시켜 전기를 생산하는 설비
- 수력 설비 : 물의 유동(流動)에너지를 변환시켜 전기를 생산하는 설비
- 연료전지 설비 : 수소와 산소의 전기화학반응을 통하여 전기 또는 열을 생산하는 설비
- 석탄을 액화·가스화한 에너지 및 중질잔사유(重質殘渣油)를 가스화한 에너지 설비 : 석탄 및 중질잔사유의 저급 연료를 액화 또는 가스화시켜 전기 또는 열을 생산하는 설비
- 해양에너지 설비 : 해양의 조수, 파도, 해류, 온도차 등을 변환시켜 전기 또는 열을 생산하는 설비
- 폐기물에너지 설비 : 폐기물을 변환시켜 연료 및 에너지를 생산하는 설비
- 지열에너지 설비 : 물, 지하수 및 지하의 열 등의 온도차를 변환시켜 에너지를 생산하는 설비
- 수소에너지 설비 : 물이나 그 밖에 연료를 변환시켜 수소를 생산하거나 이용하는 설비

55 ④ 56 ③ 57 ④ 정답

58 에너지이용합리화법상 열사용기자재가 아닌 것은?

① 강철제 보일러

② 구멍탄용 온수보일러

③ 전기순간온수기

④ 2종 압력용기

해설

열사용기자재(에너지이용합리화법 시행규칙 별표 1)

- 보일러 : 강철제 보일러, 주철제 보일러, 소형 온수보일러, 구멍탄용 온수보일러, 축열식 전기보일러, 캐스케이드 보일러, 가정용 화목보일러
- 태양열 집열기
- 압력용기 : 1종 압력용기, 2종 압력용기
- 요로 : 요업요로, 금속요로

59 에너지법상 지역에너지계획은 몇 년마다 몇 년 이상을 계획기간으로 수립·시행하는가?

① 2년마다 2년 이상

② 5년마다 5년 이상

③ 7년마다 7년 이상

④ 10년마다 10년 이상

해설

특별시장·광역시장·특별자치시장·도지사 또는 특별자치도지사는 관할구역의 지역적 특성을 고려하여 에너지기본계획의 효율적인 달성과 지역경제의 발전을 위한 지역에너지계획을 5년마다 5년 이상을 계획기간으로 하여 수립·시행하여야 한다(에너지법 제7조).

60 에너지법에 의거, 지역에너지계획을 수립한 시·도지사는 이를 누구에게 제출하여야 하는가?

① 대통령

② 산업통상자원부장관

③ 국토교통부장관

④ 한국에너지공단 이사장

해설

에너지법에 의해 지역에너지계획을 수립한 시·도지사는 산업통상자원부장관에게 제출하여야 한다(에너지법 제7조).

정답 58 ③ 59 ② 60 ②

2018년 제1회 과년도 기출복원문제

01 다음 중 과열도를 바르게 표현한 식은?

① 과열도 = 포화증기온도 − 과열증기온도
② 과열도 = 포화증기온도 − 압축수의 온도
③ 과열도 = 과열증기온도 − 압축수의 온도
④ 과열도 = 과열증기온도 − 포화증기온도

해설

과열도 : 과열증기온도와 포화증기온도의 차이

02 보일러 구조에 대한 설명 중 잘못된 것은?

① 노통 접합부는 아담슨 조인트(Adamson Joint)로 연결하여 열에 의한 신축을 흡수한다.
② 코니시 보일러는 노통을 편심으로 설치하여 보일러수의 순환이 잘되도록 한다.
③ 갤러웨이관은 전열면을 증대하고 강도를 보강한다.
④ 강수관의 내부는 열가스가 통과하여 보일러수 순환을 증진한다.

해설

강수관 내부에 열가스가 통과하는 것은 연관식 보일러이다.

03 보일러 열정산에서 입열항목으로 볼 수 없는 것은?

① 연료의 연소열
② 연료의 현열
③ 공기의 현열
④ 불완전 연소에 의한 열손실

해설

- 출열항목
  - 불완전 연소가스에 의한 열손실
  - 미연소분에 의한 열손실
  - 발생증기의 보유열(출열 중 가장 많은 열)
  - 방산에 의한 손실열
  - 배기가스의 손실열(손실열 중 가장 많은 열)
- 입열항목
  - 연료의 저위발열량
  - 연료의 현열
  - 공기의 현열
  - 노 내 분입 증기열

04 보일러 자동제어의 급수제어에서 조작량은?

① 공기량
② 연료량
③ 전열량
④ 급수량

해설

보일러 자동제어

보일러 자동제어(ABC)	제어량	조작량
자동연소제어(ACC)	증기압력	연료량, 공기량
	노내 압력	연소가스량
급수제어(FWC)	드럼 수위	급수량
증기온도제어(STC)	과열증기온도	전열량

1 ④ 2 ④ 3 ④ 4 ④ 정답

05 증기보일러의 상당증발량 계산식으로 옳은 것은? (단, G : 실제 증발량(kgf/h), i_1 : 급수의 엔탈피(kcal/kg), i_2 : 발생증기의 엔탈피(kcal/kg))

① $G(i_2 - i_1)$

② $539 \times G(i_2 - i_1)$

③ $G(i_2 - i_1)/539$

④ $639 \times G/(i_2 - i_1)$

해설

$$상당(환산)증발량 = \frac{실제증발량 \times (증기엔탈피 - 급수엔탈피)}{539}$$

06 다음 중 보일러의 안전장치에 속하지 않는 것은?

① 과열기

② 방폭문

③ 가용전

④ 방출밸브

해설

④ 방출밸브 : 보일러 물 중에 불순물이나 농도가 높을 때 또는 수리, 검사 때 보일러 물을 배출

② 방폭문 : 연소실 내의 미연소가스에 의한 폭발을 방지하기 위해 설치하는 안전장치

③ 가용전 : 노통이나 화실 천장부에 설치, 이상온도 상승 시 그 속에 내장된 합금이 녹아 증기가 방출

07 수트 블로어(Soot Blower) 장치를 사용할 때의 주의사항으로 틀린 것은?

① 부하가 적거나(50% 이하) 소화 후 사용한다.

② 분출기 내의 응축수를 배출시킨 후 사용한다.

③ 분출하기 전 연도 내 배풍기를 사용하여 유인통풍을 증가시킨다.

④ 한곳으로 집중적으로 사용하여 전열면에 무리를 가하지 않는다.

해설

수트 블로어는 부하가 적거나(50% 이하) 소화 전에 사용한다.

08 보일러 압력계의 시험시기가 아닌 것은?

① 압력계 지침의 움직임이 민감할 때

② 계속사용검사를 할 때

③ 장시간 휴지 후 사용하고자 할 때

④ 안전밸브의 실제 분출압력과 설정압력이 맞지 않을 때

해설

압력계 지침의 움직임이 민감할 때는 정상 상태라고 할 수 있다.

09 보일러를 구조 및 형식에 따라 분류할 때, 특수보일러에 해당되는 것은?

① 노통보일러

② 관류보일러

③ 연관보일러

④ 폐열보일러

해설

특수보일러 : 폐열・특수연료를 쓰는 보일러, 특수열매체를 쓰는 보일러, 특수가열방식을 쓰는 보일러로 나뉜다.

정답 5 ③ 6 ④ 7 ① 8 ① 9 ④

10 보일러 시스템에서 공기예열기 설치 사용 시 특징으로 틀린 것은?

① 연소효율을 높일 수 있다.
② 저온부식이 방지된다.
③ 예열공기의 공급으로 불완전 연소가 감소된다.
④ 노내의 연소속도를 빠르게 할 수 있다.

해설

공기예열기의 설치 시 특징
- 열효율 향상
- 적은 공기비로 완전연소 가능
- 폐열을 이용하므로 열손실의 감소
- 연소효율을 높일 수 있다.
- 수분이 많은 저질탄의 연료도 연소 가능
- 연소실의 온도가 높아진다.
- 황산에 의한 저온부식 발생

11 탄소(C) 1kg을 연소시키는 데 필요한 산소량은 약 몇 kg인가?

① 2.67 ② 4.67
③ 6.67 ④ 8.67

해설

$C + O_2 \rightarrow CO_2$
1kg : $x$kg = 12 : 32
∴ x = 2.67kg

12 증기의 압력이 높아질 때 나타나는 현상으로 틀린 것은?

① 포화온도 상승
② 증발잠열의 감소
③ 연료의 소비 증가
④ 엔탈피 감소

해설

증기의 압력이 높아지면 엔탈피가 증가하는 현상이 나타난다.

13 자동제어의 비례동작(P동작)에서 조작량(Y)은 제어편차량(e)과 어떤 관계가 있는가?

① 제곱에 비례한다.
② 비례한다.
③ 제곱근에 비례한다.
④ 제곱근에 반비례한다.

해설

자동제어의 비례동작(P동작)에서 조작량(Y)은 제어편차량(e)과 서로 비례관계에 있다.

14 다음 제어동작 중 연속제어 특성과 관계가 없는 것은?

① P동작(비례동작)
② I동작(적분동작)
③ D동작(미분동작)
④ ON-OFF 동작(2위치 동작)

해설

ON-OFF 동작(2위치 동작)은 불연속동작이다.

10 ② 11 ① 12 ④ 13 ② 14 ④ 정답

15 일명 다량트랩이라고도 하며 부력(浮力)을 이용한 트랩은?

① 바이패스형
② 벨로스식
③ 오리피스형
④ 플로트식

해설
플로트식은 일명 다량트랩이라고도 하며 부력(浮力)을 이용한 트랩이다.

16 다음과 같은 특징을 갖고 있는 통풍방식은?

- 연도의 끝이나 연돌 하부에 송풍기를 설치한다.
- 연도 내의 압력은 대기압보다 낮게 유지된다.
- 매연이나 부식성이 강한 배기가스가 통과하므로 송풍기의 고장이 자주 발생한다.

① 자연통풍
② 압입통풍
③ 흡입통풍
④ 평형통풍

해설
① 자연통풍 : 일반적으로 별도의 동력을 사용하지 않고 연돌로 인한 통풍
② 압입통풍 : 연소용 공기를 송풍기로 노 입구에서 대기압보다 높은 압력으로 밀어 넣고 굴뚝의 통풍작용과 같이 통풍을 유지하는 방식
④ 평형통풍 : 연소용 공기를 연소실로 밀어 넣는 방식

17 유류보일러의 자동장치 점화방법의 순서가 맞는 것은?

① 송풍기 기동 → 연료펌프 기동 → 프리퍼지 → 점화용 버너 착화 → 주버너 착화
② 송풍기 기동 → 프리퍼지 → 점화용 버너 착화 → 연료펌프 기동 → 주버너 착화
③ 연료펌프 기동 → 점화용 버너 착화 → 프리퍼지 → 주버너 착화 → 송풍기 기동
④ 연료펌프 기동 → 주버너 착화 → 점화용 버너 착화 → 프리퍼지 → 송풍기 기동

해설
유류보일러의 자동장치 점화방법의 순서
송풍기 기동 → 연료펌프 기동 → 프리퍼지 → 점화용 버너 착화 → 주버너 착화

18 보일러용 가스버너 중 외부 혼합식에 속하지 않는 것은?

① 파일럿 버너
② 센터파이어형 버너
③ 링형 버너
④ 멀티스폿형 버너

해설
파일럿 버너 : 점화버너로 사용되는 내부 혼합형 가스버너

정답 15 ④ 16 ③ 17 ① 18 ①

19 보일러 1마력을 열량으로 환산하면 약 몇 kcal/h인가?

① 15.65
② 539
③ 1,078
④ 8,435

해설

보일러 마력
- 1시간에 100℃의 물 15.65kg을 건조포화증기로 만드는 능력
- 상당증발량으로 환산하면 15.65kg/h
- 시간 발생열량으로 환산하면 15.65 × 539 ≒ 8,435kcal

20 다음 보일러 중 노통연관식 보일러는?

① 코니시 보일러
② 랭커셔 보일러
③ 스코치 보일러
④ 타쿠마 보일러

해설

원통형 보일러의 종류

<table>
<tr><td rowspan="4">원통형</td><td colspan="2">입 형</td><td>입형횡관식, 입형연관식, 코크란 보일러</td></tr>
<tr><td rowspan="3">횡 형</td><td>노 통</td><td>코니시, 랭커셔 보일러</td></tr>
<tr><td>연 관</td><td>횡연관식, 기관차, 케와니 보일러</td></tr>
<tr><td>노통연관</td><td>스코치, 하운덴존슨, 노통연관패키지 보일러</td></tr>
</table>

21 연소가스의 흐름 방향에 따른 과열기의 종류 중 연소가스와 과열기 내 증기의 흐름 방향이 같으며 가스에 의한 소손은 적으나 열의 이용도가 낮은 것은?

① 대류식
② 향류식
③ 병류식
④ 혼류식

해설

열가스 흐름 상태에 의한 과열기의 분류
- 병류형 : 연소가스와 증기가 같이 지나면서 열교환
- 향류형 : 연소가스와 증기의 흐름이 정반대 방향으로 지나면서 열교환
- 혼류형 : 향류와 병류형의 혼합형

22 소요전력이 40kW이고, 효율이 80%, 흡입양정이 6m, 토출양정이 20m인 보일러 급수펌프의 송출량은 약 몇 m^3/min인가?

① 0.13 ② 7.53
③ 8.50 ④ 11.77

해설

$$\text{kW} = \frac{\gamma Q h}{102\eta}$$

$$40 = \frac{1{,}000\frac{\text{kg}}{\text{m}^3} \times x\frac{\text{m}^3}{\text{min}} \times \frac{1\text{min}}{60\text{sec}} \times 26\text{m}}{102 \times 0.8}$$

$\therefore\ x ≒ 7.53\text{m}^3/\text{min}$

19 ④ 20 ③ 21 ③ 22 ② 정답

23 500kg의 물을 20℃에서 84℃로 가열하는 데 40,000 kcal의 열을 공급했을 경우 이 설비의 열효율은?

① 70%　　② 75%

③ 80%　　④ 85%

해설

$$\text{연소효율}(\%) = \frac{\text{실제 연소열}}{\text{저위 발열량}} \times 100\%$$

$$x = \frac{500\text{kg} \times 1\frac{\text{kcal}}{\text{kg}\ ℃} \times 64℃}{40,000\text{kcal}} \times 100 = 80\%$$

24 연료의 고위발열량으로부터 저위발열량을 계산할 때 가장 관계가 있는 성분은?

① 산 소　　② 수 소

③ 유 황　　④ 탄 소

해설

저위발열량(H_l) = 고위발열량(H_h) − 600(9H + W)

여기서, H : 수소성분

W : 수분성분

25 다음 중 완전연소 시의 실제 공기비가 가장 낮은 연료는?

① 중 유　　② 경 유

③ 코크스　　④ 프로판

해설

실제 공기비가 가장 낮은 연료 : 기체연료

26 보일러 자동제어에서 인터로크의 종류가 아닌 것은?

① 저온도 인터로크

② 불착화 인터로크

③ 저수위 인터로크

④ 압력 초과 인터로크

해설

인터로크의 종류

저수위 인터로크, 압력 초과 인터로크, 불착화 인터로크, 저연소 인터로크, 프리퍼지 인터로크 등

27 다음 중 가장 미세한 입자의 먼지를 집진할 수 있고 압력손실이 작으며, 집진효율이 높은 집진장치 형식은?

① 전기식

② 중력식

③ 세정식

④ 사이클론식

해설

전기식은 가장 미세한 입자의 먼지를 집진할 수 있고 압력손실이 작으며, 집진효율이 높은 집진장치 형식이다.

정답 23 ③ 24 ② 25 ④ 26 ① 27 ①

28 다음 보일러 중 수관식 보일러에 해당되지 않는 것은?

① 코니시 보일러
② 슐처 보일러
③ 타쿠마 보일러
④ 라몬트 보일러

해설

노통 보일러(Flue Tube Boiler)에는 횡형으로 된 원통 내부에 노통이 1개 장착되어 있는 코니시(Cornish) 보일러와 노통이 2개 장착되어 있는 랭커셔(Lancashire) 보일러가 있다.

29 표준대기압하에서 물이 끓는 온도를 절대온도(K)로 바르게 나타낸 것은?

① 212K　　② 273K
③ 373K　　④ 671.67K

해설

K = 273 + ℃, 물이 끓는 점 : 100°C
K = 273 + 100℃, 즉 K = 373

30 온수난방설비에서 물의 밀도차나 낙차만으로 순환이 어려운 경우 펌프 등을 이용하여 순환을 행하는 온수순환방식은?

① 단관식
② 복관식
③ 강제순환식
④ 중력순환식

해설

강제순환식은 펌프를 이용하여 강제로 순환시키는 방식이다.

31 점화 준비에서 보일러 내의 급수를 하려고 한다. 이때의 주의사항으로 잘못된 것은?

① 과열기의 공기밸브를 닫는다.
② 급수예열기는 공기밸브, 물빼기 밸브로 공기를 제거하고 물을 가득 채운다.
③ 열매체 보일러인 경우는 열매를 넣기 전에 보일러 내에 수분이 없음을 확인한다.
④ 본체 상부의 공기밸브를 열어둔다.

해설

보일러 내의 급수 시 과열기의 공기밸브를 개방한다.

32 보일러 및 압력용기의 내부 청소에 대한 일반적인 방법으로 틀린 것은?

① 수관의 청소작업에는 튜브 클리너를 사용한다.
② 통풍면에 접하는 부분은 스케일이 부착된 것이 많으므로 주의 깊고 신중하게 청소한다.
③ 부드러운 부착물은 스크래퍼를 이용하여 물을 뿌리면서 작업한다.
④ 용접이음, 리벳이음부는 특별히 신중하게 청소한다.

해설

내부 청소 시 일반적으로 부드러운 부착물은 와이 브러시나 제트 클리너로, 고착된 부착물은 스크래퍼를 이용하여 물을 뿌리면서 작업한다.

28 ① 29 ③ 30 ③ 31 ① 32 ③ 정답

33 **포화온도 105℃인 증기난방 방열기의 상당 방열면적이 20m²일 경우 시간당 발생하는 응축수량은 약 kg/h인가?(단, 105℃ 증기의 증발잠열은 535.6kcal/kg이다)**

① 10.37 ② 20.57
③ 12.17 ④ 24.27

해설

응축수량(G)

$G=\frac{Q}{\gamma}=\frac{650\times20}{535.6}$ ≒ 24.27kg/h

여기서, Q : 방열기 방열량

γ : 증발잠열

34 **증기난방법을 응축수의 환수방식에 따라 분류할 때 해당되지 않는 것은?**

① 복관환수식
② 중력환수식
③ 진공환수식
④ 기계환수식

해설

응축수 환수방법 : 중력환수식, 기계환수식, 진공환수식

35 **진공환수식 증기난방장치에 있어서 부득이 방열기보다 상부에 환수관을 배관해야만 할 때 리프트이음을 사용한다. 리프트이음의 1단 흡상 높이는 몇 m 이하로 하는가?**

① 1.0 ② 1.5
③ 2.0 ④ 3.0

해설

리프트 피팅 : 저압증기환수관이 진공펌프의 흡입구보다 낮은 위치에 있을 때 배관이음방법으로, 환수관 내의 응축수를 이음부 전후에서 형성되는 작은 압력차를 이용하여 끌어올릴 수 있도록 한 배관방법이다.

- 리프트관은 주관보다 1~2 정도 작은 치수를 사용한다.
- 리프트 피팅의 1단 높이 : 1.5m 이내(3단까지 가능)

※ 리프트 계수로서 진공환식 난방배관에서 환수를 유인하기 위한 배관방법이다.

36 **보일러 계속사용검사기준에서 사용 중 외부검사에 대한 설명으로 틀린 것은?**

① 벽돌 쌓음에서 벽돌의 이탈, 심한 마모 또는 파손이 없어야 한다.
② 모든 배관계통의 관 및 이음쇠 부분에 누기 및 누수가 없어야 한다.
③ 보일러는 깨끗하게 청소된 상태이어야 하며 사용상에 현저한 구상부식이 있어야 한다.
④ 시험용 해머로 스테이 볼트 한쪽 끝을 가볍게 두들겼을 때 이상이 없어야 한다.

해설

보일러는 깨끗하게 청소된 상태이어야 하며 사용상에 현저한 구상부식이 없어야 한다.

정답 33 ④ 34 ① 35 ② 36 ③

37 알칼리열화라고도 하며 보일러에 발생하는 응력부식의 일종으로 고농도의 알칼리성에 의해 리벳이음판의 틈새나 리벳머리의 아래쪽에 보일러수가 침입하여 알칼리와 이음부 등의 반복응력에 의해 재료의 결정립계에 따라 균열이 생기는 현상은?

① 가성취화　　② 고온부식
③ 백파이어　　④ 피 팅

해설

가성취화

- 보일러 몸통의 리벳이음 등 응력이 집중하는 곳에 생기는 균열의 일종이다.
- 가성소다가 고농도로 응축되어서 생기는 현상으로, 용접이 보급된 현재에는 그러한 경우가 드물지만 미세한 간극에 열을 받는 부분 등에서는 주의를 요한다.

38 증기난방과 비교한 온수난방의 특징으로 틀린 것은?

① 예열시간이 길다.
② 건물 높이에 제한을 받지 않는다.
③ 난방부하 변동에 따른 온도 조절이 용이하다.
④ 실내 쾌감도가 높다.

해설

- 온수난방의 장점
  - 난방부하의 변동에 대한 온도 조절이 용이하다.
  - 열용량이 커서 보일러를 정지시켜도 실온은 급변하지 않는다.
  - 실내의 쾌감도는 실내공기의 상하 온도차가 작아 증기난방보다 좋다.
  - 환수배관의 주식이 적고, 수명이 길고, 소음이 작다.
- 온수난방의 단점
  - 열용량이 커서 온수의 순환시간과 예열에 장시간이 필요하고, 연료 소비량도 많아진다.
  - 증기난방에 비해 방열면적과 관경이 커진다.
  - 증기난방과 비교해서 설비비가 높아진다.
  - 한랭지에서는 난방 정지 시 동결의 우려가 있다.
  - 일반 저온수용 보일러는 사용압력에 제한이 있어 고층 건물에는 부적당하다.

39 보일러의 매체별 분류 시 해당하지 않는 것은?

① 증기보일러
② 가스보일러
③ 열매체보일러
④ 온수보일러

해설

열매체에 따른 분류

- 증기보일러
- 온수보일러
- 열매체보일러

40 보일러의 외부부식 방지대책으로 틀린 것은?

① 습기나 수분이 노내나 연도 내에 침입하지 못하게 한다.
② 유황분이나 바나듐분 등의 유해물이 함유되지 않은 연료를 사용한다.
③ 전열면에 그을음이나 회분을 부착시키지 않도록 한다.
④ 중유에 적당한 첨가제를 가해서 황산증기의 노점을 증가시킨다.

해설

중유에 적당한 첨가제를 가하면 황산증기의 노점이 낮아진다.

37 ① 38 ② 39 ② 40 ④ 정답

41 보일러의 손실열 항목 중 손실열이 가장 큰 것은?

① 급격한 외기온도 저하에 의한 손실열
② 불완전연소에 의한 손실열
③ 방산에 의한 손실열
④ 배기가스에 의한 손실열

해설

보일러의 출열 중 열손실
- 배기가스에 의한 손실열(손실열 중 비중이 가장 크다)
- 불완전연소에 의한 손실열
- 미연소연료에 의한 손실열
- 노벽방산에 의한 방산손실 등
- 발생증기 보유열

42 보일러 급수 중에 칼슘염이 용해되어 있으면 보일러에 어떤 해를 주는 주된 원인이 되는가?

① 점식의 원인이 된다.
② 가성취화와 부식의 원인이 된다.
③ 스케일 생성과 과열의 원인이 된다.
④ 알칼리부식의 원인이 된다.

해설

스케일 생성으로 과열, 열효율을 낮추는 역할을 한다.

43 소용량 보일러에 부착하는 압력계의 최고 눈금은 보일러 최고 사용압력의 몇 배로 하는가?

① 1~1.5배 ② 1.5~3배
③ 4~5배 ④ 5~6배

해설

압력계의 눈금범위 : 최고 사용압력의 1.5배 이상 3배 이하로 한다.

44 증기난방의 방열기 부속품으로서 저온의 공기도 통과시키는 특성이 있어 에어리턴식이나 진공환수식 증기배관의 방열기나 관말트랩에 사용하는 트랩은?

① 플로트 트랩
② 수봉식 증기트랩
③ 버킷트랩
④ 열동식 트랩

해설

열동식 트랩(벨로스 트랩) : 벨로스의 팽창, 수축작용 등을 이용하여 밸브를 개폐시키는 트랩으로, 방열기 트랩의 하나이다.

45 보일러 운전정지의 순서를 바르게 나열한 것은?

㉠ 공기의 공급을 정지한다. ㉡ 댐퍼를 닫는다. ㉢ 급수를 한다. ㉣ 연료의 공급을 정지한다.

① ㉠ → ㉡ → ㉢ → ㉣
② ㉠ → ㉣ → ㉡ → ㉢
③ ㉣ → ㉠ → ㉢ → ㉡
④ ㉣ → ㉡ → ㉢ → ㉠

해설

보일러 운전정지 순서
연료 공급 정지 → 공기 공급 정지 → 급수하여 압력을 낮추고 급수펌프 정지 → 증기밸브를 차단 → 드레인 밸브 엶 → 댐퍼 닫음

정답 41 ④ 42 ③ 43 ② 44 ④ 45 ③

46 난방방법을 분류할 때 중앙식 난방방식의 종류가 아닌 것은?

① 개별난방법
② 증기난방법
③ 온수난방법
④ 복사난방법

해설

난방방법 분류
- 중앙집중식 난방의 분류 : 간접난방, 직접난방, 복사난방
- 직접난방은 방열기의 의한 난방으로 온수난방과 증기난방으로 분류된다.

47 난방부하가 9,000kcal/h인 장소에 온수방열기를 설치하는 경우 필요한 방열기 쪽수는?(단, 방열기 1쪽당 표면적은 0.2m^{2}이고, 방열량은 표준방열량으로 계산한다)

① 70　　② 100
③ 110　　④ 120

해설

$$\text{방열기 쪽수} = \frac{\text{난방부하}}{\text{방열기방열량} \times \text{1쪽당 방열면적}} = \frac{9{,}000}{450 \times 0.2} = 100$$

48 유류연소 수동보일러의 운전정지 내용으로 잘못된 것은?

① 운전정지 직전에 유류예열기의 전원을 차단하고 유류예열기의 온도를 낮춘다.
② 연소실 내, 연도를 환기시키고 댐퍼를 닫는다.
③ 보일러 수위를 정상 수위보다 조금 낮추고 버너의 운전을 정지한다.
④ 연소실에서 버너를 분리하여 청소를 하고 기름이 누설되는지 점검한다.

해설

보일러 정지는 다음날 분출을 하기 위해 보일러 수위를 약간 높게 유지한다.

49 온수보일러의 설치에 대한 설명 중 잘못된 것은?

① 기초가 약하여 내려앉거나 갈라지지 않아야 한다.
② 수관식 보일러의 경우 전열면의 청소가 용이한 구조일 경우에는 반드시 청소할 수 있는 구멍이 있어야 한다.
③ 보일러 사용압력이 어떠한 경우에도 최고사용압력을 초과할 수 없도록 설치하여야 한다.
④ 보일러는 바닥 지지물에 반드시 고정되어야 한다.

해설

수관식 보일러의 경우 전열면의 청소가 용이한 구조일 경우에는 별도의 청소 구멍을 설치하지 않아도 된다.

46 ① 47 ② 48 ③ 49 ② 정답

50 **보일러의 연소 시 주의사항 중 급격한 연소가 되어서는 안 되는 이유로 가장 옳은 것은?**

① 보일러수(水)의 순환을 해친다.
② 급수탱크 파손의 원인이 된다.
③ 보일러나 벽돌에 악영향을 주고 파괴의 원인이 된다.
④ 보일러 효율을 증가시킨다.

해설

보일러의 연소 시 주의사항 중 급격한 연소가 되어서는 안 되는 이유는 보일러나 벽돌에 악영향을 주고 파괴의 원인이 되기 때문이다.

51 **보일러 역화의 원인에 해당되지 않는 것은?**

① 프리퍼지가 불충분한 경우
② 점화할 때 착화가 지연되었을 경우
③ 연도 댐퍼의 개도가 너무 좁은 경우
④ 점화원을 사용한 경우

해설

역화(백파이어) 발생원인

- 미연가스에 의한 노내 폭발이 발생하였을 때
- 착화가 늦어졌을 때
- 연료의 인화점이 낮을 때
- 공기보다 연료를 먼저 공급했을 경우
- 압입통풍이 지나치게 강할 때

52 **보일러의 설비면에서 수격작용의 예방조치로 틀린 것은?**

① 증기배관에는 충분한 보온을 취한다.
② 증기관에는 중간을 낮게 하는 배관방법은 드레인이 고이기 쉬우므로 피해야 한다.
③ 증기관은 증기가 흐르는 방향으로 경사가 지도록 한다.
④ 대형밸브나 증기헤더에도 드레인 배출장치 설치를 피해야 한다.

해설

대형밸브나 증기헤더에도 드레인 배출장치를 설치해야 한다.

53 **물의 온도가 393K를 초과하는 온수보일러에는 크기가 몇 mm 이상인 안전밸브를 설치하여야 하는가?**

① 5 ② 10
③ 15 ④ 20

해설

온수온도 120℃ 초과할 때 안전밸브를 설치하고, 온수온도 120℃ 이하일 때 방출밸브를 설치한다. 안전밸브와 방출밸브의 관경은 20mm 이상이다.

54 **보일러 가스폭발 방지에 관한 설명으로 잘못된 것은?**

① 점화할 때는 미리 충분한 프리퍼지를 한다.
② 연료 속 수분이나 슬러지 등은 충분히 배출한다.
③ 배관이나 버너 각부의 밸브는 그 개폐 상태에 이상이 없는가를 확인한다.
④ 연소량을 증가시킬 경우에는 먼저 연료량을 증가시킨 후에 공기 공급량을 증가시킨다.

해설

연소 시 공기를 먼저 공급시키고, 연료를 공급한다.

정답 50 ③ 51 ④ 52 ④ 53 ④ 54 ④

55 제3종 난방시공업자가 시공할 수 있는 열사용기자재 품목은?

① 강철제 보일러
② 주철제 보일러
③ 2종 압력용기
④ 금속요로

해설

시공범위
- 제1종 시공업 : 강철제 및 주철제 보일러, 온수보일러, 태양열 집열기, 압력용기 등
- 제2종 시공업 : 온수보일러(용량 5만kcal/h 이하) 및 태양열 집열기
- 제3종 시공업 : 요로

56 에너지이용합리화법 시행령에서 에너지다소비사업자라 함은 연간 에너지(연료 및 열과 전기의 합) 사용량이 얼마 이상인 경우인가?

① 3천 티오이
② 2천 티오이
③ 1천 티오이
④ 1천5백 티오이

해설

에너지다소비사업자라함은 연간 에너지(연료 및 열과 전기의 합) 사용량이 2천 티오이 이상인 경우를 말한다(에너지이용합리화법 시행령 제35조).

57 에너지이용 합리화법상 효율관리기자재의 광고 시에 광고 내용에 에너지소비효율, 사용량에 따른 등급 등을 포함시켜야 할 의무가 있는 자가 아닌 것은?

① 효율관리기자재 제조업자
② 효율관리기자재 광고업자
③ 효율관리기자재 수입업자
④ 효율관리기자재 판매업자

해설

효율관리기자재의 지정 등(에너지이용합리화법 제15조)
효율관리기자재의 제조업자, 수입업자 또는 판매업자가 산업통상자원부령으로 정하는 광고매체를 이용하여 효율관리기자재의 광고를 하는 경우에는 그 광고 내용에 따른 에너지소비효율등급 또는 에너지소비효율을 포함하여야 한다.

58 에너지이용 합리화법의 기본목적과 가장 거리가 먼 것은?

① 에너지 소비로 인한 환경 피해 감소
② 에너지의 수급 안정
③ 에너지원의 개발 촉진
④ 에너지의 효율적인 이용 증진

해설

에너지이용 합리화법의 기본목적
- 에너지 소비로 인한 환경 피해 감소
- 에너지의 수급 안정
- 에너지의 효율적인 이용 증진

55 ④ 56 ② 57 ② 58 ③ 정답

59 **에너지법상 지역에너지계획에 포함되어야 할 사항이 아닌 것은?**

① 에너지 수급의 추이와 전망에 관한 사항
② 에너지이용합리화와 이를 통한 온실가스 배출 감소를 위한 대책에 관한 사항
③ 미활용에너지원의 개발·사용을 위한 대책에 관한 사항
④ 에너지 소비촉진 대책에 관한 사항

해설

지역에너지계획의 수립(에너지법 제7조)

지역계획에는 해당 지역에 대한 다음의 사항이 포함되어야 한다.

- 에너지 수급의 추이와 전망에 관한 사항
- 에너지의 안정적 공급을 위한 대책에 관한 사항
- 신재생 에너지 등 환경친화적 에너지 사용을 위한 대책에 관한 사항
- 에너지 사용의 합리화와 이를 통한 온실가스의 배출 감소를 위한 대책에 관한 사항
- 집단에너지사업법에 따라 집단에너지공급대상지역으로 지정된 지역의 경우 그 지역의 집단에너지 공급을 위한 대책에 관한 사항
- 미활용 에너지원의 개발·사용을 위한 대책에 관한 사항
- 그 밖에 에너지시책 및 관련 사업을 위하여 시·도지사가 필요하다고 인정하는 사항

60 **에너지절약전문기업의 등록은 누구에게 하도록 위탁되어 있는가?**

① 산업통상자원부장관
② 한국에너지공단 이사장
③ 시공업자단체의 장
④ 시·도지사

해설

한국에너지공단에 위탁된 업무(에너지이용합리화법 시행령 제51조)

- 에너지사용계획의 검토
- 이행 여부의 점검 및 실태 파악
- 효율관리기자재의 측정결과 신고의 접수
- 대기전력경고표지대상제품의 측정결과 신고의 접수
- 대기전력저감대상제품의 측정결과 신고의 접수
- 고효율에너지기자재 인증신청의 접수 및 인증
- 고효율에너지기자재의 인증취소 또는 인증사용정지 명령
- 에너지절약전문기업의 등록
- 온실가스배출 감축실적의 등록 및 관리
- 에너지다소비사업자 신고의 접수
- 진단기관의 관리·감독
- 에너지관리지도
- 진단기관의 평가 및 그 결과의 공개
- 냉난방온도의 유지·관리 여부에 대한 점검 및 실태 파악
- 검사대상기기의 검사
- 검사증의 발급
- 검사대상기기의 폐기, 사용 중지, 설치자 변경 및 검사의 전부 또는 일부가 면제된 검사대상기기의 설치에 대한 신고의 접수
- 검사대상기기 관리자의 선임·해임 또는 퇴직신고의 접수

정답 59 ④ 60 ②

2018년 제2회 과년도 기출복원문제

01 일반적으로 효율이 가장 높은 보일러는?

① 노통보일러
② 연관식 보일러
③ 수직(입형)보일러
④ 수관식 보일러

해설

수관식 보일러의 특징
- 고압, 대용량용으로 제작
- 보유 수량이 적어 파열 시 피해가 작음
- 보유 수량에 비해 전열 면적이 크므로 증발시간이 빠르고, 증발량이 많음
- 보일러수의 순환이 원활
- 효율이 가장 높음
- 연소실과 수관의 설계가 자유로움
- 구조가 복잡하므로 청소, 점검, 수리가 곤란
- 제작비가 고가
- 스케일에 의한 과열사고가 발생되기 쉬움
- 수위 변동이 심하여 거의 연속적 급수가 필요

02 보일러의 자동제어에서 연소제어 시 조작량과 제어량의 관계가 옳은 것은?

① 공기량 – 수위
② 급수량 – 증기온도
③ 연료량 – 증기압
④ 전열량 – 노내압

해설

보일러 자동제어

보일러 자동제어(ABC)	제어량	조작량
자동연소제어(ACC)	증기압력	연료량, 공기량
	노내 압력	연소가스량
급수제어(FWC)	드럼 수위	급수량
증기온도제어(STC)	과열증기온도	전열량

03 일반적으로 보일러 동(드럼) 내부에는 물을 어느 정도로 채워야 하는가?

① 1/4~1/3
② 1/6~1/5
③ 1/4~2/5
④ 2/3~4/5

해설

일반적으로 보일러 동(드럼) 내부에는 물을 2/3~4/5 정도로 채워야 한다.

04 증기트랩의 역할이 아닌 것은?

① 수격작용을 방지한다.
② 관의 부식을 막는다.
③ 열설비의 효율 저하를 방지한다.
④ 증기의 저항을 증가시킨다.

해설

증기트랩의 역할
- 수격작용을 방지한다.
- 관의 부식을 막는다.
- 열설비의 효율 저하를 방지한다.

1 ④ 2 ③ 3 ④ 4 ④ 정답

05 함진가스를 세정액 또는 액막 등에 충돌시키거나 충분히 접촉시켜 액에 의해 포집하는 습식 집진장치는?

① 세정식 집진장치
② 여과식 집진장치
③ 원심력식 집진장치
④ 관성력식 집진장치

해설

세정식 집진장치 : 함진가스를 세정액 또는 액막 등에 충돌시키거나 충분히 접촉시켜 액에 의해 포집하는 습식 집진장치

06 보일러 절탄기의 설명으로 틀린 것은?

① 절탄기 외부에는 저온부식이 발생할 수 있다.
② 절탄기는 주철제와 강철제가 있다.
③ 보일러 열효율을 증대시킬 수 있다.
④ 연소가스 흐름이 원활하여 통풍력이 증대된다.

해설

절탄기 : 보일러의 배기가스의 여열을 이용하여 급수를 예열하는 장치이다. 보일러에서 배기되는 연소실은 전체 발열량의 약 20% 정도이며, 이 열을 회수하여 열효율을 높게 하고 연료를 절감시키는 역할을 하지만 통풍력과는 관계가 없다.

07 보일러 통풍에 대한 설명으로 틀린 것은?

① 자연통풍 : 굴뚝의 압력차를 이용
② 강제통풍 : 송풍기를 이용
③ 압입통풍 : 굴뚝 밑에 흡출 송풍기를 사용
④ 평형통풍 : 압입 및 흡입 송풍기를 겸용

해설

압입통풍 : 연소용 공기를 송풍기로 노 입구에서 대기압보다 높은 압력으로 밀어 넣고 굴뚝의 통풍작용과 같이 통풍을 유지하는 방식

08 증기의 압력을 증대시키는 경우의 설명으로 잘못된 것은?

① 현열이 증대한다.
② 증발잠열이 증대한다.
③ 증기의 비체적이 증대한다.
④ 포화수 온도가 높아진다.

해설

증기의 압력을 증대시키는 경우 증발잠열이 감소한다.

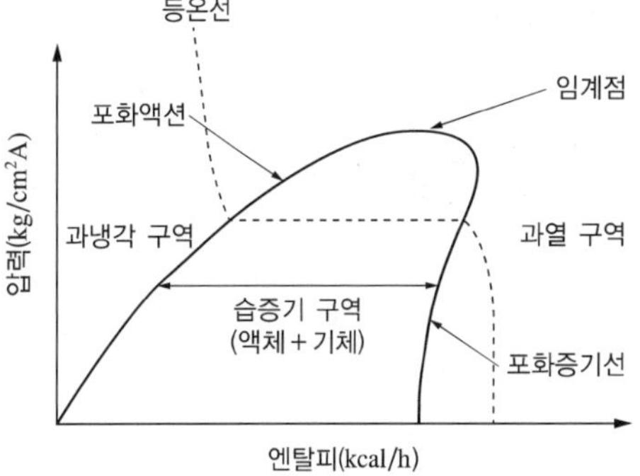

09 전기저항식 온도계에서 저항체의 구비조건으로 틀린 것은?

① 동일 특성의 것을 얻기 쉬운 금속일 것
② 화학적, 물리적으로 안정될 것
③ 온도에 의한 전기저항의 변화(온도계수)가 작을 것
④ 내식성이 클 것

정답 5 ① 6 ④ 7 ③ 8 ② 9 ③

10 매시간 1,500kg의 연료를 연소시켜서 시간당 11,000kg의 증기를 발생시키는 보일러의 효율은 약 몇 %인가?(단, 연료의 발열량은 6,000kcal/kg, 발생증기의 엔탈피는 742kcal/kg, 급수의 엔탈피는 20kcal/kg이다)

① 88%　　② 80%
③ 78%　　④ 66%

해설

보일러 효율(η)

$$\eta = \frac{G_a(h''-h')}{G_f \times H_l} \times 100$$

$$= \frac{11,000(742-20)}{1,500 \times 6,000} \times 100$$

$\therefore\ \eta \fallingdotseq 88\%$

11 A, B, C 중유는 무엇에 의하여 구분되는가?

① 인화점
② 착화점
③ 점 도
④ 비 점

해설

A, B, C 중유는 비점에 따라 구별한다.

12 보일러 가동 시 출열항목 중 열손실이 가장 크게 차지하는 항목은?

① 배기가스에 의한 배출열
② 연료의 불완전연소에 의한 열손실
③ 관수의 블로다운에 의한 열손실
④ 본체 방열 발산에 의한 열손실

해설

입열항목 열손실
- 연료의 저위발열량
- 연료의 현열
- 공기의 현열
- 피열물의 보유열
- 노내 분입증기열

출열항목 열손실
- 발생증기의 보유열
- 배기가스의 손실열
- 불완전연소에 의한 열손실
- 미연분에 의한 손실열
- 방사 손실열

13 액체연료의 연소장치에서 무화의 목적으로 틀린 것은?

① 단위 중량당 표면적을 작게 한다.
② 연소효율이 증가한다.
③ 연료와 공기의 혼합이 양호하다.
④ 완전연소가 가능하다.

해설

무화의 목적
- 단위 중량당 표면적을 넓게 한다.
- 공기와의 혼합을 좋게 한다.
- 연소에 적은 과잉공기를 사용할 수 있다.
- 연소효율 및 열효율을 높게 한다.

10 ① 11 ④ 12 ① 13 ① 정답

14 보일러 중 원통형 보일러가 아닌 것은?

① 입형횡관식 보일러
② 벤슨 보일러
③ 코니시 보일러
④ 스코치 보일러

해설

수관식 보일러

- 자연순환식 : 배브콕, 츠네카치, 타쿠마, 야로, 2동 D형 보일러
- 강제순환식 : 라몬트, 베록스 보일러
- 관류식 : 벤슨, 슐처, 람진 보일러

15 공기비를 m, 이론 공기량을 A_0라고 할 때, 실제 공기량(A)을 계산하는 식은?

① $A = m \cdot A_0$
② $A = m/A_0$
③ $A = 1/(m \cdot A_0)$
④ $A = A_o - m$

해설

실제 공기량 A를 계산하는 식

$A = m \cdot A_0$
(공기비를 m, 이론 공기량을 A_0라고 할 때, 실제 공기량 A)

16 자동제어동작 특성 중 연속동작에 속하지 않는 것은?

① 비례동작
② 적분동작
③ 미분동작
④ 2위치 동작

해설

2위치 동작은 불연속동작이다.

17 보일러 기관 작동을 저지시키는 인터로크(Interlock)에 속하지 않는 것은?

① 저수위 인터로크
② 저압력 인터로크
③ 저연소 인터로크
④ 프리퍼지 인터로크

해설

인터로크의 종류

저수위 인터로크, 압력 초과 인터로크, 불착화 인터로크, 저연소 인터로크, 프리퍼지 인터로크 등

18 보일러의 안전장치와 거리가 먼 것은?

① 저수위 경보기
② 안전밸브
③ 가용마개
④ 드레인 콕

해설

보일러의 안전장치 : 안전밸브, 화염검출기, 방폭문, 용해플러그, 저수위 경보기, 압력조절기, 가용전 등

정답 14 ② 15 ① 16 ④ 17 ② 18 ④

19 오일 프리히터(기름예열기)에 대한 설명으로 잘못된 것은?

① 기름의 점도를 낮추어 준다.
② 기름의 유동성을 도와준다.
③ 중유 예열온도는 100℃ 이상으로 높을수록 좋다.
④ 분무 상태를 양호하게 한다.

해설

중유 예열온도는 85±5℃ 정도 및 인화점보다 5℃ 낮게 한다.

20 수면계의 기능시험시기로 틀린 것은?

① 보일러를 가동하기 전
② 수위의 움직임이 활발할 때
③ 보일러를 가동하여 압력이 상승하기 시작했을 때
④ 2개 수면계의 수위에 차이를 발견했을 때

해설

수면계 기능시험의 시기
- 보일러를 가동하기 전
- 보일러를 가동하여 압력이 상승하기 시작했을 때
- 2개 수면계의 수위에 차이를 발견했을 때
- 수위의 움직임이 둔하고, 정확한 수위인지 아닌지 의문이 생길 때
- 수면계 유리의 교체, 그 외의 보수를 했을 때
- 프라이밍, 포밍 등이 생길 때
- 취급담당자 교대 시 다음 인계자가 사용할 때

21 보일러 예비 급수장치인 인젝터의 특징을 설명한 것으로 틀린 것은?

① 구조가 간단하다.
② 동력을 필요로 하지 않는다.
③ 설치장소를 많이 차지한다.
④ 급수온도가 높으면 급수가 곤란하다.

해설

예비 급수장치인 인젝터의 특징
- 급수 예열효과가 있다.
- 구조가 간단하고 소형이다.
- 설치 시 넓은 장소를 요하지 않는다.

22 프로판 1kg을 완전연소시킬 경우 이론공기량(Nm^3/kg)은?

① 12.12　② 13.12
③ 12　④ 15.12

해설

프로판의 연소반응

$C_3H_8 + 5O_2 \rightarrow 3CO_2 + 4H_2O$

$1kg : xNm^3 = 44kg : \frac{5 \times 22.4}{0.21}Nm^3$

$\therefore x = 12.12Nm^3$

23 보일러 전열면의 외측에 부착되는 그을음이나 재를 불어내는 장치는?

① 수트 블로어
② 어큐뮬레이터
③ 기수 분리기
④ 사이클론 분리기

19 ③ 20 ② 21 ③ 22 ① 23 ① 정답

24 연료의 연소온도에 가장 큰 영향을 미치는 것은?

① 발화점 ② 공기비
③ 인화점 ④ 회 분

25 증기 또는 온수보일러로서 여러 개의 섹션(Section)을 조합하여 제작하는 보일러는?

① 열매체 보일러
② 강철제 보일러
③ 관류보일러
④ 주철제 보일러

해설

주철제 보일러는 여러 개의 섹션(Section)을 조합하여 제작하는 보일러로서 내식성, 내열성이 좋지만 저압력 보일러로서 충격에 약하다.

26 열용량에 대한 설명으로 옳은 것은?

① 열용량의 단위는 kcal/g・℃이다.
② 어떤 물질 1g의 온도를 1℃ 올리는 데 소요되는 열량이다.
③ 어떤 물질의 비열에 그 물질의 질량을 곱한 값이다.
④ 열용량은 물질의 질량에 관계없이 항상 일정하다.

해설

① 열용량 단위는 kcal/℃이다.
② 비열을 말한다. 열용량은 어떤 물질의 온도를 1℃ 변화시키는 데 필요한 열량이다.
④ 열용량은 물질의 질량이 클수록, 비열이 클수록 크다.

27 과열증기의 특징으로 틀린 것은?

① 증기의 마찰손실이 적다.
② 같은 압력의 포화증기에 비해 보유열량이 많다.
③ 증기 소비량이 적어도 된다.
④ 가열 표면의 온도가 균일하다.

해설

가열 표면의 온도가 균일하지 않다.

28 보일러 급수온도 20℃, 시간당 실제증발량 1,000kg, 증기 엔탈피가 669kcal/kg일 경우, 상당증발량(kg/h)을 구하면 약 얼마인가?

① 1,000 ② 1,204
③ 2,408 ④ 5,390

해설

$$G_e = \frac{G_a(i_2 - i_1)}{539} = \frac{1,000(669-20)}{539} \fallingdotseq 1,204\text{kg/h}$$

정답 24 ② 25 ④ 26 ③ 27 ④ 28 ②

29 온도차에 따라 유체분자가 직접 이동하면서 열을 전달하는 형태는?

① 전 도 ② 대 류
③ 복 사 ④ 방 사

해설

열 전달방식

- 전도 : 고체 내부에서의 열의 이동현상으로 물질은 움직이지 않고 열만 이동하는 현상
- 대류 : 온도차에 따라 유체분자가 직접 이동하면서 전달하는 형태
- 복사 : 고온의 물체로부터 나온 열이 도중의 물체를 거치지 않고 직접 다른 물체로 이동하는 현상

30 방열기의 표준 방열량에 대한 설명으로 틀린 것은?

① 증기의 경우 게이지 압력 1kg/cm^2, 온도 80℃로 공급하는 것이다.
② 증기 공급 시의 표준 방열량은 650kcal/m^2 · h이다.
③ 실내온도는 증기일 경우 21℃, 온수일 경우 18℃ 정도이다.
④ 온수 공급 시의 표준 방열량은 450kcal/m^2 · h이다.

해설

표준 방열량(kcal/m^2 · h)

열 매	표준 방열량 (kcal/m^2 · h)	표준 온도차(℃)	표준 상태에서의 온도(℃)	
			열매온도	실 온
증 기	650	81	102	21
온 수	450	62	80	18

31 지역난방에서 열매로 증기를 사용하는 경우와 비교하여 온수를 사용하였을 경우의 특징으로 옳은 것은?

① 관 내 저항손실이 크다.
② 배관 설비비가 적게 든다.
③ 넓은 지역난방에 적당하다.
④ 공급 열량의 계량이 쉽다.

해설

지역난방에서 열매로 증기를 사용하는 경우에는 유속이 빠르기 때문에 관 내 저항손실이 크다.

32 보일러 연료의 구비조건으로 틀린 것은?

① 공해요인이 적을 것
② 저장, 취급, 운반이 용이할 것
③ 점화 및 소화가 쉬울 것
④ 연소가 용이하고, 발열량이 작을 것

해설

보일러 연료는 연소가 용이하고, 발열량이 커야 한다.

29 ② 30 ① 31 ① 32 ④ 정답

33 보일러의 압력 초과의 원인 중 틀린 것은?

① 수면계 연락관이 막혔을 경우
② 압력계의 고장이 생겼을 경우
③ 압력계의 연결관 밸브가 열렸을 경우
④ 안전밸브가 고장일 경우

해설

압력계의 연결관 밸브가 열려 있어야만 압력을 검지할 수 있다.

34 보일러 급수처리법 중 급수 중에 용존하고 있는 O_2, CO_2 등의 용존기체를 분리, 제거하는 급수처리방법으로 가장 적합한 것은?

① 탈기법
② 여과법
③ 석회소다법
④ 응집법

해설

급수처리(관외처리)
- 고형 협착물 : 침강법, 여과법, 응집법
- 용존가스제 처리 : 기폭법(CO_2, Fe, Mn, NH_3, H_2S), 탈기법(CO_2, O_2)
- 용해고형물 처리 : 증류법, 이온교환법, 약품첨가법

35 일반적으로 보일러의 운전을 정지시킬 때 가장 먼저 이루어져야 할 작업은?

① 공기의 공급을 정지시킨다.
② 주증기 밸브를 닫는다.
③ 연료의 공급을 정지시킨다.
④ 급수를 하고 압력을 떨어뜨린다.

해설

보일러 운전 정지 순서
연료 공급 정지 → 공기 공급 정지 → 급수하여 압력을 낮추고 급수펌프 정지 → 증기밸브를 차단 → 드레인 밸브 엶 → 댐퍼 닫음

36 보일러 취급 시 수격작용 예방조치로 틀린 것은?

① 송기에 앞서서 증기관의 드레인 빼기장치로 관 내의 드레인을 완전히 배출한다.
② 송기에 앞서서 관을 충분히 데운다.
③ 송기할 때에는 주증기밸브는 급개하여 증기를 보낸다.
④ 송기 이외의 경우라도 증기관 계통의 밸브 개폐는 조용하게 서서히 조작한다.

해설

수격작용 예방조치
- 송기에 앞서서 증기관의 드레인 빼기장치로 관 내의 드레인을 완전히 배출한다.
- 송기에 앞서서 관을 충분히 데운다. 즉, 난관을 한다.
- 송기할 때에는 주증기밸브는 절대로 급개하거나 급히 증기를 보내서는 안 되며, 반드시 주증기밸브를 조용히 그리고 천천히 열어서 관 내에 골고루 증기가 퍼진 후에 이 밸브를 크게 열고 본격적으로 송기를 시작한다.
- 송기 이외의 경우라도 증기관 계통의 밸브 개폐는 조용히 그리고 서서히 조작한다.

정답 33 ③ 34 ① 35 ③ 36 ③

37 다음 그림은 진공환수식 증기난방법에서 응축수를 환수시키는 장치이다. 이것의 명칭은 무엇인가?

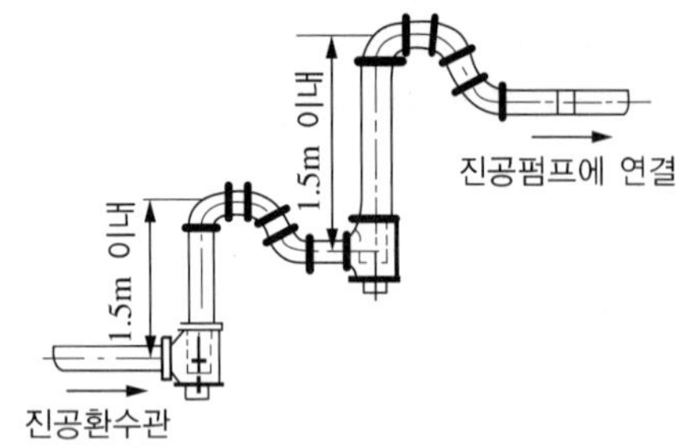

① 건식환수관
② 리프트 피팅
③ 루프형 배관
④ 습식환수관

해설

리프트 피팅 : 저압증기환수관이 진공펌프의 흡입구보다 낮은 위치에 있을 때 배관이음방법으로, 환수관 내의 응축수를 이음부 전후에서 형성되는 작은 압력차를 이용하여 끌어올릴 수 있도록 한 배관방법이다.

- 리프트관은 주관보다 1~2 정도 작은 치수를 사용한다.
- 리프트 피팅의 1단 높이 : 1.5m 이내(3단까지 가능)

※ 리프트 계수로서 진공환식 난방배관에서 환수를 유인하기 위한 배관방법이다.

38 보일러에서 과열의 원인이 아닌 것은?

① 보일러 내에 유지분이 부착한 경우
② 보일러수의 순환이 좋지 않을 경우
③ 국부적으로 심하게 복사열을 받는 경우
④ 보일러 수위가 이상 고수위일 경우

해설

보일러 과열의 원인

- 보일러 수위가 저수위일 때
- 관 내의 스케일 부착
- 보일러수의 순환이 불량일 경우
- 관수가 농축되었을 때

39 보일러 파열사고의 원인 중 제작상의 원인에 해당하지 않는 것은?

① 압력 초과
② 설계 불량
③ 구조 불량
④ 재료 불량

해설

보일러 사고의 원인

- 제작상의 원인 : 재료 불량, 강도 부족, 구조 및 설계 불량, 용접 불량, 부속기기의 설비 미비 등
- 취급상의 원인 : 저수위, 압력 초과, 미연가스에 의한 노내 폭발, 급수처리 불량, 부식, 과열 등

40 가스보일러의 점화 시 주의사항으로 틀린 것은?

① 점화용 가스는 화력이 좋은 것을 사용하는 것이 필요하다.
② 연소실 및 굴뚝의 환기는 완벽하게 하는 것이 필요하다.
③ 착화 후 연소가 불안정할 때에는 즉시 가스공급을 중단한다.
④ 콕, 밸브에 소다수를 이용하여 가스가 새는지 확인한다.

해설

콕, 밸브는 비누거품을 이용하여 가스가 새는지 확인한다.

37 ② 38 ④ 39 ① 40 ④ 정답

41 보일러에서 분출사고 시 긴급조치 사항으로 틀린 것은?

① 연도 댐퍼를 전개한다.

② 연소를 정지시킨다.

③ 압입통풍기를 가동시킨다.

④ 계속 급수하여 수위의 저하를 막고 보일러의 수위 유지에 노력한다.

해설

보일러 분출사고 시 압입통풍을 가동시키지 말아야 한다.

42 증기난방의 분류 중 응축수 환수방법에 따른 종류가 아닌 것은?

① 중력환수식

② 제어환수식

③ 진공환수식

④ 기계환수식

해설

응축수 환수방법 : 중력환수식, 기계환수식, 진공환수식

43 지역난방의 특징으로 틀린 것은?

① 각 건물에 보일러를 설치하는 경우에 비해 열효율이 좋다.

② 설비의 고도화에 따른 도시 매연이 증가된다.

③ 연료비와 인건비를 줄일 수 있다.

④ 각 건물에 보일러를 설치하는 경우에 비해 건물의 유효면적이 증대된다.

해설

지역난방 : 대규모 시설로 일정지역 내의 건축물을 난방하는 형식으로, 설비의 열효율이 높고 도시 매연 발생은 적으며 개개 건물의 공간을 많이 차지하지 않는다.

44 온수난방 배관에서 수평주관에 관지름이 다른 관을 접속하여 상향 구배로 할 때 사용하는 가장 적합한 관 이음쇠는?

① 편심 리듀서

② 동심 리듀서

③ 부 싱

④ 공기빼기 밸브

해설

보일러수의 순환을 좋게 하기 위하여 수평배관에서 관경을 바꿀 때는 편심 리듀서를 사용하는 것이 좋다.

45 보일러 설치기준 중 안전밸브 및 압력방출장치의 크기는 호칭지름의 얼마 이상인가?

① 5A ② 10A

③ 15A ④ 25A

해설

안전밸브 및 압력방출장치의 크기

안전밸브 및 압력방출장치의 크기는 호칭지름 25A 이상으로 하여야 한다. 다만, 다음 보일러에서는 호칭지름 20A 이상으로 할 수 있다.

- 최고 사용압력 1kgf/cm^2(0.1MPa) 이하의 보일러
- 최고 사용압력 5kgf/cm^2(0.5MPa) 이하의 보일러로 동체의 안지름이 500mm 이하이며, 동체의 길이가 1,000mm 이하의 것
- 최고 사용압력 5kgf/cm^2(0.5MPa) 이하의 보일러로 전열면적 2m^2 이하의 것
- 최대 증발량 5t/h 이하의 관류보일러
- 소용량 강철제 보일러, 소용량 주철제 보일러

정답 41 ③ 42 ② 43 ② 44 ① 45 ④

46 보일러 계속사용검사 중 운전성능검사 기준상 보일러의 성능시험 측정은 몇 분마다 실시하는가?

① 10분 ② 30분
③ 60분 ④ 120분

해설
보일러 계속사용검사 중 운전성능검사 기준상 보일러의 성능시험 측정은 10분마다 실시한다.

47 소화기의 비치 위치로 가장 적합한 곳은?

① 방화수가 있는 곳에
② 눈에 잘 띄는 곳에
③ 방화사가 있는 곳에
④ 불이 나면 자동으로 폭발할 수 있는 곳에

해설
소화기는 눈에 잘 띄는 곳에 비치한다.

48 증기난방에서 방열기와 벽면과의 적합한 간격(mm)은?

① 30~40
② 50~60
③ 80~100
④ 100~120

해설
증기난방에서 방열기와 벽면과의 적합한 간격은 50~60mm 정도, 벽걸이 방열기는 바닥에서 150mm, 대류방열기는 바닥으로부터 하부 케이싱까지 90mm 떨어지게 설치한다.

49 보일러 운전 시 공기빼기 밸브의 점검으로 가장 적절한 것은?

① 공기빼기 밸브는 증기가 발생하기 전까지 닫아 놓는다.
② 공기빼기 밸브는 증기가 발생하기 전까지 열어 놓는다.
③ 공기빼기 밸브는 증기가 발생하기 전이나 후에도 닫아 놓는다.
④ 공기빼기 밸브는 증기가 발생하기 전이나 후에도 열어 놓는다.

해설
공기빼기 밸브는 증기가 발생하기 전까지 열어 놓았다가 증기가 발생되는 것을 확인한 후 닫는다.

50 보일러수 중에 염화물이온과 산소(O_2)가 다량 용해되어 있을 경우 발생하며 개방된 표면에서 구멍형태로 깊게 침식하는 부식의 일종은?

① 가성취화 ② 스케일
③ 침 식 ④ 점 식

해설
보일러부식
- 외부부식
  - 저온부식 : 연료성분 중 S(황분)에 의한 부식
  - 고온부식 : 연료성분 중 V(바나듐)에 의한 부식
  - 산화부식 : 산화에 의한 부식
- 내부부식
  - 국부부식(점식) : 용존산소에 의해 발생
  - 전면부식 : 염화마그네슘($MgCl_2$)에 의해 발생
  - 알칼리부식 : pH 12 이상일 때 농축 알칼리에 의해 발생

46 ① 47 ② 48 ② 49 ② 50 ④ 정답

51 난방면적이 50m²인 주택에 온수보일러를 설치하려고 한다. 벽체 면적은 40m²(창문, 문 포함), 외기온도 −8℃, 실내온도 20℃, 벽체의 열관류율이 6kcal/cm²·h·℃일 때 벽체를 통하여 손실되는 열량(kcal/h)은?(단, 방위계수는 1.15이다)

① 4,146　　② 8,400
③ 7,728　　④ 9,660

해설

$hl = k \times a \times \Delta t \times z$(kcal/h)

$= 6\text{kcal/m}^2 \cdot \text{h} \cdot ℃ \times 40\text{m}^2 \times [20-(-8)]℃ \times 1.15$

$= 7,728\text{kcal/h}$

여기서, k : 벽체의 열관류율(kcal/m²·h·℃)
Δt : 실내·외의 온도차(℃)
z : 방위계수

52 저온부식의 방지대책으로 틀린 것은?

① 연소가스가 황산증기의 노점까지 저하되기 전에 굴뚝으로 배출시킨다.
② 무수황산을 다른 생성물로 바꾸어 버린다.
③ 중유에 적당한 첨가제를 가해서 황산증기의 노점을 높인다.
④ 가급적 완전연소하도록 연소방법을 개선한다.

해설

저온부식 : 연료 중의 유황(S)이 연소하여 아황산가스(SO_2)가 되고, 일부는 다시 산소와 반응하여 무수황산(SO_3)이 된다. 이것이 가스 중의 수분(H_2O)과 결합하여 황산이 된 후 보일러 저온 전열면에 눌러 붙어 그 부분을 부식시킨다.

53 강철제 또는 주철제 보일러의 용량이 몇 t/h 이상이면 각종 유량계를 설치해야 하는가?

① 1t/h　　② 1.5t/h
③ 2t/h　　④ 3t/h

해설

강철제 또는 주철제 보일러의 용량이 1t/h 이상이면 각종 유량계를 설치해야 한다.

54 소다끓임은 보통 신제품 또는 수선한 보일러를 사용하기 전에 보일러 내부에 부착된 유류나 페인트, 녹 등을 제거하기 위한 것이다. 소다끓임의 약액에 포함되지 않는 것은?

① 탄산나트륨
② 염화나트륨
③ 수산화나트륨
④ 제3인산나트륨

해설

소다끓임의 약액
- 탄산나트륨
- 제3인산나트륨
- 수산화나트륨

정답　51 ③　52 ③　53 ①　54 ②

55 **에너지이용합리화법상의 연료 단위인 티오이(TOE)란?**

① 석탄환산톤
② 전력량
③ 중유환산톤
④ 석유환산톤

해설

에너지사용량을 석유로 환산한 톤 : 티오이(TOE)

56 **효율관리기자재에 대한 에너지의 소비효율, 소비효율등급 등을 측정하는 시험기관은 누가 지정하는가?**

① 대통령
② 시・도지사
③ 산업통상자원부장관
④ 한국에너지공단 이사장

해설

효율관리기자재의 지정 등(에너지이용합리화법 제15조)

효율관리기자재의 제조업자 또는 수입업자는 산업통상자원부장관이 지정하는 시험기관(효율관리시험기관)에서 해당 효율관리기자재의 에너지 사용량을 측정받아 에너지소비효율등급 또는 에너지소비효율을 해당 효율관리기자재에 표시하여야 한다.

57 **에너지이용 합리화법상 효율관리기자재의 광고시에 광고내용에 에너지소비효율, 사용량에 따른 등급 등을 포함시켜야 할 의무가 있는 자가 아닌 것은?**

① 효율관리기자재 제조업자
② 효율관리기자재 광고업자
③ 효율관리기자재 수입업자
④ 효율관리기자재 판매업자

해설

효율관리기자재의 지정 등(에너지이용합리화법 제15조)

효율관리기자재의 제조업자, 수입업자 또는 판매업자가 산업통상자원부령으로 정하는 광고매체를 이용하여 효율관리기자재의 광고를 하는 경우에는 그 광고 내용에 따른 에너지소비효율등급 또는 에너지소비효율을 포함하여야 한다.

58 **에너지다소비사업자가 매년 1월 31일까지 신고해야 할 사항과 관계없는 것은?**

① 전년도 에너지사용량
② 전년도 제품생산량
③ 에너지사용기자재 현황
④ 해당 연도 에너지관리진단 현황

해설

에너지다소비사업자의 신고 등(에너지이용합리화법 제31조)

에너지사용량이 대통령령으로 정하는 기준량 이상인 자(에너지다소비사업자)는 다음의 사항을 산업통상자원부령으로 정하는 바에 따라 매년 1월 31일까지 그 에너지사용시설이 있는 지역을 관할하는 시・도지사에게 신고하여야 한다.

㉠ 전년도의 분기별 에너지사용량, 제품생산량
㉡ 해당 연도의 분기별 에너지사용예정량, 제품생산예정량
㉢ 에너지사용기자재의 현황
㉣ 전년도의 분기별 에너지이용 합리화 실적 및 해당 연도의 분기별 계획
㉤ ㉠부터 ㉣까지의 사항에 관한 업무를 담당하는 자(에너지관리자)의 현황

정답: 55 ④ 56 ③ 57 ② 58 ④

59 저탄소녹색성장기본법에 의한 온실가스 설명 중 맞는 것은?

① 일산화탄소, 이산화탄소, 메탄, 아산화질소 등은 온실가스이다.
② 자외선을 흡수하여 지표면의 온도를 올리는 기체이다.
③ 적외선 복사열을 흡수하여 온실효과를 유발하는 물질이다.
④ 자외선을 방출하여 온실효과를 유발하는 물질이다.

해설

온실가스란 이산화탄소(CO_2), 메탄(CH_4), 아산화질소(N_2O), 수소플루오린화탄소(HFCs), 과플루오린화탄소(PFCs), 육플루오린화황(SF_6) 및 그 밖에 대통령령으로 정하는 것(수소플루오린화탄소(HFCs)와 과플루오린화탄소(PFCs))으로 적외선복사열을 흡수하거나 재방출하여 온실효과를 유발하는 대기 중의 가스상태의 물질을 말한다(저탄소녹색성장기본법 제2조).

※ 저탄소녹색성장기본법은 폐지됨

60 에너지이용 합리화법상 검사대상기기의 검사에 불합격한 기기를 사용한 자에 대한 벌칙은?

① 1년 이하의 징역 또는 1천만원 이하의 벌금
② 2년 이하의 징역 또는 2천만원 이하의 벌금
③ 300만원 이하의 벌금
④ 500만원 이하의 벌금

해설

벌칙(에너지이용합리화법 제73조)

다음 어느 하나에 해당하는 자는 1년 이하의 징역 또는 1천만원 이하의 벌금에 처한다.

- 검사대상기기의 검사를 받지 아니한 자
- 검사에 합격되지 아니한 검사대상기기를 사용한 자
- 수입 검사대상기기의 검사에 합격되지 아니한 검사대상기기를 수입한 자

정답 59 ③ 60 ①

2019년 제1회 과년도 기출복원문제

01 보일러 분출의 목적으로 틀린 것은?

① 불순물로 인한 보일러수의 농축을 방지한다.
② 전열면에 스케일 생성을 방지한다.
③ 포밍이나 프라이밍의 생성을 좋게 한다.
④ 관수의 순환을 좋게 한다.

해설

보일러 분출의 목적
- 관수의 농축 방지
- 슬러지분의 배출 제거
- 프라이밍·포밍의 방지
- 관수의 pH 조정
- 가성취화 방지
- 고수위 방지

02 일반적인 보일러의 열손실 중 가장 큰 요인은?

① 배기가스에 의한 열손실
② 연소에 의한 열손실
③ 불완전연소에 의한 열손실
④ 복사, 전도에 의한 열손실

해설

열손실 중에서 배기가스 열손실이 가장 크다.

03 보일러 화염검출장치의 보수나 점검에 대한 설명 중 틀린 것은?

① 플레임 아이 장치의 주위온도는 50℃ 이상이 되지 않게 한다.
② 광전관식은 유리나 렌즈를 매주 1회 이상 청소하고 감도 유지에 유의한다.
③ 플레임 로드는 검출부가 불꽃에 직접 접하므로 소손에 유의하고 자주 청소해 준다.
④ 플레임 아이는 불꽃의 직사광이 들어가면 오동작하므로 불꽃의 중심을 향하지 않도록 설치한다.

해설

플레임 아이 : 화염검출장치로, 불꽃의 직사광이 들어가면 정상작동이며 불꽃의 중심을 향하도록 설치한다.

04 난방면적이 $100m^2$, 열손실지수 $90kcal/m^2 \cdot h$, 온수온도 80℃, 실내온도 20℃일 때 난방부하(kcal/h)는?

① 7,000　　② 8,000
③ 9,000　　④ 10,000

해설

난방부하 = 열손실지수 × 난방면적 = 90 × 100 = 9,000kcal/h

1 ③ 2 ① 3 ④ 4 ③ 정답

05 **육용 보일러 열정산의 조건과 관련된 설명 중 틀린 것은?**

① 전기에너지는 1kW당 860kcal/h로 환산한다.
② 보일러 효율 산정방식은 입출열법과 열손실법으로 실시한다.
③ 보일러 열정산은 원칙적으로 정격부하 이하에서 정상 상태로 3시간 이상의 운전결과에 따라야 한다.
④ 열정산시험 시의 연료단위량은 액체 및 고체연료의 경우 1kg에 대하여 열정산을 한다.

해설

보일러의 열정산은 원칙적으로 정격부하 이상에서 정상 상태로 2시간 이상의 운전결과에 따라야 한다.

06 **압력계를 보호하기 위하여 어느 관 속에 물을 투입시켜 고온 증기가 부르동관에 영향을 미치지 않도록 하는 것은?**

① 사이폰관　　② 압력관
③ 바이패스관　　④ 밸런스관

해설

사이폰관 : 관 내에 응결수가 고여 있는 구조의 관으로 고압의 증기가 부르동관 내로 직접 침입하지 못하게 함으로써 압력계를 보호하기 위해 설치한다.

사이폰관의 직경
- 강관 : 지름 12.7mm 이상
- 동관 : 지름 6.5mm 이상

07 **다음 중 연소효율을 구하는 식은?**

① $\frac{\text{공급열}}{\text{실제연소열}} \times 100$

② $\frac{\text{실제연소열}}{\text{공급열}} \times 100$

③ $\frac{\text{유효열}}{\text{실제연소열}} \times 100$

④ $\frac{\text{실제연소열}}{\text{유효열}} \times 100$

해설

$$\text{연소효율} = \frac{\text{실제연소열}}{\text{저위발열량}(=\text{공급열}=\text{입열})} \times 100$$

08 **유류보일러의 수동 조작 점화방법 설명으로 틀린 것은?**

① 연소실 내의 통풍압을 조절한다.
② 점화봉에 불을 붙여 연소실 내 버너 끝의 전방하부 1m 정도에 둔다.
③ 증기분사식은 응축수를 배출한다.
④ 버너의 기동스위치를 넣거나 분무용 증기 또는 공기를 분사시킨다.

해설

수동 조작 점화요령
- 화실 내의 통풍압을 조절한다. 통풍기가 있는 경우에는 그것을 운전한다. 통풍이 지나치게 높으면 착화가 실패하기 쉽다.
- 점화봉에 불을 붙여 연소실 내 버너 끝의 전방 하부 10cm 정도에 둔다.
- 증기분사식은 드레인을 배출하고, 압력분사식은 연료압력이 규정압력으로 되어 있는지 확인한다.
- 버너의 기동 스위치를 넣거나 분무용 증기 또는 공기를 분사시킨다.
- 연료밸브를 연다.

정답　5 ③　6 ①　7 ②　8 ②

09 **보일러 스케일 생성의 방지대책으로 가장 잘못된 것은?**

① 급수 중의 염류, 불순물을 되도록 제거한다.
② 보일러 동 내부에 페인트를 두껍게 바른다.
③ 보일러수의 농축을 방지하기 위하여 적절히 분출시킨다.
④ 보일러수에 약품을 넣어서 스케일 성분이 고착하지 않도록 한다.

해설

보일러 동 내부에 페인트를 두껍게 바르는 것은 스케일 생성 방지책과 관계없다.

10 **과열증기에서 과열도란?**

① 과열증기온도와 포화증기온도와의 차이이다.
② 과열증기온도에 증발열을 합한 것이다.
③ 과열증기의 압력과 포화증기의 압력 차이이다.
④ 과열증기온도에 증발열을 뺀 것이다.

해설

과열도 : 과열증기온도와 포화증기온도와의 차이

11 **보일러 통풍방식에서 연소용 공기를 송풍기로 노 입구에서 대기압보다 높은 압력으로 밀어 넣고 굴뚝의 통풍작용과 같이 통풍을 유지하는 방식은?**

① 자연통풍
② 노출통풍
③ 흡입통풍
④ 압입통풍

해설

압입통풍 : 연소용 공기를 송풍기로 노 입구에서 대기압보다 높은 압력으로 밀어 넣어 통풍하는 방식

12 **다음 집진장치 중 가압수를 이용한 것은?**

① 충돌식
② 중력식
③ 벤투리 스크러버식
④ 반전식

해설

습식(세정식) 집진장치
- 가압수식 : 사이클론 스크러버, 제트 스크러버, 벤투리 스크러버, 충전탑
- 유수식
- 회전식

13 **온수보일러에 팽창탱크를 설치하는 이유로 옳은 것은?**

① 물의 온도 상승에 따른 체적 팽창에 의한 보일러의 파손을 막기 위한 것이다.
② 배관 중의 이물질을 제거하여 연료의 흐름을 원활히 하기 위한 것이다.
③ 온수 순환펌프에 의한 맥동 및 캐비테이션을 방지하기 위한 것이다.
④ 보일러, 배관, 방열기 내에 발생한 스케일 및 슬러지를 제거하기 위한 것이다.

해설

팽창탱크 : 온수의 온도 변화에 따른 체적 팽창을 흡수하여 난방시 스템의 파열을 방지하는 장치

9 ② 10 ① 11 ④ 12 ③ 13 ① 정답

14 보일러에서 불완전연소의 원인으로 틀린 것은?

① 버너로부터의 분무 불량, 즉 분무입자가 클 때
② 연소용 공기량이 부족할 때
③ 분무연료와 보일러 열량과의 혼합이 불량할 때
④ 연소속도가 적정하지 않을 때

해설

불완전연소의 원인
- 가스압력이 너무 과다할 때
- 가스압력에 비하여 공급 공기량이 부족할 때
- 공기와의 접촉 혼합이 불량할 때
- 연소된 폐가스의 배출이 불충분할 때
- 불꽃의 온도가 저하되었을 때
- 환기가 불충분할 때

15 보일러 동 내부에 스케일(Scale)이 부착된 경우 발생하는 현상으로 옳은 것은?

① 전열면 국부과열현상을 일으킨다.
② 관수 순환이 촉진된다.
③ 연료 소비량이 감소된다.
④ 보일러 효율이 증가한다.

해설

스케일 장해
- 열전도가 저하되고, 전열면이 국부과열되며, 팽출 및 압궤가 발생한다.
- 증발이 느려 열효율이 저하된다.
- 수관 내에 부착되어 물 순환이 나빠진다.
- 압력계, 수면계 등의 연락관에 부착되면 압력계, 수면계 등의 기능이 저하된다.

16 부르동관 압력계를 부착할 때 사용되는 사이폰관 속에 넣는 물질은?

① 수 은 ② 증 기
③ 공 기 ④ 물

해설

압력계를 보호하기 위해 물을 넣는다.

17 증기트랩이 갖추어야 할 조건이 아닌 것은?

① 마찰저항이 클 것
② 동작이 확실할 것
③ 내식, 내마모성이 있을 것
④ 응축수를 연속적으로 배출할 수 있을 것

해설

증기트랩이 갖추어야 할 조건
- 마찰저항이 작을 것
- 동작이 확실할 것
- 내식성, 내마모성이 있을 것
- 응축수를 연속으로 배출할 수 있을 것

18 중유 보일러의 연소 보조장치에 속하지 않는 것은?

① 여과기
② 인젝터
③ 오일 프리히터
④ 화염검출기

해설

인젝터
증기의 분사압력을 이용한 비동력 급수장치로서, 증기를 열에너지-속도에너지-압력에너지로 전환시켜 보일러에 급수하는 예비용 급수장치

정답 14 ③ 15 ① 16 ④ 17 ① 18 ②

19 **신축곡관이라고도 하며 고온·고압용 증기관 등의 옥외 배관에 많이 쓰이는 신축이음은?**

① 벨로스형
② 슬리브형
③ 스위블형
④ 루프형

해설

루프형의 신축이음을 신축곡관이라고도 한다.

20 **신설 보일러의 사용 전 내부 점검사항으로 틀린 것은?**

① 기수분리기, 기타 부품의 부착 상황을 확인하고 공구나 볼트, 너트, 헝겊 조각 등이 보일러에 들어 있는지 점검한다.
② 내부에 이상이 없는지 확인하고 맨홀, 검사구 등 수압시험에 사용한 평판 등이 제거되어 있는지 각 구멍을 점검한 후 닫혀 있는 뚜껑을 전부 개방한다.
③ 내부 공기를 빼고 밸브를 열어 놓은 상태로 급수하고 수위가 상승할 때 저수위경보기, 연료차단장치 등의 인터로크가 정확하게 작동하는지 확인한다.
④ 만수시킨 후 공기가 완전히 빠졌는지 확인한 뒤 공기빼기밸브를 닫고 정상 사용압력보다 10% 이상의 수압을 가하여 각부가 새지 않는지 확인한다.

해설

- 기수분리기, 기타 부품의 부착 상황을 확인하고 공구나 볼트, 너트, 헝겊 조각 등이 보일러에 들어 있는지 점검한다.
- 내부에 이상이 없는지 확인하고 맨홀, 청소구, 검사구 등에 수압시험 시에 사용한 평판 등이 제거되어 있는지 각 구멍을 점검한 후 열려 있는 뚜껑을 전부 닫고 밀폐시킨다.
- 내부의 공기를 빼고 밸브를 열어 놓은 상태로 급수하고 수위가 상승할 때 저수위경보기 또는 저수위경보장치와 연료차단장치 등의 인터로크가 정확하게 작동하는지 확인한다.
- 만수시킨 후 공기가 완전히 빠졌는지 확인한 뒤 공기빼기밸브를 닫고 정상 사용압력보다 10% 이상의 수압을 가하여 각부가 새지 않는지 확인한다.
- 수압시험이 끝난 후 보일러 물을 배수시켜 상용 수위에 오도록 조정한다.

21 **전열면적 $12m^2$인 강철제 또는 주철제 증기보일러의 급수밸브의 크기는 호칭 몇 A 이상이어야 하는가?**

① 15 ② 20
③ 25 ④ 32

해설

급수밸브 및 체크밸브의 크기
- 전열면적 $10m^2$ 이하 : 15A 이상
- 전열면적 $10m^2$ 초과 : 20A 이상

22 **수직의 다수 강관이나 주철관을 사용하여 연소가스는 관 내를, 공기는 관 외부를 직각으로 흐르게 하여 관의 열전도로 공기를 가열하는 공기예열기는?**

① 판형 공기예열기
② 회전식 공기예열기
③ 관형 공기예열기
④ 증기식 공기예열기

해설

관형 공기예열기 : 수직의 다수 강관이나 주철관을 사용하여 연소가스는 관 내를, 공기는 관 외부를 직각으로 흐르게 하여 관의 열전도로 공기를 가열하는 예열기

19 ④ 20 ② 21 ② 22 ③ 정답

23 보일러의 안전 저수면이란?

① 보일러의 보안상, 운전 중에 보일러 전열면이 화염에 노출되는 최저 수면의 위치
② 보일러의 보안상, 운전 중 급수하였을 때의 최초 수면의 위치
③ 보일러의 보안상, 운전 중에 유지해야 하는 일상적인 가동 시의 표준 수면의 위치
④ 보일러의 보안상, 운전 중에 유지해야 하는 보일러 드럼 내 최저 수면의 위치

해설

보일러의 안전 저수면 : 안전 저수면 보일러의 보안상, 운전 중에 유지해야 하는 보일러 드럼 속의 최저 수면 위치

24 수관식 보일러의 특징에 대한 설명으로 틀린 것은?

① 구조상 고압 대용량에 적합하다.
② 전열면적을 크게 할 수 있으므로 일반적으로 효율이 높다.
③ 급수 및 보일러수 처리에 주의가 필요하다.
④ 전열면적당 보유 수량이 많아 기동에서 소요 증기가 발생할 때까지의 시간이 길다.

해설

수관식 보일러는 전열면적당 보유 수량이 적어 기동에서 소요 증기가 발생할 때까지의 시간이 짧다.

25 건물의 각 실내에 방열기를 설치하여 증기 또는 온수로 난방하는 방식은?

① 복사난방법
② 간접난방법
③ 개별난방법
④ 직접난방법

해설

직접난방법 : 건물의 각 실내의 방열기를 설치하여 증기 또는 온수로 난방하는 방식

26 보일러 만수보존법의 설명으로 틀린 것은?

① 보일러의 구조면이나 설치조건 등에 따라 보일러를 건조 상태로 유지하기 어려운 경우에 이용된다.
② 단기 휴지라고 하더라도 동결의 염려가 있을 때는 사용하면 안 된다.
③ 소다만수법의 경우와 동일한 요령으로 보일러 내에 깨끗한 물을 충만시킨다.
④ 물에는 가성소다와 같은 알칼리도 상승제나 아황산소다 같은 방식제를 넣는다.

해설

만수보존

- 보일러수에 약제를 첨가하여 동 내부를 완전히 충만시켜 밀폐 보존하는 방법(3개월 이내의 단기 보존방법)
- 첨가약제(알칼리도 상승제) : 가성소다, 탄산소다, 아황산소다, 하이드라진, 암모니아 등
- pH 12 정도 유지

정답 23 ④ 24 ④ 25 ④ 26 ④

27 **플로트식 수위검출기 보수 및 점검에 관한 내용으로 가장 거리가 먼 것은?**

① 3일마다 1회 정도 플로트실의 분출을 실시한다.
② 1년에 2회 정도 플로트실을 분해 정비한다.
③ 계전기의 커버를 벗겨내고 이상 유무를 점검한다.
④ 연결 배관의 점검 및 정비, 기기의 수평, 수직 부착 위치를 확인한다.

해설
플로트식 수위검출기는 1일 1회 정도 플로트실의 분출을 실시한다.

28 **보일러 주증기밸브의 일반적인 형식으로 증기의 흐름 방향을 90° 바꾸어 주는 밸브는?**

① 앵글밸브　② 릴리프밸브
③ 체크밸브　④ 슬루스밸브

해설
앵글밸브 : 볼밸브와 함께 스톱밸브라고도 하며, 출입 유체의 방향이 90°가 되는 밸브

29 **풍량 $120m^3$/min, 풍압 35mmAq인 송풍기의 소요동력은 약 얼마인가?(단, 효율은 60%이다)**

① 1.14kW　② 2.27kW
③ 3.21kW　④ 4.42kW

해설
송풍기 소요동력(N)

$$N = \frac{P \times Q}{102 \times \eta \times 60} = \frac{35 \times 120}{102 \times 0.6 \times 60} \fallingdotseq 1.14\text{kW}$$

30 **보일러 가동 중 저부하 시에 남은 잉여 증기를 저장하였다가 과부하 시에 방출하여 증기 부족을 보충시키는 장치는?**

① 증기축열기
② 오일프리히터
③ 스트레이너
④ 공기예열기

해설
스팀 어큐뮬레이터(증기축열기) : 보일러 저부하 시 잉여 증기를 저장하였다가 최대 부하일 때 증기 과부족이 없도록 공급하기 위한 장치

31 **보일러의 고온 부식을 방지하는 방법으로 잘못된 것은?**

① 고온의 전열면에 보호피막을 씌운다.
② 중유 중의 바나듐 성분을 제거한다.
③ 전열면 표면온도가 높아지지 않게 설계한다.
④ 황산나트륨을 사용하여 부착물의 상태를 바꾼다.

해설
황산나트륨을 사용하면 보일러의 고온 부식이 촉진된다.

27 ① 28 ① 29 ① 30 ① 31 ④ 정답

32 보일러 분출작업 시 주의사항으로 틀린 것은?

① 분출작업이 끝날 때까지 다른 작업을 하지 않는다.
② 분출작업은 2대의 보일러를 동시에 행하지 않는다.
③ 분출작업 종료 후에는 분출밸브를 확실히 닫고 누수를 확인한다.
④ 분출작업은 가급적 보일러 부하가 클 때 행한다.

해설
분출작업은 가급적 보일러 부하가 작을 때 행한다.

33 바이패스 배관으로 증기배관 중에 감압밸브를 설치하는 경우 필요 없는 것은?

① 스트레이너
② 슬루스밸브
③ 압력계
④ 에어벤트

해설
에어벤트(공기빼기밸브)는 감압밸브를 설치할 필요가 없다.

34 보일러 열정산의 목적이 아닌 것은?

① 보일러의 성능 개선 자료를 얻을 수 있다.
② 열의 행방을 파악할 수 있다.
③ 연소실의 구조를 알 수 있다.
④ 보일러의 효율을 알 수 있다.

해설
열정산의 목적
- 열손실을 파악하기 위하여
- 조업방법을 개선하기 위하여
- 열설비의 성능을 파악하기 위하여
- 열의 행방을 파악하기 위하여

35 자동제어계의 블록선도 중 어떤 장치에서 제어량에 대한 희망값 또는 외부로부터 이 제어계에 부여된 값을 무엇이라고 하는가?

① 조작량
② 검출량
③ 목표값
④ 동작신호값

해설
목표값 : 제어계에서 제어량이 이 값을 취하도록 목표로서 외부로부터 주어지는 값

36 1기압하에서 100℃의 포화수를 같은 온도의 포화증기로 몇 kg을 변화할 수 있느냐 하는 기준값으로 환산한 것은?

① 증발계수
② 상당증발량
③ 증발배수
④ 전열면 열부하

해설
상당증발량 : 임의의 상태로 발생하는 증기량을 100℃의 포화수로부터 건포화증기를 발생하는 양으로 환산한 것

정답 32 ④ 33 ④ 34 ③ 35 ③ 36 ②

37 가스보일러의 점화 시 주의사항으로 틀린 것은?

① 점화용 가스는 화력이 좋은 것을 사용하는 것이 필요하다.
② 연소실 및 굴뚝의 환기는 완벽하게 하는 것이 필요하다.
③ 착화 후 연소가 불안정할 때에는 즉시 가스 공급을 중단한다.
④ 콕, 밸브에 소다수를 이용하여 가스가 새는지 확인한다.

해설
콕이나 밸브의 가스 누설 유무는 비눗물로 확인한다.

38 보일러를 옥외에 설치하는 경우에 대한 설명으로 틀린 것은?

① 보일러에 빗물이 스며들지 않도록 케이싱 등의 적절한 방지설비를 하여야 한다.
② 노출된 절연재 또는 래깅 등에는 방수처리를 하여야 한다.
③ 보일러 외부에 있는 증기관 등이 얼지 않도록 적절한 보호조치를 하여야 한다.
④ 강제 통풍 팬의 입구에는 빗물방지보호판을 설치할 필요가 없다.

해설
강제 통풍 팬의 입구에는 빗물방지보호판을 설치해야 한다.

39 저온 복사난방에서 바닥 패널 표면의 온도는 몇 ℃ 이하로 하는 것이 좋은가?

① 30℃ ② 50℃
③ 60℃ ④ 70℃

해설
저온 복사난방에서 바닥 패널 표면의 온도는 30℃ 이하로 하는 것이 좋다.

40 자동제어의 신호 전달방법 중 신호 전송 시 시간 지연이 다른 형식에 비하여 크며, 전송거리가 100~150m 정도인 것은?

① 전기식 ② 유압식
③ 기계식 ④ 공기식

해설
자동제어의 신호 전달방법
• 공기압식 : 전송거리 100m 정도
• 유압식 : 전송거리 300m 정도
• 전기식 : 전송거리 수 km까지 가능

41 연료를 연소시키는 데 필요한 실제공기량과 이론공기량의 비, 즉 공기를 m이라고 할 때, 다음 식이 뜻하는 것은?

$$(m-1)\times 100$$

① 과잉공기율
② 과소공기율
③ 이론공기율
④ 실제공기율

37 ④ 38 ④ 39 ① 40 ④ 41 ① 정답

42 **온수 온돌에서 기초 바닥이 지면과 접하는 곳에는 방수처리가 필요하다. 이 방수처리의 목적에 해당되지 않는 것은?**

① 수분 증발에 의한 열손실 방지
② 장판의 부식 방지
③ 배관의 부식 방지
④ 단열효과 저하 초래

해설

방수처리의 목적 : 단열효과 증대, 부식 방지, 열손실 방지, 내구성 증대

43 **보일러에서 열효율의 향상 대책방법으로 틀린 것은?**

① 열손실을 최대한 억제한다.
② 운전조건을 양호하게 한다.
③ 연소실 내의 온도를 낮춘다.
④ 연소장치에 맞는 연료를 사용한다.

해설

열효율 향상시키기 위해서는 연소실의 온도를 높여야 한다. 공기예열기를 이용해서 공기의 온도를 상승시킨 후 연소실로 공급하면 열효율이 향상된다.

44 **고위발열량 9,800kcal/kg인 연료 3kg을 연소시킬 때 발생되는 총저위발열량은 약 몇 kcal/kg인가?(단, 연료 1kg당 수소(H)분은 15%, 수분은 1%의 비율로 들어 있다)**

① 8,984kcal
② 44,920kcal
③ 26,952kcal
④ 25,117kcal

해설

저위발열량(H_l) = 고위발열량(H_h) − 600(9H + W)
H_l = 9,800 − 600(9 × 0.15 + 0.01) = 8,984kcal
∴ 연료 3kg을 연소시킬 때, 3 × H_l = 26,952kcal

45 **연료 공급장치에서 서비스 탱크의 설치 위치로 적당한 것은?**

① 보일러로부터 2m 이상 떨어져야 하며, 버너보다 1.5m 이상 높게 설치한다.
② 보일러로부터 1.5m 이상 떨어져야 하며, 버너보다 2m 이상 높게 설치한다.
③ 보일러로부터 0.5m 이상 떨어져야 하며, 버너보다 0.2m 이상 높게 설치한다.
④ 보일러로부터 1.2m 이상 떨어져야 하며, 버너보다 2m 이상 높게 설치한다.

해설

서비스 탱크
- 설치목적 : 중유의 예열 및 교체를 쉽게 하기 위해 설치한다.
- 설치 위치
  - 보일러 외측에서 2m 이상 간격을 둔다.
  - 버너 중심에서 1.5~2m 이상 높게 설치한다.

정답 42 ④ 43 ③ 44 ③ 45 ①

46 보일러 연소 시 가마울림현상을 방지하기 위한 대책으로 잘못된 것은?

① 수분이 많은 연료를 사용한다.
② 2차 공기를 가열하여 통풍 조절을 적정하게 한다.
③ 연소실 내에서 완전연소시킨다.
④ 연소가스가 원활하게 흐르도록 연소실이나 연도를 개량한다.

해설

가마울림현상 방지대책
- 수분이 적은 연료를 사용한다.
- 2차 공기를 가열하여 통풍 조절을 적정하게 한다.
- 연소실 내에서 완전연소시킨다.
- 연소가스가 원활하게 흐르도록 연소실이나 연도를 개량한다.

47 지역난방의 특징 설명으로 잘못된 것은?

① 각 건물에 보일러를 설치하는 경우에 비해 열효율이 좋다.
② 설비의 고도화에 따라 도시 매연이 증가된다.
③ 연료비와 인건비를 줄일 수 있다.
④ 각 건물에 보일러를 설치하는 경우에 비해 건물의 유효면적이 증대된다.

해설

지역난방 : 대규모 시설로 일정 지역 내의 건축물을 난방하는 형식으로, 설비의 열효율이 높고 도시 매연 발생은 적으며 개개 건물의 공간을 많이 차지하지 않는다.

48 어떤 온수방열기의 입구 온수온도가 85℃, 출구 온수온도가 65℃, 실내온도가 18℃일 때 방열기의 방열량은?(단, 방열기의 방열계수는 7.4kcal/m^2h℃이다)

① $421.8\dfrac{\text{kcal}}{\text{m}^2\ \text{h}}$　② $450.0\dfrac{\text{kcal}}{\text{m}^2\ \text{h}}$
③ $435.6\dfrac{\text{kcal}}{\text{m}^2\ \text{h}}$　④ $650.0\dfrac{\text{kcal}}{\text{m}^2\ \text{h}}$

해설

방열기 방열량 = 방열계수 × (방열기 평균온도 − 실내온도)

$$= 7.4\times\left(\frac{85+65}{2}-18\right) = 421.8\frac{\text{kcal}}{\text{m}^2\ \text{h}}$$

49 오일 프리히터의 사용목적이 아닌 것은?

① 연료의 점도를 높여 준다.
② 연료의 유동성을 증가시켜 준다.
③ 완전연소에 도움을 준다.
④ 분무 상태를 양호하게 한다.

해설

오일 프리히터는 연료의 점도를 낮추어 완전연소를 일으킨다.

50 보일러 점화 전에 댐퍼를 열고 노 내와 연도에 남아 있는 가연성 가스를 송풍기로 취출시키는 것은?

① 프리퍼지
② 포스트퍼지
③ 에어드레인
④ 통풍압 조절

해설

- 포스트퍼지 : 소화 후 통풍
- 프리퍼지 : 점화 전 통풍

46 ① 47 ② 48 ① 49 ① 50 ① 정답

51 온수 발생 강철제 보일러의 전열면적이 $25m^2$인 경우 방출관의 안지름은 몇 mm 이상으로 해야 하는가?

① 25mm ② 30mm
③ 40mm ④ 50mm

해설

전열면적당 방출관의 안지름
- $10m^2$ 이하 : 25mm 이상
- $10m^2$ 이상 $15m^2$ 미만 : 30mm 이상
- $15m^2$ 이상 $20m^2$ 미만 : 40mm 이상
- $20m^2$ 이상 : 50mm 이상

52 온수방열기의 쪽당 방열면적이 $0.26m^2$이다. 난방부하 20,000kcal/h를 처리하기 위한 방열기의 쪽수는?(단, 소수점이 나올 경우 상위 수를 취한다)

① 119 ② 140
③ 171 ④ 193

해설

방열기 쪽수

$$= \frac{\text{난방부하}}{\text{방열기 방열량} \times \text{1쪽당 방열면적}}$$

$$= \frac{20,000}{450 \times 0.26}$$

≒ 171쪽

53 보일러의 급수장치에서 인젝터의 특징으로 틀린 것은?

① 구조가 간단하고 소형이다.
② 급수량의 조절이 가능하고 급수효율이 높다.
③ 증기와 물이 혼합하여 급수가 예열된다.
④ 인젝터가 과열되면 급수가 곤란하다.

해설

인젝터는 급수 조절이 곤란하고 과열 시 급수 불량 상태가 될 수 있다.

54 저위발열량 10,000kcal/kg인 연료를 매시 360kg 연소시키는 보일러에서 엔탈피 661.4kcal/kg인 증기를 매시간당 4,500kg 발생시킨다. 급수온도 20℃인 경우 보일러 효율은 약 얼마인가?

① 56% ② 68%
③ 75% ④ 80%

해설

$$\text{보일러 효율} = \frac{G_a \times (h'' - h')}{G_f \times H_l} \times 100$$

$$= \frac{4,500 \times (661.4 - 20)}{360 \times 10,000} \times 100$$

$$= 80.175\%$$

정답 51 ④ 52 ③ 53 ② 54 ④

55 **보일러의 열정산 조건과 측정방법을 설명한 것 중 틀린 것은?**

① 열정산 시 기준온도는 시험 시의 외기온도를 기준으로 하지만, 필요에 따라 주위온도로 할 수 있다.
② 급수량 측정은 중량 탱크식 또는 용량 탱크식 혹은 용적식 유량계, 오리피스 등으로 한다.
③ 공기온도는 공기예열기 입구 및 출구에서 측정한다.
④ 발생 증기의 일부를 연료 가열, 노내 취입 또는 공기예열기를 사용하는 경우에는 그 양을 측정하여 급수량에 더한다.

해설

열정산에서 발생 증기의 일부를 연료 가열, 노내 분입 등에 사용하는 경우 그 양을 급수량에서 뺀다.

56 **사용 시 예열이 필요 없고 비중이 가장 작은 중유는?**

① 타르 중유
② A급 중유
③ B급 중유
④ C급 중유

해설

사용 시 예열이 필요 없고 비중이 가장 가벼운 중유는 A급 중유이다.

57 **강철제 보일러의 수압시험에 관한 사항으로 (   ) 안에 알맞은 것은?**

> 보일러의 최고 사용압력이 0.43MPa 초과 1.5MPa 이하일 때에는 그 최고 사용압력의 (㉠)배에 (㉡)MPa를 더한 압력으로 한다.

① ㉠ 1.3, ㉡ 0.3
② ㉠ 1.5, ㉡ 3.0
③ ㉠ 2.0, ㉡ 0.3
④ ㉠ 2.0, ㉡ 1.0

해설

강철제 보일러

- 보일러의 최고 사용압력이 0.43MPa 이하일 때에는 그 최고 사용압력의 2배 압력으로 한다. 다만, 그 시험압력이 0.2MPa 미만인 경우에는 0.2MPa로 한다.
- 보일러의 최고 사용압력이 0.43MPa 초과 1.5MPa 이하일 때는 그 최고 사용압력의 1.3배에 0.3MPa를 더한 압력으로 한다.
- 보일러의 최고 사용압력이 1.5MPa를 초과할 때에는 그 최고 사용압력의 1.5배 압력으로 한다.
- 조립 전에 수압시험을 실시하는 수관식 보일러의 내압 부분은 최고 사용압력의 1.5배 압력으로 한다.

58 **연료의 연소열을 이용하여 보일러 열효율을 증대시키는 부속장치로 거리가 가장 먼 것은?**

① 과열기
② 공기예열기
③ 연료예열기
④ 절탄기

해설

폐열회수장치

과열기 → 재열기 → 절탄기 → 공기예열기

55 ④ 56 ② 57 ① 58 ③ 정답

59 **에너지이용 합리화법상 검사대상기기의 검사에 불합격한 기기를 사용한 자에 대한 벌칙은?**

① 1년 이하의 징역 또는 1천만원 이하의 벌금
② 2년 이하의 징역 또는 2천만원 이하의 벌금
③ 300만원 이하의 벌금
④ 500만원 이하의 벌금

해설

벌칙(에너지이용합리화법 제73조)
다음 어느 하나에 해당하는 자는 1년 이하의 징역 또는 1천만원 이하의 벌금에 처한다.

- 검사대상기기의 검사를 받지 아니한 자
- 검사에 합격되지 아니한 검사대상기기를 사용한 자
- 수입 검사대상기기의 검사에 합격되지 아니한 검사대상기기를 수입한 자

60 **저탄소녹색성장기본법에서 사람의 활동에 수반하여 발생하는 온실가스가 대기 중에 축적되어 온실가스 농도를 증가시킴으로써 지구 전체적으로 지표 및 대기의 온도가 추가적으로 상승하는 현상을 나타내는 용어는?**

① 지구온난화
② 기후 변화
③ 자원 순환
④ 녹색경영

해설

지구온난화 : 산업혁명 이후 인구 증가와 산업화에 따라 화석연료의 사용이 늘어나 온실가스 배출량이 증가하고, 무분별한 삼림 벌채로 대기 중의 온실가스 농도가 높아지면서 지구의 평균 기온이 상승하는 현상으로, 온실효과를 일으키는 기체는 이산화탄소, 메탄, 염화플루오린화탄소 등이 있다.
※ 저탄소녹색성장기본법은 폐지됨

정답 59 ① 60 ①

2019년 제2회 과년도 기출복원문제

01 보일러 연소 시 주의사항 중 급격한 연소가 되면 안 되는 이유로 가장 옳은 것은?

① 보일러수(水)의 순환을 해친다.
② 급수탱크 파손의 원인이 된다.
③ 보일러와 벽돌 쌓은 접촉부의 틈을 증가시킨다.
④ 보일러 효율을 증가시킨다.

해설
급격한 연소는 온도차에 의한 열팽창으로 벽돌 이음부의 틈을 증가시킨다.

02 가스보일러에서 역화가 일어나는 경우가 아닌 것은?

① 버너가 과열된 경우
② 1차 공기의 흡인이 너무 많은 경우
③ 가스압이 낮아질 경우
④ 버너가 부식에 의해 염공이 없는 경우

해설
버너가 부식되어 염공이 없는 경우에는 선화가 일어난다.

03 건물을 구성하는 구조체, 즉 바닥, 벽 등에 난방용 코일을 묻고 열매체를 통과시켜 난방하는 것은?

① 대류난방
② 복사난방
③ 간접난방
④ 전도난방

해설
복사난방 : 바닥 패널, 벽 패널, 천장 패널을 설치하여 복사열을 이용하는 난방

04 온수 발생 보일러에서 보일러의 전열면적이 15~20m^2 미만일 경우 방출관의 안지름은 몇 mm 이상으로 해야 하는가?

① 25 ② 30
③ 40 ④ 50

해설
전열면적당 방출관의 안지름

전열면적	안지름
10m^2 이하	25mm 이상
10m^2 이상 15m^2 미만	30mm 이상
15m^2 이상 20m^2 미만	40mm 이상
20m^2 이상	50mm 이상

1 ③ 2 ④ 3 ② 4 ③ 정답

05 **온수방열기의 입구 온수온도가 90℃, 출구온도가 70℃, 온수 공급량이 400kg/h일 때 이 방열기의 방열량은 몇 kcal/h인가?(단, 온수의 비열은 1kcal/kg · ℃이다)**

① 36,000
② 8,000
③ 28,000
④ 24,000

해설
열량(Q) = $G \times C \times \Delta t$ = 400 × 1 × (90 − 70) = 8,000kcal/h

06 **보일러 검사의 종류 중 개조검사의 적용대상으로 틀린 것은?**

① 증기보일러를 온수보일러로 개조하는 경우
② 보일러 섹션의 증감에 의하여 용량을 변경하는 경우
③ 동체 · 경판 및 이와 유사한 부분을 용접으로 제조하는 경우
④ 연료 또는 연소방법을 변경하는 경우

해설
개조검사
다음의 어느 하나에 해당하는 경우의 검사
- 증기보일러를 온수보일러로 개조하는 경우
- 보일러 섹션의 증감에 의하여 용량을 변경하는 경우
- 동체 · 돔 · 노통 · 연소실 · 경판 · 천장판 · 관판 · 관모음 또는 스테이의 변경으로서 산업통상자원부장관이 정하여 고시하는 대수리의 경우
- 연료 또는 연소방법을 변경하는 경우
- 산업통상자원부장관이 정하여 고시하는 경우의 수리

07 **연료의 인화점에 대한 설명으로 가장 옳은 것은?**

① 가연물을 공기 중에서 가열했을 때 외부로부터 점화원 없이 발화하여 연소를 일으키는 최저 온도
② 가연성 물질이 공기 중의 산소와 혼합하여 연소할 경우에 필요한 혼합가스의 농도범위
③ 가연성 액체의 증기 등이 불씨에 의해 불이 붙는 최저 온도
④ 연료의 연소를 계속시키기 위한 온도

해설
인화점
공기 중에서 가연 성분이 외부의 불꽃에 의해 불이 붙는 최저 온도

08 **다음 중 파형 노통의 종류가 아닌 것은?**

① 모리슨형
② 아담슨형
③ 파브스형
④ 브라운형

해설
아담슨형은 평형 노통에서 1m마다 조인트되는 노통 보강형 기구이다.
파형 노통의 종류 : 모리슨형, 데이톤형, 폭스형, 파브스형, 리즈포즈형, 브라운형

정답 5 ② 6 ③ 7 ③ 8 ②

09 다음 중 매연 발생의 원인이 아닌 것은?

① 공기량이 부족할 때
② 연료와 연소장치가 맞지 않을 때
③ 연소실의 온도가 낮을 때
④ 연소실의 용적이 클 때

해설

매연 발생의 원인
- 통풍력이 부족한 경우
- 통풍력이 너무 지나친 경우
- 무리하게 연소한 경우
- 연소실의 용적이 작은 경우
- 연료의 질이 좋지 않을 때
- 연소실의 온도가 낮은 경우

10 보일러의 마력을 옳게 나타낸 것은?

① 보일러 마력 = 15.65 × 매시 상당증발량
② 보일러 마력 = 15.65 × 매시 실제증발량
③ 보일러 마력 = 15.65 ÷ 매시 실제증발량
④ 보일러 마력 = 매시 상당증발량 ÷ 15.65

해설

보일러 마력
- 1시간에 100℃의 물 15.65kg을 건조포화증기로 만드는 능력
- 보일러 마력 = 상당증발량 ÷ 15.65

11 기체연료의 연소방식과 관계없는 것은?

① 확산 연소방식
② 예혼합 연소방식
③ 포트형과 버너형
④ 회전 분무식

해설

회전 분무식은 액체연료 연소방법이다.

12 건도를 X라고 할 때 습증기는 어느 것인가?

① $X = 0$
② $0 < X < 1$
③ $X = 1$
④ $X > 1$

해설

증기엔탈피 종류
- 포화수 : 증기의 건조도($X = 0$)인 증기
- 건포화증기 : 증기의 건조도($X = 1$)인 증기
- 습포화증기 : 수분이 2~3% 포함된 증기($0 <$ 건조도$(X) < 1$)

13 엘보나 티와 같이 내경이 나사로 된 부품을 폐쇄할 필요가 있을 때 사용되는 것은?

① 캡
② 니 플
③ 소 켓
④ 플러그

해설

엘보, 티 등 내경이 나사로 된 부품을 폐쇄할 때는 플러그를 사용하고, 외경이 나사로 된 부품은 캡을 사용한다.

9 ④ 10 ④ 11 ④ 12 ② 13 ④ 정답

14 사용 중인 보일러의 점화 전 주의사항으로 잘못된 것은?

① 연료 계통을 점검한다.
② 각 밸브의 개폐 상태를 확인한다.
③ 댐퍼를 닫고 프리퍼지를 한다.
④ 수면계의 수위를 확인한다.

해설

프리퍼지 : 보일러 점화 전에 댐퍼를 열고 노내와 연도에 있는 가연성 가스를 송풍기로 취출시키는 작업

15 다음 중 유기질 보온재에 속하지 않는 것은?

① 펠 트
② 세라크울
③ 코르크
④ 기포성 수지

해설

보온재의 종류
- 유기질 보온재 : 펠트, 텍스류, 탄화코르크, 기포성 수지 등
- 무기질 보온재 : 유리솜, 석면, 암면, 규조토, 탄산마그네슘 등
- 금속질 보온재 : 알루미늄박 등

16 동관 작업용 공구의 사용목적이 바르게 설명된 것은?

① 플레어링 툴 세트 : 관 끝을 소켓으로 만듦
② 익스팬더 : 직관에서 분기관 성형 시 사용
③ 사이징 툴 : 관 끝을 원형으로 정형
④ 튜브 벤더 : 동관을 절단함

해설

① 플레어링 툴 세트 : 동관의 끝을 나팔관으로 가공하는 공구
② 익스팬더 : 동관의 관 끝 확관용 공구
④ 튜브 벤더 : 동관 벤딩용 공구

17 주철제 보일러의 특징에 관한 설명으로 틀린 것은?

① 내식성이 우수하다.
② 섹션의 증감으로 용량 조절이 용이하다.
③ 주로 고압용으로 사용된다.
④ 전열효율 및 연소효율은 낮은 편이다.

해설

주철제 보일러는 저압 소용량 보일러로 고압에는 부적당하다.

18 다음 중 확산 연소방식에 의한 연소장치에 해당하는 것은?

① 선회형 버너
② 저압 버너
③ 고압 버너
④ 송풍 버너

해설

기체연료의 연소장치

연소방식	종 류
확산 연소방식	포트형
	버너형 : 선회형 버너, 방사형 버너
예혼합 연소방식	저압 버너, 고압 버너, 송풍 버너

정답 14 ③ 15 ② 16 ③ 17 ③ 18 ①

19 **안전밸브의 수동시험은 최고 사용압력의 몇 % 이상의 압력으로 행하는가?**

① 50% ② 55%
③ 65% ④ 75%

해설

안전밸브의 수동시험은 최고 사용압력의 75% 이상 압력으로 행한다.

20 **액체연료 중 경질유에 주로 사용하는 기화연소방식의 종류에 해당하지 않는 것은?**

① 포트식 ② 심지식
③ 증발식 ④ 무화식

해설

액체연료 연소장치

- 기화연소방식 : 연료를 고온의 물체에 충돌시켜 연소시키는 방식으로 심지식, 포트식, 버너식, 증발식의 연소방식이 사용된다.
- 무화연소방식 : 연료에 압력을 주거나 고속회전시켜 무화하여 연소하는 방식

21 **급유에서 보일러 가동 중 연소의 소화, 압력 초과 등 이상현상 발생 시 긴급히 연료를 차단하는 것은?**

① 압력조절스위치
② 압력제한스위치
③ 감압밸브
④ 전자밸브

해설

전자밸브 : 보일러의 긴급 연료 차단밸브

22 **보일러 본체에서 수부가 클 경우의 설명으로 틀린 것은?**

① 부하변동에 대한 압력 변화가 크다.
② 증기 발생시간이 길어진다.
③ 열효율이 낮아진다.
④ 보유 수량이 많으므로 파열 시 피해가 크다.

해설

보일러 본체의 수부가 크면 부하 변동에 대한 압력 변화가 작다.

23 **배관에서 바이패스관의 설치목적으로 가장 적합한 것은?**

① 트랩이나 스트레이너 등의 고장 시 수리, 교환을 위해 설치한다.
② 고압 증기를 저압 증기로 바꾸기 위해 사용한다.
③ 온수 공급관에서 온수의 신속한 공급을 위해 설치한다.
④ 고온의 유체를 중간 과정 없이 직접 저온의 배관부로 전달하기 위해 설치한다.

해설

바이패스관의 설치목적

트랩(Trap)과 같이 주요 부품이나 기기 등의 고장, 수리, 교환 등에 대비하여 설치한다.

19 ④ 20 ④ 21 ④ 22 ① 23 ① 정답

24 **보일러 사고를 제작상의 원인과 취급상의 원인으로 구별할 때 취급상의 원인에 해당하지 않는 것은?**

① 구조 불량
② 압력 초과
③ 저수위 사고
④ 가스폭발

해설

- 취급상의 원인 : 저수위 운전, 사용압력 초과, 급수처리 미비, 과열, 부식, 미연소가스 폭발, 부속기기 정비 불량 및 점검 미비
- 구조상의 결함(제작상의 결함) : 설계 불량, 재료 불량, 용접 불량, 구조 불량, 강도 불량, 부속기기 설비의 미비

25 **연소방식을 기화연소방식과 무화연소방식으로 구분할 때 일반적으로 무화연소방식을 적용해야 하는 연료는?**

① 톨루엔 ② 중 유
③ 등 유 ④ 경 유

해설

무화연소방식
중질유의 연료를 10~500의 범위로 안개방울 같이 무화(霧化)하여 단위 중량당 표면적을 크게 하여 공기와의 혼합을 양호하게 한 후 연소하는 방식

26 **수관 보일러에 설치하는 기수분리기의 종류가 아닌 것은?**

① 스크러버형
② 사이크론형
③ 배플형
④ 벨로스형

해설

기수분리기의 종류
- 스크러버식(형) : 장애판 이용
- 사이크론식 : 원심력 이용
- 배플식 : 관성력(방향 전환) 이용
- 건조스크린식 : 금속망 이용

27 **전기식 온수온도제한기의 구성요소에 속하지 않는 것은?**

① 온도 설정 다이얼
② 마이크로스위치
③ 온도차 설정 다이얼
④ 확대용 링게이지

해설

전기식 온수온도제한기는 조절기 본체, 용액을 밀봉한 감온체 및 이것을 연결하는 도관으로 구성되어 있다.

정답 24 ① 25 ② 26 ④ 27 ④

28 **KS에서 규정하는 육상용 보일러의 열정산 조건과 관련된 설명으로 틀린 것은?**

① 보일러의 정상 조업 상태에서 적어도 2시간 이상의 운전 결과에 따른다.
② 발열량은 원칙적으로 사용 시 연료의 저발열량(진발열량)으로 하며, 고발열량(총발열량)으로 사용하는 경우에는 기준 발열량을 분명하게 명기해야 한다.
③ 최대 출열량을 시험할 경우에는 반드시 정격부하에서 시험한다.
④ 열정산과 관련한 시험 시 시험 보일러는 다른 보일러와 무관한 상태로 하여 실시한다.

해설
한국산업규격에는 육상용 보일러의 열정산 방식(KS B 6205)에 의하면 보일러의 열정산 시의 연료의 발열량은 원칙적으로 연료의 고발열량(총발열량)으로 하고, 저발열량을 사용하는 경우에는 기준 발열량을 분명하게 명기하도록 하고 있다.

29 **보일러용 연료 중에서 고체 연료의 일반적인 주성분은?(단, 중량 %를 기준으로 한 주성분을 구한다)**

① 탄 소 ② 산 소
③ 수 소 ④ 질 소

해설
고체 연료에는 탄소 성분이 많으므로 완전연소 시에는 이산화탄소가 생성되고 재가 남으며, 불완전연소 시에는 일산화탄소와 그을음이 생긴다.

30 **다음 중 자동연료차단장치가 작동하는 경우로 거리가 먼 것은?**

① 버너가 연소 상태가 아닌 경우(인터로크가 작동한 상태)
② 증기압력이 설정압력보다 높은 경우
③ 송풍기 팬이 가동할 때
④ 관류 보일러에 급수가 부족한 경우

해설
송풍기 팬이 가동되지 않을 때 자동연료차단장치가 작동한다.

31 **다음 중 수관식 보일러에 해당되는 것은?**

① 스코차 보일러
② 바브콕 보일러
③ 코크란 보일러
④ 케와니 보일러

해설
①, ③, ④는 원통형 보일러이다.

32 **노통 보일러에서 갤러웨이관(Galloway Tube)을 설치하는 목적으로 가장 옳은 것은?**

① 스케일 부착을 방지하기 위하여
② 노통의 보강과 양호한 물 순환을 위하여
③ 노통의 진동을 방지하기 위하여
④ 연료의 완전연소를 위하여

해설
갤러웨이관의 설치목적은 노통의 보강과 양호한 물의 순환, 전열면적 증가로 이어진다.

28 ② 29 ① 30 ③ 31 ② 32 ② 정답

33 보일러 내처리로 사용되는 약제의 종류에서 pH, 알칼리 조정작용을 하는 내처리제에 해당하지 않는 것은?

① 수산화나트륨
② 하이드라진
③ 인 산
④ 암모니아

해설

보일러 내처리

- 알칼리 조정제 : 수산화나트륨, 탄산나트륨, 인산소다, 암모니아 등
- 경도 성분 연화제 : 수산화나트륨, 탄산나트륨, 각종 인산나트륨 등
- 슬러지 조정제 : 타닌, 리그닌, 전분 등
- 탈산소제 : 아황산소다, 하이드라진, 타닌 등
- 가성취화 억제제 : 인산나트륨, 타닌, 리그닌, 황산나트륨 등

34 보일러 가동 시 맥동연소가 발생하지 않도록 하는 방법으로 틀린 것은?

① 연료 속에 함유된 수분이나 공기를 제거한다.
② 2차 연소를 촉진시킨다.
③ 무리한 연소를 하지 않는다.
④ 연소량의 급격한 변동을 피한다.

해설

맥동연소 예방대책

- 연료 속에 함유된 수분이나 공기는 제거하고, 가열온도를 적절히 유지한다.
- 연료량과 공급 공기량과의 밸런스를 맞추고, 특히 2차 공기의 예열이나 공급방법 등을 개선하며, 더욱 이들의 혼합을 적절히 함으로써 연소실 내에서 속히 연소를 완료할 수 있도록 양호한 연소 상태를 유지한다.
- 무리한 연소는 하지 않는다.
- 연소량의 급격한 변동은 피한다.
- 연소실이나 연도의 가스 포켓부는 이를 충분히 둥그스름하게 해서 연소가스가 와류를 일으키지 않도록 개선한다.
- 연도의 단면이 급격히 변화하지 않도록 한다.
- 노 내나 연도 내에 불필요한 공기가 누입되지 않도록 한다.
- 2차 연소를 방지한다.

35 유류용 온수보일러에서 버너가 정지하고 리셋버튼이 돌출하는 경우는?

① 연통의 길이가 너무 길다.
② 연소용 공기량이 부적당하다.
③ 오일 배관 내의 공기가 빠지지 않고 있다.
④ 실내 온도조절기의 설정온도가 실내 온도보다 낮다.

해설

오일 배관 내의 공기가 빠지지 않으면 버너가 정지되고 리셋버튼이 돌출된다.

36 보일러 드럼 없이 초임계압력 이상에서 고압 증기를 발생시키는 보일러는?

① 복사보일러
② 관류보일러
③ 수관보일러
④ 노통 연관 보일러

해설

관류보일러 : 강제순환식 보일러에 속하며, 드럼 없이 긴 관의 한쪽 끝에서 급수를 펌프로 압송하고 도중에서 차례로 가열, 증발, 과열되어 관의 다른 한쪽 끝까지 과열증기로 송출되는 형식의 보일러

정답 33 ② 34 ② 35 ③ 36 ②

37 **보일러 유류연료 연소 시에 가스폭발이 발생하는 원인이 아닌 것은?**

① 연소 도중에 실화되었을 때
② 프리퍼지 시간이 너무 길어졌을 때
③ 소화 후에 연료가 흘러들어 갔을 때
④ 점화가 잘 안 되는데 계속 급유했을 때

해설
보일러 유류연료 연소 시에 가스폭발이 발생하는 원인
- 연소 도중에 실화되었을 때
- 프리퍼지 시간이 너무 짧을 때
- 소화 후에 연료가 흘러들어 갔을 때
- 점화가 잘 안 되는데 계속 급유했을 때

38 **압축기 진동과 서징, 관의 수격작용, 지진 등에서 발생하는 진동을 억제하기 위해 사용되는 지지장치는?**

① 벤드벤
② 플랩밸브
③ 그랜드 패킹
④ 브레이스

해설
방진의 변위를 위해 사용하는 것은 브레이스이다.

39 **일반적으로 보일러 판넬 내부 온도는 몇 ℃를 넘지 않도록 하는 것이 좋은가?**

① 60℃ ② 70℃
③ 80℃ ④ 90℃

해설
일반적으로 보일러 판넬 내부의 온도는 60℃를 넘지 않는 것이 좋다.

40 **증기 사용압력이 같거나 다른 여러 개의 증기 사용설비의 드레인관을 하나로 묶어 한 개의 트랩으로 설치한 것을 무엇이라고 하는가?**

① 플로트트랩
② 버킷트랩핑
③ 디스크트랩
④ 그룹트랩핑

해설
그룹트랩핑 : 증기 사용압력이 같거나 다른 여러 개의 증기 사용설비의 드레인관을 하나로 묶어 한 개의 트랩으로 설치한 것

41 **온수난방배관 시공 시 이상적인 기울기는 얼마인가?**

① 1/100 이상
② 1/150 이상
③ 1/200 이상
④ 1/250 이상

해설
온수난방배관 기울기
1/250 이상 앞올림 기울기를 배관하고 자동공기배출밸브를 설치한다. 배관의 최상단에는 공기배출밸브, 최하단에는 배수밸브를 설치한다.

37 ② 38 ④ 39 ① 40 ④ 41 ④ 정답

42 배관 지지구의 종류가 아닌 것은?

① 파이프 슈
② 콘스탄트 행거
③ 리지드 서포트
④ 소 켓

해설

소켓은 배관 연결 부속품이다.

43 기체연료의 특징으로 틀린 것은?

① 연소 조절 및 점화, 소화가 용이하다.
② 시설비가 적게 들며 저장이나 취급이 편리하다.
③ 회분이나 매연 발생이 없어서 연소 후에도 청결하다.
④ 연료 및 연소용 공기도 예열되어 고온을 얻을 수 있다.

해설

기체연료의 특성

- 연소효율이 높고 소량의 공기라도 완전연소가 가능하다.
- 고온을 얻기가 쉽다.
- 연소가 균일하고, 연소 조절이 용이하다.
- 회분이나 매연이 없어 청결하다.
- 배관 공사비의 시설비가 많이 들어 저장이 곤란하며, 다른 연료에 비해 코스트가 높다.
- 누출되기 쉽고, 폭발 위험성이 크다.

44 연관보일러에서 연관에 대한 설명으로 옳은 것은?

① 관의 내부로 연소가스가 지나가는 관
② 관의 외부로 연소가스가 지나가는 관
③ 관의 내부로 증기가 지나가는 관
④ 관의 내부로 물이 지나가는 관

해설

강수관 내부에 열가스가 통과하는 것은 연관식 보일러이다.

45 압력배관용 탄소강관의 KS 규격기호는?

① SPPS ② SPLT
③ SPP ④ SPPH

해설

② SPLT : 저온배관용 탄소강관
③ SPP : 배관용 탄소강관
④ SPPH : 고압배관용 탄소강관

46 물의 임계압력에서의 잠열은 몇 kcal/kg인가?

① 539kcal/kg
② 100kcal/kg
③ 0kcal/kg
④ 639kcal/kg

해설

임계점

포화수의 증발현상이 없고 포화수가 증기로 변하며, 액체와 기체의 구별이 없어지는 지점으로 증발잠열이 0인 상태의 압력 및 온도이다.

- 임계압력 : 225.65kg/cm^2
- 임계온도 : 374.15℃
- 임계잠열 : 0kcal/kg

정답 42 ④ 43 ② 44 ① 45 ① 46 ③

47 강철제 증기보일러의 최고 사용압력이 0.35MPa ($3.5kg/cm^2$)이면 수압시험압력은?

① 0.35MPa($3.5kg/cm^2$)

② 0.5MPa($5kg/cm^2$)

③ 0.7MPa($7kg/cm^2$)

④ 0.95MPa($9.5kg/cm^2$)

해설

강철제 보일러

- 보일러의 최고 사용압력이 0.43MPa 이하일 때에는 그 최고 사용압력의 2배 압력으로 한다. 다만, 그 시험압력이 0.2MPa 미만인 경우에는 0.2MPa로 한다.
- 보일러의 최고 사용압력이 0.43MPa 초과 1.5MPa 이하일 때는 그 최고 사용압력의 1.3배에 0.3MPa를 더한 압력으로 한다.
- 보일러의 최고 사용압력이 1.5MPa를 초과할 때에는 그 최고 사용압력의 1.5배 압력으로 한다.
- 조립 전에 수압시험을 실시하는 수관식 보일러의 내압 부분은 최고 사용압력의 1.5배 압력으로 한다.

48 보일러 유리수면계의 유리관 최하부는 어느 위치에 맞추는가?

① 안전 저수면의 위치

② 상용 수면의 위치

③ 급수 내관의 상부 위치

④ 급수밸브의 위치

해설

보일러 유리수면계의 유리관 최하부는 안전 저수면의 위치에 맞춘다.

49 제어량을 조정하기 위해 제어장치가 제어대상으로 주는 양은?

① 목표치 ② 제어량

③ 제어편차 ④ 조작량

해설

제어량을 조정하기 위해 제어장치가 제어대상으로 주는 양 : 조작량

50 에너지이용합리화법상 열사용기자재가 아닌 것은?

① 강철제 보일러

② 구멍탄용 온수보일러

③ 전기순간온수기

④ 2종 압력용기

해설

특정열사용기자재 및 그 설치·시공범위(에너지이용합리화법 시행규칙 별표 3의 2)

구 분	품목명	설치·시공범위
보일러	• 강철제 보일러 • 주철제 보일러 • 온수보일러 • 구멍탄용 온수보일러 • 축열식 전기보일러 • 캐스케이드 보일러 • 가정용 화목보일러	해당 기기의 설치·배관 및 세관
태양열 집열기	• 태양열 집열기	해당 기기의 설치·배관 및 세관
압력용기	• 1종 압력용기 • 2종 압력용기	해당 기기의 설치·배관 및 세관
요업요로	• 연속식 유리용융가마 • 불연속식 유리용융가마 • 유리용융 도가니가마 • 터널가마 • 도염식 각가마 • 셔틀가마 • 회전가마 • 석회용선가마	해당 기기의 설치를 위한 시공
금속요로	• 용선로 • 비철금속용융로 • 금속소둔로 • 철금속가열로 • 금속균열로	해당 기기의 설치를 위한 시공

47 ③ 48 ① 49 ④ 50 ③ 정답

51 **증기과열기의 열가스 흐름방식 분류 중 증기와 연소가스의 흐름이 반대 방향으로 지나면서 열교환이 되는 방식은?**

① 병류형
② 혼류형
③ 향류형
④ 복사대류형

해설
열가스 흐름 상태에 의한 과열기의 분류
- 병류형 : 연소가스와 증기가 같이 지나면서 열교환
- 향류형 : 연소가스와 증기의 흐름이 정반대 방향으로 지나면서 열교환
- 혼류형 : 향류와 병류형의 혼합형

52 **이상기체 상태 방정식에서 '모든 가스는 온도가 일정할 때 가스의 비체적은 압력에 반비례한다.'는 법칙은?**

① 보일의 법칙
② 샤를의 법칙
③ 줄의 법칙
④ 보일–샤를의 법칙

해설
보일의 법칙
$P_1V_1 = P_2V_2$
기체의 온도가 일정할 때 기체의 체적은 압력에 반비례한다(등온법칙).

53 **압력에 대한 설명으로 옳은 것은?**

① 단위면적당 작용하는 힘이다.
② 단위부피당 작용하는 힘이다.
③ 물체의 무게를 비중량으로 나눈 값이다.
④ 물체의 무게에 비중량을 곱한 값이다.

해설
압력이란 단위면적당 작용하는 힘이다.

54 **높이를 관의 중심을 기준으로 표시한 기호는?**

① TOP　② GL
③ BOP　④ EL

해설
높이 표시
- EL(배관의 높이를 관의 중심을 기준으로 표시한 것)
  - BOP법 : 관 외경의 아랫면까지의 높이를 기준으로 표시
  - TOP법 : 관 외경의 윗면까지의 높이를 기준으로 표시
- GL(지표면을 기준으로 하여 높이를 표시한 것)
- FL(1층의 바닥면을 기준으로 하여 높이를 표시한 것)

정답 51 ③ 52 ① 53 ① 54 ④

55 **하트포드접속법(Hartford Connection)을 사용하는 난방방식은?**

① 저압증기난방
② 고압증기난방
③ 저온온수난방
④ 고온온수난방

해설

하트포드 배관법

저압증기난방장치에서 환수주관을 보일러에 직접 연결하지 않고 증기관과 환수관 사이에 설치한 균형관에 접속하는 배관방법

- 목적 : 환수관 파손 시 보일러수의 역류를 방지하기 위해 설치한다.
- 접속 위치 : 보일러 표준 수위보다 50mm 낮게 접속한다.

56 **에너지이용합리화법에 따라 고시한 효율관리기자재 운용규정에 따라 가정용 가스보일러의 최저 소비효율 기준은 몇 %인가?**

① 63% ② 68%
③ 76% ④ 86%

해설

에너지이용합리화법에 따라 고시한 효율관리기자재 운용규정에 따라 가정용 가스보일러의 최저소비효율 기준은 76%이다(효율관리기자재 운용규정 별표 1).

57 **에너지이용합리화법상 에너지 진단기관의 지정 기준은 누구의 영으로 정하는가?**

① 대통령
② 시·도지사
③ 시공업자단체장
④ 산업통상자원부장관

해설

에너지진단기관의 지정기준은 대통령령으로 정하고, 진단기관의 지정절차와 그 밖에 필요한 사항은 산업통상자원부령으로 정한다(에너지이용합리화법 제32조).

58 **열사용기자재 중 온수를 발생하는 소형 온수보일러의 적용범위로 옳은 것은?**

① 전열면적 $12m^2$ 이하, 최고 사용압력 0.25MPa 이하의 온수를 발생하는 것
② 전열면적 $14m^2$ 이하, 최고 사용압력 0.25MPa 이하의 온수를 발생하는 것
③ 전열면적 $12m^2$ 이하, 최고 사용압력 0.35MPa 이하의 온수를 발생하는 것
④ 전열면적 $14m^2$ 이하, 최고 사용압력 0.35MPa 이하의 온수를 발생하는 것

해설

소형 온수보일러

전열면적이 $14m^2$ 이하이고, 최고 사용압력이 0.35MPa 이하의 온수를 발생하는 것으로, 다만 구멍탄용 온수보일러·축열식 전기보일러·가정용 화목보일러 및 가스사용량이 17kg/h(도시가스는 232.6kW) 이하인 가스용 온수보일러는 제외한다.

55 ① 56 ③ 57 ① 58 ④ 정답

59 다음은 에너지이용합리화법의 목적에 관한 내용이다. ( ) 안의 A, B에 각각 들어갈 용어로 옳은 것은?

> 에너지이용 합리화법은 에너지의 수급을 안정시키고 에너지의 합리적이고 효율적인 이용을 증진하며 에너지 소비로 인한 (A)을(를) 줄임으로써 국민 경제의 건전한 발전 및 국민복지의 증진과 (B)의 최소화에 이바지함을 목적으로 한다.

① A = 환경 파괴, B = 온실가스
② A = 자연 파괴, B = 환경 피해
③ A = 환경 피해, B = 지구온난화
④ A = 온실가스 배출, B = 환경 파괴

해설

에너지이용합리화법의 목적

에너지이용합리화법은 에너지의 수급을 안정시키고 에너지의 합리적이고 효율적인 이용을 증진하며 에너지 소비로 인한 환경 피해를 줄임으로써 국민 경제의 건전한 발전 및 국민복지의 증진과 지구온난화의 최소화에 이바지함을 목적으로 한다.

60 에너지이용합리화법상 에니지 사용자와 에너지 공급자의 책무로 맞는 것은?

① 에너지의 생산·이용 등에서의 그 효율을 극소화
② 온실가스 배출을 줄이기 위한 노력
③ 기자재의 에너지효율을 높이기 위한 기술 개발
④ 지역경제 발전을 위한 시책 강구

해설

에너지 사용자와 에너지 공급자의 책무는 온실가스 배출을 줄이기 위한 노력을 하여야 한다(에너지이용합리화법 제3조).

정답 59 ③ 60 ②

2020년 제1회 과년도 기출복원문제

01 몰리에르(Mollier)선도를 이용할 때 가장 간단하게 계산할 수 있는 것은?

① 터빈효율 계산
② 엔탈피 변화 계산
③ 사이클에서 압축비 계산
④ 증발 시의 체적 증가량 계산

해설

몰리에르선도는 $P-h$ 선도로, y축은 절대압력을 나타내고, x축은 (비)엔탈피를 나타낸다.

02 입형(직립) 보일러에 대한 설명으로 틀린 것은?

① 동체를 바로 세워 연소실을 그 하부에 둔 보일러이다.
② 전열면적을 넓게 할 수 있어 대용량에 적합하다.
③ 다관식은 전열면적을 보강하기 위하여 다수의 연관을 설치한 것이다.
④ 횡관식은 횡관의 설치로 전열면을 증가시킨다.

해설

입형 보일러는 전열면적이 작고, 소용량 보일러이다.

03 보일러 1마력을 상당증발량으로 환산하면 약 얼마인가?

① 13.65kg/h
② 15.65kg/h
③ 18.65kg/h
④ 21.65kg/h

해설

보일러 1마력 : 100℃ 물 15.65kg을 1시간 동안 같은 온도의 증기로 변화시킬 수 있는 능력

04 제어계를 구성하는 요소 중 전송기의 종류에 해당되지 않는 것은?

① 전기식 전송기
② 증기식 전송기
③ 유압식 전송기
④ 공기압식 전송기

해설

자동제어의 신호 전달방법
- 공기압식 : 전송거리 100m 정도
- 유압식 : 전송거리 300m 정도
- 전기식 : 전송거리 수 km까지 가능하다.

1 ② 2 ② 3 ② 4 ② 정답

05 유류 연소 시 일반적인 공기비는?

① 0.95~1.1

② 1.6~1.8

③ 1.2~1.4

④ 1.8~2.0

해설

연소 시 일반적인 공기비
- 기체연료 공기비 : 1.1~1.3
- 액체연료 공기비 : 1.2~1.4
- 고체연료 공기비 : 1.4~2.0

06 보일러 화염검출장치의 보수나 점검에 대한 설명 중 틀린 것은?

① 플레임 아이장치의 주위온도는 50℃ 이상이 되지 않게 한다.

② 광전관식은 유리나 렌즈를 매주 1회 이상 청소하고 감도 유지에 유의한다.

③ 플레임 로드는 검출부가 불꽃에 직접 접하므로 소손에 유의하고 자주 청소해 준다.

④ 플레임 아이는 불꽃의 직사광이 들어가면 오동작하므로 불꽃의 중심을 향하지 않도록 설치한다.

해설

플레임 아이는 불꽃의 직사광이 들어가면 정상작동이다.

07 보일러의 급수장치에서 인젝터의 특징으로 틀린 것은?

① 구조가 간단하고 소형이다.

② 급수량의 조절이 가능하고 급수효율이 높다.

③ 증기와 물이 혼합하여 급수가 예열된다.

④ 인젝터가 과열되면 급수가 곤란하다.

해설

인젝터는 급수효율이 낮다(40~50% 정도).

08 보일러의 열손실이 아닌 것은?

① 방열손실

② 배기가스 열손실

③ 미연소손실

④ 응축수손실

해설

보일러의 출열 중 열손실
- 배기가스에 의한 손실열(손실열 중 비중이 가장 크다)
- 불완전연소에 의한 손실열
- 미연소연료에 의한 손실열
- 노벽 방산에 의한 방산손실 등
- 발생증기 보유열

09 급유량계 앞에 설치하는 여과기의 종류가 아닌 것은?

① U형 ② V형

③ S형 ④ Y형

해설

여과기의 종류 : Y형, U형, V형

정답 5 ③ 6 ④ 7 ② 8 ④ 9 ③

10 보일러시스템에서 공기예열기 설치 사용 시 특징으로 틀린 것은?

① 연소효율을 높일 수 있다.
② 저온부식이 방지된다.
③ 예열공기의 공급으로 불완전연소가 감소된다.
④ 노내의 연소속도를 빠르게 할 수 있다.

해설

공기예열기 : 연소실로 들어가는 공기를 예열시키는 장치로서 180~350℃까지 된다. 공기예열기에 가장 주의를 요하는 것은 공기 입구와 출구부의 저온부식이다. 즉, 배기가스 중의 황산화물에 의해 저온 부식이 발생된다.

※ 완전연소의 구비조건
- 연소실 온도는 높게
- 연소실 용적은 넓게
- 연소속도는 빠르게

공기에서 연소용 공기의 온도를 25℃ 높일 때마다 열효율은 1% 정도 높아진다.

11 보일러의 외부 청소방법 중 압축공기와 모래를 분사하는 방법은?

① 샌드 블라스트법
② 스틸 쇼트 크리닝법
③ 스팀 쇼킹법
④ 에어 쇼킹법

해설

Sand Blast : 모래분사

12 물질의 온도 변화에 소요되는 열, 즉 물질의 온도를 상승시키는 에너지로 사용되는 열은?

① 잠 열　② 증발열
③ 융해열　④ 현 열

해설

현열(감열)과 잠열(숨은열) 및 열용량
- 잠열(숨은열) : 온도 변화 없이 상태를 변화시키는 데 필요한 열
- 감열(현열) : 상태 변화 없이 온도를 변화시키는 데 필요한 열

13 보일러에 과열기를 설치하여 과열증기를 사용하는 경우의 설명으로 잘못된 것은?

① 과열증기란 포화증기의 온도와 압력을 높인 것이다.
② 과열증기는 포화증기보다 보유 열량이 많다.
③ 과열증기를 사용하면 배관부의 마찰저항 및 부식을 감소시킬 수 있다.
④ 과열증기를 사용하면 보일러의 열효율을 증대시킬 수 있다.

해설

과열증기란 포화온도 이상에서의 증기로, 포화증기의 압력은 일정하고 온도만 높인 것이다.

14 강관의 스케줄 번호가 나타내는 것은?

① 관의 중심　② 관의 두께
③ 관의 외경　④ 관의 내경

해설

스케줄 번호(Sch No.)는 관의 두께를 나타내는 번호로, 숫자가 커질수록 관의 두께가 더 두꺼워진다는 의미이다.

10 ② 11 ① 12 ④ 13 ① 14 ② 정답

15 신축이음쇠 종류 중 고온과 고압에 적당하며, 신축에 따른 자체 응력이 생기는 결점이 있는 신축이음쇠는?

① 루프형(Loop Type)
② 스위블형(Swivel Type)
③ 벨로스형(Bellows Type)
④ 슬리브형(Sleeve Type)

해설

② 스위블형 : 회전이음, 지블이음, 지웰이음 등으로도 불린다. 2개 이상의 나사엘보를 사용하여 이음부 나사의 회전을 이용하여 배관의 신축을 흡수하는 것으로, 주로 온수 또는 저압의 증기난방 등 방열기 주위의 배관용으로 사용된다.
③ 벨로스형(팩리스형, 주름통, 파상형) : 급수, 냉난방배관에서 많이 사용되는 신축이음이다.
④ 슬리브형(미끄럼형) : 본체와 슬리브 파이프로 되어 있다. 관의 신축은 본체 속의 슬리브관에 의해 흡수되며 슬리브와 본체 사이에 패킹을 넣어 누설을 방지한다. 단식과 복식의 두 가지 형태가 있다.

16 액체연료 연소에서 무화의 목적이 아닌 것은?

① 단위 중량당 표면적을 크게 한다.
② 연소효율을 향상시킨다.
③ 주위 공기와 혼합을 좋게 한다.
④ 연소실의 열부하를 낮게 한다.

해설

무화의 목적
- 단위 중량당 표면적을 넓게 한다.
- 공기와의 혼합을 좋게 한다.
- 연소에 적은 과잉공기를 사용할 수 있다.
- 연소효율 및 열효율을 높게 한다.

17 최근 난방 또는 급탕용으로 사용되는 진공온수보일러에 대한 설명 중 틀린 것은?

① 열매수의 온도는 운전 시 100℃ 이하이다.
② 운전 시 열매수의 급수는 불필요하다.
③ 본체의 안전장치로 용해전, 온도퓨즈, 안전밸브 등을 구비한다.
④ 추기장치는 내부에서 발생하는 비응축가스 등을 외부로 배출시킨다.

해설

진공온수식 보일러는 보일러 내의 압력을 대기압 이하로 유지하기 위하여 보일러 본체 수실을 진공으로 만들어 대기압 이하의 상태로 운전하도록 설계한 방식으로, 안전밸브 등의 안전장치는 필요 없다.

18 보일러 내부에 아연판을 매다는 가장 큰 이유는?

① 기수공발을 방지하기 위하여
② 보일러판의 부식을 방지하기 위하여
③ 스케일 생성을 방지하기 위하여
④ 프라이밍을 방지하기 위하여

해설

아연은 철판보다 이온화 경향이 크기 때문에 아연이 희생하여 철의 부식을 방지하는 희생양극법의 형태이다.

19 배관의 높이를 관의 중심을 기준으로 표시한 기호는?

① TOP ② GL
③ BOP ④ EL

해설

높이 표시
- EL : 배관의 높이를 관의 중심을 기준으로 표시한 것
  - BOP법 : 관 외경의 아랫면까지의 높이를 기준으로 표시
  - TOP법 : 관 외경의 윗면까지의 높이를 기준으로 표시
- GL : 지표면을 기준으로 하여 높이를 표시한 것
- FL : 1층의 바닥면을 기준으로 하여 높이를 표시한 것

정답 15 ① 16 ④ 17 ③ 18 ② 19 ④

20 **보일러 급수처리의 목적으로 가장 거리가 먼 것은?**

① 스케일 생성 및 고착 방지

② 부식 발생 방지

③ 가성취화 발생 감소

④ 배관 중의 응축수 생성 방지

해설

급수처리의 목적

- 급수를 깨끗이 연화시켜 스케일 생성 및 고착을 방지한다.
- 부식 발생을 방지한다.
- 가성취화의 발생을 감소시킨다.
- 포밍과 프라이밍의 발생을 방지한다.

※ 응축수 : 기체인 증기가 응축이 되어 만들어진 액체

21 **증기난방 시공에서 관할 증기트랩장치의 냉각 레그(Cooling Leg) 길이는 일반적으로 몇 m 이상으로 해야 하는가?**

① 0.7m　　② 1.0m

③ 1.5m　　④ 2.5m

해설

냉각 레그(Cooling Leg) : 증기주관에서 생긴 증기나 응축수를 냉각하여 완전한 응축수로 관말트랩에 보내기 위해서 냉각 다리를 설치한다.

- 증기난방의 냉각 레그(Cooling Leg) 길이 : 1.5m 이상
- 증기난방의 리프트 이음(Lift Joint) 길이 : 1.5m 이내

22 **드럼 없이 초임계압력하에서 증기를 발생시키는 강제순환보일러는?**

① 득수열매체보일러

② 2중 증발보일러

③ 연관보일러

④ 관류보일러

해설

관류보일러 : 긴 관의 한쪽 끝에서 급수를 펌프로 압송하고 도중에서 차례로 가열, 증발, 과열되어 관의 다른 한쪽 끝까지 과열증기로 송출되는 강제순환식 보일러이다. 드럼 없이 초임계압력하에서 증기를 발생시킨다.

23 **매시간 1,500kg의 연료를 연소시켜서 시간당 11,000kg의 증기를 발생시키는 보일러의 효율은 약 몇 %인가?(단, 연료의 발열량은 6,000kcal/kg, 발생증기의 엔탈피는 742kcal/kg, 급수의 엔탈피는 20kcal/kg이다)**

① 88%　　② 80%

③ 78%　　④ 70%

해설

보일러 효율(η)

$$\eta = \frac{G_a(h'' - h')}{G_f \times H_l} \times 100$$

$$= \frac{11,000(742-20)}{1,500 \times 6,000} \times 100$$

$\therefore\ \eta ≒ 88\%$

20 ④ 21 ③ 22 ④ 23 ① 정답

24 육용 보일러 열정산의 조건과 관련된 설명 중 틀린 것은?

① 전기에너지는 1kW당 860kcal/h로 환산한다.
② 보일러 효율 산정방식은 입출열법과 열손실법으로 실시한다.
③ 열정산 시험 시의 연료 단위량은 액체 및 고체연료의 경우 1kg에 대하여 열정산을 한다.
④ 보일러의 열정산은 원칙적으로 정격부하 이하에서 정상 상태로 3시간 이상의 운전결과에 따라 한다.

해설

육용 보일러 열정산은 보일러의 정상 조업 상태에서 적어도 2시간 이상의 운전결과에 따른다(KS B 6205).

25 보일러의 자동제어 중 제어동작이 연속동작에 해당하지 않는 것은?

① 비례동작
② 적분동작
③ 미분동작
④ 다위치 동작

해설

제어동작

- 불연속동작
  - 온-오프(ON-OFF) 동작 : 조작량이 두 개인 동작
  - 다위치 동작 : 3개 이상의 정해진 값 중 하나를 취하는 방식
  - 단속도 동작 : 일정한 속도로 정·역 방향으로 번갈아 작동시키는 방식
- 연속동작
  - 비례동작(P) : 조작량이 신호에 비례
  - 적분동작(I) : 조작량이 신호의 적분값에 비례
  - 미분동작(D) : 조작량이 신호의 미분값에 비례

26 바이패스(By-pass)관에 설치해서는 안 되는 부품은?

① 플로트트랩
② 연료차단밸브
③ 감압밸브
④ 유류배관의 유량계

해설

바이패스관 : 설비 고장 시 유체의 보수, 점검, 교체 등을 쉽게 하기 위한 배관방식

27 연료의 가연 성분이 아닌 것은?

① N　　② C
③ H　　④ S

해설

질소, 이산화탄소, 0족 원소는 불연성분이다.

28 효율이 82%인 보일러로 발열량 9,800kcal/kg의 연료를 15kg 연소시키는 경우의 손실 열량은?

① 80,360kcal
② 32,500kcal
③ 26,460kcal
④ 120,540kcal

해설

보일러 효율 계산

$$효율 = \left(1 - \frac{총손실열량}{입열량}\right) \times 100$$

$$0.82 = 1 - \frac{x}{9,800 \times 15}$$

$\therefore\ x = 26,460$kcal

29 **보일러 연소용 공기조절장치 중 착화를 원활하게 하고 화염의 안정을 도모하는 장치는?**

① 윈드박스(Wind Box)
② 보염기(Stabilizer)
③ 버너타일(Burner Tile)
④ 플레임 아이(Flame Eye)

해설
보염장치 : 노내에 분사된 연료에 연소용 공기를 유효하게 공급 확산시켜 연소를 유효하게 하고 확실한 착화와 화염의 안정을 도모하기 위하여 설치하는 장치이다.

30 **보일러용 가스버너 중 외부 혼합식에 속하지 않는 것은?**

① 파일럿 버너
② 센터파이어형 버너
③ 링형 버너
④ 멀티스폿형 버너

해설
파일럿 버너 : 점화버너로 사용되는 내부 혼합형 가스버너

31 **보일러 부속장치인 증기과열기를 설치 위치에 따라 분류할 때 해당되지 않는 것은?**

① 복사식 ② 전도식
③ 접촉식 ④ 복사접촉식

해설
증기과열기의 종류
- 접촉과열기(대류열 이용) : 연도에 설치한다.
- 복사과열기(복사열 이용) : 화실 노내에 설치한다.
- 복사접촉과열기(복사, 접촉과열기) : 화실과 연도 접촉부에 설치한다.

32 **분사컵으로 기름을 비산시켜 무화하는 버너는?**

① 유압 분무식
② 공기 분무식
③ 증기 분무식
④ 회전 분무식

해설
회전 분무식 : 분사컵 또는 오토마이징컵의 회전체를 원심력으로 회전시켜 기름을 무화시키는 방식

33 **보일러 매연의 발생 원인으로 틀린 것은?**

① 연소기술이 미숙할 경우
② 통풍이 많거나 부족할 경우
③ 연소실의 온도가 너무 낮을 경우
④ 연료와 공기가 충분히 혼합된 경우

해설
연료와 공기가 충분히 혼합되면 완전연소를 도모할 수 있어 매연 발생이 적다.

29 ② 30 ① 31 ② 32 ④ 33 ④ 정답

34 왕복동식 펌프가 아닌 것은?

① 플런저펌프

② 피스톤펌프

③ 터빈펌프

④ 다이어프램펌프

해설

왕복동식 펌프
- 피스톤펌프
- 플런저펌프
- 다이어프램펌프
- 워싱턴펌프
- 웨어펌프

35 어떤 보일러의 증발량이 40t/h이고, 보일러 본체의 전열면적이 580m^{2}일 때 이 보일러의 증발률은?

① 14kg/m^2 · h

② 44kg/m^2 · h

③ 57kg/m^2 · h

④ 69kg/m^2 · h

해설

$$\text{전열면 증발률} = \frac{\text{증발량}}{\text{전열면적}} = \frac{40,000}{580} \fallingdotseq 68.9\text{kg/m}^2 \cdot \text{h}$$

36 보일러의 수위제어검출방식의 종류로 가장 거리가 먼 것은?

① 피스톤식 ② 전극식

③ 플로트식 ④ 열팽창관식

해설

수위제어검출방식 : 전극식, 차압식, 열팽창식

37 자연통풍방식에서 통풍력이 증가되는 경우가 아닌 것은?

① 연돌의 높이가 낮은 경우

② 연돌의 단면적이 큰 경우

③ 연도의 굴곡수가 적은 경우

④ 배기가스의 온도가 높은 경우

해설

자연통풍방식에서 통풍력을 증가시키기 위한 방법
- 연돌의 높이를 높게 한다.
- 배기가스의 온도를 높게 한다.
- 연돌의 단면적을 넓게 한다.
- 연도의 길이는 짧게 하고 굴곡부를 적게 한다.

38 배기가스 중에 함유되어 있는 CO_2, O_2, CO 3가지 성분을 순서대로 측정하는 가스분석계는?

① 전기식 CO계

② 헴펠식 가스분석계

③ 오르자트 가스분석계

④ 가스크로마토 그래픽 가스분석계

해설

자동 오르자트법의 가스 흡수액
- CO_2 : 수산화칼륨(KOH) 30% 수용액
- O_2 : 알칼리성 파이로갈롤 용액
- CO : 암모니아성 염화제1용액

정답 34 ③ 35 ④ 36 ① 37 ① 38 ③

39 **보일러 부속장치에 관한 설명으로 틀린 것은?**

① 기수분리기 : 증기 중에 혼입된 수분을 분리하는 장치
② 수트 블로어 : 보일러 동 저면의 스케일, 침전물 등을 밖으로 배출하는 장치
③ 오일 스트레이너 : 연료 속의 불순물 방지 및 유량계 펌프 등의 고장을 방지하는 장치
④ 스팀 트랩 : 응축수를 자동으로 배출하는 장치

해설
수트 블로어 : 전열면에 부착된 그을음을 제거하는 장치

40 **다음 중 유량을 나타내는 단위가 아닌 것은?**

① m^3/h ② kg/min
③ L/s ④ kg/cm^2

해설
kg/cm^2 : 압력의 단위

41 **비열이 0.6kcal/kg·℃인 어떤 연료 30kg을 15℃에서 35℃까지 예열하고자 할 때 필요한 열량은 몇 kcal인가?**

① 180 ② 360
③ 450 ④ 600

해설
$Q = G \times C \times \Delta t$
$= 30 \times 0.6 \times (35-15)$
$= 360$kcal
여기서, Q : 열량(kcal)
G : 중량(kg)
C : 비열$\left(\frac{\text{kcal}}{\text{kg℃}}\right)$
Δt : 온도차(℃)

42 **습증기의 엔탈피 hx를 구하는 식으로 옳은 것은?(단, h : 포화수의 엔탈피, x : 건조도, r : 증발잠열(숨은열), v : 포화수의 비체적)**

① $hx = h + x$
② $hx = h + r$
③ $hx = h + xr$
④ $hx = v + h + xr$

해설
증기의 건조도(x) : 습증기 전체 질량 중 증기가 차지하는 질량비

43 **보일러의 최고 사용압력이 0.1MPa 이하일 경우 설치 가능한 과압방지 안전장치의 크기는?**

① 호칭지름 5mm
② 호칭지름 10mm
③ 호칭지름 15mm
④ 호칭지름 20mm

해설
안전밸브 및 압력방출장치의 크기는 호칭지름을 25A 이상으로 하여야 한다. 다만, 다음 보일러에서는 호칭지름 20A 이상으로 할 수 있다.
- 최고 사용압력 1kg/cm^2(0.1MPa) 이하의 보일러
- 최고 사용압력 5kg/cm^2(0.5MPa) 이하의 보일러로 동체의 안지름이 500mm 이하이며, 동체의 길이가 1,000mm 이하의 것
- 최고 사용압력 5kg/cm^2(0.5MPa) 이하의 보일러로 전열면적 2m^2 이하의 것
- 최대 증발량 5t/h 이하의 관류보일러
- 소용량 강철제 보일러, 소용량 주철제 보일러

39 ② 40 ④ 41 ② 42 ③ 43 ④ 정답

44 보일러 운전 중 팽출이 발생하기 쉬운 곳은?

① 횡형 노통보일러의 노통

② 입형 보일러의 연소실

③ 횡연관보일러의 동(Drum) 저부

④ 수관보일러의 연도

해설

- 압궤 : 과열된 전열면이 외압에 의해 안으로 오그라지는 현상
- 팽출 : 과열된 보일러 동체가 내부 압력에 견디지 못하고 외부로 부풀어 나오는 현상(보일러 동 저부, 수관, 횡연관, 갤러웨이관 등에서 잘 발생한다)

45 어떤 강철제 증기보일러의 최고 사용압력이 0.35MPa (3.5kg/cm^2)이면 수압시험압력은?

① 0.35MPa(3.5kg/cm^2)

② 0.5MPa(5kg/cm^2)

③ 0.7MPa(7kg/cm^2)

④ 0.95MPa(9.5kg/cm^2)

해설

강철제 보일러

- 보일러의 최고 사용압력이 0.43MPa 이하일 때에는 그 최고 사용압력의 2배의 압력으로 한다. 다만, 그 시험압력이 0.2MPa 미만인 경우에는 0.2MPa로 한다.
- 보일러의 최고 사용압력이 0.43MPa 초과 1.5MPa 이하일 때는 그 최고 사용압력의 1.3배에 0.3MPa를 더한 압력으로 한다.
- 보일러의 최고 사용압력이 1.5MPa를 초과할 때에는 그 최고 사용압력의 1.5배의 압력으로 한다.
- 조립 전에 수압시험을 실시하는 수관식 보일러의 내압 부분은 최고 사용압력의 1.5배 압력으로 한다.

46 연소에 있어서 환원염이란?

① 과잉 산소가 많이 포함되어 있는 화염

② 공기비가 커서 완전연소된 상태의 화염

③ 과잉 공기가 많아 연소가스가 많은 상태의 화염

④ 산소 부족으로 일산화탄소와 같은 미연분이 포함된 화염

해설

환원염 : 산소 부족으로 인한 화염

47 보일러 집진장치의 형식과 종류를 짝지은 것으로 틀린 것은?

① 가압수식 – 벤투리 스크루버

② 여과식 – 타이젠 와셔

③ 원심력식 – 사이클론

④ 전기식 – 코트렐

해설

집진장치

- 건식 집진장치 : 중력식 집진장치(중력 침강식, 다단 침강식), 관성 집진장치(반전식, 충돌식), 원심력 집진장치(사이클론식, 멀티클론식, 블로다운형)
- 습식(세정식) 집진장치 : 유수식 집진장치(전류형, 로터리형), 가압수식 집진장치(벤투리 스크러버, 사이클론형, 제트형, 충전탑, 분무탑)
- 전기식 집진장치 : 코트렐 집진장치
- 여과식 집진장치 : 표면 여과형(백필터), 내면 여과형(공기여과기, 고성능 필터)
- 음파 집진장치

정답 44 ③ 45 ③ 46 ④ 47 ②

48 보일러 기수공발(Carry Over)의 원인이 아닌 것은?

① 증발 수면적이 너무 넓다.
② 주증기 밸브를 급개하였다.
③ 부유 고형물이나 용해 고형물이 많이 존재하였다.
④ 압력의 급강하로 격렬한 자기증발을 일으켰다.

해설

캐리오버(기수공발) : 발생 증기 중 물방울이 포함되어 송기되는 현상으로, 증발 수면적이 좁을 때 발생한다.

49 보일러 이음부 부근에서 발생하는 도랑 형태의 부식은?

① 점식(Pitting)
② 전면식
③ 반 식
④ 구식(Grooving)

해설

구식(그루빙, 도랑부식) : 응력부식균열의 일종으로, 홈 모양의 선으로 부식하는 것

50 보일러의 압력에 관한 안전장치 중 설정압이 낮은 것부터 높은 순으로 열거된 것은?

① 압력제한기 – 압력조절기 – 안전밸브
② 압력조절기 – 압력제한기 – 안전밸브
③ 안전밸브 – 압력제한기 – 압력조절기
④ 압력조절기 – 안전밸브 – 압력제한기

해설

보일러의 압력에 관한 안전장치 설정압
압력조절기 < 압력제한기 < 안전밸브

51 공기예열기에 대한 설명으로 틀린 것은?

① 보일러의 열효율을 향상시킨다.
② 불완전연소를 감소시킨다.
③ 배기가스의 열손실을 감소시킨다.
④ 통풍저항이 작아진다.

해설

공기예열기의 설치 시 특징
- 열효율이 향상된다.
- 적은 공기비로 완전연소가 가능하다.
- 폐열을 이용하므로 열손실이 감소한다.
- 연소효율이 증가한다.
- 수분이 많은 저질탄의 연료도 연소 가능하다.
- 연소실의 온도가 증가한다.
- 황산에 의한 저온 부식이 발생한다.
- 통풍저항을 증가시킬 수 있다.

52 배관 중간이나 밸브, 펌프, 열교환기 등의 접속을 위해 사용되는 이음쇠로서 분해, 조립이 필요한 경우에 사용되는 것은?

① 밴 드 ② 리듀서
③ 플랜지 ④ 슬리브

해설

① 밴드 : 관의 방향을 변경시키는 이음쇠이다.
② 리듀서 : 지름이 서로 다른 관과 관을 접속하는 데 사용하는 관 이음쇠이다.
④ 슬리브 : 콘크리트 벽이나 바닥 등에 배관이 관통하는 곳에 관의 보호를 위하여 사용한다.

48 ① 49 ④ 50 ② 51 ④ 52 ③ 정답

53 세관작업 시 규산염은 염산에 잘 녹지 않으므로 용해촉진제를 사용하는데, 용해촉진제로 사용되는 것은?

① H_2SO_4 ② HF
③ NH_3 ④ Na_2SO_4

해설

황산염, 규산염 등의 경질 스케일은 염산에 잘 용해되지 않아 용해촉진제를 사용해야 한다. 이때 사용하는 용해촉진제는 플루오린화수소산(HF)이다.

54 LPG의 주성분이 아닌 것은?

① 부 탄 ② 프로판
③ 프로필렌 ④ 메 탄

해설

- LPG의 주성분 : 프로판(C_3H_8), 부탄(C_4H_{10}), 프로필렌(C_3H_6), 부틸렌(C_4H_8)
- LNG의 주성분 : 메탄(CH_4), 에탄(C_2H_6)

55 절대온도 360K를 섭씨온도로 환산하면 약 몇 °C인가?

① 97°C ② 87°C
③ 67°C ④ 57°C

해설

켈빈온도(K, 섭씨온도에 대응하는 절대온도)

K = 273 + ℃

360 = 273 + ℃

∴ ℃ = 87

56 에너지이용합리화법에 따라 검사대상기기인 보일러의 계속사용검사 중 운전성능검사의 유효기간은?

① 6개월 ② 1년
③ 2년 ④ 3년

해설

검사대상기기의 검사유효기간(에너지이용합리화법 시행규칙 별표 3의 5)

- 보일러의 계속사용검사 중 안전검사의 유효기간 : 1년
- 보일러의 계속사용검사 중 운전성능검사의 유효기간 : 1년

57 에너지이용합리화법에 따라 검사대상기기 관리자 선임에 대한 설명으로 틀린 것은?

① 검사대상기기 설치자는 검사대상기기 관리자가 퇴직한 경우 시·도지사에게 신고하여야 한다.
② 검사대상기기 설치자는 검사대상기기 관리자가 퇴직하는 경우 퇴직 후 7일 이내에 후임자를 선임하여야 한다.
③ 검사대상기기 관리자의 선임기준은 1구역마다 1명 이상으로 한다.
④ 검사대상기기 관리자의 자격기준과 선임기준은 산업통상자원부령으로 정한다.

해설

검사대상기기관리자의 선임(에너지이용합리화법 제40조)

검사대상기기 설치자는 검사대상기기 관리자를 해임하거나 검사대상기기 관리자가 퇴직하는 경우에는 해임이나 퇴직 이전에 다른 검사대상기기 관리자를 선임하여야 한다.

정답 53 ② 54 ④ 55 ② 56 ② 57 ②

58 **에너지이용합리화법에 따라 검사대상기기 관리자가 퇴직한 경우, 검사대상기기 관리자 퇴직신고서에 자격증수첩과 관리할 검사대상기기 검사증을 첨부하여 누구에게 제출하여야 하는가?**

① 시·도지사

② 시공업자단체장

③ 산업통상자원부장관

④ 한국에너지공단 이사장

해설

검사대상기기관리자의 선임신고 등(에너지이용합리화법 시행규칙 제31조의 28)

검사대상기기의 설치자는 검사대상기기 관리자를 선임·해임하거나 검사대상기기 관리자가 퇴직한 경우, 검사대상기기 관리자 선임(해임, 퇴직)신고서에 자격증수첩과 관리할 검사대상기기 검사증을 첨부하여 한국에너지공단 이사장에게 제출하여야 한다.

59 **에너지이용합리화법에 따라 용접검사신청서 제출 시 첨부하여야 할 서류가 아닌 것은?**

① 용접 부위도

② 검사대상기기의 설계도면

③ 검사대상기기의 강도계산서

④ 비파괴시험성적서

해설

용접검사신청서 제출 시 첨부하여야 할 서류(에너지이용합리화법 시행규칙 제31조의 14)

- 용접 부위도 1부
- 검사대상기기의 설계도면 2부
- 검사대상기기의 강도계산서 1부

60 **에너지이용합리화법에 따라 에너지저장의무 부과대상자로 가장 거리가 먼 것은?**

① 전기사업자

② 석탄가공업자

③ 도시가스사업자

④ 원자력사업자

해설

에너지저장의무 부과대상자 : 전기사업자, 도시가스사업자, 석탄가공업자, 집단에너지사업자, 연간 2만 석유환산톤 이상의 에너지를 사용하는 자(에너지이용합리화법 시행령 제12조)

58 ④ 59 ④ 60 ④ 정답

2020년 제 2 회 과년도 기출복원문제

01 탄소(C) 1kg을 완전히 연소시키는 데 요구되는 이론산소량은 몇 Nm^3인가?

① 1.87　② 2.81
③ 5.63　④ 8.94

해설

$C + O_2 \rightarrow CO_2$
1kg : x Nm^3
12kg : 22.4Nm^3
$\therefore x = 1.867Nm^3$

02 가스버너에서 리프팅(Lifting)현상이 발생하는 경우는?

① 가스압이 너무 높은 경우
② 버너 부식으로 염공이 커진 경우
③ 버너가 과열된 경우
④ 1차 공기의 흡인이 많은 경우

해설

리프팅(선화) 발생원인
- 가스유출압력이 연소속도보다 더 빠른 경우
- 버너 내의 가스압력이 너무 높아 가스가 지나치게 분출하는 경우
- 댐퍼가 과대하게 개방되어 혼합가스량이 많을 때
- 염공이 막혔을 때

03 보일러의 압력이 8kgf/cm^2이고, 안전밸브 입구 구멍의 단면적이 20cm^2라면 안전밸브에 작용하는 힘은 얼마인가?

① 140kgf　② 160kgf
③ 170kgf　④ 180kgf

해설

안전밸브 작용하는 힘(P)

$$P = \frac{W}{A}$$

$$8 = \frac{x}{20}$$

$\therefore x = 160$kgf

04 어떤 보일러의 5시간 동안 증발량이 5,000kg이고, 그때의 급수엔탈피가 25kcal/kg, 증기엔탈피가 675 kcal/kg이라면 상당증발량은 약 몇 kg/h인가?

① 1,106　② 1,206
③ 1,304　④ 1,451

해설

$$\text{상당증발량(환산)} = \frac{\text{실제증발량} \times (\text{증기엔탈피} - \text{급수엔탈피})}{539}$$

$$= \frac{\frac{5,000}{5} \times (675 - 25)}{539}$$

≒ 1,206kg/h

정답 1 ① 2 ① 3 ② 4 ②

05 물의 임계압력에서의 잠열은 몇 kcal/kg인가?

① 539 ② 100

③ 0 ④ 639

해설

임계점(임계압력)

포화수가 증발현상이 없고 포화수가 증기로 변하며, 액체와 기체의 구별이 없어지는 지점으로 증발잠열이 0인 상태의 압력 및 온도

- 임계압 : 222.65kg/cm^2
- 임계온도 : 374.15℃
- 임계잠열 : 0kcal/kg

06 다음 보기와 같은 특징을 갖고 있는 통풍방식은?

보기

- 연도의 끝이나 연돌 하부에 송풍기를 설치한다.
- 연도 내의 압력은 대기압보다 낮게 유지된다.
- 매연이나 부식성이 강한 배기가스가 통과하므로 송풍기의 고장이 자주 발생한다.

① 자연통풍 ② 압입통풍

③ 흡입통풍 ④ 평형통풍

해설

① 자연통풍 : 일반적으로 별도의 동력을 사용하지 않고 연돌로 인한 통풍
② 압입통풍 : 연소용 공기를 송풍기로 노 입구에서 대기압보다 높은 압력으로 밀어 넣고 굴뚝의 통풍작용과 같이 통풍을 유지하는 방식
④ 평형통풍 : 연소용 공기를 연소실로 밀어 넣는 방식

07 보일러의 휴지보존법 중 단기보존법에 속하는 것은?

① 석회밀폐건조법

② 질소가스봉입법

③ 소다만수보존법

④ 가열건조법

해설

단기보존법은 보일러의 휴지(休止)기간이 2개월 이내일 때의 휴지보존법으로 만수보존법, 건조보존법(가열건조법) 등이 있다.

보일러의 휴지보존법

장기보존법	건조보존법	석회밀폐건조법
		질소가스봉입법
	만수보존법	소다만수보존법
단기보존법	건조보존법	가열건조법
	만수보존법	보통만수법
응급보존법	–	

08 보일러의 부하율에 대한 설명으로 적합한 것은?

① 보일러의 최대증발량에 대한 실제증발량의 비율

② 증기 발생량을 연료소비량으로 나눈 값

③ 보일러에서 증기가 흡수한 총열량을 급수량으로 나눈 값

④ 보일러 전열면적 $1m^2$에서 시간당 발생되는 증기열량

해설

$$\text{보일러 부하율} = \frac{\text{실제증발량}}{\text{최대 연속증발량}} \times 100$$

5 ③ 6 ③ 7 ④ 8 ① 정답

09 **열용량에 대한 설명으로 옳은 것은?**

① 열용량의 단위는 kcal/g・℃이다.
② 어떤 물질 1g의 온도를 1℃ 올리는 데 소요되는 열량이다.
③ 어떤 물질의 비열에 그 물질의 질량을 곱한 값이다.
④ 열용량은 물질의 질량에 관계없이 항상 일정하다.

해설

① 열용량 단위는 kcal/℃이다.
② 어떤 물질 1g의 온도를 1℃ 올리는 데 소요되는 열량은 비열이다. 열용량은 어떤 물질의 온도를 1℃ 변화시키는 데 필요한 열량이다.
④ 열용량은 물질의 질량이 클수록, 비열이 클수록 크다.

10 **연소 시 일반적으로 실제공기량과 이론공기량의 관계는 어떻게 설정하는가?**

① 실제공기량은 이론공기량과 같아야 한다.
② 실제공기량은 이론공기량보다 작아야 한다.
③ 실제공기량은 이론공기량보다 커야 한다.
④ 아무런 관계가 없다.

해설

실제공기량과 이론공기량의 관계 : 실제공기량은 이론공기량보다 커야 한다.

11 **규산칼슘 보온재의 안전사용 최고 온도(℃)는?**

① 300 ② 450
③ 650 ④ 850

해설

무기질 보온재의 안전사용 최고 온도

- 세라믹 파이버 : 30~1,300℃
- 실리카 파이버 : 50~1,100℃
- 탄산마그네슘 : 250℃
- 규조토 : 500℃
- 석면 : 600℃
- 규산칼슘 : 650℃

12 **보일러 증기 발생량 5t/h, 발생 증기 엔탈피 650 kcal/kg, 연료 사용량 400kg/h, 연료의 저위발열량 9,750 kcal/kg일 때 보일러 효율은 약 몇 %인가?(단, 급수온도는 20℃이다)**

① 78.8% ② 80.8%
③ 82.4% ④ 84.2%

해설

보일러 효율(η)

$$\eta = \frac{G_a(h'' - h')}{G_f \times H_l} \times 100$$

$$= \frac{5,000(650-20)}{400 \times 9,750} \times 100\%$$

≒ 80.8%

여기서, G_a : 실제증발량
h'' : 발생 증기 엔탈피
h' : 급수 엔탈피
G_f : 연료소비량
H_l : 저위발열량

정답 9 ③ 10 ③ 11 ③ 12 ②

13 보일러 연료로 사용되는 LNG의 성분 중 함유량이 가장 많은 것은?

① CH_4 ② C_2H_6
③ C_3H_8 ④ C_4H_{10}

해설

LNG(액화 천연가스)의 주성분 : 메탄(CH_4) 함유량이 에탄(C_2H_6)보다 많다.

14 원통형 및 수관식 보일러의 구조에 대한 설명 중 틀린 것은?

① 노통 접합부는 애덤슨 조인트(Adamson Joint)로 연결하여 열에 의한 신축을 흡수한다.
② 코니시 보일러는 노통을 편심으로 설치하여 보일러수의 순환이 잘되도록 한다.
③ 갤러웨이관은 전열면을 증대하고 강도를 보강한다.
④ 강수관의 내부는 열가스가 통과하여 보일러수 순환을 증진한다.

해설

강수관 내부에 열가스가 통과하는 것은 연관식 보일러이다.

15 분사관을 이용해 선단에 노즐을 설치하여 청소하는 것으로, 주로 고온의 전열면에 사용하는 수트 블로어(Soot Blower)의 형식은?

① 롱 리트랙터블(Long Retractable)형
② 로터리(Rotary)형
③ 건(Gun)형
④ 에어히터클리너(Air Heater Cleaner)형

해설

수트 블로어의 종류
- 롱 리트랙터블형 : 과열기와 같은 고온 전열면에 부착하여 사용한다.
- 쇼트 리트랙터블형(건 타입형) : 연소로 벽, 전열면 등에 부착하여 사용한다.
- 회전형 : 절탄기와 같은 저온 전열면에 부착하여 사용한다.

16 20A 관을 90°로 구부릴 때 중심곡선의 적당한 길이는 약 몇 mm인가?(단, 곡률 반지름 R = 100mm 이다)

① 147 ② 157
③ 167 ④ 177

해설

배관의 길이(l)

$$l = 2\pi R \frac{\theta}{360}$$
$$= 2 \times 3.14 \times 100 \times \frac{90}{360}$$
$$= 157$$

13 ① 14 ④ 15 ① 16 ② 정답

17 보일러 기관 작동을 저지시키는 인터로크 제어에 속하지 않는 것은?

① 저수위 인터로크
② 저압력 인터로크
③ 저연소 인터로크
④ 프리퍼지 인터로크

해설

인터로크의 종류
저수위 인터로크, 압력 초과 인터로크, 불착화 인터로크, 저연소 인터로크, 프리퍼지 인터로크 등

18 증기압력이 높아질 때 감소되는 것은?

① 포화온도
② 증발잠열
③ 포화수 엔탈피
④ 포화증기 엔탈피

해설

증기압력이 높아지면 나타나는 현상
- 포화온도가 증가한다.
- 증발잠열이 감소한다.
- 포화수 엔탈피가 증가한다.
- 증기 엔탈피가 증가 후 감소한다.

19 연소가스와 대기의 온도가 각각 250℃, 30℃이고 연돌의 높이가 50m일 때 이론 통풍력은 약 얼마인가?(단, 연소가스와 대기의 비중량은 각각 1.35kg/Nm^3, 1.25kg/Nm^3이다)

① 21.08mmAq
② 23.12mmAq
③ 25.02mmAq
④ 27.36mmAq

해설

통풍력(Z)

$$Z = 273 \times H \times \left(\frac{\gamma_a}{273+t_a} - \frac{\gamma_g}{273+t_g}\right)(\mathrm{mmH_2O})$$
$$= 273 \times 50 \times \left(\frac{1.25}{273+30} - \frac{1.35}{273+250}\right)(\mathrm{mmH_2O})$$
$$= 21.08\mathrm{mmH_2O}$$

20 다음 중 압력의 계량 단위가 아닌 것은?

① $\mathrm{N/m^2}$　② mmHg
③ mmAq　④ $\mathrm{Pa/cm^2}$

해설

압력의 단위 = $\frac{F}{A}$
여기서, A : 면적
F : 무게

21 유리솜 또는 암면의 용도와 관계없는 것은?

① 보온재　② 보랭재
③ 단열재　④ 방습재

해설

유리솜 또는 암면의 용도 : 보온재, 단열재, 보랭재

정답 17 ② 18 ② 19 ① 20 ④ 21 ④

22 방열기의 표준 방열량에 대한 설명으로 틀린 것은?

① 증기의 경우, 게이지 압력 1kg/cm^2, 온도 80℃로 공급하는 것이다.

② 증기 공급 시의 표준 방열량은 650kcal/m^2·h 이다.

③ 실내온도는 증기일 경우 21℃, 온수일 경우 18℃ 정도이다.

④ 온수 공급 시의 표준 방열량은 450kcal/m^2·h 이다.

해설

표준 방열량(kcal/m^2·h)

열 매	표준 방열량 (kcal/m^2·h)	표준 온도차(℃)	표준 상태에서의 온도(℃)	
			열매온도	실 온
증 기	650	81	102	21
온 수	450	62	80	18

23 분출밸브의 최고사용압력은 보일러 최고사용압력의 몇 배 이상이어야 하는가?

① 0.5배　② 1.0배

③ 1.25배　④ 2.0배

해설

분출밸브 : 물이 보일러 내부에 농축되는 것을 방지하고, 불순물을 배출하기 위해 물의 일부를 방출할 때 사용하는 밸브이다.

24 액면계 중 직접식 액면계에 속하는 것은?

① 압력식　② 방사선식

③ 초음파식　④ 유리관식

해설

액면 측정방법

구 분	종 류	측정원리	요점사항
직접식	유리관식 액면계 (직관식)	탱크의 액면과 같은 높이의 액체가 유리관에도 나타나므로 유리관 액면의 높이를 측정한다.	• 대부분 개방된 액체용 탱크에 사용한다.
직접식	검척식 액면계	검척봉으로 직접 액면의 높이를 측정한다.	• 액면 변동이 작은 개방탱크, 저수탱크 등에 사용한다.
직접식	플로트식 액면계 (부자식)	액면에 띄운 부자의 위치를 이용하여 액면을 측정한다.	• 액면 경보용, 제어용으로 사용한다. • 활차식, 볼 플로트, 디스프레스먼트 액면계이다.
직접식	편위식 액면계	부자의 길이에 대한 부력으로부터 액면을 측정한다.	• 아르키메데스의 원리를 이용한 것이다. • 고압 진동탱크 액면을 측정한다.
간접식	압력식 액면계 (차압식 액면계)	액면의 높이에 따른 압력을 측정하여 액의 높이를 측정한다.	• 고압 밀폐탱크의 액면 측정에 사용한다.
간접식	퍼지식 액면계 (기포식 액면계)	탱크 속에 파이프를 삽입하고 이 파이프를 통해 공기를 보내어 파이프 끝부분의 공기압을 압력계로 측정하여 액의 높이를 구한다.	• 일종의 압력식 액면계이다. • 주로 개방탱크에 이용되며 부식성이 강하거나 점도가 높은 액체에 사용한다.
간접식	방사선식 액면계	방사선 세기의 변화를 측정한다.	• 고온, 고압의 액체 측정용(용광로내 레벨 측정) • 고점도 부식성 액체를 측정한다.
간접식	초음파식 액면계	탱크 밑에서 초음파를 발사하여 되돌아오는 시간을 측정하여 액면의 높이를 구한다.	• 주로 액면 제어용으로 사용한다.
간접식	정전용량식 액면계	정전용량 검출 프로브(Probe)를 액 중에 넣어 측정한다.	• 유진율이 온도에 따라 변화되는 곳에는 사용할 수 없다.

22 ① 23 ③ 24 ④ 정답

25 보일러에서 래미네이션(Lamination)이란?

① 보일러 본체나 수관 등이 사용 중에 내부에서 2장의 층을 형성한 것

② 보일러 강판이 화염에 닿아 볼록 튀어 나온 것

③ 보일러 동에 작용하는 응력의 불균일로 동의 일부가 함몰된 것

④ 보일러 강판이 화염에 접촉하여 점식된 것

해설

- 래미네이션 : 강판이 내부의 기포에 의해 2장의 층으로 분리되는 현상
- 브리스터 : 강판이 내부의 기포에 의해 표면이 부풀어 오르는 현상

26 다음 보기에서 설명한 송풍기의 종류는?

보기

- 경향 날개형이며 6~12매의 철판제 직선 날개를 보스에서 방사한 스포크에 리벳 죔을 한 것이며, 측관이 있는 임펠러와 측판이 없는 것이 있다.
- 구조가 견고하며 내마모성이 크고 날개를 바꾸기도 쉬우며 회전이 많은 가스의 흡출 통풍기, 미분탄 장치의 배탄기 등에 사용된다.

① 터보송풍기

② 다익송풍기

③ 축류송풍기

④ 플레이트송풍기

해설

① 터보송풍기 : 낮은 정압부터 높은 정압의 영역까지 폭넓은 운전 범위를 가지고 있으며, 각 용도에 적합한 깃 및 케이싱 구조, 재질의 선택을 통하여 일반 공기 이송에서 고온의 가스 혼합물 및 분체 이송까지 폭넓은 용도로 사용할 수 있다.

② 다익송풍기 : 일반적으로 시로코 팬(Sirocco Fan)이라고 하며 임펠러 형상이 회전 방향에 대해 앞쪽으로 굽어진 원심형 전향익 송풍기이다.

③ 축류송풍기 : 기본적으로 원통형 케이싱 속에 넣은 임펠러의 회전에 따라 축 방향으로 기체를 송풍하는 형식이다. 일반적으로 효율이 높고 고속회전에 적합하므로 전체가 소형이 되는 이점이 있다.

27 연통에서 배기되는 가스량이 2,500kg/h이고, 배기가스 온도가 230℃, 가스의 평균 비열이 0.31 kcal/kg · ℃, 외기온도가 18℃이면, 배기가스에 의한 손실열량은?

① 164,300kcal/h

② 174,300kcal/h

③ 184,300kcal/h

④ 194,300kcal/h

해설

$$\text{손실열량} = 2{,}500\frac{\text{kg}}{\text{h}}\times 0.31\frac{\text{kcal}}{\text{kg℃}}\times(230-18)℃ = 164{,}300\frac{\text{kcal}}{\text{h}}$$

28 수소 15%, 수분 0.5%인 중유의 고위발열량이 10,000 kcal/kg이다. 이 중유의 저위발열량은 몇 kcal/kg 인가?

① 8,795　　② 8,984

③ 9,085　　④ 9,187

해설

저위발열량 = 고위발열량 − 600(9 × 수소 + 물)
= 10,000 − 600[(9 × 0.15) + 0.005]
= 9,187kcal/kg

29 증기의 과열도를 옳게 표현한 식은?

① 과열도 = 포화증기온도 − 과열증기온도

② 과열도 = 포화증기온도 − 압축수의 온도

③ 과열도 = 과열증기온도 − 압축수의 온도

④ 과열도 = 과열증기온도 − 포화증기온도

정답 25 ① 26 ④ 27 ① 28 ④ 29 ④

30 다음 중 에너지 보존과 가장 관련이 있는 열역학의 법칙은?

① 제0법칙　② 제1법칙
③ 제2법칙　④ 제3법칙

해설

열역학 제1법칙

- 에너지 보존의 법칙을 적용하여 열량은 일량으로, 일량은 열량으로 환산 가능함을 밝힌 법칙이다. 즉, Q(kcal) = W(kg · gm) : 가역법칙 → 열과 일에 대해 설명한다는 법칙이다.
- 19세기 후반
  - 독일 : Mayer(메이어), Helmholtz(헬름홀츠)
  - 영국 : Joule(줄)

  1kcal = 4,185.5J = 4,185.5N · m = 4.1855kJ
  = 4,185.5N · m = 426.8kg · m = 427kg · m

  $\frac{1}{427}$kcal/kg · m = A(환산계수)

  $A = \frac{1}{427}$kcal/kg · m : 일의 열당량(즉, 일을 열로 환산)

  (Joule의 실험)

31 팽창탱크에 대한 설명으로 옳은 것은?

① 개방식 팽창탱크는 주로 고온수 난방에서 사용한다.
② 팽창관에는 방열관에 부착하는 크기의 밸브를 설치한다.
③ 밀폐형 팽창탱크에서는 수면계를 구비한다.
④ 밀폐형 팽창탱크는 개방식 팽창탱크에 비하여 적어도 된다.

해설

밀폐형 팽창탱크의 구조 : 밀폐식 팽창탱크는 탱크 안에 고무로 된 물주머니 또는 다이어프램에 의해 수실과 공기실로 구분되어 있으며, 배관수는 대기(공기)와의 접촉이 완전히 차단되어 있다.

32 증기의 건조도(x)에 대한 설명으로 옳은 것은?

① 습증기 전체 질량 중 액체가 차지하는 질량비이다.
② 습증기 전체 질량 중 증기가 차지하는 질량비이다.
③ 액체가 차지하는 전체 질량 중 습증기가 차지하는 질량비이다.
④ 증기가 차지하는 전체 질량 중 습증기가 차지하는 질량비이다.

33 저양정식 안전밸브의 단면적 계산식은?(단, A = 단면적(mm²), P = 분출압력$\left(\frac{\text{kg}}{\text{cm}^2}\right)$, E = 증발량$\left(\frac{\text{kg}}{\text{h}}\right)$이다)

① $A = \frac{22E}{1.03P+1}$

② $A = \frac{10E}{1.03P+1}$

③ $A = \frac{5E}{1.03P+1}$

④ $A = \frac{2.5E}{1.03P+1}$

해설

스프링식 안전밸브의 증기 분출량

- 저양정식 : 밸브의 양정이 관경의 1/40~1/15의 것
  - 증기 분출량(E) = $\frac{(1.03P+1) \cdot S \cdot C}{22}$(kg/h)
- 고양정식 : 밸브의 양정이 관경의 1/15~1/7의 것
  - 증기 분출량(E) = $\frac{(1.03P+1) \cdot S \cdot C}{10}$(kg/h)
- 전양정식 : 밸브의 양정이 관경의 1/7 이상의 것
  - 증기 분출량(E) = $\frac{(1.03P+1) \cdot S \cdot C}{5}$(kg/h)
- 전량식 : 관경이 목부지름의 1.15배 이상의 것
  - 증기 분출량(E) = $\frac{(1.03P+1) \cdot A \cdot C}{2.5}$(kg/h)

여기서, P : 분출압력(kg/cm²)
S : 밸브의 단면적(mm²)
A : 목부 단면적(mm²)
C : 계수(압력 12MPa 이하, 증기 온도 230℃ 이하일 때는 1로 한다)

30 ② 31 ③ 32 ② 33 ① 정답

34 보일러 청관제 중 보일러수의 연화제로 사용되지 않는 것은?

① 수산화나트륨
② 탄산나트륨
③ 인산나트륨
④ 황산나트륨

해설

보일러 내처리
- pH 및 알칼리조정제 : 수산화나트륨, 탄산나트륨, 인산소다, 암모니아 등
- 경도 성분연화제 : 수산화나트륨, 탄산나트륨, 각종 인산나트륨 등
- 슬러지조정제 : 타닌, 리그닌, 전분 등
- 탈산소제 : 아황산소다, 하이드라진, 타닌 등
- 가성취화억제제 : 인산나트륨, 타닌, 리그닌, 황산나트륨 등

35 배관계의 식별 표시는 물질의 종류에 따라 다르다. 물질과 식별색의 연결이 틀린 것은?

① 물 : 파랑
② 기름 : 연한 주황
③ 증기 : 어두운 빨강
④ 가스 : 연한 노랑

해설

배관 내를 흐르는 물질의 종류를 식별하기 위해 도포하는 색은 KS A 0503(배관계의 식별 표시)에 지정되어 있다. KS에 의한 식별법은 물(파랑), 증기(어두운 빨강), 공기(하양), 가스(연한 노랑), 산 또는 알칼리(회보라), 기름(어두운 주황), 전기(연한 주황), 그 이외의 물질에 대해서는 여기에 규정된 식별색 이외의 것을 사용한다.

36 고온배관용 탄소강 강관의 KS 기호는?

① SPHT ② SPLT
③ SPPS ④ SPA

해설

강관의 종류
- 배관용 탄소강관 : SPP, 10kfg/cm^2 이하의 증기, 물, 가스
- 압력배관용 탄소강관 : SPPS, 350℃ 이하, 10~100kfg/cm^2
- 고압배관용 탄소강관 : SPPH, 350℃ 이하, 100kfg/cm^2 이상
- 고온배관용 탄소강관 : SPHT, 350~450℃
- 배관용 합금강관 : SPA
- 저온배관용 탄소강관 : SPLT(냉매배관용)
- 수도용 아연도금 강관 : SPPW
- 배관용 아크용접 탄소강 강관 : SPW
- 배관용 스테인리스강 강관 : STSXT
- 보일러 열교환기용 탄소강 강관 : STH

37 동작유체의 상태 변화에서 에너지의 이동이 없는 변화는?

① 등온 변화
② 정적 변화
③ 정압 변화
④ 단열 변화

해설

단열 변화 : 외부와 열의 출입이 없는 상태에서 이루어지는 기체의 상태 변화

정답 34 ④ 35 ② 36 ① 37 ④

38 열정산의 방법에서 입열항목에 속하지 않는 것은?

① 발생증기의 흡수열
② 연료의 연소열
③ 연료의 현열
④ 공기의 현열

해설

입열항목의 열손실
- 연료의 저위발열량
- 연료의 현열
- 공기의 현열
- 피열물의 보유열
- 노내 분입증기열

출열항목 열손실
- 발생증기의 보유열
- 배기가스의 손실열
- 불완전연소에 의한 열손실
- 미연분에 의한 손실열
- 방사손실열

39 하트포드 접속법(Hartford Connection)을 사용하는 난방방식은?

① 저압 증기난방
② 고압 증기난방
③ 저온 온수난방
④ 고온 온수난방

해설

하트포드 배관법
- 저압 증기난방장치에서 환수주관을 보일러에 직접 연결하지 않고 증기관과 환수관 사이에 설치한 균형관에 접속하는 배관방법
- 목적 : 환수관 파손 시 보일러수의 역류를 방지하기 위해 설치한다.
- 접속 위치 : 보일러 표준 수위보다 50mm 낮게 접속한다.

40 보일러에서 댐퍼의 설치목적으로 가장 거리가 먼 것은?

① 통풍력을 조절한다.
② 가스의 흐름을 차단한다.
③ 연료 공급량을 조절한다.
④ 주연도와 부연도가 있을 때 가스 흐름을 전환한다.

해설

댐퍼의 설치목적
- 공기량을 조절한다.
- 배기가스량을 조절한다.
- 통풍력을 조절한다.
- 주연도, 부연도가 구분되어 있는 경우 연도를 교체한다.

41 슈미트보일러는 보일러 분류에서 어디에 속하는가?

① 관류식
② 간접가열식
③ 자연순환식
④ 강제순환식

해설

특수보일러
- 열매체보일러 : 다우삼, 카네크롤, 수은, 모빌섬, 세큐리티
- 폐열보일러 : 하이네, 리히 보일러
- 특수연료보일러 : 바크(나무껍질), 버개스(사탕수수 찌꺼기), 펄프폐액, 진기(쓰레기) 등
- 간접 가열(이중 증발)보일러 : 슈미트보일러(과열증기 발생), 레플러 보일러(포화증기 발생)

38 ① 39 ① 40 ③ 41 ② **정답**

42 보일러에서 보염장치의 설치목적에 대한 설명으로 틀린 것은?

① 화염의 전기전도성을 이용한 검출을 실시한다.
② 연소용 공기의 흐름을 조절해 준다.
③ 화염의 형상을 조절한다.
④ 착화가 확실하게 되도록 한다.

해설

보염장치 : 연소용 공기의 흐름을 조절하여 착화를 확실히 해 주고 화염의 안정을 도모하며, 화염의 각도 및 형상을 조절하여 국부과열 또는 화염의 편류현상을 방지한다.

- 윈드박스 : 노내에 일정한 압력으로 공급하는 장치
- 보염기 : 화염을 안정시키고, 화염의 크기를 조절하며 화염이 소실되는 것을 방지하는 장치
- 컴버스터 : 저온도에서도 연료의 연소를 안정시켜 주는 장치
- 버너타일 : 연소실 입구 버너 주위에 내화벽돌을 원형으로 쌓은 것
- 가이드 베인 : 날개 각도를 조절하여 윈드박스에 공기를 공급하는 장치

43 보일러 스테이(Stay)의 종류로 거리가 먼 것은?

① 거싯(Gusset) 스테이
② 바(Bar) 스테이
③ 튜브(Tube) 스테이
④ 너트(Nut) 스테이

해설

스테이 종류 : 경사 스테이, 거싯 스테이, 관(튜브) 스테이, 바(막대, 봉) 스테이, 나사(볼트) 스테이, 도그 스테이, 나막신 스테이(거더 스테이)

44 온수난방배관 시공 시 이상적인 기울기는?

① 1/100 이상
② 1/150 이상
③ 1/200 이상
④ 1/250 이상

해설

온수난방배관 기울기

1/250 이상 앞올림 기울기를 배관하고 자동공기배출밸브를 설치한다. 배관의 최상단에는 공기배출밸브를, 최하단에는 배수밸브를 설치한다.

45 두께 150mm, 면적이 15m²인 벽이 있다. 내면온도는 200℃, 외면온도가 20℃일 때 벽을 통한 열손실량은?(단, 열전도율은 0.25kcal/m·h·℃이다)

① 101kcal/h
② 675kcal/h
③ 2,345kcal/h
④ 4,500kcal/h

해설

$$Q = \lambda \times F \times \frac{\Delta t}{l}$$

$$= 0.25 \times 15 \times \frac{200-20}{0.15}$$

$$= 4{,}500\text{kcal/h}$$

여기서, Q : 1시간 동안 전해진 열량$\left(\frac{\text{kcal}}{\text{h}}\right)$

λ : 열전도율$\left(\frac{\text{kcal}}{\text{mh℃}}\right)$

F : 전열면적(m^2)

l : 두께(m)

Δt : 온도차(℃)

정답 42 ① 43 ④ 44 ④ 45 ④

46 증기의 압력에너지를 이용하여 피스톤을 작동시켜 급수를 행하는 펌프는?

① 워싱턴펌프
② 기어펌프
③ 벌류트펌프
④ 디퓨저펌프

해설

왕복동식 펌프
- 피스톤펌프
- 플런저펌프
- 다이어프램펌프
- 워싱턴펌프
- 웨어펌프

47 기체연료의 특징으로 틀린 것은?

① 연소 조절 및 점화나 소화가 용이하다.
② 시설비가 적게 들며 저장이나 취급이 편리하다.
③ 회분이나 매연 발생이 없어서 연소 후 청결하다.
④ 연료 및 연소용 공기도 예열되어 고온을 얻을 수 있다.

해설

기체연료의 특성
- 연소효율이 높고 소량의 공기라도 완전연소가 가능하다.
- 고온을 얻기가 쉽다.
- 연소가 균일하고, 연소 조절이 용이하다.
- 회분이나 매연이 없어 청결하다.
- 배관공사비의 시설비가 많이 들어 저장이 곤란하며, 다른 연료에 비해 코스트가 높다.
- 누출되기 쉽고, 폭발의 위험성이 크다.

48 90℃의 물 1,000kg에 15℃의 물 2,000kg을 혼합시키면 온도는 몇 ℃가 되는가?

① 40 ② 30
③ 20 ④ 10

해설

$G_1 \times C_1 \times \Delta t_1 = G_2 \times C_2 \times \Delta t_2$

$1,000 \times 1 \times (90 - x) = 2,000 \times 1 \times (x - 15)$

$\therefore x = 40$

여기서, Q : 열량(kcal)
G : 중량(kg)
C : 비열$\left(\frac{\text{kcal}}{\text{kg℃}}\right)$
Δt : 온도차(℃)

49 보일러의 최고 사용압력이 0.1MPa 이하일 경우 설치 가능한 과압방지 안전장치의 크기는?

① 호칭지름 5mm
② 호칭지름 10mm
③ 호칭지름 15mm
④ 호칭지름 20mm

해설

안전밸브 및 압력방출장치의 크기는 호칭지름 25A 이상으로 하여야 한다. 다만, 다음 보일러에서는 호칭지름 20A 이상으로 할 수 있다.
- 최고 사용압력 $1kg/cm^2$(0.1MPa) 이하의 보일러
- 최고 사용압력 $5kg/cm^2$(0.5MPa) 이하의 보일러로 동체의 안지름이 500mm 이하이며, 동체의 길이가 1,000mm 이하의 것
- 최고 사용압력 $5kg/cm^2$(0.5MPa) 이하의 보일러로 전열면적 $2cm^2$ 이하의 것
- 최대 증발량 5t/h 이하의 관류보일러
- 소용량 강철제 보일러, 소용량 주철제 보일러

46 ① 47 ② 48 ① 49 ④ 정답

50 금속이나 반도체의 온도 변화로 전기저항이 변하는 원리를 이용한 전기저항 온도계의 종류가 아닌 것은?

① 백금저항 온도계
② 니켈저항 온도계
③ 서미스터 온도계
④ 베크만 온도계

해설

유리제 온도계 봉입액 : 펜탄, 톨루엔	알코올 온도계	–
	수은 온도계	–
	베크만 온도계	유리제 온도계 중 가장 정밀하고, 실험용으로 적합하다.

51 전열면적 $12m^2$인 보일러 급수밸브의 크기는 호칭 몇 A 이상이어야 하는가?

① 15 ② 20
③ 25 ④ 32

해설

급수밸브, 체크밸브의 크기
- 전열면적 $10m^2$ 이하 : 15A 이상
- 전열면적 $10m^2$ 초과 : 20A 이상

52 기름보일러에서 연소 중 화염이 점멸하는 등 연소 불안정이 발생하는 경우가 있다. 그 원인으로 가장 거리가 먼 것은?

① 기름의 점도가 높을 때
② 기름 속에 수분이 혼입되었을 때
③ 연료의 공급 상태가 불안정한 때
④ 노내가 부압인 상태에서 연소했을 때

해설

연소 불안정의 원인
- 기름배관 내에 공기가 들어간 경우
- 기름 내에 수분이 포함된 경우
- 기름온도가 너무 높을 경우
- 펌프의 흡입량이 부족한 경우
- 연료 공급 상태가 불안정한 경우
- 기름 점도가 너무 높을 경우
- 1차 공기 압송량이 너무 많을 경우

53 보일러 성능시험에서 강철제 증기보일러의 증기건도는 몇 % 이상이어야 하는가?

① 89 ② 93
③ 95 ④ 98

해설

증기건도
- 강철제 보일러 : 98% 이상
- 주철제 보일러 : 97% 이상

54 외부와 열의 출입이 없는 열역학적 변화는?

① 등온 변화
② 정압 변화
③ 단열 변화
④ 정적 변화

정답 50 ④ 51 ② 52 ④ 53 ④ 54 ③

55 과열증기 사용 시의 장점이 아닌 것은?

① 열효율이 증가한다.
② 증기소비량을 감소시킨다.
③ 보일러 관 내의 물때가 적어진다.
④ 습증기로 인한 부식을 방지한다.

해설

증기 공급 시 과열증기 사용
- 장점 : 적은 증기로 많은 일을 함, 증기의 마찰저항 감소, 부식 및 수격작용 방지, 열효율 증가
- 단점 : 가열장치에 열응력 발생, 표면온도 일정 유지 곤란

56 에너지이용합리화법에서 검사의 종류 중 계속사용검사에 해당하는 것은?

① 설치검사
② 개조검사
③ 안전검사
④ 재사용검사

해설

검사의 종류 및 적용대상(에너지이용합리화법 시행규칙 별표 3의 4)

계속 사용 검사	안전 검사	설치검사 · 개조검사 · 설치장소 변경검사 또는 재사용검사 후 안전 부문에 대한 유효기간을 연장하고자 하는 경우의 검사
	운전 성능 검사	다음의 어느 하나에 해당하는 기기에 대한 검사로서 설치검사 후 운전성능 부문에 대한 유효기간을 연장하고자 하는 경우의 검사 • 용량이 1t/h(난방용의 경우에는 5t/h)이상인 강철제 보일러 및 주철제 보일러 • 철금속 가열로

57 다음 중 에너지이용합리화법에 따라 소형 온수보일러에 해당하는 것은?

① 전열면적이 $14m^2$ 이하이고 최고 사용압력이 0.35MPa 이하의 온수를 발생하는 것
② 전열면적이 $14m^2$ 이하이고 최고 사용압력이 0.5MPa 이상의 온수를 발생하는 것
③ 전열면적이 $24m^2$ 이하이고 최고 사용압력이 0.35MPa 이하의 온수를 발생하는 것
④ 전열면적이 $24m^2$ 이하이고 최고 사용압력이 0.5MPa 이상의 온수를 발생하는 것

해설

소형 온수보일러

전열면적이 $14m^2$ 이하이고, 최고 사용압력이 0.35MPa 이하의 온수를 발생하는 것. 다만, 구멍탄용 온수보일러 · 축열식 전기보일러 · 가정용 화목보일러 및 가스사용량이 17kg/h(도시가스는 232.6kW) 이하인 가스용 온수보일러는 제외한다.

58 에너지이용합리화법에 따라 효율관리기자재에 에너지소비효율 등을 표시해야 하는 업자로 옳은 것은?

① 효율관리기자재의 제조업자 또는 시공업자
② 효율관리기자재의 제조업자 또는 수입업자
③ 효율관리기자재의 시공업자 또는 판매업자
④ 효율관리기자재의 수입업자 또는 시공업자

해설

효율관리기자재의 지정 등(에너지이용합리화법 제15조)

효율관리기자재의 제조업자 또는 수입업자는 산업통상자원부장관이 지정하는 시험기관(효율관리시험기관)에서 해당 효율관리기자재의 에너지 사용량을 측정받아 에너지소비효율등급 또는 에너지소비효율을 해당 효율관리기자재에 표시하여야 한다.

55 ③ 56 ③ 57 ① 58 ② 정답

59 에너지이용합리화법에 따른 보일러의 제조검사에 해당되는 것은?

① 용접검사
② 설치검사
③ 개조검사
④ 설치 장소 변경검사

해설

보일러의 제조검사 : 용접검사, 구조검사

60 에너지이용합리화법에 따라 검사대상기기관리자에 대한 교육기간은?

① 1일 ② 3일
③ 5일 ④ 10일

해설

검사대상기기관리자에 대한 교육(에너지이용합리화법 시행규칙 별표 4의 2)

검사대상기기관리자에 대한 교육기간은 1일이다.

정답 59 ① 60 ①

2021년 제1회 과년도 기출복원문제

01 입형(직립)보일러에 대한 설명으로 틀린 것은?

① 동체를 바로 세워 연소실을 그 하부에 둔 보일러이다.
② 전열면적을 넓게 할 수 있어 대용량에 적당하다.
③ 다관식은 전열면적을 보강하기 위하여 다수의 연관을 설치한 것이다.
④ 횡관식은 횡관의 설치로 전열면을 증가시킨다.

해설

입형보일러는 전열면적이 작고, 소용량 보일러이다.

02 LPG의 주성분이 아닌 것은?

① 부 탄　② 프로판
③ 프로필렌　④ 메 탄

해설

- LPG의 주성분 : 프로판(C_3H_8), 부탄(C_4H_{10}), 프로필렌(C_3H_6), 부틸렌(C_4H_8)
- LNG의 주성분 : 메탄(CH_4), 에탄(C_2H_6)

03 절대온도 360K를 섭씨온도로 환산하면 약 몇 °C인가?

① 97°C　② 87°C
③ 67°C　④ 57°C

해설

켈빈온도(K, 섭씨온도에 대응하는 절대온도)
K = 273 + ℃
360 = 273 + ℃
∴ ℃ = 87

04 보일러 급수처리의 목적이 아닌 것은?

① 부식의 방지
② 보일러수의 농축 방지
③ 스케일 생성 방지
④ 역화(Back Fire) 방지

해설

보일러 급수처리의 목적

- 급수를 깨끗이 연화시켜 스케일 생성 및 고착을 방지한다.
- 부식 발생을 방지한다.
- 가성취화의 발생을 감소시킨다.
- 포밍과 프라이밍의 발생을 방지한다.

05 액체연료의 유압분무식 버너의 종류에 해당되지 않는 것은?

① 플랜지형
② 외측 반환유형
③ 직접 분사형
④ 간접 분사형

해설

유압분무식 버너의 종류 : 플랜지형, 외측 반환류형, 직접 분사형
※ 간접 분사형은 미분탄 연료의 분사형식이다.

1 ② 2 ④ 3 ② 4 ④ 5 ④ 정답

06 보일러의 제어장치 중 연소용 공기를 제어하는 설비는 자동제어에서 어디에 속하는가?

① FWC ② ABC
③ ACC ④ AFC

해설

보일러 자동제어

보일러 자동제어(ABC)	제어량	조작량
자동연소제어(ACC)	증기압력	연료량, 공기량
	노내 압력	연소가스량
급수제어(FWC)	드럼 수위	급수량
증기온도제어(STC)	과열증기온도	전열량

07 두께가 13cm, 면적이 10m^{2}인 벽이 있다. 벽의 내부온도는 200°C, 외부온도는 20°C일 때 벽을 통해 전도되는 열량은 약 몇 kcal/h인가?(단, 열전도율은 0.02kcal/m · h · °C이다)

① 234.2 ② 259.6
③ 276.9 ④ 312.3

해설

열전도량(Q)

$$Q = \lambda \times F \times \frac{\Delta t}{l} = 0.02 \times 10 \times \frac{(200-20)}{0.13} \fallingdotseq 276.9\text{kcal/h}$$

08 보일러에서 발생하는 고온부식의 원인물질로 거리가 먼 것은?

① 나트륨 ② 유 황
③ 철 ④ 바나듐

해설

고온부식 : 보일러의 과열기나 재열기, 복사 전열면과 같은 고온부 전열면에 중유의 회분 속에 포함되어 있는 바나듐, 유황, 나트륨 화합물이 고온에서 용융 부착하여 금속 표면의 보호피막을 깨뜨리고 부식시키는 현상

09 최고사용압력이 16kgf/cm^{2}인 강철제 보일러의 수압시험압력으로 맞는 것은?

① 6kgf/cm^2 ② 16kgf/cm^2
③ 24kgf/cm^2 ④ 32kgf/cm^2

해설

16 × 1.5 = 24kgf/cm^2

강철제 보일러

- 보일러의 최고사용압력이 0.43MPa 이하일 때에는 그 최고사용압력의 2배의 압력으로 한다(다만, 그 시험압력이 0.2MPa 미만인 경우에는 0.2MPa로 한다).
- 보일러의 최고사용압력이 0.43MPa 초과 1.5MPa 이하일 때는 그 최고사용압력의 1.3배에 0.3MPa를 더한 압력으로 한다.
- 보일러의 최고사용압력이 1.5MPa를 초과할 때에는 그 최고사용압력의 1.5배의 압력으로 한다.
- 조립 전에 수압시험을 실시하는 수관식 보일러의 내압 부분은 최고 사용압력의 1.5배 압력으로 한다.

10 방열기의 구조에 관한 설명으로 옳지 않은 것은?

① 주요 구조 부분은 금속재료나 그 밖의 강도와 내구성을 가지는 적절한 재질의 것을 사용해야 한다.
② 엘리먼트 부분은 사용하는 온수 또는 증기의 온도 및 압력을 충분히 견디어 낼 수 있는 것으로 한다.
③ 온수를 사용하는 것에는 보온을 위해 엘리먼트 내에 공기를 빼는 구조가 없도록 한다.
④ 배관 접속부는 시공이 쉽고 점검이 용이해야 한다.

해설

온수를 사용하는 곳도 공기를 빼는 구조이어야 한다.

정답 6 ③ 7 ③ 8 ③ 9 ③ 10 ③

11 유류 연소 시의 일반적인 공기비는?

① 0.95~1.1 ② 1.6~1.8

③ 1.2~1.4 ④ 1.8~2.0

해설

연소 시의 일반적인 공기비

- 기체연료 공기비 : 1.1~1.3
- 액체연료 공기비 : 1.2~1.4
- 고체연료 공기비 : 1.4~2.0

12 집진장치 중 집진효율은 높으나 압력손실이 낮은 형식은?

① 전기식 집진장치

② 중력식 집진장치

③ 원심력식 집진장치

④ 세정식 집진장치

해설

전기식 집진장치는 가장 미세한 입자의 먼지를 집진할 수 있고 압력손실이 작으며, 집진효율이 높은 집진장치형식이다.

13 잠열에 해당하는 것은?

① 기화열 ② 생성열

③ 중화열 ④ 반응열

해설

잠 열

증발열(기화열)이나 융해열과 같이 열을 가하여도 물체의 온도 변화는 없고 상(相)변화에만 관계하는 열로 물질의 변화 상태에 따라 다음과 같이 불린다.

- 기화열(기화열) : 물이 증발할 경우
- 응축열 : 반대로 증기(기체)가 응축해서 물(액체)이 될 경우
- 융해열 : 얼음이 녹아 물이 될 경우
- 응고열 : 물이 응고(얼어서)되어 얼음이 되는 경우

14 다음 보기와 같은 특징을 갖고 있는 통풍방식은?

보기

- 연도의 끝이나 연돌 하부에 송풍기를 설치한다.
- 연도 내의 압력은 대기압보다 낮게 유지된다.
- 매연이나 부식성이 강한 배기가스가 통과하므로 송풍기의 고장이 자주 발생한다.

① 자연통풍 ② 압입통풍

③ 흡입통풍 ④ 평형통풍

해설

① 자연통풍 : 일반적으로 별도의 동력을 사용하지 않고 연돌로 인한 통풍

② 압입통풍 : 연소용 공기를 송풍기로 노 입구에서 대기압보다 높은 압력으로 밀어 넣고 굴뚝의 통풍작용과 같이 통풍을 유지하는 방식

④ 평형통풍 : 연소용 공기를 연소실로 밀어 넣는 방식

15 무게 80kg인 물체를 수직으로 5m까지 끌어올리기 위한 일을 열량으로 환산하면 약 몇 kcal인가?

① 0.94kcal ② 0.094kcal

③ 40kcal ④ 400kcal

해설

$80 \times 5 = 400$kg·m

일의 열당량 $A = \frac{1}{427}$ kcal/kg·m

$= \frac{400}{427} \fallingdotseq 0.9367$kcal

16 **이동 및 회전을 방지하기 위해 지지점 위치에 완전히 고정하는 지지금속으로, 열팽창 신축에 의한 영향이 다른 부분에 미치지 않도록 배관을 분리하여 설치·고정해야 하는 리스트레인트의 종류는?**

① 앵 커 ② 리지드 행거
③ 파이프슈 ④ 브레이스

해설

- 리스트레인트의 종류 : 앵커, 스톱, 가이드
- 서포트의 종류 : 스프링, 리지드, 롤러, 파이프슈
- 브레이스 : 펌프, 압축기 등에서 발생하는 배관계 진동을 억제하는 데 사용한다.

17 **증기보일러의 캐리오버(Carry Over)의 발생원인과 가장 거리가 먼 것은?**

① 보일러 부하가 급격하게 증대할 경우
② 증발부 면적이 불충분할 경우
③ 증기정지밸브를 급격히 열었을 경우
④ 부유 고형물 및 용해 고형물이 존재하지 않을 경우

해설

캐리오버 발생원인

물리적 원인	• 증발부 면적이 좁은 경우 • 보일러 내의 수면이 비정상적으로 높아질 경우 • 증기정지밸브를 급히 열 경우 • 보일러 부하가 급격하게 증대될 경우 • 압력의 급강하로 격렬한 자기증발을 일으킬 때
화학적 원인	• 나트륨 등 염류가 많은 경우, 특히 인산나트륨이 많은 경우 • 유지류나 부유 고형물이 많고 융해 고형물이 다량 존재할 경우

18 **보일러의 수압시험을 하는 주된 목적은?**

① 제한 압력을 결정하기 위하여
② 열효율을 측정하기 위하여
③ 균열의 여부를 알기 위하여
④ 설계의 양부를 알기 위하여

해설

수압시험의 목적
- 검사나 사용의 보조수단으로 실시한다.
- 구조상 내부검사를 하기 어려운 곳에 그 상태를 판단하기 위하여 실시한다.
- 보일러 각부의 균열, 부식, 각종 이음부의 누설 정도를 확인한다.
- 각종 덮개를 장치한 후의 기밀도를 확인한다.
- 손상이 생긴 부분의 강도를 확인한다.
- 수리한 경우 그 부분의 강도나 이상 유무를 판단한다.

19 **팽창탱크 내의 물이 넘쳐흐를 때를 대비하여 팽창탱크에 설치하는 관은?**

① 배수관 ② 환수관
③ 오버플로관 ④ 팽창관

해설

팽창탱크에는 물의 팽창 등에 대비하여 본체, 보일러 및 관련 부품에 위해가 발생되지 않도록 일수관(오버플로관)을 설치하여야 한다.

20 **세관작업 시 규산염은 염산에 잘 녹지 않으므로 용해촉진제를 사용하는데, 다음 중 용해촉진제로 사용되는 것은?**

① H_2SO_4 ② HF
③ NH_3 ④ Na_2SO_4

해설

황산염, 규산염 등의 경질 스케일은 염산에 잘 용해되지 않아 용해촉진제를 사용해야 한다. 용해촉진제는 플루오린화수소산(HF)이다.

정답 16 ① 17 ④ 18 ③ 19 ③ 20 ②

21 열의 일당량 값으로 옳은 것은?

① 427kg · m/kcal
② 327kg · m/kcal
③ 273kg · m/kcal
④ 472kg · m/kcal

해설

- 열의 일당량 $J = 427$kg · m/kcal
- 일의 열당량 $A = \frac{1}{427}$ kcal/kg · m

22 긴 관의 한 끝에서 펌프로 압송된 급수가 관을 지나는 동안 차례로 가열, 증발, 과열된 다음 과열증기가 되어 나가는 형식의 보일러는?

① 노통보일러 ② 관류보일러
③ 연관보일러 ④ 입형보일러

해설

관류보일러 : 강제순환식 보일러에 속하며, 긴 관의 한쪽 끝에서 급수를 펌프로 압송하고 도중에서 차례로 가열, 증발, 과열되어 관의 다른 한쪽 끝까지 과열증기로 송출되는 형식의 보일러이다.

23 원통형 및 수관식 보일러의 구조에 대한 설명 중 틀린 것은?

① 노통 접합부는 애덤슨 조인트(Adamson Joint)로 연결하여 열에 의한 신축을 흡수한다.
② 코니시 보일러는 노통을 편심으로 설치하여 보일러수의 순환이 잘되도록 한다.
③ 갤러웨이관은 전열면을 증대하고 강도를 보강한다.
④ 강수관의 내부는 열가스가 통과하여 보일러수 순환을 증진한다.

해설

강수관 내부에 열가스가 통과하는 것은 연관식 보일러이다.

24 자동제어의 신호 전달방법 중 신호 전송 시 시간 지연이 있으며, 전송거리가 100~150m 정도인 것은?

① 전기식 ② 유압식
③ 기계식 ④ 공기식

해설

자동제어의 신호 전달방법
- 공기압식 : 전송거리 100m 정도
- 유압식 : 전송거리 300m 정도
- 전기식 : 전송거리 수 km까지 가능

25 액체연료 중 주로 경질유에 사용하는 기화연소방식의 종류에 해당하지 않는 것은?

① 포트식 ② 심지식
③ 증발식 ④ 무화식

해설

액체연료 연소장치
- 기화연소방식 : 연료를 고온의 물체에 충돌시켜 연소시키는 방식으로 심지식, 포트식, 버너식, 증발식의 연소방식이 사용된다.
- 무화연소방식 : 연료에 압력을 주거나 고속회전시켜 무화하여 연소하는 방식이다.

21 ① 22 ② 23 ④ 24 ④ 25 ④ 정답

26 실내의 온도분포가 가장 균등한 난방방식은?

① 온풍난방 ② 방열기난방
③ 복사난방 ④ 온돌난방

해설

복사난방(패널히팅) : 천장이나 벽, 바닥 등에 코일을 매설하여 온수 등 열매체를 이용하여 복사열에 의해 실내를 난방하는 방식으로, 실내온도분포가 균등하여 쾌감도를 높일 수 있다.

27 배관의 단열공사를 실시하는 목적으로 가장 거리가 먼 것은?

① 열에 대한 경제성을 높인다.
② 온도 조절과 열량을 낮춘다.
③ 온도 변화를 제한한다.
④ 화상 및 화재를 방지한다.

해설

단열재는 주위온도보다 높거나 낮은 온도에서 작동되는 배관 및 각종 기기의 표면으로부터 열손실 또는 열취득을 차단하는 목적을 가지고 있다. 다음 중 하나 이상의 기능을 달성하기 위하여 적절하게 설계되어야 한다.

- 열전달의 최소화
- 화상 등의 사고 방지를 위한 표면온도 조절
- 결로 방지를 위한 표면온도 조절
- 작동유체의 온도 유지 또는 동결 방지
- 기타 소음 제어, 화재 안전, 부식 방지 등

28 증기난방과 비교한 온수난방의 설명으로 틀린 것은?

① 예열시간이 길다.
② 건물 높이에 제한을 받지 않는다.
③ 난방 부하변동에 따른 온도 조절이 용이하다.
④ 실내 쾌감도가 높다.

해설

온수난방은 건물이 너무 높으면 온도분포가 균일하지 못하다.

29 증기보일러의 관류밸브에서 보일러와 압력릴리프밸브의 사이에 체크밸브를 설치할 경우 압력릴리프밸브는 몇 개 이상 설치하여야 하는가?

① 1개 ② 2개
③ 3개 ④ 4개

해설

안전밸브의 성능 및 개수

- 증기보일러에는 안전밸브를 2개 이상(전열면적 $50m^2$ 이하의 증기보일러에서는 1개 이상) 설치하여야 한다. 다만, 내부의 압력이 최고사용압력에 6%에 해당되는 값(그 값이 0.035MPa ($0.35kgf/cm^2$) 미만일 때는 0.035MPa($0.35kgf/cm^2$)을 더한 값을 초과하지 않도록 하여야 한다.
- 관류보일러에서 보일러와 압력 릴리프밸브의 사이에 체크밸브를 설치할 경우, 압력 릴리프밸브는 2개 이상이어야 한다.

30 가연가스와 미연가스가 노내에 발생하는 경우가 아닌 것은?

① 심한 불완전연소가 되는 경우
② 점화 조작에 실패한 경우
③ 소정의 안전 저연소율보다 부하를 높여서 연소시킨 경우
④ 연소 정지 중에 연료가 노내에 스며든 경우

해설

소정의 안전 저연소율보다 부하를 높여서 연소시키면 미연가스가 발생하지 않는다.

가연가스와 미연가스가 노내에 발생하는 경우

- 심한 불완전연소가 되는 경우
- 점화 조작에 실패한 경우
- 소정의 안전 저연소율보다 부하를 낮추어서 연소시킨 경우
- 연소 정지 중에 연료가 노내에 스며든 경우
- 노내에 다량의 그을음이 쌓여 있는 경우
- 연소 중에 갑자기 실화되었을 때 즉시 연료 공급을 중단하지 않은 경우

정답 26 ③ 27 ② 28 ② 29 ② 30 ③

31 어떤 물질 500kg을 20℃에서 50℃로 올리는 데 3,000kcal의 열량이 필요하였다. 이 물질의 비열은?

① 0.1kcal/kg·℃ ② 0.2kcal/kg·℃
③ 0.3kcal/kg·℃ ④ 0.4kcal/kg·℃

해설

$Q = G \times C \times \Delta t$

3,000kcal = 500kg × x × (50 – 20)℃

$x = 0.2\dfrac{\text{kcal}}{\text{kg}\cdot℃}$

32 보일러 연소장치와 가장 거리가 먼 것은?

① 스테이 ② 버 너
③ 연 도 ④ 화격자

해설

스테이 : 강도(强度)가 부족한 부분에 보강하는 것

33 증기과열기의 열가스 흐름방식 분류 중 증기와 연소가스의 흐름이 반대 방향으로 지나면서 열교환이 되는 방식은?

① 병류형 ② 혼류형
③ 향류형 ④ 복사대류형

해설

열가스 흐름 상태에 의한 과열기의 분류
- 병류형 : 연소가스와 증기가 같이 지나면서 열교환
- 향류형 : 연소가스와 증기의 흐름이 정반대 방향으로 지나면서 열교환
- 혼류형 : 향류와 병류형의 혼합형

34 보일러의 안전장치에 해당되지 않는 것은?

① 방폭문 ② 수위계
③ 화염검출기 ④ 가용마개

해설

보일러의 안전장치 : 안전밸브, 화염검출기, 방폭문, 용해플러그, 저수위 경보기, 압력조절기, 가용전 등

35 보일러용 오일연료에서 성분 분석결과 수소 12.0%, 수분 0.3%라면 저위발열량은?(단, 연료의 고위발열량은 10,600kcal/kg이다)

① 6,500kcal/kg ② 7,600kcal/kg
③ 8,590kcal/kg ④ 9,950kcal/kg

해설

저위발열량(H_l) = 고위발열량(H_h) – 600(9H + W)
= 10,600 – 600(9 × 0.12 + 0.003)
= 9,950.2kcal/kg

여기서, H : 수소의 성분
W : 수분의 성분

31 ② 32 ① 33 ③ 34 ② 35 ④ 정답

36 파이프와 파이프를 홈 조인트로 체결하기 위하여 파이프 끝을 가공하는 기계는?

① 띠톱 기계
② 파이프 벤딩기
③ 동력파이프 나사절삭기
④ 그루빙 조인트 머신

해설

① 띠톱 기계 : 띠 모양의 톱을 회전시켜 재료를 절단하는 공작기계
② 파이프 벤딩기 : 파이프를 굽히는 기계
③ 동력파이프 나사절삭기 : 파이프에 나사산을 내는 기계

37 방열기 도시기호 중 벽걸이 종형 도시기호는?

① W-H ② W-V
③ W-Ⅱ ④ W-Ⅲ

해설

호칭 및 도시방법
- 주형 방열기 : 2주형(Ⅱ), 3주형(Ⅲ), 3세주형(3), 5세주형(5)
- 벽걸이형(W) : 가로형(W-H ; Wall-Horizontal), 세로형(W-V ; Wall-Vertical)

38 보일러 수위제어검출방식에 해당되지 않는 것은?

① 유속식 ② 전극식
③ 차압식 ④ 열팽창식

해설

수위제어검출방식 : 전극식, 차압식, 열팽창식

39 고체연료에 대한 연료비를 가장 잘 설명한 것은?

① 고정탄소와 휘발분의 비
② 회분과 휘발분의 비
③ 수분과 회분의 비
④ 탄소와 수소의 비

해설

연료비란 석탄의 공업 분석으로부터 얻어지는 고정탄소(%)와 휘발분(%)의 비, 즉 고정탄소/휘발분의 수치이다. 석탄은 탄화도가 진행될수록 고정탄소가 증가하여 휘발분이 감소한다.

40 그랜드 패킹의 종류에 해당하지 않는 것은?

① 편조 패킹
② 액상 합성수지 패킹
③ 플라스틱 패킹
④ 메탈 패킹

해설

- 그랜드 패킹의 종류
  - 브레이드(편조) 패킹 : 석면 브레이드 패킹
  - 플라스틱 패킹 : 면상 패킹
  - 금속(메탈) 패킹
  - 적층 패킹 : 고무면사적층 패킹, 고무석면포·적층형 패킹
- 패킹의 재료에 따른 패킹의 종류
  - 플랜지 패킹 : 고무패킹(천연고무, 네오프렌), 석면 조인트 시트, 합성수지 패킹(테프론), 금속 패킹, 오일 실 패킹
  - 나사용 패킹 : 페인트, 일산화연, 액상 합성수지
  - 그랜드 패킹 : 석면 각형 패킹, 석면 얀 패킹, 아마존 패킹, 몰드패킹, 가죽 패킹

정답 36 ④ 37 ② 38 ① 39 ① 40 ②

41 **증기난방에서 환수관의 수평배관에서 관경이 가늘어지는 경우 편심 리듀서를 사용하는 이유는?**

① 응축수의 순환을 억제하기 위해
② 관의 열팽창을 방지하기 위해
③ 동심 리듀서보다 시공을 단축하기 위해
④ 응축수의 체류를 방지하기 위해

해설

편심 리듀서를 사용하는 이유
• 펌프 흡입측 배관 내 공기 고임으로 마찰저항 방지
• 공동현상 발생 방지
• 배관 내 응축수의 체류 방지

42 **일반적으로 보일러의 안전장치에 속하지 않는 것은?**

① 가용전 ② 방출밸브
③ 저수위 경보기 ④ 방폭문

해설

② 방출밸브 : 보일러 물 중에 불순물이나 농도가 높을 때 또는 수리, 검사 시 보일러 물을 배출
④ 방폭문 : 연소실 내의 미연소가스에 의한 폭발을 방지하기 위해 설치하는 안전장치
① 가용전 : 노통이나 화실 천장부에 설치, 이상온도 상승 시 그 속에 내장된 합금이 녹아 증기 방출
보일러의 안전장치 : 안전밸브, 화염검출기, 방폭문, 용해플러그, 저수위 경보기, 압력조절기, 가용전 등

43 **자동제어의 비례동작(P동작)에서 조작량(Y)은 제어편차량(e)과 어떤 관계가 있는가?**

① 제곱에 비례한다.
② 비례한다.
③ 평방근에 비례한다.
④ 평방근에 반비례한다.

해설

자동제어의 비례동작(P동작)에서 조작량(Y)은 제어편차량(e)과 서로 비례관계이다.

44 **소요전력이 40kW이고, 효율이 80%, 흡입양정이 6m, 토출양정이 20m인 보일러 급수펌프의 송출량은 약 몇 m^3/min인가?**

① 0.13 ② 7.53
③ 8.50 ④ 11.77

해설

$$\text{kW} = \frac{\gamma Q h}{102\eta}$$

$$40 = \frac{1{,}000\frac{\text{kg}}{\text{m}^3} \times x\frac{\text{m}^3}{\text{min}} \times \frac{1\text{min}}{60\text{sec}} \times 26\text{m}}{102 \times 0.8}$$

$\therefore x \fallingdotseq 7.53\text{m}^3/\text{min}$

45 **소용량 보일러에 부착하는 압력계의 최고 눈금은 보일러 최고사용압력의 몇 배로 하는가?**

① 1~1.5배 ② 1.5~3배
③ 4~5배 ④ 5~6배

해설

압력계의 눈금범위 : 최고사용압력의 1.5배 이상 3배 이하로 한다.

41 ④ 42 ② 43 ② 44 ② 45 ② 정답

46 보일러 가동 시 출열항목 중 열손실을 가장 크게 차지하는 항목은?

① 배기가스에 의한 배출열
② 연료의 불완전 연소에 의한 열손실
③ 관수의 블로다운에 의한 열손실
④ 본체 방열 발산에 의한 열손실

해설

입열항목 열손실
- 연료의 저위발열량
- 연료의 현열
- 공기의 현열
- 피열물의 보유열
- 노내 분입증기열

출열항목 열손실
- 발생증기의 보유열(출열 중 가장 많은 열)
- 배기가스의 손실열(손실열 중 가장 많은 열)
- 불완전연소에 의한 열손실
- 미연분에 의한 손실열
- 방사손실열

47 수면계의 기능시험 시기로 틀린 것은?

① 보일러를 가동하기 전
② 수위의 움직임이 활발할 때
③ 보일러를 가동하여 압력이 상승하기 시작했을 때
④ 2개 수면계의 수위에 차이를 발견했을 때

해설

수면계의 점검시기
- 보일러를 가동하기 전
- 프라이밍, 포밍 발생 시
- 두 조의 수면계 수위가 서로 다를 경우
- 수면계의 수위가 의심스러울 때
- 수면계 교체 시

48 보일러 급수처리법 중 급수 중에 용존하고 있는 O_2, CO_2 등의 용존기체를 분리 제거하는 급수처리방법으로 가장 적합한 것은?

① 탈기법 ② 여과법
③ 석회소다법 ④ 응집법

해설

급수처리(관외처리)
- 고형협착물 처리 : 침강법, 여과법, 응집법
- 용존가스제 처리 : 기폭법(CO_2, Fe, Mn, NH_3, H_2S), 탈기법(O_2, CO_2)
- 용해고형물 처리 : 증류법, 이온교환법, 약품첨가법

49 소화기의 비치 위치로 가장 적합한 곳은?

① 방화수가 있는 곳에
② 눈에 잘 띄는 곳에
③ 방화사가 있는 곳에
④ 불이 나면 자동으로 폭발할 수 있는 곳에

해설

소화기는 눈에 잘 띄는 곳에 비치한다.

50 난방면적이 $50m^2$인 주택에 온수보일러를 설치하려고 한다. 벽체면적은 $40m^2$(창문, 문 포함), 외기온도 −8℃, 실내온도 20℃, 벽체의 열관류율이 $6kcal/cm^2 \cdot h \cdot ℃$일 때 벽체를 통하여 손실되는 열량(kcal/h)은?(단, 방위계수는 1.15이다)

① 4,146 ② 8,400
③ 7,728 ④ 9,660

해설

$hl = k \times a \times \Delta t \times z$(kcal/h)

$= 6kcal/m^2 \cdot h \cdot ℃ \times 40m^2 \times [20-(-8)]℃ \times 1.15$

=7,728kcal/h

여기서, k : 벽체의 열관류율($kcal/m^2 \cdot h \cdot ℃$)

Δt : 실내·외의 온도차(℃)

z : 방위계수

정답 46 ① 47 ② 48 ① 49 ② 50 ③

51 보일러의 급수장치에서 인젝터의 특징으로 틀린 것은?

① 구조가 간단하고 소형이다.
② 급수량의 조절이 가능하고 급수효율이 높다.
③ 증기와 물이 혼합하여 급수가 예열된다.
④ 인젝터가 과열되면 급수가 곤란하다.

해설

인젝터

증기의 분사압력을 이용한 비동력 급수장치로서, 증기를 열에너지-속도에너지-압력에너지로 전환시켜 보일러에 급수를 하는 예비용 급수장치이다. 급수효율은 40~50% 정도로 낮다.

52 보일러의 외부 청소방법 중 압축공기와 모래를 분사하는 방법은?

① 샌드 블라스트법
② 스틸 쇼트 크리닝법
③ 스팀 쇼킹법
④ 에어 쇼킹법

해설

Sand Blast : 모래분사

53 보일러 내부에 아연판을 매다는 가장 큰 이유는?

① 기수공발을 방지하기 위하여
② 보일러판의 부식을 방지하기 위하여
③ 스케일 생성을 방지하기 위하여
④ 프라이밍을 방지하기 위하여

해설

아연은 철판보다 이온화 경향이 크기 때문에 아연이 희생하여 철의 부식을 방지하는 희생양극법의 형태이다.

54 효율이 82%인 보일러로 발열량 9,800kcal/kg의 연료를 15kg 연소시키는 경우의 손실열량은?

① 80,360kcal ② 32,500kcal
③ 26,460kcal ④ 120,540kcal

해설

보일러 효율 계산

$$효율 = \left(1 - \frac{총손실열량}{입열량}\right) \times 100$$

$$0.82 = 1 - \frac{x}{9,800 \times 15}$$

$\therefore x = 26,460\text{kcal}$

55 습증기의 엔탈피 hx를 구하는 식으로 옳은 것은? (단, h : 포화수의 엔탈피, x : 건조도, r : 증발잠열(숨은열), v : 포화수의 비체적)

① $hx = h + x$
② $hx = h + r$
③ $hx = h + xr$
④ $hx = v + h + xr$

해설

증기의 건조도(x) : 습증기 전체 질량 중 증기가 차지하는 질량비

51 ② 52 ① 53 ② 54 ③ 55 ③ 정답

56 에너지이용합리화법에 따라 에너지관리의 효율적인 수행과 특정열사용기자재의 안전관리를 위하여 에너지관리자, 시공업의 기술인력 및 검사대상기기관리자에 대하여 교육을 실시하는 자는?

① 고용노동부장관 ② 국토교통부장관
③ 산업통상자원부장관 ④ 한국에너지공단이사장

해설
산업통상자원부장관은 에너지관리의 효율적인 수행과 특정열사용기자재의 안전관리를 위하여 에너지관리자, 시공업의 기술인력 및 검사대상기기관리자에 대하여 교육을 실시하여야 한다(에너지이용합리화법 제65조).

57 에너지이용합리화법상의 특정열사용기자재가 아닌 것은?

① 강철제 보일러 ② 난방기기
③ 2종 압력용기 ④ 온수보일러

해설
특정열사용기자재 및 그 설치 · 시공범위(에너지이용합리화법 시행규칙 별표 3의 2)

구 분	품목명	설치 · 시공범위
보일러	• 강철제 보일러 • 주철제 보일러 • 온수보일러 • 구멍탄용 온수보일러 • 축열식 전기보일러 • 캐스케이드 보일러 • 가정용 화목보일러	해당 기기의 설치 · 배관 및 세관
태양열 집열기	• 태양열 집열기	해당 기기의 설치 · 배관 및 세관
압력용기	• 1종 압력용기 • 2종 압력용기	해당 기기의 설치 · 배관 및 세관
요업요로	• 연속식 유리용융가마 • 불연속식 유리용융가마 • 유리용융도가니가마 • 터널가마 • 도염식 각가마 • 셔틀가마 • 회전가마 • 석회용선가마	해당 기기의 설치를 위한 시공
금속요로	• 용선로 • 비철금속용융로 • 금속소둔로 • 철금속가열로 • 금속균열로	해당 기기의 설치를 위한 시공

58 에너지이용합리화법상 검사대상기기관리자의 선임을 하여야 하는 자는?

① 시 · 도지사
② 한국에너지공단이사장
③ 검사대상기기 판매자
④ 검사대상기기 설치자

해설
검사대상기기관리자의 선임(에너지이용합리화법 제40조) : 검사대상기기설치자는 검사대상기기의 안전관리, 위해방지 및 에너지이용의 효율을 관리하기 위하여 검사대상기기의 관리자를 선임하여야 한다.

59 에너지이용합리화법에 따라 검사대상기기관리자는 선임된 날로부터 얼마 이내에 교육을 받아야 하는가?

① 1개월 ② 3개월
③ 6개월 ④ 1년

해설
검사대상기기관리자의 교육(에너지이용합리화법 시행규칙 별표 4의 2) : 검사대상기기관리자로 선임된 날부터 6개월 이내에, 그 후에는 교육을 받은 날부터 3년마다 교육을 받아야 한다.

60 효율기자재의 제조업자는 효율관리시험기관으로부터 측정결과를 통보받은 날로부터 며칠 이내에 그 측정결과를 한국에너지공단에 신고하여야 하는가?

① 15일 ② 30일
③ 90일 ④ 120일

해설
효율관리기자재 측정결과의 신고(에너지이용합리화법 시행규칙 제9조)
- 효율관리기자재의 제조업자 또는 수입업자는 효율관리시험기관으로부터 측정결과를 통보받은 날 또는 자체 측정을 완료한 날부터 각각 90일 이내에 그 측정결과를 한국에너지공단에 신고하여야 한다. 이 경우 측정결과 신고는 해당 효율관리기자재의 출고 또는 통관 전에 모델별로 하여야 한다.
- 위의 사항에 따른 효율관리기자재 측정결과 신고의 방법 및 절차 등에 관하여 필요한 사항은 산업통상자원부장관이 정하여 고시한다.

정답 56 ③ 57 ② 58 ④ 59 ③ 60 ③

2021년 제2회 과년도 기출복원문제

01 액체연료 연소장치에서 보염장치(공기조절장치)의 구성요소가 아닌 것은?

① 바람상자 ② 보염기
③ 버너 팁 ④ 버너타일

해설

보염장치 : 연소용 공기의 흐름을 조절하여 착화를 확실히 해 주고 화염의 안정을 도모하며, 화염의 각도 및 형상을 조절하여 국부과열 또는 화염의 편류현상을 방지한다.

- 윈드박스(바람상자) : 노내에 일정한 압력을 공급하는 장치이다.
- 보염기 : 화염을 안정시키고 화염의 크기를 조절하며, 화염이 소실되는 것을 방지한다.
- 컴버스터 : 저온도에서도 연료의 연소를 안정시켜 주는 장치이다.
- 버너타일 : 연소실 입구 버너 주위에 내화벽돌을 원형으로 쌓은 것이다.
- 가이드 베인 : 날개 각도를 조절하여 윈드박스에 공기를 공급하는 장치이다.

02 분진가스를 방해판 등에 충돌시키거나 급격한 방향전환 등에 의해 매연을 분리 포집하는 집진방법은?

① 중력식 ② 여과식
③ 관성력식 ④ 유수식

해설

관성력 집진장치 : 함지가스를 방해판 등에 충돌시키거나 기류의 방향을 전환시켜 포집하는 방식

03 수관식 보일러의 일반적인 특징에 관한 설명으로 틀린 것은?

① 구조상 고압, 대용량에 적합하다.
② 전열면적을 크게 할 수 있으므로 일반적으로 열효율이 좋다.
③ 부하변동에 따른 압력이나 수위의 변동이 작아 제어가 편리하다.
④ 급수 및 보일러수 처리에 주의가 필요하며, 특히 고압 보일러에서는 엄격한 수질관리가 필요하다.

해설

수관식 보일러의 특징

- 고압, 대용량용으로 제작한다.
- 보유 수량이 적어 파열 시 피해가 작다.
- 보유 수량에 비해 전열면적이 커 증발시간이 빠르고, 증발량이 많다.
- 보일러수의 순환이 원활하다.
- 효율이 가장 높다.
- 연소실과 수관의 설계가 자유롭다.
- 구조가 복잡하므로 청소, 점검, 수리가 곤란하다.
- 제작비가 고가이다.
- 스케일에 의한 과열사고가 발생하기 쉽다.
- 수위 변동이 심하여 거의 연속적 급수가 필요하다.

1 ③ 2 ③ 3 ③ 정답

04 **보일러 피드백 제어에서 동작신호를 받아 규정된 동작을 하기 위해 조작신호를 만들어 조작부에 보내는 부분은?**

① 조절부 ② 제어부
③ 비교부 ④ 검출부

해설

피드백 제어의 구성
제어량을 측정하여 목표값과 비교하고, 그 차를 적절한 정정신호로 교환하여 제어장치로 되돌리며, 제어량이 목표값과 일치할 때까지 수정 동작을 하는 자동제어를 말한다. 제어장치는 검출부, 조절부, 조작부 등으로 구성되어 있다.

05 **보일러 운전 정지의 순서를 바르게 나열한 것은?**

가. 댐퍼를 닫는다.
나. 공기의 공급을 정지한다.
다. 급수 후 급수펌프를 정지한다.
라. 연료의 공급을 정지한다.

① 가→나→다→라
② 가→라→나→다
③ 라→가→나→다
④ 라→나→다→가

해설

보일러 운전 정지 순서
연료 공급 정지 → 공기 공급 정지 → 급수하여 압력을 낮추고 급수펌프 정지 → 증기밸브 차단 → 드레인밸브를 연다. → 댐퍼를 닫는다.

06 **벨로스형 신축이음쇠에 대한 설명으로 틀린 것은?**

① 설치 공간을 넓게 차지하지 않는다.
② 고온, 고압 배관의 옥내배관에 적당하다.
③ 팩리스(Packless) 신축이음쇠라고도 한다.
④ 벨로스는 부식되지 않는 스테인리스, 청동 제품 등을 사용한다.

해설

신축이음 : 열을 받으면 늘어나고, 반대이면 줄어드는 것을 최소화하기 위해 만든 것이다.

- 슬리브형(미끄럼형) : 신축이음 자체에서 응력이 생기지 않으며, 단식과 복식이 있다.
- 루프형(만곡형) : 효과가 가장 뛰어나 옥외용으로 사용하며, 관지름의 6배 크기의 원형을 만든다.
- 벨로스형(팩리스형, 주름형, 파상형) : 신축이 좋기 위해서는 주름이 얇아야 하므로 고압에는 사용할 수 없다. 설치에 넓은 장소가 필요하지 않으며 신축에 응력을 일으키지 않는 신축이음형식이다.
- 스위블형 : 방열기(라디에이터)에 사용한다.

07 **보일러 사고의 원인 중 취급상의 원인이 아닌 것은?**

① 부속장치 미비
② 최고사용압력 초과
③ 저수위로 인한 보일러 과열
④ 습기나 연소가스 속의 부식성 가스로 인한 외부 부식

해설

부속장치 미비는 제작상의 원인이다.

정답 4 ① 5 ④ 6 ② 7 ①

08 다음 보기에서 설명한 송풍기의 종류는?

보기

- 경향 날개형이며 6~12매의 철판제 직선 날개를 보스에서 방사한 스포크에 리벳죔을 한 것이며, 측관이 있는 임펠러와 측판이 없는 것이 있다.
- 구조가 견고하며 내마모성이 크고 날개를 바꾸기도 쉬우며 회전이 많은 가스의 흡출통풍기, 미분탄 장치의 배탄기 등에 사용된다.

① 터보송풍기　② 다익송풍기
③ 축류송풍기　④ 플레이트송풍기

해설

① 터보송풍기 : 낮은 정압부터 높은 정압의 영역까지 폭넓은 운전범위를 가지고 있으며, 각 용도에 적합한 깃 및 케이싱 구조, 재질의 선택을 통하여 일반 공기 이송에서 고온의 가스 혼합물 및 분체 이송까지 폭넓은 용도로 사용할 수 있다.
② 다익송풍기 : 일반적으로 시로코 팬(Sirocco Fan)이라고 하며, 임펠러 형상이 회전 방향에 대해 앞쪽으로 굽어진 원심형 전향익 송풍기이다.
③ 축류송풍기 : 기본적으로 원통형 케이싱 속에 넣어진 임펠러의 회전에 따라 축 방향으로 기체를 송풍하는 형식으로, 일반적으로 효율이 높고 고속회전에 적합하여 전체가 소형이 되는 이점이 있다.

09 소형 연소기를 실내에 설치하는 경우, 급배기통을 전용 체임버 내에 접속하여 자연통기력에 의해 급배기하는 방식은?

① 강제배기식
② 강제급배기식
③ 자연급배기식
④ 옥외급배기식

10 과잉공기량에 관한 설명으로 옳은 것은?

① (과잉공기량) = (실제공기량) × (이론공기량)
② (과잉공기량) = (실제공기량) ÷ (이론공기량)
③ (과잉공기량) = (실제공기량) + (이론공기량)
④ (과잉공기량) = (실제공기량) − (이론공기량)

해설

과잉공기량 : 실제공기량에서 이론공기량을 차감하여 얻은 공기량

11 연관 최고부보다 노통 윗면이 높은 노통 연관보일러의 최저 수위(안전 저수면)의 위치는?

① 노통 최고부 위 100mm
② 노통 최고부 위 75mm
③ 연관 최고부 위 100mm
④ 연관 최고부 위 75mm

해설

노통 연관보일러 안전 저수위
- 연관이 높은 경우 : 최상단부 위 75mm 높이
- 노통이 높은 경우 : 노통 최상단부 위 100mm 높이

12 연료의 연소에서 환원염이란?

① 산소 부족으로 인한 화염이다.
② 공기비가 너무 클 때의 화염이다.
③ 산소가 많이 포함된 화염이다.
④ 연료를 완전연소시킬 때의 화염이다.

해설

환원염 : 산소 부족으로 인한 화염

8 ④ 9 ③ 10 ④ 11 ① 12 ① 정답

13 증기의 과열도를 옳게 표현한 식은?

① 과열도 = 포화증기온도 – 과열증기온도
② 과열도 = 포화증기온도 – 압축수의 온도
③ 과열도 = 과열증기온도 – 압축수의 온도
④ 과열도 = 과열증기온도 – 포화증기온도

해설

과열도 : 과열증기온도와 포화증기온도의 차이

14 보일러를 비상 정지시키는 경우의 일반적인 조치 사항으로 거리가 먼 것은?

① 압력은 자연히 떨어지게 기다린다.
② 주증기 스톱밸브를 열어 놓는다.
③ 연소공기의 공급을 멈춘다.
④ 연료 공급을 중단한다.

해설

보일러를 비상 정지시킬 경우 주증기 스톱밸브는 닫아 놓아야 한다.

15 보일러 전열면적 1m^{2}당 1시간에 발생되는 실제증발량은?

① 전열면 증발률
② 전열면 출력
③ 전열면의 효율
④ 상당증발효율

해설

전열면 증발률(kg/m^2 · h) = 보일러 증발량(kg/h) / 전열면적(m^2)

16 보일러 열정산의 설명으로 옳은 것은?

① 입열과 출열이 반드시 같아야 한다.
② 방열손실로 인하여 입열이 항상 크다.
③ 열효율 증대장치로 인하여 출열이 항상 크다.
④ 연소효율에 따라 입열과 출열은 다르다.

해설

열정산이란 열을 사용하는 각종 설비나 기구에 어떠한 물질이 얼마만큼의 열을 가지고 들어갔으며, 들어간 열이 어디에서 어떠한 형태로 얼마만큼 나왔느냐를 계산하는 것으로서 열수지(Heat Blance) 또는 열감정이라고도 한다.

17 증기의 건조도(x) 설명으로 옳은 것은?

① 습증기 전체 질량 중 액체가 차지하는 질량비이다.
② 습증기 전체 질량 중 증기가 차지하는 질량비이다.
③ 액체가 차지하는 전체 질량 중 습증기가 차지하는 질량비이다.
④ 증기가 차지하는 전체 질량 중 습증기가 차지하는 질량비이다.

18 증기난방의 중력 환수식에서 단관식인 경우 배관의 기울기로 적당한 것은?

① 1/200~1/100 정도의 순 기울기
② 1/300~1/200 정도의 순 기울기
③ 1/400~1/300 정도의 순 기울기
④ 1/500~1/400 정도의 순 기울기

해설

증기난방의 중력 환수식에서 배관의 기울기

배관방식	순구배	역구배
단관식	1/200~1/100	1/100~1/50
복관식	1/200	

정답 13 ④ 14 ② 15 ① 16 ① 17 ② 18 ①

19 **동관의 끝을 나팔 모양으로 만드는 데 사용하는 공구는?**

① 사이징 툴　② 익스팬더
③ 플레어링 툴　④ 튜브벤더

해설

① 사이징 툴 : 관 끝을 원형으로 정형
② 익스팬더 : 동관의 관 끝 확관용 공구
④ 튜브벤더 : 동관 벤딩용 공구

20 **고온배관용 탄소강 강관의 KS 기호는?**

① SPHT　② SPLT
③ SPPS　④ SPA

해설

강관의 종류

- 배관용 탄소강관 : SPP, 10kgf/cm^2 이하의 증기, 물, 가스
- 압력배관용 탄소강관 : SPPS, 350℃ 이하, 10~100kgf/cm^2
- 고압배관용 탄소강관 : SPPH, 350℃ 이하, 100kgf/cm^2 이상
- 고온배관용 탄소강관 : SPHT 350~450℃
- 배관용 합금강관 : SPA
- 저온배관용 탄소강관 : SPLT(냉매배관용)
- 수도용 아연도금강관 : SPPW
- 배관용 아크용접 탄소강 강관 : SPW
- 배관용 스테인리스강 강관 : STSXT
- 보일러 열교환기용 탄소강 강관 : STH

21 **급수펌프에서 송출량이 10m^3/min이고, 전양정이 8m일 때 펌프의 소요마력은?(단, 펌프효율은 75%이다)**

① 15.6PS　② 17.8PS
③ 23.7PS　④ 31.6PS

해설

$$PS=\frac{\gamma Q h}{75\eta}=\frac{1{,}000\frac{\mathrm{kg}}{\mathrm{m}^3}\times 10\frac{\mathrm{m}^3}{\mathrm{min}}\times\frac{1\mathrm{min}}{60\mathrm{sec}}\times 8\mathrm{m}}{75\times 0.75}=23.7$$

22 **유류 연소 자동점화 보일러의 점화 순서상 화염 검출의 다음 단계는?**

① 점화 버너 작동　② 전자밸브 열림
③ 노내압 조정　④ 노내 환기

해설

보일러 자동점화 시에 가장 먼저 확인하여야 할 사항은 노내 환기이고, 화염 검출 다음 단계는 전자밸브 열림이다.

23 **연소온도에 영향을 미치는 요소와 무관한 것은?**

① 산소의 농도
② 연료의 저위발열량
③ 과잉공기량
④ 연료의 단위중량

해설

연료의 단위중량은 연소온도에 영향을 미치지 않는다.

19 ③　20 ①　21 ③　22 ②　23 ④　정답

24 온도 조절식 트랩으로 응축수와 함께 저온공기로 통과시키는 특성이 있으며, 진공 환수식 증기배관의 방열기 트랩이나 관말 트랩으로 사용되는 것은?

① 버킷 트랩 ② 열동식 트랩
③ 플로트 트랩 ④ 매니폴드 트랩

해설

열동식 트랩(벨로스 트랩) : 벨로스의 팽창, 수축작용 등을 이용하여 밸브를 개폐시키는 트랩

25 보일러 액체연료가 갖추어야 할 성질이 아닌 것은?

① 발열량이 클 것
② 점도가 낮고, 유동성이 클 것
③ 적당한 유황분을 포함할 것
④ 저장이 간편하고, 연소 시 매연이 적을 것

해설

액체연료의 특징
- 품질이 균일하고 발열량이 크다.
- 운반, 저장, 취급 등이 편리하다.
- 회분 등의 연소 잔재물이 적다.
- 국부과열과 인화성의 위험도가 크다.
- 가격이 고가이다.

26 육상용 보일러의 열정산은 원칙적으로 정격부하 이상에서 정상 상태로 적어도 몇 시간 이상의 운전 결과에 따라야 하는가?(단, 액체 또는 기체연료를 사용하는 소형 보일러에서 인수·인도 당사자 간의 협정이 있는 경우는 제외)

① 0.5시간 ② 1시간
③ 1.5시간 ④ 2시간

해설

육상용 보일러의 열정산은 원칙적으로 정격부하 이상에서 정상 상태로 적어도 2시간 이상의 운전결과에 따라야 한다(KS B 6205).

27 기체연료 중 가스보일러용 연료로 사용하기에 적합하고, 발열량이 비교적 좋으며 석유분해가스, 액화석유가스, 천연가스 등을 혼합한 것은?

① LPG ② LNG
③ 도시가스 ④ 수성가스

해설

① LPG : 주성분은 프로판으로, 기체연료 중 발열량이 가장 크고 공기보다 무겁다.
② LNG : 무색투명한 액체로 공해물질이 거의 없고, 열량이 높아 매우 우수한 연료이다.
③ 도시가스 : 파이프라인을 통하여 수요자에게 공급하는 연료가스로, 석유 정제 시에 나오는 납사를 분해시킨 것이나 LPG, LNG를 원료로 사용한다.

28 보일러에서 포밍(Foaming)이 발생하는 경우가 아닌 것은?

① 보일러수가 너무 농축되었을 때
② 보일러수 중에 가스분이 많이 포함되었을 때
③ 보일러수 중에 유지분이 다량 함유되었을 때
④ 수위가 너무 낮을 때

해설

포밍은 수위가 너무 높을 때 발생한다.

정답 24 ② 25 ③ 26 ④ 27 ③ 28 ④

29 어떤 주철제 방열기 내의 증기 평균온도가 110℃이고, 실내온도가 18℃일 때 방열기의 방열량은?(단, 방열기의 방열계수 : 7.2kcal/m^2 · h)

① 230.4kcal/m^2 · h
② 470.8kcal/m^2 · h
③ 520.6kcal/m^2 · h
④ 662.4kcal/m^2 · h

해설

방열기 방열량 = 방열계수 × (방열기 평균온도 − 실내온도)
= 7.2 × (110 − 18)
= 662.4kcal/m^2 · h

30 가스버너에서 리프팅(Lifting)현상이 발생하는 경우는?

① 가스압이 너무 높은 경우
② 버너부식으로 염공이 커진 경우
③ 버너가 과열된 경우
④ 1차 공기의 흡인이 많은 경우

해설

리프팅(선화) 발생원인

- 가스 유출압력이 연소속도보다 더 빠른 경우
- 버너 내의 가스압력이 너무 높아 가스가 지나치게 분출하는 경우
- 댐퍼가 과대하게 개방되어 혼합가스량이 많을 때
- 염공이 막혔을 때

31 절탄기에 대한 설명으로 옳은 것은?

① 연소용 공기를 예열하는 장치이다.
② 보일러의 급수를 예열하는 장치이다.
③ 보일러용 연료를 예열하는 장치이다.
④ 연소용 공기와 보일러 급수를 예열하는 장치이다.

32 어떤 보일러의 시간당 발생증기량을 G_a, 발생증기의 엔탈피를 i_2, 급수 엔탈피를 i_1이라고 할 때, 다음 식으로 표시되는 값(G_e)은?

$$G_e = \frac{G_a(i_2 - i_1)}{539}\text{(kg/h)}$$

① 증발률
② 보일러 마력
③ 연소효율
④ 상당증발량

해설

상당증발량(kg/h)

환산 또는 기준증발량이라고도 하며, 실제증발량(단위시간에 발생하는 증기량(kg/h)으로 운전압력 등에 따라 좌우된다)이 흡수한 전열량을 가지고, 대기압에서 포화수인 100℃의 온수를 같은 온도의 증기로 변화시킬 수 있는 환산한 증발량

33 보온재 중 흔히 스티로폼이라고 하며, 체적의 97~98%가 기공으로 되어 있어 열 차단능력이 우수하고, 내수성도 뛰어난 보온재는?

① 폴리스티렌 폼
② 경질 우레탄 폼
③ 코르크
④ 글라스 울

해설

스티로폼(폴리스티렌 폼) : 체적의 97~98%가 기공으로 되어 있어 열 차단능력이 우수하고, 내수성도 뛰어난 보온재

29 ④ 30 ① 31 ② 32 ④ 33 ① 정답

34 **보일러 설치·시공기준상 가스용 보일러의 연료배관 시 배관의 이음부와 전기계량기 및 전기개폐기의 유지거리는 얼마인가?(단, 용접이음매는 제외한다)**

① 15cm 이상 ② 30cm 이상
③ 45cm 이상 ④ 60cm 이상

35 **온수보일러의 순환펌프 설치방법으로 옳은 것은?**

① 순환펌프의 모터 부분은 수평으로 설치한다.
② 순환펌프는 보일러 본체에 설치한다.
③ 순환펌프는 송수주관에 설치한다.
④ 공기빼기장치가 없는 순환펌프는 체크밸브를 설치한다.

해설

순환펌프는 온수난방에 사용하는 펌프이다. 120℃ 전후의 내열성을 가진 것으로, 비교적 저양정(3~6mH_2O)의 원심펌프이다. 전동기와 같은 구조의 라인펌프와 주택의 중앙난방에만 사용되며, 방열기와 보일러 사이에 설치한다.

36 **배관계의 식별 표시는 물질의 종류에 따라 다르게 한다. 물질과 식별색의 연결이 틀린 것은?**

① 물 : 파랑
② 기름 : 연한 주황
③ 증기 : 어두운 빨강
④ 가스 : 연한 노랑

해설

배관 내를 흐르는 물질의 종류를 식별하기 위해 도포하는 색으로, KS A 0503(배관계의 식별 표시)에 색이 지정되어 있다. KS에 의한 식별법은 물(파랑), 증기(어두운 빨강), 공기(하양), 가스(연한 노랑), 산 또는 알칼리(회보라), 기름(어두운 주황), 전기(연한 주황), 그 이외의 물질에 대해서는 여기에 규정된 식별색 이외의 것을 사용한다.

37 **보일러 화염검출장치의 보수나 점검에 대한 설명 중 틀린 것은?**

① 플레임 아이 장치의 주위 온도는 50℃ 이상이 되지 않게 한다.
② 광전관식은 유리나 렌즈를 매주 1회 이상 청소하고 감도 유지에 유의한다.
③ 플레임 로드는 검출부가 불꽃에 직접 접하므로 소손에 유의하고 자주 청소해 준다.
④ 플레임 아이는 불꽃의 직사광이 들어가면 오동작하므로 불꽃의 중심을 향하지 않도록 설치한다.

해설

플레임 아이 : 화염검출장치로, 불꽃의 직사광이 들어가면 정상작동이며 불꽃의 중심을 향하도록 설치한다.

38 **연소효율을 구하는 식으로 맞는 것은?**

① $\frac{\text{공급열}}{\text{실제연소열}} \times 100$

② $\frac{\text{실제연소열}}{\text{공급열}} \times 100$

③ $\frac{\text{유효열}}{\text{실제연소열}} \times 100$

④ $\frac{\text{실제연소열}}{\text{유효열}} \times 100$

해설

$$\text{연소효율} = \frac{\text{실제연소열}}{\text{저위발열량(= 공급열 = 입열)}} \times 100$$

정답 34 ④ 35 ① 36 ② 37 ④ 38 ②

39 **부르동관 압력계를 부착할 때 사용되는 사이펀관 속에 넣는 물질은?**

① 수 은 ② 증 기
③ 공 기 ④ 물

해설

압력계를 보호하기 위해 사이펀관 속에 물을 넣는다.
사이펀관 : 관 내에 응결수가 고여 있는 구조의 관으로 고압의 증기가 부르동관 내로 직접 침입하지 못하도록 함으로써 압력계를 보호하기 위해 설치한다.
사이펀관의 직경
- 강관 : 지름 12.7mm 이상
- 동관 : 지름 6.5mm 이상

40 **수직의 다수 강관이나 주철관을 사용하여 연소가스는 관 내를, 공기는 관 외부를 직각으로 흐르게 하여 관의 열전도로 공기를 가열하는 공기예열기는?**

① 판형 공기예열기
② 회전식 공기예열기
③ 관형 공기예열기
④ 증기식 공기예열기

41 **플로트식 수위검출기 보수 및 점검에 관한 내용으로 가장 거리가 먼 것은?**

① 3일마다 1회 정도 플로트실의 분출을 실시한다.
② 1년에 2회 정도 플로트실을 분해 정비한다.
③ 계전기의 커버를 벗겨내고 이상 유무를 점검한다.
④ 연결배관의 점검 및 정비, 기기의 수평, 수직 부착 위치를 확인한다.

해설

플로트식 수위검출기는 1일 1회 정도 플로트실의 분출을 실시한다.

42 **보일러의 고온부식을 방지하는 방법으로 잘못된 것은?**

① 고온의 전열면에 보호피막을 씌운다.
② 중유 중의 바나듐 성분을 제거한다.
③ 전열면 표면온도가 높아지지 않게 설계한다.
④ 황산나트륨을 사용하여 부착물의 상태를 바꾼다.

해설

고온 부식은 주로 바나듐, 황산소다(Na_2SO_4)에 의한 바나듐 부식 촉진, 황산소다 자신에 의한 고온화 부식 등이다.

43 **보일러를 옥외에 설치하는 경우에 대한 설명으로 틀린 것은?**

① 보일러에 빗물이 스며들지 않도록 케이싱 등의 적절한 방지설비를 하여야 한다.
② 노출된 절연재 또는 래깅 등에는 방수처리를 하여야 한다.
③ 보일러 외부에 있는 증기관 등이 얼지 않도록 적절한 보호조치를 하여야 한다.
④ 강제통풍팬의 입구에는 빗물방지보호판을 설치할 필요가 없다.

해설

보일러를 옥외에 설치하는 경우에는 다음의 조건에 만족하여야 한다.
- 보일러에 빗물이 스며들지 않도록 케이싱 등의 적절한 방지설비를 할 것
- 노출된 절연재 또는 래깅 등에는 방수처리(금속 커버 또는 페인트 포함)를 할 것
- 보일러 외부에 있는 증기관 및 급수관 등이 얼지 않도록 적절한 방호장치를 할 것
- 강제 통풍팬의 입구에는 빗물방지보호판을 설치할 것

39 ④ 40 ③ 41 ① 42 ④ 43 ④ 정답

44 연료공급장치에서 서비스 탱크의 설치 위치로 적합한 것은?

① 보일러로부터 2m 이상 떨어져야 하며, 버너보다 1.5m 이상 높게 설치한다.
② 보일러로부터 1.5m 이상 떨어져야 하며, 버너보다 2m 이상 높게 설치한다.
③ 보일러로부터 0.5m 이상 떨어져야 하며, 버너보다 0.2m 이상 높게 설치한다.
④ 보일러로부터 1.2m 이상 떨어져야 하며, 버너보다 2m 이상 높게 설치한다.

해설

서비스 탱크
- 설치목적 : 중유의 예열 및 교체를 쉽게 하기 위해 설치한다.
- 설치 위치
  - 보일러 외측에서 2m 이상 간격을 둔다.
  - 버너 중심에서 1.5~2m 이상 높게 설치한다.

45 보일러 점화 전에 댐퍼를 열고 노 내와 연도에 남아 있는 가연성가스를 송풍기로 취출시키는 것은?

① 프리퍼지 ② 포스트퍼지
③ 에어드레인 ④ 통풍압 조절

해설

- 포스트퍼지 : 소화 후 통풍
- 프리퍼지 : 점화 전 통풍

46 연료의 인화점에 대한 설명으로 가장 옳은 것은?

① 가연물을 공기 중에서 가열했을 때 외부로부터 점화원 없이 발화하여 연소를 일으키는 최저 온도
② 가연성 물질이 공기 중의 산소와 혼합하여 연소할 경우에 필요한 혼합가스의 농도범위
③ 가연성 액체의 증기 등이 불씨에 의해 불이 붙는 최저 온도
④ 연료의 연소를 계속시키기 위한 온도

해설

인화점 : 공기 중에서 가연성분이 외부의 불꽃에 의해 불이 붙는 최저 온도

47 사용 중인 보일러의 점화 전 주의사항으로 잘못된 것은?

① 연료 계통을 점검한다.
② 각 밸브의 개폐 상태를 확인한다.
③ 댐퍼를 닫고 프리퍼지를 한다.
④ 수면계의 수위를 확인한다.

해설

프리퍼지 : 보일러 점화 전에 댐퍼를 열고 노 내와 연도에 있는 가연성 가스를 송풍기로 취출시키는 작업

48 안전밸브의 수동시험은 최고사용압력의 몇 % 이상의 압력으로 행하는가?

① 50% ② 55%
③ 65% ④ 75%

정답 44 ① 45 ① 46 ③ 47 ③ 48 ④

49 전기식 온수온도제한기의 구성요소에 속하지 않는 것은?

① 온도 설정 다이얼
② 마이크로 스위치
③ 온도차 설정 다이얼
④ 확대용 링게이지

해설
전기식 온수온도제한기는 조절기 본체, 용액을 밀봉한 감온체 및 이것을 연결하는 도관으로 구성되어 있다.

50 자동연료차단장치가 작동하는 경우로 거리가 먼 것은?

① 버너가 연소 상태가 아닌 경우(인터로크가 작동한 상태)
② 증기압력이 설정압력보다 높은 경우
③ 송풍기 팬이 가동할 때
④ 관류보일러에 급수가 부족한 경우

해설
송풍기 팬이 가동되지 않을 때 자동연료차단장치가 작동한다.

51 유류용 온수보일러에서 버너가 정지하고 리셋버튼이 돌출하는 경우는?

① 연통의 길이가 너무 길다.
② 연소용 공기량이 부적당하다.
③ 오일배관 내의 공기가 빠지지 않고 있다.
④ 실내 온도조절기의 설정온도가 실내온도보다 낮다.

해설
오일배관 내의 공기가 빠지지 않으면 버너가 정지되고 리셋버튼이 돌출된다.

52 증기과열기의 열가스 흐름방식 분류 중 증기와 연소가스의 흐름이 반대 방향으로 지나면서 열교환이 되는 방식은?

① 병류형 ② 혼류형
③ 향류형 ④ 복사대류형

해설
열가스 흐름 상태에 의한 과열기의 분류
- 병류형 : 연소가스와 증기가 같이 지나면서 열교환
- 향류형 : 연소가스와 증기의 흐름이 정반대 방향으로 지나면서 열교환
- 혼류형 : 향류와 병류형의 혼합형

49 ④ 50 ③ 51 ③ 52 ③ 정답

53 **연관보일러에서 연관에 대한 설명으로 옳은 것은?**

① 관이 내부로 연소가스가 지나가는 관
② 관의 외부로 연소가스가 지나가는 관
③ 관의 내부로 증기가 지나가는 관
④ 관의 내부로 물이 지나가는 관

해설
강수관 내부에 열가스가 통과하는 것은 연관식 보일러이다.

54 **일반적으로 보일러 패널 내부온도는 몇 ℃를 넘지 않도록 하는 것이 좋은가?**

① 60℃ ② 70℃
③ 80℃ ④ 90℃

해설
일반적으로 보일러 패널 내부온도는 60℃를 넘지 않도록 하는 것이 좋다.

55 **보일러 가동 시 맥동연소가 발생하지 않도록 하는 방법으로 틀린 것은?**

① 연료 속에 함유된 수분이나 공기를 제거한다.
② 2차 연소를 촉진시킨다.
③ 무리하게 연소하지 않는다.
④ 연소량의 급격한 변동을 피한다.

해설
맥동연소 예방대책
- 연료 속에 함유된 수분이나 공기는 제거하고, 가열온도를 적절히 유지한다.
- 연료량과 공급 공기량과의 밸런스를 맞춘다. 특히 2차 공기의 예열이나 공급방법 등을 개선하며, 더욱 이들의 혼합을 적절히 함으로써 연소실 내에서 속히 연소를 완료할 수 있도록 양호한 연소 상태를 유지한다.
- 무리한 연소는 하지 않는다.
- 연소량의 급격한 변동은 피한다.
- 연소실이나 연도의 가스 포켓부는 이를 충분히 둥그스름하게 해서 연소가스가 와류를 일으키지 않도록 개선한다.
- 연도의 단면이 급격히 변화하지 않도록 한다.
- 노내나 연도 내에 불필요한 공기가 누입되지 않도록 한다.
- 2차 연소(1차 연소에서 타고 남은 석탄, 즉 미연탄을 재연소시키기 위한 연소)를 방지한다.

56 **검사대상기기관리자의 선임기준에 관한 설명으로 틀린 것은?**

① 1구역마다 1인 이상을 선임하여야 한다.
② 에너지관리기사 자격증 소지자는 모든 검사대상기기관리자로 선임될 수 있다.
③ 압력용기의 경우 한 시야로 볼 수 있는 범위마다 2인 이상의 관리자를 선임하여야 한다.
④ 중앙통제, 관리설비를 갖춘 경우는 1인이 통제, 관리할 수 있는 범위로 한다.

해설
검사대상기기관리자의 선임기준(에너지이용합리화법 시행규칙 제31조의 27)
- 검사대상기기관리자의 선임기준은 1구역마다 1명 이상으로 한다.
- 1구역은 검사대상기기관리자가 한 시야로 볼 수 있는 범위 또는 중앙통제·관리설비를 갖추어 검사대상기기관리자 1명이 통제·관리할 수 있는 범위로 한다. 다만, 압력용기의 경우에는 검사대상기기관리자 1명이 관리할 수 있는 범위로 한다.

정답 53 ① 54 ① 55 ② 56 ③

57 에너지이용합리화법에서 에너지사용계획을 제출하여야 하는 민간사업주관자가 설치하려는 시설로 옳은 것은?

① 연간 5천 티오이 이상의 연료 및 열을 사용하는 시설
② 연간 1만 티오이 이상의 연료 및 열을 사용하는 시설
③ 연간 1천만 킬로와트시 이상의 전기를 사용하는 시설
④ 연간 2천만 킬로와트시 이상의 전기를 생산하는 시설

해설

에너지사용계획의 제출 등(에너지이용합리화법 시행령 제20조)
에너지사용계획을 수립하여 산업통상자원부장관에게 제출하여야 하는 민간사업주관자는 다음의 어느 하나에 해당하는 시설을 설치하려는 자로 한다.
- 연간 5천 티오이 이상의 연료 및 열을 사용하는 시설
- 연간 2천만 킬로와트시 이상의 전력을 사용하는 시설

58 에너지이용합리화법에서 목표에너지원단위를 설명한 것으로 가장 적합한 것은?

① 에너지를 사용하여 만드는 제품의 단위당 에너지사용목표량
② 연간 사용하는 에너지와 제품 생산량의 비율
③ 연간 사용하는 에너지의 효율
④ 에너지 절약을 위하여 제품의 생산 조절과 비용을 계산하는 곳

해설

목표에너지원단위의 설정 등(에너지이용합리화법 제35조)
- 산업통상자원부장관은 에너지의 이용효율을 높이기 위하여 필요하다고 인정하면 관계 행정기관의 장과 협의하여 에너지를 사용하여 만드는 제품의 단위당 에너지사용목표량 또는 건축물의 단위면적당 에너지사용목표량(이하 '목표에너지원단위'라 한다)을 정하여 고시하여야 한다.
- 산업통상자원부장관은 산업통상자원부령으로 정하는 바에 따라 목표에너지원단위의 달성에 필요한 자금을 융자할 수 있다.

59 에너지이용합리화법의 에너지저장시설의 보유 또는 저장의무의 부과 시 정당한 이유 없이 이를 거부하거나 이행하지 아니한 자에 대한 벌칙은?

① 1년 이하의 징역 또는 1천만원 이하의 벌금에 처한다.
② 2년 이하의 징역 또는 2천만원 이하의 벌금에 처한다.
③ 3년 이하의 징역 또는 3천만원 이하의 벌금에 처한다.
④ 500만원 이하의 벌금에 처한다.

해설

벌칙(에너지이용합리화법 제72조)
다음의 어느 하나에 해당하는 자는 2년 이하의 징역 또는 2천만원 이하의 벌금에 처한다.
- 에너지저장시설의 보유 또는 저장의무의 부과 시 정당한 이유 없이 이를 거부하거나 이행하지 아니한 자
- 조정·명령 등의 조치를 위반한 자
- 직무상 알게 된 비밀을 누설하거나 도용한 자

60 에너지이용합리화법에 따른 에너지관리지도 결과 에너지다소비사업자가 개선명령을 받은 경우에는 개선명령일로부터 며칠 이내에 개선계획을 수립, 제출하여야 하는가?

① 60일 ② 45일
③ 30일 ④ 15일

해설

개선명령의 요건 및 절차 등(에너지이용합리화법 시행령 제40조)
- 산업통상자원부장관이 에너지다소비사업자에게 개선명령을 할 수 있는 경우는 에너지관리지도 결과 10% 이상의 에너지효율 개선이 기대되고 효율 개선을 위한 투자의 경제성이 있다고 인정되는 경우로 한다.
- 에너지다소비사업자 개선명령을 받은 경우에는 개선명령일부터 60일 이내에 개선계획을 수립하여 산업통상자원부장관에게 제출하여야 하며, 그 결과를 개선 기간 만료일부터 15일 이내에 산업통상자원부장관에게 통보하여야 한다.

57 ① 58 ① 59 ② 60 ① 정답

2022년 제 1 회 과년도 기출복원문제

01 몰리에르(Mollier)선도를 이용할 때 가장 간단하게 계산할 수 있는 것은?

① 터빈효율 계산
② 엔탈피 변화 계산
③ 사이클에서 압축비 계산
④ 증발 시의 체적 증가량 계산

해설

몰리에르선도는 $P-h$선도로 y축은 절대압력을 나타내고, x축은 (비)엔탈피를 나타낸다.

02 액체연료의 특징에 대한 설명으로 틀린 것은?

① 수송과 저장이 편리하다.
② 단위 중량에 대한 발열량이 석탄보다 크다.
③ 인화, 역화 등 화재의 위험성이 없다.
④ 연소 시 매연이 적게 발생한다.

해설

액체연료의 특징
- 품질이 균일하고 발열량이 크다.
- 운반, 저장, 취급 등이 편리하다.
- 회분 등의 연소 잔재물이 적다.
- 국부 과열과 인화성의 위험도가 크다.
- 가격이 고가이다.

03 배관의 열팽창에 의한 배관 이동을 구속 또는 제한하는 리스트레인트의 종류가 아닌 것은?

① 스토퍼(Stopper)
② 앵커(Anchor)
③ 가이드(Guide)
④ 서포트(Support)

해설

- 리스트레인트의 종류 : 앵커, 스토퍼, 가이드
- 서포트의 종류 : 스프링, 리지드, 롤러, 파이프 슈
- 브레이스 : 펌프, 압축기 등에서 발생하는 배관계 진동을 억제하는 데 사용한다.

04 다음 중 열량의 계량 단위가 아닌 것은?

① J　② kWh
③ Ws　④ kg

해설

kg은 질량의 단위이다.

05 상온의 물을 양수하는 펌프의 송출량이 0.7m^3/sec이고, 전양정이 40m인 펌프의 축동력은 약 몇 kW인가?(단, 펌프의 효율은 80%이다)

① 327　② 343
③ 376　④ 443

해설

$$\mathrm{kW} = \frac{\gamma \cdot h \cdot Q}{102\eta} = \frac{1{,}000\frac{\mathrm{kg}}{\mathrm{m}^3} \times 40\mathrm{m} \times 0.7\frac{\mathrm{m}^3}{\mathrm{sec}}}{102 \times 0.8} \fallingdotseq 343\mathrm{kW}$$

정답 1 ② 2 ③ 3 ④ 4 ④ 5 ②

06 **캐리오버(Carry Over)를 방지하기 위한 대책이 아닌 것은?**

① 보일러 내에 증기 세정장치를 설치한다.
② 급격한 부하변동을 준다.
③ 운전 시에 블로다운을 행한다.
④ 고압보일러에서는 실리카를 제거한다.

해설

캐리오버 발생의 원인

물리적 원인	• 증발부 면적이 좁은 경우 • 보일러 내의 수면이 비정상적으로 높아진 경우 • 증기정지밸브를 급히 열 경우 • 보일러 부하가 급격하게 증대될 경우 • 압력의 급강하로 격렬한 자기증발을 일으킬 때
화학적 원인	• 나트륨 등 염류가 많을 경우, 특히 인산나트륨이 많을 경우 • 유지류나 부유 고형물이 많고 용해 고형물이 다량 존재할 경우

07 **보일러 내부의 전열면에 스케일이 부착되어 발생하는 현상이 아닌 것은?**

① 전열면 온도 상승
② 전열량 저하
③ 수격현상 발생
④ 보일러수의 순환 방해

해설

수격작용은 급격한 압력 변화 때문에 발생한다.

08 **보일러의 만수보존법이 적합한 경우는?**

① 장기간 휴지할 때
② 단기간 휴지할 때
③ N_2 가스의 봉입이 필요할 때
④ 겨울철에 동결의 위험이 있을 때

해설

• 만수보존법은 3개월 이하의 단기 보존법에 해당된다.
• 건소보존법은 6개월 이상의 장기 보존법에 해당된다.

09 **보일러의 압력 상승에 따라 닫혀 있는 주증기 스톱밸브를 처음 열어 사용처로 증기를 보낼 때 워터해머 발생 방지를 위한 조치로 틀린 것은?**

① 증기를 보내기 전에 증기를 보내는 측의 주증기관, 드레인밸브를 다 열고 응축수를 완전히 배출시킨다.
② 관이 따뜻해지면 주증기밸브를 단번에 완전히 열어둔다.
③ 바이패스밸브가 설치되어 있는 경우에는 먼저 바이패스밸브를 열어 주증기관을 따뜻하게 한다.
④ 바이패스밸브가 없는 경우에는 보일러 주증기밸브를 조심스럽게 열어 증기를 조금씩 보내어 시간을 두고 관을 따뜻하게 한다.

해설

수격작용을 방지하기 위해서는 주증기밸브를 천천히 개방해야 한다.

10 **에너지이용합리화법에 따라 검사대상기기 관리자가 퇴직한 경우, 검사대상기기 관리자 퇴직신고서에 자격증수첩과 관리할 검사대상기기 검사증을 첨부하여 누구에게 제출하여야 하는가?**

① 시 · 도지사
② 시공업자단체장
③ 산업통상자원부장관
④ 한국에너지공단 이사장

해설

검사대상기기관리자의 선임신고 등(에너지이용합리화법 시행규칙 제31조의 28)

검사대상기기의 설치자는 검사대상기기 관리자를 선임 · 해임하거나 검사대상기기 관리자가 퇴직한 경우, 검사대상기기 관리자 선임(해임, 퇴직)신고서에 자격증수첩과 관리할 검사대상기기 검사증을 첨부하여 한국에너지공단 이사장에게 제출하여야 한다.

6 ② 7 ③ 8 ② 9 ② 10 ④ 정답

11 에너지이용합리화법에 따라 효율관리기자재에 에너지소비효율 등을 표시해야 하는 업자로 옳은 것은?

① 효율관리기자재의 제조업자 또는 시공업자
② 효율관리기자재의 제조업자 또는 수입업자
③ 효율관리기자재의 시공업자 또는 판매업자
④ 효율관리기자재의 수입업자 또는 시공업자

해설

효율관리기자재의 지정 등(에너지이용합리화법 제15조)
효율관리기자재의 제조업자 또는 수입업자는 산업통상자원부장관이 지정하는 시험기관(효율관리시험기관)에서 해당 효율관리기자재의 에너지 사용량을 측정받아 에너지소비효율등급 또는 에너지소비효율을 해당 효율관리기자재에 표시하여야 한다.

12 입형(직립)보일러에 대한 설명으로 틀린 것은?

① 동체를 바로 세워 연소실을 그 하부에 둔 보일러이다.
② 전열면적을 넓게 할 수 있어 대용량에 적당하다.
③ 다관식은 전열면적을 보강하기 위하여 다수의 연관을 설치한 것이다.
④ 횡관식은 횡관의 설치로 전열면을 증가시킨다.

해설

입형보일러는 전열면적이 작고 소용량 보일러이다.

13 공기예열기에 대한 설명으로 틀린 것은?

① 보일러의 열효율을 향상시킨다.
② 불완전연소를 감소시킨다.
③ 배기가스의 열손실을 감소시킨다.
④ 통풍저항이 작아진다.

해설

공기예열기 설치 시 특징
- 열효율 향상
- 적은 공기비로 완전연소 가능
- 폐열을 이용하므로 열손실 감소
- 연소효율 증가
- 수분이 많은 저질탄의 연료도 연소 가능
- 연소실의 온도 증가
- 황산에 의한 저온부식 발생
- 통풍저항 증가

14 보일러의 압력이 $8kgf/cm^2$이고, 안전밸브 입구 구멍의 단면적이 $20cm^2$라면 안전밸브에 작용하는 힘은 얼마인가?

① 140kgf ② 160kgf
③ 170kgf ④ 180kgf

해설

안전밸브 작용하는 힘(P)

$$P = \frac{W}{A}$$

$$8 = \frac{x}{20}$$

$$\therefore\ x = 160\text{kgf}$$

15 제어계를 구성하는 요소 중 전송기의 종류에 해당되지 않는 것은?

① 전기식 전송기 ② 증기식 전송기
③ 유압식 전송기 ④ 공기압식 전송기

해설

자동제어의 신호전달방법
- 공기압식 : 전송거리 100m 정도
- 유압식 : 전송거리 300m 정도
- 전기식 : 전송거리 수 km까지 가능

정답 11 ② 12 ② 13 ④ 14 ② 15 ②

16 열전달의 기본형식에 해당되지 않는 것은?

① 대 류　　② 복 사
③ 발 산　　④ 전 도

해설
열이동 방식 : 전도, 대류, 복사

17 보일러 동 내부 안전저수위보다 약간 높게 설치하여 유지분, 부유물 등을 제거하는 장치로서 연속분출장치에 해당되는 것은?

① 수면분출장치
② 수저분출장치
③ 수중분출장치
④ 압력분출장치

해설
분출장치
- 수면분출장치(수면에 설치) : 관수 중의 부유물, 유지분 등을 제거하기 위해 설치한다. – 연속 취출
- 수저분출장치(동저부에 설치) : 수중의 침전물(슬러지 등)을 분출 제거하기 위해 설치한다. – 단속 취출(간헐 취출)

18 포화온도 105℃인 증기난방 방열기의 상당 방열면적이 $20m^2$일 경우 시간당 발생하는 응축수량은 약 kg/h인가?(단, 105℃ 증기의 증발잠열은 535.6kcal/kg이다)

① 10.37　　② 20.57
③ 12.17　　④ 24.27

해설
응축수량(G)

$$G = \frac{Q}{\gamma} = \frac{650 \times 20}{535.6} \fallingdotseq 24.27\text{kg/h}$$

여기서, Q : 방열기 방열량
γ : 증발잠열

19 유류 연소 시의 일반적인 공기비는?

① 0.95~1.1　　② 1.6~1.8
③ 1.2~1.4　　④ 1.8~2.0

해설
연소 시 일반적인 공기비
- 기체연료 공기비 : 1.1~1.3
- 액체연료 공기비 : 1.2~1.4
- 고체연료 공기비 : 1.4~2.0

20 보일러의 부하율에 대한 설명으로 적합한 것은?

① 보일러의 최대증발량에 대한 실제증발량의 비율
② 증기발생량을 연료소비량으로 나눈 값
③ 보일러에서 증기가 흡수한 총열량을 급수량으로 나눈 값
④ 보일러 전열면적 $1m^2$에서 시간당 발생되는 증기열량

해설

$$\text{보일러 부하율} = \frac{\text{실제증발량}}{\text{최대연속증발량}} \times 100$$

16 ③　17 ①　18 ④　19 ③　20 ①　정답

21 **보일러의 폐열회수장치에 대한 설명 중 가장 거리가 먼 것은?**

① 공기예열기는 배기가스와 연소용 공기를 열교환하여 연소용 공기를 가열하기 위한 것이다.
② 절탄기는 배기가스의 여열을 이용하여 급수를 예열하는 급수예열기이다.
③ 공기예열기의 형식은 전열방법에 따라 전도식과 재생식, 히트파이프식으로 분류된다.
④ 급수예열기는 설치하지 않아도 되지만 공기예열기는 반드시 설치하여야 한다.

해설

보일러의 배기가스 폐열을 회수하기 위해서 배기가스열로 연소용 공기를 예열하는 열교환기(공기예열기)를 설치하거나 배기가스열로 보일러에 공급하는 물을 데우는 열교환기(급수가열기)를 설치한다. 공기예열기와 급수가열기를 설치하면 보일러에서 소비되는 연료를 크게 줄일 수 있다.

22 **배관 중간이나 밸브, 펌프, 열교환기 등의 접속을 위해 사용하는 이음쇠로서 분해, 조립이 필요한 경우에 사용하는 것은?**

① 밴 드 ② 리듀서
③ 플랜지 ④ 슬리브

해설

① 밴드 : 관의 방향을 변경시키는 이음쇠이다.
② 리듀서 : 지름이 서로 다른 관과 관을 접속하는 데 사용하는 관 이음쇠이다.
④ 슬리브 : 콘크리트 벽이나 바닥 등 배관이 관통하는 곳에 관을 보호하기 위하여 사용한다.

23 **흑체로부터의 복사 전열량은 절대온도의 몇 승에 비례하는가?**

① 2승 ② 3승
③ 4승 ④ 5승

해설

흑체로부터의 전열량은 절대온도의 4제곱에 비례한다.

24 **급유량계 앞에 설치하는 여과기의 종류가 아닌 것은?**

① U형 ② V형
③ S형 ④ Y형

해설

여과기의 종류 : Y형, U형, V형

25 **플로트 트랩은 어떤 종류의 트랩인가?**

① 디스크 트랩
② 기계적 트랩
③ 온도조절 트랩
④ 열역학적 트랩

해설

트랩의 종류
- 기계식 트랩 : 상향 버킷형, 역버킷형, 레버플로트형, 프리플로트형
- 온도조절식 트랩 : 벨로스형, 바이메탈형
- 열역학식 트랩 : 오리피스형, 디스크형

정답 21 ④ 22 ③ 23 ③ 24 ③ 25 ②

26 연료를 연소시키는 데 필요한 실제공기량과 이론공기량의 비, 즉 공기비를 m이라 할 때 다음 식이 뜻하는 것은?

$$(m-1)\times 100\%$$

① 과잉공기율 ② 과소공기율
③ 이론공기율 ④ 실제공기율

27 분사관을 이용해 선단에 노즐을 설치하여 청소하는 것으로, 주로 고온의 전열면에 사용하는 수트 블로어(Soot Blower)의 형식은?

① 롱 리트랙터블(Long Retractable)형
② 로터리(Rotary)형
③ 건(Gun)형
④ 에어히터 클리너(Air Heater Cleaner)형

해설

수트 블로어의 종류
- 롱 리트랙터블형 : 과열기와 같은 고온 전열면에 부착하여 사용한다.
- 쇼트 리트랙터블형(건타입형) : 연소로 벽, 전열면 등에 부착하여 사용한다.
- 회전형 : 절탄기와 같은 저온 전열면에 부착하여 사용한다.

28 강판 제조 시 강괴 속에 함유되어 있는 가스체 등에 의해 강판이 두 장의 층을 형성하는 결함은?

① 래미네이션 ② 크 랙
③ 브리스터 ④ 심 리프트

해설

① 래미네이션 : 강판이 내부의 기포에 의해 2장의 층으로 분리되는 현상
② 크랙 : 균열
③ 브리스터 : 강판이 내부의 기포에 의해 표면이 부풀어 오르는 현상

29 신축이음쇠 종류 중 고온·고압에 적당하며, 신축에 따른 자체 응력이 생기는 결점이 있는 신축이음쇠는?

① 루프형(Loop Type)
② 스위블형(Swivel Type)
③ 벨로스형(Bellows Type)
④ 슬리브형(Sleeve Type)

해설

① 루프형 : 신축에 따른 자체 응력이 생기는 단점이 있으며 고온·고압에 적당하다.
② 스위블형 : 회전이음, 지블이음, 지웰이음 등으로 불린다. 2개 이상의 나사엘보를 사용하여 이음부 나사의 회전을 이용하여 배관의 신축을 흡수하는 것으로, 주로 온수 또는 저압의 증기난방 등의 방열기 주위배관용으로 사용된다.
③ 벨로스형(팩리스형, 주름통, 파상형) : 급수, 냉난방 배관에서 많이 사용되는 신축이음이다.
④ 슬리브형(미끄럼형) : 본체와 슬리브 파이프로 되어 있다. 관의 신축은 본체 속의 슬리브관에 의해 흡수되며 슬리브와 본체 사이에 패킹을 넣어 누설을 방지한다. 단식과 복식의 두 가지 형태가 있다.

30 에너지이용합리화법에서 용접검사가 면제될 수 있는 보일러의 대상 범위로 틀린 것은?

① 강철제 보일러 중 전열면적이 $5m^2$ 이하이고, 최고사용압력이 0.35MPa 이하인 것
② 주철제 보일러
③ 제2종 관류보일러
④ 온수보일러 중 전열면적이 $18m^2$ 이하이고, 최고사용압력이 0.35MPa 이하인 것

해설

용접검사가 면제되는 경우(에너지이용합리화법 시행규칙 별표 3의 6)
- 강철제 보일러 중 전열면적이 $5m^2$ 이하이고, 최고사용압력이 0.35MPa 이하인 것
- 주철제 보일러
- 1종 관류보일러
- 온수보일러 중 전열면적이 $18m^2$ 이하이고, 최고사용압력이 0.35 MPa 이하인 것

26 ① 27 ① 28 ① 29 ① 30 ③ 정답

31 에너지법에서 사용하는 '에너지'의 정의를 가장 올바르게 나타낸 것은?

① '에너지'라 함은 석유·가스 등 열을 발생하는 열원을 말한다.
② '에너지'라 함은 제품의 원료로 사용되는 것을 말한다.
③ '에너지'라 함은 태양, 조파, 수력과 같이 일을 만들어 낼 수 있는 힘이나 능력을 말한다.
④ '에너지'라 함은 연료·열 및 전기를 말한다.

해설

연료 : 석유·가스·석탄, 그 밖에 열을 발생하는 열원(熱源)을 말한다(다만, 제품의 원료로 사용되는 것은 제외한다).

32 액체연료 연소에서 무화의 목적이 아닌 것은?

① 단위 중량당 표면적을 크게 한다.
② 연소효율을 향상시킨다.
③ 주위 공기와 혼합을 좋게 한다.
④ 연소실의 열부하를 낮게 한다.

해설

무화의 목적

- 단위 중량당 표면적을 넓게 한다.
- 공기와의 혼합을 좋게 한다.
- 연소에 적은 과잉공기를 사용할 수 있다.
- 연소효율 및 열효율을 높게 한다.

33 프로판(C_3H_8) 1kg이 완전연소하는 경우 필요한 이론산소량은 약 몇 Nm^3인가?

① 3.47 ② 2.55
③ 1.25 ④ 1.50

해설

프로판의 연소반응

$C_3H_8 + 5O_2 \rightarrow 3CO_2 + 4H_2O$

$1kg : x Nm^3 = 44kg : 5 \times 22.4Nm^3$

$\therefore x \fallingdotseq 2.55Nm^3$

34 사이클론 집진기의 집진율을 증가시키기 위한 방법으로 틀린 것은?

① 사이클론의 내면을 거칠게 처리한다.
② 블로 다운방식을 사용한다.
③ 사이클론 입구의 속도를 크게 한다.
④ 분진박스와 모양은 적당한 크기와 형상으로 한다.

해설

사이클론 집진기의 집진율을 증가시키려면 사이클론 내면을 매끄럽게 한다.

35 고압, 중압 보일러 급수용 및 고양정 급수용으로 쓰이는 것으로 임펠러와 안내날개가 있는 펌프는?

① 벌류트펌프 ② 터빈펌프
③ 워싱턴펌프 ④ 웨어펌프

해설

터빈펌프(Turbine Pump)

- 회전자(Impeller)의 바깥둘레에 안내깃이 있는 펌프이다.
- 원심력에 의한 속도에너지를 안내날개(안내깃)에 의해 압력에너지로 바꾸어 주기 때문에 양정, 방출압력이 높은 곳에 적절하다.

정답 31 ④ 32 ④ 33 ② 34 ① 35 ②

36 보일러 내부에 아연판을 매다는 가장 큰 이유는?

① 기수공발을 방지하기 위하여
② 보일러판의 부식을 방지하기 위하여
③ 스케일 생성을 방지하기 위하여
④ 프라이밍을 방지하기 위하여

해설

보일러 내부에 아연판을 매다는 이유는 부식을 방지하기 위해서이다.

37 보일러 내면의 산세정 시 염산을 사용하는 경우 세정액의 처리온도와 처리시간으로 가장 적합한 것은?

① 60±5℃, 1~2시간
② 60±5℃, 4~6시간
③ 90±5℃, 1~2시간
④ 90±5℃, 4~6시간

해설

보일러 내면의 산세정 시 염산을 사용하는 경우 세정액의 처리온도는 60±5℃이고, 처리시간은 4~6시간이 가장 적합하다.

38 지역난방의 특징에 대한 설명으로 틀린 것은?

① 설비가 길어지므로 배관 손실이 있다.
② 초기 시설투자비가 높다.
③ 개개 건물의 공간을 많이 차지한다.
④ 대기오염을 효과적으로 방지할 수 있다.

해설

지역난방 : 대규모 시설로 일정 지역 내의 건축물을 난방하는 형식이다. 설비의 열효율이 높고 도시 매연 발생은 적으며, 개개 건물의 공간을 많이 차지하지 않는다.

39 화석연료에 대한 의존도를 낮추고 청정에너지의 사용 및 보급을 확대하여 녹색기술 연구개발, 탄소흡수원 확충 등을 통하여 온실가스를 적정 수준 이하로 줄이는 것에 대한 정의로 옳은 것은?

① 녹색성장 ② 저탄소
③ 기후 변화 ④ 자원 순환

해설

저탄소 : 화석연료에 대한 의존도를 낮추고 청정에너지의 사용 및 보급을 확대하여 녹색기술 연구개발, 탄소 흡수의 확충 등을 통하여 온실가스를 적정 수준 이하로 줄이는 것

40 증기의 압력을 높일 때 변하는 현상으로 틀린 것은?

① 현열이 증대한다.
② 증발잠열이 증대한다.
③ 증기 비체적이 증대한다.
④ 포화수온도가 높아진다.

해설

증발잠열은 증기의 압력을 높일 때 변하는 현상이 아니다.

36 ② 37 ② 38 ③ 39 ② 40 ② 정답

41 액면계 중 직접식 액면계에 속하는 것은?

① 압력식　　② 방사선식
③ 초음파식　　④ 유리관식

해설

액면 측정방법

구 분	종 류	측정원리	요점사항
직접식	유리관식 액면계 (직관식)	탱크의 액면과 같은 높이의 액체가 유리관에도 나타나므로 유리관 액면의 높이를 측정한다.	• 내부분 개방된 액체용 탱크에 사용한다.
	검척식 액면계	검척봉으로 직접 액면의 높이를 측정한다.	• 액면 변동이 작은 개방탱크, 저수탱크 등에 사용한다.
	플로트식 액면계 (부자식)	액면에 띄운 부자의 위치를 이용하여 액면을 측정한다.	• 액면 경보용, 제어용으로 사용한다. • 활차식, 볼 플로트, 디스프레스먼트 액면계이다.
	편위식 액면계	부자의 길이에 대한 부력으로부터 액면을 측정한다.	• 아르키메데스의 원리를 이용한 것이다. • 고압 진동탱크 액면을 측정한다.
간접식	압력식 액면계 (차압식 액면계)	액면의 높이에 따른 압력을 측정하여 액의 높이를 측정한다.	• 고압 밀폐탱크의 액면 측정에 사용한다.
	퍼지식 액면계 (기포식 액면계)	탱크 속에 파이프를 삽입하고 이 파이프를 통해 공기를 보내어 파이프 끝부분의 공기압을 압력계로 측정하여 액의 높이를 구한다.	• 일종의 압력식 액면계이다. • 주로 개방탱크에 이용되며 부식성이 강하거나 점도가 높은 액체에 사용한다.
	방사선식 액면계	방사선 세기의 변화를 측정한다.	• 고온, 고압의 액체 측정용(용광로내 레벨 측정) • 고점도 부식성 액체를 측정한다.
	초음파식 액면계	탱크 밑에서 초음파를 발사하여 되돌아오는 시간을 측정하여 액면의 높이를 구한다.	• 주로 액면 제어용으로 사용한다.
	정전용량식 액면계	정전용량 검출 프로브(Probe)를 액 중에 넣어 측정한다.	• 유전율이 온도에 따라 변화되는 곳에는 사용할 수 없다.

42 안전밸브의 종류가 아닌 것은?

① 레버 안전밸브
② 추 안전밸브
③ 스프링 안전밸브
④ 핀 안전밸브

해설

안전밸브의 종류
- 구조상 : 추식, 스프링식, 지렛대식(레버식), 복합식(스프링식과 지렛대식의 조합형)
- 스프링식 : 전량식, 전양정식, 고양정식, 저양정식

43 경납땜의 종류가 아닌 것은?

① 황동납　　② 인동납
③ 은 납　　④ 주석-납

해설

경납땜의 종류 : 은납, 황동납, 인동납, 양은납, 알루미늄납

44 보일러 산세정의 순서로 옳은 것은?

① 전처리 → 산액처리 → 수세 → 중화방청 → 수세
② 전처리 → 수세 → 산액처리 → 수세 → 중화방청
③ 산액처리 → 수세 → 전처리 → 중화방청 → 수세
④ 산액처리 → 전처리 → 수세 → 중화방청 → 수세

해설

산세정의 순서
전처리 → 수세 → 산액처리 → 수세 → 중화방청

정답 41 ④ 42 ④ 43 ④ 44 ②

45 방열기 내 온수의 평균온도가 80℃, 실내온도가 18℃, 방열계수가 7.2kcal/m^2 · h · ℃인 경우 방열기 방열량은 얼마인가?

① 346.4kcal/m^2 · h
② 446.4kcal/m^2 · h
③ 519kcal/m^2 · h
④ 560kcal/m^2 · h

해설

방열기 방열량 = 방열계수 × (방열기 평균온도 − 실내온도)
= 7.2 × (80 − 18)
= 446.4kcal/m^2 · h

46 다음 보기에서 설명한 송풍기의 종류는?

보기
- 경향 날개형이며 6~12매의 철판제 직선날개를 보스에서 방사한 스포크에 리벳 죔을 한 것이며, 측관이 있는 임펠러와 측판이 없는 것이 있다.
- 구조가 견고하며 내마모성이 크고 날개를 바꾸기도 쉬우며 회전이 많은 가스의 흡출통풍기, 미분탄 장치의 배탄기 등에 사용된다.

① 터보 송풍기
② 다익 송풍기
③ 축류 송풍기
④ 플레이트 송풍기

해설

① 터보 송풍기 : 낮은 정압에서 높은 정압의 영역까지 폭넓은 운전범위를 가지고 있으며, 각 용도에 적합한 깃 및 케이싱 구조, 재질의 선택을 통하여 일반 공기 이송에서 고온의 가스 혼합물 및 분체 이송까지 폭넓은 용도로 사용할 수 있다.
② 다익 송풍기 : 일반적으로 시로코 팬(Sirocco Fan)이라고 하며 임펠러 형상이 회전 방향에 대해 앞쪽으로 굽어진 원심형 전향익 송풍기이다.
③ 축류 송풍기 : 기본적으로 원통형 케이싱 속에 있는 임펠러의 회전에 따라 축 방향으로 기체를 송풍하는 형식이다. 일반적으로 효율이 높고 고속회전에 적합하여 전체가 소형이 되는 이점이 있다.

47 물을 가열하여 압력을 높이면 어느 지점에서 액체, 기체 상태의 구별이 없어지고 증발잠열이 0kcal/kg이 된다. 이 점을 무엇이라 하는가?

① 임계점　　② 삼중점
③ 비등점　　④ 압력점

해설

임계점 : 액체와 기체의 두 상태를 서로 분간할 수 없게 되는 임계상태에서의 온도와 이때의 증기압이다. 따라서 임계점에서 증발잠열은 0이다.

48 보일러의 점화 조작 시 주의사항으로 틀린 것은?

① 연료가스의 유출속도가 너무 빠르면 실화 등이 일어나고 너무 늦으면 역화가 발생한다.
② 연소실의 온도가 낮으면 연료의 확산이 불량해지며 착화가 잘 안 된다.
③ 연료의 예열온도가 낮으면 무화 불량, 화염의 편류, 그을음, 분진이 발생한다.
④ 유압이 낮으면 점화 및 분사가 양호하고, 높으면 그을음이 없어진다.

해설

유압이 낮으면 점화 및 분사가 불량하고, 유압이 높으면 그을음이 축적되기 쉽다.

49 보일러 내처리제에서 가성취화 방지에 사용되는 약제가 아닌 것은?

① 인산나트륨　　② 질산나트륨
③ 타 닌　　④ 암모니아

해설

가성취화 방지제 : 인산나트륨, 질산나트륨, 타닌, 리그린

45 ② 46 ④ 47 ① 48 ④ 49 ④ 정답

50 **보일러 연도에 설치하는 댐퍼의 설치 목적과 관계가 없는 것은?**

① 매연 및 그을음의 제거
② 통풍력의 조절
③ 연소가스 흐름의 차단
④ 주연도와 부연도가 있을 때 가스의 흐름 전환

해설
수트 블로어 : 전열면에 부착된 그을음 제거장치

51 **연료의 연소에서 환원염이란?**

① 산소 부족으로 인한 화염이다.
② 공기비가 너무 클 때의 화염이다.
③ 산소가 많이 포함된 화염이다.
④ 연료를 완전연소시킬 때의 화염이다.

해설
환원염 : 산소 부족으로 인한 화염 또는 산화염

52 **증기난방설비에서 배관 구배를 부여하는 가장 큰 이유는?**

① 증기의 흐름을 빠르게 하기 위해서
② 응축기의 체류를 방지하기 위해서
③ 배관시공을 편리하게 하기 위해서
④ 증기와 응축수의 흐름마찰을 줄이기 위해서

해설
증기난방설비에서 배관 구배를 부여하는 가장 큰 이유 : 응축기의 체류 방지

53 **다음 중 주형 방열기의 종류로 거리가 먼 것은?**

① 1주형 ② 2주형
③ 3세주형 ④ 5세주형

해설
• 주형 방열기 : 2주형(Ⅱ), 3주형(Ⅲ), 3세주형(3), 5세주형(5)
• 벽걸이형(W) : 가로형(W-H), 세로형(W-V)

54 **기포성 수지에 대한 설명으로 틀린 것은?**

① 열전도율이 낮고 가볍다.
② 불에 잘 타며, 보온성과 보랭성은 좋지 않다.
③ 흡수성은 좋지 않으나 굽힘성은 풍부하다.
④ 합성수지 또는 고무질 재료를 사용하여 다공질 제품으로 만든 것이다.

해설
기포성 수지는 불에 잘 타며, 보온성과 보랭성은 우수하다.

정답 50 ① 51 ① 52 ② 53 ① 54 ②

55 **보일러 용량 결정에 포함될 사항으로 거리가 먼 것은?**

① 난방부하 ② 급탕부하
③ 배관부하 ④ 연료부하

해설

보일러 용량 결정에 포함될 사항
- 난방부하
- 급탕부하
- 배관부하
- 예열부하

56 **장시간 사용을 중지하고 있던 보일러의 점화 준비에서 부속장치 조작 및 시동에 대한 설명으로 틀린 것은?**

① 댐퍼는 굴뚝에서 가까운 것부터 차례로 연다.
② 통풍장치의 댐퍼 개폐도가 적당한지 확인한다.
③ 흡입통풍기가 설치된 경우는 가볍게 운전한다.
④ 절탄기나 과열기에 바이패스가 설치된 경우는 바이패스 댐퍼를 닫는다.

해설

절탄기나 과열기에 바이패스가 설치된 경우는 바이패스 댐퍼를 연다.

57 **에너지법에서 정의하는 '에너지 사용자'의 의미로 가장 옳은 것은?**

① 에너지 보급 계획을 세우는 자
② 에너지를 생산, 수입하는 사업자
③ 에너지 사용시설의 소유자 또는 관리자
④ 에너지를 저장, 판매하는 자

해설

- 에너지사용자 : 에너지 사용시설의 소유자 또는 관리자를 말한다.
- 에너지공급자 : 에너지를 생산·수입·전환·수송·저장 또는 판매하는 사업자를 말한다.

58 **보일러 마력에 대한 설명으로 옳은 것은?**

① 0℃의 물 539kg을 1시간에 100℃의 증기로 바꿀 수 있는 능력이다.
② 100℃의 물 539kg을 1시간에 같은 온도의 증기로 바꿀 수 있는 능력이다.
③ 100℃의 물 15.65kg을 1시간에 같은 온도의 증기로 바꿀 수 있는 능력이다.
④ 0℃의 물 15.65kg을 1시간에 100℃의 증기로 바꿀 수 있는 능력이다.

해설

보일러 마력
- 1시간에 100℃의 물 15.65kg을 건조포화증기로 만드는 능력
- 상당증발량으로 환산하면 15.65kg/h
- 시간당 발생열량으로 환산하면 $15.65 \times 539 = 8.435$kcal

55 ④ 56 ④ 57 ③ 58 ③ 정답

59 보일러용 가스버너 중 외부 혼합식에 속하지 않는 것은?

① 파일럿 버너
② 센터파이어형 버너
③ 링형 버너
④ 멀티스폿형 버너

해설

파일럿 버너 : 점화버너로 사용되는 내부 혼합형 가스버너

60 주철제 보일러의 최고사용압력이 0.30MPa인 경우 수압시험압력은?

① 0.15MPa ② 0.30MPa
③ 0.43MPa ④ 0.60MPa

해설

주철제 보일러

- 보일러의 최고사용압력이 0.43MPa(4.3kgf/cm^2) 이하일 때는 그 최고사용압력의 2배의 압력으로 한다. 다만, 그 시험압력이 0.2MPa (2kgf/cm^2) 미만인 경우에는 0.2MPa(2kgf/cm^2)로 한다.
- 보일러의 최고사용압력이 0.43MPa(4.3kgf/cm^2)를 초과할 때는 그 최고사용압력의 1.3배에 0.3MPa(3kgf/cm^2)을 더한 압력으로 한다.
- 조립 전에 수압시험을 실시하는 주철제 압력부품은 최고사용압력의 2배의 압력으로 한다.

정답 59 ① 60 ④

2022년 제2회 과년도 기출복원문제

01 몰리에르선도로 파악하기 어려운 것은?

① 포화수의 엔탈피
② 과열증기의 과열도
③ 포화증기의 엔탈피
④ 과열증기의 단열팽창 후 상대습도

해설

몰리에르선도

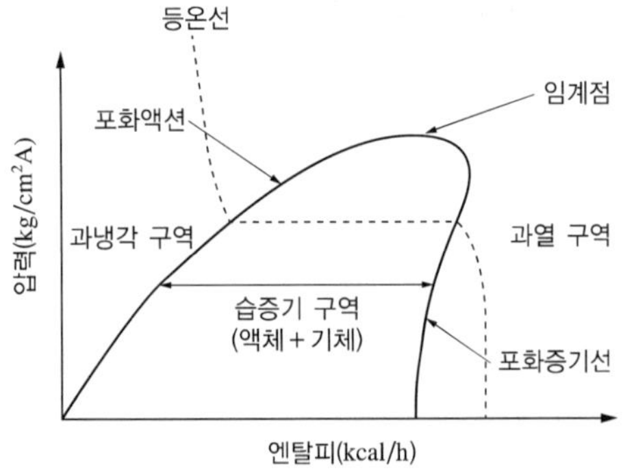

02 절대온도 293K를 섭씨온도로 환산하면 약 얼마인가?

① −20℃　② 0℃
③ 20℃　④ 566℃

해설

K = 273 + ℃
℃ = 293 − 273
= 20

03 다음 중 내화물의 내화도 측정에 주로 사용되는 온도계는?

① 제게르 콘
② 백금저항 온도계
③ 기체압력식 온도계
④ 백금-백금・로듐 열전대 온도계

해설

- 제게르 콘(Seger Cone) : 소성 정도 또는 내화도를 측정하기 위해 사용하는 삼각추 모양의 표준콘
- 소성 또는 가소성(Plasticity) : 힘을 가하여 변형시킬 때 영구변형을 일으키는 물질의 특성
- 내화도 : 열에 견디는 정도를 나타내는 비율

04 다음 중 측정자의 부주의로 생기는 오차는?

① 우연오차　② 과실오차
③ 계기오차　④ 계통적 오차

해설

오차의 종류

- 계통오차
  - 계기오차 : 측정계기의 불완전성 때문에 생기는 오차(예 자, 온도계, 계기판 등의 눈금이 정확하지 않거나 영점 보정이 안 된 경우)
  - 환경오차 : 측정할 때 온도, 습도, 압력 등 외부 환경의 영향으로 생기는 오차(예 측정기구의 온도에 따라 팽창과 수축으로 인한 눈금의 변화, 질량 측정 시 공기의 부력에 의한 영향 등)
  - 개인오차 : 개인이 가지고 있는 습관이나 선입관이 작용하여 생기는 오차(예 시간을 측정할 때 한 현상이 일어나는 시간을 인식하는 정도가 사람마다 다르다)
- 과실오차 : 계기의 취급 부주의로 생기는 오차(예 척도의 숫자를 잘못 읽거나 틀리게 계산하여 생기는 오차로, 실험자가 충분히 주의하여 제거해야 하는 오차)
- 우연오차 : 주위의 사정으로 측정자가 주의해도 피할 수 없는 불규칙적이고, 우발적인 원인에 의해 발생하는 오차(예 측정 시 갑자기 주위 환경이 불규칙하게 변하여 측정계기에 영향을 주는 경우)

1 ④ 2 ③ 3 ① 4 ② 정답

05 노통보일러에서 노통이 열응력에 의해서 신축이 일어나므로 노통의 신축작용에 대처하기 위해 설치하는 이음방법은?

① 평형 조인트
② 브레이징 스페이스
③ 거싯 스테이
④ 애덤슨 조인트

해설

애덤슨 조인트
원형보일러의 노통(爐筒)에 사용하는 조인트이다. 노통은 큰 기압을 받으므로 강판의 양단을 겉쪽으로 굽혀서 리베팅하고, 양단 사이에 링 하나를 넣어서 강도를 높인다.

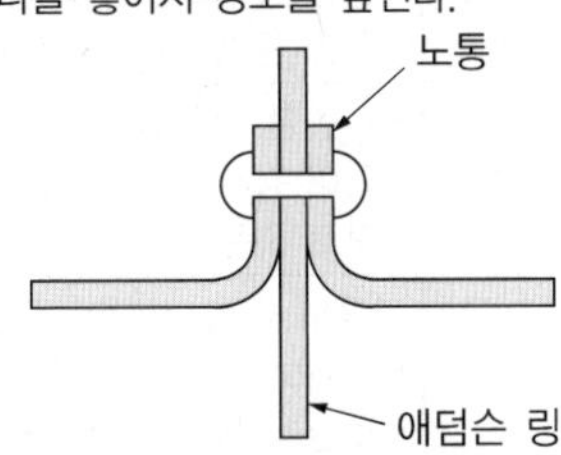

06 검사대상기기인 보일러의 계속사용검사 중 안전검사 유효기간은?(단, 안전성 향상 계획과 공정안전보고서를 작성하는 경우는 제외한다)

① 1년 ② 2년
③ 3년 ④ 4년

해설

검사대상기기의 검사유효기간(에너지이용합리화법 시행규칙 별표 3의 5)

- 보일러의 계속사용검사 중 안전검사의 유효기간 : 1년
- 보일러의 계속사용검사 중 운전성능검사의 유효기간 : 1년

07 다음 중 안전사용온도가 가장 낮은 보온재는?

① 펄라이트
② 규산칼슘
③ 탄산마그네슘
④ 세라믹 파이버

해설

- 무기질 보온재 : 안전사용온도 300~800℃의 범위 내에서 보온효과가 있는 것
  - 탄산마그네슘 : 250℃
  - 글라스울 : 300℃
  - 석면, 규조토 : 500℃
  - 암면 : 600℃
  - 규산칼슘 : 650℃
  - 세라믹 파이버 : 1,000℃
- 유기질 보온재 : 안전사용온도 100~200℃의 범위 내에서 보온효과가 있는 것
  - 펠트류 : 100℃
  - 텍스류 : 120℃
  - 탄화코르크 : 130℃
  - 기포성 수지

08 다음 중 보일러 급수에 함유된 성분 중 전열면 내면 점식의 주원인이 되는 것은?

① O_2 ② N_2
③ $CaSO_4$ ④ $NaSO_4$

해설

보일러 부식

- 외부 부식
  - 저온 부식 : 연료성분 중 S(황분)에 의한 부식
  - 고온 부식 : 연료성분 중 V(바나듐)에 의한 부식(과열기, 재열기 등에서 발생)
  - 산화 부식 : 산화에 의한 부식
- 내부 부식
  - 국부 부식(점식) : 용존산소에 의해 발생한다.
  - 전면 부식 : 염화마그네슘($Mg(Cl)_2$)에 의해 발생한다.
  - 알칼리 부식 : pH 12 이상일 때 농축 알칼리에 의해 발생한다.

정답 5 ④ 6 ① 7 ③ 8 ①

09 스케일의 영향으로 보일러 설비에 나타나는 현상으로 가장 거리가 먼 것은?

① 전열면의 국부 과열
② 배기가스의 온도 저하
③ 보일러의 효율 저하
④ 보일러의 순환 장애

해설

보일러 내부 스케일 생성 이론

스케일 생성은 원수를 지하수로 사용할 때 두드러진다. 열전도율이 0.7~3kcal/mh℃인 열의 불량 도체이기 때문에 부착 생성이 되면 연소가스로부터 보일러수의 열전달이 저해되고 연료손실을 초래함과 동시에 보일러 전열면판의 과열이라는 장애를 초래한다.

10 증기난방의 응축수 환수방법 중 증기의 순환이 가장 빠른 것은?

① 기계환수식
② 진공환수식
③ 단관식 중력환수식
④ 복관식 중력환수식

해설

응축수 환수방식에 따른 분류

- 중력환수식 : 환수관은 약 1/100 정도의 선하향 구배로 되어 있어서 응축수의 무게에 의한 고·저차로 환수하는 방식이다. 방열기는 보일러의 수면보다 높게 해야 하고, 대규모 장치 시에는 중력으로 응축수를 탱크까지 환수시킨 후 응축수펌프를 사용하여 보일러에 환수시킨다.
- 진공환수식 : 환수관의 말단에 진공펌프를 설치하여 장치 내의 공기를 제거하면서 환수는 펌프에 의해 보일러로 환수시키며, 환수관의 진공은 대략 100~250mmHg 정도이다(증기 순환이 빠르고, 환수관경이 작아도 되며 설치 위치에 제한이 없고 공기밸브가 필요 없다).

11 에너지이용합리화법에 따라 검사를 받아야 하는 검사대상기기 검사의 종류에 해당되지 않는 것은?

① 설치검사
② 자체검사
③ 개조검사
④ 설치 장소 변경검사

해설

검사대상기기 검사(에너지이용합리화법 시행규칙 별표 3의 4)

검사의 종류		적용 대상
제조검사	용접검사	• 동체·경판 및 이와 유사한 부분을 용접으로 제조하는 경우의 검사
	구조검사	• 강판·관 또는 주물류를 용접·확대·조립·주조 등에 따라 제조하는 경우의 검사
설치검사		• 신설한 경우의 검사(사용연료의 변경에 의하여 검사 대상이 아닌 보일러가 검사 대상으로 되는 경우의 검사를 포함한다)
개조검사		다음의 어느 하나에 해당하는 경우의 검사 • 증기보일러를 온수보일러로 개조하는 경우 • 보일러 섹션의 증감에 의하여 용량을 변경하는 경우 • 동체·돔·노통·연소실·경판·천장판·관판·관모음 또는 스테이의 변경으로서 산업통상자원부장관이 정하여 고시하는 대수리의 경우 • 연료 또는 연소방법을 변경하는 경우 • 철금속가열로로서 산업통상자원부장관이 정하여 고시하는 경우의 수리
설치 장소 변경검사		• 설치 장소를 변경한 경우의 검사. 다만, 이동식 검사대상기기를 제외한다.
재사용검사		• 사용 중지 후 재사용하고자 하는 경우의 검사
계속사용검사	안전검사	• 설치검사·개조검사·설치 장소 변경검사 또는 재사용검사 후 안전 부문에 대한 유효기간을 연장하고자 하는 경우의 검사
	운전성능검사	다음의 어느 하나에 해당하는 기기에 대한 검사로서 설치검사 후 운전성능 부문에 대한 유효기간을 연장하고자 하는 경우의 검사 • 용량이 1t/h(난방용의 경우에는 5t/h) 이상인 강철제 보일러 및 주철제 보일러 • 철금속가열로

9 ② 10 ② 11 ② 정답

12 에너지이용합리화법에 따라 열사용기자재 중 소형 온수보일러는 최고사용압력 얼마 이하의 온수를 발생하는 보일러를 의미하는가?

① 0.35MPa 이하
② 0.5MPa 이하
③ 0.65MPa 이하
④ 0.85MPa 이하

해설

소형 온수보일러
전열면적이 $14m^2$ 이하이고, 최고사용압력이 0.35MPa 이하의 온수를 발생하는 것으로, 다만 구멍탄용 온수보일러·축열식 전기보일러·가정용 화목보일러 및 가스사용량이 17kg/h(도시가스는 232.6kW) 이하인 가스용 온수보일러는 제외한다.

13 열역학 제2법칙에 따라 정해진 온도로 이론상 생각할 수 있는 최저온도를 기준으로 하는 온도단위는?

① 임계온도 ② 섭씨온도
③ 절대온도 ④ 복사온도

해설

절대온도 : 최저온도를 0으로 기준하여 측정한 온도

14 다음 중 용적식 유량계가 아닌 것은?

① 로터리형 유량계
② 피토관 유량계
③ 루트형 유량계
④ 오벌기어형 유량계

해설

피토관 : 동정(動靜)압의 차이로 풍량을 측정하는 기구

15 보일러의 압력에 관한 안전장치 중 설정압이 낮은 것부터 높은 순으로 열거된 것은?

① 압력제한기 - 압력조절기 - 안전밸브
② 압력조절기 - 압력제한기 - 안전밸브
③ 안전밸브 - 압력제한기 - 압력조절기
④ 압력조절기 - 안전밸브 - 압력제한기

해설

보일러의 압력에 관한 안전장치 설정압
압력조절기 < 압력제한기 < 안전밸브

16 배관의 하중을 위에서 끌어당겨 지지할 목적으로 사용되는 지지구가 아닌 것은?

① 리지드 행거(Rigid Hanger)
② 앵커(Anchor)
③ 콘스탄트 행거(Constant Hanger)
④ 스프링 행거(Spring Hanger)

해설

앵커 : 배관 지지점의 이동 및 회전을 허용하지 않고 일정 위치에 완전히 고정하는 장치

정답 12 ① 13 ③ 14 ② 15 ② 16 ②

17 에너지이용합리화법에 의한 검사대상기기 중 소형 온수보일러의 검사대상기기 적용범위에 해당하는 가스사용량은 몇 kg/h를 초과하는 것부터인가?

① 15kg/h ② 17kg/h
③ 20kg/h ④ 25kg/h

18 보일러 분출의 목적으로 틀린 것은?

① 불순물로 인한 보일러수의 농축을 방지한다.
② 전열면에 스케일 생성을 방지한다.
③ 포밍이나 프라이밍의 생성을 좋게 한다.
④ 관수의 순환을 좋게 한다.

해설

보일러 분출의 목적
- 관수의 농축 방지
- 슬러지분의 배출 제거
- 프라이밍 · 포밍 방지
- 관수의 pH 조정
- 가성취화 방지
- 고수위 방지

19 보일러의 연관에 대한 설명으로 옳은 것은?

① 관의 내부에서 연소가 이루어지는 관
② 관의 외부에서 연소가 이루어지는 관
③ 관의 내부에는 물이 차 있고, 외부로는 연소가스가 흐르는 관
④ 관의 내부에는 연소가스가 흐르고, 외부로는 물이 차 있는 관

해설

관의 내부에는 연소가스가 흐르고 외부로는 물이 차 있는 관을 연관이라고 한다.

20 자동제어 시 어느 조건이 구비되지 않으면 그 다음 동작을 정지시키는 제어 형태는?

① 온-오프 제어
② 인터로크 제어
③ 피드백 제어
④ 비율 제어

해설

인터로크

어떤 조건이 충족될 때까지 다음 동작을 멈추게 하는 동작으로, 보일러에서는 보일러 운전 중 어떤 조건이 충족되지 않으면 연료 공급을 차단시키는 전자밸브(솔레노이드밸브, Solenoid Valve)의 동작을 의미한다.

21 발열량 6,000kcal/kg인 연료 80kg을 연소시켰을 때 실제로 보일러에 흡수된 유효열량이 408,000kcal 이면, 이 보일러의 효율은?

① 70% ② 75%
③ 80% ④ 85%

해설

보일러 효율

$$\eta = \frac{G \times C \times \Delta t}{G_f \times H_l}$$

$$= \frac{408,000}{80 \times 6,000} \times 100$$

$$= 85\%$$

17 ② 18 ③ 19 ④ 20 ② 21 ④ 정답

22 질소봉입방법으로 보일러 보존 시 보일러 내부에 질소가스의 봉입압력(MPa)으로 적합한 것은?

① 0.02　② 0.03
③ 0.06　④ 0.08

해설

건조보존법
완전 건조시킨 보일러 내부에 흡습제 또는 질소가스를 넣고 밀폐 보존하는 방법이다(6개월 이상의 장기보존방법).
- 흡습제 : 생석회, 실리카겔, 활성알루미나, 염화칼슘, 기화방청제 등이 있다.
- 질소가스 봉입 : 압력 0.06MPa으로 봉입하여 밀폐 보존한다.

23 두께가 150mm, 면적이 15m^{2}인 벽이 있다. 내면온도는 200℃, 외면온도가 20℃일 때 벽을 통한 열손실량은?(단, 열전도율은 0.25kcal/m·h·℃이다)

① 101kcal/h
② 675kcal/h
③ 2,345kcal/h
④ 4,500kcal/h

해설

$$Q = \lambda \times F \times \frac{\Delta t}{l}$$
$$= 0.25 \times 15 \times \frac{200-20}{0.15}$$
$$= 4,500\text{kcal/h}$$

여기서, Q : 1시간 동안 전해진 열량(kcal/h)
λ : 열전도율(kcal/m·h·℃)
F : 전열면적(m^2)
l : 두께(m)
Δt : 온도차(℃)

24 에너지이용합리화법상 에너지진단기관의 지정 기준은 누구의 영으로 정하는가?

① 대통령
② 시·도지사
③ 시공업자단체장
④ 산업통상자원부장관

해설

에너지진단기관의 지정기준은 대통령령으로 정하고, 진단기관의 지정절차와 그 밖에 필요한 사항은 산업통상자원부령으로 정한다(에너지이용합리화법 제32조).

25 보일러 수면계의 기능시험시기로 적합하지 않는 것은?

① 프라이밍, 포밍 등이 생길 때
② 보일러를 가동하기 전
③ 2개 수면계의 수위에 차이를 발견했을 때
④ 수위의 움직임이 민감하고 정확할 때

해설

수면계의 점검시기
- 보일러를 가동하기 전
- 프라이밍·포밍 발생 시
- 두 조의 수면계 수위가 서로 다를 경우
- 수면계의 수위가 의심스러울 때
- 수면계 교체 시

26 높이를 관의 중심을 기준으로 표시한 기호는?

① TOP　② GL
③ BOP　④ EL

해설

높이 표시
- EL : 배관의 높이를 관의 중심을 기준으로 표시한 것
  - BOP법 : 관 외경의 아랫면까지의 높이를 기준으로 표시
  - TOP법 : 관 외경의 윗면까지의 높이를 기준으로 표시
- GL : 지표면을 기준으로 하여 높이를 표시한 것
- FL : 1층의 바닥면을 기준으로 하여 높이를 표시한 것

정답 22 ③ 23 ④ 24 ① 25 ④ 26 ④

27 보일러 연료의 구비조건으로 틀린 것은?

① 공기 중에 쉽게 연소할 것
② 단위 중량당 발열량이 클 것
③ 연소 시 회분 등 배출물이 많을 것
④ 저장이나 운반, 취급이 용이할 것

해설

연료의 구비조건
- 공급이 용이하고 풍부할 것
- 저장 및 운반이 편리할 것
- 인체에 무해하고 대기오염도가 적을 것
- 단위 용적당 발열량이 높을 것
- 가격이 저렴할 것
- 취급이 용이하고 안전성이 있을 것

28 보일러의 자동제어를 제어동작에 따라 구분할 때 연속동작에 해당되는 것은?

① 2위치 동작
② 다위치 동작
③ 비례동작(P동작)
④ 부동제어동작

해설

제어동작
- 불연속동작
  - 온-오프(ON-OFF) 동작 : 조작량이 두 개인 동작
  - 다위치 동작 : 3개 이상의 정해진 값 중 하나를 취하는 방식
  - 단속도 동작 : 일정한 속도로 정역 방향으로 번갈아 작동시키는 방식
- 연속동작
  - 비례동작(P) : 조작량이 신호에 비례
  - 적분동작(I) : 조작량이 신호의 적분값에 비례
  - 미분동작(D) : 조작량이 신호의 미분값에 비례

29 압축기의 진동과 서징, 관의 수격작용, 지진 등에서 발생하는 진동을 억제하기 위해 사용하는 지지 장치는?

① 벤드벤　　② 플랩밸브
③ 그랜드패킹　　④ 브레이스

해설

브레이스(Brace) : 펌프, 압축기 등에서 발생하는 기계의 진동을 흡수하는 방진기와 수격작용, 지진 등에서 일어나는 충격을 완화하는 완충기가 있다.

30 세관작업 시 규산염은 염산에 잘 녹지 않아 용해촉진제를 사용하는데, 다음 중 어느 것을 사용하는가?

① H_2SO_4　　② HF
③ NH_3　　④ Na_2SO_4

해설

황산염, 규산염 등의 경질 스케일은 염산에 잘 용해되지 않아 용해촉진제를 사용하여야 하며, 용해촉진제는 플루오린화수소산(HF)이다.

31 다음 중 펌프의 공동현상의 방지대책으로 옳지 않은 것은?

① 설치 위치를 수원보다 낮게 한다.
② 임펠러(Impeller) 속도를 크게 한다.
③ 흡입측 수두손실을 작게 한다.
④ 흡입관경을 크게 한다.

해설

공동현상의 방지대책
- 펌프의 흡입측 수두, 마찰손실을 작게 한다.
- 펌프 임펠러(Impeller) 속도를 작게 한다.
- 펌프의 흡입관경을 크게 한다.
- 펌프의 설치 위치를 수원보다 낮게 하여야 한다.
- 펌프 흡입압력을 유체의 증기압보다 높게 한다.
- 양흡입펌프를 사용하여야 한다.
- 양흡입펌프로 부족 시 펌프를 2대로 나눈다.

27 ③　28 ③　29 ④　30 ②　31 ②　정답

32 신에너지 및 재생에너지 개발 · 이용 · 보급 촉진법에서 규정하는 신재생 에너지 설비 중 '지열에너지 설비'의 설명으로 옳은 것은?

① 바람의 에너지를 변환시켜 전기를 생산하는 설비
② 물의 유동에너지를 변환시켜 전기를 생산하는 설비
③ 폐기물을 변환시켜 연료 및 에너지를 생산하는 설비
④ 물, 지하수 및 지하의 열 등의 온도차를 변환시켜 에너지를 생산하는 설비

해설

신재생에너지 설비(신에너지 및 재생에너지 개발 · 이용 · 보급 촉진법 시행규칙 제2조)

- 태양에너지 설비
  - 태양열 설비 : 태양의 열에너지를 변환시켜 전기를 생산하거나 에너지원으로 이용하는 설비
  - 태양광 설비 : 태양의 빛에너지를 변환시켜 전기를 생산하거나 채광(採光)에 이용하는 설비
- 바이오에너지 설비 : 바이오에너지를 생산하거나 이를 에너지원으로 이용하는 설비
- 풍력 설비 : 바람의 에너지를 변환시켜 전기를 생산하는 설비
- 수력 설비 : 물의 유동(流動)에너지를 변환시켜 전기를 생산하는 설비
- 연료전지 설비 : 수소와 산소의 전기화학반응을 통하여 전기 또는 열을 생산하는 설비
- 석탄을 액화 · 가스화한 에너지 및 중질잔사유(重質殘渣油)를 가스화한 에너지 설비 : 석탄 및 중질잔사유의 저급 연료를 액화 또는 가스화시켜 전기 또는 열을 생산하는 설비
- 해양에너지 설비 : 해양의 조수, 파도, 해류, 온도차 등을 변환시켜 전기 또는 열을 생산하는 설비
- 폐기물에너지 설비 : 폐기물을 변환시켜 연료 및 에너지를 생산하는 설비
- 지열에너지 설비 : 물, 지하수 및 지하의 열 등의 온도차를 변환시켜 에너지를 생산하는 설비
- 수소에너지 설비 : 물이나 그 밖에 연료를 변환시켜 수소를 생산하거나 이용하는 설비

33 연소가스 성분 중 인체에 미치는 독성이 가장 작은 것은?

① SO_2 ② NO_2
③ CO_2 ④ CO

해설

가스의 허용농도

- SO_2 : 2ppm
- NO_2 : 3ppm
- CO_2 : 5,000ppm
- CO : 50ppm

34 중유의 첨가제 중 슬러지의 생성방지제 역할을 하는 것은?

① 회분개질제 ② 탈수제
③ 연소촉진제 ④ 안정제

해설

중유의 연소 상태를 개선하기 위한 첨가제

- 회분개질제 : 회분의 융점을 높여 고온 부식을 방지한다.
- 탈수제 : 연료 속의 수분을 분리 제거한다.
- 연소촉진제 : 기름 분무를 용이하게 한다.
- 안정제 : 슬러지 생성을 방지한다.

35 보일러 급수 중의 용존(용해) 고형물을 처리하는 방법으로 부적합한 것은?

① 증류법 ② 응집법
③ 약품첨가법 ④ 이온교환법

해설

급수처리(관외처리)

- 고형 협잡물 처리 : 침강법, 여과법, 응집법
- 용존가스제 처리 : 기폭법(CO_2, Fe, Mn, NH_3, H_2S), 탈기법(CO_2, O_2)
- 용해 고형물 처리 : 증류법, 이온교환법, 약제첨가법

정답 32 ④ 33 ③ 34 ④ 35 ②

36 증기보일러의 효율계산식을 바르게 나타낸 것은?

① $\text{효율}(\%) = \dfrac{\text{상당증발량} \times 538.8}{\text{연료소비량} \times \text{연료의 발열량}} \times 100$

② $\text{효율}(\%) = \dfrac{\text{증기소비량} \times 538.8}{\text{연료소비량} \times \text{연료의 비중}} \times 100$

③ $\text{효율}(\%) = \dfrac{\text{급수량} \times 538.8}{\text{연료소비량} \times \text{연료의 발열량}} \times 100$

④ $\text{효율}(\%) = \dfrac{\text{급수사용량}}{\text{증기발열량}} \times 100$

해설

$$\text{보일러 효율}(\eta) = \frac{G_a(h''-h')}{G_f \times H_l} \times 100 = \frac{GC\Delta t}{G_f \times H_l} \times 100 = \frac{G_e \times 539}{G_f \times H_l} \times 100$$

여기서, G_f : 연료사용량
H_l : 연료의 발열량
G_a : 실제증발량
h'' : 증기엔탈피
h' : 급수엔탈피
G : 질량
C : 비열
Δt : 온도차
G_e : 상당증발량

37 20A 관을 90°로 구부릴 때 중심 곡선의 적당한 길이는 약 몇 mm인가?(단, 곡률 반지름 R = 100mm이다)

① 147 ② 157
③ 167 ④ 177

해설

배관의 길이(l)

$$l = 2\pi R \frac{\theta}{360} = 2 \times 3.14 \times 100 \times \frac{90}{360} = 157$$

38 그랜드 패킹의 종류에 해당하지 않는 것은?

① 편조 패킹
② 액상 합성수지 패킹
③ 플라스틱 패킹
④ 메탈 패킹

해설

- 그랜드 패킹의 종류
  - 브레이드 패킹 : 석면 브레이드 패킹
  - 플라스틱 패킹 : 면상 패킹
  - 금속 패킹
  - 적측 패킹 : 고무 면사적층 패킹, 고무 석면포 · 적측형 패킹
- 패킹의 재료에 따른 패킹의 종류
  - 플랜지 패킹 : 고무 패킹(천연고무, 네오프렌), 석면 조인트 시트, 합성수지 패킹(테프론), 금속 패킹, 오일 실 패킹
  - 나사용 패킹 : 페인트, 일산화연, 액상 합성수지
  - 그랜드 패킹 : 석면 각형 패킹, 석면 얀 패킹, 아마존 패킹, 몰드 패킹, 가죽 패킹

39 보온재 중 스티로폼이라고 하며, 체적의 97~98%가 기공으로 되어 있어 열차단능력이 우수하고, 내수성도 뛰어난 보온재는?

① 폴리스티렌 폼
② 경질 우레탄 폼
③ 코르크
④ 글라스울

해설

스티로폼(폴리스티렌 폼) : 체적의 97~98%가 기공으로 되어 있어 열차단능력이 우수하고, 내수성도 뛰어난 보온재이다.

36 ① 37 ② 38 ② 39 ① 정답

40 가스버너에서 리프팅(Lifting)현상이 발생하는 경우는?

① 가스압이 너무 높은 경우
② 버너 부식으로 염공이 커진 경우
③ 버너가 과열된 경우
④ 1차 공기의 흡인이 많은 경우

해설

리프팅(선화) 발생원인
- 가스유출압력이 연소속도보다 더 빠른 경우
- 버너 내의 가스압력이 너무 높아 가스가 지나치게 분출하는 경우
- 댐퍼가 과대하게 개방되어 혼합 가스량이 많을 때
- 염공이 막혔을 때

41 공기량이 지나치게 많을 때 나타나는 현상 중 틀린 것은?

① 연소실 온도가 떨어진다.
② 열효율이 저하한다.
③ 연료소비량이 증가한다.
④ 배기가스 온도가 높아진다.

해설

공기량이 지나치게 큰 경우 나타나는 현상
- 연소실의 온도가 떨어진다.
- 열효율이 저하된다.
- 연료소비량이 증가된다.
- 배기가스 온도가 떨어진다.

42 보일러효율 시험방법에 관한 설명으로 틀린 것은?

① 급수온도는 절탄기가 있는 것은 절탄기 입구에서 측정한다.
② 배기가스의 온도는 전열면의 최종 출구에서 측정한다.
③ 포화증기의 압력은 보일러 출구의 압력으로 부르동관식 압력계로 측정한다.
④ 증기온도의 경우 과열기가 있을 때는 과열기 입구에서 측정한다.

해설

증기온도의 경우 과열기가 있을 때는 과열기 출구에서 증기온도를 측정한다.

43 1기압하에서 20°C의 물 10kg을 100°C의 증기로 변화시킬 때 필요한 열량은 얼마인가?(단, 물의 비열은 1kcal/ kg · °C이다)

① 6,190kcal ② 6,390kcal
③ 7,380kcal ④ 7,480kcal

해설

총열량(Q)

$Q = q_1 + q_2$

$q_1 = G \times C \times \Delta t = 10 \times 1 \times (100 - 20) = 800$kcal

$q_2 = G \times \gamma = 10 \times 539 = 5,390$kcal

$\therefore Q = 800 + 5,390 = 6,190$kcal

여기서, q_1 : 현열

q_2 : 잠열

44 보일러의 제어장치 중 연소용 공기를 제어하는 설비는 자동제어에서 어디에 속하는가?

① FWC ② ABC
③ ACC ④ AFC

해설

보일러 자동제어

보일러 자동제어(ABC)	제어량	조작량
자동연소제어(ACC)	증기압력	연료량, 공기량
	노내압력	연소가스량
급수제어(FWC)	드럼수위	급수량
증기온도제어(STC)	과열증기온도	전열량

45 다음 중 보일러에서 실화가 발생하는 원인으로 거리가 먼 것은?

① 버너의 팁이나 노즐이 카본이나 소손 등으로 막혀 있다.
② 분사용 증기 또는 공기의 공급량이 연료량에 비해 과다 또는 과소하다.
③ 중유를 과열하여 중유가 유관 내나 가열기 내에서 가스화하여 중유의 흐름이 중단되었다.
④ 연료 속의 수분이나 공기가 거의 없다.

해설

실화의 일반적인 원인
- 버너의 분무구(팁, 노즐 등)가 생성 부착된 카본이나 소손 등으로 막혀 있다.
- 연료 속에 수분이나 공기가 비교적 많이 섞여 있다.
- 분사용 증기 또는 공기의 공급량이 연료량에 비해 과다 또는 과소하다.
- 분사용 증기 또는 공기에 응축수가 비교적 많이 섞여 있다.
- 중유를 과열하여 중유가 유관 내나 가열기 내에서 가스화하여 중유의 흐름이 중단된다.
- 중유의 예열온도가 너무 낮아 분무 상태가 불량하여 기름방울이 너무 크다.
- 연료 배관 중의 스트레이너가 막혀 있다.

46 보일러 본체나 수관, 연관 등에 발생하는 블리스터(Blister)에 대한 설명으로 옳은 것은?

① 강판이나 관의 제조 시 두 장의 층을 형성하는 것
② 래미네이션된 강판이 열에 의해 혹처럼 부풀어 나오는 현상
③ 노통이 외부압력에 의해 내부로 짓눌리는 현상
④ 리벳 조인트나 리벳 구멍 등의 응력이 집중하는 곳에 물리적 작용과 더불어 화학적 작용에 의해 발생하는 균열

해설
- 래미네이션 : 강판이 내부의 기포에 의해 2장의 층으로 분리되는 현상
- 블리스터 : 강판이 내부의 기포에 의해 표면이 부풀어 오르는 현상

47 다음 중 난방부하의 단위로 옳은 것은?

① kcal/kg ② kcal/h
③ kg/h ④ $kcal/m^2 \cdot h$

해설

난방부하의 단위 : kcal/h

※ 난방부하 = 난방을 목적으로 실내온도를 보전하기 위하여 공급되는 열량 – 손실되는 열량

48 콘크리트 벽이나 바닥 등에 배관이 관통하는 곳에 관의 보호를 위하여 사용하는 것은?

① 슬리브 ② 보온재료
③ 행 거 ④ 신축곡관

해설

① 슬리브 : 벽 같은 곳을 구멍을 내고 배관이 통과하는 곳에 관의 보호를 위해 사용하는 것
③ 행거 : 배관의 하중을 위(천장)에서 걸어 당겨 받치는 지지구
④ 신축곡관 : 루프형(만곡형)이라고도 하며 고온, 고압용 증기관 등의 옥외 배관에 많이 쓰이는 신축이음

44 ③ 45 ④ 46 ② 47 ② 48 ① 정답

49 일반적으로 보일러 패널 내부온도는 몇 ℃를 넘지 않도록 하는 것이 좋은가?

① 60℃ ② 70℃
③ 80℃ ④ 90℃

해설
일반적으로 보일러 패널 내부온도는 60℃를 넘지 않는 것이 좋다.

50 방열기의 구조에 관한 설명으로 옳지 않은 것은?

① 주요 구조 부분은 금속재료나 그 밖의 강도와 내구성을 가지는 적절한 재질의 것을 사용해야 한다.
② 엘리먼트 부분은 사용하는 온수 또는 증기의 온도 및 압력을 충분히 견디어 낼 수 있는 것으로 한다.
③ 온수를 사용하는 것에는 보온을 위해 엘리먼트 내에 공기를 빼는 구조가 없도록 한다.
④ 배관 접속부는 시공이 쉽고 점검이 용이해야 한다.

해설
방열기의 온수를 사용하는 곳도 공기를 빼는 구조이어야 한다.

51 강관재 루프형 신축이음은 고압에 견디고 고장이 적어 고온·고압용 배관에 이용되는데, 이 신축이음의 곡률 반경은 관 지름의 몇 배 이상으로 하는 것이 좋은가?

① 2배 ② 3배
③ 4배 ④ 6배

해설
루프형 신축이음의 곡률 반경은 관 지름의 6배 이상으로 한다.

52 열의 일당량 값으로 옳은 것은?

① 427kg·m/kcal
② 327kg·m/kcal
③ 273kg·m/kcal
④ 472kg·m/kcal

해설
- 열의 일당량 J = 427(kg·m/kcal)
- 일의 열당량 A = 1/427(kcal/kg·m)

53 급유장치에서 보일러 가동 중 연소의 소화, 압력초과 등 이상현상 발생 시 긴급히 연료를 차단하는 것은?

① 압력조절 스위치
② 압력제한 스위치
③ 감압밸브
④ 전자밸브

해설
전자밸브 : 보일러 운전 중 긴급 시 연료를 차단하는 밸브로 증기압력제한기로 저수위 경보기, 화염검출기 등이 연결되어 있다.

정답 49 ① 50 ③ 51 ④ 52 ① 53 ④

54 다음 중 표면연소하는 연료는?

① 목 탄　② 중 유
③ 석 탄　④ LPG

해설

연소의 종류
- 표면연소 : 목탄(숯), 코크스, 금속분
- 분해연소 : 중유, 석탄
- 증발연소 : 경유, 석유, 휘발유
- 확산연소 : 액화석유가스(LPG)

55 가압수식 집진장치의 종류에 속하는 것은?

① 백필터　② 세정탑
③ 코트렐　④ 배풀식

해설

습식(세정식) 집진장치
- 가압수식 : 사이클론 스크러버, 제트 스크러버, 벤투리 스크러버, 충전탑
- 유수식
- 회전식

56 보일러의 운전 정지 시 가장 뒤에 조작하는 작업은?

① 연료의 공급을 정지시킨다.
② 연소용 공기의 공급을 정지시킨다.
③ 댐퍼를 닫는다.
④ 급수펌프를 정지시킨다.

해설

보일러 운전 정지 순서
연료 공급 정지 → 공기 공급 정지 → 급수하여 압력을 낮추고 급수펌프 정지 → 증기밸브 차단 → 드레인밸브 엶 → 댐퍼 닫음

57 보일러 급수의 pH로 가장 적합한 것은?

① 4~6　② 7~9
③ 9~11　④ 11~13

해설

보일러 급수의 pH : 7~9
※ 관수의 pH : 10.5 ~ 11.8(약 알칼리성)

58 강관의 스케줄 번호가 나타내는 것은?

① 관의 중심
② 관의 두께
③ 관의 외경
④ 관의 내경

해설

스케줄 번호(SCH) : 관의 두께를 나타내는 번호

54 ① 55 ② 56 ③ 57 ② 58 ② 정답

59 다음 중 압력계의 종류가 아닌 것은?

① 부르동관식 압력계
② 벨로스식 압력계
③ 유니버설 압력계
④ 다이어프램 압력계

해설

- 탄성식 압력계 : 부르동관식, 다이어프램식, 벨로스식
- 액주식 압력계 : U자관식, 단관식, 경사관식, 마노미터

60 에너지이용합리화법상의 목표에너지원단위를 가장 옳게 설명한 것은?

① 에너지를 사용하여 만드는 제품의 단위당 폐연료 사용량
② 에너지를 사용하여 만드는 제품의 연간 폐열 사용량
③ 에너지를 사용하여 만드는 제품의 단위당 에너지 사용 목표량
④ 에너지를 사용하여 만드는 제품의 연간 폐열에너지 사용 목표량

해설

목표에너지원단위 : 에너지를 사용하여 만드는 제품의 단위당 에너지사용 목표량 또는 건축물의 단위 면적당 에너지 사용 목표량

정답 59 ③ 60 ③

2023년 제 1 회 과년도 기출복원문제

01 기체연료의 발열량 단위로 옳은 것은?

① $kcal/m^2$

② $kcal/cm^2$

③ $kcal/mm^2$

④ $kcal/Nm^3$

해설

발열량의 단위

- 기체 : $kcal/Nm^3$
- 고체 및 액체 : kcal/kg

02 온수보일러에 배플 플레이트(Baffle Plate)를 설치하는 목적으로 옳은 것은?

① 그을음 부착량을 감소시키기 위하여

② 급수를 예열하기 위하여

③ 강도를 보강하기 위하여

④ 연소효율을 감소시키기 위하여

해설

배플은 유체의 흐름을 바꿔 주거나 와류가 생기지 않도록 설치하는 판으로, 연소가스 중의 그을음 부착을 방지하기 위하여 설치한다.

03 보온재의 구비조건이 아닌 것은?

① 열전도율이 가능한 한 작을 것

② 시공 및 취급이 간편할 것

③ 흡수성이 적을 것

④ 비중이 클 것

해설

보온재의 구비조건

- 열전도율이 작을 것
- 시공성이 좋을 것
- 흡습성, 흡수성이 적을 것
- 경제적일 것
- 적당한 기계적 강도를 가질 것
- 부피, 비중(밀도)이 적을 것

04 보일러 1마력을 상당증발량으로 환산하면 약 얼마인가?

① 13.65kg/h ② 15.65kg/h

③ 18.65kg/h ④ 21.65kg/h

해설

보일러 1마력 : 100℃ 물 15.65kg을 1시간 동안 같은 온도의 증기로 변화시킬 수 있는 능력

05 스테인리스강의 내식성과 가장 관계가 깊은 것은?

① 철(Fe) ② 크롬(Cr)

③ 알루미늄(Al) ④ 구리(Cu)

해설

Cr과 Ni은 내식성, 내열성, 내마모성을 증가시킨다.

1 ④ 2 ① 3 ④ 4 ② 5 ② 정답

06 포화온도가 105℃인 증기난방방열기의 상당방열면적이 20m²일 경우 시간당 발생하는 응축수량은 약 kg/h인가?(단, 105℃ 증기의 증발잠열은 535.6 kcal/kg이다)

① 10.37　　② 20.57

③ 12.17　　④ 24.27

해설

응축수량(G)

$G = \frac{Q}{\gamma} = \frac{650 \times 20}{535.6} \fallingdotseq 24.27$kg/h

여기서, Q : 방열기 방열량

γ : 증발잠열

07 전열면적이 15m²인 증기보일러의 급수밸브 크기는?

① 32A 이상

② 25A 이상

③ 20A 이상

④ 15A 이상

해설

급수밸브 및 체크밸브의 크기

- 전열면적 10m² 이하 : 호칭 15A 이상
- 전열면적 10m² 초과 : 호칭 20A 이상

08 강관재 루프형 신축이음은 고압에 견디고 고장이 적어 고온·고압용 배관에 이용되는데, 이 신축이음의 곡률반경은 관지름의 몇 배 이상으로 하는 것이 좋은가?

① 2배　　② 3배

③ 4배　　④ 6배

해설

루프형 신축이음의 곡률반경은 관지름의 6배 이상으로 한다.

09 증기난방법 중 응축수 환수방식에 의한 분류에 해당하지 않는 것은?

① 기계환수식

② 중력환수식

③ 진공환수식

④ 저압환수식

해설

응축수 환수방법

- 중력환수식 : 환수관 내의 응축수를 중력에 의해 환수시키는 방식이다.
- 기계환수식 : 응축수를 탱크에 모아서 펌프로 보일러에 보내는 방식이다.
- 진공환수식 : 대규모 난방에 많이 사용하는 방법으로 환수 주관의 끝, 보일러의 바로 앞에 진공펌프를 설치하여 환수관 내의 응축수 및 공기를 흡인하여 환수관의 진공도를 100~250mmHg로 유지하므로 응축수를 빨리 배출시킬 수 있고 방열기 내의 공기도 빼낼 수 있다.

10 물의 임계압력에서의 잠열은 몇 kcal/kg인가?

① 539　　② 100

③ 0　　④ 639

해설

임계점(임계압력)

포화수가 증발현상이 없고 포화수가 증기로 변하며, 액체와 기체의 구별이 없어지는 지점으로 증발잠열이 0인 상태의 압력 및 온도이다.

- 임계압 : 222.65kg/cm²
- 임계온도 : 374.15℃
- 임계잠열 : 0kcal/kg

정답 6 ④ 7 ③ 8 ④ 9 ④ 10 ③

11 보일러에서 열정산을 하는 목적으로 옳은 것은?

① 보일러 연소실의 구조를 알 수 있다.

② 보일러에 사용되는 연료의 열량을 계산한다.

③ 보일러에서 열의 이동 상태를 파악할 수 있다.

④ 보일러에서 열정산하면 입열과 출열은 다르다.

해설

보일러 열정산의 목적

- 열의 이동 상태를 파악하기 위하여
- 보일러의 효율을 파악하기 위하여
- 열의 손실을 파악하기 위하여
- 보일러의 성능 개선 자료를 얻기 위하여
- 조업방법을 개선하기 위하여
- 열설비의 성능을 파악하기 위하여

12 유류 연소 시의 일반적인 공기비는?

① 0.95~1.1 ② 1.6~1.8

③ 1.2~1.4 ④ 1.8~2.0

해설

연소 시의 일반적인 공기비

- 기체연료 공기비 : 1.1~1.3
- 액체연료 공기비 : 1.2~1.4
- 고체연료 공기비 : 1.4~2.0

13 열의 일당량 값으로 옳은 것은?

① 427kg · m/kcal

② 327kg · m/kcal

③ 273kg · m/kcal

④ 472kg · m/kcal

해설

- 열의 일당량 J = 427kg · m/kcal
- 일의 열당량 $A = \frac{1}{427}$kcal/kg · m

14 일반적으로 급속연소가 가능하며 높은 화염온도를 얻을 수 있고, 저칼로리 가스의 연소와 예열공기의 사용이 곤란한 가스버너는?

① 유도혼합식 버너

② 내부혼합식 버너

③ 부분혼합식 버너

④ 외부혼합식 버너

해설

내부혼합식 버너는 연소에 필요공기량을 전량 혼합하여 노즐에서 분출하고 연소시키는 형식으로, 화염이 짧다. 또한, 버너 내의 가스와 공기가 연소한계 내에 있어 혼합기의 유출속도가 그 연소속도 이하가 되면 역화를 일으키기 때문에 어느 정도 높은 압력을 갖게 하여 유출속도를 빠르게 할 필요가 있고, 예열공기의 사용이 곤란한 가스버너이다.

15 보일러 효율이 85%, 실제증발량이 5t/h, 발생증기의 엔탈피는 656kcal/kg, 급수온도의 엔탈피는 56kcal/kg, 연료의 저위발열량이 9,750kcal/kg일 때, 연료소비량은 약 몇 kg/h인가?

① 316 ② 362

③ 389 ④ 405

해설

보일러 효율(η)

$$\eta = \frac{G_a(h'' - h')}{G_f \times H_l} \times 100$$

$$85 = \frac{5,000(656 - 56)}{x \times 9,750} \times 100$$

∴ 연료소비량 x ≒ 362kgf/h

11 ③ 12 ③ 13 ① 14 ② 15 ② 정답

16 20A 관을 90°로 구부릴 때 중심곡선의 적당한 길이는 약 몇 mm인가?(단, 곡률 반지름 R = 100mm이다)

① 147 ② 157
③ 167 ④ 177

해설

배관의 길이(l)

$$l = 2\pi R\frac{\theta}{360} = 2\times3.14\times100\times\frac{90}{360} = 157$$

17 피드백 제어(Feedback Control)에서 기본 3대 구성요소에 해당되지 않는 것은?

① 조작부
② 조절부
③ 외관부
④ 검출부

해설

피드백 제어의 3대 구성요소 : 조절부, 조작부, 검출부

18 유류 연소 수동보일러의 운전 정지 내용으로 옳지 않은 것은?

① 운전 정지 직전에 유류 예열기의 전원을 차단하고 유류 예열기의 온도를 낮춘다.
② 연소실 내, 연도를 환기시키고 댐퍼를 닫는다.
③ 보일러 수위를 정상 수위보다 조금 낮추고 버너의 운전을 정지시킨다.
④ 연소실에서 버너를 분리하여 청소하고, 기름이 누설되는지 점검한다.

해설

유류 연소 수동보일러는 보일러 수위를 정상 수위 상태에서 운전을 정지시킨다.

19 고체연료와 비교하여 액체연료 사용 시의 장점으로 옳지 않은 것은?

① 인화의 위험성이 없으며, 역화가 발생하지 않는다.
② 그을음이 적게 발생하고, 연소효율도 높다.
③ 품질이 비교적 균일하며, 발열량이 크다.
④ 저장 중 변질이 적다.

해설

액체연료는 인화의 위험성이 높고, 역화가 발생할 수 있다.

20 차압식 유량계의 원리는?

① 토리첼리의 정리
② 베르누이의 정리
③ 아르키메데스의 정리
④ 돌턴의 정리

해설

차압식 유량계는 오리피스미터, 플로노즐, 벤투리미터 등으로 베르누이의 정리를 이용한 방식이다.

정답 16 ② 17 ③ 18 ③ 19 ① 20 ②

21 **보일러 기관의 작동을 저지시키는 인터로크 제어에 해당하지 않는 것은?**

① 저수위 인터로크
② 저압력 인터로크
③ 저연소 인터로크
④ 프리퍼지 인터로크

해설

인터로크의 종류
저수위 인터로크, 압력 초과 인터로크, 불착화 인터로크, 저연소 인터로크, 프리퍼지 인터로크 등

22 **보일러의 열효율 향상과 관계가 없는 것은?**

① 공기예열기를 설치하여 연소용 공기를 예열한다.
② 절탄기를 설치하여 급수를 예열한다.
③ 가능한 한 과잉공기를 줄인다.
④ 급수펌프로는 원심펌프를 사용한다.

해설

급수펌프의 종류와 열효율 향상과는 관계가 없다.

23 **액체연료 연소방식에서 연료를 무화시키는 목적으로 옳지 않은 것은?**

① 연소효율을 높이기 위해
② 연료와 연소용 공기의 혼합을 고르게 하기 위해
③ 연소실의 열부하를 낮게 하기 위해
④ 연료 단위 중량당 표면적을 크게 하기 위해

해설

연료 무화의 목적
- 연소효율을 향상시킨다.
- 단위 중량당 표면적을 넓게 한다.
- 주위 공기와 혼합을 양호하게 한다.
- 연소실을 고부하로 유지한다.

24 **온수난방 배관 시공법의 설명으로 옳지 않은 것은?**

① 온수난방은 보통 1/250 이상의 끝올림 구배를 주는 것이 이상적이다.
② 수평 배관에서 관경을 바꿀 때는 편심 리듀서를 사용하는 것이 좋다.
③ 지관이 주관 아래로 분기될 때는 45° 이상 끝내림 구배로 배관한다.
④ 팽창탱크에 이르는 팽창관에는 조정용 밸브를 단다.

해설

팽창탱크에 이르는 팽창관에는 조정용 밸브를 달지 않는다.

25 **증기 또는 온수보일러로서 여러 개의 섹션(Section)을 조합하여 제작하는 보일러는?**

① 열매체 보일러
② 강철제 보일러
③ 관류보일러
④ 주철제 보일러

해설

주철제 보일러는 여러 개의 섹션(Section)을 조합하여 제작하는 보일러로 내식성과 내열성이 좋고, 저압력 보일러로서 충격에 약하다.

21 ② 22 ④ 23 ③ 24 ④ 25 ④ 정답

26 증기트랩이 갖추어야 할 필요조건이 아닌 것은?

① 동작이 확실할 것
② 마찰저항이 클 것
③ 내구성이 있을 것
④ 공기를 뺄 수 있을 것

해설

증기트랩의 구비조건
• 마찰저항이 작을 것
• 내식성, 내구성이 좋을 것
• 공기를 빼내기 좋을 것
• 응축수의 연속 배출이 용이할 것
• 압력과 유량에 따른 작동이 확실할 것

27 연소용 공기를 노의 앞에서 불어 넣어 공기가 차고 깨끗하며, 송풍기의 고장이 적고 점검 수리가 용이한 보일러의 강제통풍 방식은?

① 압입통풍　② 흡입통풍
③ 자연통풍　④ 수직통풍

해설

압입통풍 : 강제통풍이라고도 하며, 송풍기를 사용하여 강제적으로 통풍하는 인공통풍이다. 보일러 노내의 연소용 공기를 송풍기를 이용하여 대기압보다 조금 높은 압력으로 노내에 압입시키는 통풍이다.

28 연료(fuel)가 갖추어야 할 구비조건이 아닌 것은?

① 조달이 용이하고 풍부해야 한다.
② 저장과 운반이 편리해야 한다.
③ 연소 시 배출물이 많아야 한다.
④ 취급이 용이하고, 안전하며 무해해야 한다.

해설

연료(fuel)의 구비조건
• 연소 배출물이 적어야 한다.
• 공기 중에서 연소하기 쉬워야 한다.
• 조달이 용이하고, 풍부해야 한다.
• 발열량이 커야 한다.
• 저장과 운반이 편리해야 한다.
• 취급이 용이하고 안전하며 무해하여야 한다.
• 휘발성이 좋아야 한다.

29 다음 보기에서 설명한 송풍기의 종류는?

보기
• 경향 날개형이며 6~12매의 철판제 직선 날개를 보스에서 방사한 스포크에 리벳 죔을 한 것이며, 측관이 있는 임펠러와 측판이 없는 것이 있다.
• 구조가 견고하며 내마모성이 크고 날개를 바꾸기도 쉬우며 회전이 많은 가스의 흡출 통풍기, 미분탄 장치의 배탄기 등에 사용된다.

① 터보 송풍기　② 다익 송풍기
③ 축류 송풍기　④ 플레이트 송풍기

해설

① 터보 송풍기 : 낮은 정압에서 높은 정압의 영역까지 폭넓은 운전범위를 가지고 있으며, 각 용도에 적합한 깃 및 케이싱 구조, 재질의 선택을 통하여 일반 공기 이송에서 고온의 가스 혼합물 및 분체 이송까지 폭넓은 용도로 사용할 수 있다.
② 다익 송풍기 : 일반적으로 시로코 팬(Sirocco Fan)이라고 하며, 임펠러 형상이 회전 방향에 대해 앞쪽으로 굽어진 원심형 전향익 송풍기이다.
③ 축류 송풍기 : 기본적으로 원통형 케이싱 속에 넣은 임펠러의 회전에 따라 축 방향으로 기체를 송풍하는 형식이다. 일반적으로 효율이 높고 고속회전에 적합하여 전체가 소형이 되는 이점이 있다.

30 연도에서 폐열회수장치의 설치 순서로 옳은 것은?

① 재열기 → 절탄기 → 공기예열기 → 과열기
② 과열기 → 재열기 → 절탄기 → 공기예열기
③ 공기예열기 → 과열기 → 절탄기 → 재열기
④ 절탄기 → 과열기 → 공기예열기 → 재열기

정답 26 ② 27 ① 28 ③ 29 ④ 30 ②

31 원통보일러와 비교한 수관보일러의 장점으로 틀린 것은?

① 고압증기의 발생에 적합하다.
② 구조가 간단하고, 청소가 용이하다.
③ 시동시간이 짧고, 파열 시 피해가 작다.
④ 증발률이 크고 열효율이 높아 대용량에 적합하다.

해설

수관식 보일러의 특징

- 구조가 복잡하여 청소・검사・수리가 어렵고, 스케일 부착이 쉽다.
- 보유 수량이 적어 증기 발생시간이 빠르며, 고압 대용량에 적합하다.
- 외분식이므로 연료의 선택범위가 넓고, 연소 상태가 양호하다.
- 전열면적이 크고, 열효율이 높다.
- 수관의 배열이 용이하고, 패키지형으로 제작이 가능하다.
- 관수처리에 주의를 요한다.

32 과잉공기량에 관한 설명으로 옳은 것은?

① (실제공기량) × (이론공기량)
② (실제공기량)/(이론공기량)
③ (실제공기량) + (이론공기량)
④ (실제공기량)−(이론공기량)

해설

과잉공기량 : 실제공기량에서 이론공기량을 차감하여 얻은 공기량

33 금속 열처리 중 재료를 가열하였다가 급랭시켜 경도를 높이는 방법은?

① 뜨임(Tempering)
② 담금질(Quenching)
③ 풀림(Annealing)
④ 불림(Normalizing)

34 다음 그림은 인젝터의 단면을 나타낸 것이다. C부의 명칭은?

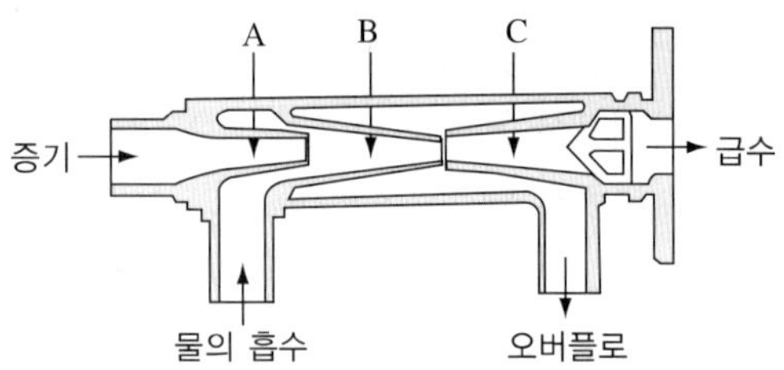

① 증기노즐
② 혼합노즐
③ 분출노즐
④ 고압노즐

해설

- A : 증기노즐
- B : 혼합노즐
- C : 분출노즐

35 캐비테이션의 발생원인이 아닌 것은?

① 흡입양정이 지나치게 큰 경우
② 흡입관의 저항이 작은 경우
③ 유량의 속도가 빠른 경우
④ 관로 내의 온도가 상승된 경우

해설

캐비테이션의 발생원인

- 흡입양정이 지나치게 큰 경우
- 흡입관의 저항이 큰 경우
- 유량의 속도가 빠른 경우
- 관로 내의 온도가 상승된 경우

31 ② 32 ④ 33 ② 34 ③ 35 ② 정답

36 메탄(CH_4) 64kg을 연소시킬 때 이론적으로 필요한 산소량은 몇 kmol인가?

① 1　　② 2
③ 4　　④ 8

해설

- 메탄(CH_4)의 완전연소 반응식
  $CH_4 + 2O_2 \rightarrow CO_2 + 2H_2O$
- 이론산소량(kmol)
  16kg : 2kmol = 64kg : $x$kmol
  $\therefore x = \frac{2 \times 64}{16} = 8\text{kmol}$

37 수소 15%, 수분 0.5%인 중유의 고위발열량이 10,000 kcal/kg이다. 이 중유의 저위발열량은 몇 kcal/kg인가?

① 8,795　　② 8,984
③ 9,085　　④ 9,187

해설

저위발열량 = 고위발열량 − 600(9 × 수소 + 물)
= 10,000 − 600(9 × 0.15 + 0.005)
= 9,187kcal/kg

38 보일러를 장기간 사용하지 않고 보존하는 방법으로 가장 옳은 것은?

① 물을 가득 채워 보존한다.
② 배수하고 물이 없는 상태로 보존한다.
③ 1개월에 1회씩 급수를 공급·교환한다.
④ 건조 후 생석회 등을 넣고 밀봉하여 보존한다.

해설

건조보존법
완전 건조시킨 보일러 내부에 흡습제 또는 질소가스를 넣고 밀폐 보존하는 방법(6개월 이상의 장기 보존방법)이다.

- 흡습제 : 생석회, 실리카겔, 활성알루미나, 염화칼슘, 기화방청제 등
- 질소가스 봉입 : 압력 0.6kg/cm^{2}으로 봉입하여 밀폐 보존한다.

39 보일러에 사용되는 안전밸브 및 압력방출장치의 크기를 20A 이상으로 할 수 있는 보일러가 아닌 것은?

① 소용량 강철제 보일러
② 최대증발량 5t/h 이하의 관류보일러
③ 최고사용압력 1MPa(10kgf/cm^2) 이하의 보일러로 전열면적 5m^2 이하의 것
④ 최고사용압력 0.1MPa(1kgf/cm^2) 이하의 보일러

해설

안전밸브 및 압력방출장치의 크기
안전밸브 및 압력방출장치의 크기는 호칭지름 25A 이상으로 하여야 한다. 다만, 다음 보일러에서는 호칭지름 20A 이상으로 할 수 있다.

- 최고사용압력 1kgf/cm^2(0.1MPa) 이하의 보일러
- 최고사용압력 5kgf/cm^2(0.5MPa) 이하의 보일러로 동체의 안지름이 500mm 이하이며, 동체의 길이가 1,000mm 이하의 것
- 최고사용압력 5kgf/cm^2(0.5MPa) 이하의 보일러로 전열면적 2m^2 이하의 것
- 최대증발량 5t/h 이하의 관류보일러
- 소용량 강철제 보일러, 소용량 주철제 보일러

40 물의 잠열에 대한 설명으로 옳은 것은?

① 압력의 상승으로 증가하는 일의 열당량을 의미한다.
② 물의 온도 상승에 소요되는 열량이다.
③ 온도 변화 없이 상(相) 변화만을 일으키는 열량이다.
④ 건조포화증기의 엔탈피와 같다.

해설

현열과 잠열

- 현열(감열) : 물질이 상태 변화 없이 온도 변화에 필요한 열량
- 잠열 : 물질이 온도 변화 없이 상태 변화에 필요한 열량

정답 36 ④ 37 ④ 38 ④ 39 ③ 40 ③

41 동관의 끝을 나팔 모양으로 만드는 데 사용하는 공구는?

① 사이징 툴
② 익스팬더
③ 플레어링 툴
④ 튜브벤더

해설
① 사이징 툴 : 관 끝을 원형으로 정형하기 위해 사용하는 공구
② 익스팬더 : 동관의 관 끝 확관용 공구
④ 튜브벤더 : 동관 벤딩용 공구

42 보일러 분출 시의 유의사항 중 옳지 않은 것은?

① 분출 도중 다른 작업을 하지 말 것
② 안전저수위 이하로 분출하지 말 것
③ 2대 이상의 보일러를 동시에 분출하지 말 것
④ 계속 운전 중인 보일러는 부하가 가장 클 때 할 것

해설
보일러 분출 시 계속 운전 중인 보일러는 부하가 가장 작을 때 한다.

43 화염의 발열현상을 이용한 열적 검출방식으로, 연소온도에 의해 화염의 유무를 검출하고 감온부는 바이메탈을 사용한 검출기는?

① 플레임 아이
② 스택스위치
③ 플레임 로드
④ 광전관

해설
① 플레임 아이 : 화염의 발광체(빛)를 이용한 검출기로서, 연소실에 설치한다.
③ 플레임 로드 : 화염의 이온화 현상을 이용한 검출기로서, 연소실에 설치한다.

44 중유의 첨가제 중 슬러지의 생성방지제 역할을 하는 것은?

① 회분개질제
② 탈수제
③ 연소촉진제
④ 안정제

해설
중유의 연소 상태를 개선하기 위한 첨가제
• 회분개질제 : 회분의 융점을 높여 고온 부식을 방지한다.
• 탈수제 : 연료 속의 수분을 분리 제거한다.
• 연소촉진제 : 기름 분무를 용이하게 한다.
• 안정제 : 슬러지 생성을 방지한다.

41 ③ 42 ④ 43 ② 44 ④ 정답

45 보일러 드럼 없이 초임계압력 이상에서 고압증기를 발생시키는 보일러는?

① 복사보일러
② 관류보일러
③ 수관보일러
④ 노통연관보일러

해설

관류보일러 : 강제순환식 보일러로, 드럼 없이 긴 관의 한쪽 끝에서 급수를 펌프로 압송하고 도중에서 차례로 가열, 증발, 과열되어 관의 다른 한쪽 끝까지 과열증기로 송출되는 형식의 보일러

46 보일러 급수내관을 설치하는 목적이 아닌 것은?

① 급수를 예열하기 위해
② 냉수를 직접 보일러에 접촉시키지 않기 위해
③ 보일러수의 농축을 막기 위해
④ 보일러수의 순환을 좋게 하기 위해

해설

급수내관의 설치목적
- 보일러 급수를 예열하기 위해
- 보일러수의 순환을 양호하게 하기 위해
- 온도차에 의한 부동팽창을 방지하기 위해
- 관 내 온도의 급격한 변화를 방지하기 위해

47 수관보일러에 설치하는 기수분리기의 종류가 아닌 것은?

① 스크러버형
② 사이크론형
③ 배플형
④ 벨로스형

해설

기수분리기의 종류
- 스크러버식(형) : 장애판 이용
- 사이크론식 : 원심력 이용
- 배플식 : 관성력(방향 전환) 이용
- 건조스크린식 : 금속망 이용

48 인젝터 급수 불능의 원인이 아닌 것은?

① 급수온도가 낮을 때
② 증기압력이 $2kgf/cm^2$ 이하일 때
③ 흡입 관로에서 공기가 유입될 때
④ 인젝터 자체의 온도가 높을 때

해설

인젝터 작동 불량(급수 불량)의 원인
- 50℃ 이상으로 급수온도가 너무 높은 경우
- $2kgf/cm^2$ 이하로 증기압력이 낮은 경우
- 부품이 마모된 경우
- 흡입관로 및 밸브로부터 공기 유입이 있는 경우

정답 45 ② 46 ③ 47 ④ 48 ①

49 **보일러 급수 중 용존(용해) 고형물을 처리하는 방법으로 옳지 않은 것은?**

① 증류법
② 응집법
③ 약품첨가법
④ 이온교환법

해설

급수처리(관외처리)
- 고형 협잡물 처리 : 침강법, 여과법, 응집법
- 용존가스제 처리 : 기폭법(CO_2, Fe, Mn, NH_3, H_2S), 탈기법(CO_2, O_2)
- 용해 고형물 처리 : 증류법, 이온교환법, 약제첨가법

50 **증기헤더(Stem Header)의 설치목적이 아닌 것은?**

① 건도가 높은 증기를 공급하여 수격작용을 방지하기 위해
② 각 사용처에 증기 공급 및 정지를 편리하게 하기 위해
③ 불필요한 증기 공급을 막아 열손실을 방지하기 위해
④ 필요한 압력과 양의 증기를 사용처에 공급하기 좋게 하기 위해

해설

증기헤더(Stem Header) : 보일러에서 생산된 증기를 한곳에 모아 증기를 정치하거나 사용처가 필요한 곳에 증기를 공급할 수 있게 하는 스팀분배기

51 **안전밸브의 누설원인으로 옳지 않은 것은?**

① 밸브시트에 이물질이 부착된 경우
② 밸브를 미는 용수철 힘이 균일한 경우
③ 밸브시트의 연마면이 불량한 경우
④ 밸브 용수철의 장력이 부족한 경우

해설

안전밸브의 누설원인
- 밸브디스크와 밸브시트에 이물질이 있는 경우
- 작동압력이 낮게 조정된 경우
- 스프링의 장력이 약한 경우
- 밸브 축이 이완된 경우

52 **난방부하를 구성하는 인자에 해당하는 것은?**

① 관류 열손실
② 환기에 의한 취득열량
③ 유리창을 통한 취득열량
④ 벽, 지붕 등을 통한 취득열량

해설

난방부하 : 난방에 필요한 공급열량으로, 단위는 kcal/h이다. 실내에 열원이 없을 때의 난방부하는 관류(貫流) 및 환기에 의한 열부하, 난방장치의 손실열량 등으로 이루어진다.

49 ② 50 ① 51 ② 52 ① 정답

53 액체연료의 유압분무식 버너의 종류에 해당되지 않는 것은?

① 플랜지형
② 외측 반환 유형
③ 직접 분사형
④ 간접 분사형

해설

유압분무식 버너의 종류 : 플랜지형, 외측 반환 유형, 직접 분사형
※ 간접 분사형은 미분탄 연료의 분사형식이다.

54 어떤 보일러의 5시간 동안 증발량이 5,000kg이고, 그때의 급수 엔탈피가 25kcal/kg, 증기엔탈피가 675kcal/kg이라면 상당증발량은 약 몇 kg/h인가?

① 1,106 ② 1,206
③ 1,304 ④ 1,451

해설

$$상당증발량(환산) = \frac{실제증발량 \times (증기엔탈피 - 급수엔탈피)}{539}$$

$$= \frac{\frac{5,000}{5} \times (675 - 25)}{539}$$

$$\fallingdotseq 1,206\text{kg/h}$$

55 에너지이용합리화법상 에너지를 사용하여 만드는 제품의 단위당 에너지사용목표량 또는 건축물의 단위면적당 에너지사용목표량을 정하여 고시하는 자는?

① 산업통상자원부장관
② 한국에너지공단 이사장
③ 시・도지사
④ 고용노동부장관

56 에너지다소비사업자가 매년 1월 31일까지 신고해야 할 사항에 포함되지 않는 것은?

① 전년도의 분기별 에너지사용량・제품생산량
② 해당 연도의 분기별 에너지사용예정량・제품생산예정량
③ 에너지사용기자재의 현황
④ 전년도의 분기별 에너지 절감량

해설

에너지다소비사업자의 신고 등(에너지이용합리화법 제31조)
에너지사용량이 대통령령으로 정하는 기준량 이상인 자(에너지다소비사업자)는 다음의 사항을 산업통상자원부령으로 정하는 바에 따라 매년 1월 31일까지 그 에너지사용시설이 있는 지역을 관할하는 시・도지사에게 신고하여야 한다.
㉠ 전년도의 분기별 에너지사용량・제품생산량
㉡ 해당 연도의 분기별 에너지사용예정량・제품생산예정량
㉢ 에너지사용기자재의 현황
㉣ 전년도의 분기별 에너지이용합리화 실적 및 해당 연도의 분기별 계획
㉤ ㉠부터 ㉣까지의 사항에 관한 업무를 담당하는 자(에너지관리자)의 현황

정답 53 ④ 54 ② 55 ① 56 ④

57 **에너지이용합리화법상 검사대상기기 설치자가 검사대상기기의 관리자를 선임하지 않았을 때의 벌칙은?**

① 1년 이하의 징역 또는 2천만원 이하의 벌금
② 1년 이하의 징역 또는 5백만원 이하의 벌금
③ 1천만원 이하의 벌금
④ 5백만원 이하의 벌금

해설

벌칙(에너지이용합리화법 제75조)
검사대상기기 관리자를 선임하지 아니한 자는 1천만원 이하의 벌금에 처한다.

58 **기후위기 대응을 위한 탄소중립 · 녹색성장 기본법령상 온실가스배출관리업체는 해당 연도 온실가스 배출량 명세서에 외부 검증 전문기관의 검증결과를 첨부하여 부문별 관장기관의 장에게 언제까지 제출해야 하는가?**

① 해당 연도 12월 31일까지
② 다음 연도 1월 31일까지
③ 다음 연도 3월 31일까지
④ 다음 연도 6월 30일까지

해설

온실가스배출관리업체에 대한 목표관리 방법 및 절차(기후위기 대응을 위한 탄소중립 · 녹색성장 기본법 시행령 제21조)
온실가스배출관리업체는 각 이행 연도의 온실가스배출량명세서(이하 온실가스배출량명세서)에 온실가스 배출권의 할당 및 거래에 관한 법률에 따른 외부 검증 전문기관(이하 검증기관)의 검증결과를 첨부하여 부문별 관장기관의 장에게 해당 이행 연도 다음 연도의 3월 31일까지 제출해야 한다. 다만, 신규 진입자는 다음의 구분에 따른 온실가스배출량 명세서(검증기관의 검증 결과를 첨부한 것을 말한다)를 해당 호에서 정한 날까지 추가로 제출해야 한다.

- 지정 연도와 그 직전 2개 연도의 온실가스배출량 명세서 : 지정 연도 다음 연도의 3월 31일
- 지정 연도 다음 연도의 온실가스배출량 명세서 : 지정 연도 다음 다음 연도의 3월 31일

59 **에너지법령상 '에너지 사용자'의 정의로 옳은 것은?**

① 에너지 보급 계획을 세우는 자
② 에너지를 생산, 수입하는 사업자
③ 에너지사용시설의 소유자 또는 관리자
④ 에너지를 저장, 판매하는 자

해설

- 에너지사용자 : 에너지사용시설의 소유자 또는 관리자
- 에너지공급자 : 에너지를 생산 · 수입 · 전환 · 수송 · 저장 또는 판매하는 사업자

60 **에너지이용합리화법령상 목표에너지원단위에 대한 설명으로 옳은 것은?**

① 에너지를 사용하여 만드는 제품의 단위당 에너지 사용목표량
② 연간 사용하는 에너지와 제품 생산량의 비율
③ 연간 사용하는 에너지의 효율
④ 에너지 절약을 위하여 제품의 생산 조절과 비용을 계산하는 곳

해설

목표에너지원단위의 설정 등(에너지이용합리화법 제35조)

- 산업통상자원부장관은 에너지의 이용효율을 높이기 위하여 필요하다고 인정하면 관계 행정기관의 장과 협의하여 에너지를 사용하여 만드는 제품의 단위당 에너지사용목표량 또는 건축물의 단위면적당 에너지사용목표량(이하 '목표에너지원단위')을 정하여 고시하여야 한다.
- 산업통상자원부장관은 산업통상자원부령으로 정하는 바에 따라 목표에너지원단위의 달성에 필요한 자금을 융자할 수 있다.

57 ③ 58 ③ 59 ③ 60 ① 정답

2023년 제2회 과년도 기출복원문제

01 공기량이 지나치게 많을 때 나타나는 현상으로 옳지 않은 것은?

① 연소실의 온도가 떨어진다.
② 열효율이 저하한다.
③ 연료소비량이 증가한다.
④ 배기가스의 온도가 높아진다.

해설

공기량이 지나치게 많을 때 나타나는 현상
- 연소실의 온도가 떨어진다.
- 열효율이 저하된다.
- 연료소비량이 증가된다.
- 배기가스 온도가 떨어진다.

02 다음 중 보일러 본체의 구성요소는?

① 화 로　② 증기부
③ 연소실　④ 관 부

해설

보일러의 본체는 물로 채워진 수부(수실)와 증기로 채워진 증기부(증기실)로 구성되어 있으며, 물과 증기의 경계를 이루고 있는 면을 수면이라 한다.

03 냉간가공과 열간가공을 구분하는 온도는?

① 풀림온도
② 재결정온도
③ 변태온도
④ 절대온도

해설

재결정온도 : 소성가공된 금속을 가열하였을 때 재결정되기 시작하는 온도로, 냉간가공과 열간가공을 구분하는 기준이 된다.

04 절대온도 360K를 섭씨온도로 환산하면 약 몇 °C인가?

① 97°C　② 87°C
③ 67°C　④ 57°C

해설

켈빈온도(K, 섭씨온도에 대응하는 절대온도)
K = 273 + ℃
360 = 273 + ℃
∴ ℃ = 87

05 보온재 선정 시 고려하여야 할 사항으로 옳지 않은 것은?

① 안전 사용 온도범위에 적합해야 한다.
② 흡수성이 크고, 가공이 용이해야 한다.
③ 물리적·화학적 강도가 커야 한다.
④ 열전도율이 가능한 한 작아야 한다.

해설

보온재의 구비조건
- 열전도율이 작을 것
- 비중이 작고, 불연성일 것
- 흡수성이 작을 것

※ 유기질 보온재 : 펠트, 코르크, 기포성 수지 등
※ 무기질 보온재 : 저온용(탄산마그네슘, 석면, 암면, 규조토, 유리섬유 등), 고온용(펄라이트, 규산칼슘, 세라믹 파이버 등)

정답 1 ④ 2 ② 3 ② 4 ② 5 ②

06 **노통연관식 보일러에서 노통의 상부가 압궤되는 주된 요인은?**

① 수처리 불량

② 저수위 차단 불량

③ 연소실 폭발

④ 고수위 발생

해설

- 압궤(Collapse) : 노통, 연소실, 연관, 관판 등과 같이 압축응력을 받는 부분이 압력에 견디지 못하고 안쪽으로 들어가는 현상으로, 저수위 차단 불량이 주된 요인이다.
- 압궤현상의 원인
  - 보일러 운전 중 과열이 발생한 경우
  - 관 내 스케일 부착 및 보일러수 내에 유지분이 부착된 경우
  - 저수위가 발생한 경우
  - 노통, 화실, 연관이 과열된 경우

07 **탄성식 압력계에 해당되지 않는 것은?**

① 링 밸런스식 압력계

② 벨로스식 압력계

③ 다이어프램식 압력계

④ 부르동관식 압력계

해설

탄성식 압력계의 종류 : 부르동관식, 다이어프램식, 벨로스식, 캡슐식

08 **수격작용을 방지하기 위한 조치가 아닌 것은?**

① 송기에 앞서서 관을 충분히 데운다.

② 송기할 때 주증기밸브는 급히 열지 않고 천천히 연다.

③ 증기관은 증기가 흐르는 방향으로 경사가 지도록 한다.

④ 증기관에 드레인이 고이도록 중간을 낮게 배관한다.

해설

증기관에 드레인이 고이도록 중간을 낮게 배관하면 수격작용이 더 잘 일어난다.

취급 시 수격작용 예방조치

- 송기에 앞서서 증기관의 드레인 빼기장치로 관 내의 드레인을 완전히 배출한다.
- 송기에 앞서서 관을 충분히 데운다. 즉, 난관을 한다.
- 송기할 때에는 주증기밸브는 절대로 급개하거나 급히 증기를 보내면 안 되고, 반드시 주증기밸브를 조용히 그리고 천천히 열어서 관 내에 골고루 증기가 퍼진 후에 이 밸브를 크게 열고 본격적으로 송기를 시작한다.
- 송기 이외의 경우라도 증기관 계통의 밸브개폐는 조용히 그리고 서서히 조작한다.

09 **유압분무식 오일버너의 특징에 관한 설명으로 틀린 것은?**

① 대용량 버너의 제작이 가능하다.

② 무화 매체가 필요 없다.

③ 유량 조절범위가 넓다.

④ 기름의 점도가 크면 무화가 곤란하다.

해설

유압분무식 오일버너는 유량 조절범위가 좁다.

6 ② 7 ① 8 ④ 9 ③ 정답

10 다음 중 잠열에 해당되는 것은?

① 기화열 ② 생성열
③ 중화열 ④ 반응열

해설

잠 열

증발열(기화열)이나 융해열과 같이 열을 가하여도 물체의 온도 변화는 없고 상(相) 변화에만 관계하는 열로, 물질의 변화 상태에 따라 다음과 같이 불린다.

- 기화열(증발열) : 물이 증발할 경우
- 응축열 : 증기(기체)가 응축해서 물(액체)이 될 경우
- 융해열 : 얼음이 녹아 물이 될 경우
- 응고열 : 물이 응고(얼어서) 되어 얼음이 될 경우

11 증기에 대한 기본적인 성질의 설명으로 옳은 것은?

① 순수한 물질은 한 개의 포화온도와 포화압력이 존재한다.
② 습증기 영역에서 건도는 항상 1보다 크다.
③ 증기가 갖는 열량은 10℃의 순수한 물을 기준으로 정해진다.
④ 대기압 상태에서 엔탈피의 변화량과 주고받은 열량의 변화량은 같다.

해설

증기에 대한 기본 성질

- 포화온도 : 액체 냉매(물) 및 기체 냉매(수증기)가 공존할 때의 온도이다.
- 포화압력 : 대기가 더 이상 수분을 머금을 수 없는 상태에서의 증기압이다.
- 습증기 영역에서 증기의 건도(건조도) x는 $0 < x < 1$이다.
- 증기가 갖는 열량은 0℃의 순수한 물을 기준으로 정한다.

12 국제단위계(SI단위계)의 기본단위가 아닌 것은?

① 길이(m) ② 압력(Pa)
③ 시간(s) ④ 광도(cd)

해설

국제단위계의 기본단위

기본량	길 이	질 량	시 간	전 류	물질량	온 도	광 도
기본 단위	m	kg	s	A	mol	K	cd

13 보일러 시스템에서 공기예열기 설치 사용 시 특징으로 틀린 것은?

① 연소효율을 높일 수 있다.
② 저온 부식이 방지된다.
③ 예열공기의 공급으로 불완전연소가 감소된다.
④ 노내의 연소속도를 빠르게 할 수 있다.

해설

공기예열기 : 연소실로 들어가는 공기를 예열시키는 장치로서, 180~350℃까지 예열된다. 공기예열기에 가장 주의를 요하는 것은 공기 입구와 출구부의 저온 부식이다. 즉, 배기가스 중의 황산화물에 의한 저온 부식이 발생된다.

※ 완전연소의 구비조건
- 연소실의 온도는 높게
- 연소실의 용적은 넓게
- 연소속도는 빠르게

※ 공기에서 연소용공기의 온도를 25℃ 높일 때마다 열효율은 1% 정도 높아진다.

14 보일러 연료로 사용되는 LNG의 성분 중 함유량이 가장 많은 것은?

① CH_4 ② C_2H_6
③ C_3H_8 ④ C_4H_{10}

해설

LNG(액화 천연가스)의 주성분 : 메탄(CH_4) 함유량이 에탄(C_2H_6)보다 많다.

15 보일러의 외부 부식 발생원인과 관계가 가장 먼 것은?

① 빗물, 지하수 등에 의한 습기나 수분에 의한 작용
② 보일러수 등의 누출로 인한 습기나 수분에 의한 작용
③ 연소가스 속의 부식성 가스(아황산가스 등)에 의한 작용
④ 급수 중에 유지류, 산류, 탄산가스, 산소, 염류 등의 불순물 함유에 의한 작용

해설

보일러 부식
• 외부 부식
 – 저온 부식 : 연료성분 중 S(황분)에 의한 부식
 – 고온 부식 : 연료성분 중 V(바나듐)에 의한 부식
 – 산화 부식 : 산화에 의한 부식
• 내부 부식
 – 국부 부식(점식) : 용존산소에 의해 발생하는 부식
 – 전면 부식 : 염화마그네슘($MgCl_2$)에 의해 발생하는 부식
 – 알칼리 부식 : pH 12 이상일 때 농축 알칼리에 의해 발생하는 부식

16 복사난방의 특징에 대한 설명으로 옳지 않은 것은?

① 방열기의 설치가 불필요하여 바닥면의 이용도가 높다.
② 실내 평균온도가 높아 손실열량이 크다.
③ 건물 구조체에 매입 배관을 하므로 시공 및 고장 수리가 어렵다.
④ 예열시간이 오래 걸려 일시적 난방에는 부적당하다.

해설

복사난방의 특징
• 방열기의 설치가 불필요하여 바닥면의 이용도가 높다.
• 실내온도 분포가 균등하여 쾌감도가 높다.
• 건물 구조체에 매입 배관을 하므로 시공 및 고장 수리가 어렵다.
• 예열시간이 오래 걸려 일시적 난방에는 부적당하다.

17 보일러의 자연통풍력에 대한 설명으로 옳지 않은 것은?

① 외기온도가 높으면 통풍력은 증가한다.
② 연돌의 높이가 높으면 통풍력은 증가한다.
③ 배기가스의 온도가 높으면 통풍력은 증가한다.
④ 연돌의 단면적이 클수록 통풍력은 증가한다.

해설

연돌의 통풍력이 증가되는 경우
• 연돌의 높이가 높을수록
• 연돌의 단면적이 클수록
• 연돌의 굴곡부가 적을수록
• 배기가스 온도가 높을수록
• 외기온도가 낮을수록

18 안전밸브를 부착하지 않는 곳은?

① 보일러 본체
② 절탄기 출구
③ 과열기 출구
④ 재열기 입구

해설

안전밸브를 부착하는 곳
• 보일러 본체(동체)
• 과열기 출구에 1개 이상
• 재열기 또는 과열기에는 입구 및 출구에 각각 1개 이상

19 강판 제조 시 강괴 속에 함유되어 있는 가스체 등에 의해 강판이 두 장의 층을 형성하는 결함은?

① 래미네이션 ② 크 랙
③ 브리스터 ④ 심 리프트

해설

① 래미네이션 : 강판이 내부의 기포에 의해 2장의 층으로 분리되는 현상
② 크랙 : 균열
③ 브리스터 : 내부의 기포에 의해 강판의 표면이 부풀어 오르는 현상

15 ④ 16 ② 17 ① 18 ② 19 ① 정답

20 수트 블로어(Soot Blower) 사용 시 주의사항으로 옳지 않은 것은?

① 한곳으로 집중하여 사용하지 말 것
② 분출기 내의 응축수를 배출시킨 후 사용할 것
③ 보일러 가동을 정지한 후 사용할 것
④ 연도 내 배풍기를 사용하여 유인통풍을 증가시킬 것

해설

수트 블로어의 그을음은 부하가 가장 가벼운 시기에 제거한다.

21 평형 노통과 비교한 파형 노통의 단점은?

① 외압에 대하여 강도가 작다.
② 평형 노통보다 전열면적이 작다.
③ 열에 의한 신축 탄력성이 작다.
④ 스케일이 부착되기 쉽다.

해설

파형 노통(원통형의 노통 표면을 파형으로 제작)의 단점
- 내부 청소 및 검사가 어렵다.
- 평형 노통에 비하여 통풍저항이 크다.
- 스케일이 부착되기 쉽다.
- 제작이 어려우며, 가격이 비싸다.

22 보일러 방폭문을 설치하는 위치로 가장 적합한 것은?

① 연소실 후부 또는 좌우측
② 노통 또는 화실 천장부
③ 증기 드럼 내부 또는 주증기 배관 내
④ 연 도

해설

방폭문(폭발문)은 지나친 압력 상승 방지를 위해 연소실 후부 또는 좌우측에 부착하는 것으로, 보일러 연소실에서 백파이어가 발생되고 실내압력이 비정상적으로 상승했을 때 열린다.

23 총(고위)발열량과 진(저위)발열량이 같아지는 연료 성분은?

① 수소만의 경우
② 수소와 일산화탄소인 경우
③ 일산화탄소와 메탄인 경우
④ 일산화탄소와 유황의 경우

해설

고위발열량과 저위발열량의 차이는 연소 시 생성된 물의 증발잠열에 의한 것이다. 물은 수소와 산소로 이루어진 것이므로 연료 성분 중 수소 원소가 없는 일산화탄소와 유황의 경우가 고위발열량과 저위발열량이 같아진다.

24 노통보일러에서 아담슨 조인트를 하는 목적은?

① 노통 제작을 쉽게 하기 위해서
② 재료를 절감하기 위해서
③ 열에 의한 신축을 조절하기 위해서
④ 물 순환을 촉진하기 위해서

해설

아담슨 조인트 : 랭커셔보일러 또는 코니시보일러의 노통은 전열범위가 크기 때문에 불균등하게 가열되어 신축이 심하므로, 노통을 여러 개로 나누고 끝부분을 굽혀 만곡부를 형성하고 열에 의한 신축이 흡수되도록 하는 조인트이다.

정답 20 ③ 21 ④ 22 ① 23 ④ 24 ③

25 **배관의 높이를 관의 중심을 기준으로 표시한 기호는?**

① TOP ② GL
③ BOP ④ EL

해설

높이 표시
- EL(관의 중심을 기준으로 배관의 높이를 표시한 것)
  - BOP법 : 관 외경의 아랫면까지의 높이를 기준으로 표시
  - TOP법 : 관 외경의 윗면까지의 높이를 기준으로 표시
- GL(지표면을 기준으로 하여 높이를 표시한 것)
- FL(1층의 바닥면을 기준으로 하여 높이를 표시한 것)

26 **증기난방의 분류에서 응축수 환수방식에 해당하는 것은?**

① 고압식
② 상향공급식
③ 기계환수식
④ 단관식

해설

응축수 환수방법 : 중력환수식, 기계환수식, 진공환수식

27 **소용량 보일러에 부착하는 압력계의 최고 눈금은 보일러 최고 사용압력의 몇 배로 하는가?**

① 1~1.5배 ② 1.5~3배
③ 4~5배 ④ 5~6배

해설

압력계의 눈금범위 : 최고 사용압력의 1.5배 이상 3배 이하로 한다.

28 **보일러수를 취출(Blow)하는 목적으로 옳은 것은?**

① 동(드럼) 내의 부유물 및 동 저부의 슬러지 성분을 배출하기 위하여
② 보일러 전열면의 수트(Soot)를 제거하기 위하여
③ 보일러수의 pH를 산성으로 만들기 위하여
④ 발생증기의 건조도 등 증기의 질(質)을 파악하기 위하여

29 **펌프 등에서 발생하는 진동을 억제하는 데 필요한 배관 지지구는?**

① 행 거
② 리스트레인트
③ 브레이스
④ 서포트

해설

브레이스(brace) : 펌프, 압축기 등에서 발생하는 진동을 흡수하여 배관 계통에 전달되는 것을 방지하는 역할을 한다. 펌프, 압축기 등에서 발생하는 기계의 진동을 흡수하는 방진기와 수격작용, 지진 등에서 일어나는 충격을 완화하는 완충기가 있다.

25 ④ 26 ③ 27 ② 28 ① 29 ③ 정답

30 순수한 물 1lb(파운드)를 표준대기압하에서 1°F 높이는 데 필요한 열량을 나타내는 단위는?

① CHU ② MPa
③ BTU ④ kcal

해설

열량의 단위
- 1kcal : 순수한 물 1kg 온도를 14.5℃의 상태에서 15.5℃로 상승시키는 데 소요되는 열량
- 1BTU : 순수한 물 1lb 온도를 61.5°F의 상태에서 62.5°F로 상승시키는 데 소요되는 열량
- 1CHU : 순수한 물 1lb 온도를 14.5℃의 상태에서 15.5℃로 상승시키는 데 소요되는 열량

31 증기보일러의 압력계 부착에 대한 설명으로 옳지 않은 것은?

① 압력계와 연결된 관의 크기는 강관을 사용할 때는 안지름이 6.5mm 이상이어야 한다.
② 압력계는 눈금판의 눈금이 잘 보이는 위치에 부착하고 얼지 않도록 하여야 한다.
③ 압력계는 사이펀관 또는 동등한 작용을 하는 장치가 부착되어야 한다.
④ 압력계의 콕은 그 핸들을 수직인 관과 동일한 방향에 놓은 경우에 열려 있는 것이어야 한다.

해설

사이펀관의 직경
- 강관 : 지름 12.7mm 이상
- 동관 : 지름 6.5mm 이상

32 분출밸브의 최고 사용압력은 보일러 최고 사용압력의 몇 배 이상이어야 하는가?

① 0.5배 ② 1.0배
③ 1.25배 ④ 2.0배

해설

분출밸브의 최고사용압력은 보일러 최고사용압력의 1.25배 이상이어야 한다.

33 주철제 방열기를 설치할 때 벽과의 간격은 약 몇 mm 정도로 하는 것이 좋은가?

① 10~30
② 50~60
③ 70~80
④ 90~100

34 벨로스형 신축이음쇠에 대한 설명으로 틀린 것은?

① 설치 공간을 넓게 차지하지 않는다.
② 고온·고압배관의 옥내배관에 적당하다.
③ 팩리스(Packless) 신축이음쇠라고도 한다.
④ 벨로스는 부식되지 않는 스테인리스, 청동 제품 등을 사용한다.

해설

신축이음 : 열을 받으면 늘어나고, 반대이면 줄어드는 것을 최소화하기 위해 만든 것이다.
- 슬리브형(미끄럼형) : 신축이음 자체에서 응력이 생기지 않으며, 단식과 복식이 있다.
- 루프형(만곡형) : 효과가 가장 뛰어나 옥외용으로 사용하며 관지름의 6배 크기의 원형을 만든다.
- 벨로스형(팩리스형, 주름형, 파상형) : 신축이 좋으려면 주름이 얇아야 하기 때문에 고압에는 사용할 수 없다. 설치에 넓은 장소가 필요하지 않으며 신축에 응력을 일으키지 않는 신축이음 형식이다.
- 스위블형 : 방열기(라디에이터)에 사용한다.

정답 30 ③ 31 ① 32 ③ 33 ② 34 ②

35 기름예열기에 대한 설명 중 옳은 것은?

① 가열온도가 낮으면 기름 분해와 분무 상태가 불량하고 분사각도가 나빠진다.
② 가열온도가 높으면 불길이 한쪽으로 치우쳐 그을음, 분진이 일어나고 무화 상태가 나빠진다.
③ 서비스탱크에서 점도가 떨어진 기름을 무화에 적당한 온도로 가열시키는 장치이다.
④ 기름예열기에서의 가열온도는 인화점보다 약간 높게 한다.

해설

오일프리히트(기름예열기) : 기름을 예열하여 점도를 낮추고, 연소를 원활히 하는 데 목적이 있다.

36 인젝터 급수 불량의 원인으로 가장 거리가 먼 것은?

① 노즐이 마모된 경우
② 급수온도가 50℃ 이상으로 높은 경우
③ 증기압이 $4kgf/cm^2$ 정도로 낮은 경우
④ 흡입관에 공기가 유입된 경우

해설

인젝터 작동 불량(급수 불량)의 원인
- 증기압력이 $2kgf/cm^2$ 이하로 낮은 경우
- 노즐이 마모된 경우
- 급수온도가 50℃ 이상으로 높은 경우
- 흡입관에 공기가 유입된 경우

37 방열기(Radiator)의 사용 재질이 아닌 것은?

① 주 철　② 강
③ 알루미늄　④ 황 동

해설

방열기의 사용 재질
- 주철 : 주형 방열기, 벽걸이 방열기
- 강 : 대류형 방열기(컨벡터, 베이스보드 히터)
- 알루미늄 : 알루미늄 방열기

38 보일러의 자동제어 중 제어동작이 연속동작에 해당하지 않는 것은?

① 비례동작
② 적분동작
③ 미분동작
④ 다위치 동작

해설

제어동작
- 불연속동작
  - 온-오프(ON-OFF) 동작 : 조작량이 두 개인 동작
  - 다위치 동작 : 3개 이상의 정해진 값 중 하나를 취하는 방식
  - 단속도 동작 : 일정한 속도로 정·역 방향으로 번갈아 작동시키는 방식
- 연속동작
  - 비례동작(P) : 조작량이 신호에 비례한다.
  - 적분동작(I) : 조작량이 신호의 적분값에 비례한다.
  - 미분동작(D) : 조작량이 신호의 미분값에 비례한다.

39 비접촉식 온도계의 종류가 아닌 것은?

① 광전관식 온도계
② 방사온도계
③ 광고온도계
④ 열전대온도계

해설

비접촉식 온도계
- 광전관식 온도계
- 방사온도계
- 광고온도계
- 색온도계

35 ③　36 ③　37 ④　38 ④　39 ④　정답

40 보일러의 전열면적이 클 때의 설명으로 옳지 않은 것은?

① 증발량이 많다.
② 예열이 빠르다.
③ 용량이 적다.
④ 효율이 높다.

해설

보일러의 전열면적이 크면 보일러 용량이 증가된다.

41 50kg의 −10℃ 얼음을 100℃의 증기로 만드는 데 소요되는 열량은 몇 kcal인가?(단, 물과 얼음의 비열은 각각 1kcal/kg · ℃, 0.5kcal/kg · ℃, 융해열은 80kcal/kg, 기화열은 539kcal/kg이다)

① 36,200 ② 36,450
③ 37,200 ④ 37,450

해설

$$Q = q_1 + q_2 + q_3 + q_4 = 36,200$$

$$q_1 = GC\Delta t = 50\text{kg} \times 0.5\frac{\text{kcal}}{\text{kg} \cdot ℃} \times 10℃ = 250\text{kcal}$$

$$q_2 = G\gamma = 50\text{kg} \times 80\frac{\text{kcal}}{\text{kg}} = 4,000\text{kcal}$$

$$q_3 = GC\Delta t = 50\text{kg} \times 1\frac{\text{kcal}}{\text{kg} \cdot ℃} \times 100℃ = 5,000\text{kcal}$$

$$q_4 = G\gamma = 50\text{kg} \times 539\frac{\text{kcal}}{\text{kg}} = 26,950\text{kcal}$$

42 관의 방향을 바꾸거나 분기할 때 사용되는 이음쇠가 아닌 것은?

① 밴 드 ② 크로스
③ 엘 보 ④ 니 플

해설

- 직경이 다른 관을 직선 연결할 때 : 리듀서, 부싱
- 동일한 직경의 관을 직선 연결할 때 : 소켓, 니플, 유니언, 플랜지
- 배관의 방향을 전환할 때 : 엘보, 밴드

43 제어장치에서 인터로크(Interlock)란?

① 정해진 순서에 따라 차례로 동작이 진행되는 것
② 구비조건에 맞지 않을 때 작동을 정지시키는 것
③ 증기압력의 연료량, 공기량을 조절하는 것
④ 제어량과 목표치를 비교하여 동작시키는 것

해설

인터로크(Interlock) : 앞쪽의 조건이 충족되지 않으면 다음 단계의 동작을 정지시키는 장치이다.

44 동작유체의 상태 변화에서 에너지의 이동이 없는 변화는?

① 등온 변화
② 정적 변화
③ 정압 변화
④ 단열 변화

해설

단열 변화 : 외부와 열의 출입이 없는 상태에서 이루어지는 기체의 상태 변화

정답 40 ③ 41 ① 42 ④ 43 ② 44 ④

45 온도 25℃의 급수를 공급받아 엔탈피가 725kcal/kg의 증기를 1시간당 2,310kg을 발생시키는 보일러의 상당증발량은?

① 1,500kg/h
② 3,000kg/h
③ 4,500kg/h
④ 6,000kg/h

해설

$$상당증발량(환산) = \frac{실제증발량 \times (증기엔탈피 - 급수엔탈피)}{539}$$

$$= \frac{\frac{2,310}{1} \times (725-25)}{539}$$

$$= 3,000kg/h$$

46 다음 중 가스관의 누설검사 시 사용하는 물질로 가장 적합한 것은?

① 소금물 ② 증류수
③ 비눗물 ④ 기 름

해설

가스관의 누설검사 시 사용하는 물질은 비눗물로 누설 시 비누거품이 점점 커진다.

47 두께가 13cm, 면적이 10m^{2}인 벽이 있다. 벽의 내부온도는 200°C, 외부온도는 20°C일 때 벽을 통해 전도되는 열량은 약 몇 kcal/h인가?(단, 열전도율은 0.02kcal/m · h · °C이다)

① 234.2 ② 259.6
③ 276.9 ④ 312.3

해설

열전도량(Q)

$$Q = \lambda \times F \times \frac{\Delta t}{l} = 0.02 \times 10 \times \frac{(200-20)}{0.13} ≒ 276.9kcal/h$$

48 보일러의 휴지보존법 중 단기보존법에 해당하는 것은?

① 석회밀폐건조법
② 질소가스봉입법
③ 소다만수보존법
④ 가열건조법

해설

단기보존법은 보일러의 휴지(休止)기간이 2개월 이내일 때의 휴지보존법으로 만수보존법, 건조보존법(가열건조법) 등이 이용되고 있다.

보일러의 휴지보존법

장기보존법	건조보존법	석회밀폐건조법
		질소가스봉입법
	만수보존법	소다만수보존법
단기보존법	건조보존법	가열건조법
	만수보존법	보통만수법
응급보존법	–	

49 다음 중 저위방열량(H_L)을 구하는 식은?(단, H_L : 고위발열량(kcal/kg), h : 연료 1kg 중의 수소량(kg), w = 연료 1kg 중의 수분량(kg)이다)

① $H_L = H_h - 600(h + 9w)$
② $H_L = H_h - 600(h - 9w)$
③ $H_L = H_h - 600(9h + w)$
④ $H_L = H_h - 600(9h - w)$

해설

발열량 계산식

- 고위발열량 : $H_h = H_L + 600(9h + w)$
- 저위발열량 : $H_L = H_h - 600(9h + w)$

45 ② 46 ③ 47 ③ 48 ④ 49 ③ 정답

50 **기체연료의 특징에 대한 설명으로 옳지 않은 것은?**

① 연소효율이 높고, 소량의 공기로도 완전연소가 가능하다.

② 연소가 균일하고 연소 조절이 용이하다.

③ 가스 폭발의 위험성이 있다.

④ 유황 산화물이나 질소 산화물이 많이 발생한다.

해설

기체연료는 유황 산화물이나 질소 산화물이 적게 발생한다.

51 **효율이 80%인 보일러가 연료 150kg/h를 사용할 경우 손실열량(kcal/s)은?(단, 연료의 저위발열량은 8,800kcal/kg이다)**

① 49.3　　② 58.8

③ 68.7　　④ 73.3

해설

$$\text{손실열량} = G_f \times H_l \times (1-\eta)$$

$$= \frac{150 \times 8{,}800}{3{,}600} \times (1-0.8)$$

$$= 73.333\,\text{kcal/s}$$

52 **보일러의 매연을 털어내는 매연분출장치가 아닌 것은?**

① 롱 리트랙터블(Long Retractable)형

② 쇼트 리트랙터블(Short Retractable)형

③ 정치 회전형

④ 튜브형

해설

수트 블로어 : 분사매체인 스팀이 분사되는 동안 파이프가 회전하여 작동되는 장치

- 장발형(Long Retractable Type) 수트 블로어 : 과열기와 같이 고온의 열가스가 통하는 부분에 사용한다.
- 단발형(Short Retractable Type) 수트 블로어 : 분사관이 짧으며 1개의 노즐을 설치하여 연소로 벽에 부착되어 있는 이물질을 제거하는 데 사용한다.
- 정치 회전형(로터리형) : 전열면이나 절탄기에 고정 설치하여 매연을 제거하는 것으로, 정지된 상태로 회전하는 분사관에 다수의 구멍이 뚫려 있고 이곳으로 증기가 분사된다.
- 공기예열기 클리너 : 관형 공기예열기에 사용하는 것으로, 자동식과 수동식이 있다.
- 건 타입 : 보일러의 연소로 벽 등에 부착하는 타고 남은 찌꺼기를 제거하는 데 적합하다. 특히, 미분탄 연소보일러 및 폐열보일러 같은 타고 남은 연재가 많이 부착되는 보일러에 사용한다.

53 **증기배관 관말부의 최종 분기 이후에서 트랩에 이르는 배관으로, 여분의 증기가 충분히 냉각되어 응축수가 될 수 있도록 보온피복을 하지 않은 나관 상태로 1.5m 설치하는 것은?**

① 하트포트 접속법

② 리프트피팅

③ 냉각레그

④ 바이패스 배관

해설

냉각레그(Cooling Leg)는 증기를 응축수로 바꾸어 환수하기 위한 배관으로, 증기 공급관의 마지막 부분에서 분기된 이후부터 트랩에 이르는 배관에는 여분의 증기가 충분히 냉각되어 응축수가 될 수 있도록 보온을 하지 않는 냉각레그를 1.5m 이상 설치하여야 한다.

정답 50 ④ 51 ④ 52 ④ 53 ③

54 보일러에서 수면계 기능시험을 해야 할 시기가 아닌 것은?

① 수위의 변화에 수면계가 빠르게 반응할 때
② 보일러를 가동하기 전
③ 2개의 수면계 수위가 서로 다를 때
④ 프라이밍, 포밍 등이 발생한 때

해설

수면계의 점검시기
- 보일러를 가동하기 전
- 프라이밍 · 포밍 발생 시
- 두 조의 수면계 수위가 서로 다를 경우
- 수면계의 수위가 의심스러울 때
- 수면계 교체 시

55 어떤 보일러의 증발량이 40t/h이고, 보일러 본체의 전열면적이 580m²일 때, 이 보일러의 증발률은?

① 14kg/m² · h ② 44kg/m² · h
③ 57kg/m² · h ④ 69kg/m² · h

해설

$$\text{전열면 증발률} = \frac{\text{증발량}}{\text{전열면적}} = \frac{40{,}000}{580} \fallingdotseq 68.9\text{kg/m}^2 \cdot \text{h}$$

56 정부는 국가비전 및 중장기 감축목표 등의 달성을 위하여 20년을 계획기간으로 하는 국가탄소중립 녹색성장 기본계획을 몇 년마다 수립 · 시행해야 하는가?

① 2년 ② 3년
③ 4년 ④ 5년

해설

국가 탄소중립 녹색성장 기본계획의 수립 · 시행(기후위기 대응을 위한 탄소중립 · 녹색성장 기본법 제10조)
정부는 국가비전 및 중장기감축목표 등의 달성을 위하여 20년을 계획기간으로 하는 국가 탄소중립 녹색성장 기본계획을 5년마다 수립 · 시행하여야 한다.

57 에너지이용합리화법상 대기전력경고표지를 하지 아니한 자에 대한 벌칙은?

① 2년 이하의 징역 또는 2천만원 이하의 벌금
② 1년 이하의 징역 또는 1천만원 이하의 벌금
③ 5백만원 이하의 벌금
④ 1천만원 이하의 벌금

해설

벌칙(에너지이용합리화법 제76조)
다음 어느 하나에 해당하는 자는 500만원 이하의 벌금에 처한다.
- 효율관리기자재에 대한 에너지사용량의 측정결과를 신고하지 아니한 자
- 대기전력경고표지대상제품에 대한 측정결과를 신고하지 아니한 자
- 대기전력경고표지를 하지 아니한 자
- 대기전력저감우수제품임을 표시하거나 거짓 표시를 한 자
- 시정명령을 정당한 사유 없이 이행하지 아니한 자
- 법을 위반하여 인증 표시를 한 자

58 에너지이용합리화법령상 산업통상자원부장관이 에너지다소비사업자에게 개선명령을 할 수 있는 경우는 에너지관리 지도 결과 몇 % 이상 에너지 효율 개선이 기대되는 경우인가?

① 2% ② 3%
③ 5% ④ 10%

해설

개선명령의 요건 및 절차 등(에너지이용합리화법 시행령 제40조)
산업통상자원부장관이 에너지다소비사업자에게 개선명령을 할 수 있는 경우는 에너지관리지도 결과 10% 이상의 에너지효율 개선이 기대되고, 효율 개선을 위한 투자의 경제성이 있다고 인정되는 경우로 한다.

54 ① 55 ④ 56 ④ 57 ③ 58 ④ 정답

59 **기후위기 대응을 위한 탄소중립 · 녹색성장 기본법상 2050 탄소중립녹색성장위원회의 심의사항이 아닌 것은?**

① 탄소중립사회로의 이행과 녹색성장의 추진을 위한 재원의 규모와 조달 방안
② 국가기후위기적응대책의 수립 · 변경 및 점검에 관한 사항
③ 탄소중립사회로의 이행과 녹색성장에 관련된 연구개발, 인력 양성 및 산업 육성에 관한 사항
④ 탄소중립사회로의 이행과 녹색성장의 추진을 위한 재원의 배분 방향 및 효율적 사용에 관한 사항

해설

위원회의 기능(기후위기 대응을 위한 탄소중립 · 녹색성장 기본법 16조)

- 탄소중립사회로의 이행과 녹색성장의 추진을 위한 정책의 기본 방향에 관한 사항
- 국가비전 및 중장기 감축목표 등의 설정 등에 관한 사항
- 국가전략의 수립 · 변경에 관한 사항
- 이행현황의 점검에 관한 사항
- 국가기본계획의 수립 · 변경에 관한 사항
- 국가기본계획, 시 · 도계획 및 시 · 군 · 구계획의 점검 결과 및 개선 의견 제시에 관한 사항
- 국가기후위기적응대책의 수립 · 변경 및 점검에 관한 사항
- 탄소중립사회로의 이행과 녹색성장에 관련된 법 · 제도에 관한 사항
- 탄소중립사회로의 이행과 녹색성장의 추진을 위한 재원의 배분 방향 및 효율적 사용에 관한 사항
- 탄소중립사회로의 이행과 녹색성장에 관련된 연구개발, 인력 양성 및 산업 육성에 관한 사항
- 탄소중립사회로의 이행과 녹색성장에 관련된 국민 이해 증진 및 홍보 · 소통에 관한 사항
- 탄소중립사회로의 이행과 녹색성장에 관련된 국제 협력에 관한 사항
- 다른 법률에서 위원회의 심의를 거치도록 한 사항
- 그 밖에 위원장이 온실가스 감축, 기후위기 적응, 정의로운 전환 및 녹색성장과 관련하여 필요하다고 인정하는 사항

60 **에너지이용합리화법상 목표에너지원단위란?**

① 에너지를 사용하여 만드는 제품의 종류별 연간 에너지사용목표량
② 에너지를 사용하여 만드는 제품의 단위당 에너지 사용목표량
③ 건축물의 총면적당 에너지사용목표량
④ 자동차 등의 단위연료당 목표주행거리

해설

목표에너지원단위 : 에너지를 사용하여 만드는 제품의 단위당 에너지사용목표량

정답 59 ① 60 ②

2024년 제1회 과년도 기출복원문제

01 공기예열기에 대한 설명으로 옳지 않은 것은?

① 보일러의 열효율을 향상시킨다.
② 불완전연소를 감소시킨다.
③ 배기가스의 열손실을 감소시킨다.
④ 통풍저항이 작아진다.

해설

공기예열기 설치 시 특징
- 열효율이 향상된다.
- 적은 공기비로 완전연소가 가능하다.
- 폐열을 이용하므로 열손실이 감소한다.
- 연소효율을 높일 수 있다.
- 수분이 많은 저질탄의 연료도 연소 가능하다.
- 연소실의 온도가 높아진다.
- 황산에 의한 저온부식이 발생한다.
- 통풍저항을 증가시킬 수 있다.

02 두께가 13cm, 면적이 $10m^2$인 벽이 있다. 벽의 내부온도는 200°C, 외부온도는 20°C일 때 벽을 통해 전도되는 열량은 약 몇 kcal/h인가?(단, 열전도율은 0.02kcal/m · h · °C이다)

① 234.2 ② 259.6
③ 276.9 ④ 312.3

해설

열전도량(Q)

$$Q = \lambda \times F \times \frac{\Delta t}{l}$$

$$= 0.02 \times 10 \times \frac{(200-20)}{0.13}$$

≒ 276.9kcal/h

03 보온재의 구비조건에 대한 설명으로 옳지 않은 것은?

① 열전도율이 가능한 한 작을 것
② 시공 및 취급이 간편할 것
③ 흡수성이 적을 것
④ 비중이 클 것

해설

보온재의 구비조건
- 보온능력이 클 것(열전도율이 작을 것)
- 가벼울 것(부피비중이 적을 것)
- 기계적 강도가 있을 것
- 시공이 쉽고 확실하며 가격이 저렴할 것
- 독립기포로 되어 있고 다공질일 것
- 흡습 · 흡수성이 없을 것
- 내구성과 내변질성이 클 것

04 콘크리트 벽이나 바닥 등 배관이 관통하는 곳에 관의 보호를 위하여 사용하는 것은?

① 슬리브
② 보온재료
③ 행 거
④ 신축곡관

해설

① 슬리브 : 보통 벽 같은 곳에 구멍을 내고 배관이 통과하는 곳에 관의 보호를 위해 사용한다.
③ 행거 : 배관의 하중을 위(천장)에서 걸어 당겨 받치는 지지구이다.
④ 신축곡관 : 루프형(만곡형)이라고도 하며 고온, 고압용 증기관 등의 옥외배관에 많이 쓰이는 신축이음이다.

1 ④ 2 ③ 3 ④ 4 ① 정답

05 배관 지지장치의 명칭과 용도가 잘못 연결된 것은?

① 파이프 슈 – 관의 수평부, 곡관부 지지
② 리지드 서포트 – 빔 등으로 만든 지지대
③ 롤러 서포트 – 방진을 위해 변위가 작은 곳에 사용하는 장치
④ 행거 – 배관계의 중량을 위에서 달아 매는 장치

해설

방진의 변위를 위해 사용하는 것은 브레이스이다.

06 증기난방시공에서 관할 증기트랩장치의 냉각레그(Cooling Leg) 길이는 일반적으로 몇 m 이상으로 해 주어야 하는가?

① 0.7m ② 1.0m
③ 1.5m ④ 2.5m

해설

- 증기난방의 냉각레그(Cooling Leg) 길이 : 1.5m 이상
- 증기난방의 리프트이음(Lift Joint) 길이 : 1.5m 이내

07 분출밸브의 최고사용압력은 보일러 최고사용압력의 몇 배 이상이어야 하는가?

① 0.5배 ② 1.0배
③ 1.25배 ④ 2.0배

해설

분출밸브는 물이 보일러 내부에 농축되는 것을 방지하고, 불순물을 배출하기 위해 물의 일부를 방출할 때 사용하는 밸브로, 최고사용압력은 보일러 최고사용압력의 1.25배 이상이어야 한다.

08 액면계 중 직접식 액면계에 해당하는 것은?

① 압력식 ② 방사선식
③ 초음파식 ④ 유리관식

해설

액면 측정방법

- 직접식 : 유리관식 액면계(직관식), 검척식 액면계, 플로트식 액면계(부자식), 편위식 액면계
- 간접식 : 압력식 액면계(차압식 액면계), 퍼지식 액면계(기포식 액면계), 방사선식 액면계, 초음파식 액면계

09 노통보일러에서 아담슨 조인트를 하는 목적은?

① 노통 제작을 쉽게 하기 위해서
② 재료를 절감하기 위해서
③ 열에 의한 신축을 조절하기 위해서
④ 물의 순환을 촉진하기 위해서

해설

아담슨 조인트 : 랭커셔 보일러 또는 코르니시 보일러의 노통은 전열범위가 커서 불균등하게 가열되어 신축이 심하므로, 노통을 여러 개로 나누고 끝부분을 굽혀 만곡부를 형성하고 열에 의한 신축이 흡수되도록 하는 조인트이다.

정답 5 ③ 6 ③ 7 ③ 8 ④ 9 ③

10 증기압력이 높아질 때 감소하는 것은?

① 포화온도
② 증발잠열
③ 포화수 엔탈피
④ 포화증기 엔탈피

해설

증기압력이 높으면 나타나는 현상
- 포화온도가 증가한다.
- 증발잠열이 감소한다.
- 포화수 엔탈피가 증가한다.
- 증기엔탈피가 증가 후 감소한다.

11 프로판(C_3H_8) 1kg이 완전연소하는 경우 필요한 이론산소량은 약 몇 Nm^3인가?

① 3.47 ② 2.55
③ 1.25 ④ 1.50

해설

프로판의 연소반응

$C_3H_8 + 5O_2 \rightarrow 3CO_2 + 4H_2O$

$1kg : xNm^3 = 44kg : 5 \times 22.4Nm^3$

$\therefore x \fallingdotseq 2.55Nm^3$

12 건포화증기의 엔탈피와 포화수의 엔탈피의 차는?

① 비 열 ② 잠 열
③ 현 열 ④ 액체열

해설

잠열 = 건포증기 엔탈피 - 포화수 엔탈피

13 열전도에 적용되는 푸리에의 법칙에 대한 설명으로 옳지 않은 것은?

① 두 면 사이에 흐르는 열량은 물체의 단면적에 비례한다.
② 두 면 사이에 흐르는 열량은 두 면 사이의 온도차에 비례한다.
③ 두 면 사이에 흐르는 열량은 시간에 비례한다.
④ 두 면 사이에 흐르는 열량은 두 면 사이의 거리에 비례한다.

해설

푸리에의 법칙 : 두 면 사이에 흐르는 열량은 온도차, 면적 및 시간에 비례하며, 거리에 반비례한다는 법칙

14 기름예열기에 대한 설명 중 옳은 것은?

① 가열온도가 낮으면 기름 분해와 분무 상태가 불량하고, 분사각도가 나빠진다.
② 가열온도가 높으면 불길이 한쪽으로 치우쳐 그을음과 분진이 일어나고, 무화 상태가 나빠진다.
③ 서비스탱크에서 점도가 떨어진 기름을 무화에 적당한 온도로 가열시키는 장치이다.
④ 기름예열기에서의 가열온도는 인화점보다 약간 높게 한다.

해설

오일프리히트(기름예열기)는 기름을 예열하여 점도를 낮추고, 연소를 원활히 하는 데 목적이 있다.

10 ② 11 ② 12 ② 13 ④ 14 ③ **정답**

15 **다른 보온재에 비하여 단열효과가 낮으며 500℃ 이하의 파이프, 탱크, 노벽 등에 사용하는 것은?**

① 규조토 ② 암 면
③ 글라스 울 ④ 펠 트

해설

단열 보온재의 종류

- 무기질 보온재(안전사용온도 300~800℃의 범위 내에서 보온효과가 있는 것) : 탄산마그네슘(250℃), 글라스 울(300℃), 석면(500℃), 규조토(500℃), 암면(600℃), 규산칼슘(650℃), 세레믹 파이버(1,000℃)
- 유기질 보온재(안전사용온도 100~200℃의 범위 내에서 보온효과가 있는 것) : 펠트류(100℃), 텍스류(120℃), 탄화코르크(130℃), 기포성 수지

16 **보일러수(水) 중의 경도 성분을 슬러지로 만들기 위하여 사용하는 청관제는?**

① 가성취화 억제제
② 연화제
③ 슬러지 조정제
④ 탈산소제

해설

연화제 : 보일러 청정제의 하나로서, 보일러수 속에 첨가하여 수중의 경도 성분과 반응시켜 불용성의 물질, 즉 슬러지로 바꾸어 침전시키고, 이 슬러지를 보일러수 분출 시에 보일러 밖으로 배출하여 경도 성분 스케일의 석출·부착을 방지하기 위한 약제

17 **지역난방의 특징에 대한 설명으로 옳지 않은 것은?**

① 설비가 길어지므로 배관 손실이 있다.
② 초기 시설 투자비가 높다.
③ 개개 건물의 공간을 많이 차지한다.
④ 효과적으로 대기오염을 방지할 수 있다.

해설

지역난방 : 대규모 시설로 일정 지역 내의 건축물을 난방하는 형식이다. 설비의 열효율이 높고 도시매연 발생은 적으며, 개개 건물의 공간을 많이 차지하지 않는다.

18 **게이지압력이 1.57MPa이고, 대기압이 0.103MPa일 때 절대압력은 몇 MPa인가?**

① 1.467 ② 1.673
③ 1.783 ④ 2.008

해설

절대압력 = 대기압 + 게이지압력
= 1.57 + 0.103
= 1.673

19 **증기 또는 온수보일러로서, 여러 개의 섹션(Section)을 조합하여 제작하는 보일러는?**

① 열매체 보일러 ② 강철제 보일러
③ 관류보일러 ④ 주철제 보일러

해설

주철제 보일러 : 여러 개의 섹션(Section)을 조합하여 제작하는 보일러이다. 내식성과 내열성이 좋지만, 저압력 보일러로서 충격에 약하다.

정답 15 ① 16 ② 17 ③ 18 ② 19 ④

20 **연소용 공기를 노의 앞에서 불어 넣으므로 공기가 차고 깨끗하며, 송풍기의 고장이 적고 점검 · 수리가 용이한 보일러의 강제통풍 방식은?**

① 압입통풍　② 흡입통풍
③ 자연통풍　④ 수직통풍

해설

압입통풍 : 강제통풍이라고도 하며, 송풍기를 사용하여 강제적으로 통풍하는 인공통풍이다. 송풍기를 이용하여 보일러 노내의 연소용 공기를 대기압보다 조금 높은 압력으로 노내에 압입시키는 통풍이다.

21 **차압식 유량계의 원리는?**

① 토리첼리의 정리
② 베르누이의 정리
③ 아르키메데스의 정리
④ 탈톤의 정리

해설

차압식 유량계는 오리피스미터, 플로노즐, 벤투리미터 등으로 베르누이의 정리를 이용한 방식이다.

22 **어떤 액체연료를 완전연소시키기 위한 이론공기량이 10.5Nm³/kg이고, 공기비가 1.4인 경우 실제공기량은?**

① 7.5Nm³/kg
② 11.9Nm³/kg
③ 14.7Nm³/kg
④ 16.0Nm³/kg

해설

실제공기량(A) = m(공기비) × A_0(이론공기량)
= 1.4 × 10.5 = 14.7Nm³/kg

23 **파형 노통보일러의 특징에 대한 설명으로 옳은 것은?**

① 제작이 용이하다.
② 내 · 외면의 청소가 용이하다.
③ 평형 노통보다 전열면적이 크다.
④ 평형 노통보다 외압에 대하여 강도가 작다.

해설

파형 노통보일러의 특징
- 제작이 어렵다.
- 내 · 외면의 청소가 어렵다.
- 평형 노통보다 전열면적이 크다.
- 평형 노통보다 외압에 대하여 강도가 크다.

24 **보일러에 과열기를 설치할 때 얻어지는 장점이 아닌 것은?**

① 증기관 내의 마찰저항을 감소시킬 수 있다.
② 증기기관의 이론적 열효율을 높일 수 있다.
③ 같은 압력의 포화증기에 비해 보유 열량이 많은 증기를 얻을 수 있다.
④ 연소가스의 저항으로 압력 손실을 줄일 수 있다.

해설

과열증기의 장점
- 적은 증기로 많은 일을 할 수 있다.
- 증기의 마찰저항이 감소한다.
- 부식 및 수격작용을 방지한다.
- 열효율이 증가한다.

20 ① 21 ② 22 ③ 23 ③ 24 ④ 정답

25 수트 블로어 사용 시 주의사항으로 옳지 않은 것은?

① 부하가 50% 이하인 경우에 사용한다.
② 보일러 정지 시 수트 블로어 작업을 하지 않는다.
③ 분출 시에는 유인통풍을 증가시킨다.
④ 분출기 내의 응축수를 배출시킨 후 사용한다.

해설

부하가 50% 이하인 경우에는 수트 블로어를 하지 않는다.

26 피드백 자동제어에서 동작신호를 받아서 제어계가 정해진 동작을 하는 데 필요한 신호를 만들어 조작부에 보내는 부분은?

① 검출부　　② 제어부
③ 비교부　　④ 조절부

해설

조절부 : 보일러 피드백제어에서 동작신호를 받아 규정된 동작을 하기 위해 조작신호를 만들어 조작부에 보내는 부분

27 중유보일러의 연소보조장치에 해당하지 않는 것은?

① 여과기
② 인젝터
③ 화염검출기
④ 오일프리히터

해설

인젝터 : 증기의 분사압력을 이용한 비동력 급수장치로서, 증기의 열에너지-속도에너지-압력에너지로 전환시켜 보일러에 급수를 하는 예비용 급수장치이다.

28 보일러 분출목적이 아닌 것은?

① 불순물로 인한 보일러수의 농축을 방지한다.
② 포밍이나 프라이밍의 생성을 좋게 한다.
③ 전열면에 스케일 생성을 방지한다.
④ 관수의 순환을 좋게 한다.

해설

보일러 분출의 목적
- 관수의 농축을 방지한다.
- 슬러지분의 배출을 제거한다.
- 프라이밍, 포밍을 방지한다.
- 관수의 pH를 조정한다.
- 가성취하를 방지한다.
- 고수위를 방지한다.

29 캐리오버로 인하여 나타날 수 있는 현상이 아닌 것은?

① 수격현상
② 프라이밍
③ 열효율 저하
④ 배관 부식

해설

캐리오버(기수공발)
- 발생증기 중 물방울이 포함되어 송기되는 현상이다.
- 발생원인
  - 프라이밍, 포밍에 의해
  - 보일러수가 농축되었을 때
  - 주증기밸브를 급개하였을 경우
  - 급수 내관의 위치가 높을 경우
  - 보일러가 과부하일 때
  - 고수위일 때

정답 25 ① 26 ④ 27 ② 28 ② 29 ②

30 입형보일러의 특징이 아닌 것은?

① 보일러 효율이 높다.
② 수리나 검사가 불편하다.
③ 구조 및 설치가 간단하다.
④ 전열면적이 작고, 소용량이다.

해설

입형보일러는 주로 소규모 용량에 사용된다. 보일러 본체가 원통형을 이루고 있으며, 이것을 수직으로 세워서 설치한 것이다. 좁은 장소에도 설치가 가능하고, 운반과 이동 설치가 용이하다. 구조가 간단하고 소형이라 취급이 용이하지만, 전열면적이 작아 보일러 효율이 낮으며 대용량에는 적합하지 않다.

31 절탄기에 대한 설명으로 옳은 것은?

① 연소용 공기를 예열하는 장치이다.
② 보일러의 급수를 예열하는 장치이다.
③ 보일러용 연료를 예열하는 장치이다.
④ 연소용 공기와 보일러 급수를 예열하는 장치이다.

32 보일러를 장기간 사용하지 않고 보존하는 방법으로 가장 적합한 것은?

① 물을 가득 채워 보존한다.
② 배수하고 물이 없는 상태로 보존한다.
③ 1개월에 1회씩 급수를 공급·교환한다.
④ 건조 후 생석회 등을 넣고 밀봉하여 보존한다.

해설

건조보존법 : 완전 건조시킨 보일러 내부에 흡습제 또는 질소가스를 넣고 밀폐 보존하는 방법(6개월 이상의 장기 보존방법)이다.
- 흡습제 : 생석회, 실리카겔, 활성알루미나, 염화칼슘, 기화방청제 등
- 질소가스 봉입 : 압력 0.6kg/cm^{2}으로 봉입하여 밀폐 보존한다.

33 하트포드 접속법(Hart-ford Connection)을 사용하는 난방방식은?

① 저압증기난방
② 고압증기난방
③ 저온온수난방
④ 고온온수난방

해설

하트포드 배관법 : 저압증기난방장치에서 환수주관을 보일러에 직접 연결하지 않고 증기관과 환수관 사이에 설치한 균형관에 접속하는 배관방법이다.
- 목적 : 환수관 파손 시 보일러수의 역류를 방지하기 위해 설치한다.
- 접속 위치 : 보일러 표준수위보다 50mm 낮게 접속한다.

34 증기주관의 관말트랩배관의 드레인 포켓과 냉각관 시공요령이다. 보기의 ( ) 안에 들어갈 내용으로 옳은 것은?

보기

증기주관에서 응축수를 건식 환수관에 배출하려면 주관과 동경으로 (㉠)mm 이상 내리고, 하부로 (㉡)mm 이상 연장하여 (㉢)을(를) 만들어 준다. 냉각관은 (㉣) 앞에서 1.5m 이상 나관으로 배관한다.

① ㉠ 150 ㉡ 100 ㉢ 트랩 ㉣ 드레인 포켓
② ㉠ 100 ㉡ 150 ㉢ 드레인 포켓 ㉣ 트랩
③ ㉠ 150 ㉡ 100 ㉢ 드레인 포켓 ㉣ 드레인 밸브
④ ㉠ 100 ㉡ 150 ㉢ 드레인 밸브 ㉣ 드레인 포켓

30 ① 31 ② 32 ④ 33 ① 34 ② 정답

35 **파이프와 파이프를 홈 조인트로 체결하기 위하여 파이프 끝을 가공하는 기계는?**

① 띠톱 기계
② 파이프 벤딩기
③ 동력파이프 나사절삭기
④ 그루빙 조인트 머신

해설

① 띠톱 기계 : 띠 모양의 톱을 회전시켜 재료를 절단하는 공작기계
② 파이프 벤딩기 : 파이프를 굽히는 기계
③ 동력파이프 나사절삭기 : 파이프에 나사산을 내는 기계

36 **배관 중간이나 밸브, 펌프, 열교환기 등의 접속을 위해 사용되는 이음쇠로서, 분해 · 조립이 필요한 경우에 사용되는 것은?**

① 밴 드　② 리듀서
③ 플랜지　④ 슬리브

해설

① 밴드 : 관의 방향을 변경시키는 이음쇠이다.
② 리듀서 : 지름이 서로 다른 관과 관을 접속하는 데 사용하는 관 이음쇠이다.
④ 슬리브 : 콘크리트 벽이나 바닥 등 배관이 관통하는 곳에 관을 보호하기 위하여 사용한다.

37 **급수 중 불순물에 의한 장해나 처리방법에 대한 설명으로 옳지 않은 것은?**

① 현탁 고형물의 처리방법에는 침강 분리, 여과, 응집 침전 등이 있다.
② 경도 성분은 이온 교환으로 연화시킨다.
③ 유지류는 거품의 원인이 되지만, 이온교환수지의 능력을 향상시킨다.
④ 용존산소는 급수계통 및 보일러 본체의 수관을 산화 부식시킨다.

해설

유지류는 거품의 원인이 되며, 이온교환수지의 능력이 떨어진다.

38 **난방설비배관이나 방열기에서 높은 위치에 설치해야 하는 밸브는?**

① 공기빼기밸브
② 안전밸브
③ 전자밸브
④ 플로트 밸브

39 **기름보일러에서 연소 중 화염이 점멸하는 등 연소 불안정이 발생하는 원인으로 가장 거리가 먼 것은?**

① 기름의 점도가 높을 때
② 기름 속에 수분이 혼입되었을 때
③ 연료의 공급 상태가 불안정할 때
④ 노내가 부압인 상태에서 연소했을 때

해설

연소 불안정의 원인

- 기름배관 내에 공기가 들어간 경우
- 기름 내에 수분이 포함된 경우
- 기름의 온도가 너무 높을 경우
- 펌프의 흡입량이 부족한 경우
- 연료의 공급 상태가 불안정한 경우
- 기름의 점도가 너무 높은 경우
- 1차 공기 압송량이 너무 많은 경우

정답　35 ④　36 ③　37 ③　38 ①　39 ④

40 배관의 관 끝을 막을 때 사용하는 부품은?

① 엘 보 ② 소 켓
③ 티 ④ 캡

해설
배관의 관 끝을 막을 때 사용하는 부품 : 캡, 플러그

41 어떤 강철제 증기보일러의 최고사용압력이 0.35MPa 이면, 수압시험압력은?

① 0.35MPa ② 0.5MPa
③ 0.7MPa ④ 0.95MPa

해설
강철제 보일러
- 보일러의 최고사용압력이 0.43MPa 이하일 때는 그 최고사용압력의 2배의 압력으로 한다(다만, 그 시험압력이 0.2MPa 미만인 경우에는 0.2MPa로 한다).
- 보일러의 최고사용압력이 0.43MPa 초과 1.5MPa 이하일 때는 그 최고사용압력의 1.3배에 0.3MPa를 더한 압력으로 한다.
- 보일러의 최고사용압력이 1.5MPa를 초과할 때는 그 최고사용압력의 1.5배의 압력으로 한다.
- 조립 전에 수압시험을 실시하는 수관식 보일러의 내압 부분은 최고사용압력의 1.5배 압력으로 한다.

42 외부에서 전해진 열을 물과 증기에 전하는 보일러 부위는?

① 전열면 ② 동 체
③ 노 ④ 연 도

43 육상용 보일러의 열정산은 원칙적으로 정격부하 이상에서 정상 상태로 적어도 몇 시간 이상의 운전 결과에 따라야 하는가?(단, 액체 또는 기체연료를 사용하는 소형 보일러에서 인수·인도 당사자 간의 협정이 있는 경우는 제외)

① 0.5시간 ② 1시간
③ 1.5시간 ④ 2시간

해설
육상용 보일러의 열정산은 원칙적으로 정격부하 이상에서 정상 상태로 적어도 2시간 이상의 운전결과에 따라야 한다(KS B 6205).

44 보일러 급수배관에서 급수의 역류를 방지하기 위하여 설치하는 밸브는?

① 체크밸브 ② 슬루스 밸브
③ 글로브 밸브 ④ 앵글밸브

해설
체크밸브 : 유체를 일정한 방향으로만 흐르게 하고 역류를 방지하는 데 사용한다. 밸브의 구조에 따라 리프트형, 스윙형, 풋형이 있다.

40 ④ 41 ③ 42 ① 43 ④ 44 ① 정답

45 보일러 배기가스의 성분을 연속적으로 기록하며 연소 상황을 알 수 있는 것은?

① 링겔만 비탁표
② 전기식 CO_2계
③ 오르자트 분석법
④ 헴펠 분석법

46 제어량을 조정하기 위해 제어장치가 제어대상으로 주는 것은?

① 목표치 ② 제어량
③ 제어편차 ④ 조작량

47 기체연료 중 가스보일러용 연료로 사용하기 적합하고, 발열량이 비교적 좋으며 석유분해가스, 액화석유가스, 천연가스 등을 혼합한 것은?

① LPG ② LNG
③ 도시가스 ④ 수성가스

해설

③ 도시가스 : 파이프라인을 통하여 수요자에게 공급하는 연료가스로, 석유 정제 시에 나오는 납사를 분해시킨 것이다. LPG, LNG를 원료로 사용한다.
① LPG : 주성분은 프로판으로, 기체연료 중 발열량이 가장 크고 공기보다 무겁다.
② LNG : 무색투명한 액체로 공해물질이 거의 없고, 열량이 높아 매우 우수한 연료이다.

48 보일러 역화의 발생원인이 아닌 것은?

① 점화 시 착화가 지연되었을 경우
② 연료보다 공기를 먼저 공급한 경우
③ 연료밸브를 과대하게 급히 열었을 경우
④ 프리퍼지가 부족할 경우

해설

역화(백파이어) 발생원인
- 미연가스에 의한 노내 폭발이 발생하였을 때
- 착화가 늦어졌을 때
- 연료의 인화점이 낮을 때
- 공기보다 연료를 먼저 공급했을 경우
- 압입통풍이 지나치게 강할 때
- 프리퍼지 및 포스트퍼지가 부족할 경우

49 500W의 전열기로서 2kg의 물을 18℃로부터 100℃까지 가열하는 데 소요되는 시간은 얼마인가?(단, 전열기 효율은 100%로 가정한다)

① 약 10분 ② 약 16분
③ 약 20분 ④ 약 23분

해설

열량(Q)

$$Q = G \times C \times \Delta t$$
$$= 500\text{W} \times \frac{1\text{kW}}{1{,}000\text{W}} \times \frac{860\text{kcal/h}}{1\text{kW}} \times x$$
$$= 2\text{kg} \times 1\text{kcal/kg} \cdot ℃ \times (100 - 18)℃$$
$$\therefore\ x = 0.381\text{h} \times \frac{60\text{min}}{1\text{h}} \fallingdotseq 23\text{min}$$

정답 45 ② 46 ④ 47 ③ 48 ② 49 ④

50 온수난방배관 시공법에 대한 설명으로 옳지 않은 것은?

① 온수난방은 보통 1/250 이상의 끝올림 구배를 주는 것이 이상적이다.
② 수평 배관에서 관경을 바꿀 때는 편심 리듀서를 사용하는 것이 좋다.
③ 지관이 주관 아래로 분기될 때는 45° 이상 끝내림 구배로 배관한다.
④ 팽창탱크에 이르는 팽창관에는 조정용 밸브를 단다.

해설
팽창탱크에 이르는 팽창관에는 조정용 밸브를 달지 않는다.

51 보온재 중 흔히 스티로폼이라고 하며, 체적의 97~98%가 기공으로 되어 있어 열 차단능력이 우수하고, 내수성도 뛰어난 보온재는?

① 폴리스티렌 폼
② 경질 우레탄 폼
③ 코르크
④ 글라스 울

52 다음 중 연속제어 특성과 관계없는 제어동작은?

① P동작(비례동작)
② I동작(적분동작)
③ D동작(미분동작)
④ On-Off 동작(2위치 동작)

해설
자동제어의 동작
- 연속동작 : 비례동작(P동작), 적분동작(I동작), 미분동작(D동작), 비례·적분동작(PI동작), 비례·미분동작(PD동작), 비례적분, 미분동작(PID동작)
- 불연속 동작 : On-Off 동작(2위치 동작), 다위치 동작

53 다량 트랩이라고도 하며 부력(浮力)을 이용한 트랩은?

① 바이패스형 ② 벨로스식
③ 오리피스형 ④ 플로트식

54 어떤 보일러의 5시간 동안 증발량이 5,000kg이고, 그때의 급수 엔탈피가 25kcal/kg, 증기엔탈피가 675kcal/kg이라면 상당증발량은 약 몇 kg/h인가?

① 1,106 ② 1,206
③ 1,304 ④ 1,451

해설

$$상당증발량(환산) = \frac{실제증발량 \times (증기엔탈피 - 급수엔탈피)}{539}$$

$$= \frac{\frac{5,000}{5} \times (675 - 25)}{539}$$

$≒ 1,206kg/h$

50 ④ 51 ① 52 ④ 53 ④ 54 ② 정답

55 **에너지이용 합리화법상 에너지소비효율등급 또는 에너지소비효율을 해당 효율관리기자재에 표시할 수 있도록 효율관리기자재의 에너지 사용량을 측정하는 기관은?**

① 효율관리진단기관
② 효율관리전문기관
③ 효율관리표준지관
④ 효율관리시험기관

해설

효율관리기자재의 지정 등(에너지이용합리화법 제15조) : 효율관리기자재의 제조업자 또는 수입업자는 산업통상자원부장관이 지정하는 시험기관(효율관리시험기관)에서 해당 효율관리기자재의 에너지 사용량을 측정받아 에너지소비효율등급 또는 에너지소비효율을 해당 효율관리기자재에 표시하여야 한다.

56 **에너지이용합리화법에 따라 에너지이용합리화 기본계획에 포함될 사항이 아닌 것은?**

① 에너지절약형 경제구조로의 전환
② 에너지이용효율 증대
③ 에너지이용 합리화를 위한 홍보 및 교육
④ 열사용기자재의 품질관리

해설

에너지이용합리화 기본계획(에너지이용합리화법 제4조)
에너지이용합리화 기본계획에는 다음의 사항이 포함되어야 한다.

- 에너지절약형 경제구조로의 전환
- 에너지이용효율의 증대
- 에너지이용합리화를 위한 기술 개발
- 에너지이용합리화를 위한 홍보 및 교육
- 에너지원 간 대체(代替)
- 열사용기자재의 안전관리
- 에너지이용합리화를 위한 가격예시제(價格豫示制)의 시행에 관한 사항
- 에너지의 합리적인 이용을 통한 온실가스의 배출을 줄이기 위한 대책
- 그 밖에 에너지이용합리화를 추진하기 위하여 필요한 사항으로서 산업통상자원부령으로 정하는 사항

57 **기후위기 대응을 위한 탄소중립 · 녹색성장 기본법령상 온실가스배출관리업체는 해당 연도 온실가스 배출량 명세서에 외부 검증 전문기관의 검증결과를 첨부하여 부문별 관장기관의 장에게 언제까지 제출해야 하는가?**

① 해당 연도 12월 31일까지
② 다음 연도 1월 31일까지
③ 다음 연도 3월 31일까지
④ 다음 연도 6월 30일까지

해설

온실가스배출관리업체에 대한 목표관리 방법 및 절차(기후위기 대응을 위한 탄소중립 · 녹색성장 기본법 시행령 제21조)
온실가스배출관리업체는 각 이행 연도의 온실가스배출량명세서(이하 온실가스배출량명세서)에 온실가스 배출권의 할당 및 거래에 관한 법률에 따른 외부 검증 전문기관(이하 검증기관)의 검증결과를 첨부하여 부문별 관장기관의 장에게 해당 이행 연도 다음 연도의 3월 31일까지 제출해야 한다. 다만, 신규 진입자는 다음의 구분에 따른 온실가스배출량 명세서(검증기관의 검증 결과를 첨부한 것을 말한다)를 해당 호에서 정한 날까지 추가로 제출해야 한다.

- 지정 연도와 그 직전 2개 연도의 온실가스배출량 명세서 : 지정 연도 다음 연도의 3월 31일
- 지정 연도 다음 연도의 온실가스배출량 명세서 : 지정 연도 다음 다음 연도의 3월 31일

58 **에너지이용합리화법상 에너지의 최저소비효율기준에 미달하는 효율관리기자재의 생산 또는 판매 금지 명령을 위반한 자에 대한 벌칙 기준은?**

① 1년 이하의 징역 또는 1천만원 이하의 벌금
② 1천만원 이하의 벌금
③ 2년 이하의 징역 또는 2천만원 이하의 벌금
④ 2천만원 이하의 벌금

해설

벌칙(에너지이용합리화법 제74조) : 생산 또는 판매 금지 명령을 위반한 자는 2천만원 이하의 벌금에 처한다.

정답 55 ④ 56 ④ 57 ③ 58 ④

59 에너지이용합리화법령상 산업통상자원부장관이 에너지다소비사업자에게 개선명령을 할 수 있는 경우는 에너지관리지도 결과 몇 % 이상 에너지 효율 개선이 기대되는 경우인가?

① 2% ② 3%
③ 5% ④ 10%

해설

개선명령의 요건 및 절차 등(에너지이용합리화법 시행령 제40조)
산업통상자원부장관이 에너지다소비사업자에게 개선명령을 할 수 있는 경우는 에너지관리지도 결과 10% 이상의 에너지효율 개선이 기대되고, 효율 개선을 위한 투자의 경제성이 있다고 인정되는 경우로 한다.

60 에너지이용합리화법상 열사용기자재가 아닌 것은?

① 강철제 보일러
② 구멍탄용 온수보일러
③ 전기순간온수기
④ 2종 압력용기

해설

특정열사용기자재 및 그 설치 · 시공범위(에너지이용합리화법 시행규칙 별표 3의 2)

구 분	품목명	설치 · 시공범위
보일러	• 강철제 보일러 • 주철제 보일러 • 온수보일러 • 구멍탄용 온수보일러 • 축열식 전기보일러 • 캐스케이드 보일러 • 가정용 화목보일러	해당 기기의 설치 · 배관 및 세관
태양열 집열기	• 태양열 집열기	해당 기기의 설치 · 배관 및 세관
압력용기	• 1종 압력용기 • 2종 압력용기	
요업요로	• 연속식 유리용융가마 • 불연속식 유리용융가마 • 유리용융도가니가마 • 터널가마 • 도염식각가마 • 셔틀가마 • 회전가마 • 석회용선가마	해당 기기의 설치를 위한 시공
금속요로	• 용선로 • 비철금속용융로 • 금속소둔(풀림)로 • 철금속가열로 • 금속균열로	

59 ④ 60 ③ 정답

2024년 제2회 과년도 기출복원문제

01 증기트랩의 역할이 아닌 것은?

① 수격작용을 방지한다.
② 관의 부식을 막는다.
③ 열설비의 효율 저하를 방지한다.
④ 증기의 저항을 증가시킨다.

해설

증기트랩의 역할
- 수격작용을 방지한다.
- 관의 부식을 막는다.
- 열설비의 효율 저하를 방지한다.

02 냉간가공과 열간가공을 구분하는 온도는?

① 풀림온도 ② 재결정온도
③ 변태온도 ④ 절대온도

해설

재결정온도 : 소성가공된 금속을 가열하였을 때 재결정되기 시작하는 온도로, 냉간가공과 열간가공을 구분하는 기준이 된다.

03 보일러 가동 시 출열항목 중 열손실이 가장 크게 차지하는 항목은?

① 배기가스에 의한 배출열
② 연료의 불완전연소에 의한 열손실
③ 관수의 블로다운에 의한 열손실
④ 본체 방열 발산에 의한 열손실

해설

입열항목 열손실
- 연료의 저위발열량
- 연료의 현열
- 공기의 현열
- 피열물의 보유열
- 노내 분입 증기열

출열항목 열손실
- 발생증기의 보유열
- 배기가스의 손실열
- 불완전연소에 의한 열손실
- 미연분에 의한 손실열
- 방사손실열

04 다음 중 연소효율을 구하는 식은?

① $\dfrac{\text{공급열}}{\text{실제연소열}} \times 100$

② $\dfrac{\text{실제연소열}}{\text{공급열}} \times 100$

③ $\dfrac{\text{유효열}}{\text{실제연소열}} \times 100$

④ $\dfrac{\text{실제연소열}}{\text{유효열}} \times 100$

해설

$$\text{연소효율} = \frac{\text{실제연소열}}{\text{저위발열량(= 공급열 = 입열)}} \times 100$$

정답 1 ④ 2 ② 3 ① 4 ②

05 유류보일러의 수동 조작 점화방법에 대한 설명으로 옳지 않은 것은?

① 연소실 내의 통풍압을 조절한다.
② 점화봉에 불을 붙여 연소실 내 버너 끝의 전방 하부 1m 정도에 둔다.
③ 증기분사식은 응축수를 배출한다.
④ 버너의 기동스위치를 넣거나 분무용 증기 또는 공기를 분사시킨다.

해설

수동 조작 점화방법

- 화실 내의 통풍압을 조절한다. 통풍기가 있는 경우에는 그것을 운전한다. 통풍이 지나치게 높으면 착화가 실패하기 쉽다.
- 점화봉에 불을 붙여 연소실 내 버너 끝의 전방 하부 10cm 정도에 둔다.
- 증기분사식은 드레인(응축수)을 배출하고, 압력분사식은 연료 압력이 규정압력으로 되어 있는지 확인한다.
- 버너의 기동 스위치를 넣거나 분무용 증기 또는 공기를 분사시킨다.
- 연료밸브를 연다.

06 보일러 스케일 생성의 방지대책으로 가장 옳지 않은 것은?

① 급수 중의 염류, 불순물을 되도록 제거한다.
② 보일러 동 내부에 페인트를 두껍게 바른다.
③ 보일러수의 농축을 방지하기 위하여 적절히 분출시킨다.
④ 보일러수에 약품을 넣어서 스케일 성분이 고착하지 않도록 한다.

해설

보일러 동 내부에 페인트를 두껍게 바르는 것은 스케일 생성방지책과 관계없다.

07 증기난방설비에서 배관 구배를 부여하는 가장 큰 이유는?

① 증기의 흐름을 빠르게 하기 위해서
② 응축기의 체류를 방지하기 위해서
③ 배관시공을 편리하게 하기 위해서
④ 증기와 응축수의 흐름마찰을 줄이기 위해서

08 팽창탱크에 대한 설명으로 옳은 것은?

① 개방식 팽창탱크는 주로 고온수 난방에서 사용한다.
② 팽창관에는 방열관에 부착하는 크기의 밸브를 설치한다.
③ 밀폐형 팽창탱크에서는 수면계를 구비한다.
④ 밀폐형 팽창탱크는 개방식 팽창탱크에 비하여 작아도 된다.

해설

밀폐형 팽창탱크의 구조 : 밀폐식 팽창탱크는 탱크 안에 고무로 된 물주머니 또는 다이아프램에 의해 수실과 공기실로 구분되어 있으며, 배관수는 대기(공기)와의 접촉이 완전히 차단되어 있다.

09 다음 중 주형 방열기의 종류가 아닌 것은?

① 1주형 ② 2주형
③ 3세주형 ④ 5세주형

해설

- 주형 방열기 : 2주형(Ⅱ), 3주형(Ⅲ), 3세주형(3), 5세주형(5)
- 벽걸이형(W) : 가로형(W-H), 세로형(W-V)

5 ② 6 ② 7 ② 8 ③ 9 ① 정답

10 보일러의 마력을 옳게 나타낸 것은?

① 보일러 마력 = 15.65 × 매시 상당증발량

② 보일러 마력 = 15.65 × 매시 실제증발량

③ 보일러 마력 = 15.65 ÷ 매시 실제증발량

④ 보일러 마력 = 매시 상당증발량 ÷ 15.65

해설

보일러 마력

- 1시간에 100℃의 물 15.65kg을 건조포화증기로 만드는 능력
- 보일러 마력 = 상당증발량 ÷ 15.65

11 기체연료의 연소방식과 관계없는 것은?

① 확산 연소방식

② 예혼합 연소방식

③ 포트형과 버너형

④ 회전 분무식

해설

회전 분무식은 액체연료 연소방법이다.

12 건도를 x라고 할 때 습증기는?

① $x = 0$

② $0 < x < 1$

③ $x = 1$

④ $x > 1$

해설

증기엔탈피 종류

- 포화수 : 증기의 건조도(x) = 0인 증기
- 건포화증기 : 증기의 건조도(x) = 1인 증기
- 습포화증기 : 수분이 2~3% 포함된 증기(0 < 건조도(x) < 1)

13 엘보나 티와 같이 내경이 나사로 된 부품을 폐쇄할 때 사용하는 것은?

① 캡 ② 니 플

③ 소 켓 ④ 플러그

해설

엘보, 티 등 내경이 나사로 된 부품을 폐쇄할 때는 플러그를 사용하고, 외경이 나사로 된 부품은 캡을 사용한다.

14 사용 중인 보일러의 점화 전 주의사항이 아닌 것은?

① 연료 계통을 점검한다.

② 각 밸브의 개폐 상태를 확인한다.

③ 댐퍼를 닫고 프리퍼지를 한다.

④ 수면계의 수위를 확인한다.

해설

프리퍼지 : 보일러 점화 전에 댐퍼를 열고 노내와 연도에 있는 가연성 가스를 송풍기로 취출시키는 작업

정답 10 ④ 11 ④ 12 ② 13 ④ 14 ③

15 다음 중 고온·고압에 적당하며, 신축에 따른 자체 응력이 생기는 결점이 있는 신축이음쇠는?

① 루프형(Loop Type)
② 스위블형(Swivel Type)
③ 벨로스형(Bellows Type)
④ 슬리브형(Sleeve Type)

해설

② 스위블형 : 회전이음, 지블이음, 지웰이음 등으로 불린다. 2개 이상의 나사엘보를 사용하여 이음부 나사의 회전을 이용하여 배관의 신축을 흡수하는 것으로, 주로 온수 또는 저압의 증기난방 등의 방열기 주위 배관용으로 사용된다.
③ 벨로스형(팩리스형, 주름통, 파상형) : 급수, 냉난방 배관에서 많이 사용되는 신축이음이다.
④ 슬리브형(미끄럼형) : 본체와 슬리브 파이프로 되어 있으며 관의 신축은 본체 속의 슬리브관에 의해 흡수되며 슬리브와 본체 사이에 패킹을 넣어 누설을 방지한다. 단식과 복식의 두 가지 형태가 있다.

16 액체연료 연소에서 무화의 목적이 아닌 것은?

① 단위 중량당 표면적을 크게 한다.
② 연소효율을 향상시킨다.
③ 주위 공기와 혼합을 좋게 한다.
④ 연소실의 열부하를 낮게 한다.

해설

무화의 목적
- 단위 중량당 표면적을 넓게 한다.
- 공기와의 혼합을 좋게 한다.
- 연소에 적은 과잉공기를 사용할 수 있다.
- 연소효율 및 열효율을 높게 한다.

17 최근 난방 또는 급탕용으로 사용되는 진공 온수보일러에 대한 설명으로 옳지 않은 것은?

① 열매수의 온도는 운전 시 100℃ 이하이다.
② 운전 시 열매수의 급수는 불필요하다.
③ 본체의 안전장치로서 용해전, 온도퓨즈, 안전밸브 등을 구비한다.
④ 추기장치는 내부에서 발생하는 비응축가스 등을 외부로 배출시킨다.

해설

진공온수식 보일러는 보일러 내의 압력을 대기압 이하로 유지하기 위하여 보일러 본체 수실을 진공으로 만들어 대기압 이하의 상태로 운전하도록 설계한 방식으로, 안전밸브 등의 안전장치는 필요 없다.

18 보일러 내부에 아연판을 매다는 가장 큰 이유는?

① 기수공발을 방지하기 위하여
② 보일러 판의 부식을 방지하기 위하여
③ 스케일 생성을 방지하기 위하여
④ 프라이밍을 방지하기 위하여

19 연소가스와 대기의 온도가 각각 250℃, 30℃이고, 연돌의 높이가 50m일 때 이론 통풍력은 약 얼마인가?(단, 연소가스와 대기의 비중량은 각각 1.35kg/Nm^3, 1.25kg/Nm^{3}이다)

① 21.08mmAq　　② 23.12mmAq
③ 25.02mmAq　　④ 27.36mmAq

해설

통풍력(Z)

$$Z = 273 \times H \times \left(\frac{\gamma_a}{273+t_a} - \frac{\gamma_g}{273+t_g}\right)(\text{mmH}_2\text{O})$$

$$= 273 \times 50 \times \left(\frac{1.25}{273+30} - \frac{1.35}{273+250}\right)(\text{mmH}_2\text{O})$$

$$\fallingdotseq 21.08\text{mmH}_2\text{O}$$

15 ① 16 ④ 17 ③ 18 ② 19 ① 정답

20 **표준 상태(온도 0℃, 기압 760mmHg)에 있어서 기체의 용적단위는?**

① Nm^3 ② kcal
③ mV ④ m^3/kg

해설
Nm^3 : 표준상태(0℃, 1atm)에서의 체적

21 **방열기의 표준 방열량에 대한 설명으로 틀린 것은?**

① 증기의 경우 게이지 압력 $1kg/cm^2$, 온도 80℃로 공급하는 것이다.
② 증기 공급 시의 표준 방열량은 $650kcal/m^2 \cdot h$이다.
③ 실내온도는 증기일 경우 21℃, 온수일 경우 18℃ 정도이다.
④ 온수 공급 시의 표준 방열량은 $450kcal/m^2 \cdot h$이다.

해설
표준 방열량($kcal/m^2 \cdot h$)

열 매	표준 방열량 ($kcal/m^2 \cdot h$)	표준 온도차(℃)	표준 상태에서의 온도(℃)	
			열매온도	실 온
증 기	650	81	102	21
온 수	450	62	80	18

22 **어떤 물질 500kg을 20℃에서 50℃로 올리는 데 3,000kcal의 열량이 필요하였다. 이 물질의 비열은?**

① 0.1kcal/kg·℃ ② 0.2kcal/kg·℃
③ 0.3kcal/kg·℃ ④ 0.4kcal/kg·℃

해설
$Q = G \times C \times \Delta t$
3,000kcal = 500kg × x × (50 − 20)℃
x = 0.2kcal/kg·℃

23 **원통형 및 수관식 보일러의 구조에 대한 설명으로 옳지 않은 것은?**

① 노통 접합부는 아담슨 조인트(Adamson Joint)로 연결하여 열에 의한 신축을 흡수한다.
② 코니시 보일러는 노통을 편심으로 설치하여 보일러수의 순환이 잘되도록 한다.
③ 겔로웨이관은 전열면을 증대하고 강도를 보강한다.
④ 강수관의 내부는 열가스가 통과하여 보일러수 순환을 증진한다.

해설
강수관 내부에 열가스가 통과하는 것은 연관식 보일러이다.

24 **자동제어의 신호전달방법 중 신호 전송 시 시간지연이 있으며, 전송거리가 100~150m 정도인 것은?**

① 전기식 ② 유압식
③ 기계식 ④ 공기식

해설
자동제어의 신호전달방법
- 공기압식 : 전송거리 100m 정도
- 유압식 : 전송거리 300m 정도
- 전기식 : 전송거리 수 km까지 가능

정답 20 ① 21 ① 22 ② 23 ④ 24 ④

25 급수펌프에서 송출량이 $10m^3$/min이고, 전양정이 8m일 때 펌프의 소요마력은?(단, 펌프 효율은 75%이다)

① 15.6PS ② 17.8PS
③ 23.7PS ④ 31.6PS

해설

$$PS = \frac{\gamma Q h}{75\eta} = \frac{1,000\frac{kg}{m^3} \times 10\frac{m^3}{min} \times \frac{1min}{60sec} \times 8m}{75 \times 0.75}$$
$$= 23.7PS$$

26 유류 연소 자동점화 보일러의 점화 순서상 화염검출의 다음 단계는?

① 점화 버너 작동
② 전자밸브 열림
③ 노내압 조정
④ 노내 환기

해설

보일러 자동점화 시 가장 먼저 확인하여야 할 사항은 노내 환기이고, 화염검출 다음 단계는 전자밸브 열림이다.

27 소용량 보일러에 부착하는 압력계의 최고 눈금은 보일러 최고사용압력의 몇 배로 하는가?

① 1~1.5배 ② 1.5~3배
③ 4~5배 ④ 5~6배

해설

압력계의 최고 눈금은 보일러 최고사용압력의 1.5배 이상 3배 이하로 한다.

28 보일러수를 취출(Blow)하는 목적으로 옳은 것은?

① 동(드럼) 내의 부유물 및 동 저부의 슬러지 성분을 배출하기 위하여
② 보일러 전열면의 수트(Soot)를 제거하기 위하여
③ 보일러수의 pH를 산성으로 만들기 위하여
④ 발생 증기의 건조도 등 증기의 질(質)을 파악하기 위하여

29 경납땜의 종류가 아닌 것은?

① 황동납 ② 인동납
③ 은 납 ④ 주석-납

해설

경납땜의 종류 : 은납, 황동납, 인동납, 양은납, 알루미늄납

25 ③ 26 ② 27 ② 28 ① 29 ④ 정답

30 보일러 산세정의 순서로 옳은 것은?

① 전처리 → 산액처리 → 수세 → 중화방청 → 수세
② 전처리 → 수세 → 산액처리 → 수세 → 중화방청
③ 산액처리 → 수세 → 전처리 → 중화방청 → 수세
④ 산액처리 → 전처리 → 수세 → 중화방청 → 수세

31 순수한 물 1lb(파운드)를 표준 대기압하에서 1°F 높이는 데 필요한 열량을 나타낼 때 쓰이는 단위는?

① CHU ② MPa
③ BTU ④ kcal

해설

열량의 단위

- 1kcal : 순수한 물 1kg 온도를 14.5℃의 상태에서 15.5℃로 상승시키는 데 소요되는 열량
- 1BTU : 순수한 물 1lb 온도를 61.5°F의 상태에서 62.5°F로 상승시키는 데 소요되는 열량
- 1CHU : 순수한 물 1lb 온도를 14.5℃의 상태에서 15.5℃로 상승시키는 데 소요되는 열량

32 몰리에르선도로 파악하기 어려운 것은?

① 포화수의 엔탈피
② 과열증기의 과열도
③ 포화증기의 엔탈피
④ 과열증기의 단열팽창 후 상대습도

해설

몰리에르선도

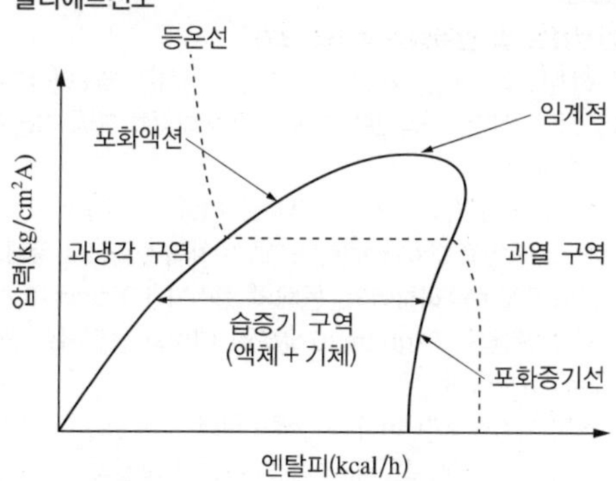

33 절대온도 293K를 섭씨온도로 환산하면 약 얼마인가?

① −20℃ ② 0℃
③ 20℃ ④ 566℃

해설

K = 273 + ℃
℃ = 293 − 273
= 20

34 다음 중 내화물의 내화도 측정에 주로 사용되는 온도계는?

① 제게르 콘
② 백금저항 온도계
③ 기체압력식 온도계
④ 백금-백금·로듐 열전대 온도계

해설

- 제게르 콘(Seger Cone) : 소성의 정도 또는 내화도를 측정하기 위해 사용하는 삼각추 모양의 표준콘
- 소성 또는 가소성(Plasticity) : 힘을 가하여 변형시킬 때 영구변형을 일으키는 물질의 특성
- 내화도 : 열에 견디는 정도를 나타내는 비율

정답 30 ② 31 ③ 32 ④ 33 ③ 34 ①

35 다음 중 측정자의 부주의로 생기는 오차는?

① 우연오차 ② 과실오차
③ 계기오차 ④ 계통적 오차

해설

오차의 종류

- 계통오차
  - 계기오차 : 측정계기의 불완전성 때문에 생기는 오차(예 자, 온도계, 계기판 등의 눈금이 정확하지 않거나 영점 보정이 안 된 경우)
  - 환경오차 : 측정할 때 온도, 습도, 압력 등 외부 환경의 영향으로 생기는 오차(예 측정기구의 온도에 따라 팽창과 수축으로 인한 눈금의 변화, 질량 측정 시 공기의 부력에 의한 영향 등)
  - 개인오차 : 개인이 가지고 있는 습관이나 선입관이 작용하여 생기는 오차(예 시간을 측정할 때 한 현상이 일어나는 시간을 인식하는 정도가 사람마다 다르다)
- 과실오차 : 계기의 취급 부주의로 생기는 오차(예 척도의 숫자를 잘못 읽거나 틀리게 계산하여 생기는 오차로, 실험자가 충분히 주의하여 제거해야 하는 오차)
- 우연오차 : 주위의 사정으로 측정자가 주의해도 피할 수 없는 불규칙적이고, 우발적인 원인에 의해 발생하는 오차(예 측정 시 갑자기 주위 환경이 불규칙하게 변하여 측정계기에 영향을 주는 경우)

36 다음 중 표면연소하는 것은?

① 목 탄 ② 중 유
③ 석 탄 ④ LPG

해설

연소의 종류

- 표면연소 : 목탄(숯), 코크스, 금속분
- 분해연소 : 중유, 석탄
- 증발연소 : 경유, 석유, 휘발유
- 확산연소 : 액화석유가스(LPG)

37 수소 15%, 수분 0.5%인 중유의 고위발열량이 10,000 kcal/kg이다. 이 중유의 저위발열량은 몇 kcal/kg인가?

① 8,795 ② 8,984
③ 9,085 ④ 9,187

해설

저위발열량 = 고위발열량 − 600(9 × 수소 + 물)
= 10,000 − 600(9 × 0.15 + 0.005)
= 9,187kcal/kg

38 보일러에 사용되는 안전밸브 및 압력방출장치 크기를 20A 이상으로 할 수 있는 보일러가 아닌 것은?

① 소용량 강철제 보일러
② 최대증발량 5t/h 이하의 관류보일러
③ 최고사용압력 1MPa(10kgf/cm^2) 이하의 보일러로 전열면적 5m^2 이하의 것
④ 최고사용압력 0.1MPa(1kgf/cm^2) 이하의 보일러

해설

안전밸브 및 압력방출장치의 크기

안전밸브 및 압력방출장치의 크기는 호칭지름 25A 이상으로 하여야 한다. 다만, 다음 보일러에서는 호칭지름 20A 이상으로 할 수 있다.

- 최고사용압력 1kgf/cm^2(0.1MPa) 이하의 보일러
- 최고사용압력 5kgf/cm^2(0.5MPa) 이하의 보일러로 동체의 안지름이 500mm 이하이며, 동체의 길이가 1,000mm 이하의 것
- 최고사용압력 5kgf/cm^2(0.5MPa) 이하의 보일러로 전열면적 2m^2 이하의 것
- 최대증발량 5t/h 이하의 관류보일러
- 소용량 강철제 보일러, 소용량 주철제 보일러

35 ② 36 ① 37 ④ 38 ③ 정답

39 동관의 끝을 나팔 모양으로 만드는 데 사용하는 공구는?

① 사이징 툴 ② 익스팬더
③ 플레어링 툴 ④ 파이프 커터

해설
① 사이징 툴 : 관 끝을 원형으로 정형하는 공구
② 익스팬더 : 동관의 관 끝 확관용 공구
④ 튜브벤더 : 동관 벤딩용 공구

40 무게가 80kg인 물체를 수직으로 5m까지 끌어올리기 위한 일을 열량으로 환산하면 약 몇 kcal인가?

① 0.94kcal ② 0.094kcal
③ 40kcal ④ 400kcal

해설
$80 \times 5 = 400\text{kg} \cdot \text{m}$

일의 열당량 $A = \frac{1}{427}\text{kcal/kg} \cdot \text{m}$

$\therefore \frac{400}{427} \fallingdotseq 0.94\text{kcal}$

41 보일러의 부하율에 대한 설명으로 적합한 것은?

① 보일러의 최대증발량에 대한 실제증발량의 비율
② 증기 발생량을 연료소비량으로 나눈 값
③ 보일러에서 증기가 흡수한 총열량을 급수량으로 나눈 값
④ 보일러 전열면적 1m^2에서 시간당 발생되는 증기열량

해설
$$\text{보일러 부하율} = \frac{\text{실제증발량}}{\text{최대연속증발량}} \times 100$$

42 다음 중 탄화수소비가 가장 큰 액체연료는?

① 휘발유 ② 등 유
③ 경 유 ④ 중 유

해설
④ 중유 $C_{17}H_{36}$ 이상
① 휘발유 $C_5H_{12} \sim C_{12}H_{26}$
② 등유 $C_{12}H_{26} \sim C_{16}H_{34}$
③ 경유 $C_{15}H_{32} \sim C_{18}H_{38}$

43 이동 및 회전을 방지하기 위해 지지점 위치에 완전히 고정하는 지지금속으로, 열팽창 신축에 의한 영향이 다른 부분에 미치지 않도록 배관을 분리하여 설치 · 고정해야 하는 리스트레인트는?

① 앵 커
② 리지드 행거
③ 파이프 슈
④ 브레이스

해설
- 리스트레인트의 종류 : 앵커, 스톱, 가이드
- 서포트의 종류 : 스프링, 리지드, 롤러, 파이프 슈
- 브레이스 : 펌프, 압축기 등에서 발생하는 배관계 진동을 억제하는 데 사용한다.

정답 39 ③ 40 ① 41 ① 42 ④ 43 ①

44 **강철제 증기보일러의 최고사용압력이 2MPa일 때 수압시험압력은?**

① 2MPa ② 2.5MPa
③ 3MPa ④ 4MPa

해설

2×1.5 = 3MPa

강철제 증기보일러의 수압시험압력

- 최고사용압력 0.43MPa 이하 : 최고사용압력×2배
- 최고사용압력 0.43MPa 초과 1.5MPa 이하 : 최고사용압력×1.3배+0.3MPa
- 최고사용압력 1.5MPa 초과 : 최고사용압력×1.5배

45 **보일러의 증기관 중 반드시 보온을 해야 하는 곳은?**

① 난방하고 있는 실내에 노출된 배관
② 방열기 주위 배관
③ 주증기 공급관
④ 관말 증기트랩장치의 냉각레그

해설

증기 주관은 반드시 보온되어야 하며 증기 지관은 증기 주관의 상부로부터 연결되어야 한다.

46 **난방부하 계산 시 사용되는 용어에 대한 설명 중 틀린 것은?**

① 열전도 : 인접한 물체 사이의 열 이동현상
② 열관류 : 열이 한 유체에서 벽을 통하여 다른 유체로 전달되는 현상
③ 난방부하 : 방열기가 표준 상태에서 $1m^2$당 단위 시간에 방출하는 열량
④ 정격용량 : 보일러 최대 부하 상태에서 단위 시간당 총 발생되는 열량

해설

난방부하 : 난방에 필요한 공급 열량으로 단위는 kcal/h이다. 실내에 열원이 없을 때의 난방부하는 관류(貫流) 및 환기에 의한 열부하, 난방장치의 손실 열량 등으로 이루어진다.

47 **증기보일러의 관류밸브에서 보일러와 압력 릴리프 밸브와의 사이에 체크밸브를 설치할 경우 압력 릴리프 밸브는 몇 개 이상 설치하여야 하는가?**

① 1개 ② 2개
③ 3개 ④ 4개

해설

안전밸브 성능 및 개수

- 증기보일러에는 안전밸브를 2개 이상(전열면적 $50m^2$ 이하의 증기보일러에서는 1개 이상) 설치하여야 한다. 다만, 내부의 압력이 최고사용압력에 6%에 해당되는 값(그 값이 0.035MPa(0.35kgf/cm^2) 미만일 때는 0.035MPa(0.35kgf/cm^2)을 더한 값을 초과하지 않도록 하여야 한다.
- 관류보일러에서 보일러와 압력 릴리프밸브와의 사이에 체크밸브를 설치할 경우, 압력 릴리프밸브는 2개 이상이어야 한다.

48 **바이패스(By-pass)관에 설치하면 안 되는 부품은?**

① 플로트 트랩
② 연료차단밸브
③ 감압밸브
④ 유류배관의 유량계

해설

바이패스관 : 설비의 고장 시 유체의 보수, 점검, 교체 등을 쉽게 하기 위한 배관방식

44 ③ 45 ③ 46 ③ 47 ② 48 ② 정답

49 다음 그림은 인젝터의 단면을 나타낸 것이다. C부의 명칭은?

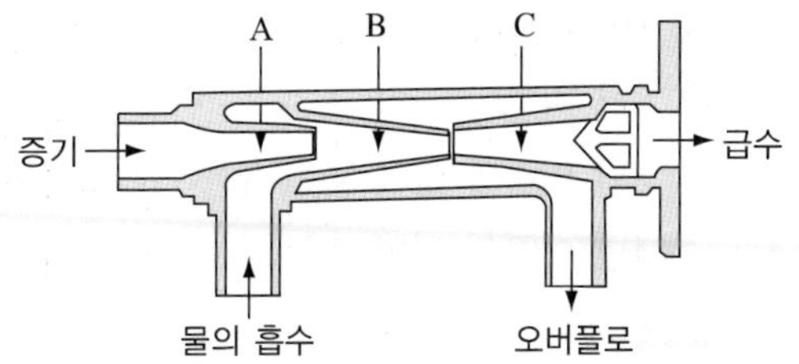

① 증기노즐
② 혼합노즐
③ 분출노즐
④ 고압노즐

해설
- A : 증기노즐
- B : 혼합노즐
- C : 분출노즐

50 보일러 급수 중 Fe, Mn, CO_2를 많이 함유하고 있는 경우의 급수처리 방법으로 가장 적합한 것은?

① 분사법 ② 기폭법
③ 침강법 ④ 가열법

해설
급수처리(관외처리)
- 고형 협착물 처리 : 침강법, 여과법, 응집법
- 용존가스제 처리 : 기폭법(CO_2, Fe, Mn, NH_3, H_2S), 탈기법(CO_2, O_2)
- 용해 고형물 처리 : 증류법, 이온교환법, 약품첨가법

51 다음 중 압력의 단위가 아닌 것은?

① mmHg ② bar
③ N/m^2 ④ kg · m/s

해설
kg · m/s는 동력의 단위이다.

52 비접촉식 온도계의 종류가 아닌 것은?

① 광전관식 온도계
② 방사온도계
③ 광고온도계
④ 열전대 온도계

해설
비접촉식 온도계 : 광전관식 온도계, 방사온도계, 광고온도계, 색온도계

53 수위의 부력에 의한 플로트 위치에 따라 연결된 수은 스위치로 작동하는 형식으로, 중 · 소형 보일러에 가장 많이 사용하는 저수위 경보장치의 형식은?

① 기계식 ② 전극식
③ 자석식 ④ 맥도널식

해설
저수위경보장치의 종류 : 플로트식(맥도널식), 전극식, 열팽창력식(코프스식)

정답 49 ③ 50 ② 51 ④ 52 ④ 53 ④

54 효율이 82%인 보일러로 발열량 9,800kcal/kg의 연료를 15kg 연소시키는 경우의 손실열량은?

① 80,360kcal
② 32,500kcal
③ 26,460kcal
④ 120,540kcal

해설

보일러 효율 계산

$$효율 = \left(1 - \frac{총손실열량}{입열량}\right) \times 100$$

$$0.82 = 1 - \frac{x}{9,800 \times 15}$$

$$x = 26,460\text{kcal}$$

55 다음 ( ) 안에 들어갈 내용으로 알맞은 것은?

> 에너지법령상 에너지 총조사는 (A)마다 실시하되 (B)이 필요하다고 인정할 때는 간이조사를 실시할 수 있다.

① A : 2년, B : 행정자치부장관
② A : 2년, B : 교육부장관
③ A : 3년, B : 산업통상지원부장관
④ A : 3년, B : 고용노동부장관

해설

에너지 관련 통계 및 에너지 총조사(에너지법 시행령 제15조)
에너지 총조사는 3년마다 실시하되, 산업통상자원부장관이 필요하다고 인정할 때에는 간이조사를 실시할 수 있다.

56 에너지이용합리화법에서 정한 검사에 합격하지 않은 검사대상기기를 사용한 자에 대한 벌칙은 ?

① 1년 이하의 징역 또는 1천만원 이하의 벌금
② 2년 이하의 징역 또는 2천만원 이하의 벌금
③ 3년 이하의 징역 또는 3천만원 이하의 벌금
④ 4년 이하의 징역 또는 4천만원 이하의 벌금

해설

벌칙(에너지이용합리화법 제73조)
다음 어느 하나에 해당하는 자는 1년 이하의 징역 또는 1천만원 이하의 벌금에 처한다.

- 검사대상기기의 검사를 받지 아니한 자
- 검사에 합격되지 아니한 검사대상기기를 사용한 자
- 수입 검사대상기기의 검사에 합격되지 아니한 검사대상기기를 수입한 자

57 에너지법상 에너지공급설비에 포함되지 않는 것은?

① 에너지 수입설비
② 에너지 전환설비
③ 에너지 수송설비
④ 에너지 생산설비

해설

에너지공급설비란 에너지를 생산·전환·수송 또는 저장하기 위하여 설치하는 설비이다.

54 ③ 55 ③ 56 ① 57 ① 정답

58 에너지이용합리화법의 목적이 아닌 것은?

① 에너지의 수급 안정을 기한다.

② 에너지의 합리적이고 비효율적인 이용을 증진한다.

③ 에너지소비로 인한 환경 피해를 줄인다.

④ 지구온난화 최소화에 이바지한다.

해설

에너지이용합리화법의 목적은 에너지(전기, 열, 연료)의 수급(需給)을 안정시키고 에너지의 합리적이고 효율적인 이용을 증진하며 에너지소비로 인한 환경 피해를 줄임으로써 국민경제의 건전한 발전 및 국민복지의 증진과 지구온난화의 최소화에 이바지함이다.

59 에너지이용 합리화법상 목표에너지원 단위란?

① 에너지를 사용하여 만드는 제품의 종류별 연간 에너지사용 목표량

② 에너지를 사용하여 만드는 제품의 단위당 에너지 사용목표량

③ 건축물의 총면적당 에너지사용 목표량

④ 자동차 등의 단위연료당 목표 주행거리

해설

목표에너지원단위 : 에너지를 사용하여 만드는 제품의 단위당 에너지사용 목표량 또는 건축물의 단위 면적당 에너지 사용 목표량

60 신에너지 및 재생에너지 개발 · 이용 · 보급 촉진법에서 규정하는 신에너지 또는 재생에너지에 해당하지 않는 것은?

① 태양에너지

② 풍 력

③ 수소에너지

④ 원자력에너지

해설

정의(신에너지 및 재생에너지 개발 · 이용 · 보급 촉진법 제2조)

- 신에너지 : 기존의 화석연료를 변환시켜 이용하거나 수소 · 산소 등의 화학 반응을 통하여 전기 또는 열을 이용하는 에너지로서 다음의 어느 하나에 해당하는 것을 말한다.
  - 수소에너지
  - 연료전지
  - 석탄을 액화 · 가스화한 에너지 및 중질잔사유(重質殘渣油)를 가스화한 에너지로서 대통령령으로 정하는 기준 및 범위에 해당하는 에너지
  - 그 밖에 석유 · 석탄 · 원자력 또는 천연가스가 아닌 에너지로서 대통령령으로 정하는 에너지
- 재생에너지 : 햇빛 · 물 · 지열(地熱) · 강수(降水) · 생물유기체 등을 포함하는 재생 가능한 에너지를 변환시켜 이용하는 에너지로서 다음의 어느 하나에 해당하는 것을 말한다.
  - 태양에너지
  - 풍 력
  - 수 력
  - 해양에너지
  - 지열에너지
  - 생물자원을 변환시켜 이용하는 바이오에너지로서 대통령령으로 정하는 기준 및 범위에 해당하는 에너지
  - 폐기물에너지로서 대통령령으로 정하는 기준 및 범위에 해당하는 에너지
  - 그 밖에 석유 · 석탄 · 원자력 또는 천연가스가 아닌 에너지로서 대통령령으로 정하는 에너지

정답 58 ② 59 ② 60 ④

2025년 제1회 최근 기출복원문제

01 다음 중 잠열 변화과정에 해당하는 것은?

① −20℃의 얼음을 0℃의 얼음으로 변화시켰다.
② 0℃의 얼음을 0℃의 물로 변화시켰다.
③ 0℃의 물을 100℃의 물로 변화시켰다.
④ 100℃의 증기를 110℃의 증기로 변화시켰다.

해설
잠열(潛熱)은 물질의 상태가 변할 때 온도 변화 없이 흡수되거나 방출되는 열을 의미한다. 예를 들어, 얼음이 녹아 물이 되거나 물이 끓어 수증기가 되는 과정에서 온도 변화 없이 출입하는 열이 잠열이다. 이는 '숨은 열'이라는 한자 뜻처럼, 상태 변화과정에서 겉으로 드러나지 않고 물질에 '잠겨 있는 열'이다.

02 천연가스는 약 몇 °C에서 액화되는가?

① −122℃ ② −132℃
③ −152℃ ④ −162℃

해설
천연가스는 약 −162℃에서 액화된다. 이 온도에서 액화된 액화천연가스(LNG)는 부피가 약 1/600로 줄어들어 운송 및 저장이 용이해진다.

03 다음 중 열역학 제1법칙은?

① 질량 불변의 법칙
② 에너지 보존의 법칙
③ 엔트로피 보존의 법칙
④ 작용–반작용의 법칙

해설
열역학 제1법칙 : 에너지의 총량은 일정하게 유지된다는 원칙이다.
$\Delta U = Q - W$ 또는 $\Delta U = Q + W$(계에 일을 하는 경우)
(여기서, ΔU : 내부 에너지 변화, Q : 계에 가해진 열, W : 계가 한 일)

04 장치 내에 공급된 열량 중에서 그 열을 유효하게 이용한 열량과의 비율을 나타낸 것은?

① 열정산 ② 발열량
③ 유효 출열 ④ 열효율

해설
열효율은 열기관이나 에너지 변환시스템에서 투입된 열에너지 대비 실제로 유효한 일로 전환된 에너지의 비율을 의미한다. 즉,

$$열효율 = \frac{유효\ 출열}{총입열량} \times 100 = \frac{유효\ 출열}{공급\ 열량} \times 100$$

05 다음 중 비접촉식 온도계가 아닌 것은?

① 광고온계 ② 방사온도계
③ 열전온도계 ④ 색온도계

해설
비접촉식 온도계의 종류 : 광고온도계, 방사온도계, 광전관식 온도계, 색온도계

1 ② 2 ④ 3 ② 4 ④ 5 ③ 정답

06 다음 중 다이어프램의 재질로서 적합하지 않은 것은?

① 고 무 ② 양 은
③ 탄소강 ④ 스테인리스강

해설
다이어프램은 유체의 접촉으로 인한 부식, 높은 응력에 의한 파손 위험, 유체 흐름의 제어 시 필요한 유연성과 복원력 때문에 탄소강 대신 특정 엘라스토머나 합금강, 스테인리스강 등의 재질을 사용한다.

07 보일러 자동제어의 연소제어(ACC)에서 조작량에 해당하지 않는 것은?

① 연료량 ② 연소가스량
③ 공기량 ④ 전열량

해설
보일러 연소제어(ACC ; Automatic Combustion Control)에서 조작량은 연료량과 공기량을 가감하여 연소가스량을 제어한다. ACC는 이 두 가지 변수를 제어하여 증기압력이나 온수온도를 설정값에 맞게 유지하는 자동연소제어방식이다.

08 보일러 열정산에서 입열항목에 해당하는 것은?

① 발생증기의 흡수열량
② 배기가스의 열량
③ 연소 잔재물이 갖고 있는 열량
④ 연소용 공기의 열량

해설
입열항목 : 보일러에 공급되는 열의 총량을 계산하는 항목으로 연료의 발열량(저위발열량), 연료의 현열, 공기의 현열, 노 내 취입 증기열 등이다.

09 다음 중 아르키메데스의 원리를 이용한 압력계는?

① 플로트식 ② 침종식
③ 단관식 ④ 랭밸런스식

해설
아르키메데스의 원리(부력의 원리)는 물체가 유체 속에 잠길 때 물체가 받는 부력의 크기는 그 물체가 밀어낸 유체의 무게와 같다는 원리이다.

10 보일러를 본체 구조에 따라 분류하면 원통형 보일러와 수관식 보일러로 크게 나눌 수 있다. 수관식 보일러에 해당하지 않는 것은?

① 노통 보일러
② 타쿠마 보일러
③ 라몬트 보일러
④ 슐처 보일러

해설
원통형 보일러 : 연관식, 노통연관식, 노통식, 입형식

정답 6 ③ 7 ④ 8 ④ 9 ② 10 ①

11 사용 중인 보일러의 점화 전 점검 또는 준비사항이 아닌 것은?

① 수위와 압력 확인
② 노벽 및 내화물 건조
③ 노 내의 환기, 송풍 확인
④ 부속장치 확인

해설

노벽 및 내화물 건조는 고온 설비의 내화 벽체를 구성하는 재료의 수분을 제거하는 과정으로, 갑작스러운 온도 상승으로 인한 증기압 증가로 벽체가 폭렬하는 것을 방지한다.

보일러 점화 후 확인사항

- 화염 확인 : 점화 후 불꽃이 안정적으로 유지되는지 확인한다.
- 안전장치 확인 : 과열방지장치 등 보일러의 안전장치가 정상적으로 작동하는지 확인한다.

12 보일러의 응축수를 회수하여 재사용하는 이유로 가장 옳지 않은 것은?

① 용수비용 절감
② 보일러 효율 향상
③ 절탄기 사용 억제
④ 보일러 급수질 향상

해설

절탄기 : 보일러에서 나온 연소 배기가스의 남은 열로 보일러에 공급되는 급수를 미리 예열하는 장치

13 도시가스 공급설비인 정압기의 기능에 대한 설명으로 옳은 것은?

① 1차 압력을 일정하게 유지한다.
② 2차 압력을 일정하게 유지한다.
③ 1차 압력과 2차 압력을 모두 일정하게 유지한다.
④ 1차 압력과 2차 압력의 합을 일정하게 유지한다.

해설

정압기의 주요기능

- 감압기능(압력 낮추기) : 고압으로 공급되는 도시가스를 소비처의 안전한 사용압력범위로 낮추는 기능
- 정압기능(일정한 압력 유지) : 감압된 가스의 압력을 수요량 변화에 관계 없이 항상 일정하게 유지시켜 안정적인 가스 공급이 가능하도록 하는 기능
- 폐쇄기능(압력 차단) : 가스 수요가 끊겨 2차 측의 압력이 과도하게 상승할 경우 자동으로 밸브를 닫아 압력이 더 이상 올라가지 않도록 방지하는 기능

14 다음 중 무기질 보온재에 해당하는 것은?

① 펠 트 ② 코르크
③ 규조토 ④ 우레탄 폼

해설

무기질 보온재는 주로 광물질이나 유리질 등으로 만들어 불에 강하고, 유기질 보온재는 주로 석유화학제품을 발포하여 만들며, 유기원료를 사용한다. 무기질 보온재는 불에 잘 타지 않아 화재에 안전하지만 단열 성능이 유기질 보온재보다 떨어질 수 있고, 유기질 보온재는 단열 성능은 뛰어나지만 불에 약하다는 단점이 있다.

11 ② 12 ③ 13 ② 14 ③ 정답

15 보일러에서 보염장치를 설치하는 목적이 아닌 것은?

① 연소 화염을 안정시킨다.
② 안정된 착화를 도모한다.
③ 연소가스의 체류시간을 짧게 해 준다.
④ 저공기비 연소를 가능하게 한다.

해설

보염장치의 주요 역할

- 안전 확보 : 보염장치는 불꽃이 꺼진 것을 감지하여 더 이상 가스 공급이 이루어지지 않도록 즉시 차단하여 가스 누출로 인한 가스 폭발이나 질식사고를 예방한다.
- 연소효율 유지 : 보일러가 정상적으로 연소될 때만 가스를 공급하여 불완전연소를 방지하고, 효율적인 열 생산을 돕는다.
- 가스 공급 제어 : 불꽃이 있는 경우에만 가스밸브를 열어 연료의 낭비를 막고 연소를 제어한다.

16 보통 가연물질 위험성의 기준은?

① 착화점　② 연소점
③ 산화점　④ 인화점

해설

온도 기준의 정의

- 착화점은 외부 불꽃 없이 물질 스스로 연소하는 최저 온도(발화점)이다.
- 인화점은 점화원(불꽃)에 의해 물질의 증기가 처음 불이 붙는 최저 온도이다.
- 산화점은 일반적으로 식용유 등에서 발연점 또는 연소점이다.
- 연소점은 일단 불이 붙은 후 그 연소가 계속 유지될 수 있는 최저 온도이다.

17 보일러 본체가 과열되는 원인이 아닌 것은?

① 보일러 동의 내부에 스케일이 부착한 경우
② 안전 수위 이상으로 급수한 경우
③ 국부적으로 심하게 복사열을 받는 경우
④ 보일러수의 순환이 좋지 않은 경우

해설

안전 수위 미만으로 급수한 경우에 과열의 원인이 된다.

18 계측기의 구비조건으로 옳지 않은 것은?

① 취급과 보수가 용이해야 한다.
② 견고하고 신뢰성이 높아야 한다.
③ 설치되는 장소의 주위 조건에 대하여 내구성이 있어야 한다.
④ 구조가 복잡하고, 전문가가 아니면 취급할 수 없어야 한다.

해설

계측기는 구조가 단순하고 취급하기 편리해야 한다.

19 보일러 수위 검출 및 조절을 위해 사용되는 장치 중 코프식이 적용되는 방식은?

① 전극식　② 차압식
③ 열팽창식　④ 부자(Float)식

해설

주요 수위 검출 방식

- 플로트식(Float Type) : 수면에 떠 있는 부유물(플로트)의 상하 움직임을 이용하여 수위를 감지한다.
- 전극식(Electrode Type) : 전극봉을 이용해 수위 검출을 하며, 물이 전극에 닿으면 전기적인 신호가 발생하거나 두 전극 사이 유전율 변화를 감지하여 수위를 측정한다.
- 차압식(Differential Pressure Type) : 탱크 내 수위가 높을수록 발생하는 압력 차이를 측정하여 수위를 산출한다.
- 열팽창식(Thermal Expansion Type) : 코프식이라고도 하며, 측정하고자 하는 유체의 온도 변화를 이용해 수위를 감지하는 방식이다.
- 초음파식(Ultrasonic Type) : 초음파 센서에서 발신된 초음파가 물체 표면에 도달했다가 반사되어 돌아오는 시간과 속도를 계산하여 거리를 측정하고, 이를 통해 수위를 파악한다.
- 정전용량식(Capacitance Type) : 두 전극 사이의 유전율 변화로 발생하는 정전용량의 변화를 측정하여 수위를 검출한다.

정답 15 ③ 16 ④ 17 ② 18 ④ 19 ③

20 열정산 시 연료의 입열량에 가장 큰 영향을 미치는 물질은?

① 물과 질소　　② 탄소와 수소
③ 수소와 산소　　④ 질소와 수소

해설

열정산에서 연료의 입열량(열량)에 가장 큰 영향을 미치는 것은 화학적 성분과 조성비이다. 특히, 연료를 구성하는 탄소(C)와 수소(H)의 비율이 연소 시 방출되는 총열에너지를 결정짓는다.

21 다음 중 보일러의 용량 표시방법과 관계가 없는 것은?

① 상당증발량　　② 전열면적
③ 보일러 마력　　④ 연료소비량

해설

보일러의 용량 표시방법

- 상당증발량 또는 환산증발량
- 전열면 열부하, 전열면 증발률
- 보일러의 마력
- 실제증발량
- 보일러의 효율

22 연료의 가연 성분이 아닌 것은?

① N　　② C
③ H　　④ S

해설

질소, 이산화탄소, 0족 원소는 불연성분이다.

23 파형 노통보일러의 특징에 대한 설명으로 옳은 것은?

① 제작이 용이하다.
② 내·외면의 청소가 용이하다.
③ 평형 노통보다 전열면적이 크다.
④ 평형 노통보다 외압에 대하여 강도가 작다.

해설

파형 노통보일러의 특징

- 제작이 어렵다.
- 내·외면의 청소가 어렵다.
- 평형 노통보다 전열면적이 크다.
- 평형 노통보다 외압에 대하여 강도가 크다.

24 연료의 연소에서 환원염이란?

① 산소 부족으로 인한 화염이다.
② 공기비가 너무 클 때의 화염이다.
③ 산소가 많이 포함된 화염이다.
④ 연료를 완전연소시킬 때의 화염이다.

해설

환원염 : 산소 부족으로 인한 화염 또는 산화염

20 ② 21 ④ 22 ① 23 ③ 24 ① 정답

25 자동제어장치에서 조절계의 입력신호 전송방법에 따른 분류로 가장 옳지 않은 것은?

① 공기식 ② 유압식
③ 전기식 ④ 수압식

해설

자동제어장치에서 조절계의 입력신호 전송방법에 따른 분류
- 공기식 : 공기압력의 변화를 신호로 사용한다.
- 유압식 : 유체(주로 오일)의 압력을 신호로 사용한다.
- 전기식 : 전기신호를 사용하며 전압, 전류 또는 디지털 형태로 신호를 전송한다.

26 자동제어장치에서 입력을 정현파상의 여러 가지 주파수로 진동시켜서 계나 요소의 특성을 알아내는 방법은?

① 주파수 응답 ② 시정수
③ 비례동작 ④ 프로그램제어

해설

- 자동제어장치에서 계(시스템)의 특성을 파악하는 방법 : 주파수 응답시험 또는 주파수 분석이라고 하며, 여러 가지 주파수의 정현파 입력신호를 주어 출력신호의 진폭 및 위상 변화를 측정하여 해당 주파수 대역에서의 계의 응답특성을 분석한다.
- 정현파(正弦波, Sinusoidal Wave) 입력신호 : 주기적 물리현상을 수학적으로 나타내는 데 사용되는 사인함수(Sine Wave) 형태의 주기적인 신호이다.

27 다음 중 탄성식 압력계로서 가장 높은 압력 측정에 사용되는 것은?

① 다이어프램식 ② 벨로스식
③ 부르동관식 ④ 링밸런스식

해설

탄성식 압력계 중에서는 일반적으로 부르동관 압력계가 압력 변화에 따른 튜브의 변형이 크지 않으면서도 정확한 측정이 가능하기 때문에 높은 압력 측정에 가장 적합하다.

28 액체연료 연소장치 중 고압기류식 버너의 선단부에 혼합실을 설치하고 공기, 기름 등을 혼합시킨 후 노즐에서 분사하여 무화하는 방식은?

① 내부 혼합식
② 외부 혼합식
③ 무화 혼합식
④ 내·외부 혼합식

해설

내부 혼합식과 외부 혼합식
- 내부 혼합식(Internal Mix) : 노즐 내부의 혼합실에서 공기와 액체가 먼저 혼합된 후 혼합된 혼합물이 노즐 팁을 통해 미스트 상태로 분사하여 무화하는 방식이다.
- 외부 혼합식(External Mix) : 공기와 액체가 노즐 외부(에어캡 외부)에서 만나 혼합되어 분사하여 무화하는 방식이다.

29 다음 중 수관식 보일러의 특징이 아닌 것은?

① 부하 변동에 따른 압력 변화가 작다.
② 전열면적이 크지만, 보유 수량이 적어서 증기 발생시간이 단축된다.
③ 증발량이 많아서 수위 변동이 심하므로 급수 조절에 유의해야 한다.
④ 고압, 대용량에 적합하다.

해설

수관식 보일러의 주요 특징
- 고압 증기 발생에 유리하다.
- 수관을 늘려 전열면적을 넓힐 수 있어 열효율이 높다.
- 관리가 용이하고, 수명이 길다.
- 구조가 유연하다.
- 부하 변동(물을 증기로 변화시키는 작업량)에 따른 압력 변화가 크다.
- 보유 수량이 적어 파열 시 피해가 작다.

정답 25 ④ 26 ① 27 ③ 28 ① 29 ①

30 **배관지지장치 중 열팽창에 의한 이동을 구속하기 위한 리스트레인트(Restraint)에 해당되지 않는 것은?**

① 앵커(Anchor)

② 스토퍼(Stopper)

③ 가이드(Guide)

④ 브레이스(Brace)

해설

브레이스(Brace)는 배관계의 진동을 억제하는 장치(방진기, 완충기)이다.

리스트레인트(Restraint)의 종류

- 앵커(Anchor) : 배관을 완전히 고정시킨다.
- 스토퍼(Stopper) : 일정 방향의 이동과 회전만 구속한다.
- 가이드(Guide) : 회전하는 것을 방지하고, 축 방향 이동이 가능하다.

31 **보일러 수면계 유리관의 파손원인으로 가장 옳지 않은 것은?**

① 프라이밍 또는 포밍현상이 발생한 때

② 수면계의 너트를 너무 무리하게 조인 경우

③ 유리관의 재질이 불량한 경우

④ 외부에서 충격을 받았을 때

해설

보일러 수면계 유리관이 파손되는 주요원인

- 재질 불량
- 외부 충격
- 부적절한 설치로 인한 압력 불균형

32 **보일러나 배관 내에서 온수의 온도 상승으로 인한 물의 팽창에 따른 위험을 방지하기 위해 설치하는 탱크는?**

① 순환탱크　　② 팽창탱크

③ 압력탱크　　④ 서지탱크

해설

팽창탱크 : 냉난방 배관에서 물의 온도 변화에 따른 체적 팽창 및 수축을 흡수하여 배관 내 압력을 일정하게 유지하고, 이로 인한 기기 파손 및 시스템 고장을 방지하는 장비이다.

33 **보일러수에 포함된 성분 중 포밍(Foaming)의 발생원인이 아닌 것은?**

① 나트륨(Na)　　② 칼륨(K)

③ 칼슘(Ca)　　④ 산소(O_2)

해설

포밍 발생의 주요원인

- 유지분(오일, 기름) : 보일러 급수에 유지분이 혼입되면 이 유지분이 기포 표면에 흡착되어 기포를 안정화시켜 거품이 쉽게 형성된다.
- 용해 고형물 : 보일러수에 용해된 고형물이 과도하게 농축되면 이 고형물 입자들이 기포 주변에 달라붙어 거품을 더 단단하게 만들고 안정성을 높인다.
- 유기물 및 용해가스 : 유기물이 과도하게 존재하면 용해가스와 함께 기포를 발생시키고, 이러한 기포들이 수면에 모여 거품을 형성한다.

30 ④　31 ①　32 ②　33 ④　정답

34 **가스 폭발의 방지대책으로 옳지 않은 것은?**

① 버너까지의 전 연료배관 속의 공기는 완전히 빼둘 것
② 연료 속의 수분이나 슬러지 등을 충분히 배출할 것
③ 점화 시의 분무량은 해당 버너의 고연소율 상태의 양으로 할 것
④ 연소량을 증가시킬 경우에는 먼저 공기 공급량을 증가시킨 후에 연료량을 증가시킬 것

해설

버너의 고연소율(과염소율) 상태는 연료가 과도하게 공급되어 불완전연소가 발생하며, 저연소율(과소연소율) 상태는 연료가 부족하여 낮은 온도와 낮은 연소율로 인해 불완전연소가 일어나는 상태이다. 따라서 내충격을 완화하기 위해서 저연소율 상태의 양으로 해야 한다.

35 **보일러 사고에 관한 내용으로 옳지 않은 것은?**

① 압궤는 고온의 화염을 받는 전열면이 과열이 지나쳐서 견디지 못하고 안쪽으로 눌려 오목하게 들어간 현상이다.
② 팽출은 전열면의 과열이 지나쳐 내압력 작용에 견디지 못하고 밖으로 부풀어 나오는 현상이다.
③ 래미네이션은 기포 및 가스 구멍이 혼재된 강괴를 압연할 경우 강판 및 강관이 기포에 의해 내부에서 두 장으로 분리되는 현상이다.
④ 블리스터는 래미네이션 상태에서 가열이 지나쳐 내부로 오목하게 들어간 현상이다.

해설

- 수축(Shrinkage) 또는 주름(Wrinkle) : 래미네이션 공정 중 과도한 가열로 인해 발생하는 내부로 오목함(凹함)하게 들어간 현상
- 블리스터 : 표면이 부풀어 올라 터지는 현상

36 **보일러 사고 중 취급상의 원인이 아닌 것은?**

① 압력 초과 ② 재료 불량
③ 수위 감소 ④ 과 열

해설

- 제작상 원인 : 초기 결함 또는 부실 시공, 부품의 성능 저하, 부실 설계 및 제작
- 취급상 원인 : 저수위 현상, 과압 및 과열, 안전장치(안전밸브 등) 불량, 환기구 차단, 관리 부실, 부적절한 설치, 미연소 가스 폭발

37 **보일러 연소가스 폭발의 가장 큰 원인은?**

① 중유가 불완전연소할 때
② 저수위로 보일러를 운전할 때
③ 증기의 압력이 지나치게 높을 때
④ 연소실 내에 미연가스가 차 있을 때

해설

연소실에 미연가스(연료가스)가 차 있을 때 폭발하는 것은 폭발의 3요소 가연성, 즉 가스, 산소, 점화원가 충족되었기 때문이다. 미연가스가 채워진 폐쇄된 공간에 산소(공기)가 유입되고, 정전기나 스파크와 같은 점화원이 발생하면 순간적으로 급격한 화학반응이 일어나며 폭발하게 된다.

38 **보일러 절탄기 등에서 발생할 수 있는 저온 부식의 원인이 되는 물질은?**

① 질소가스 ② 아황산가스
③ 바나듐 ④ 수소가스

해설

보일러 절탄기 등에서 발생하는 저온 부식의 주된 원인 물질은 연료에 포함된 황 성분이 연소되어 생성되는 무수황산이다. 이것이 수증기와 결합하여 황산 증기가 되어 저온의 전열면에서 응축될 때 심한 부식을 일으킨다.

정답 34 ③ 35 ④ 36 ② 37 ④ 38 ②

39 비열 1.3kJ/kg · °C, 온도 30°C인 어떤 물질 10kg을 온도 520°C까지 가열하는 데 필요한 열량[kJ]은?(단, 가열과정에서 물질의 상(相)변화는 없다)

① 5,147　　② 6,370
③ 4,490　　④ 4,900

해설

$Q = GC\Delta t$

$= 10\text{kg} \times 1.3\dfrac{\text{kJ}}{\text{kg℃}} \times (520-30)℃ = 6,370\text{kJ}$

40 다음 중 냉매가 갖추어야 하는 조건이 아닌 것은?

① 증발잠열이 작아야 한다.
② 임계온도가 높아야 한다.
③ 화학적으로 안정되어야 한다.
④ 증발온도에서 압력이 대기압보다 높아야 한다.

해설

냉매가 갖추어야 하는 조건

- 증발잠열이 커야 한다.
- 임계온도가 높아야 한다.
- 화학적으로 안정되어야 한다.
- 증발온도에서 압력이 대기압보다 높아야 한다.
- 비체적이 작아야 한다.
- 비열비가 작아야 한다.

41 보일러의 부속장치 중 원심력을 이용한 집진장치은?

① 루버식 집진장치
② 코로나식 집진장치
③ 사이클론식 집진장치
④ 백 필터식 집진장치

해설

③ 사이클론식 집진장치 : 함진가스(먼지를 포함한 가스)에 나선형 운동을 일으켜 원심력을 발생시켜 가스 속 입자들이 벽면으로 밀려나 가라앉고, 깨끗해진 가스는 위로 배출되는 방식이다.
① 루버식 집진장치 : 함진가스가 루버라는 판에 충돌하면서 관성력에 의해 분진이 분리되는 관성 집진장치의 일종이다.
② 코로나식 집진장치 : 코로나 방전을 통해 분진입자에 전하를 부여하고, 그 전하를 띤 입자가 반대 극성의 집진극에 정전기적 힘으로 달라붙게 하여 분리하는 원리이다.
④ 백 필터식 집진장치 : 함진가스를 통과시키면서 원심 충돌, 직접 차단, 확산 등의 물리적 원리를 통해 먼지를 걸러내 포집하는 집진방식이다.

42 탄소(C) 1kg을 완전연소시킬 때 생성되는 CO_2의 양은 약 얼마인가?

① 1.67kg　　② 2.67kg
③ 3.67kg　　④ 6.34kg

해설

$C + O_2 \rightarrow CO_2$
1kg : $x$kg
12kg : 44kg
$x \times 12 = 1 \times 44$
$\therefore x = 3.67\text{kg}$

39 ② 40 ① 41 ③ 42 ③ 정답

43 다음 중 이상기체의 특성이 아닌 것은?

① $dU = C_V\, dT$식을 만족한다.
② 비열은 온도만의 함수이다.
③ 엔탈피는 압력만의 함수이다.
④ 이상기체 상태방정식을 만족한다.

해설

- 엔탈피의 정의 : 엔탈피(H)는 내부에너지(E)와 압력(P)과 부피(V)의 곱(PV)을 더한 값, 즉 $H = E + PV$로 정의된다.
- 이상기체의 성질 : 이상기체는 분자 간 인력이 없고 부피를 가지지 않는 이상적인 기체로, 이상기체 상태방정식 $PV = nRT$(여기서, R : 기체상수, n : 몰수, T : 절대온도)를 따른다.
- 내부에너지와 온도 : 이상기체의 경우, 내부에너지(E)는 오직 온도만의 함수로 표현된다. 즉, $H = E + nRT$이다.

44 연료가 보유하고 있는 열량으로부터 실제 유효하게 이용된 열량과 각종 손실에 의한 열량 등을 조사하여 열량의 출입을 계산한 것은?

① 열정산 ② 보일러효율
③ 전열면 부하 ④ 상당증발량

해설

열정산 : 특정설비(보일러 등)에 입력된 열량(입열량)과 설비에서 외부로 방출된 열량(출열량)의 관계를 계산하여 해당 설비의 열효율을 확인하거나 운전상의 문제점을 파악하고 개선 방안을 찾는 과정이다.

45 다음 중 계통오차에 해당하지 않는 것은?

① 계기오차 ② 개인오차
③ 우연오차 ④ 이론오차

해설

계통오차에는 계기오차, 환경오차, 이론오차, 개인오차 등이 있다.

46 통풍력을 증가시키는 방법으로 옳은 것은?

① 연도는 짧고, 연돌은 낮게 설치한다.
② 연도는 길고, 연돌의 단면적을 작게 설치한다.
③ 배기가스의 온도를 낮춘다.
④ 연도는 짧고, 굴곡부는 적게 한다.

해설

자연 통풍력을 증가시키는 방법

- 연돌의 높이를 높게 한다.
- 배기가스의 온도를 높게 한다.
- 연돌의 단면적을 넓게 한다.
- 연도의 길이는 짧게 하고, 굴곡부를 적게 한다.

47 수소 15%, 수분 0.5%인 중유의 고위발열량이 10,000 kcal/kg이다. 이 중유의 저위발열량은 몇 kcal/kg인가?

① 8,795 ② 8,984
③ 9,085 ④ 9,187

해설

간이발열량 계산

- 고위발열량(H_h) = 저위발열량 + 600(9 × 수소 + 물)
- 저위발열량(H_l) = 고위발열량 − 600(9 × 수소 + 물)

∴ 저위발열량(H_l) = 10,000 − 600(9 × 0.15 + 0.005)
= 9,187kcal/kg

정답 43 ③ 44 ① 45 ③ 46 ④ 47 ④

48 다음 중 왕복동식 펌프가 아닌 것은?

① 플런저 펌프 ② 웨어펌프
③ 워싱턴 펌프 ④ 터빈펌프

해설

왕복동식 펌프
- 피스톤 펌프
- 플런저 펌프
- 다이아프램 펌프
- 워싱턴 펌프
- 웨어펌프

49 완전연소된 배기가스 중의 산소농도가 2%인 보일러의 공기비는 얼마인가?

① 약 0.1 ② 약 1.1
③ 약 2.2 ④ 약 3.3

해설

공기비(m)

$$m = \frac{\text{실제공기량}(A)}{\text{이론공기량}(A_0)} = \frac{21}{21 - O_2} = \frac{21}{21-2} = 1.1$$

50 다음 중 LPG의 주성분이 아닌 것은?

① 부 탄 ② 프로판
③ 프로필렌 ④ 메 탄

해설

- LPG의 주성분 : 프로판(C_3H_8), 부탄(C_4H_{10}), 프로필렌(C_3H_6), 부틸렌(C_4H_8)
- LNG의 주성분 : 메탄(CH_4), 에탄(C_2H_6)

51 보일러의 안전 저수면에 대한 설명으로 옳은 것은?

① 보일러의 보안상 운전 중에 보일러 전열면이 화염에 노출되는 최저 수면의 위치
② 보일러의 보안상 운전 중에 급수하였을 때의 최저 수면의 위치
③ 보일러의 보안상 운전 중에 유지해야 하는 일상적인 가동 시 표준 수면의 위치
④ 보일러의 보안상 운전 중에 유지해야 하는 보일러 드럼 내 최저 수면의 위치

52 절대온도 360K를 섭씨온도로 환산하면 약 몇 °C 인가?

① 97°C ② 87°C
③ 67°C ④ 57°C

해설

켈빈온도(K, 섭씨온도에 대응하는 절대온도)

K = 273 + ℃
360 = 273 + ℃
∴ ℃ = 87

48 ④ 49 ② 50 ④ 51 ④ 52 ② 정답

53 오일 프리히터의 사용목적이 아닌 것은?

① 연료의 점도를 높여 준다.
② 연료의 유동성을 증가시켜 준다.
③ 완전연소에 도움을 준다.
④ 분무 상태를 양호하게 한다.

해설

오일 프리히터 : 중유를 예열하여 점도를 낮추고, 무화 상태를 양호하게 하여 연소 상태를 좋게 하기 위한 장치이다.
- 연료의 점도를 낮추어 무화효율 및 연소효율을 높이기 위해 설치한다.
- 연료의 점도를 낮추어 분무 촉진 및 유동성을 증가시킨다.
- 버너 입구 전에 최종적으로 연료를 예열시킨다.

54 배관용접 작업 시 안전사항 중 산소용기는 일반적으로 몇 ℃ 이하의 온도로 보관하여야 하는가?

① 100℃ 이하
② 80℃ 이하
③ 60℃ 이하
④ 40℃ 이하

55 물의 임계압력에서의 잠열은 몇 kcal/kg인가?

① 539 ② 100
③ 0 ④ 639

해설

임계점(임계압력) : 포화수가 증발현상이 없고 포화수가 증기로 변하며, 액체와 기체의 구별이 없어지는 지점으로 증발잠열이 0인 상태의 압력 및 온도이다.
- 임계압 : 222.65kg/cm^2
- 임계온도 : 374.15℃
- 임계잠열 : 0kcal/kg

56 에너지사용계획을 수립하여 산업통상자원부 장관에게 제출하여야 하는 자는?

① 민간사업주관자로 연간 5천 티오이 이상의 연료 및 열을 사용하는 시설
② 공공사업주관자로 연간 2천 티오이 이상의 연료 및 열을 사용하는 시설
③ 민간사업주관자로 연간 1천만 킬로와트시 이상의 전력을 사용하는 시설
④ 공공사업주관자로 연간 2백만 킬로와트시 이상의 전력을 사용하는 시설

해설

에너지사용계획의 제출 등(에너지이용합리화법 시행령 제20조)
에너지사용계획을 수립하여 산업통상자원부장관에게 제출하여야 하는 민간사업주관자는 다음의 어느 하나에 해당하는 시설을 설치하려는 자로 한다.
- 연간 5천 티오이 이상의 연료 및 열을 사용하는 시설
- 연간 2천만 킬로와트시 이상의 전력을 사용하는 시설

정답 53 ① 54 ④ 55 ③ 56 ①

57 **다음 중 자발적 협약에 포함하여야 할 내용이 아닌 것은?**

① 협약 체결 전년도 에너지 소비 현황
② 에너지 이용효율 향상 목표
③ 온실가스 배출 감축 목표
④ 고효율기자재의 생산 목표

해설

자발적 협약에 포함하여야 할 내용
- 온실가스 배출량 감축 목표
- 에너지 절약 방안
- 협약 체결 전년도 에너지 소비 현황

58 **신재생에너지설비 중 수소에너지 설비에 대한 설명으로 옳은 것은?**

① 물이나 그 밖에 연료를 변환시켜 수소를 생산하거나 이용하는 설비
② 물의 유동에너지를 변환시켜 전기를 생산하는 설비
③ 수소와 산소의 전기화학반응을 통하여 전기 또는 열을 생산하는 설비
④ 물, 지하수 및 지하의 열 등의 온도차를 변환시켜 에너지를 생산하는 설비

해설

신재생에너지 설비 중 수소에너지 설비는 수소를 에너지원으로 사용하기 위한 설비로, 수소생산시설, 수소저장시설, 수소연료전지, 수소충전소 등이 대표적이다.
③은 연료전지에 대한 설명으로, 수소와 산소의 화학반응을 통해 직접 전기를 생산한다. 이 과정에서 이산화탄소 등 오염물질 배출이 거의 없어 친환경적인 에너지 설비로 주목받고 있다.

59 **다음 중 에너지법에서 정한 에너지 공급설비가 아닌 것은?**

① 전환설비 ② 수송설비
③ 개발설비 ④ 생산설비

해설

에너지공급설비 : 에너지를 생산, 전환, 수송 또는 저장하기 위하여 설치하는 설비이다.

60 **에너지기본계획의 효율적인 달성과 지역경제의 발전을 위한 지역에너지 계획기간은?**

① 1년 이상 ② 3년 이상
③ 5년 이상 ④ 10년 이상

해설

지역에너지계획의 수립(에너지법 제7조)
특별시장·광역시장·특별자치시장·도지사 또는 특별자치도지사는 관할 구역의 지역적 특성을 고려하여 에너지기본계획의 효율적인 달성과 지역경제의 발전을 위한 지역에너지계획을 5년마다 5년 이상을 계획기간으로 하여 수립·시행하여야 한다.

57 ④ 58 ① 59 ③ 60 ③ 정답

2025년 제2회 최근 기출복원문제

01 다음 중 용적식 유량계가 아닌 것은?

① 오벌식 유량계
② 로터미터
③ 루츠식 유량계
④ 로터리 피스톤식 유량계

해설

면적식 유량계의 종류
- 유리관 면적식 유량계(로터미터)
- 금속관 면적식 유량계
- 플라스틱 면적식 유량계

02 다음 중 보일러 열정산의 목적이 아닌 것은?

① 열의 분포 상태를 알 수 있다.
② 보일러 조업방법을 개선하는 데 이용할 수 있다.
③ 노의 개축, 축로의 자료로 이용할 수 있다.
④ 시험부하는 원칙적으로 정격부하로 한다.

해설

④는 열정산의 방법 또는 조건에 해당한다.

03 오르자트(Orsat)법에 의한 가스분석법에서 가스 성분에 따른 흡수제의 연결이 옳은 것은?

① CH_4 : 가성소다 수용액
② CO : 알칼리성 파이로갈롤 용액
③ CO_2 : 30% 수산화칼륨 수용액
④ O_2 : 암모니아성 염화제1구리 용액

해설

오르자트(Orsat)법에서 가스 성분별 흡수제
- CO_2 : 30% 수산화칼륨(KOH) 용액
- O_2 : 알칼리성 파이로갈롤 용액
- CO : 암모니아성 염화제1구리(CuCl) 용액
- N_2 : 위의 가스들을 모두 흡수한 후 남은 기체로, 별도의 흡수제를 사용하지 않고 나머지 부피를 계산하여 질소 함량을 구한다.

04 액면계의 측정방법에 대한 설명으로 옳지 않은 것은?

① 직접측정방법으로 직관식이 있다.
② 직접측정방법으로 다이어프램식이 있다.
③ 간접측정방법으로 초음파식이 있다.
④ 간접측정방법으로 방사선식이 있다.

해설

다이아프램식 액면계는 간접측정방식이다. 액체 자체의 높이를 직접 측정하는 것이 아니라 액체에 의한 압력 변화를 다이아프램의 변형으로 감지한 후 이 변형량을 압력으로 환산하여 액면을 추정하는 방식이다.

정답 1 ② 2 ④ 3 ③ 4 ②

05 **증기보일러의 상당증발량(G_e)에 대한 표기로 옳은 것은? (단, G_a : 실제증발량, h_2 : 발생증기엔탈피, h_1 : 급수엔탈피이다)**

① $\frac{G_a(h_2+h_1)}{450}$ ② $\frac{G_a(h_2-h_1)}{450}$

③ $\frac{G_a(h_2+h_1)}{539}$ ④ $\frac{G_a(h_2-h_1)}{539}$

해설

상당증발량

$G_e=\frac{G_a(h_2-h_1)}{539}$

여기서, G_a : 시간당 발생증기량

h_2 : 발생증기의 엔탈피

h_1 : 급수엔탈피

06 **어떠한 조건이 충족되지 않으면 다음 동작을 저지하는 제어방법은?**

① 인터로크제어

② 피드백제어

③ 자동연소제어

④ 시퀀스제어

해설

인터로크제어(Interlock Control) : 두 개의 메커니즘, 기능 또는 상태가 서로 의존적으로 작동하여 안전사고를 예방하거나 원하는 순서대로만 작동하도록 제어하는 방식

07 **보일러에 진동이 있거나 충격이 가하여져도 안전하게 작동하는 안전밸브는?**

① 추식 안전밸브

② 레버식 안전밸브

③ 지레식 안전밸브

④ 스프링식 안전밸브

해설

스프링식 안전밸브 : 설정압력을 초과하면 스프링이 눌리면서 자동으로 열려 유체를 방출하고, 압력이 낮아지면 스프링의 복원력으로 다시 닫혀 안전을 유지하는 밸브이다. 보일러에 진동이 있거나 충격이 가하여져도 안전하게 작동한다.

08 **내화재의 스폴링(Spalling)에 대한 설명으로 옳은 것은?**

① 온도의 급격한 변화로 인하여 균열이 생기는 현상

② 내화재료의 자기변태점

③ 내화재료 표면에 헤어크랙(Hair Crack)이 생기는 현상

④ 어떤 면을 경계로 하여 대칭이 되는 것

해설

내화재의 스폴링(Spalling) : 고온 노출로 인한 내화재의 내・외부에 응력 발생 또는 외부 충격으로 인해 내화벽돌이나 내화물 표면이 떨어져 나가거나 균열이 생기는 현상

09 **다음 중 무기질의 보온재가 아닌 것은?**

① 석 면 ② 탄산마그네슘

③ 규조토 ④ 펠 트

해설

무기질 보온재는 유리, 암석 등 자연에서 얻은 무기질 광물 원료를 고온으로 녹이거나 발포시켜 만든 불에 타지 않는(불연성) 단열재이다.

5 ④ 6 ① 7 ④ 8 ① 9 ④ 정답

10 연료의 연소 시 고온 부식의 주된 원인이 되는 성분은?

① 황 ② 질 소
③ 탄 소 ④ 바나듐

해설

바나듐(Vanadium) : 중유 등 화석연료 연소 시 발생하는 바나듐 화합물(주로 V_2O_5)이 고온에서 금속재료 표면에 낮은 융점의 용액을 형성하여 금속 표면의 보호막을 파괴하고, 산화를 가속하여 고온 부식을 일으킨다.

11 물의 임계압력은 약 몇 kgf/cm^2인가?

① 175.23 ② 225.65
③ 374.15 ④ 539.75

해설

- 물의 임계온도 : 374℃
- 물의 임계압력 : $225.65kgf/cm^2$

12 다음 중 유량 조절범위가 가장 큰 오일버너는?

① 유압식 ② 회전식
③ 저압기류식 ④ 고압기류식

해설

고압기류식 버너의 유량 조절범위가 넓은 이유는 고압의 압축공기를 분무하여 연료를 미세하게 분사시키기 때문이다. 고압기류는 연료입자를 더 잘게 쪼개고 넓게 퍼뜨려 혼합효율을 높여 적은 연료량부터 많은 연료량까지 안정적인 연소가 가능해지므로 유량 조절범위가 넓어진다.

13 증기난방의 응축수 환수방법 중 증기의 순환이 가장 빠른 것은?

① 기계환수식
② 진공환수식
③ 단관식 중력환수식
④ 복관식 중력환수식

해설

진공환수식은 진공펌프를 사용하여 환수관 내부를 저압 상태로 유지함으로써, 응축수가 더 빠르게 진공 상태로 끌려와 증기순환 속도를 높인다.

14 증기난방법 중에서 응축수환수법이 아닌 것은?

① 중력환수식
② 건식환수관식
③ 기계환수식
④ 진공환수식

해설

증기난방의 분류

분 류	종 류
증기압력	• 고압식(증기압력 $1kg/cm^2$ 이상) • 저압식(증기압력 $0.15\sim0.35kg/cm^2$)
배관방법	• 단관식(증기와 응축수가 동일한 배관) • 복관식(증기와 응축수가 서로 다른 배관)
증기공급법	• 상향 공급식 • 하향 공급식
응축수환수법	• 중력환수식(응축수를 중력작용으로 환수) • 기계환수식(펌프로 보일러에 강제환수) • 진공환수식(진공펌프로 환수관 내 응축수와 공기를 흡인순환)

정답 10 ④ 11 ② 12 ④ 13 ② 14 ②

15 화학세관에서 사용하는 유기산에 해당하지 않는 것은?

① 인 산 ② 초 산

③ 구연산 ④ 폼알데하이드

해설

화학세관 : 무기산 세관액과 유기산 세관액의 가장 큰 차이는 함유된 산의 종류이다. 무기산은 탄소가 없거나 단순한 탄소 화합물로 이루어진 광물계에서 얻을 수 있는 산성물질이다. 유기산은 탄소-수소 결합을 포함하는 산성을 띤 유기화합물로, 주로 생명체에서 유래한다.

- 산 세관방법 사용약품 : 염산, 황산, 인산, 기타 부식억제제 첨가
- 알칼리 세관방법 사용약품 : 수산화나트륨, 탄산나트륨, 인산나트륨, 암모니아, 기타 질산나트륨 첨가
- 유기산 세관방법 사용약품 : 구연산, 의산, 초산, 옥살산, 설파민산

16 하트포드 접속법(Hartford Connection)을 사용하는 난방방식은?

① 저압증기난방

② 고압증기난방

③ 저온온수난방

④ 고온온수난방

해설

하트포드 배관법 : 저압증기난방장치에서 환수주관을 보일러에 직접 연결하지 않고 증기관과 환수관 사이에 설치하는 균형관에 접속하는 배관방법이다.

- 목적 : 환수관 파손 시 보일러수의 역류를 방지하기 위해 설치한다.
- 접속 위치 : 보일러 표준수위보다 50mm 낮게 접속한다.

17 보일러를 사용하지 않고 장기간 보존할 경우 가장 적합한 보존법은?

① 만수보존법

② 건조보존법

③ 밀폐 만수보존법

④ 청관제 만수보존법

해설

보일러를 장기간 사용하지 않을 때 가장 적합한 보존법은 건조보존법이다. 이는 보일러 내부에 물이 남아 부식을 일으키는 것을 방지하기 위해 보일러를 비우고 내부를 건조하게 유지하는 방식이다.

18 산업재해 발생의 원인이 아닌 것은?

① 과 실 ② 숙련 부족

③ 장기 근속 ④ 신체적 결함

해설

재해 발생의 원인

- 불안전한 행동 : 작업자의 부주의, 실수, 안전수칙 무시 등
- 불안전한 상태 : 결함 있는 기계, 위험한 작업환경, 부족한 안전시설 등

19 증기 사용 중 유의사항에 해당하지 않는 것은?

① 수면계 수위가 항상 상용 수위가 되도록 한다.

② 과잉공기를 많게 하여 완전연소가 되도록 한다.

③ 배기가스 온도가 갑자기 올라가는지를 확인한다.

④ 일정압력을 유지할 수 있도록 연소량을 가감한다.

해설

증기를 사용할 때 과잉공기가 많아지면 연소온도는 오히려 낮아지고 보일러 효율이 저하되며, 배기가스에 열손실이 많아져 전체적인 에너지 효율이 감소한다.

15 ① 16 ① 17 ② 18 ③ 19 ② 정답

20 보일러를 점화하기 전에 역화와 폭발을 방지하기 위하여 가장 먼저 취해야 할 조치는?

① 포스트퍼지를 실시한다.
② 화력의 상승속도를 빠르게 한다.
③ 댐퍼를 열고 체류가스를 배출시킨다.
④ 연료의 점화가 빠르고 신속하게 전파되도록 한다.

해설
③은 연소실 내에 가연성가스를 제거함으로써 역화·폭발을 방지하는 것이다.

21 포밍과 프라이밍이 발생했을 때 나타나는 현상이 아닌 것은?

① 캐리오버 현상이 발생한다.
② 수격작용이 발생할 수 있다.
③ 수면계의 수위 확인이 곤란하다.
④ 수위가 급히 올라가고 고수위 사고의 위험이 있다.

해설
- 포밍(Foaming) : 보일러수 내 불순물로 인해 수면에 거품이 생기는 현상
- 프라이밍(Priming) : 급격한 부하 변동 등으로 인해 증기 속에 물방울이 함께 튀어나가는 현상
- 포밍과 프라이밍이 발생했을 때 나타나는 현상
  - 캐리오버 현상이 발생한다.
  - 수격작용이 발생할 수 있다.
  - 수면계의 수위 확인이 곤란하다.
  - 수위 저하에 의한 저수위 사고의 위험이 있다.

22 온수난방 설비의 내림구배 배관에서 배관 아랫면을 일치시키고자 할 때 사용하는 이음쇠는?

① 소 켓 ② 편심 리듀셔
③ 유니언 ④ 이경엘보

해설
편심 리듀셔(내림구배 배관에서 배관 아랫면을 일치시키고자 할 때 사용)를 사용하는 이유
- 펌프 흡입측 배관 내 공기 고임으로 마찰저항을 방지한다.
- 공동현상 발생을 방지한다.
- 배관 내 응축수의 체류를 방지한다.

23 보일러 내 스케일(Scale) 부착 방지대책으로 잘못된 것은?

① 청관제를 적절히 사용한다.
② 급수처리된 용수를 사용한다.
③ 관수 분출작업을 적절히 행한다.
④ 응축수를 보일러 급수로 재사용하지 않는다.

해설
응축수를 보일러 급수로 재사용하면 스케일 부착 방지대책이 되는 이유 : 응축수에 포함된 물속의 불순물(염류 등)이 이미 한 번 가열 과정을 거치면서 증발하여 대부분 분리되었기 때문에 보일러 내부에 농축되어 스케일을 형성할 가능성이 줄어들고, 재순환되는 물 자체가 깨끗한 상태에 가깝기 때문이다.

24 석탄의 공업분석 시 필수적으로 측정하는 항목이 아닌 것은?

① 수 분 ② 황 분
③ 휘발분 ④ 회 분

해설
석탄의 공업분석에서는 수분(Moisture), 휘발분(Volatile Matter), 회분(Ash), 고정탄소(Fixed Carbon) 등 네 가지 항목을 필수적으로 측정한다.

정답 20 ③ 21 ④ 22 ② 23 ④ 24 ②

25 보일러 연소실 내 미연가스의 폭발을 대비하여 설치하는 안전장치는?

① 방폭문 ② 안전밸브
③ 가용전 ④ 화염검출기

해설

보일러의 방폭문(또는 폭발구)은 연소실 폭발 시 그 압력과 가스를 안전하게 외부로 배출하여 보일러 자체와 주변 설비의 파손 및 2차 사고를 방지하는 안전장치이다.

26 과열증기에 대한 설명으로 옳은 것은?

① 건포화증기를 가열하여 압력과 온도를 상승시킨 증기이다.
② 건포화증기를 온도의 변동 없이 압력을 상승시킨 증기이다.
③ 건포화증기를 압축하여 온도와 압력을 상승시킨 증기이다.
④ 건포화증기를 가열하여 압력의 변동 없이 온도를 상승시킨 증기이다.

해설

과열증기(Superheated Steam) : 포화증기를 추가로 가열하여 해당 압력에서 물이 끓는점(포화온도)보다 높은 온도를 가지게 된 증기이다. 즉, 액체 물방울이 전혀 없는 상태(건포화증기)에서 더 가열되어 온도가 상승한 증기이며, 열전달의 효율이 높고 건조능력이 뛰어나 다양한 산업 분야에서 활용된다.

27 배기가스의 회전운동으로 원심력에 의하여 매진(煤塵)을 분리하는 장치는?

① 전기집진장치 ② 사이클론집진장치
③ 세정집진장치 ④ 여과집진장치

해설

사이클론집진장치는 분진이 섞인 가스가 나선형으로 회전하면서 발생하는 원심력과 관성력을 이용하여 분진입자를 분리하는 원리이다.

28 보일러 열정산에서 출열항목에 해당하는 것은?

① 연료의 현열
② 연소용 공기의 현열
③ 노 내 분입증기의 보유 열량
④ 미연분에 의한 손실열

해설

입열항목 열손실
- 연료의 저위발열량
- 연료의 현열
- 공기의 현열
- 피열물의 보유열
- 노내 분입증기열

출열항목 열손실
- 발생증기의 보유열(출열 중 가장 많은 열)
- 배기가스의 손실열(손실열 중 가장 많은 열)
- 불완전연소에 의한 열손실
- 미연분에 의한 손실열
- 방사손실열

29 다음 자동제어계에 대한 블록선도의 ⓐ, ⓑ, ⓒ를 옳게 표기한 것은?

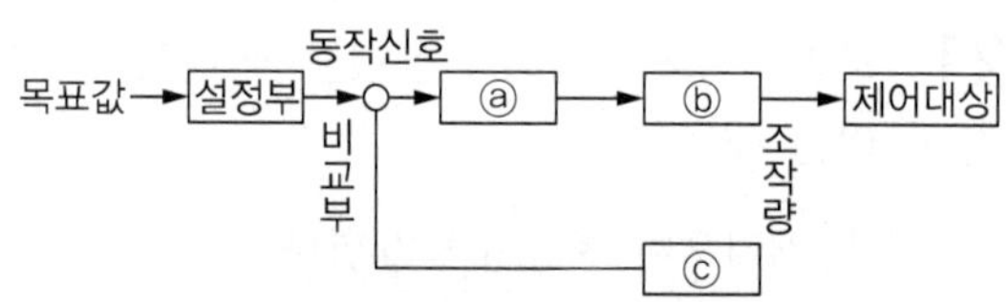

① ⓐ 조작부, ⓑ 조절부, ⓒ 검출부
② ⓐ 조절부, ⓑ 조작부, ⓒ 검출부
③ ⓐ 조절부, ⓑ 검출부, ⓒ 조작부
④ ⓐ 조작부, ⓑ 검출부, ⓒ 조절부

해설

피드백 제어장치 회로

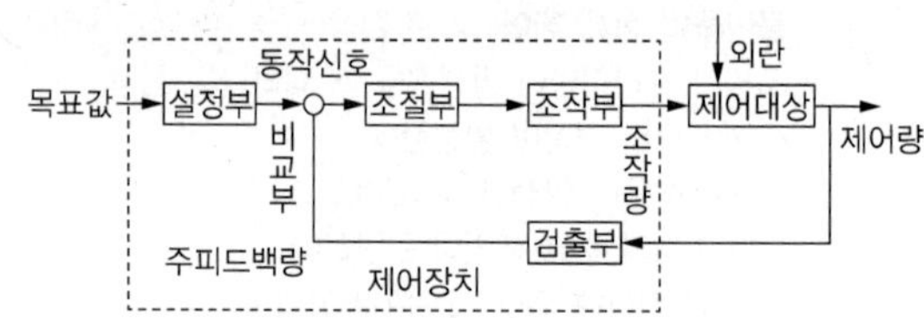

25 ① 26 ④ 27 ② 28 ④ 29 ② 정답

30 다음 중 접촉식 온도계가 아닌 것은?

① 바이메탈온도계

② 백금저항온도계

③ 열전대온도계

④ 광고온계

해설

비접촉식 온도계 : 광전관식 온도계, 광고온도계, 방사온도계, 색온도계

31 보일러에서 3요소식 수위제어장치의 검출 대상은?

① 수위, 급수량, 증기량

② 수위, 급수량, 연소량

③ 급수량, 연소량, 증기량

④ 급수량, 증기량, 공기량

해설

보일러의 3요소식 수위제어장치는 수위, 급수량, 증기량을 검출하여 제어한다. 이 방식은 수위 변화에 따라 증발량과 급수량을 함께 조절하여 보일러의 수위를 일정하게 유지하는 것이 목적이다.

32 국제단위계(SI)의 유도단위계에 속하는 것은?

① 미터(m) ② 켈빈(K)

③ 칸델라(cd) ④ 라디안(rad)

해설

국제단위계(SI)의 기본단위계는 길이(미터, m), 질량(킬로그램, kg), 시간(초, s), 전류(암페어, A), 열역학적 온도(켈빈, K), 물질량(몰, mol), 광도(칸델라, cd)의 7가지 기본단위로 구성되어 있다.

33 보일러 수위제어용으로 액면에서 부자가 상하로 움직이며 수위를 측정하는 방식은?

① 직관식 ② 플로트식

③ 압력식 ④ 방사선식

해설

플로트식 액면계는 액체 위에 떠 있는 플로트(부자)의 수직 위치 변화를 감지하여 탱크 외부의 지시계로 액면 높이를 표시하는 장치이다.

34 부르동관식 압력계에서 부르동관의 재료가 아닌 것은?

① 납 ② 인청동

③ 스테인리스강 ④ 황 동

해설

부르동관식 압력계에서 부르동관의 재료로는 주로 황동(Brass)이 사용되며, 더 높은 압력이나 특정 산업 분야에서는 스테인리스 스틸이 사용되기도 한다.

정답 30 ④ 31 ① 32 ④ 33 ② 34 ①

35 동일한 측정조건하에서 어떤 일정한 영향을 주는 원인에 의하여 생기는 오차는?

① 우연오차　② 계통오차
③ 과실오차　④ 필연오차

해설

계통오차(Systematic Error)는 반복적인 측정에서 항상 일정한 방향으로 나타나는 예측 가능한 오차로, 측정값과 참값 사이에 일정한 차이를 유발하며 원인 규명 및 보정이 가능하다. 반면, 우연오차(Random Error)는 예측 불가능하고 일정하지 않은 오차로, 계통오차와 달리 보정이 어렵다.

36 여러 성분의 가스를 분석할 수 있으며, 분리성능이 매우 좋고 선택성이 뛰어나 기체 및 비점 300°C 이하의 액체시료 분석에 사용되는 분석기는?

① 오르자트 분석기
② 적외선 가스분석기
③ 가스크로마토그래피
④ 도전율식 가스분석기

해설

가스크로마토그래피 : 기체 또는 액체시료를 운반기체(이동상)에 녹여 고정상이 충진된 칼럼(분리관)을 통과시키면서 성분 물질과 고정상 간의 상호작용 차이에 따라 분리하고, 각 성분을 식별 및 정량 분석하는 분석기법이다.

37 다음 중 열역학적 트랩에 해당하는 것은?

① 디스크 트랩
② 플로트 트랩
③ 버킷 트랩
④ 바이메탈 트랩

해설

트랩의 종류

분 류	작동원리	종 류
기계식 트랩	증기와 응축수의 비중차를 이용하여 분리한다(버킷 또는 플로트의 부력 이용).	버킷식, 플로트식
온도조절식 트랩	증기와 응축수의 온도차를 이용하여 분리한다(금속의 신축성 이용).	바이메탈식, 벨로스식, 다이아프램식
열역학적 트랩	증기와 응축수의 열역학적 특성치를 이용하여 분리한다.	디스크식, 오리피스식

38 증기의 압력에너지를 이용하여 피스톤을 작동시켜 급수를 행하는 비동력펌프는?

① 벌류트 펌프
② 터빈펌프
③ 워싱턴 펌프
④ 프로펠러 펌프

해설

워싱턴 펌프 : 보일러의 증기압을 동력으로 삼아 피스톤을 왕복운동시켜 급수하는 용적형 왕복펌프이다.

35 ② 36 ③ 37 ① 38 ③ 정답

39 입형 보일러의 특징에 대한 설명으로 옳지 않은 것은?

① 내분식 보일러이다.
② 설치면적을 작게 할 수 있다.
③ 대용량, 고압용으로 사용된다.
④ 내부 청소 및 검사가 곤란하다.

해설

입형 보일러의 주요 특징
- 좁은 설치 면적 : 본체가 수직으로 세워져 있어 설치 공간을 적게 차지한다.
- 용량 제한 : 몸체의 크기에 따라 전열면적이 제한되므로, 대용량 보일러로는 적합하지 않다.
- 구조 : 구조가 간단하여 가격이 저렴하다. 소형인 구조로 인해 내부 청소, 수리, 검사가 불편하다.
- 열매체 보일러로서의 활용 : 입형 열매체보일러는 저압으로 고온의 열을 얻는 데 특화되어 있으며, 열매체유를 사용하여 열효율과 열 지속성이 우수하다.

40 인젝터의 특징에 관한 설명으로 옳지 않은 것은?

① 구조가 간단하고, 소형이다.
② 별도의 소요동력이 필요하다.
③ 설치 장소를 적게 차지한다.
④ 시동과 정지가 용이하다.

해설

인젝터 : 증기의 분사압력을 이용한 비동력 급수장치로서, 증기의 열에너지-속도에너지-압력에너지로 전환시켜 보일러에 급수를 하는 예비용 급수장치이다.
- 급수 예열효과가 있다.
- 구조가 간단하고, 소형이다.
- 설치 시 넓은 장소가 필요하지 않다.

41 보일러 분출장치의 설치목적으로 가장 옳지 않은 것은?

① 보일러수의 농축을 방지한다.
② 전열면에 스케일 생성을 방지한다.
③ 보일러의 저수위 운전을 방지한다.
④ 프라이밍이나 포밍의 발생을 방지한다.

해설

보일러 분출장치의 설치목적
- 관수의 불순물 농도를 한계값 이하로 유지한다(농축 방지).
- 관수의 pH를 조절한다.
- 캐리오버 현상을 방지한다.
- 스케일, 슬러지 생성을 방지한다.
- 프라이밍이나 포밍의 발생을 방지한다.

42 노통 보일러에서 노통에 직각으로 설치한 것으로, 전열면적을 증가시키고 물의 순환도 좋게 하며, 노통을 보강하는 역할도 하는 것은?

① 파형 노통
② 아담슨 조인트(Adamson Joint)
③ 갤로웨이관(Galloway Tube)
④ 거싯 스테이(Gusset Stay)

해설

갤로웨이관(Galloway Tube) : 보일러 구조에서 화실 벽을 보강하고 전열면적을 늘리며, 물의 순환을 촉진하기 위해 횡관식 보일러에 설치하는 관이다. 여러 개의 튜브를 서로 엇갈리게 설치하여 물이 흐르는 통로를 만들고 열을 효율적으로 전달하며, 보일러의 내구성을 높이는 역할을 한다.

정답 39 ③ 40 ② 41 ③ 42 ③

43 다음 중 균열을 동반하는 부식은?

① 점 식　　② 틈새 부식
③ 수소취화　　④ 탈성분 부식

해설

수소취화 : 금속, 특히 강재가 수소와 접촉한 상태에서 수소원자가 금속 결정격자 내로 침투하여 금속의 연성과 인성이 저하되고, 균열이나 파괴에 더 취약해지는 현상이다.

44 보일러 급수 중의 불순물이 용해되어 전열면 벽에 고착하지 않고 동체 저부(低部)에 침전되는 것은?

① 스케일　　② 부유물
③ 슬러지　　④ 슬래그

해설

보일러 내부 슬러지란 보일러 배관 내부에 쌓이는 물때, 녹, 이물질 등 미세 고형물 덩어리이다.

45 보일러 운전 중 역화 방지대책에 대한 설명으로 옳은 것은?

① 점화 시 착화는 천천히 한다.
② 노 내에 연료를 우선 공급한 후 공기를 공급한다.
③ 점화 시 댐퍼를 닫고 미연소가스를 배출시킨 뒤 점화한다.
④ 실화 시 재점화할 때는 노 내는 충분히 환기시킨 후 점화한다.

해설

역화 방지대책

- 점화 지연을 방지한다.
- 노 내에 공기를 우선 공급한 후 연료를 공급한다.
- 점화 시 댐퍼를 열고 미연소가스를 배출시킨 뒤 점화한다.
- 실화 시 재점화할 때는 노 내는 충분히 환기시킨 후 점화한다.

46 압력을 나타내는 관계식으로 잘못된 것은?

① $1Pa = 1N/m^2$
② $1bar = 10^3Pa$
③ $1atm = 1.01325bar$
④ 절대압력 = 대기압력 + 게이지압력

해설

$1bar = 10^5Pa$

47 공기비(m)에 대한 설명으로 옳은 것은?

① 공기비가 크면 연소실 내의 연소온도는 높아진다.
② 공기비가 작으면 불완전연소의 가능성이 있어서 매연이 발생할 수 있다.
③ 공기비가 크면 SO_2, NO_2 등의 함량이 감소하여 장치의 부식이 줄어든다.
④ 연료의 이론연소에 필요한 공기량을 실제연소에 사용한 공기량으로 나눈 값이다.

해설

공기비(m)는 연료를 연소할 때 필요한 이론공기량 대비 실제 사용되는 공기량의 비율로, 실제공기량(A)을 이론 공기량(A_0)으로 나눈 값($m = A/A_0$)으로 계산한다. 공기비가 1보다 크면 과잉공기가 사용되어 불완전연소가 감소하지만, 연료의 연소온도가 낮아지고 에너지 손실이 증가한다. 공기비가 1보다 작으면 연료가 불완전연소된다.

43 ③ 44 ③ 45 ④ 46 ② 47 ② 정답

48 목표값이 시간에 따라 미리 결정된 일정한 제어는?

① 추종제어
② 비율제어
③ 프로그램 제어
④ 캐스케이드 제어

해설
프로그램 제어(Program Control)는 미리 정해진 순서나 로직에 따라 컴퓨터 프로그램이나 시스템의 동작을 제어하는 것이다.

49 증기축열기에 대한 설명으로 옳지 않은 것은?

① 열을 저장하는 매체는 증기이다.
② 변압식은 보일러 출구 증기측에 설치한다.
③ 저부하식 잉여증기의 열량을 저장한다.
④ 정압식 보일러 입구 급수측에 설치한다.

해설
열을 저장하는 매체는 포화수(물)이다.

50 다음 방열기 도시기호 중 벽걸이 종형 도시기호는?

① W－H ② W－V
③ W－Ⅱ ④ W－Ⅲ

해설
호칭 및 도시방법
• 주형 방열기 : 2주형(Ⅱ), 3주형(Ⅲ), 3세주형(3), 5세주형(5)
• 벽걸이형(W) : 가로형(W－H), 세로형(W－V)

51 보온시공 시 주의사항에 대한 설명으로 옳지 않은 것은?

① 보온재와 보온재의 틈새는 되도록 작게 한다.
② 겹침부의 이음새는 동일 선상을 피해서 부착한다.
③ 테이프 감기는 물, 먼지 등의 침입을 막기 위해 위에서 아래쪽으로 향하여 감아 내리는 것이 좋다.
④ 보온의 끝 단면은 사용하는 보온재 및 보온목적에 따라서 필요한 보호를 한다.

해설
테이프 감기는 배관의 아랫방향에서 위쪽 방향으로 감아올린다.

52 어떤 보일러의 시간당 발생증기량을 G_a, 발생증기의 엔탈피를 i_2, 급수 엔탈피를 i_1라 할 때, 다음 식으로 표시되는 값(G_e)은?

$$G_e = \frac{G_a(i_2 - i_1)}{539}\,(\text{kg/h})$$

① 증발률
② 보일러 마력
③ 연소효율
④ 상당증발량

해설
상당증발량(kg/h) : 환산 또는 기준증발량이라고도 한다. 실제증발량(단위시간에 발생하는 증기량(kg/h)으로 운전압력 등에 따라 좌우된다)이 흡수한 전열량으로, 대기압에서 포화수인 100℃의 온수를 같은 온도의 증기로 변화시킬 수 있는 환산증발량이다.

정답 48 ③ 49 ① 50 ② 51 ③ 52 ④

53 보일러의 자동제어를 제어동작에 따라 구분할 때 연속동작에 해당되는 것은?

① 2위치 동작
② 다위치 동작
③ 비례동작(P동작)
④ 부동제어동작

해설

제어동작
• 불연속동작
 – 온오프(On-off) 동작 : 조작량이 두 개인 동작방식이다.
 – 다위치 동작 : 3개 이상의 정해진 값 중 하나를 취하는 방식이다.
 – 단속도동작 : 일정한 속도로 정・역 방향으로 번갈아 작동시키는 방식이다.
• 연속동작
 – 비례동작(P) : 조작량이 신호에 비례한다.
 – 적분동작(I) : 조작량이 신호의 적분값에 비례한다.
 – 미분동작(D) : 조작량이 신호의 미분값에 비례한다.

54 노통 보일러에서 아담슨 조인트를 하는 목적은?

① 노통 제작을 쉽게 하기 위해서
② 재료를 절감하기 위해서
③ 열에 의한 신축을 조절하기 위해서
④ 물 순환을 촉진하기 위해서

해설

아담슨 조인트 : 랭커셔 보일러 또는 코르니시 보일러의 노통은 전열범위가 커서 불균등하게 가열되어 신축이 심해 노통을 여러 개로 나누고 끝부분을 굽혀 만곡부를 형성하고 열에 의한 신축이 흡수되도록 하는 조인트이다.

55 증기보일러의 압력계 부착에 대한 설명으로 옳지 않은 것은?

① 압력계와 연결된 관의 크기는 강관을 사용할 때에는 안지름이 6.5mm 이상이어야 한다.
② 압력계는 눈금판의 눈금이 잘 보이는 위치에 부착하고 얼지 않도록 하여야 한다.
③ 압력계는 사이펀관 또는 동등한 작용을 하는 장치가 부착되어야 한다.
④ 압력계의 콕은 그 핸들을 수직인 관과 동일한 방향에 놓은 경우, 열려 있는 것이어야 한다.

해설

사이펀관의 직경
• 강관 : 지름 12.7mm 이상
• 동관 : 지름 6.5mm 이상

56 에너지이용합리화법에서 티오이(TOE)란?

① 에너지 탄성치
② 전력 경제성
③ 에너지 소비효율
④ 석유환산톤

해설

에너지이용합리화법에서 티오이(TOE)는 석유환산톤(Ton of Oil Equivalent)을 의미하며, 다양한 에너지원의 양을 석유 1ton의 발열량(10,000,000kcal)을 기준으로 표준화하여 나타내는 에너지 단위이다.

53 ③ 54 ③ 55 ① 56 ④ 정답

57 **연간 에너지 사용량이 대통령령으로 정하는 기준량 이상이면 누구에게 신고하여야 하는가?**

① 시 · 도지사
② 산업통장자원부장관
③ 한국난방시공협회장
④ 한국에너지공단이사장

해설
연간 에너지 사용량이 대통령령으로 정하는 기준량(2,000TOE 이상)을 초과하는 에너지다소비사업자는 사업장 소재지를 관할하는 시 · 도지사에게 신고해야 한다.

58 **태양에너지 이용 기술재료 중 에너지 교환재료가 아닌 것은?**

① 집열재료
② 열매(熱媒)재료
③ 반사재료
④ 투과재료

해설
태양에너지 이용 기술재료 중 에너지 교환재료
- 집열재료 : 태양열이나 기타 열원을 직접 흡수하여 열에너지로 변환하는 데 사용되는 재료
- 반사재료 : 에너지(주로 빛)를 표면에서 흡수하지 않고 되돌려 보내는 물질로, 태양광 패널에서 햇빛을 모으거나 건물 외벽에서 햇빛을 반사하여 열을 줄이는 등 에너지의 유입을 막거나 효율을 높이는 데 사용하는 재료
- 투과재료 : 빛이나 에너지를 통과시켜 실내로 유입하거나 특정 파장의 빛을 투과시켜 다른 재료에서 에너지를 흡수하는 등 에너지를 투과시키는 기능을 가진 재료

59 **검사대상기기설치자는 검사대상기기관리자를 해임하거나 관리자가 퇴직하는 경우 다른 검사대상기기관리자를 언제까지 선임해야 하는가?**

① 해임 또는 퇴직 후 5일 이내
② 해임 또는 퇴직 후 10일 이내
③ 해임 또는 퇴직 후 20일 이내
④ 해임 또는 퇴직 이전

해설
검사대상기기관리자의 선임(에너지이용합리화법 제40조)
검사대상기기 설치자는 검사대상기기 관리자를 해임하거나 검사대상기기 관리자가 퇴직하는 경우에는 해임이나 퇴직 이전에 다른 검사대상기기 관리자를 선임하여야 한다.

60 **에너지이용합리화법에 따라 에너지 사용계획을 수립하여 제출하여야 하는 대상 사업이 아닌 것은?**

① 도시개발사업
② 공항건설사업
③ 철도건설사업
④ 개발제한지구 개발사업

해설
대상 사업의 구체적인 내용
- 도시개발사업 : 도시의 개발 및 정비를 위한 사업이다.
- 산업단지개발사업 : 산업단지를 개발하는 사업이다.
- 에너지개발사업 : 에너지 개발 및 생산과 관련된 사업이다.
- 철도건설사업 : 철도 기반시설을 건설하는 사업이다.
- 공항건설사업 : 공항시설을 설치하는 사업이다.
- 관광단지개발사업 : 관광 단지를 개발하는 사업이다.
- 개발촉진지구개발사업 또는 지역종합개발사업 : 특정 지역의 개발을 촉진하기 위한 사업이나 종합적인 개발을 목적으로 하는 사업이다.

정답 57 ① 58 ② 59 ④ 60 ④

참 / 고 / 문 / 헌

- 시대고시 국가기술자격연구팀, 5일 완성 에너지관리기능사
- 이덕수, 위험물기능장 위험물의 연소 특성, 시대고시기획
- 일본보일러연구회, 보일러용어사전, 보일러, 성안당
- 이덕수, 소방설비기사(기계), 펌프, 시대고시기획
- 한국식품과학회, 식품과학기술 대사전, 보일러
- 허판효, 위험물산업기사 연소이론, 예문사

Win-Q 에너지관리기능사 필기

개정11판1쇄 발행	2026년 01월 05일 (인쇄 2025년 10월 15일)
초 판 발 행	2015년 03월 20일 (인쇄 2015년 02월 27일)
발 행 인	박영일
책 임 편 집	이해욱
편 저	허판효
편 집 진 행	윤진영 · 최 영
표지디자인	권은경 · 길전홍선
편집디자인	정경일
발 행 처	(주)시대고시기획
출 판 등 록	제10-1521호
주 소	서울시 마포구 큰우물로 75 [도화동 538 성지 B/D] 9F
전 화	1600-3600
팩 스	02-701-8823
홈 페 이 지	www.sdedu.co.kr

I S B N	979-11-434-0246-2(13550)
정 가	26,000원